普通高等教育电子信息类专业“十四五”系列教材

系统分析与建模

连峰 兰剑 王立琦 闫涛 张光华 编著

内容简介

系统建模是系统控制的先决条件。本书较为全面地介绍了自动控制领域所涉及的机械系统、电系统、电机系统、液压系统和气动系统五类常用物理系统的数学建模问题。在讲授上述系统建模方法的过程中，分别介绍了与各个系统相关的基础知识，主要包括：静力学、运动学和动力学基本理论；电路基本定律及相似系统原理；电磁学基本理论，电动机的构造、工作原理和特性；液压系统的组成，液压流体的性质和基本定律；气动系统的组成，气体的物理学和热力学性质及气体流动的基本定律。除了上述基本系统建模，本书还补充了飞机六自由度运动、四旋翼无人直升机、航母液压阻拦和气动喷涂机器人这四个综合系统的数学建模实例。

本书内容阐述深入浅出、通俗易懂，注重理论联系实际，适用于48～64学时的教学，可作为高等院校自动控制专业及工科其他相关专业本科、研究生阶段的专业课教材，也可作为工程技术类研究人员的参考书。

图书在版编目(CIP)数据

系统分析与建模 / 连峰等编著. — 西安：西安交通大学出版社，2021.10(2023.9 重印)
ISBN 978-7-5605-7959-7

Ⅰ.①系… Ⅱ.①连… Ⅲ.①系统分析②系统建模
Ⅳ.①N945.1

中国版本图书馆 CIP 数据核字(2021)第 264990 号

书　　名 系统分析与建模
XITONG FENXI YU JIANMO
编　　著 连　峰　兰　剑　王立琦　闫　涛　张光华
策划编辑 田　华
责任编辑 王　娜
责任校对 邓　瑞

出版发行 西安交通大学出版社
(西安市兴庆南路1号　邮政编码 710048)
网　　址 http://www.xjtupress.com
电　　话 (029)82668357　82667874(市场营销中心)
(029)82668315(总编办)
传　　真 (029)82668280
印　　刷 西安日报社印务中心

开　　本 787 mm×1092 mm　1/16　**印张** 22.875　**字数** 527 千字
版次印次 2021 年 10 月第 1 版　2023 年 9 月第 2 次印刷
书　　号 ISBN 978-7-5605-7959-7
定　　价 58.00 元

如发现印装质量问题，请与本社市场营销中心联系调换。
订购热线：(029)82665248　(029)82667874
投稿热线：(029)82668818　QQ:465094271
读者信箱：465094271@qq.com

前　言

“系统建模与动力学分析”课程是西安交通大学本科自动化专业的专业大类基础课。该课程的教学目标是使学生理解和掌握从实际物理系统出发，利用基本理论建立元件和系统的数学模型，最终将模型应用于后续的系统设计和控制。本书是编者在承担本课程十余年教学工作的基础上，参考国内外相关专家学者的著作编写而成的。

在编写过程中，编者根据教育部对本科生课程“两性一度”的要求及西安交通大学自动化专业最新的培养目标、毕业要求和课程体系，对现有课程讲义内容进行了大幅调整，删去了原讲义中动力学分析部分，包括：一阶二阶系统的瞬态和稳态响应分析、传递函数和方框图、控制系统设计等；增加了近年来国家重点支持和大力发展领域中的相关知识，例如航天航空中涉及的流体力学和液压系统等基础知识，智能机器人中涉及的理论力学和气压传动等基础知识及电动汽车中电机相关理论等；补充了几个典型和热点系统的综合建模实例，包括飞机六自由度运动建模实例、四旋翼无人直升机建模实例、航母液压阻拦系统建模实例和气动喷涂机器人建模实例。调整之后编写而成的本书力求重点突出原课程中的系统建模部分，使支撑各类系统的基础知识准确完备，并能使学生理解和掌握实际中较复杂系统综合建模的一般方法。

本书共分为 7 章。第 1 章为绪论，介绍了系统的概念和建立系统数学模型的基本步骤；第 2 章为机械系统（上：静力学和运动学基本知识），介绍了静力学和运动学基本知识；第 3 章为机械系统（下：动力学建模），介绍了机械系统的基本元件、五种常用的动力学建模方法（动量和动量矩、达朗贝尔原理、功和能量法、虚位移原理、拉格朗日方程式法）及一个机械系统建模综合实例（飞机六自由度运动建模）；第 4 章为电系统，介绍了利用电路基本定律建立电系统数学模型、相似系统，以及运算放大器和模拟计算机相关知识；第 5 章为电机系统，介绍了电磁学基本理论，电动机的构造、原理与数学模型的建立，电动机的运行特性、机械特性、负载特性，以及一个电机系统建模综合实例（四旋翼无人直升机建模）；第 6 章为液压系统，介绍了液压系统的组成，液压流体的性质，利用液压流体的基本定律建立液压系统数学模型，以及一个液压系统建模综合实例（航母液压阻拦系统建模）；第 7 章为气动系统，介绍了气动系统的组成，气体的物理学和热力学性质，利用气体流体的基本定律建立气动系统数学模型，以及一个气动系统建模综合实例（气动喷涂机器人建模）。

本书由连峰、兰剑、王立琦、闫涛、张光华共同编写。连峰编写了第 1、2、3、4 章，王立琦编写了第 5 章，闫涛编写了第 6 章，兰剑编写了第 7 章，张光华编写了各章课后习题。全书由连峰统稿。本书在编写过程中得到了西安交通大学自动化科学与技术学院诸多同仁的关心和帮助，张爱民教授、杨清宇教授、韩德强教授和任志刚教授对全书内容提出了宝贵的修改意见和建议，在此对他们表示真诚的感谢。

虽然编者对本书内容进行了认真修改和完善，但由于水平有限，书中疏漏和不妥之处在所难免，恳请广大读者批评指正。

编　者

2021 年 5 月于西安交通大学

目　录

第1章 绪 论

1.1 引言

系统是很普遍、很常用的科学术语之一。系统是多样的、千姿百态的和最常见的。系统比比皆是，例如，电力系统，交通系统，自来水系统，汽车、火车、飞机、潜水艇，太空工作站，月球车，机器人，加工中心，等等。模型是当今科技工作者常常谈论的重要科学术语之一。它是相对于现实世界或实际系统而言的，在模型研究中，被研究的实际系统叫作原型，而原型的替身则称为模型。这种模型能够反映被替代系统的表征和特性。

本章主要介绍系统和模型的基本概念、分类，建模的基本方法。

1.2 系统的概念

一般来说，系统是一些元件的组合，这些元件共同作用以完成给定的任务。元件是系统单个作用的单元。系统的概念通常包括定义、结构、层次、实体、属性、行为、功能、环境、演化和进化等。不过，人们更多关注的是系统的定义、实体、属性、行为和环境。这是因为一个独立的系统总是以其特有的外部表征和内在特性而区别于其他系统，而这决定于构成该系统的实体、属性、行为及环境等方面的不同内容。同时，对于任何系统特别是复杂系统，都有着通过科学研究探索和描述系统实体、属性、行为及环境的需要，这同样是系统建模与模型研究的最终目标。

简而言之，实体是指具体的系统对象（如汽车、火车、机器、设备等）；属性是指描述实体特征的信息，常以状态、参数或逻辑等来表征，如连续系统、离散事件、随机过程、位置、速度、加速度等，以及“非”“合”“并”等；行为是指随时间推移所发生的状态变化，如位置、速度的变化，操作过程等；环境则表示系统所处的界面状况，如干扰、约束、关联因素等。

最早的系统定义是由奥地利学者贝塔朗菲给出的。他认为，系统是相互作用的多元素的复合体。我国著名科学家钱学森先生将系统定义为：系统是由相互作用和相互依赖的若干组成部分结合起来的，且具有特定功能的有机体。由于不局限于某一物理对象，系统的概念可以扩充到任何动态的现象。例如，在经济、运输、人口增长和生态学等方面所遇到的可归于系统的动态现象。总之，在自然界和人类社会中，凡具有特定功能，按照某些规律结合起来相互关联、相互制约、相互作用、相互依存的事物总体，均可称之为系统。

人们在认识和改造世界的过程中，总是针对自己感兴趣的系统进行着不懈的探索，包括理论研究及科学实验等，以求得科学技术的发展和社会的进步。

1.3 系统的分类

为了便于对系统进行分析、研究、控制和管理，可从不同角度对其进行分类。常见分类方法有以下几种。

(1)按照自然属性，系统被分为人工系统(如工程系统、社会系统等)与自然系统(如海洋系统、生态系统等)。

(2)按照物理属性，系统被分为实物系统(如武器装备、机电产品等)与概念系统(如思想体系、战略战术等)。应该指出，实物系统可以是人工系统或自然系统，而概念系统必定为人工系统。

(3)按照运动属性，系统被分为静态系统(如平衡力系、古建筑群等)与动态系统(如控制系统、动力学系统等)。

(4)按照状态变化对时间是否连续，系统被分为连续系统(如雷达天线位置随动系统、模拟计算机系统等)、离散事件系统(如电话服务系统、生产调度系统等)和混合系统(如数字计算机控制系统、半物理仿真系统等)。

(5)按照参数性质和状态特点，系统被分为集中参数系统与分布参数系统、确定型系统与随机系统、线性系统与非线性系统。

(6)按照对系统的认知和研究现状，系统被分为白箱系统、灰箱系统及黑箱系统，它们又可分别叫作白色系统、灰色系统和黑色系统。白色系统中具有充足的信息量，其发展变化规律明显、定量描述方便、结构和参数具体。黑色系统的内部特征全部是未知的。灰色系统是介于白色系统与黑色系统之间的一种具有“信息不确定性”或“信息缺乏”的系统。

(7)按照结构和关系的复杂程度，系统被分为简单系统(如 RC 电路、稳压电源等)与复杂系统(如世界能源系统、国家人口控制系统等)。当然，复杂系统还可以分为一般复杂系统与开放的复杂巨系统。

除此，按照系统的静态、动态、时间与空间情况及专业技术特点等，可对各个领域内的系统做出更详细的分类。如控制系统还可以分为经典控制系统和现代控制系统；进一步又能分为开环控制系统、闭环控制系统和复合控制系统；更详细地还可分为计算机控制系统、模糊控制系统、变结构控制系统、鲁棒控制系统、智能控制系统、神经网络控制系统和自适应控制系统等。

应指出，从系统建模和仿真的角度讲，通常将系统分为连续系统、离散事件系统与混合系统，以及简单系统与复杂系统是较为合理的。

从科学研究和科学发展的角度讲，钱学森等学者对于系统还做出了如下分类：

(1)按照系统组成部分的数量规模大小，系统被分为小系统、大系统和巨系统三类。

(2)按照系统层次结构简单与否，系统被分为简单系统和复杂系统两类。

(3)按照客观世界物质系统空间尺寸的大小，系统被分为渺观、微观、宏观、宇观和胀观五个层次。

(4)按照系统输入、输出特性的复杂程度不同，系统被分为线性系统、非线性系统和复杂性系统。

(5)人工生命系统、社会系统、生态系统、生物系统、环境系统等均属于非常复杂的适应系统。这类系统被称为开放的复杂巨系统。

图1.3.1以我国商飞集团自主设计的C919客机为例,给出了一个复杂巨系统的典型示例。该级别飞机包括图中所示十大核心子系统,其研发和制造需要几十个科研院所、几百家生产单位、几十所大学合力完成。直接参与者有数十万人,间接参与者有上百万人。

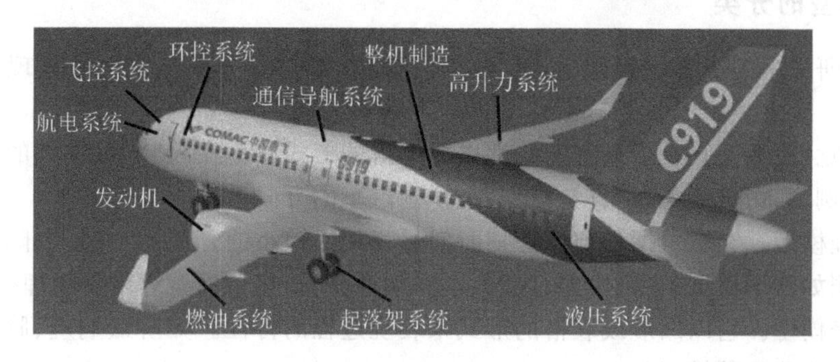

图1.3.1 复杂巨系统示例——C919客机

动态系统是与静态系统相对的。如果系统的现实输出是由其之前的输入决定的,这样的系统称为动态系统;如果系统的即时输出仅仅由其即时输入决定,这样的系统称为静态系统。如果输入不变,则静态系统的输出保持为常量,而且只有当输入改变时输出才改变。如果系统不是处在平衡状态,动态系统的输出是随时间而改变的。在本书中只讨论相关的动态系统。

1.4 模型的概念及性质

1.4.1 系统与模型

科学实验是人们改造自然和认识社会的主要基本活动。在实际系统中进行的实验叫作实物实验或物理实验。除此,人们往往希望在实际系统产生之前对系统进行描述,预测它们的功能和性能,或者由于某种原因(如有毒、有害、有危险、太昂贵等)不易在现实系统上完成实验时,借助"模型"代替系统本身,在模型上进行实验。于是,产生了模型及模型研究的概念。

系统通过模型来表达,则模型须具有如下主要性质。

(1)普遍性,也称等效性,是指同一个模型可从各个角度反映不同的系统。或者说,一种模型与多个系统可具有相似性。

(2)相对精确性,是指模型的近似度和精确性都不可能超出应有限度和许可条件。过于粗糙的模型将因失去过多系统特性而变得无用;但太精确的模型往往会非常复杂,甚至给模型研究带来困难(如计算量大、实验周期长、分析困难等)。因此,一个令人满意的模型应该具有考虑诸种条件折中下的适当精确性。

(3)可信性,是指模型必须经过检验和确认,成为代表实际系统的有效模型,即具有良好的置信度或可信度。

(4)异构性,是指同一个系统的模型可以具有不同的形式或结构。因此,模型研究中将选择最方便、最合理的模型形式和结构。

(5) 通过性,是指可将模型视为“黑箱”。通过向其输入信息并获取信息建立起模型的输入输出概念,从而产生了实验辨识建模的现代方法。

1.4.2 模型的分类

在模型研究中为了方便起见,同系统一样可将模型进行分类。模型的表现形式通常有以下 4 类。

(1)“直觉”模型。它是指过程的特性以非解析的形式储存在人脑中,靠人的直觉控制过程的进行。例如,司机就是靠“直觉模型”来控制汽车的方向盘。

(2)物理模型。它是根据相似原理把时间过程加以缩小的复制品,或是实际过程的一种物理模拟,例如汽车模型、飞机模型、风洞、水利学模型、传热学模型等均是物理模型。

(3)图表模型。它以图形或表格的形式来表现过程的特性。如阶跃响应、脉冲响应和频率响应等,也称非参数模型。

(4)数学模型。它用数学结构的形式来反映实际过程的行为特性。常用的有代数方程、微分方程、差分方程和状态方程及传递函数等。

1.4.3 数学模型

所谓数学模型就是描述系统内外各变量间相互关系的数学表达式。在试图设计任何系统时,必须从了解系统的性能开始,这样才能达到细节上的或真正的系统建立。这些表达式是建立在系统的动态特性的数学描述上,这种数学描述称为数学模型。对于物理系统,最常用的数学模型是用微分方程来描述的。

1. 微分方程

微分方程是描述动态系统最重要的数学工具,也是后面要讨论的各种数学模型的基础。

线性微分方程可以分为线性定常微分方程和线性时变微分方程。

线性定常微分方程由因变量和其导数的线性组合表示。这种方程的例子为

$$\frac{d^2x}{dt^2}+5\frac{dx}{dt}+10x=0 \tag{1.4.1}$$

因为各项的系数都是常数,因此线性定常微分方程也称为线性常系数微分方程。

线性时变微分方程由因变量和其导数的线性组合表示,但一个或多个系数项可以包含独立的变量。这种类型微分方程的例子如下:

$$\frac{d^2x}{dt^2}+(1-\cos 2t)x=0 \tag{1.4.2}$$

有一点是很重要的,为了使方程为线性方程,方程中不能含有因变量及其导数的幂次、其他函数或因变量和它的导数间的乘积。非线性微分方程的例子有

$$\frac{d^2x}{dt^2}+(x^2-1)\frac{dx}{dt}+x=0 \tag{1.4.3}$$

$$\frac{d^2x}{dt^2}+\frac{dx}{dt}+x+x^2=\sin\omega t \tag{1.4.4}$$

2. 传递函数

除了建立物理系统的微分方程模型外，本书在一些系统中还给出了与其微分方程模型相对应的传递函数模型。传递函数是控制领域(尤其是经典控制理论)中常用的一种基本数学模型，它定义为零初始条件下，线性系统输出量的拉普拉斯变换与输入量的拉普拉斯变换之比。关于传递函数进一步的讲解请参见自动控制原理相关教材，此处不再详述。

3. 线性系统和非线性系统

对于线性系统，方程的结构模式是线性的，它能够由线性定常微分方程来表示。

线性系统最重要的性质是能够应用叠加原理。叠加原理是指同时作用的两个不同的激励函数或输入产生的响应是两个不同的激励函数或输入单独作用时的响应之和。显然，对于线性系统，几个输入的响应可以看成同一时刻的单独输入并把其结果相加来计算。作为叠加原理的结果，线性微分方程的复杂解可以分解为简单解的和。

在动态系统的试验研究中，如果因和果是成正比的，则表示着叠加原理的成立，此系统就可以看成是线性的。

非线性系统，显然是由非线性方程来表示的。

虽然物理关系常常由线性方程来表示，但在许多时候其实际关系不完全是线性的。事实上，仔细研究物理系统揭示出来的所谓的线性系统，只有限制在一定的范围内才是真正的线性。例如，许多液压系统、气动系统在它们的变量之间包含有非线性的关系。

对于非线性系统，其最重要的特征是叠加原理不能应用。一般，寻找包含这种系统问题解的过程是十分复杂的。由于牵扯到数学上的困难，一般把非线性系统在给定条件附近线性化。一旦非线性系统由线性数学模型来近似，许多解决线性问题的方法就可以应用于此系统的分析和设计中。

1.4.4　数学模型的分类

一般来说，系统的特性有线性与非线性、动态与静态、确定性与随机性、宏观与微观之分，故描述系统特性的数学模型必然也有相应种类模型的区分。此外，还有参数模型与非参数模型，输入输出模型和状态空间模型等之分。

1. 数学建模

系统数学模型的建立简称数学建模。

数学建模的最终目标就是要确定系统的模型形式、结构和参数，获得正确反映系统表征、特性和功能的最简数学表达式。

数学建模的一般过程是：观察和分析实际系统→提出问题→做出假设→系统描述→构筑形式化模型→模型求解→模型有效性分析(包括模型校核、验证及确认)→模型修改→最终确认→模型使用。

应该强调指出，数学建模至今没有一个固定的程式可循，而是一个创造性的科研过程。为了获得高质量的数学模型，在建模中必须遵守如下4条基本原则：

(1)必须满足对数学模型的精确性、简明性、层次性、多用性、可靠性及标准化等的基本要求。

(2)为了缩短建模周期,获取满意、有效的数学模型,合理地选择建模方法至关重要。目前,常见的数学建模方法已有数十种,可归结为四大类:机理分析法、试验辨识法、定性推理法和综合集成法。随着复杂系统建模需求的不断增强,必须要有建模方法的创新意识。

(3)建模时,须经常考虑模型功能是否满足所研究问题的需求,在满足需求的条件下,模型形式和结构是否合理、经济,模型是否容易实现并可稳定运行,模型可否达到预期精度要求等都是要考虑的问题。

(4)总之,必须使模型校核、验证及确认贯穿于数学建模的全生命周期。

对于实际的物理系统建模时,往往是应用物理定律于具体的系统,并建立数学模型来描述此系统。这样的系统可以包括未知的参数,这些参数必须通过实际的试验来求值。但是,有时用物理定律来确定的行为是不能完全说清楚的,并且有时无法建立数学模型。如果是这样,可以应用用试验建立模型的方法。在这个过程中系统经受一组已知的输入并测量出它的输出,此时数学模型是由这些输入和输出间的关系来得到的。

2.简化与精度

当试图建立模型时,必须做模型简化与分析所得精度之间的比较。应注意到,通过分析及比较所得到的给定物理系统的模型近似结果只在一定范围内是正确的。

要确定合理的简化模型,必须确定哪些物理变量和关系是可以忽略的,哪些是对于模型的精度有决定性作用的。为了得到一具有线性微分方程形式的模型,在物理系统中可能出现的任何分布参数和非线性都将被忽略。如果这些被忽略的参数对响应的作用比较小,那么此时数学模型分析所得到的结果与对物理系统的试验结果相比,将有很好的一致性。然而,任一特别的性能是不是重要,在某些情况可能是清楚的,而在另一些情况下则可能需要从物理意义上去理解和观察。

当解决一个新的问题时,对于它的描述一般是先建立一个简化的模型,得到关于这个解的一般概念。以后可以建立更详细的数学模型,以便进行更复杂的分析。

数学模型不能精确地代表任何物理元件或系统,它总是包含有近似性和假设。某些近似或假设限制了数学模型的正确性范围(近似程度只能由试验结果来决定)。因此,在作关于系统性能的预示时,必须记住在模型中有哪些近似和假设。

建立系统数学模型的步骤如下:

(1)画出系统的简图,并决定变量;

(2)应用物理定律,写出每一元件的方程,根据系统简图综合这些方程,并得到数学模型;

(3)为了验证模型的正确性,把由模型方程所得到解的性能预示与试验结果相比较。如果试验结果与预示偏差很大,模型必须重新建立。于是引出新的模型,并用新的预示与试验结果相比较。重复这一过程直到预示与试验结果之间的一致性达到满意为止。

1.5 动态系统的分析和设计

1.系统分析

系统分析是指已知数学模型并在给定的条件下对系统性能的研究。在分析一个动态系统时第一步是导出它的数学模型。因为任何系统都是由元件所构成的，分析必须从建立每一元件的数学模型开始，并综合这些模型，以便建立整个系统的模型。一旦得到最后的系统模型，分析就可以用列公式的方法表示，改变模型中系统的参数继而会产生一些数值解。此时分析人员便可对照这些解及其意义将分析的结果应用于其研究或任务中。

总之，对于整个系统推导一个合理的模型是整个分析的基础部分。一旦得到这样的模型，各种分析方法和计算机处理方法就可以应用在分析中。这些方法与物理系统的形式（机械的、电的、液压的等）无关。

2. 系统设计

系统设计是指寻找完成给定任务的系统的过程。一般设计过程不是直线向前的而是需要逐步试探。

3. 综合

所谓综合，是指用一定的方法来寻找一个按既定要求完成任务的系统。这里首先提出所要求的系统的特性，然后用各种数学方法去综合一系统使其达到这些特性。通常，这种方法从设计过程开始到结束完全是数学的。

4. 系统设计的基本方法

设计任何动态系统的基本方法必须包括试探法。理论上，线性系统的综合是可能的，并且研究人员能够系统地决定为完成任务所需要的元件。而实际上，系统可能受到许多限制或是非线性的，在这种情况下，目前还得不到综合的方法。此外，元件的特性也不可能十分清楚，因此试探法总是必须的。

5. 设计步骤

通常系统的设计步骤如下：

研究人员在开始设计阶段是已知技术要求及元件的动态性能的，其中后者包括设计参数。技术要求可能由精确的数值和一般的定性要求来表示。技术要求常常包括这些参数的说明：成本、可靠性、空间、重量和维修的难易程度等。要注意在设计过程中可能要改变技术要求，因为在经过详细分析后可能发现某些要求是不可能达到的。最后如果可能，研究人员将应用综合方法及其他方法来建立系统的数学模型。

一旦列出设计问题的数学模型，就可以进行数学方法的设计，并得到设计问题的数学解。随着数学方法设计的完善化，研究人员已可以在计算机上模拟此系统，以试验各种输入的效果和扰动对所求系统性能的影响。如果对系统结构不满意，此系统必须重新设计，并且相应地进行全部分析。将这种设计和分析的过程重复进行直至找到满意的系统为止，此时就可以建立物理系统的样机。

注意，建立样机过程是建立数学模型的反演。样机是物理系统，它代表具有适当精确度的数学模型。一旦建立了样机，研究人员就可以对它进行试验，看它是否是满意的。如果是满意的，设计就是完善的。如果不是满意的，必须再修改样机和重新试验。重复这种过程直至得到满意的样机为止。

第2章 机械系统(上:静力学和运动学基本知识)

2.1 理论力学简介

理论力学是研究物体机械运动一般规律的科学。理论力学所研究的力学规律仅限于经典力学的范畴,它是以牛顿运动定律为基础建立起来的力学理论,它的结论不适用于原子、电子等微观粒子的运动或速度接近于光速的物体的运动。后两种运动属于量子力学和相对论的研究对象。

如图2.1.1所示,理论力学的内容由三部分组成:静力学、运动学和动力学。静力学研究力系的简化及物体在力系作用下的平衡规律。运动学从几何学的观点出发研究物体的运动。动力学则研究物体的运动与作用于物体的力之间的关系。

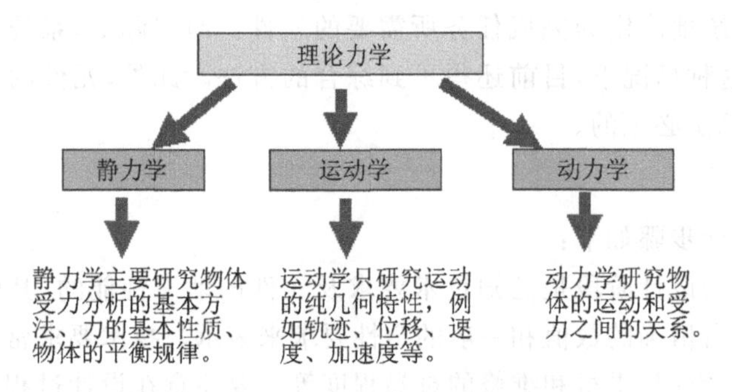

图2.1.1 理论力学研究内容框架图

机械运动是指物体在空间的位置随时间的变化而发生改变。机械运动是最简单的物体运动形式 ,在自然界和工程技术中随时随地可以遇到。例如,人造地球卫星的运动,各种交通工具的运行,空气、河流的流动等。

物体的平衡就是指物体的运动状态不变,它包括物体相对于地面保持静止或做匀速直线运动两种情况。

刚体是指在任何外力作用下都不变形的物体,真正不变形的物体实际上是不存在的,所以,刚体只是在研究物体运动或平衡的规律时被抽象化了的理想模型。

力是物体之间的相互机械作用,这种作用有两种效应:使物体产生运动状态的变化和形状的变化,分别称为运动效应(外效应)和变形效应(内效应),在理论力学中,仅讨论力的运动效应。

力对物体作用的效应取决于力的三要素:力的大小、方向和作用点。

力的大小通常采用国际单位(SI)制中的牛顿来度量,简称牛(N)。1000牛也称为千牛(kN)。

力的方向就是力作用的方位和指向。例如,火箭垂直朝上发射,这里垂直是方位,朝上是指向。

力的作用点就是力作用的部位。实际上,当两个物体直接接触而产生力的作用时,力是分布在一定的面积上的。只是当接触面积相对较小的时候,可以抽象地看作集中于一点,这样的力称为集中力。这个点称为力的作用点。

像力这样具有大小与方向的物理量,总是可以用几何图像"矢"来表示。"矢"是带有箭头的线段,通常用粗体字母来表示该矢,而用细体字母表示该矢的大小。线段的长度按一定的比例尺表示这个力的大小,线段的方位及箭头指向表示它的方向,线段的起点 A 或终点 B 表示力的作用点。通过力的作用点沿力方位的直线称为力的作用线。

由一些力组成的一群力称为力系。图 2.1.2 为直升机所受力系示意图。如果某一力系作用到原来平衡的任意刚体上,而刚体仍处于平衡,则此力系称为平衡力系。

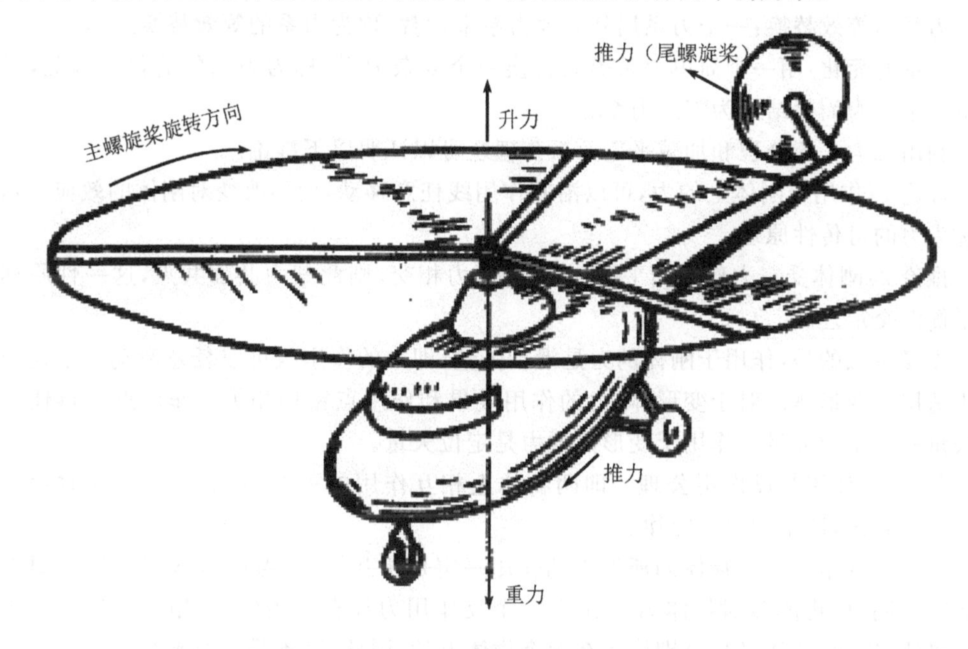

图 2.1.2　直升机所受力系示意图

在研究力系的平衡条件时,我们总是先把力系加以合成或者简化。也就是说,用比较简单的力系来代替原来的力系。

2.2　静力学

静力学主要讨论以下两个基本问题:①力系的等效替换和简化;②力系的平衡条件及其应用。

2.2.1　静力学公理

静力学的全部理论建立在下面五个公理的基础上。

公理一：二力平衡公理。即作用在同一刚体上的两个力，它们使刚体处于平衡的必要和充分条件是：这两个力等值、反向、共线。

公理二：力的平行四边形公理。即作用在物体上同一点的两个力可合成为在该点的一个合力，其大小和方向可由以这两个力矢为邻边所作的平行四边形的对角线表示，且具有相同的作用点。它表明力的合成符合矢量求和规则。

公理三：加减平衡力系公理。即在刚体上某一已知力系加上或减去任何一个平衡力系后与原力系等效。

平衡力系是指满足平衡条件的力系。等效力系是指处于平衡状态的同一刚体可作用有不同的平衡力系，这些不同的力系对刚体的作用效果完全相同，因此称它们互为等效力系。

若作用于同一刚体的两组不同力系能使该刚体的运动状态产生完全相同的变化，则称这两组力系互为等效。

力系的等效替换：一个力系用其等效力系来代替，称为力系的等效替换。

力系的简化：用一个简单力系等效替换一个复杂力系，称为力系的简化。因此，平衡力系也可定义为简化结果为零的力系。

利用二力平衡公理和加减平衡力系公理还可以证明以下推论。

推论 1：作用于刚体上的力，可以沿其作用线任意移动，而不改变对刚体的效应。这一性质称为力的可传性原理。

推论 2：刚体受三力作用而平衡，若其中两力相交，则此三力共面共点，这一性质称为三力平衡汇交定理。

需要注意的是，作用于刚体的力是滑动矢量，即力的作用线可以任意滑动。上述结论完全不适用于变形体。对于变形体，力的作用效果和作用点密切相关。作用点不得任意改变的矢量称为定位矢量。作用于变形体的力是定位矢量。

公理四：作用与反作用公理。即两物体上相互作用的一对力，它们必定同时存在且等值、反向、共线，即牛顿第三定律。

这条公理指出了两物体间所发生的作用一定是相互的，即当物体 A 对物体 B 具有一个作用力的同时，物体 B 对物体 A 一定有一个反作用力存在。当然，作用力与反作用力这两个力等值、反向、共线且是分别作用在两个物体上的，因此，这不是一对平衡力。

注意不要将作用力与反作用力性质与二力平衡公理相混淆，前者的两力分别作用于不同物体，而后者的两力作用于同一物体。

公理五：刚化公理。即刚体的平衡条件是变形体平衡的必要但不充分条件，即能使变形体平衡的力系若作用于刚体，也必然能使刚体平衡，但反之则不一定。

2.2.2 约束和约束反力

1. 约束和约束反力的概念

当一个物体不受任何限制在空间自由运动（如可在空中自由飞行的小鸟），则此物体称为自由体；反之，如果一个物体受到一定的限制，使其在空间沿某些方向的运动成为不可能，则此物体称为非自由体。那些阻碍非自由体运动的限制，在力学中称为约束。

当物体沿着约束所能阻碍的方向有运动趋势时，约束对该物体就有阻碍运动的力的作用,这种力称为约束反力,简称反力。约束反力的方向总是与约束所能阻碍物体运动的方向相反。

约束能够不多不少地恰好完全限制物体的运动,使物体实现平衡,则该类约束称为完全约束。约束程度低于或高于完全约束的约束分别称为不完全约束和多余约束。

受到不完全约束的物体仍可能做某种运动;相反,受到多余约束的物体即使解除部分约束,仍有可能继续保持平衡。

约束力是一种被动力,其大小和方向不能预先确定,只能由约束的性质和主动力的状况被动地确定。

约束使物体丧失的自由度越多,则待定的约束力变量也越多。在静力学中通常将约束力变量的数目称为约束数,并将其作为衡量约束程度的指标。

在力系中有些力能主动地使物体运动或使物体有运动趋势,这种力称为主动力。例如,物体的重力、水压力、风力等都是主动力,工程中也称为荷载。通常主动力都是已知的,而约束反力通常是未知的,并且约束反力的作用点就是约束与被约束物体之间的接触点。在静力学中,这些未知量都需要平衡条件来求出。

工程上常见的约束有柔索约束和刚体约束。

2. 柔索约束

绳索、链条和胶带通称为柔索,它不可伸长,只能受拉力作用。柔索对物体的约束力 $\boldsymbol{F}$ 只能沿拉直的柔索方向。柔索不能承受压力,它只能阻止物体使它伸长的运动趋势,而对于使它缩短的运动趋势则不起任何约束作用。这种只限制物体单侧运动的约束称为单侧约束。

图 2.2.1 和图 2.2.2 分别展示了两个常见的柔索。前者为吊塔中的钢丝绳对重物的约束,后者为皮带对轮的约束。

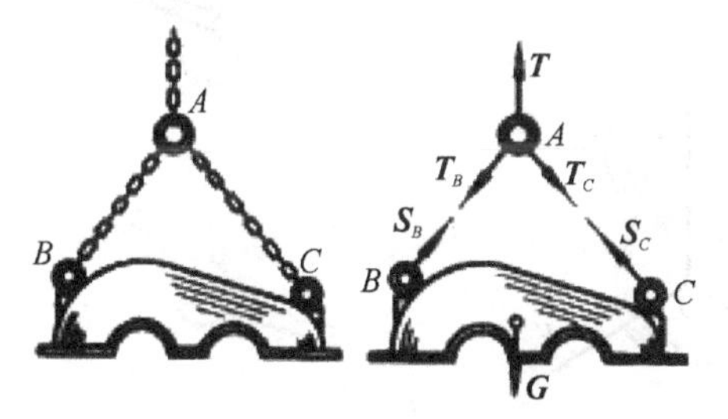

图 2.2.1　吊塔中的钢丝绳对重物的约束

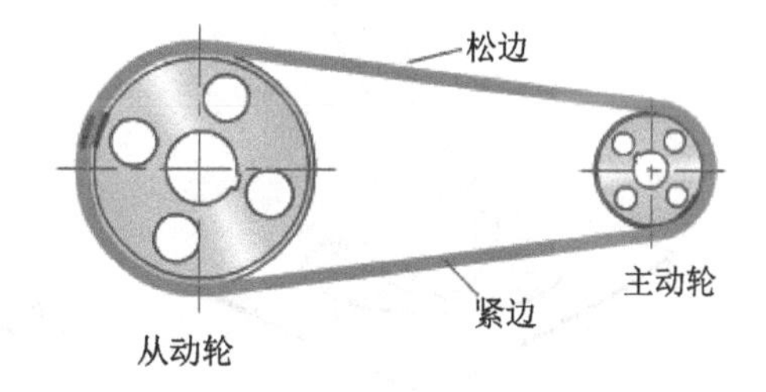

图 2.2.2　皮带对轮的约束

3. 刚体约束

刚体约束包括如下 5 种。

1)光滑面约束

当两个物体间的接触表面非常光滑,摩擦力可以忽略不计时,即构成光滑接触面约束。两物体接触面的支持力是最常见的光滑面约束应用。

光滑接触面的约束反力:作用在接触点处,方向沿着接触面在该点的公法线,指向受力物体,必为法向压力,通常用 $\boldsymbol{F}_{\mathrm{N}}$ 表示。例如图 2.2.3 中的齿轮传动,当略去摩擦时,齿廓曲面间的接触也是光滑接触，因而两齿轮的相互作用力 $\boldsymbol{F}_N$ 一定沿着齿廓曲面、在啮合点 K 的公法线方向。

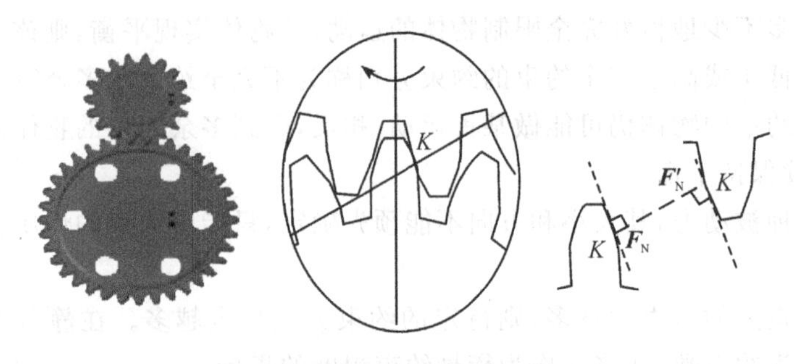

图 2.2.3　齿轮传动中的光滑面约束

由于光滑面不可能对物体产生拉力，相接触的物体可以自由脱离接触，因此光滑面约束属于单侧约束。如果能使物体的双侧均受到光滑面约束，则可阻止物体相互脱离。这种限制物体双侧运动的约束称为双侧约束。

2）光滑铰链约束

光滑铰链约束又分为球铰链约束和圆柱铰链约束。

球铰链约束：将物体的一端制成球状，并置于与基础固结具有球形凹窝的固定支座中，又在球心部增加一块封板而构成球铰支座，简称球铰。球铰链约束即通过球铰中的球和球壳将两个构件连接在一起，被连接的构件可绕球心做相对转动。例如图 2.2.4 中的汽车操纵杆。

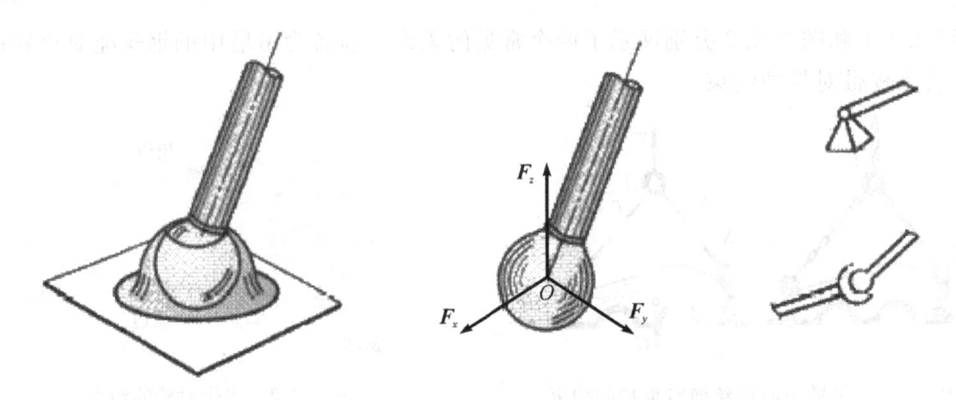

图 2.2.4　汽车操纵杆中的球铰链约束

若接触面是光滑的，则球形铰链支座只能限制物体上的圆球离开球心的任何方向的移动，但不能阻止绕球心的转动。所以约束反力垂直于球面，通过球心，但方向不能预先决定，为计算方便，可用 3 个相互正交的分力来表示。

圆柱铰链约束：工程上常用一圆柱形销钉将两个或更多的构件连接在一起。采用的办法是连接处各钻一直径相同的圆孔，用圆柱形销钉插入使之连接在一起，这样就构成了所谓的圆柱铰链约束。该约束通过带有紧锁螺母的圆柱钉将两个钻有同直径孔的构件连接在一起。连接的构件可绕钉轴做相对转动。例如图 2.2.5 中的向心滚动轴承。

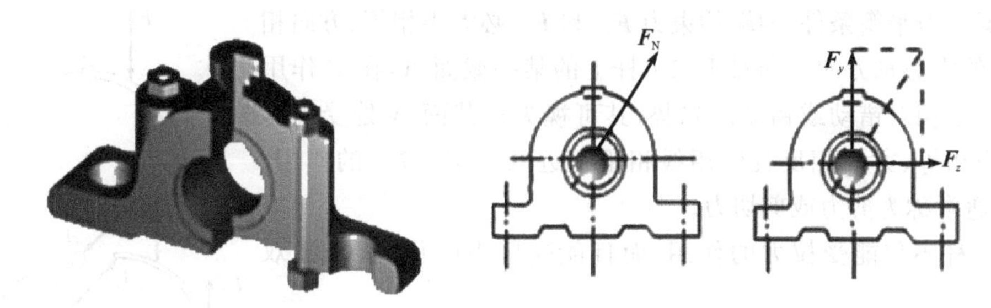

图 2.2.5　向心滚动轴承中的圆柱铰链约束

设销钉与圆孔的接触是光滑的,则这种约束只能限制被约束构件在垂直于销钉轴线平面内任意方向的移动,但不能限制构建绕销钉的转动和沿其轴线方向的移动。由于销钉与构件的接触是光滑的,所以销钉对构件的约束反力作用在构件圆孔与销钉的接触点公法线上,并垂直于销钉轴线与通过销钉中心,但方向不能预先确定,在进行计算时,为了方便,通常用两个相互垂直且通过销钉中心的分力来代替原来的力及其方向这两个未知量。两个分力的指向可以任意假定。

用圆柱形铰链连接的两个构件中,如果有一个固定不动,就构成铰链支座,也称固定铰支座。这种支座约束的性质与圆柱形铰链约束的性质相同。

3) 辊轴约束

在固定平面圆柱铰链支座的下部安装若干刚性滚子即构成辊轴约束,或称辊轴支座。辊轴约束力沿滚动方向无约束作用,只能沿支承平面的法线方向,构成一平行力系。合力 **F** 的作用线必通过铰链中心,且垂直于支承平面。

根据不同滚子的结构,辊轴约束可以是单侧约束,也可以是双侧约束。

常见的辊轴约束有图 2.2.6 所示的桥梁支座,以及家用推拉门轨道等。在图 2.2.6 中,辊轴约束的约束力 $\boldsymbol{F}_N$ 垂直向上。

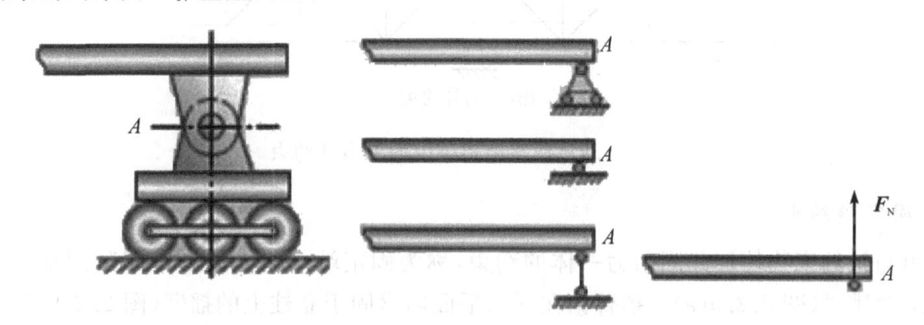

图 2.2.6　桥梁支座中的辊轴约束

4) 二力杆约束

两端用球铰或平面柱铰与其他物体联接且不计重量的刚性直杆,称为二力杆。需要注意的是:二力杆件不一定是直杆。

如图 2.2.7 所示,由于二力杆受到外力 **F** 作用时只可能在两约束端 B 和 C 处受到力的作用。根据二力平衡条件，两端约束力 $\boldsymbol{F}_B$ 和 $\boldsymbol{F}_C$ 必大小相等、方向相反，沿杆的中心轴方向。而对于二力杆上的某一截面 A，在 $\boldsymbol{F}$ 作用下则有产生相对错动或错动的趋势，其可视为在截面 A 处受到了一对大小相等、方向相反且作用线相距很近的力 $\boldsymbol{F}_A$、$\boldsymbol{F}'_A$ 的作用，$\boldsymbol{F}_A$、$\boldsymbol{F}'_A$ 通常称为剪力或剪切力。

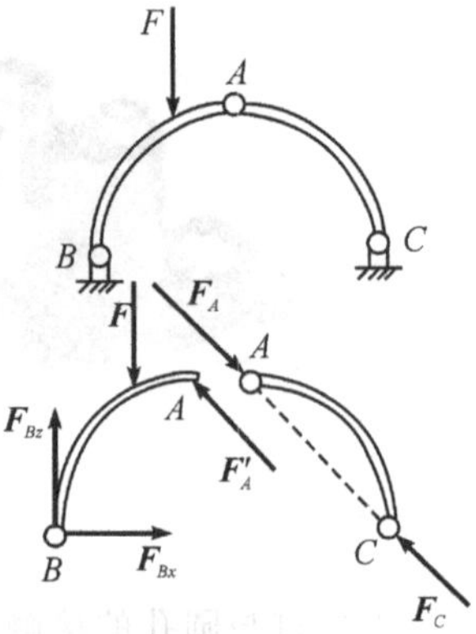

图 2.2.7　二力杆约束

二力杆不仅能受拉力的作用，而且能受压力的作用，属于双侧约束。

如果杆件为直杆，将其切断，根据切断部分平衡的条件，切断面必存在力且分别与各端点的约束力构成平衡力系，该作用力称为杆件的内力。它们成对存在且大小相等方向相反。

一个典型的二力杆约束应用举例如图 2.2.8 所示。图 2.2.8(a)为铁路桁架桥，各杆之间通常采用铆接或焊接的方法连接，力学上抽象为铰链连接，其弦杆即为二力杆。

(a) 铁路桁架桥

(b) 二力杆约束

图 2.2.8　铁路桁架桥中的二力杆约束

5）固定端约束

约束与被约束物体彼此固结为一体的约束，称为固定端约束。例如一端紧固地插入刚性墙内的阳台挑梁(图 2.2.9(a))，摇臂钻在图示平面内紧固于立柱上的摇臂(图 2.2.9(b))，夹紧

(a) 阳台挑梁　(b) 摇臂钻　(c) 卡盘

图 2.2.9　固定端约束举例

在卡盘上的工件(图 2.2.9(c))等,就是物体受到固定端约束的 3 个实例。

如图 2.2.10 所示,在固定端约束范围内任选一点作为简化中心,可将约束力简化为一个力 $\boldsymbol{F}_A$ 和一个力矩 $\boldsymbol{M}_A$。

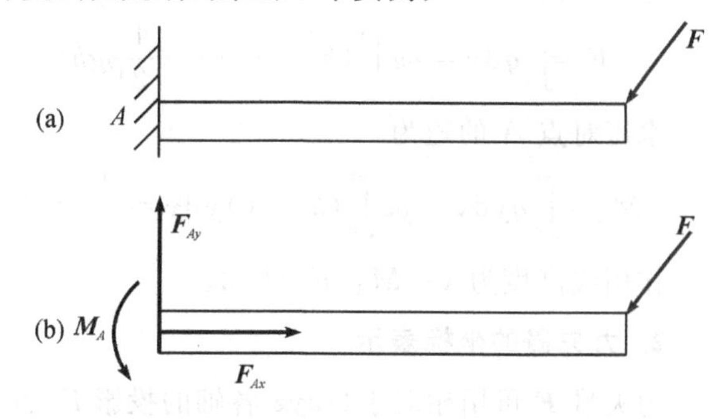

图 2.2.10　由固定端约束简化的力和力矩

总结:以上介绍几种典型约束时,都作了一些理想化假定,例如柔索不可伸长、接触面绝对光滑等。满足这些理想化条件的约束称为理想约束,它是对实际约束的一种理想化抽象。当实际约束存在的非理想因素足够微小时,理想约束可以足够准确地反映实际约束。

事实上,在工程问题中需要对实际约束的构造及其性质进行分析,分清主次,略去一些次要因素,就可能将实际约束简化为上述约束形式之一。

2.2.3　力、力系和力矩

1. 分布力与集中力

分布作用在一定的接触面上,作用面积较大的力称为分布力。例如图 2.2.11 所示的作用在高层建筑上的风压力和水平桌面对物体的支承力。

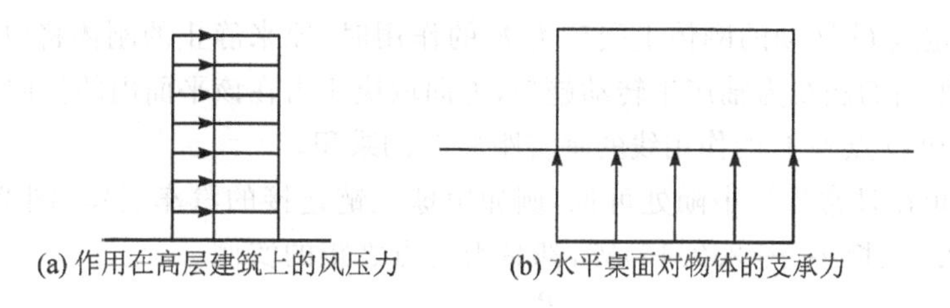

(a) 作用在高层建筑上的风压力
(b) 水平桌面对物体的支承力

图 2.2.11　分布力示意图

如果力作用的面积很小,以至可以近似地看成作用在一个点上,则称为集中力。例如图 2.2.12 所示起重机悬臂梁上悬挂重物的绳索及钢索的拉力 $\boldsymbol{F}$ 和 $\boldsymbol{F}'$。

工程中常将作为主动力的分布力称为分布载荷,如水压力、土压力和风载等。

将物体的受力表面划分为无数微元面积,设任意点处微元面积 ΔA 上的作用力为 ΔF,令

$$q = \lim_{\Delta A \to 0} \frac{\Delta F}{\Delta A}$$

称 q 为分布载荷在该点处的载荷密度。

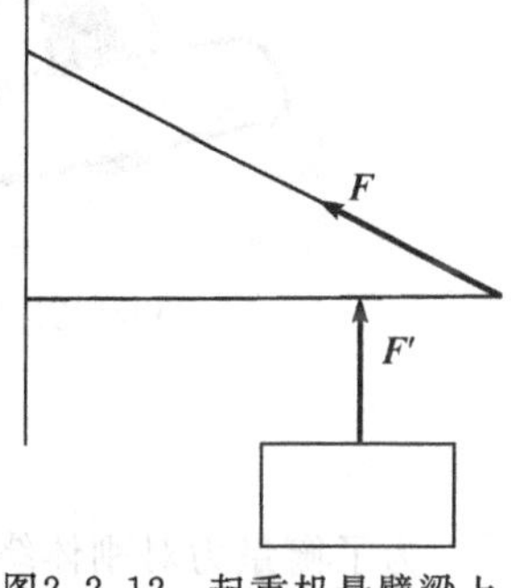

图2.2.12　起重机悬臂梁上悬挂重物的绳索及钢索的拉力

例 2.2.1　如图 2.2.13 所示,水坝受高度为 h 的水压作用,试计算此分布载荷的合力、对坝基点 A 的矩及合力作用线位置。

解: 高度为 y 的点 P 处单位宽载荷密度为 $q=\rho g(h-y)$,那么微元高度 $\mathrm{d}y$ 的作用力

$dF = q dy$，合力为

$$F = \int_0^h q dy = \rho g \int_0^h (h - y) dy = \frac{1}{2}\rho g h^2$$

水压对点 A 的矩为

$$M_A = \int_0^h q y dy = \rho g \int_0^h (h - y) y dy = \frac{1}{6}\rho g h^3$$

作用线高度为 $y = M_A / F = h/3$。

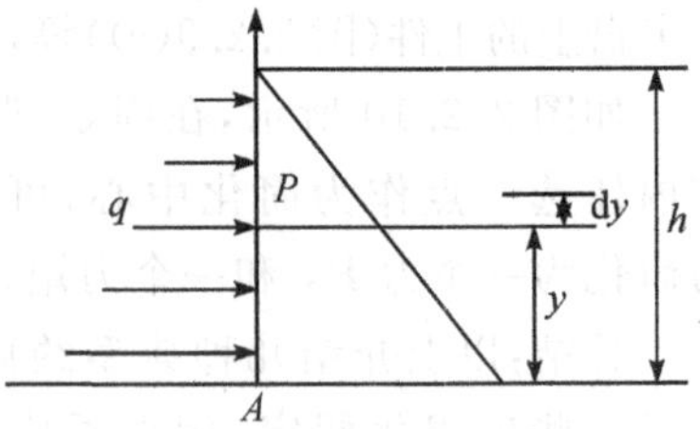

图 2.2.13 例 2.2.1 示意图

2. 力矢量的坐标表示

力矢量 $\boldsymbol{F}$ 可用相对于 $Oxyz$ 各轴的投影 F_x、F_y、F_z 表示为

$$\boldsymbol{F} = F_x \boldsymbol{i} + F_y \boldsymbol{j} + F_z \boldsymbol{k} \tag{2.2.1}$$

式中，$(\boldsymbol{i}, \boldsymbol{j}, \boldsymbol{k})$ 称为基矢量。

各轴的投影等于力矢量与该轴基矢量的标积：

$$\begin{cases} F_x = \boldsymbol{F} \cdot \boldsymbol{i} = F\cos(\boldsymbol{F}, \boldsymbol{i}) \\ F_y = \boldsymbol{F} \cdot \boldsymbol{j} = F\cos(\boldsymbol{F}, \boldsymbol{j}) \\ F_z = \boldsymbol{F} \cdot \boldsymbol{k} = F\cos(\boldsymbol{F}, \boldsymbol{k}) \end{cases} \tag{2.2.2}$$

式中，$(\boldsymbol{F}, \boldsymbol{i})$ 等表示括号内二矢量的夹角；F 为 $\boldsymbol{F}$ 的大小。

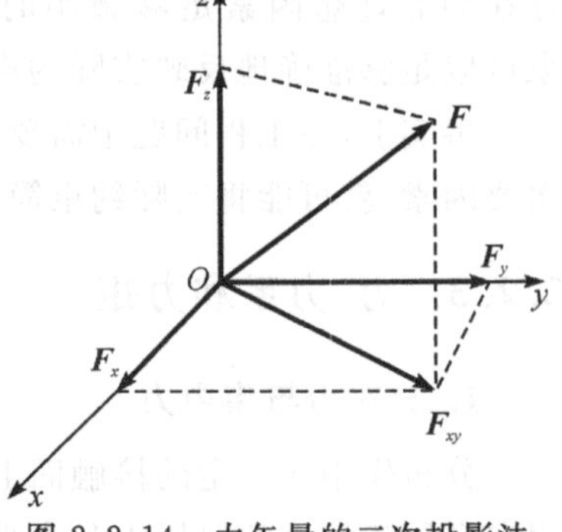

图 2.2.14 力矢量的二次投影法

3. 力对点的矩

当可绕固定点 O 转动的刚体上受到力 $\boldsymbol{F}$ 的作用时，原来静止的刚体将以 $\boldsymbol{F}$ 的作用线与 O 点所组成的平面的法线为轴产生转动趋势，方向取决于力在该平面内的指向，强弱程度取决于力 $\boldsymbol{F}$ 的大小和 O 点到 $\boldsymbol{F}$ 的作用线的垂直距离 h 的乘积。

力对点的矩在日常生活中随处可见，例如用球铰链连接的汽车反镜(图 2.2.15)和汽车操纵杆(图 2.2.4)、扳手(图 2.2.16)等，都是力对点之矩的实例。

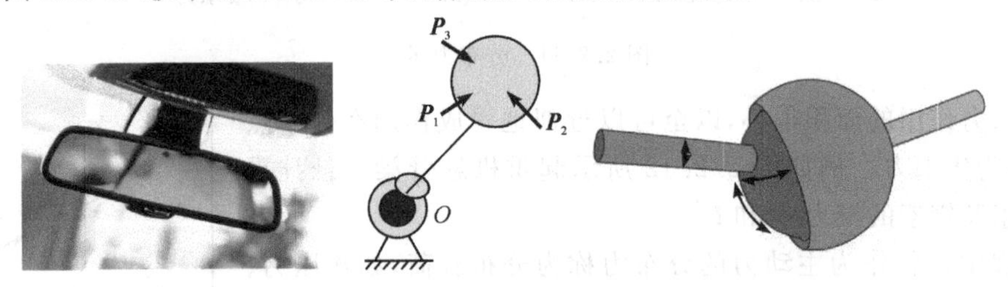

(a) 反镜实物图　(b) 力 $\boldsymbol{P}_1$、$\boldsymbol{P}_2$、$\boldsymbol{P}_3$ 对汽车反镜绕球铰链 O 点产生不同的力矩　(c) 不同力矩对 O 点的转动效应不同

图 2.2.15 汽车反镜中力对点的矩

为了衡量力对刚体绕固定点转动的作用效果，建立了力对点的矩。如图 2.2.17 所示，设 O 为空间的任意确定点，自 O 至力 $\boldsymbol{F}$ 的作用点 A 引矢径 $\boldsymbol{r}$，则 $\boldsymbol{r}$ 和 $\boldsymbol{F}$ 的矢积称为 $\boldsymbol{F}$ 对 O 点之矩(力矩) $\boldsymbol{M}_O(\boldsymbol{F})$：

$$\boldsymbol{M}_O(\boldsymbol{F}) = \boldsymbol{r} \times \boldsymbol{F} \tag{2.2.3}$$

力矩矢量的大小为

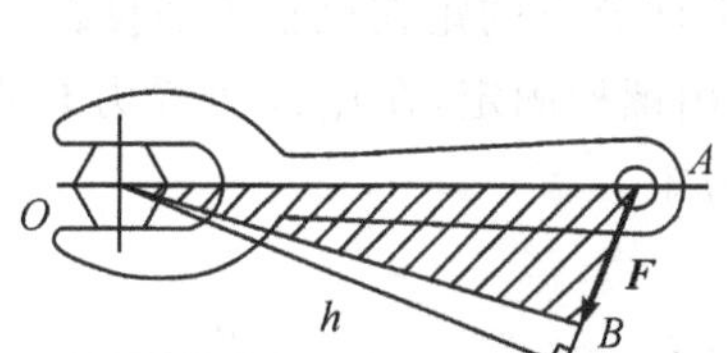

图 2.2.16　扳手中力对点的矩

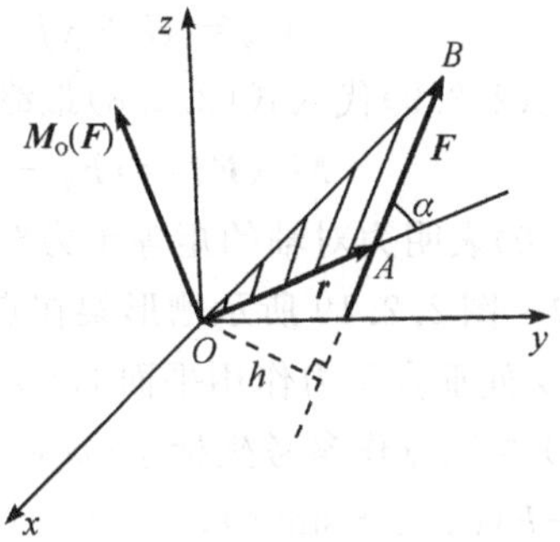

图 2.2.17　力对点的矩的大小和方向

$$|\boldsymbol{M}_O(\boldsymbol{F})| = |\boldsymbol{r} \times \boldsymbol{F}| = Fr\sin\alpha = Fh \tag{2.2.4}$$

力矩矢量的方向按照右手螺旋法则,即 $\boldsymbol{r}\times\boldsymbol{F}$ 的方向。

力矩矢量全面地表达了力对绕定点转动刚体的转动效应,点 O 称为矩心。力矩矢量的大小和方向都与矩心 O 的位置有关,因此力矩是一个定位矢量,其始端必须放在矩心上。可将大小、方向和矩心看作是力矩的三要素。矩心相同的两个力矩矢量可按平行四边形法则合成。

力矩矢量的计算:以 O 为原点建立直角坐标系 $Oxyz$,$\boldsymbol{F}$ 和 $\boldsymbol{r}$ 分别表示为

$$\boldsymbol{F} = F_x\boldsymbol{i} + F_y\boldsymbol{j} + F_z\boldsymbol{k}, \quad \boldsymbol{r} = x\boldsymbol{i} + y\boldsymbol{j} + z\boldsymbol{k} \tag{2.2.5}$$

根据矢积算法可得对点 O 的力矩矢量 $\boldsymbol{M}_O(\boldsymbol{F})$ 为

$$\boldsymbol{M}_O(\boldsymbol{F}) = \begin{vmatrix} \boldsymbol{i} & \boldsymbol{j} & \boldsymbol{k} \\ x & y & z \\ F_x & F_y & F_z \end{vmatrix} = (yF_z - zF_y)\boldsymbol{i} + (zF_x - xF_z)\boldsymbol{j} + (xF_y - yF_x)\boldsymbol{k} \tag{2.2.6}$$

式中,单位基矢量 $\boldsymbol{i}$、$\boldsymbol{j}$、$\boldsymbol{k}$ 前的 3 个系数分别表示力矩矢量在 3 个坐标轴上的投影,即

$$\begin{cases} M_{Ox} = yF_z - zF_y \\ M_{Oy} = zF_x - xF_z \\ M_{Oz} = xF_y - yF_x \end{cases} \tag{2.2.7}$$

4. 力对轴的矩

为了衡量力对刚体绕固定轴转动的作用效果,需要建立力对轴的矩的概念。力对轴的矩定义为:通过矩心 O 点作一 z 轴,则力 $\boldsymbol{F}$ 对 z 轴的矩等于力 $\boldsymbol{F}$ 在垂直于 z 轴的平面上的投影对轴和平面的交点 O 的矩。

如图 2.2.18 所示,力 $\boldsymbol{F}$ 对 z 轴的矩 $M_z(\boldsymbol{F})$ 定义为 $\boldsymbol{r}_{xy}$ 和 $\boldsymbol{F}_{xy}$ 的矢积在 z 轴上的投影,即

$$M_z(\boldsymbol{F}) = (\boldsymbol{r}_{xy} \times \boldsymbol{F}_{xy}) \cdot \boldsymbol{k} \tag{2.2.8}$$

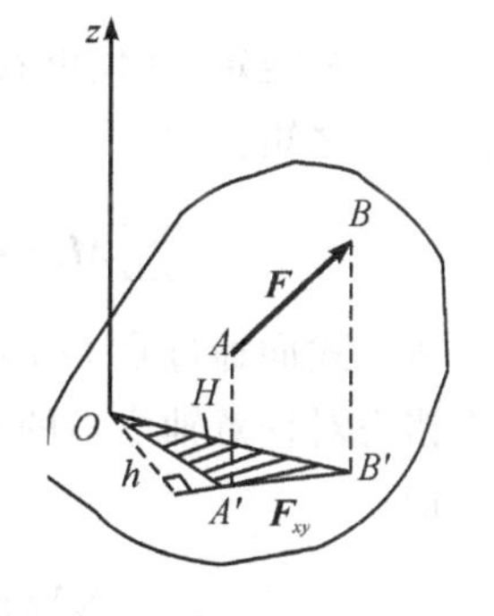

图 2.2.18　力对轴的矩示意图

力沿其作用线滑动时,力对轴的矩不变。力与轴共面时,力对轴的矩为 0。由于

$$\boldsymbol{r}_{xy}=x\boldsymbol{i}+y\boldsymbol{j} \quad 且 \quad \boldsymbol{F}_{xy}=F_x\boldsymbol{i}+F_y\boldsymbol{j} \tag{2.2.9}$$

因此将式(2.2.9)代入式(2.2.8)最终可得力对轴的矩 $M_z(\boldsymbol{F})$ 为

$$M_z(\boldsymbol{F})=xF_y-yF_x=M_{Oz}=(\boldsymbol{r}\times\boldsymbol{F})\cdot\boldsymbol{k} \tag{2.2.10}$$

式(2.2.10)表明力对轴的矩等于力对该轴上任意点的矩在该轴上的投影。

例 2.2.2 图 2.2.19 所示槽形架在点 O 处用螺栓固定,在点 A 处受力 $\boldsymbol{F}$ 作用。求力 $\boldsymbol{F}$ 对危险界面 O 处垂直于力作用平面的 Oz 轴的力矩。

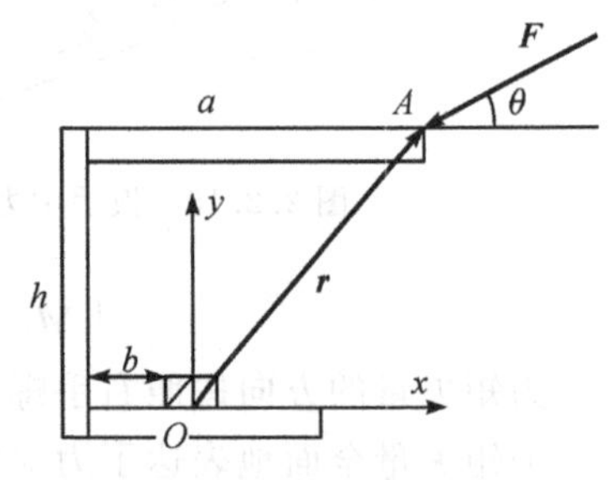

图 2.2.19 例 2.2.2 示意图

解: 以 O 为原点作参考坐标系 $Oxyz$,则

$$\boldsymbol{F}=-F(\cos\theta\boldsymbol{i}+\sin\theta\boldsymbol{j}),\quad \boldsymbol{r}=(a-b)\boldsymbol{i}+h\boldsymbol{j}$$

先计算力 $\boldsymbol{F}$ 对点 O 的矩 $\boldsymbol{M}_O(\boldsymbol{F})$ 为

$$\boldsymbol{M}_O(\boldsymbol{F})=\boldsymbol{r}\times\boldsymbol{F}=-F\begin{vmatrix}\boldsymbol{i} & \boldsymbol{j} & \boldsymbol{k}\\ a-b & h & 0\\ \cos\theta & \sin\theta & 0\end{vmatrix}$$

$$=F(h\cos\theta-(a-b)\sin\theta)\boldsymbol{k}$$

则 $\boldsymbol{F}$ 对 Oz 轴的矩 $M_z(\boldsymbol{F})$ 为

$$M_z(\boldsymbol{F})=F(h\cos\theta-(a-b)\sin\theta)$$

5. 汇交力系及其对点的矩

将作用线汇交于一点的力系称为汇交力系。汇交力系可用多边形法则合成(图 2.2.20),简化后的合力 $\boldsymbol{F}$ 可写成矢量求和形式:

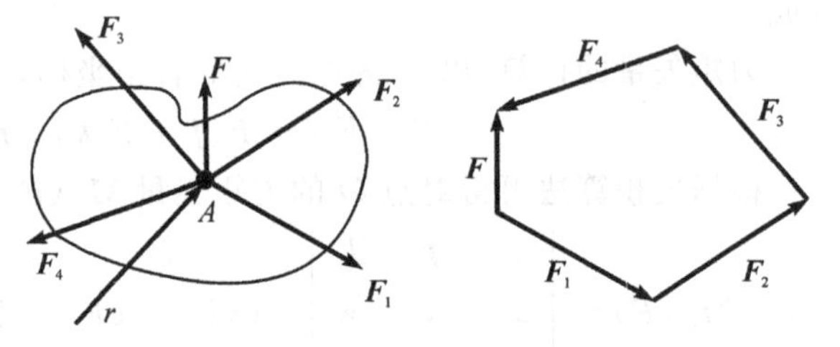

图 2.2.20 汇交力系的合成示意图

$$\boldsymbol{F}=\sum_{i=1}^{n}\boldsymbol{F}_i \tag{2.2.11}$$

若此力系为平衡力系,则合力为零。力多边形封闭是汇交力系平衡的充分必要条件。汇交力系的合力在某轴上的投影等于力系诸力在同一轴上投影的代数和:

$$F_x=\sum_{i=1}^{n}F_{ix},\quad F_y=\sum_{i=1}^{n}F_{iy},\quad F_z=\sum_{i=1}^{n}F_{iz} \tag{2.2.12}$$

合力之矩定理(伐里农定理):汇交力系诸力对任意点之矩的矢量和等于该力系的合力对同一点之矩。即

$$\sum_{i=1}^{n}\boldsymbol{M}_O(\boldsymbol{F}_i)=\sum_{i=1}^{n}\boldsymbol{r}\times\boldsymbol{F}_i=\boldsymbol{r}\times\sum_{i=1}^{n}\boldsymbol{F}_i=\boldsymbol{r}\times\boldsymbol{F}=\boldsymbol{M}_O(\boldsymbol{F}) \tag{2.2.13}$$

将上式向通过点 O 的任意轴 z 投影,可以得出结论:汇交力系诸力对任意轴之矩的代数和等于该力系的合力对同一轴之矩。即

$$\sum_{i=1}^{n}M_z(\boldsymbol{F}_i)=M_z(\boldsymbol{F}) \tag{2.2.14}$$

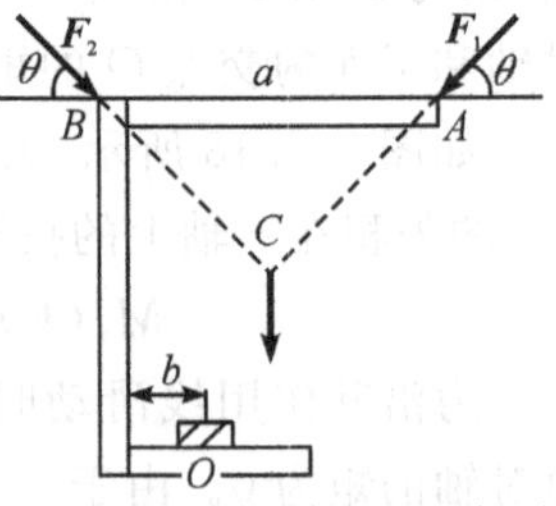

图 2.2.21 例 2.2.3 示意图

例 2.2.3 如图 2.2.21 所示,槽形架在点 A、B 处分别受对称分布的倾斜角为 θ 的力 $\boldsymbol{F}_1$ 和 $\boldsymbol{F}_2$ 的作用,$\boldsymbol{F}_1$ 和 $\boldsymbol{F}_2$ 的大小均

为 F。求此力系对 Oz 轴的力矩。

解: $\boldsymbol{F}_1$ 和 $\boldsymbol{F}_2$ 汇交于点 C,其合力 $\boldsymbol{F}=\boldsymbol{F}_1+\boldsymbol{F}_2$ 沿垂直方向。利用合力之矩定理算出此力系对 Oz 轴的力矩为

$$\sum_{i=1}^{2} M_{Oz}(\boldsymbol{F}_i)=M_{Oz}(\boldsymbol{F})=2F\sin\theta\left(\frac{a}{2}-b\right)$$

6. 平行力系及其对点的矩

将作用线互相平行的力系称为平行力系。任意平行力系在一般情况下也可看成是作用线交于无穷远的汇交力系,其中心位置称为力心。平行力系诸力的大小和作用点保持不变,作用线沿相同方向转动任意角后得到的新平行力系的合力作用线与原力系合力作用线的交点,即平行力系的力心。

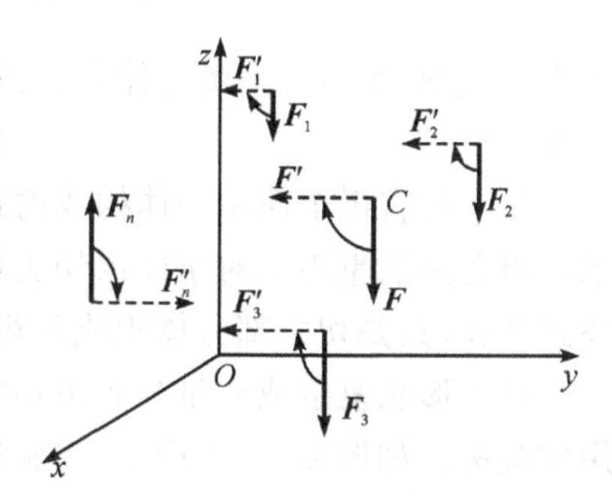

图 2.2.22 平行力系的力心

根据合力之矩定理计算平行力系的力心:如图 2.2.22 所示,以 O 为原点建立直角坐标系,使 z 轴与力系作用线平行,设力系诸力 $\boldsymbol{F}_i$ 的作用点和力系的力心相对 O 的矢径分别为

$$\boldsymbol{r}_i=[x_i \quad y_i \quad z_i]^{\mathrm{T}}, \quad \boldsymbol{r}_C=[x_C \quad y_C \quad z_C]^{\mathrm{T}} \tag{2.2.15}$$

先令诸力作用线与 z 轴平行,求合力对 y 轴和 z 轴之矩:

$$Fx_C=\sum_{i=1}^{n}F_i x_i, \quad Fy_C=\sum_{i=1}^{n}F_i y_i \tag{2.2.16}$$

再将力系绕负 x 轴转动 90°,使诸力作用线与 y 轴平行,转动后的诸力和合力对 x 轴之矩为

$$Fz_C=\sum_{i=1}^{n}F_i z_i \tag{2.2.17}$$

由式(2.2.15)～式(2.2.17)求得平行力系的力心 C 的坐标为

$$x_C=\sum_{i=1}^{n}\frac{F_i x_i}{F}, \quad y_C=\sum_{i=1}^{n}\frac{F_i y_i}{F}, \quad z_C=\sum_{i=1}^{n}\frac{F_i z_i}{F} \tag{2.2.18}$$

或其矢量形式

$$\boldsymbol{r}_C=\sum_{i=1}^{n}\frac{F_i \boldsymbol{r}_i}{F} \tag{2.2.19}$$

可见若 $F=0$,式(2.2.18)和式(2.2.19)无意义,这时平行力系的合力及力心均不存在。

利用平行力系的简化计算物体的重心(分割法):将任意物体分割为无数微元,每个微元的重力和在 $Oxyz$ 直角坐标系下的作用点分别为 $\Delta \boldsymbol{W}_i$ 和 $P_i=(x_i,y_i,z_i)$。这些重力可组成一个汇交于地球中心的汇交力系。由于地球半径远远大于物体尺度,该汇交点可近似地看作是无穷远点,因此可近似认为这些重力组成一同向的平行力系。此平行力系的力心称为物体的重心。

如图 2.2.23 所示,设物体的重力为 $\sum_i \Delta W_i=W$,重心 C 的坐标为(x_C,y_C,z_C),根据平行力系的力心公式可导出物体的重心公式:

$$x_C=\sum_i\frac{\Delta W_i x_i}{W},\quad y_C=\sum_i\frac{\Delta W_i y_i}{W},\quad z_C=\sum_i\frac{\Delta W_i z_i}{W} \tag{2.2.20}$$

在微元体数目无限增大的极限情况下，式(2.2.20)可改用体积分表示为

$$x_C=\frac{\int_V \rho g x\,\mathrm{d}V}{\int_V \rho g\,\mathrm{d}V},\quad y_C=\frac{\int_V \rho g y\,\mathrm{d}V}{\int_V \rho g\,\mathrm{d}V},\quad z_C=\frac{\int_V \rho g z\,\mathrm{d}V}{\int_V \rho g\,\mathrm{d}V} \tag{2.2.21}$$

式中，ρ 为密度，$\mathrm{d}V$ 为微元体积。当密度为常数，重心完全取决于物体的几何形状，故重心又称为形心。

对于由若干个简单形体构成的组合体，若简单几何形体的重心已知，则可用分割法公式求出组合体的重心。对于体内切去一部分(若有空穴或孔)的物体，其重心仍可利用分割法公式计算，只是切去部分体积或面积的重心数值应取负值，称为负体积法或负面积法。

对于形状复杂或质量分布不均匀的物体，用计算法求重心非常困难，工程实际中往往采用实验法。如图 2.2.24 所示，实验法通常包括悬挂法和称重法。

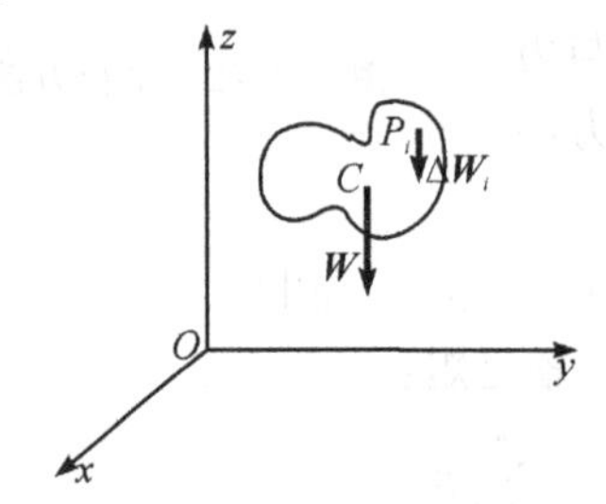

图 2.2.23　利用平行力系计算物体的重心

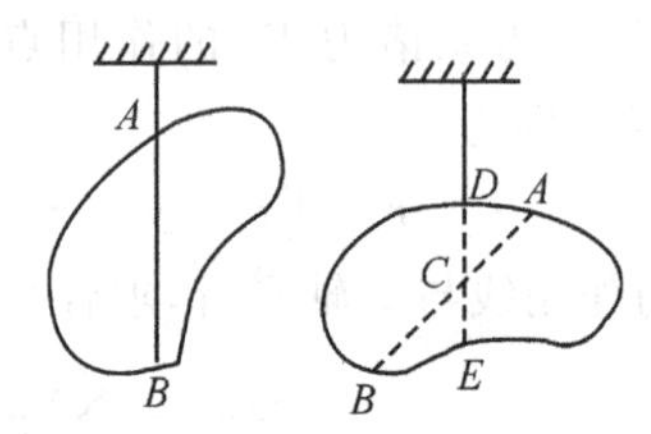

图 2.2.24　用悬挂法求重心

例 2.2.4　如图 2.2.25 所示，求半径为 r 的半球体的形心 C 与球心 O 的距离。

解： 由对称性可知，形心 C 必在对称轴 Oz 上。将半球体分割成无数个厚度为 $\mathrm{d}z$ 的圆盘，其体积为

$$\mathrm{d}V=\pi(r^2-z^2)\mathrm{d}z$$

由形心公式(2.2.21)可得

$$z_C=\frac{\int_0^r z\pi(r^2-z^2)\mathrm{d}z}{\int_0^r \pi(r^2-z^2)\mathrm{d}z}=\frac{\frac{1}{4}\pi r^4}{\frac{2}{3}\pi r^3}=\frac{3}{8}r$$

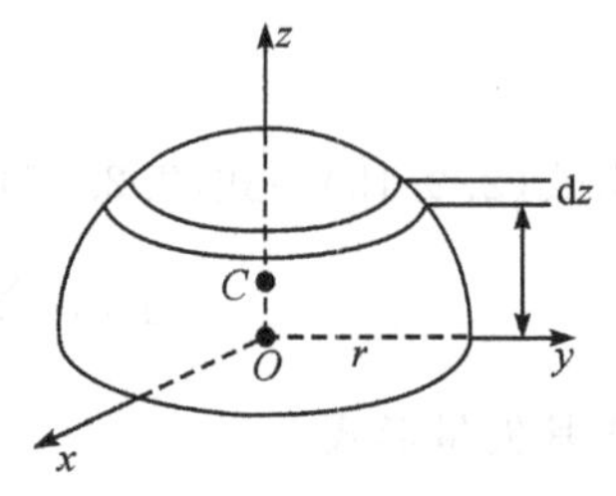

图 2.2.25　例 2.2.4 示意图

例 2.2.5　如图 2.2.26 所示，振动打桩机中的偏心块如图所示，其中 $r_1=100$ mm、$r_2=30$ mm、$r_3=17$ mm，求此偏心块的重心位置。

解： 根据偏心块的对称性可知其重心 C 在对称轴 y 上。使用分割法和负面积法，将图形分为两个半圆 A_1、A_2 和一个整圆 A_3，各分图形的面积和形心的坐标为

$$A_1=\frac{1}{2}\pi r_1^2,\quad A_2=\frac{1}{2}\pi r_2^2,\quad A_3=-\pi r_3^2$$

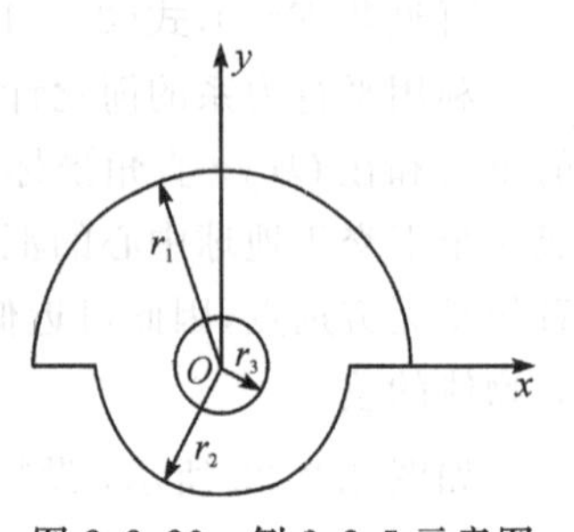

图 2.2.26　例 2.2.5 示意图

$$y_1=\frac{1}{A_1}\int_0^{r_1}2y\sqrt{r_1^2-y^2}\,\mathrm{d}y=\frac{4r_1}{3\pi},$$

$$y_2=\frac{1}{A_2}\int_{-r_2}^{0}2y\sqrt{r_2^2-y^2}\,\mathrm{d}y=-\frac{4r_2}{3\pi}$$

$$y_3=0$$

由形心公式(2.2.21)最终可得:

$$y_C=\frac{A_1y_1+A_2y_2+A_3y_3}{A_1+A_2+A_3}=42.7\ \text{mm}$$

7. 力偶及力偶矩

力偶的定义:大小相等、方向相反、作用线平行但不重合的两个力组成的特殊平行力系。例如图 2.2.27 所示拧水龙头或司机驾驶汽车时,两手施加于方向盘的力 $\boldsymbol{F}$ 和 $\boldsymbol{F}'$ 组成一个力偶。

由于 $\boldsymbol{F}$ 与 $\boldsymbol{F}'$ 的投影之和为零,因此力偶不存在合力。由于作用线不重合,力偶不可能成为平衡力系。因此力偶对刚体的作用不可能与一个力等效。和单个力类似,力偶也是一种不可能再简化的简单力系。它的作用效果是改变刚体的转动状态或引起变形体扭曲。

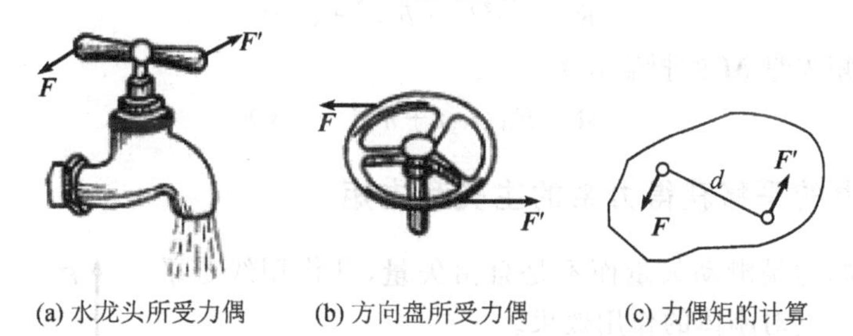

图 2.2.27　力偶示意图

力偶对点的矩:如图 2.2.28 所示,任意选定空间中确定点 O,自 O 至 $\boldsymbol{F}$ 和 $\boldsymbol{F}'$ 的作用点 A、B 引矢径 $\boldsymbol{r}_A$ 和 $\boldsymbol{r}_B$,自 B 至 A 引矢径 $\boldsymbol{r}$,则力偶对点 O 之矩 $\boldsymbol{M}$ 的大小和方向由下式确定:

$$\begin{aligned}\boldsymbol{M}&=\boldsymbol{r}_A\times\boldsymbol{F}+\boldsymbol{r}_B\times\boldsymbol{F}'=\boldsymbol{r}_A\times\boldsymbol{F}+\boldsymbol{r}_B\times(-\boldsymbol{F})\\&=(\boldsymbol{r}_A-\boldsymbol{r}_B)\times\boldsymbol{F}=\boldsymbol{r}\times\boldsymbol{F}\end{aligned}\tag{2.2.22}$$

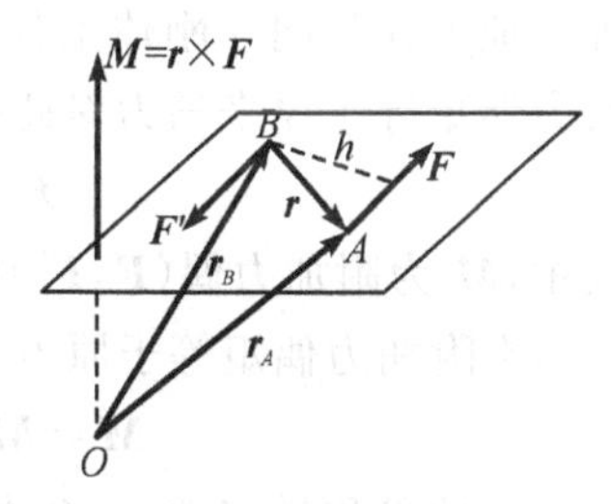

图 2.2.28　力偶对点的矩

式(2.2.22)表明:力偶对任意点之矩恒等于矢积 $\boldsymbol{M}=\boldsymbol{r}\times\boldsymbol{F}$,与矩心位置无关。

力偶对刚体的作用效果完全取决于力偶矩矢量。既然力偶的作用效果与矩心无关,则作用于同一刚体的力偶,当力偶矩矢量沿所在直线任意滑动或任意平移时,必不影响力偶对刚体的作用效果。因此,作用于同一刚体的力偶矩矢量是一自由矢量。

两力作用线所决定的平面称为力偶作用面;两力作用线的垂直距离称为力偶臂。力偶矩的大小等于力偶的力与力偶臂的乘积,力偶矩的单位与力矩的单位相同。力偶矩的方位垂直于力偶所在的平面。力偶矩矢量的指向符合右手螺旋定则。力偶的三要素:力偶矩的大小、作用面的方位、力偶的转动方向。

力偶的等效性：在保持力偶的方向和力偶矩大小不变的条件下，在力偶作用面内随意改变力的方向，或同时改变力和力偶臂的大小，或将力偶作用面平行移动，都不影响力偶对刚体的作用效果。

刚体上同时作用的一组力偶称为力偶系。任何力偶系都可以用几何法（多边形法则）或分析法（投影法）计算矢量和，最终得到与原力偶系等效的一个力偶，称为力偶系的合力偶。

例 2.2.6 如图 2.2.29 所示，平面 Π 在各坐标轴上的截距分别为 a、b、c，此平面上作用一力偶矩为 $\boldsymbol{M}=\boldsymbol{F}a$ 的力偶，写出力偶矩矢量 $\boldsymbol{M}$ 的投影式。

解：利用截矩表示平面 Π 的数学表达式为

$$F(x,y,z)=\frac{x}{a}+\frac{y}{b}+\frac{z}{c}-1=0$$

利用平面 Π 法线的方向数，可获得法线相对于 $Oxyz$ 各轴的方向余弦：

$$n_x=\frac{bc}{R},\quad n_y=\frac{ca}{R},\quad n_z=\frac{ab}{R}$$

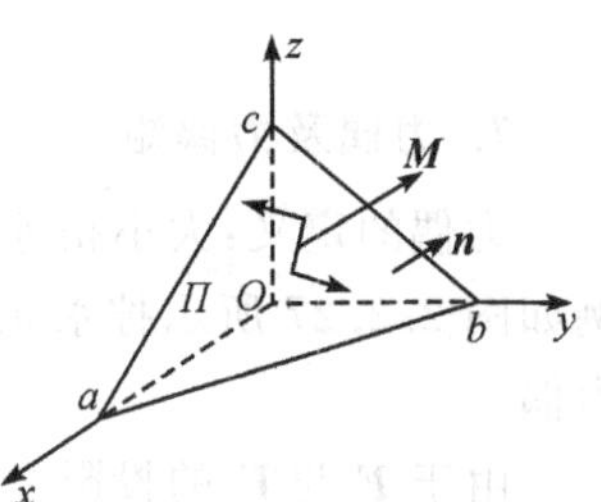

图 2.2.29 例 2.2.6 示意图

式中，归一化因子 R 为

$$R=\sqrt{a^2b^2+b^2c^2+c^2a^2}$$

因此，力偶矩矢量 $\boldsymbol{M}$ 的投影式为

$$\boldsymbol{M}=Fa(n_x\boldsymbol{i}+n_y\boldsymbol{j}+n_z\boldsymbol{k})$$

2.2.4 通过力的平移获得力系的主矢和主矩

与力偶不同，力是滑动矢量而不是自由矢量，其作用线若平行移动，就会改变它对刚体的作用效果。

力的平移定理：如图 2.2.30 所示，作用于刚体上的力，可以等效地平移到同一刚体上任一指定点，但必须同时附加一力偶，其力偶矩等于原来的力对此指定点的矩。即

$$\boldsymbol{F}\Leftrightarrow(\boldsymbol{F}',\ \boldsymbol{M}) \tag{2.2.23}$$

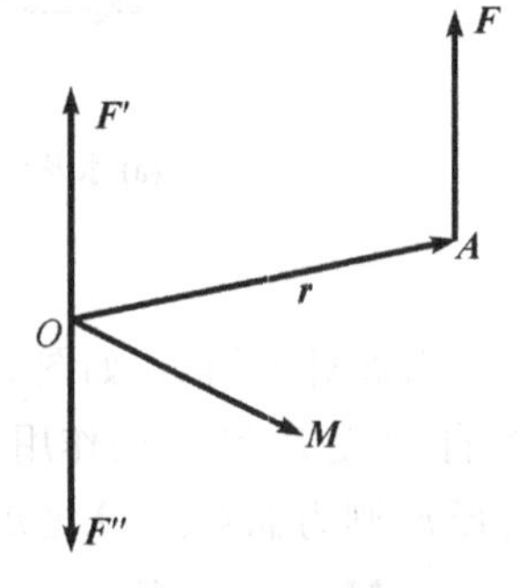

图 2.2.30 力的平移定理

式中，$\boldsymbol{M}$ 为附加力偶（$\boldsymbol{F}$，$\boldsymbol{F}''$）的力偶矩矢量。令 O 至 A 的矢径为 $\boldsymbol{r}$，那么附加力偶矩等于原力 $\boldsymbol{F}$ 对平移点 O 的力矩：

$$\boldsymbol{M}=\boldsymbol{M}_O(\boldsymbol{F})=\boldsymbol{r}\times\boldsymbol{F} \tag{2.2.24}$$

力的平移逆定理：一个力与一个垂直于力作用线的力偶合成为一个力，其大小和方向与原力相同，但作用线平移。平移方向为该力与力偶的矢积方向。平移距离为力偶矩的大小与力的大小之比。若用位移矢径 $\boldsymbol{r}$ 表示作用线的平移，则：

$$\boldsymbol{r}=\frac{\boldsymbol{F}'\times\boldsymbol{M}}{(F')^2} \tag{2.2.25}$$

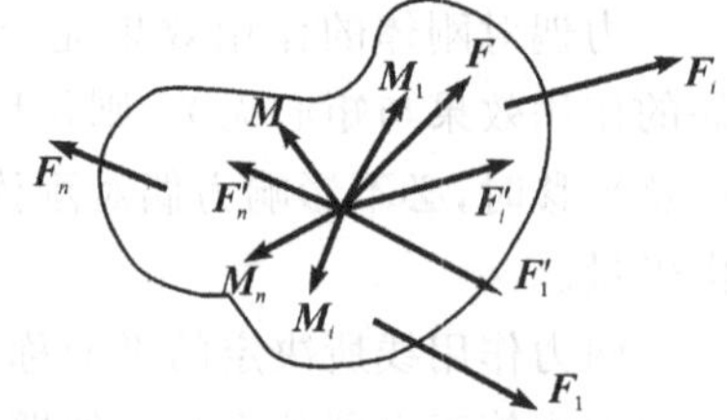

图 2.2.31 通过力的平移获得力系的主矢和主矩

如图 2.2.31 所示，设刚体上受到由 n 个力组成的空间一般力系（$\boldsymbol{F}_1$，$\boldsymbol{F}_2$，…，$\boldsymbol{F}_n$）的作用，O 为空间中任意确定点。将力系诸力的作用点都移到 O 点上，并相应地各

增加一个附加力偶,得到的等效力系为 n 个力组成的汇交力系和 n 个附加力偶组成的力系:

$$(\boldsymbol{F}_1,\boldsymbol{F}_2,\cdots,\boldsymbol{F}_n)\Leftrightarrow(\boldsymbol{F}'_1,\boldsymbol{F}'_2,\ldots,\boldsymbol{F}'_n,\boldsymbol{M}_1,\boldsymbol{M}_2,\cdots,\boldsymbol{M}_n) \tag{2.2.26}$$

分别计算上述汇交力系的合力和力偶系的合力偶矩,记作

$$\boldsymbol{F}=\sum_{i=1}^{n}\boldsymbol{F}'_i=\sum_{i=1}^{n}\boldsymbol{F}_i,\quad \boldsymbol{M}=\sum_{i=1}^{n}\boldsymbol{M}_i=\sum_{i=1}^{n}\boldsymbol{M}_O(\boldsymbol{F}_i) \tag{2.2.27}$$

那么,力系简化为一个力 $\boldsymbol{F}$ 和一个力偶矩为 $\boldsymbol{M}$ 的力偶的组合,即

$$(\boldsymbol{F}_1,\boldsymbol{F}_i,\cdots,\boldsymbol{F}_n)\Leftrightarrow(\boldsymbol{F},\boldsymbol{M}) \tag{2.2.28}$$

O 称为简化中心;$\boldsymbol{F}$ 称为力系的主矢;$\boldsymbol{M}$ 称为力系对于简化中心 O 的主矩。

力的主矢和主矩:力系在一般情况下可以简化为在任意选定的简化中心上作用的一个力及一个力偶,对应的力矢量及力偶矩矢量分别称为力系的主矢及对于简化中心的主矩。

注意:力系主矢的大小和方向保持不变,而一般情况下力系的主矩随简化中心的不同而改变。设 O'是与 O 不同的另一简化中心,则

$$(\boldsymbol{F},\boldsymbol{M}')\Leftrightarrow(\boldsymbol{F},\boldsymbol{M}+\boldsymbol{r}\times\boldsymbol{F}) \tag{2.2.29}$$

式中,$\boldsymbol{M}'$是力系对点 O'简化的主矩;$\boldsymbol{r}$ 为 O'至 O 的矢径。由式(2.2.29)可得同一力系对不同简化中心的主矩之间的关系:

$$\boldsymbol{M}'=\boldsymbol{M}+\boldsymbol{r}\times\boldsymbol{F} \tag{2.2.30}$$

因此,除 $\boldsymbol{r}\times\boldsymbol{F}=0$ 的特殊情形外,一般情况下 $\boldsymbol{M}'\neq\boldsymbol{M}$。

空间一般力系的合力之矩定理:空间一般力系诸力对任意点 O'之矩的矢量和等于该力系向点 O 简化的主矢 $\boldsymbol{F}$ 对点 O'之矩与主矩 $\boldsymbol{M}$ 的矢量和,即

$$\sum_{i=1}^{n}\boldsymbol{M}_{O'}(\boldsymbol{F}_i)=\boldsymbol{M}+\boldsymbol{M}_{O'}(\boldsymbol{F}) \tag{2.2.31}$$

在主矩为零的特殊条件下,主矢成为力系的合力,此时的空间一般力系的合力之矩定理简化为:空间一般力系诸力对任意点之矩的矢量和等于该力系的合力(若该力系存在合力)对同一点之矩,即

$$\sum_{i=1}^{n}\boldsymbol{M}_{O'}(\boldsymbol{F}_i)=\boldsymbol{M}_{O'}(\boldsymbol{F}) \tag{2.2.32}$$

当两个力系的主矢对同一点的主矩相等时,该力系必等效。

例 2.2.7　如图 2.2.32 所示,槽形架在 C、D 两点处作用有大小均为 600 N 的水平力 $\boldsymbol{F}_1$ 和垂直力 $\boldsymbol{F}_2$,且受到力偶矩为 400 N·m 的力偶 M 作用,作用点位置如图所示,$l=1$ m,点 A 与点 O 的距离为 $b=0.5$ m。求此力系向点 A 的简化结果以及对点 O 的力矩之和。

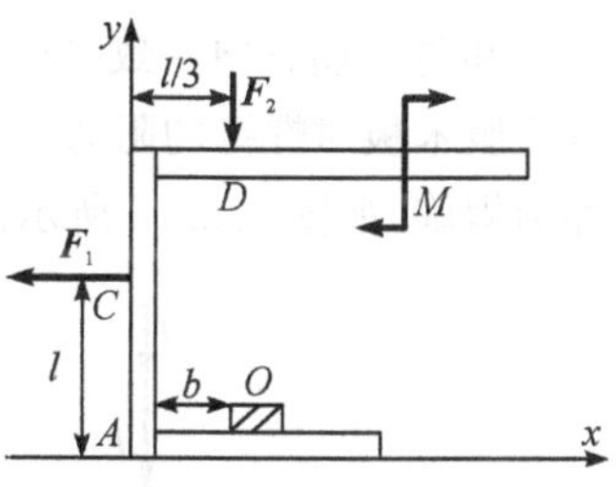

图 2.2.32　例 2.2.7 示意图

解: 以点 A 为原点建立 $Axyz$ 坐标系,将 $\boldsymbol{F}_1$ 和 $\boldsymbol{F}_2$ 向点 A 简化,得到主矢 $\boldsymbol{F}$ 和主矩$\boldsymbol{M}_A$ 为

$$\boldsymbol{F}=-F_1\boldsymbol{i}-F_2\boldsymbol{j}=-600(\boldsymbol{i}+\boldsymbol{j})$$

$$\boldsymbol{M}_A=\left(\boldsymbol{F}_1 l-\frac{1}{3}\boldsymbol{F}_2 l-\boldsymbol{M}\right)\boldsymbol{k}=0$$

再利用合力之矩定理,力系对点 O 力矩之和等于合力对点 O 的矩,则有

$$\boldsymbol{M}_O(\boldsymbol{F}_1)+\boldsymbol{M}_O(\boldsymbol{F}_2)=\boldsymbol{M}_O(\boldsymbol{F})=-b\boldsymbol{i}\times\boldsymbol{F}=300\ \text{kN}\cdot\text{m}$$

2.2.5 力系的简化

空间任意力系向任意一点简化，一般得一个主矢和一个主矩，但可能有以下 4 种情况：

(1)当 $\boldsymbol{F}=0$、$\boldsymbol{M}=0$，空间力系为平衡力系。

(2)当 $\boldsymbol{F}\neq0$、$\boldsymbol{M}=0$，此时力系简化为一个合力，则合力的作用线通过简化中心，合力的大小与方向由力系主矢决定。

(3)当 $\boldsymbol{F}=0$、$\boldsymbol{M}\neq0$，原力系简化为一个合力偶，其力偶矩等于原力系对简化中心的主矩。在这一特殊情况下，力系对任意简化中心的主矩是一衡量。

(4)当 $\boldsymbol{F}\neq0$、$\boldsymbol{M}\neq0$，再细分为两种情况。

如图 2.2.33 所示，当 $\boldsymbol{M}\cdot\boldsymbol{F}=0$ 时，$\boldsymbol{F}$ 与 $\boldsymbol{M}$ 互相垂直，根据力作用线平移的逆过程，最终可简化为一个合力 $\boldsymbol{F}'$。合力的作用线通过另一简化中心 O'，O'相对 O 的矢径为

$$\boldsymbol{r}_{O'}=\frac{\boldsymbol{F}'\times\boldsymbol{M}}{(F')^2}\tag{2.2.33}$$

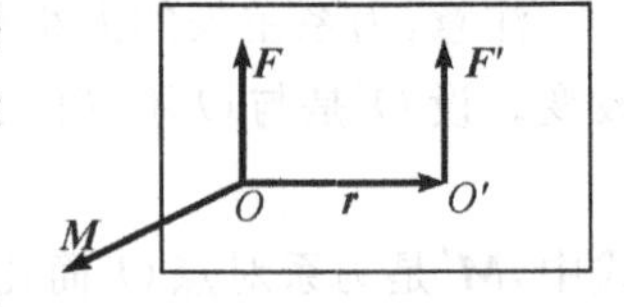

图 2.2.33 $\boldsymbol{F}$ 与 $\boldsymbol{M}$ 相互垂直

如图 2.2.34 所示，当 $\boldsymbol{M}\cdot\boldsymbol{F}\neq0$ 时，可将主矩 $\boldsymbol{M}$ 分解为沿力作用线方向的 $\boldsymbol{M}'$ 和垂直于力作用线的 $\boldsymbol{M}''$，其中 $\boldsymbol{M}'$ 可由下式计算：

$$\boldsymbol{M}'=\frac{(\boldsymbol{M}\cdot\boldsymbol{F})\boldsymbol{F}}{F^2}\tag{2.2.34}$$

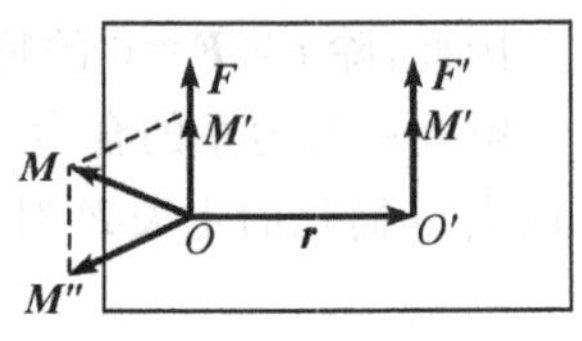

图 2.2.34 $\boldsymbol{F}$ 与 $\boldsymbol{M}$ 不垂直

由于 $\boldsymbol{F}$ 和 $\boldsymbol{M}\cdot\boldsymbol{F}$ 是两个不变量，因此 $\boldsymbol{M}'$ 也不随简化中心的不同而改变。

由于 $\boldsymbol{F}\times\boldsymbol{M}''=\boldsymbol{F}\times\boldsymbol{M}$，因此根据力的平移逆定理，可选择新的简化中心 O' 将 $\boldsymbol{M}''$ 和 $\boldsymbol{F}$ 合成为一个作用线通过 O' 的力 $\boldsymbol{F}'$，从而将力系简化为一个力 $\boldsymbol{F}'$ 和一个沿力作用的力偶 $\boldsymbol{M}'$。这个由力 $\boldsymbol{F}'$ 和力偶 $\boldsymbol{M}'$ 组成的特殊力系称为力螺旋。

力螺旋中力的作用线称为力系的中心轴。力螺旋既不可能与一个力等效，也不可能与一个力偶等效，因此它也是一个最简单的力系。

力和与力偶方向一致($\boldsymbol{M}\cdot\boldsymbol{F}>0$)的力螺旋构成右力螺旋，如图 2.2.35 所示的，拧木螺钉时为克服木板对螺钉的阻力所施加的力和力矩。力和与力偶方向相反($\boldsymbol{M}\cdot\boldsymbol{F}<0$)的力螺旋构成左力螺旋，如图 2.2.36 所示的，空气作用于飞机的右旋螺旋桨上的推进力和阻力矩。

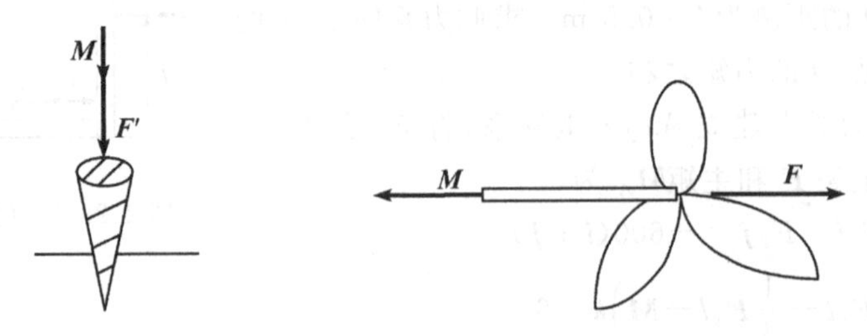

图 2.2.35 右力螺旋举例

图 2.2.36 左力螺旋举例

最终,将空间力系的简化结果汇总为表 2.2.1。

表 2.2.1　空间力系的简化结果汇总

力系向任一点 O 简化的结果			力系简化的最后结果	说明
主矢	主矩			
$F'_R=0$	$M_O=0$		平衡	平衡力系
	$M_O\neq0$		合力偶	此时主矩与简化中心的位置无关
$F'_R\neq0$	$M_O=0$		合力	合力作用线通过简化中心
	$M_O\neq0$	$F'_R\perp M_O$	合力	合力作用线离简化中心 O 的距离为 $d=\dfrac{M_O}{F'_R}$
		$F'_R/\!/M_O$	力螺旋	力螺旋的中心轴通过简化中心
		F'_R 与 M'_O 成 α 角	力螺旋	力螺旋的中心轴离简化中心 O 的距离为 $d=\dfrac{M_O\sin\alpha}{F'_R}$

例 2.2.8　如图 2.2.37 所示,电机重量为 $W=10$ N,转轴上受到力偶矩为 $M=25$ N·m 的力偶 $\boldsymbol{M}$ 作用,重心 C 与支架上点 O 的距离为 $a=0.5$ m,试求其简化结果。

解: 以 O 为原点建立坐标系 $Oxyz$,将重力 $\boldsymbol{W}$ 与力偶 $\boldsymbol{M}$ 向点 O 简化,得到主矢 $\boldsymbol{F}$ 和主矩 $\boldsymbol{M}_O$ 为

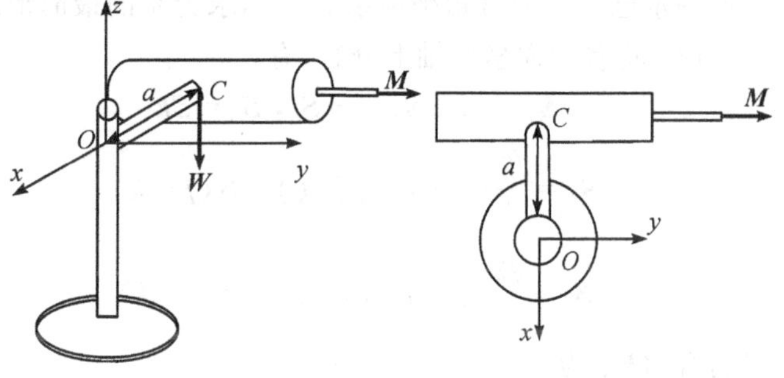

图 2.2.37　例 2.2.8 示意图

$$\boldsymbol{F}=-W\boldsymbol{k},\quad \boldsymbol{M}_O=(M-Wa)\boldsymbol{j}$$

由于 $\boldsymbol{M}_O\cdot\boldsymbol{F}=0$,还可以简化为一个合力 $\boldsymbol{F}'$,其作用点 O' 为

$$\boldsymbol{r}_{O'}=\frac{\boldsymbol{F}\times\boldsymbol{M}_O}{F^2}=\frac{(M-Wa)}{W}\boldsymbol{i}=2\boldsymbol{i}$$

例 2.2.9　如图 2.2.38 所示,边长为 a、b、c 的长方体顶点 A 和 B 处,分别作用有大小均为 F 的力 $\boldsymbol{F}_1$ 和 $\boldsymbol{F}_2$,试求其简化结果。

解: 以 A 为原点建立坐标系,将 $\boldsymbol{F}_1$ 和 $\boldsymbol{F}_2$ 分别用基矢量表示为

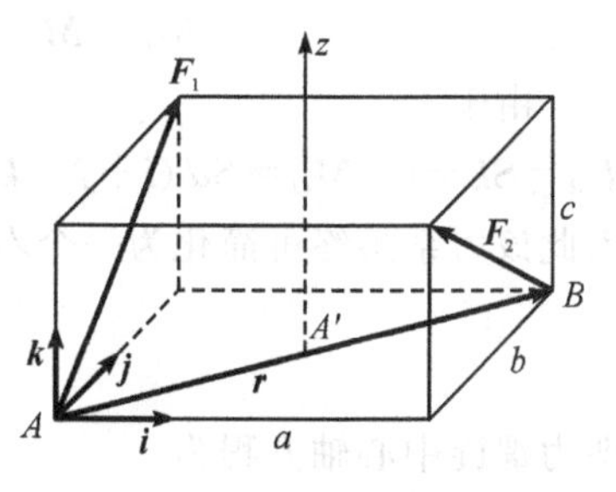

图 2.2.38　例 2.2.9 示意图

$$\boldsymbol{F}_1=\frac{F(b\boldsymbol{j}+c\boldsymbol{k})}{\sqrt{b^2+c^2}},\quad \boldsymbol{F}_2=\frac{F(-b\boldsymbol{j}+c\boldsymbol{k})}{\sqrt{b^2+c^2}}$$

两力作用点 A、B 相对 A 的矢径分别为

$$\boldsymbol{r}_1=0,\quad \boldsymbol{r}_2=\overrightarrow{AB}=a\boldsymbol{i}+b\boldsymbol{j}$$

将两力向点 A 简化，得到的主矢 $\boldsymbol{F}$ 和主矩 $\boldsymbol{M}_A$ 为

$$\boldsymbol{F}=\sum_{i=1}^{2}\boldsymbol{F}_i=\frac{2Fc\boldsymbol{k}}{\sqrt{b^2+c^2}},\quad \boldsymbol{M}_A=\sum_{i=1}^{2}\boldsymbol{r}_i\times\boldsymbol{F}_i=\frac{F(bc\boldsymbol{i}-ac\boldsymbol{j}-ab\boldsymbol{k})}{\sqrt{b^2+c^2}}$$

由于

$$\boldsymbol{M}_A\cdot\boldsymbol{F}=\frac{-2F^2abc}{b^2+c^2}<0$$

因此该力系可以简化为一左力螺旋，力螺旋中的力即 $\boldsymbol{F}$，力偶为

$$\boldsymbol{M}=\frac{(\boldsymbol{M}_A\cdot\boldsymbol{F})\boldsymbol{F}}{F^2}=\frac{-Fab\boldsymbol{k}}{\sqrt{b^2+c^2}}$$

力螺旋的中心轴通过点 A'，A' 相对 A 的矢径为

$$\boldsymbol{r}=\overrightarrow{AA'}=\frac{\boldsymbol{F}\times\boldsymbol{M}_A}{F^2}=\frac{1}{2}a\boldsymbol{i}+\frac{1}{2}b\boldsymbol{j}$$

即 $\boldsymbol{F}_1$ 和 $\boldsymbol{F}_2$ 构成一中心轴为 $A'z$ 轴的左力螺旋。

例 2.2.10 如图 2.2.39 所示，边长为 d 的正方体上作用有 5 个力 $\boldsymbol{S}_1$、$\boldsymbol{S}_2$、$\boldsymbol{S}_3$、$\boldsymbol{S}_4$、$\boldsymbol{S}_5$，它们的方向如图中所示，已知 5 个力的大小分别为：$S_1=S_2=S_3=S$，$S_4=S_5=\sqrt{2}S$。参照图示已建立的直角坐标系 $Oxyz$，求力系的最简形式。

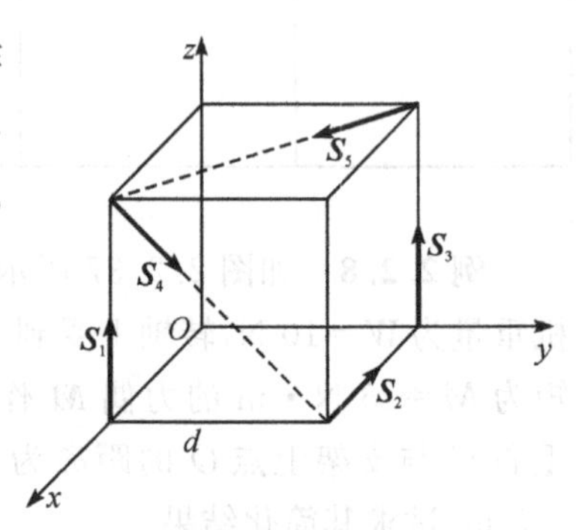

图 2.2.39 例 2.2.10 示意图

解：将各力向坐标轴上分解，有

$$\boldsymbol{S}_1=S\boldsymbol{k},\ \boldsymbol{S}_2=-S\boldsymbol{i},\ \boldsymbol{S}_3=S\boldsymbol{k}$$

$$\boldsymbol{S}_4=\frac{\sqrt{2}}{2}(\sqrt{2}S\boldsymbol{j}-\sqrt{2}S\boldsymbol{k})=S(\boldsymbol{j}-\boldsymbol{k})$$

$$\boldsymbol{S}_5=\frac{\sqrt{2}}{2}(\sqrt{2}S\boldsymbol{i}-\sqrt{2}S\boldsymbol{j})=S(\boldsymbol{i}-\boldsymbol{j})$$

可得合力 $\boldsymbol{F}_R$ 为

$$\boldsymbol{F}_R=\boldsymbol{S}_1+\boldsymbol{S}_2+\boldsymbol{S}_3+\boldsymbol{S}_4+\boldsymbol{S}_5=S\boldsymbol{k}-S\boldsymbol{i}3+S\boldsymbol{k}+S\boldsymbol{j}-S\boldsymbol{k}+S\boldsymbol{i}-S\boldsymbol{j}=S\boldsymbol{k}$$

各力对 O 点之矩为

$$\boldsymbol{M}_1=-Sd\boldsymbol{j},\ \boldsymbol{M}_2=Sd\boldsymbol{k},\ \boldsymbol{M}_3=Sd\boldsymbol{i},\ \boldsymbol{M}_4=-Sd\boldsymbol{i}+Sd\boldsymbol{j}+Sd\boldsymbol{k},\ \boldsymbol{M}_5=Sd\boldsymbol{i}+Sd\boldsymbol{j}-Sd\boldsymbol{k}$$

对 O 点之主矩 $\boldsymbol{M}_O$ 为

$$\boldsymbol{M}_O=\boldsymbol{M}_1+\boldsymbol{M}_2+\boldsymbol{M}_3+\boldsymbol{M}_4+\boldsymbol{M}_5=Sd(\boldsymbol{i}+\boldsymbol{j}+\boldsymbol{k})$$

由于

$$\boldsymbol{F}_R=S\boldsymbol{k}\neq0,\ \boldsymbol{M}_O=Sd(\boldsymbol{i}+\boldsymbol{j}+\boldsymbol{k})\neq0,\quad \boldsymbol{F}_R\times\boldsymbol{M}_O=S^2d(-\boldsymbol{i}+\boldsymbol{j})\neq0,\quad \boldsymbol{F}_R\cdot\boldsymbol{M}_O=S^2d>0$$

因此该力系最终可简化为一个右手力螺旋，力螺旋参数为

$$p=\frac{\boldsymbol{F}_R\cdot\boldsymbol{M}_O}{\boldsymbol{F}_R^2}=\frac{S^2d}{S^2}=d$$

即力螺旋中心轴方程为

$$\begin{cases}y=d\\x=-d\end{cases}$$

最终简化结果如图 2.2.40 所示。

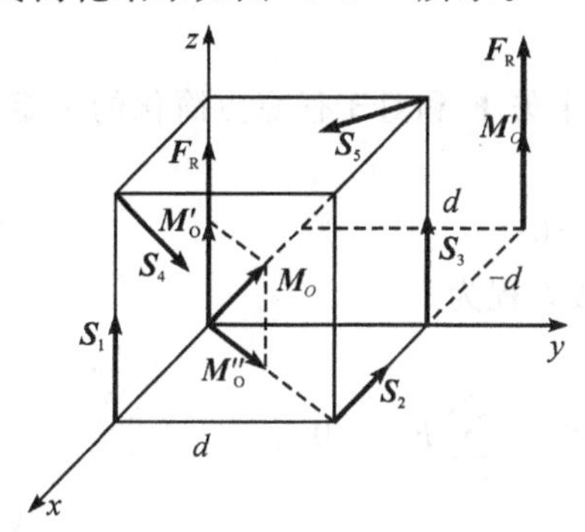

图 2.2.40　例 2.2.10 最终结果

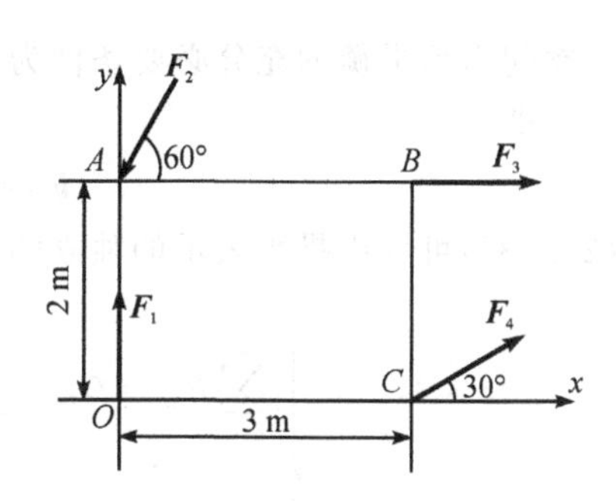

图 2.2.41　例 2.2.11 示意图

例 2.2.11　如图 2.2.41 所示,在长方形平板的 O、A、B、C 点上分别作用着 4 个力$\boldsymbol{F}_1$、$\boldsymbol{F}_2$、$\boldsymbol{F}_3$、$\boldsymbol{F}_4$,它们的大小分别为 $F_1=1$ kN,$F_2=2$ kN,$F_3=F_4=3$ kN,方向如图中所示。求:以上四个力构成的力系对 O 点的简化结果,以及该力系的最后合成结果。

解: 先计算力系向 O 点的简化结果。主矢$\boldsymbol{F}'_{\mathrm{R}}$ 沿 x 轴和 y 轴的分量分别为

$$F'_{\mathrm{R}x}=\sum F_x=-F_2\cos60^\circ+F_3+F_4\cos30^\circ=4.598\ \mathrm{kN}$$

$$F'_{\mathrm{R}y}=\sum F_y=F_1-F_2\sin60^\circ+F_4\sin30^\circ=0.768\ \mathrm{kN}$$

所以主矢 $\boldsymbol{F}'_{\mathrm{R}}$ 的大小为

$$F'_R=\sqrt{F'^{\,2}_{\mathrm{R}x}+F'^{\,2}_{\mathrm{R}y}}=4.662\ \mathrm{kN}$$

主矢 $\boldsymbol{F}'_{\mathrm{R}}$ 的方向为$\cos(\boldsymbol{F}'_{\mathrm{R}},\boldsymbol{i})=\dfrac{\boldsymbol{F}'_{\mathrm{R}x}}{\boldsymbol{F}'_{\mathrm{R}}}=0.986$,　$\angle(\boldsymbol{F}'_{\mathrm{R}},\boldsymbol{i})=9.5^\circ$

$$\cos(\boldsymbol{F}'_{\mathrm{R}},\boldsymbol{j})=\frac{\boldsymbol{F}'_{\mathrm{R}y}}{\boldsymbol{F}'_{\mathrm{R}}}=0.165,\quad \angle(\boldsymbol{F}'_{\mathrm{R}},\boldsymbol{j})=80.5^\circ$$

主矩$\boldsymbol{M}_O$ 为

$$\boldsymbol{M}_O=\sum \boldsymbol{M}_O(F)=2\boldsymbol{F}_2\cos60^\circ-2\boldsymbol{F}_3+3\boldsymbol{F}_4\sin30^\circ=0.5\boldsymbol{k}$$

主矩$\boldsymbol{M}_O$ 方向如图 2.2.42 所示。

最后合成结果:由于主矢和主矩都不为零,所以最后合成结果是一个合力$\boldsymbol{F}_{\mathrm{R}}$。如图 2.2.43 所示,$\boldsymbol{F}_{\mathrm{R}}=\boldsymbol{F}'_{\mathrm{R}}$。合力$\boldsymbol{F}_{\mathrm{R}}$ 到 O 点的距离 $d=\boldsymbol{M}_O/\boldsymbol{F}'_{\mathrm{R}}=0.107$ m。

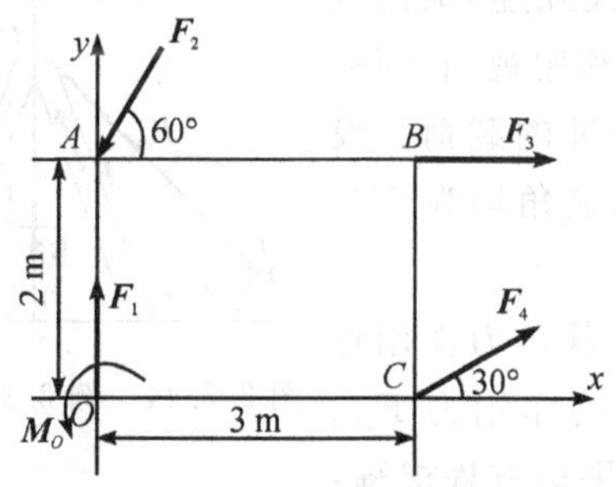

图 2.2.42　例 2.2.11 中主矩方向

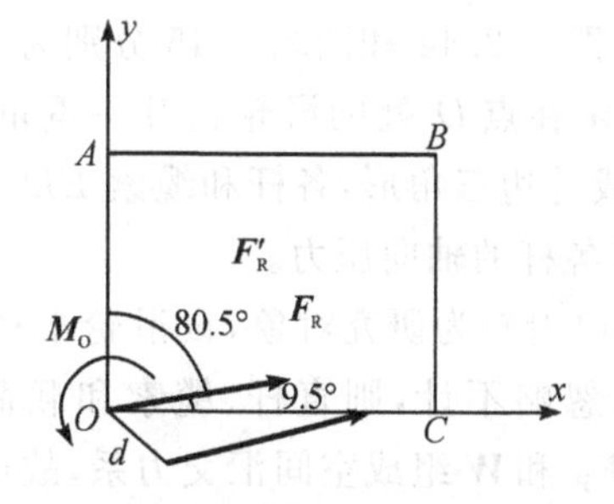

图 2.2.43　例 2.2.11 最终结果

2.2.6 力系的平衡

任意空间力系平衡的充分必要条件为:力系的主矢 $\boldsymbol{F}$ 和对于任意点简化的主矩 $\boldsymbol{M}$ 均等于零矢量。即

$$\boldsymbol{F}=0, \quad \boldsymbol{M}=0 \tag{2.2.35}$$

根据式(2.2.35)可导出投影表示的独立的 6 个代数方程为

$$\begin{cases} \sum_{i=1}^{n} F_{ix}=0, \quad \sum_{i=1}^{n} F_{iy}=0, \quad \sum_{i=1}^{n} F_{iz}=0 \\ \sum_{i=1}^{n} M_{ix}=0, \quad \sum_{i=1}^{n} M_{iy}=0, \quad \sum_{i=1}^{n} M_{iz}=0 \end{cases} \tag{2.2.36}$$

式(2.2.35)和式(2.2.36)称为空间力系的平衡方程。下面介绍特殊力系的平衡方程。

(1)空间汇交力系平衡方程:诸力对于空间汇交点 O 的矩恒为零,独立平衡方程减少为

$$\sum_{i=1}^{n} F_{ix}=0, \quad \sum_{i=1}^{n} F_{iy}=0, \quad \sum_{i=1}^{n} F_{iz}=0 \tag{2.2.37}$$

(2)空间平行力系平衡方程:如力系平行于 z 轴,则诸力在 x 轴和 y 轴的投影及对于 z 轴的矩均恒等于零,独立平衡方程减少为

$$\sum_{i=1}^{n} F_{iz}=0, \quad \sum_{i=1}^{n} M_{ix}=0, \quad \sum_{i=1}^{n} M_{iy}=0 \tag{2.2.38}$$

(3)空间力偶系的平衡方程:由于力偶系的主矢恒为零,独立平衡方程减少为

$$\sum_{i=1}^{n} M_{ix}=0, \quad \sum_{i=1}^{n} M_{iy}=0, \quad \sum_{i=1}^{n} M_{iz}=0 \tag{2.2.39}$$

以上各力系的独立平衡方程数均减少为 3 个。

静力学研究的主要问题之一是建立力系的平衡条件,并应用它来确定被约束物体所受的约束力或平衡位置。静力学解题大致分为五个步骤:①确定研究对象;②画受力图;③建立坐标系,选取合适的平衡方程,尽量用一个方程解一个未知量;④求解方程;⑤校核。

例 2.2.12 三根直杆 AD、BD、CD 在点 D 处互连,结构成支架形。图 2.2.44 和图 2.2.45 分别为其侧视图和俯视图,缆索 ED 绕固定在点 D 处的滑轮提升一重量为 500 kN 的载荷。设 ABC 组成等边三角形,各杆和缆索 ED 与地面的夹角均为 60°,求平衡时各杆的轴向压力。

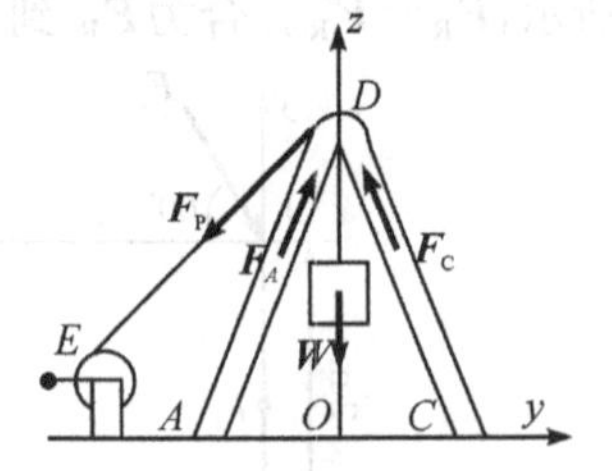

图 2.2.44 例 2.2.12 侧视图

解:以滑轮为研究对象,设滑轮半径极微小,其对力作用点的影响可忽略不计,则直杆、缆索和载荷对滑轮的作用力 $\boldsymbol{F}_A$、$\boldsymbol{F}_B$、$\boldsymbol{F}_C$、$\boldsymbol{F}_P$ 和 $\boldsymbol{W}$ 组成空间汇交力系,故可用 3 个平衡方程求解:

$$\begin{cases}\sum F_x=0:(F_B-F_A)\cos60^\circ\sin60^\circ=0\\ \sum F_y=0:(F_A+F_B)\cos^2 60^\circ-(F_C+F_P)\cos60^\circ=0\\ \sum F_z=0:(F_A+F_B+F_C-F_P)\sin60^\circ-W=0\end{cases}$$

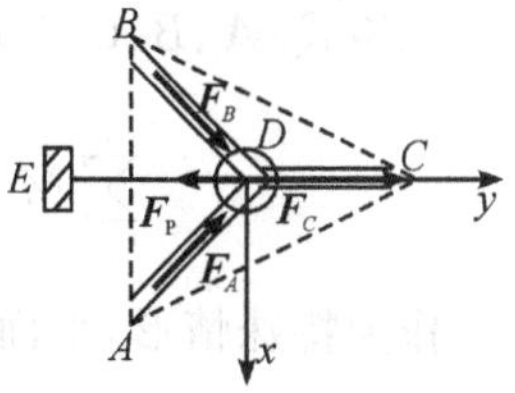

图 2.2.45　例 2.2.12 俯视图

缆索约束力 F_P 等于载荷的重力 W,将 $F_P=W=500\ \text{kN}$ 代入上式,解出

$$F_A=F_B=569\ \text{kN},\quad F_C=69\ \text{kN}$$

例 2.2.13　如图 2.2.46 所示,正方形基础上 4 根柱子分别受到 $\boldsymbol{W}_1$、$\boldsymbol{W}_2$、$\boldsymbol{W}_3$、$\boldsymbol{W}_4$ 载荷作用,它们的方向如图中所示,大小为 $W_1=540\ \text{kN}$、$W_2=360\ \text{kN}$、$W_3=800\ \text{kN}$、$W_4=1700\ \text{kN}$,问在基础的角点 A、B 处需附加多大垂直载荷 $\boldsymbol{W}_A$ 和 $\boldsymbol{W}_B$,才能使地基对基础底部约束力的合力 $\boldsymbol{F}_N$ 通过基础的中心?

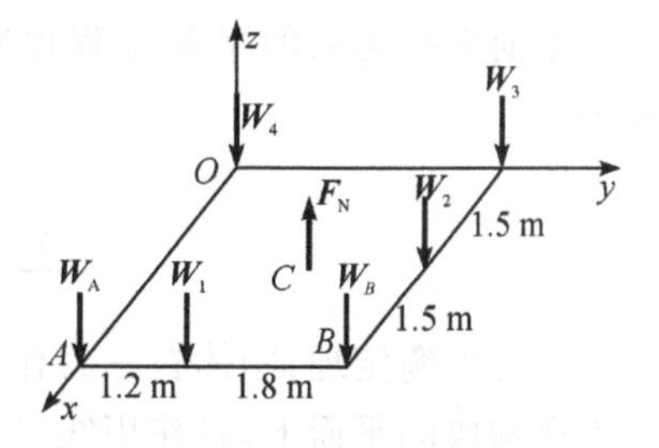

图 2.2.46　例 2.2.13 示意图

解:以基础为研究对象,各垂直载荷和约束力组成空间平行力系,故可用 3 个平衡方程求解。若约束力的合力 F_N 作用于基础的中心 C 处,则

$$\begin{cases}\sum F_z=0:\quad W_A+W_B+\sum_{i=1}^{4}W_i-F_N=0\\ \sum M_x=0:\quad 3W_B+1.2W_1+3(W_2+W_3)-1.5F_N=0\\ \sum M_y=0:\quad 3(W_A+W_B+W_1)+1.5W_2-1.5F_N=0\end{cases}$$

消去 F_N 后,解出

$$W_A=-0.6W_1+0.5W_2+W_3=656\ \text{kN}$$
$$W_B=-0.4W_1-0.5W_2+W_4=1304\ \text{kN}$$

平面力系的平衡方程:如力系诸力分布在 Oxy 平面内,构成平面力系,诸力沿 z 轴的投影以及对于 x 轴和 y 轴的矩均恒等于零。则独立平衡方程为

$$\sum_{i=1}^{n}F_{ix}=0,\quad \sum_{i=1}^{n}F_{iy}=0,\quad \sum_{i=1}^{n}M_{Oz}(\boldsymbol{F}_i)=0 \tag{2.2.40}$$

因此可得,平面力系平衡的充分必要条件是力系诸力在分布平面内各坐标轴上投影的代数和及对通过该平面任意点的垂直轴之矩的代数和均等于零。

式(2.2.40)是平面力系平衡方程的基本形式,由于只有一个力矩式,也称为一矩式。

此外,平面力系的平衡方程还有二矩式和三矩式,这些非基本形式的平衡方程都必须加上附加条件,才与基本形式等价。(用反证法证明三者的等价性)

二矩式:A、B 连线不能与 x 轴垂直:

$$\sum_{i=1}^{n}F_{ix}=0,\quad \sum_{i=1}^{n}M_{Az}(\boldsymbol{F}_i)=0,\quad \sum_{i=1}^{n}M_{Bz}(\boldsymbol{F}_i)=0 \tag{2.2.41}$$

三矩式：A、B、C 三点不能共线：

$$\sum_{i=1}^{n} M_{Az}(\boldsymbol{F}_i)=0,\quad \sum_{i=1}^{n} M_{Bz}(\boldsymbol{F}_i)=0,\quad \sum_{i=1}^{n} M_{Cz}(\boldsymbol{F}_i)=0 \tag{2.2.42}$$

作为特殊情形，平面汇交力系的平衡方程减少为 2 个：

$$\sum_{i=1}^{n} F_{ix}=0,\quad \sum_{i=1}^{n} F_{iy}=0 \tag{2.2.43}$$

平面平行力系的平衡方程也减少为 2 个。若取 y 轴与诸力的作用线平行，则平衡方程为

$$\sum_{i=1}^{n} F_{iy}=0,\quad \sum_{i=1}^{n} M_{Oz}(\boldsymbol{F}_i)=0 \tag{2.2.44}$$

三力平衡定理：刚体在三力作用下平衡，如果其中二力作用线相交，则第三力必位于前二力所构成的平面上，且作用线经过前二力的交点，即如果三力中有二力相交，则三力共面共点。

最终，各种力系的平衡方程汇总如表 2.2.2 所示。

表 2.2.2　各种力系的平衡方程汇总表

力系的类型	方程形式	方程个数
空间任意力系	$\sum F_x=0\quad \sum F_y=0\quad \sum F_z=0$ $\sum M_x(\boldsymbol{F})=0\quad \sum M_y(\boldsymbol{F})=0\quad \sum M_z(\boldsymbol{F})=0$	6
空间汇交力系	$\sum F_x=0\quad \sum F_y=0\quad \sum f_z=0$	3
空间平行力系	$\sum F_z=0\quad \sum M_x(\boldsymbol{F})=0\quad \sum M_y(\boldsymbol{F})=0$	3
空间力偶系	$\sum M_x=0\quad \sum M_y=0\quad \sum M_z=0$	3
平面任意力系	$\sum F_x=0\quad \sum F_y=0\quad \sum M_z=0$	3
平面汇交力系	$\sum F_x=0\quad \sum F_y=0$	2
平面平行力系	$\sum F_y=0\quad \sum M_O(\boldsymbol{F})=0$	2
平面力偶系	$\sum M=0$	1

例 2.2.14　如图 2.2.47 所示。厂房立柱的底部与混凝土浇注在一起，立柱上支持吊车梁的牛腿 A 上受到的垂直载荷 $F=60$ kN，立柱受到密度为 $q=2$ kN/m 的均匀分布风载，设立柱高度为 $h=10$ m，$\boldsymbol{F}$ 的作用线距离立柱轴线距离为 $a=0.5$ m，试计算立柱底部固定端 B 处的约束力。

解：以立柱为研究对象，作参考坐标系 $Bxyz$。设固定端 B 处的约束力分量为 $\boldsymbol{F}_{Bx}$、$\boldsymbol{F}_{By}$，力矩分量为 $\boldsymbol{M}_{Bz}$，列出平衡方程：

$$\begin{cases} \sum F_x = 0: \quad F_{Bx} + qh = 0 \\ \sum F_y = 0: \quad F_{By} - F = 0 \\ \sum M_z = 0: \quad M_{Bz} - Fa - \dfrac{1}{2}qh^2 = 0 \end{cases}$$

由上式可解出:

$$F_{Bx} = -qh = -20 \text{ kN},$$
$$F_{By} = F = 60 \text{ kN},$$
$$M_{Bz} = Fa + \frac{1}{2}qh^2 = 130 \text{ kN} \cdot \text{m}$$

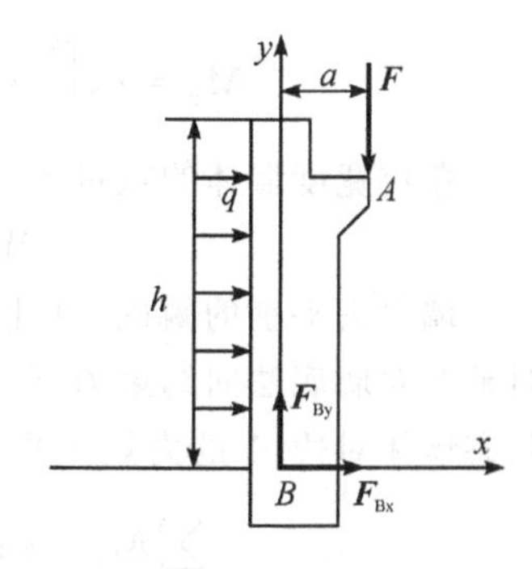

图 2.2.47　例 2.2.14 示意图

例 2.2.15　如图 2.2.48 所示,采用称重法确定汽车重心的位置。如图,用磅秤分别称得 F_1、F_3 和 F_5。若已知车重 W、轴距 l、轮距 s、后桥抬高高度 h,求汽车重心 C 的位置,以重心 C 距后轮和左轮的距离 a 和 b 及高度 c 表示。

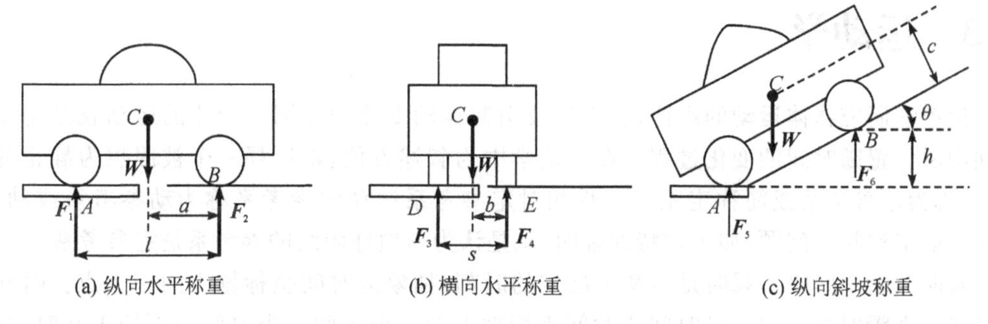

图 2.2.48　例 2.2.15 示意图

解: 以图 2.2.48(a)所示汽车为研究对象,可得

$$\sum M_B = 0: \quad a = \left(\frac{F_1}{W}\right)l$$

以图 2.2.48(b) 所示汽车为研究对象,可得

$$\sum M_E = 0: \quad b = \left(\frac{F_3}{W}\right)s$$

以图 2.2.48(c) 所示汽车为研究对象,可得

$$\sum M_B = 0: -F_5 l\cos\theta + Wa\cos\theta + Wc\sin\theta = 0 \text{ 或 } c = \frac{(F_5 l - Wa)}{W}\cot\theta$$

又因为 $\cot\theta = \sqrt{l^2 - h^2}/h$,因此最终可得高度 c 为

$$c = \frac{1}{Wh}(F_5 l - Wa)\sqrt{l^2 - h^2}$$

例 2.2.16　如图 2.2.49 所示,当土墙的厚度为 a,高度 $h = 3$ m,土壤对墙的压力为沿水平方向的三角形分布载荷,单位宽度的载荷密度为 $q = q_0(h - y)$,$q_0 = 10$ kN/m,墙体的密度 $\rho = 2.04$ kg/m。试计算墙在土压下为保持平衡所需要的最小厚度。

解: 以墙体为研究对象,以墙基处的点 A 为原点作参考坐标系 $Axyz$。则单位宽度墙体受到的土壤压力对点 A 的合力矩为

$$M_A = q_0\int_0^h (h-y)y\mathrm{d}y = \frac{1}{6}q_0 h^3$$

单位宽度墙体的重量为

$$W=\rho gah$$

墙失去平衡的瞬间，在土压作用下会以邻边 A 为轴翻倒，此时地基对墙底法向约束力 $\boldsymbol{F}_\mathrm{N}$ 的作用点移至点 A 处。列出此极限状态墙体对边 A 的力矩平衡方程：

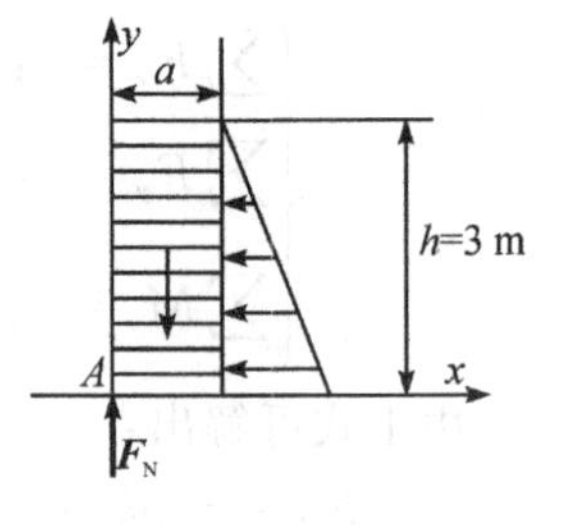

图 2.2.49 例 2.2.16 示意图

$$\sum M_z=0:\quad M_A - W\frac{a}{2}=0$$

最终可导出为保持墙平衡所需要的最小厚度为

$$a_{\min}=\sqrt{\frac{q_0}{3\rho g}}h=1.22\ \mathrm{m}$$

2.3 运动学

运动学研究物体运动的规律，但不涉及引起运动变化的原因。物体的运动就是物体在空间中的位置随时间的变化过程。在运动学中为叙述方便，常选择一个被假想为静止的参考系，称为定参考系或简称定系。而将相对定参考系运动的参考系称为动参考系或动系。对于一般工程技术问题，如不加特别说明，总是认为与地球固结的参考系是定参考系。

瞬时和时间间隔。瞬时是指某个确定的时刻，抽象为时间坐标轴上的一个点。时间间隔是指两个瞬时之间的一段时间或时间坐标轴上的一个区间。当时间间隔趋于 0 时，其极限状态就是在某个瞬时的运动状态。

运动学的研究对象是质点、质点系、刚体、刚体系或质点与刚体组成的系统。

2.3.1 点位置的表示

1. 点位置的矢量表示

在参考系上任选一确定的参考点 O（相对参考系固定不动）。如图 2.3.1 所示，自点 O 向表示质点位置的几何点 P 作矢量 $\boldsymbol{r}$，称为点 P 相对点 O 的位置矢量，或简称矢径。点 P 在任一瞬时相对参考系的位置可由矢径 $\boldsymbol{r}$ 在参考系中的位置唯一地确定。

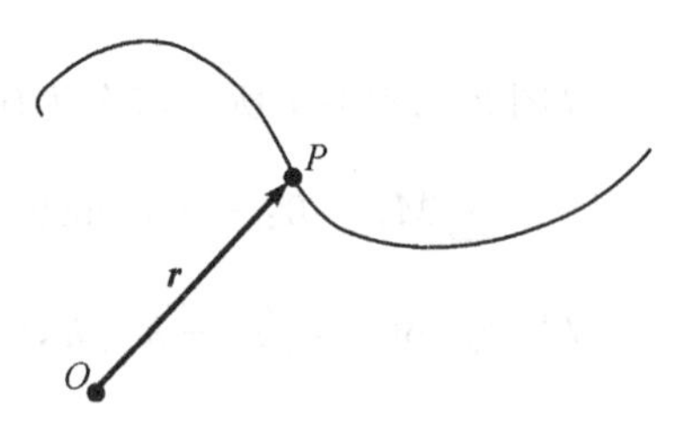

图 2.3.1 矢径示意图

在点 P 的运动过程中，矢径 $\boldsymbol{r}$ 的大小和方向都随时间连续改变，成为时间 t 的单值连续的矢量函数 $\boldsymbol{r}=\boldsymbol{r}(t)$。在点的运动过程中，矢量 $\boldsymbol{r}$ 的末端相对参考系描绘出一条连续曲线，称为矢端曲线。矢径的矢端曲线就是点 P 的运动轨迹。

2. 点位置的直角坐标表示

为了便于进行数值计算，上述点的位置矢量必须用相应的标量投影描述，即用点的直角坐标（笛卡尔坐标）表示：

$$\boldsymbol{r}(t)=x(t)\boldsymbol{i}+y(t)\boldsymbol{j}+z(t)\boldsymbol{k} \tag{2.3.1}$$

3. 点位置的柱坐标表示

如图 2.3.2、图 2.3.3 所示,将矢量 $\boldsymbol{r}$ 在 Oxy 坐标面的投影的长度 OQ 记作 ρ,自 Ox 轴逆时针转到 OQ 方向的有向角度记作 φ,$\boldsymbol{r}$ 沿 Oz 轴的投影为 z,则 ρ、φ、z 称为点 P 的柱坐标,它们与直角坐标之间的关系为

$$x=\rho\cos\varphi,\ y=\rho\sin\varphi,\ \rho=\sqrt{x^2+y^2},\ \tan\varphi=\frac{y}{x} \tag{2.3.2}$$

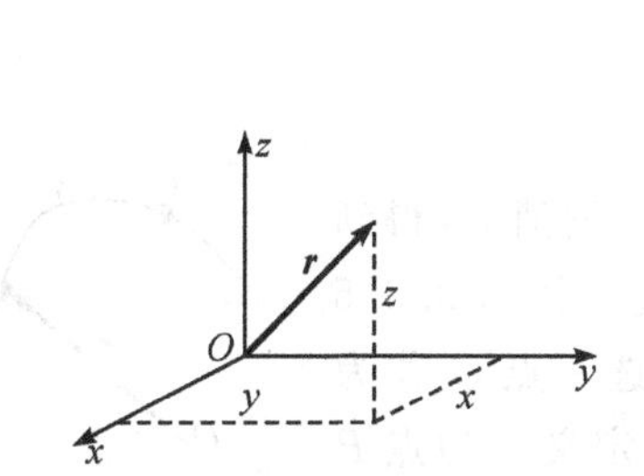

图 2.3.2　点位置的直角坐标表示

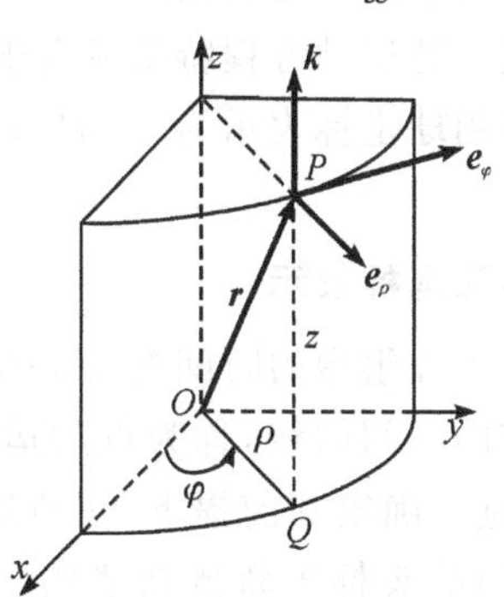

图 2.3.3　点位置的柱坐标表示

平面极坐标是 $z(t)\equiv 0$ 时柱坐标的特殊情形。将沿 OQ 方向的单位矢量记作 $\boldsymbol{e}_\rho$,并定义另一单位矢量 $\boldsymbol{e}_\varphi$ 为 $\boldsymbol{e}_\varphi=\boldsymbol{k}\times\boldsymbol{e}_\rho$。正交的单位矢量 $\boldsymbol{e}_\rho$、$\boldsymbol{e}_\varphi$、$\boldsymbol{k}$ 组成柱坐标基。柱坐标基相对参考系不固定,其中 $\boldsymbol{e}_\rho$、$\boldsymbol{e}_\varphi$ 与直角坐标系的基矢量 $\boldsymbol{i}$、$\boldsymbol{j}$ 之间有以下关系:

$$\boldsymbol{e}_\rho=\cos\varphi\boldsymbol{i}+\sin\varphi\boldsymbol{j},\quad \boldsymbol{e}_\varphi=-\sin\varphi\boldsymbol{i}+\cos\varphi\boldsymbol{j} \tag{2.3.3}$$

用柱坐标基表示的质点矢径 $\boldsymbol{r}$ 为 $\boldsymbol{r}=\rho\boldsymbol{e}_\rho+z\boldsymbol{k}$。质点的柱坐标形式的运动方程表示为

$$\rho=\rho(t),\quad \varphi=\varphi(t),\quad z=z(t) \tag{2.3.4}$$

式中,$\rho(t)$、$\varphi(t)$、$z(t)$均为时间 t 的单值连续函数。

点的某些特殊运动形式用柱坐标表示比用直角坐标更方便,例如沿圆柱面运动的点,其运动方程中的 ρ 等于圆柱的半径 R,且保持不变。

4. 点位置的球坐标表示

如图 2.3.4 所示,点的球坐标通常用 r、θ、φ 表示。其中 r 是矢量 $\boldsymbol{r}$ 的大小、θ 是从 Oz 轴转到矢量 $\boldsymbol{r}$ 的有向角度、φ 的定义与柱坐标中的相同。球坐标和直角坐标之间的关系为

$$x=r\sin\theta\cos\varphi,\quad y=r\sin\theta\sin\varphi,\quad z=r\cos\theta \tag{2.3.5}$$

或

$$r=\sqrt{x^2+y^2+z^2},\quad \theta=\arctan\left(\frac{\sqrt{x^2+y^2}}{z}\right),\quad \varphi=\arctan\left(\frac{y}{x}\right) \tag{2.3.6}$$

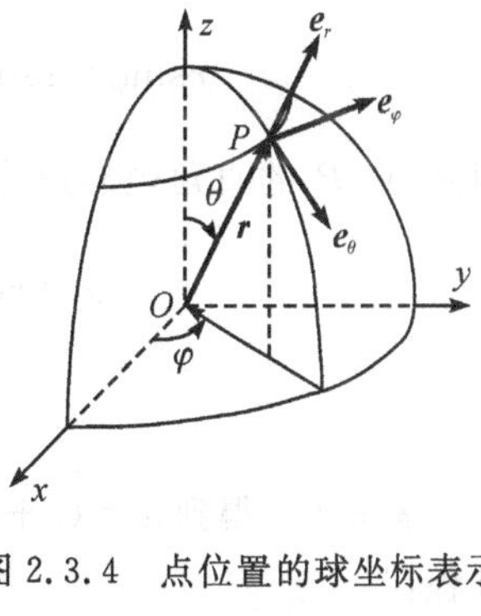

图 2.3.4　点位置的球坐标表示

设 $\boldsymbol{e}_r$ 为沿 $\boldsymbol{r}$ 方向的单位矢量,$\boldsymbol{e}_\varphi$ 的定义与柱坐标中的相同。定义另一单位矢量 $\boldsymbol{e}_\theta$ 为 $\boldsymbol{e}_\theta=\boldsymbol{e}_\varphi\times\boldsymbol{e}_r$。正交的单位矢量 $\boldsymbol{e}_r$、$\boldsymbol{e}_\theta$、$\boldsymbol{e}_\varphi$ 组成球坐标基。球坐标基相对

参考系也不固定，它们与直角坐标基之间的关系为

$$\begin{cases} \boldsymbol{e}_r = \sin\theta(\cos\varphi\boldsymbol{i} + \sin\varphi\boldsymbol{j}) + \cos\theta\boldsymbol{k} \\ \boldsymbol{e}_\theta = \cos\theta(\cos\varphi\boldsymbol{i} + \sin\varphi\boldsymbol{j}) - \sin\theta\boldsymbol{k} \\ \boldsymbol{e}_\varphi = -\sin\varphi\boldsymbol{i} + \cos\varphi\boldsymbol{j} \end{cases} \tag{2.3.7}$$

以球坐标基表示点的矢径 $\boldsymbol{r}$，有 $\boldsymbol{r}=r\boldsymbol{e}_r$。点的球坐标形式的运动方程表示为

$$r=r(t),\quad \theta=\theta(t),\quad \varphi=\varphi(t) \tag{2.3.8}$$

三者均为时间 t 的单值连续函数。

用球坐标表示的运动方程特别适合于球面上运动的质点，例如在海上行驶的船只，其相对地球的位置可用球坐标表示为 $r=R$、$\theta=\theta(t)$、$\varphi=\varphi(t)$，其中 R 为地球半径、θ 的余角为纬度、φ 为经度。

5. 点位置的弧坐标表示

将点的运动方程组中的时间变量 t 作为参变量消去，得到相对参考系固定的空间曲线，称为点的运动轨迹。如图 2.3.5 所示，在运动轨迹已确定的前提下，在轨迹上任选一点 O 作为新的坐标原点，用箭头标出轨迹曲线的正方向，定义 s 为点 P 的弧坐标，以点 P 距点 O 的弧长度量，并根据点 P 位于点 O 的正方向或负方向一侧确定其正负号。

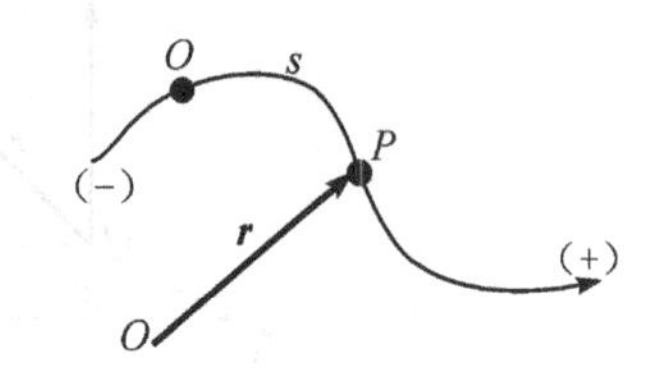

图 2.3.5　点位置的弧坐标表示

点在每一瞬时的位置可由弧坐标 $s=s(t)$ 唯一确定，其中 $s(t)$ 是时间 t 的单值连续函数。弧坐标方法也称为自然法，它适合于表示运动轨迹已完全确定的非自由质点的位置。

例 2.3.1　如图 2.3.6 所示的曲柄连杆机构中，曲柄 OA 绕固定轴 O 以匀角速度 ω 转动，设转角 $\varphi=\omega t$。连杆 AB 两端分别与曲柄 A 端及沿水平槽运动的滑块 B 用铰链连接。设 $OA=r$、$AB=l$。求杆 AB 上距 A 为 $a\,(a<l)$ 的点 P 的运动方程，并求 $r=l$ 时该点的运动轨迹。

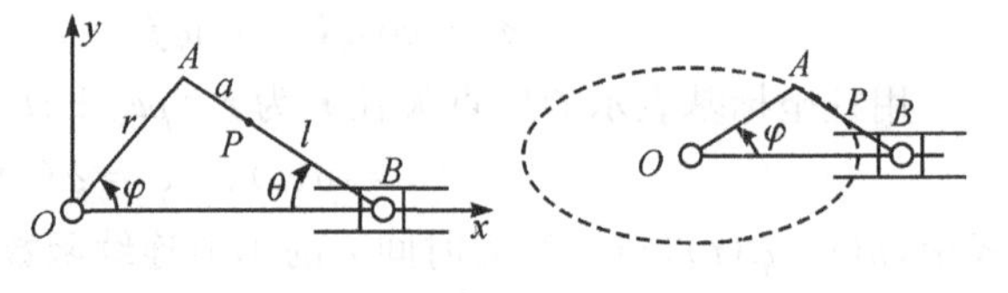

图 2.3.6　例 2.3.1 示意图

解：根据几何关系可得

$$r\sin\varphi = l\sin\theta \Rightarrow \sin\theta = \left(\frac{r}{l}\right)\sin\omega t,\quad \cos\theta = \sqrt{1-\left(\frac{r}{l}\right)^2\sin^2\omega t}$$

因此，点 P 的直角坐标形式的运动方程为

$$x = r\cos\varphi + a\cos\theta = r\cos\omega t + a\sqrt{1-\left(\frac{r}{l}\right)^2\sin^2\omega t}$$

$$y = r\sin\varphi - a\sin\theta = r\left(1-\frac{a}{l}\right)\sin\omega t$$

若 $r=l$，得到 $x=(l+a)\cos\omega t$、$y=(l-a)\sin\omega t$，消去时间变量 t，得到点 P 的运动轨迹方程：

$$\left(\frac{x}{l+a}\right)^2 + \left(\frac{y}{l-a}\right)^2 = 1$$

2.3.2　点速度的表示

位移是在某一参考系中从一点到另一点的位置变化:$\Delta \boldsymbol{r}=\boldsymbol{r}(t+\Delta t)-\boldsymbol{r}(t)$。将位移矢量除以位移所经历的时间间隔,定义为点在时间间隔内的平均速度。当时间间隔趋近于零时,平均速度的极限值定义为点在 t 时刻的瞬时速度,简称为点的速度,记作

$$\boldsymbol{v}=\lim_{\Delta t\to 0}\frac{\Delta \boldsymbol{r}}{\Delta t}=\frac{\mathrm{d}\boldsymbol{r}}{\mathrm{d}t} \tag{2.3.9}$$

速度的直角坐标表示为

$$\boldsymbol{v}=\dot{\boldsymbol{r}}=\boldsymbol{v}_x\boldsymbol{i}+\boldsymbol{v}_y\boldsymbol{j}+\boldsymbol{v}_z\boldsymbol{k} \tag{2.3.10}$$

式中,

$$v_x=\dot{x},\quad v_y=\dot{y},\quad v_z=\dot{z} \tag{2.3.11}$$

将柱坐标表示点的位置直接对 t 求导,得到

$$v_x=\dot{x}=\dot{\rho}\cos\varphi-\rho\dot{\varphi}\sin\varphi,\quad v_y=\dot{y}=\dot{\rho}\sin\varphi+\rho\dot{\varphi}\cos\varphi,\quad v_z=\dot{z} \tag{2.3.12}$$

结合式(2.3.3)给出的柱坐标基和直角坐标基之间的关系,最终可导出柱坐标表示的速度公式为

$$\boldsymbol{v}=\boldsymbol{v}_\rho\boldsymbol{e}_\rho+\boldsymbol{v}_\varphi\boldsymbol{e}_\varphi+\boldsymbol{v}_z\boldsymbol{k} \tag{2.3.13}$$

式中,

$$v_\rho=\dot{\rho},\quad v_\varphi=\rho\dot{\varphi},\quad v_z=\dot{z} \tag{2.3.14}$$

将球坐标表示点的位置直接对 t 求导,得到

$$\begin{cases} v_x=\dot{x}=\dot{r}\sin\theta\cos\varphi+r(\dot{\theta}\cos\theta\cos\varphi-\dot{\varphi}\sin\theta\sin\varphi) \\ v_y=\dot{y}=\dot{r}\sin\theta\sin\varphi+r(\dot{\theta}\cos\theta\sin\varphi+\dot{\varphi}\sin\theta\cos\varphi) \\ v_z=\dot{z}=\dot{r}\cos\theta-r\dot{\theta}\sin\theta \end{cases} \tag{2.3.15}$$

结合式(2.3.7)给出的球坐标基和直角坐标基之间的关系,最终可导出球坐标表示的速度公式为

$$\boldsymbol{v}=\boldsymbol{v}_r\boldsymbol{e}_r+\boldsymbol{v}_\theta\boldsymbol{e}_\theta+\boldsymbol{v}_\varphi\boldsymbol{e}_\varphi \tag{2.3.16}$$

式中,

$$v_r=\dot{r},\quad v_\theta=r\dot{\theta},\quad v_\varphi=r\dot{\varphi}\sin\theta \tag{2.3.17}$$

如图 2.3.7 所示。点 P 的位置既可用矢径 $\boldsymbol{r}$ 表示,也可用沿运动轨迹的弧坐标 s 表示,因此 $\boldsymbol{r}$ 和 s 之间必然存在一一对应的关系。

将 $\boldsymbol{r}$ 视作 s 的函数,则点 P 的速度写作

$$\boldsymbol{v}=\frac{\mathrm{d}\boldsymbol{r}}{\mathrm{d}s}\dot{s} \tag{2.3.18}$$

式(2.3.18)中导数 $\mathrm{d}\boldsymbol{r}/\mathrm{d}s$ 等于点 P 至点 P' 的位移矢量 $\Delta \boldsymbol{r}$ 与弧长 Δs 之比。当点 P 无限接近点 P' 时的极限

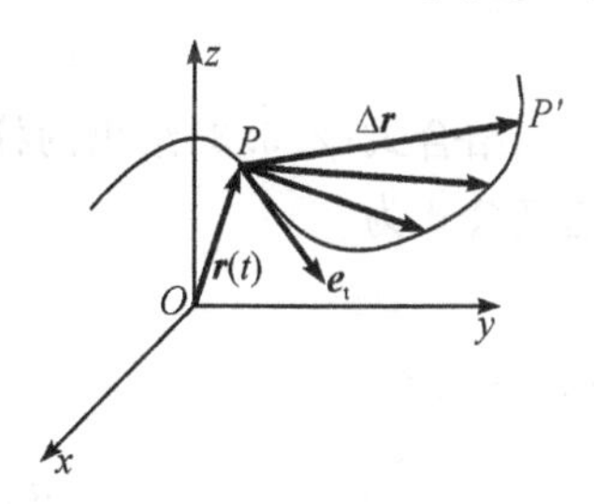

图 2.3.7　速度的弧坐标表示

$$\frac{\mathrm{d}\boldsymbol{r}}{\mathrm{d}s}=\lim_{\Delta s\to 0}\frac{\Delta \boldsymbol{r}}{\Delta s} \tag{2.3.19}$$

等于沿点 P 处运动轨迹切线方向的单位矢量，记作 $\boldsymbol{e}_t$，则式(2.3.18)可重新写为

$$\boldsymbol{v}=v\boldsymbol{e}_t,\quad v=\dot{s} \tag{2.3.20}$$

式中，$|\boldsymbol{v}|=\sqrt{v_x^2+v_y^2+v_z^2}$。弧坐标 s 的计算公式为 $s=\int_0^t\sqrt{v_x^2+v_y^2+v_z^2}\,\mathrm{d}t$。

例 2.3.2 当 $r=l$ 时，试求例 2.3.1 中用直角坐标表示的杆 AB 上点 P 的速度，以及用自然法表示的点 P 的速度和运动方程。

解： 通过对 t 求导，得到用直角坐标表示的点 P 的速度为

$$v_x=\dot{x}=-(l+a)\omega\sin\omega t,\quad v_y=\dot{y}=(l-a)\omega\cos\omega t$$

用自然法表示的点 P 的速度为

$$v=\sqrt{v_x^2+v_y^2}=\omega\sqrt{l^2+a^2-2al\cos 2\omega t}$$

将上式对 t 积分，得到用自然法表示的点 P 的运动方程为

$$s(t)=\omega\int_0^t\sqrt{l^2+a^2-2al\cos 2\omega t}\,\mathrm{d}t$$

2.3.3 点加速度的表示

点的加速度定义如下：

$$\boldsymbol{a}=\lim_{\Delta t\to\infty}\frac{\Delta \boldsymbol{v}}{\Delta t}=\frac{\mathrm{d}\boldsymbol{v}}{\mathrm{d}t}=\frac{\mathrm{d}^2\boldsymbol{r}}{\mathrm{d}t^2} \tag{2.3.21}$$

加速度的直角坐标表示为

$$\boldsymbol{a}=\dot{\boldsymbol{v}}=\ddot{\boldsymbol{r}}=a_x\boldsymbol{i}+a_y\boldsymbol{j}+a_z\boldsymbol{k} \tag{2.3.22}$$

式中，

$$a_x=\dot{v}_x=\ddot{x},\quad a_y=\dot{v}_y=\ddot{y},\quad a_z=\dot{v}_z=\ddot{z} \tag{2.3.23}$$

将柱坐标表示点的速度直接对 t 求导，得到

$$\begin{cases}a_x=\ddot{x}=(\ddot{\rho}-\rho\dot{\varphi}^2)\cos\varphi-(\rho\ddot{\varphi}+2\dot{\rho}\dot{\varphi})\sin\varphi\\ a_y=\ddot{y}=(\ddot{\rho}-\rho\dot{\varphi}^2)\sin\varphi+(\rho\ddot{\varphi}+2\dot{\rho}\dot{\varphi})\cos\varphi\\ a_z=\ddot{z}\end{cases} \tag{2.3.24}$$

结合式(2.3.3)给出的柱坐标基和直角坐标基之间的关系，最终可导出柱坐标表示的加速度公式为

$$\boldsymbol{a}=a_\rho\boldsymbol{e}_\rho+a_\varphi\boldsymbol{e}_\varphi+a_z\boldsymbol{k} \tag{2.3.25}$$

式中，

$$a_\rho=\ddot{\rho}-\rho\dot{\varphi}^2,\quad a_\varphi=\rho\ddot{\varphi}+2\dot{\rho}\dot{\varphi},\quad a_z=\ddot{z} \tag{2.3.26}$$

类似方法，可导出球坐标表示的加速度公式为

$$\boldsymbol{a}=a_r\boldsymbol{e}_r+a_\theta\boldsymbol{e}_\theta+a_\varphi\boldsymbol{e}_\varphi \tag{2.3.27}$$

式中，

$$\begin{cases} a_r = \ddot{r} - r\dot{\theta}^2 - r\dot{\varphi}^2\sin^2\theta \\ a_\theta = r\ddot{\theta} + 2\dot{r}\dot{\theta} - r\dot{\varphi}^2\cos\theta\sin\theta \\ a_\varphi = r\ddot{\varphi}\sin\theta + 2\dot{r}\dot{\varphi}\sin\theta + 2r\dot{\theta}\dot{\varphi}\cos\theta \end{cases} \tag{2.3.28}$$

点加速度的自然表示法为

$$\boldsymbol{a} = \dot{\boldsymbol{v}} = \dot{v}\boldsymbol{e}_t + v\dot{\boldsymbol{e}}_t \tag{2.3.29}$$

沿运动轨迹切线方向的单位矢量 $\boldsymbol{e}_t$ 随点 P 在轨迹曲线上的不同位置而改变方向。$\boldsymbol{e}_t$ 可视为弧坐标 s 的函数,因此有

$$\dot{\boldsymbol{e}}_t = \frac{\mathrm{d}\boldsymbol{e}_t}{\mathrm{d}s}\dot{s} = v\,\frac{\mathrm{d}\boldsymbol{e}_t}{\mathrm{d}s} \tag{2.3.30}$$

为分析 $\mathrm{d}\boldsymbol{e}_t/\mathrm{d}s$ 的性质,如图2.3.8所示,设点在相邻时刻 t 和 $t+\Delta t$ 的位置为 P 和 P',P 和 P' 之间的弧长为 Δs,P 和 P' 处的切线方向单位矢量分别是 $\boldsymbol{e}_t$ 和 $\boldsymbol{e}'_t$,在点 P 作与 $\boldsymbol{e}'_t$ 平行的单位矢量 $\overrightarrow{PB}$,从 $\boldsymbol{e}_t$ 的端点 A 引向点 B 的矢量记作 $\Delta\boldsymbol{e}_t$,$\Delta\boldsymbol{e}_t = \boldsymbol{e}'_t - \boldsymbol{e}_t$。

当 Δt 趋近于零时,点 P' 向点 P 无限接近,PAB 所在的平面趋近于确定的极限位置 Π,称为曲线在点 P 处的密切平面。密切平面可以形象地理解为点 P 附近的无限小一段轨迹曲线,如近似看作是平面曲线,此平面曲线所在的平面即为点 P 处的密切平面。与切线 $\boldsymbol{e}_t$ 垂直的平面 Π' 称为曲线在点 P 处的法平面。

法平面内从点 P 引出的任意直线都是曲线在点 P 处的法线,其中包括 $\Delta\boldsymbol{e}_t$ 的极限位置。此极限位置既在密切平面内,又在法平面内,即处于密切平面和法平面的交线上,称为主法线。以 $\boldsymbol{e}_n$ 表示主法线的单位矢量,指向轨迹曲线的凹侧。将点 P 处与 $\boldsymbol{e}_n$ 垂直的另一法线称为副法线,其单位矢量记作 $\boldsymbol{e}_b$,即 $\boldsymbol{e}_b = \boldsymbol{e}_t \times \boldsymbol{e}_n$。

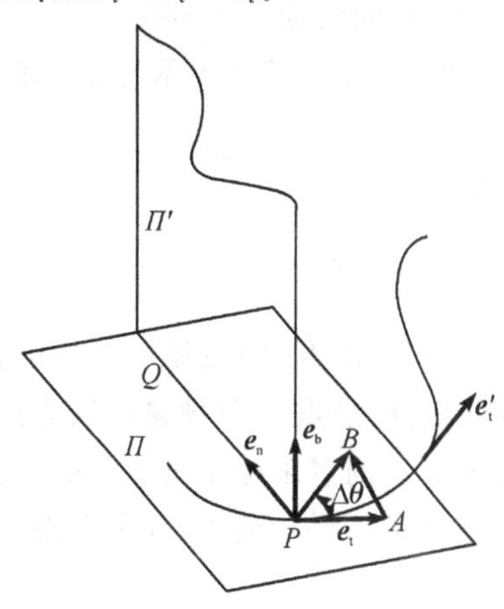

图2.3.8 自然坐标系示意图

切线、主法线和副法线构成点 P 处的自然坐标系。曲线上不同的点 P 位置有不同的自然坐标系。3个正交单位矢量 $\boldsymbol{e}_t$、$\boldsymbol{e}_n$、$\boldsymbol{e}_b$ 组成点 P 处的自然坐标基。

将 $\Delta\boldsymbol{e}_t$ 除以 Δs 并令 Δs 趋近于零,其极限值即等于 $\mathrm{d}\boldsymbol{e}_t/\mathrm{d}s$,沿 $\boldsymbol{e}_n$ 方向,即

$$\frac{\mathrm{d}\boldsymbol{e}_t}{\mathrm{d}s} = \lim_{\Delta s\to 0}\frac{\Delta\boldsymbol{e}_t}{\Delta s} = \lim_{\Delta s\to 0}\left|\frac{\Delta\boldsymbol{e}_t}{\Delta s}\right|\boldsymbol{e}_n \tag{2.3.31}$$

PA 和 PB 的夹角为 $\Delta\theta$,则 $\mathrm{d}\boldsymbol{e}_t/\mathrm{d}s$ 的大小为

$$\left|\frac{\mathrm{d}\boldsymbol{e}_t}{\mathrm{d}s}\right| = \lim_{\Delta s\to 0}\left|\frac{\Delta\boldsymbol{e}_t}{\Delta s}\right| = \lim_{\Delta s\to 0}\left|\frac{2\sin\left(\frac{\Delta\theta}{2}\right)}{\Delta s}\right| = \lim_{\Delta s\to 0}\left|\frac{\Delta\theta}{\Delta s}\right|\left|\frac{\sin\left(\frac{\Delta\theta}{2}\right)}{\frac{\Delta\theta}{2}}\right| = \lim_{\Delta s\to 0}\left|\frac{\Delta\theta}{\Delta s}\right| = \left|\frac{\mathrm{d}\theta}{\mathrm{d}s}\right| = \kappa \tag{2.3.32}$$

$\kappa = |\mathrm{d}\theta/\mathrm{d}s|$ 称为曲线在点 P 处的曲率,它表示法平面 Π' 绕副法线 $\boldsymbol{e}_b$ 随弧坐标 s 的改变而转动的变化率,即曲线的弯曲程度。κ 的倒数记作 ρ,即

$$\rho=\frac{1}{\kappa}=\left|\frac{\mathrm{d}s}{\mathrm{d}\theta}\right| \tag{2.3.33}$$

称为轨迹曲线在点 P 处的曲率半径。那么

$$\frac{\mathrm{d}\boldsymbol{e}_{\mathrm{t}}}{\mathrm{d}s}=\frac{1}{\rho}\boldsymbol{e}_{\mathrm{n}} \tag{2.3.34}$$

在 $\boldsymbol{e}_{\mathrm{n}}$ 方向上取一点 Q,使 PQ 的距离等于曲率半径 ρ,点 Q 称为曲线在点 P 处的曲率中心。点 P 附近的曲线可用圆心为Q 的圆弧近似地代替。当点 P 沿轨迹曲线移动时,密切平面 Π 绕切线 $\boldsymbol{e}_{\mathrm{t}}$ 转动使主法线 $\boldsymbol{e}_{\mathrm{n}}$ 产生沿 $\boldsymbol{e}_{\mathrm{b}}$ 方向的增量 $\Delta\boldsymbol{e}_{\mathrm{n}}$。将 $\Delta\boldsymbol{e}_{\mathrm{n}}$ 除以 Δs,令 Δs 趋近于零,其极限值的大小记作 τ:

$$\tau=\lim_{\Delta s\to 0}\left|\frac{\Delta\boldsymbol{e}_{\mathrm{n}}}{\Delta s}\right| \tag{2.3.35}$$

称 τ 为曲线在点 P 处的挠率,它表示曲线的密切平面的扭转程度。

任意一条空间曲线的几何特征可由曲率和挠率完全体现。曲率为零的曲线为直线;挠率为零的曲线为平面曲线。

综上,用自然法表示的加速度为

$$\boldsymbol{a}=a_{\mathrm{t}}\boldsymbol{e}_{\mathrm{t}}+a_{\mathrm{n}}\boldsymbol{e}_{\mathrm{n}} \tag{2.3.36}$$

式中

$$a_{\mathrm{t}}=\dot{v}\quad a_{\mathrm{n}}=\frac{v^2}{\rho} \tag{2.3.37}$$

由式(2.3.36)可见用自然法表示的加速度沿副法线方向的投影为零,仅包含互相垂直的两部分:沿点 P 处轨迹切线方向的切向加速度 a_{t} 和沿点 P 处轨迹主法线方向的法向加速度 a_{n}。前者来源于速度大小的改变,后者来源于速度方向的改变。合成的加速度矢量 $\boldsymbol{a}$ 在点 P 处的密切面内,其大小为

$$|\boldsymbol{a}|=\sqrt{(\dot{v})^2+(v^2/\rho)^2} \tag{2.3.38}$$

例 2.3.3 如图 2.3.9 所示,设杆 AB 绕定轴 A 以 $\varphi=\omega t$ 的规律做匀速转动,ω 为常值,一小环 P 同时套在 AB 杆和半径为 R 的固定圆环上。试求小环的速度和加速度。

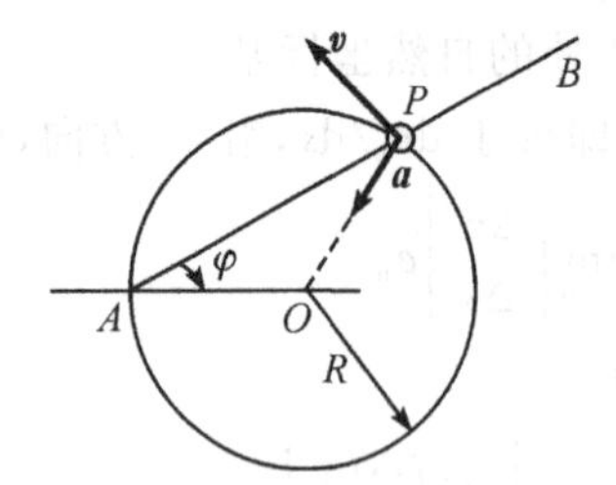

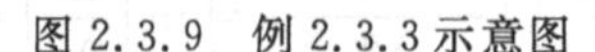
图 2.3.9 例 2.3.3示意图

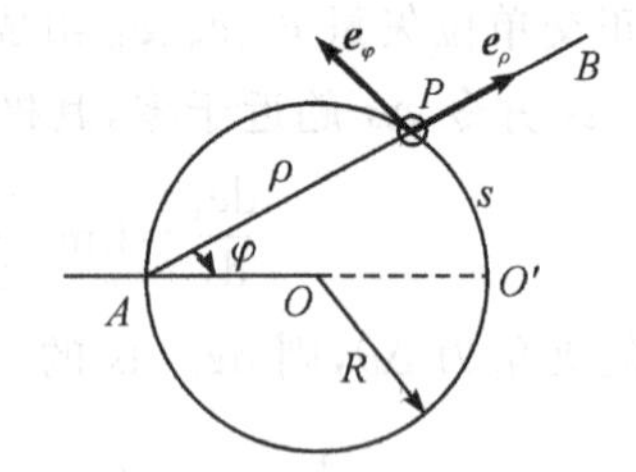

图 2.3.10 例 2.3.3 求解

解:可采用两种方法:

(1)极坐标法。如图 2.3.10 所示,将小环的速度分解为:$\boldsymbol{v}=\boldsymbol{v}_{\rho}\boldsymbol{e}_{\rho}+\boldsymbol{v}_{\varphi}\boldsymbol{e}_{\varphi}$。

由于 $\rho=2R\cos\varphi$,导出 $v_{\rho}=\dot{\rho}=-2R\omega\sin\varphi$,$v_{\varphi}=\rho\dot{\varphi}=2R\omega\cos\varphi$。

小环的加速度为 $\boldsymbol{a}=a_\rho\boldsymbol{e}_\rho+a_\varphi\boldsymbol{e}_\varphi$,其中

$$a_\rho=\ddot{\rho}-\rho\dot{\varphi}^2=-4R\omega^2\cos\varphi,\quad a_\varphi=\rho\ddot{\varphi}+2\dot{\rho}\dot{\varphi}=-4R\omega^2\sin\varphi$$

小环的速度和加速度大小为

$$v=\sqrt{v_\rho^2+v_\varphi^2}=2R\omega,\quad a=\sqrt{a_\rho^2+a_\varphi^2}=4R\omega^2$$

(2)自然法。取固定圆环上的点 O' 为弧坐标 s 的原点,以逆时针方向为 s 的正方向,则小环 P 弧坐标下的路程和速度大小可分别表示为

$$s=\overrightarrow{O'P}=2\varphi R,\quad v=\dot{s}=2R\omega$$

小环 P 弧坐标下的切向和法向加速度分别为

$$a_{\mathrm{t}}=\dot{v}=0,\quad a_{\mathrm{n}}=v^2/\rho=4R\omega^2$$

最终可得小环加速度大小为

$$a=\sqrt{a_{\mathrm{t}}^2+a_{\mathrm{n}}^2}=4R\omega^2$$

总结:由于小环的运动轨迹已预先确定,因此采用自然法更简洁,物理意义更明确。

例 2.3.4　试求例 2.3.1 中点 P 加速度 $\boldsymbol{a}$ 的切向分量、法向分量和轨迹的曲率半径。

解: 在例 2.3.1 中我们已经获得点 P 的位置投影为

$$x=(l+a)\cos\omega t,\quad y=(l-a)\sin\omega t$$

点 P 的加速度投影为

$$a_x=\dot{v}_x=-(l+a)\omega^2\cos\omega t,\quad a_y=\dot{v}_y=-(l-a)\omega^2\sin\omega t$$

点 P 加速度的大小为

$$a=\sqrt{a_x^2+a_y^2}=\omega^2\sqrt{l^2+a^2+2al\cos2\omega t}$$

从例 2.3.1 已知用自然法表示的点 P 的速度为

$$v=\sqrt{v_x^2+v_y^2}=\omega\sqrt{l^2+a^2-2al\cos2\omega t}$$

将上式对 t 求导,得到点 P 的切线加速度为

$$a_{\mathrm{t}}=\frac{2\omega^2al\sin2\omega t}{\sqrt{l^2+a^2-2al\cos2\omega t}}$$

点 P 的法向加速度为

$$a_{\mathrm{n}}=\sqrt{a^2-a_{\mathrm{t}}^2}=\frac{\omega^2(l^2-a^2)}{\sqrt{l^2+a^2-2al\cos2\omega t}}$$

则曲率半径为

$$\rho=\frac{v^2}{a_{\mathrm{n}}}=\frac{(l^2+a^2-2al\cos2\omega t)^{3/2}}{(l^2-a^2)}$$

在 $\theta=\omega t=0$ 和 $\pi/2$ 处,曲率半径分别有最小值和最大值:

$$\rho_{\min}=\frac{(l-a)^2}{l+a},\quad \rho_{\max}=\frac{(l+a)^2}{l-a}$$

2.3.4　刚体的基本运动

(1)刚体的移动。在刚体运动过程中,刚体上任一直线始终与初始位置保持平行,刚体

的这种运动被称为平行移动，简称为移动或平动、平移。当刚体移动时，其上各点的轨迹形状相同，在同一瞬时，各点的速度相同，各点的加速度也相同。

(2)刚体的定轴转动。刚体运动时，体内或其扩展部分有一条直线始终保持不动。这条固定的直线就是转轴，把这种刚体运动称为定轴转动，简称转动(图 2.3.11)。

为确定转动刚体的位置，取其转轴为 z 轴，通过轴线作一固定平面和一个与刚体固结的动平面，当刚体转动时，两个平面之间的夹角称为刚体的转角，以弧度(rad)计。转角是一个代数量，通常可根据右手螺旋法则确定其正负号。自转轴的正端往负端看，从固定面起按逆时针转向计量的转角为正值，反之为负值。

刚体定轴转动的角速度 ω 定义为

$$\omega = \lim_{\Delta t \to 0} \frac{\Delta \phi}{\Delta t} = \frac{\mathrm{d}\phi}{\mathrm{d}t} = \dot{\phi} \tag{2.3.39}$$

式中，ϕ 为刚体绕定轴转过的角度。

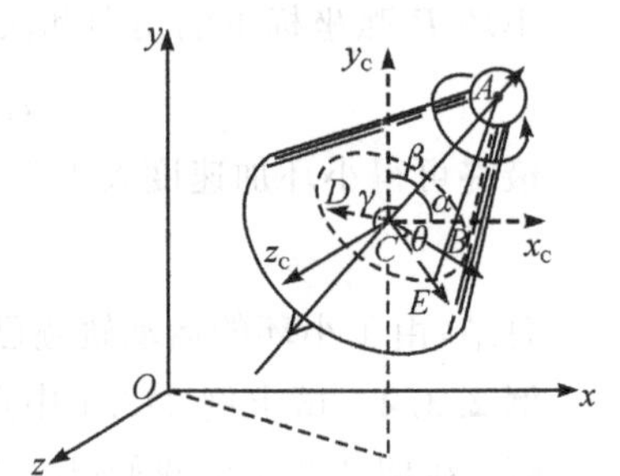

图 2.3.11　刚体的定轴转动

角速度常用的单位为弧度每秒(rad/s)，在工程上，转动的快慢还用每分钟 n 转来表示，称为转速，其单位为转每分(r/min)。角速度 ω 与转速 n 的关系为

$$\omega = \frac{2\pi n}{60} = \frac{\pi n}{30} \tag{2.3.40}$$

刚体定轴转动的角加速度 α 定义为

$$\alpha = \lim_{\Delta t \to 0} \frac{\Delta \omega}{\Delta t} = \frac{\mathrm{d}\omega}{\mathrm{d}t} = \dot{\omega} = \ddot{\phi} \tag{2.3.41}$$

转动刚体上各点的(线)速度和(线)加速度如下：(线)速度 $\boldsymbol{v}$ 为

$$v = \frac{\mathrm{d}s}{\mathrm{d}t} = \rho \frac{\mathrm{d}\phi}{\mathrm{d}t} = \rho\omega \tag{2.3.42}$$

(线)加速度 $\boldsymbol{a}$ 可分解为切线加速度 $\boldsymbol{a}_{\mathrm{t}}$ 和法向加速度 $\boldsymbol{a}_{\mathrm{n}}$，两者分别为

$$a_{\mathrm{t}} = \frac{\mathrm{d}v}{\mathrm{d}t} = \rho \frac{\mathrm{d}\omega}{\mathrm{d}t} = \rho\dot{\omega} = \rho\alpha, \quad a_{\mathrm{n}} = \frac{v^2}{\rho} = \frac{(\rho\omega)^2}{\rho} = \rho\omega^2 \tag{2.3.43}$$

那么合成(线)加速度 $\boldsymbol{a}$ 的大小与方向为

$$a = \sqrt{a_{\mathrm{t}}^2 + a_{\mathrm{n}}^2} = \rho\sqrt{\alpha^2 + \omega^4}, \quad \tan\theta = \frac{|a_{\mathrm{t}}|}{a_{\mathrm{n}}} = \frac{\rho|\alpha|}{\rho\omega^2} = \frac{|\alpha|}{\omega^2} \tag{2.3.44}$$

在分析较为复杂的运动问题时，用矢量表示转动刚体的角速度与角加速度通常较为方便。

(3)角速度矢与角加速度矢。若以 $\boldsymbol{k}$ 表示沿转轴 z 正向的单位矢量，则转动刚体的角速度矢和角加速度矢可分别写为

$$\boldsymbol{\omega} = \omega\boldsymbol{k}, \quad \boldsymbol{\alpha} = \alpha\boldsymbol{k} \tag{2.3.45}$$

由于 $\boldsymbol{k}$ 是常矢量，故角加速度矢等于角速度矢对时间的一阶导数：

$$\boldsymbol{\alpha} = \alpha\boldsymbol{k} = \dot{\omega}\boldsymbol{k} = \dot{\boldsymbol{\omega}} \tag{2.3.46}$$

角速度矢和角加速度矢的起点可在轴线上任意选取，所以两者都是滑动矢量。

如图 2.3.12 所示，在转轴上任取一点 O 为原点，用矢径 $\boldsymbol{r}$ 表示转动刚体上任一点 M 的

位置,则点 M 的速度可用角速度矢与矢径的矢积表示:

$$\boldsymbol{v}=\boldsymbol{\omega}\times\boldsymbol{r} \tag{2.3.47}$$

M 点的加速度矢量表达式为

$$\boldsymbol{a}=\dot{\boldsymbol{v}}=\frac{\mathrm{d}}{\mathrm{d}t}(\boldsymbol{\omega}\times\boldsymbol{r})=\dot{\boldsymbol{\omega}}\times\boldsymbol{r}+\boldsymbol{\omega}\times\dot{\boldsymbol{r}}$$

$$=\boldsymbol{\alpha}\times\boldsymbol{r}+\boldsymbol{\omega}\times\boldsymbol{v}=\overbrace{\boldsymbol{a}_{\mathrm{t}}}^{\text{切线加速度}}+\overbrace{\boldsymbol{a}_{\mathrm{n}}}^{\text{法向加速度}} \tag{2.3.48}$$

结论:①转动刚体上任一点的速度等于刚体的角速度矢与该点矢径的矢积;②任一点的切向加速度等于刚体的角加速度矢与该点矢径的矢积,法向加速度等于刚体的角速度矢与该点速度的矢积。

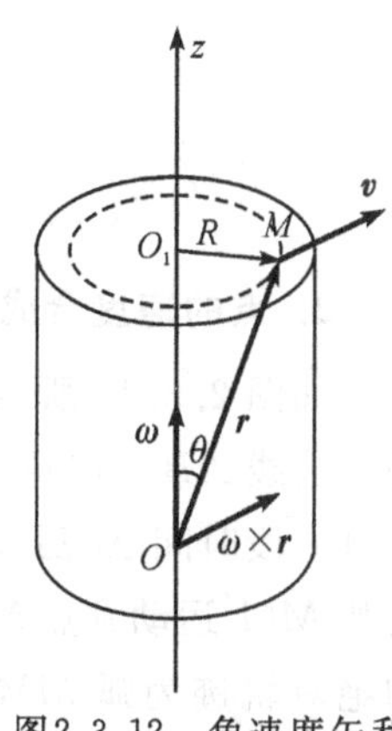

图2.3.12　角速度矢和角加速度矢示意图

2.3.5　运动的合成

1. 相对运动、绝对运动和牵连运动

动点相对于静参考系(如固连于地面的参考系)的运动称为绝对运动;动参考系相对于静参考系的运动称为牵连运动;动点相对于动参考系的运动称为相对运动。物体的绝对运动就是它的牵连运动和相对运动的合成运动。

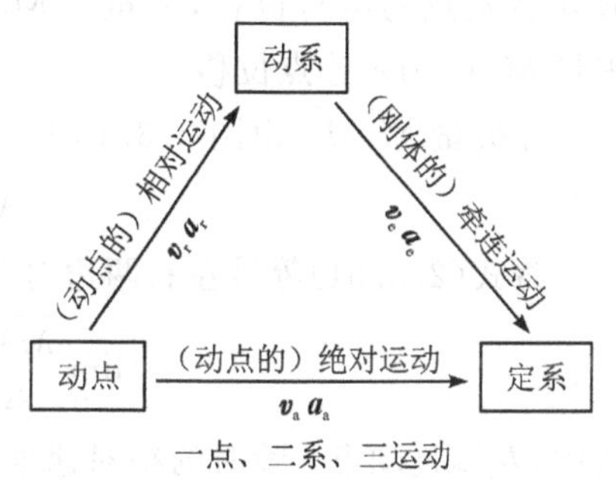

图 2.3.13　相对运动、绝对运动和牵连运动的关系

(1)绝对速度 $\boldsymbol{v}_{\mathrm{a}}$ 和相对速度 $\boldsymbol{v}_{\mathrm{r}}$。如果速度或角速度是相对于静参考系(如固连于地面的参考系)来度量的,称为绝对速度或绝对角速度。否则,称为相对速度或相对角速度。

(2)绝对加速度 $\boldsymbol{a}_{\mathrm{a}}$ 和相对加速度 $\boldsymbol{a}_{\mathrm{r}}$。如果加速度是相对于无加速运动的参考系度量的,称为绝对加速度。否则,称为相对加速度。

(3)牵连速度 $\boldsymbol{v}_{\mathrm{e}}$ 和牵连加速度 $\boldsymbol{a}_{\mathrm{e}}$。将某一瞬时动系上和动点相重合的一点称为牵连点。牵连点的速度、加速度称为动点的牵连速度和牵连加速度。

绝对速度和相对速度是同一个动点相对于不同坐标系的运动,它们的运动描述方法是完全相同的。

如图 2.3.14 所示,动点 M 做空间曲线运动,动点相对于静系 $Oxyz$ 的运动用绝对矢径 $\boldsymbol{r}$、绝对速度 $\boldsymbol{v}_{\mathrm{a}}$、绝对加速度 $\boldsymbol{a}_{\mathrm{a}}$ 表示,它们之间的关系为

$$\begin{cases}\boldsymbol{v}_{\mathrm{a}}=\dot{\boldsymbol{r}}\\ \boldsymbol{a}_{\mathrm{a}}=\dot{\boldsymbol{v}}_{\mathrm{a}}=\ddot{\boldsymbol{r}}\end{cases} \tag{2.3.49}$$

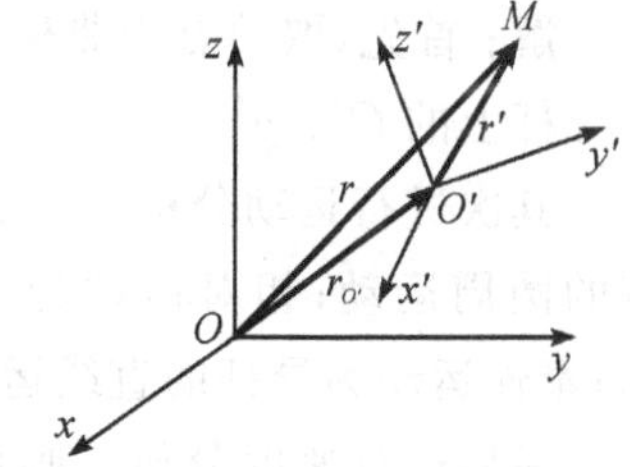

图 2.3.14　动点之于动系和静系

动点 M 相对于动系 $O'x'y'z'$ 的运动,用相对矢径 $\boldsymbol{r}'$、相对速度 $\boldsymbol{v}_{\mathrm{r}}$、相对加速度 $\boldsymbol{a}_{\mathrm{r}}$ 表示,它们之间的关系为

$$\begin{cases} \boldsymbol{r}' = x'\boldsymbol{i}' + y'\boldsymbol{j}' + z'\boldsymbol{k}' \\ \boldsymbol{v}_{\mathrm{r}} = \dot{x}'\boldsymbol{i}' + y'\boldsymbol{j}' + \dot{z}'\boldsymbol{k}' \\ \boldsymbol{a}_{\mathrm{r}} = \ddot{x}'\boldsymbol{i}' + \ddot{y}'\boldsymbol{y}' + \ddot{z}'\boldsymbol{k}' \end{cases} \tag{2.3.50}$$

2. 点的速度合成定理

如图 2.3.15 所示，设动点相对于动系运动，其相对轨迹为曲线 AB。在瞬时 t，动点位于曲线 AB 上点 M 处。经过一段时间 Δt 后，AB 运动到新位置 $A'B'$。同时，动点沿弧 MM'运动到点 M'处。在静系中观察点的运动，动点的绝对轨迹为弧 MM'。在 AB 上观察，动点的相对轨迹为弧 MM_2。弧 MM_1 为 t 瞬时牵连点的轨迹。那么，矢量 MM'为动点的绝对位移，矢量 $\overrightarrow{MM_2}$ 为动点的相对位移；矢量 MM_1 为牵连点位移。

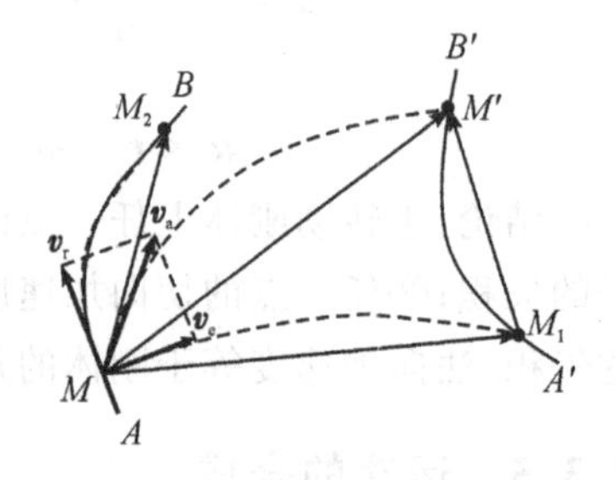

图 2.3.15 速度合成定理示意图

作矢量 $\overrightarrow{M_1M'}$，由图 2.3.15 可得

$$\overrightarrow{MM'} = \overrightarrow{MM_1} + \overrightarrow{M_1M'} \tag{2.3.51}$$

将式(2.3.51)等号左右两边对时间取极限，可得

$$\lim_{\Delta t \to 0} \frac{\overrightarrow{MM'}}{\Delta t} = \lim_{\Delta t \to 0} \frac{\overrightarrow{MM_1}}{\Delta t} + \lim_{\Delta t \to 0} \frac{\overrightarrow{M_1M'}}{\Delta t} \tag{2.3.52}$$

式中，左端是动点 t 瞬时的绝对速度 $\boldsymbol{v}_{\mathrm{a}}$，沿弧 MM'在点 M 的切线方向。右端第一项是动点 t 瞬时的牵连速度 $\boldsymbol{v}_{\mathrm{e}}$，沿弧 MM_1 在点 M 的切线方向。右端第二项是动点 t 瞬时的相对速度 $\boldsymbol{v}_{\mathrm{r}}$，沿弧 AB 在点 M 的切线方向。

故最终可得点的速度合成定理：在任一瞬时，动点的绝对速度等于牵连速度和相对速度的矢量和，即

$$\boldsymbol{v}_{\mathrm{a}} = \boldsymbol{v}_{e} + \boldsymbol{v}_{\mathrm{r}} \tag{2.3.53}$$

注意：速度合成定理和牵连运动的形式无关。即参照系可做任何运动，如平动、转动或其他复杂运动。但加速度合成定理则和牵连运动的形式有关。

例 2.3.5 图 2.3.16 所示的曲柄滑道机构中，已知曲柄 $OA=r$，某瞬时绕 O 轴转动的角速度是 ω，试求 OA 与水平线成角 φ 时活塞的速度。

解： 首先，取动点为曲柄 OA 上的 A 点，动系为固连于导杆上的 $O'x'y'$。

其次进行运动分析。本例中，绝对运动为 A 点绕 O 点的圆周运动；相对运动为 A 点沿滑槽的竖直直线运动；牵连运动为导杆的直线运动。

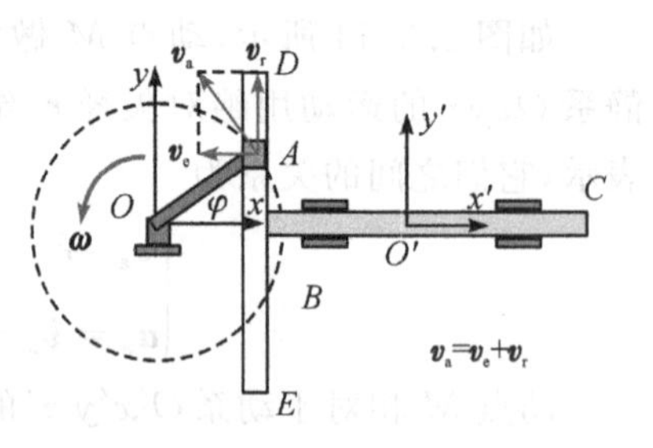

图 2.3.16 例 2.3.5 示意图

最后进行速度分析。画出速度矢量图如图 2.3.16 所示，根据速度合成定理 $\boldsymbol{v}_{\mathrm{a}} = \boldsymbol{v}_{\mathrm{e}} + \boldsymbol{v}_{\mathrm{r}}$，最终可得活塞的速度大小为 $v = v_{\mathrm{e}} = v_{\mathrm{a}}\sin\varphi = r\omega\sin\varphi$。

3. 牵连运动为平动时点的加速度合成定理

如图 2.3.17 所示，动点相对于动系沿相对轨迹 C 运动，动系 $O'x'y'z'$ 相对于静系 $Oxyz$ 做平动。根据速度合成定理，可得

$$\boldsymbol{v}_{\mathrm{a}}=\boldsymbol{v}_{\mathrm{e}}+\boldsymbol{v}_{\mathrm{r}} \tag{2.3.54}$$

将式(2.3.54)两端对时间 t 求一阶导数，可得

$$\dot{\boldsymbol{v}}_{\mathrm{a}}=\dot{\boldsymbol{v}}_{\mathrm{e}}+\dot{\boldsymbol{v}}_{\mathrm{r}} \tag{2.3.55}$$

式中，左端为动点对静系的绝对加速度 $\boldsymbol{a}_{\mathrm{a}}=\dot{\boldsymbol{v}}_{\mathrm{a}}$。

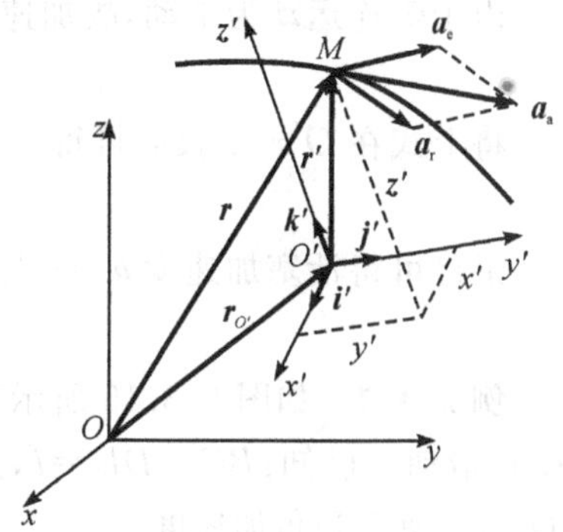

图 2.3.17　牵连运动为平动时的加速度合成示意图

由于动系做平动，动系上各个点的速度或加速度在任一瞬时都相同，故

$$\dot{\boldsymbol{v}}_{\mathrm{e}}=\boldsymbol{a}_{\mathrm{e}} \tag{2.3.56}$$

将 $\boldsymbol{v}_{\mathrm{r}}$ 对时间 t 求导，可得

$$\dot{\boldsymbol{v}}_{\mathrm{r}}=\ddot{x}'\boldsymbol{i}'+\ddot{y}'\boldsymbol{j}'+\ddot{z}'\boldsymbol{k}'+\dot{x}'\frac{\mathrm{d}\boldsymbol{i}'}{\mathrm{d}t}+\dot{y}'\frac{\mathrm{d}\boldsymbol{j}'}{\mathrm{d}t}+\dot{z}'\frac{\mathrm{d}\boldsymbol{k}'}{\mathrm{d}t} \tag{2.3.57}$$

由于动系平动时单位矢量 $\boldsymbol{i}'$、$\boldsymbol{j}'$、$\boldsymbol{k}'$ 的方向不变，它们对时间 t 的导数均为 0，故

$$\dot{\boldsymbol{v}}_{\mathrm{r}}=\ddot{x}'\boldsymbol{i}'+\ddot{y}'\boldsymbol{j}'+\ddot{z}'\boldsymbol{k}'=\boldsymbol{a}_{\mathrm{r}} \tag{2.3.58}$$

最终可得牵连运动为平动时的加速度合成定理：当动系做平动时，动点在某瞬时的绝对加速度等于该瞬时它的牵连加速度与相对加速度的矢量和，即

$$\boldsymbol{a}_{\mathrm{a}}=\boldsymbol{a}_{\mathrm{e}}+\boldsymbol{a}_{\mathrm{r}} \tag{2.3.59}$$

注意，牵连运动为平动时的加速度合成定理形式与速度合成定理是一样的，但比速度合成定理复杂之处是：若 3 种运动中存在曲线运动时，则其对应的加速度就有可能存在法向和切向两个加速度分量，比如 $\boldsymbol{a}_{\mathrm{a}}^{\mathrm{n}}$、$\boldsymbol{a}_{\mathrm{a}}^{\mathrm{t}}$、$\boldsymbol{a}_{\mathrm{r}}^{\mathrm{n}}$、$\boldsymbol{a}_{\mathrm{r}}^{\mathrm{t}}$、$\boldsymbol{a}_{\mathrm{e}}^{\mathrm{n}}$、$\boldsymbol{a}_{\mathrm{e}}^{\mathrm{t}}$。

在利用加速度合成定理解题时，首先需要恰当选择动点和动系，其次分析 3 种运动，然后画加速度矢量图，最后解加速度矢量图(一般采取投影法，该方法通过适当选择投影轴，使该方向未知量只出现一个)。

例 2.3.6　例 2.3.5 所示的曲柄滑道机构中，当曲柄 OA 与水平方向成 φ 角，角速度为 $\boldsymbol{\omega}$，角加速度为 $\boldsymbol{\varepsilon}$ 时，求活塞的加速度。

解：在例 2.3.5 的求解过程我们已经分析了动点、动系、3 种运动以及速度的合成。下面在图 2.3.18 中接着画出加速度矢量图，绝对加速度、相对加速度和牵连加速度的大小和方向分析如表 2.3.1 所示。

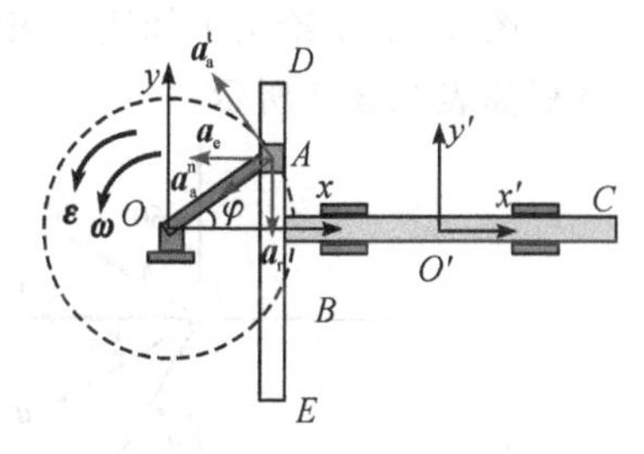

图 2.3.18　例 2.3.6 加速度矢量图

表 2.3.1　例 2.3.6 中各加速度的大小和方向分析

项目	$\boldsymbol{a}_{\mathrm{a}}^{\mathrm{n}}$	$\boldsymbol{a}_{\mathrm{a}}^{\mathrm{t}}$	$\boldsymbol{a}_{\mathrm{r}}$	$\boldsymbol{a}_{\mathrm{e}}$
方向	由 A 指向 O	$\perp OA$ 偏向上方	铅垂	水平
大小	$OA\cdot\omega^2$	$OA\cdot\varepsilon$	未知	未知

由于牵连运动为平动，故加速度合成定理为

$$a_a^n + a_a^t = a_e + a_r$$

将上式在$O'x'$上投影可得

$$a_a^n \cos\varphi + a_a^t \sin\varphi = a_e$$

最终可得活塞加速度$\boldsymbol{a}_e$的大小为

$$a_e = r(\omega^2 \cos\varphi + \varepsilon \sin\varphi)$$

例 2.3.7 如图 2.3.19 所示平面机构中，曲柄$OA=r$以匀角速度ω_O转动。套筒A沿BC杆滑动。已知：$BC=DE=l$，$\angle OAC=30°$。求：图示位置时（BD与铅直方向成60°）杆BD的角速度和角加速度。

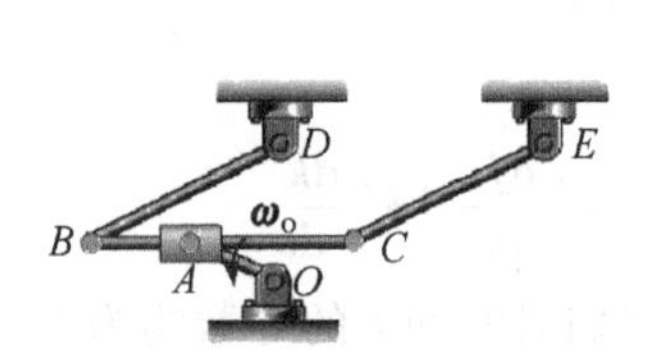

图 2.3.19 例 2.3.7 示意图

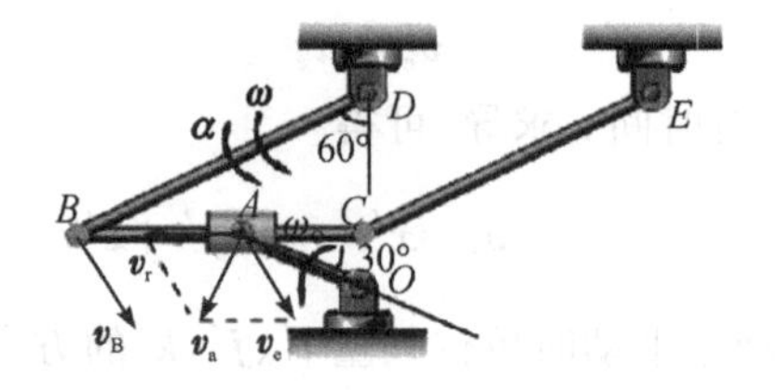

图 2.3.20 例 2.3.7 速度矢量图

解： 取动点为滑块A，动系为BC杆。那么绝对运动为绕O点的圆周运动，相对运动为沿BC的直线运动，牵连运动为平动。

图 2.3.20 给出了速度矢量图，其中绝对速度$\boldsymbol{v}_a$、相对速度$\boldsymbol{v}_r$和牵连速度$\boldsymbol{v}_e$的方向如该图所示，绝对速度的大小为$r\omega_O$。根据速度合成定理$\boldsymbol{v}_a=\boldsymbol{v}_e+\boldsymbol{v}_r$可得

$$\boldsymbol{v}_r = \boldsymbol{v}_e = \boldsymbol{v}_a = r\omega_O$$

故BD的角速度ω_{BD}为

$$\omega_{BD} = \frac{v_e}{BD} = \frac{r\omega_O}{l}$$

图 2.3.21 给出了加速度矢量图，绝对加速度、相对加速度和牵连加速度的大小和方向分析如表 2.3.2 所示。

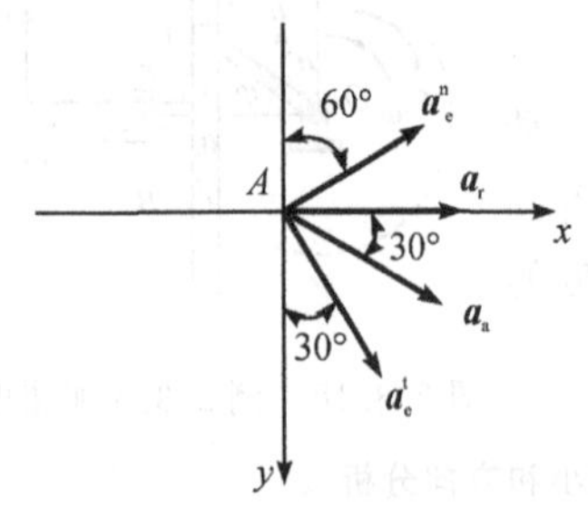

图 2.3.21 例 2.3.7 加速度矢量图

表 2.3.2 例 2.3.7 中各个加速度的大小和方向分析

项目	$\boldsymbol{a}_a$	$\boldsymbol{a}_e^t$	$\boldsymbol{a}_e^n$	$\boldsymbol{a}_r$
大小	$r\omega_O^2$	未知	$l\omega_{BD}^2$	未知
方向	沿OA杆指向O	垂直于BD杆	沿BD杆指向D	沿BC杆

注：$\boldsymbol{a}_a=\boldsymbol{a}_e^t+\boldsymbol{a}_e^n+\boldsymbol{a}_r$。

将牵连运动为平动时的加速度按照加速度合成定理$\boldsymbol{a}_a=\boldsymbol{a}_e^t+\boldsymbol{a}_e^n+\boldsymbol{a}_r$沿$y$轴投影，可得

$$a_{\mathrm{a}}\sin30^{\circ}=a_{\mathrm{e}}^{\mathrm{t}}\cos30^{\circ}-a_{\mathrm{e}}^{\mathrm{n}}\sin30^{\circ}$$

对上式整理得

$$a_{\mathrm{e}}^{\mathrm{t}}=\frac{(a_{\mathrm{a}}+a_{\mathrm{e}}^{\mathrm{n}})\sin30^{\circ}}{\cos30^{\circ}}=\frac{\sqrt{3}\omega_{O}^{2}r(l+r)}{3l}$$

最终可得 BD 的角加速度 α_{BD} 为

$$\alpha_{BD}=\frac{a_{\mathrm{e}}^{\mathrm{t}}}{BD}=\frac{\sqrt{3}\omega_{O}^{2}r(l+r)}{3l^{2}}$$

例 2.3.8　在如图 2.3.22 所示凸轮机构中,凸轮外形为半圆形,半径为 R,凸轮沿水平轨道向右运动,推动顶杆 AB 沿固定的铅垂导轨运动,图示瞬时 AO' 与水平方向成 φ 角,凸轮的速度为 $\boldsymbol{v}$,加速度为 $\boldsymbol{a}_0$。求:瞬时顶杆 AB 的加速度。

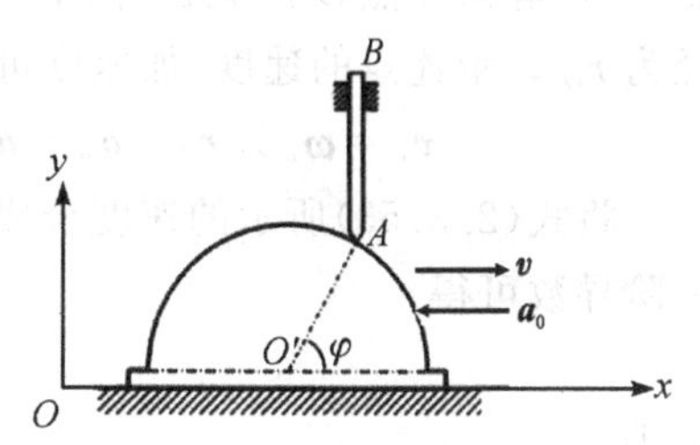

图 2.3.22　例 2.3.8 示意图

解:取动点为顶杆上的点 A,动系为凸轮。那么绝对运动为沿铅垂方向的直线运动,相对运动为沿凸轮轮廓的圆周运动,牵连运动为水平直线平移。

图 2.3.23 给出了速度矢量图。根据速度合成定理 $\boldsymbol{v}_{\mathrm{a}}=\boldsymbol{v}_{\mathrm{e}}+\boldsymbol{v}_{\mathrm{r}}$ 可得

$$v_{\mathrm{r}}=\frac{v}{\sin\varphi}$$

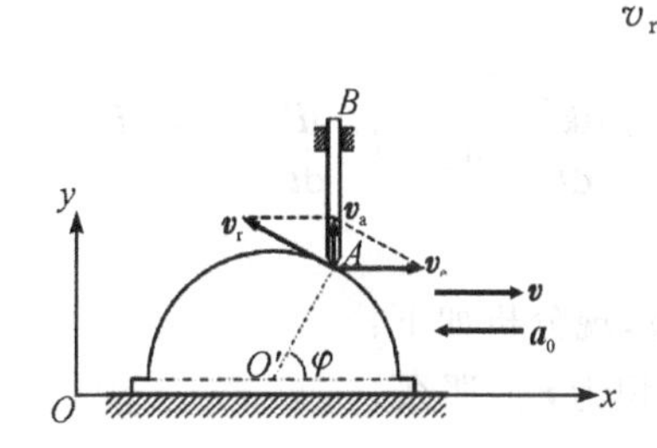

图 2.3.23　例 2.3.8 速度矢量图

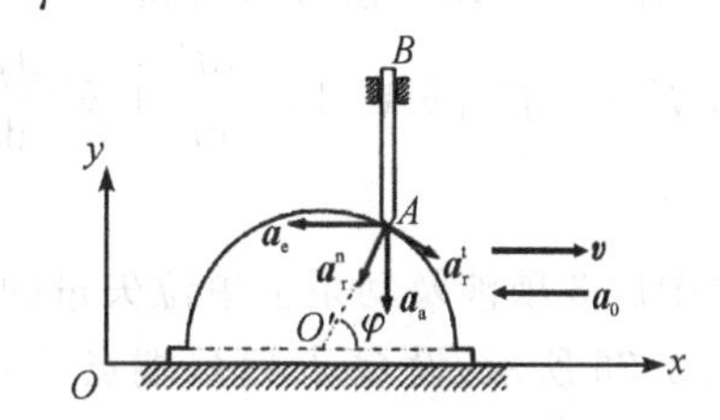

图 2.3.24　例 2.3.8 加速度矢量图

图 2.3.24 给出了加速度矢量图,绝对加速度、相对加速度和牵连加速度的大小和方向分析如表 2.3.3 所示。将牵连运动为平动时的加速度按照加速度合成定理 $\boldsymbol{a}_{\mathrm{a}}=\boldsymbol{a}_{\mathrm{e}}+\boldsymbol{a}_{\mathrm{r}}^{\mathrm{t}}+\boldsymbol{a}_{\mathrm{r}}^{\mathrm{n}}$ 沿 OA 方向投影,得

$$a_{\mathrm{a}}\sin\varphi=a_{\mathrm{e}}\cos\varphi+\frac{v_{\mathrm{r}}^{2}}{R}$$

令

$$a_{\mathrm{r}}^{\mathrm{n}}=\frac{v_{\mathrm{r}}^{2}}{R}=\frac{v^{2}}{R\sin^{2}\varphi}$$

表 2.3.3　例 2.3.8 中各加速度的大小和方向分析

项目	$\boldsymbol{a}_{\mathrm{a}}$	$\boldsymbol{a}_{\mathrm{e}}$	$\boldsymbol{a}_{\mathrm{r}}^{\mathrm{t}}$	$\boldsymbol{a}_{\mathrm{r}}^{\mathrm{n}}$
方向	铅垂	水平向左	$\perp O'A$	由 A 指向 O' 点
大小	未知	a_0	未知	$\boldsymbol{v}_{\mathrm{r}}^{2}/R$

那么最终可得该瞬时顶杆 AB 的加速度为

$$a_{AB}=a_{\mathrm{a}}=\frac{1}{\sin\varphi}(a_{\mathrm{e}}\cos\varphi+a_{\mathrm{r}}^{\mathrm{n}})=a_0\cot\varphi+\frac{v^2}{R\sin^3\varphi}$$

4. 牵连运动为转动时点的加速度合成定理

如图 2.3.25 所示，设动点相对于动系 $O'x'y'z'$ 运动，相对轨迹为曲线 C；动系 $O'x'y'z'$ 以角速度矢 $\boldsymbol{\omega}_{\mathrm{e}}$ 绕定轴(z 轴)转动；动点 M 对静系原点 O 的矢径为 $\boldsymbol{r}$；动点 M 相对于动系原点 O' 的矢径为 $\boldsymbol{r}_{O'}$。牵连点的速度、加速度可分别表示为

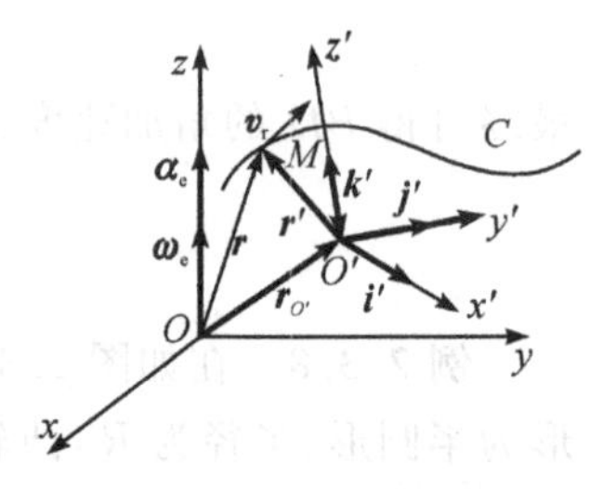

图 2.3.25　牵连运动为转动时的加速度合成示意图

$$\boldsymbol{v}_{\mathrm{e}}=\boldsymbol{\omega}_{\mathrm{e}}\times\boldsymbol{r},\quad \boldsymbol{a}_{\mathrm{e}}=\boldsymbol{\alpha}_{\mathrm{e}}\times\boldsymbol{r}+\boldsymbol{\omega}_{\mathrm{e}}\times\boldsymbol{v}_{\mathrm{e}} \tag{2.3.60}$$

将式(2.3.53)所示的速度合成定理 $\boldsymbol{v}_{\mathrm{a}}=\boldsymbol{v}_{\mathrm{e}}+\boldsymbol{v}_{\mathrm{r}}$ 对时间 t 求一阶导数可得

$$\dot{\boldsymbol{v}}_{\mathrm{a}}=\boldsymbol{a}_{\mathrm{a}}=\dot{\boldsymbol{v}}_{\mathrm{e}}+\dot{\boldsymbol{v}}_{\mathrm{r}} \tag{2.3.61}$$

式中，

$$\dot{\boldsymbol{v}}_{\mathrm{e}}=\dot{\boldsymbol{\omega}}_{\mathrm{e}}\times\boldsymbol{r}+\boldsymbol{\omega}_{\mathrm{e}}\times\dot{\boldsymbol{r}}=\boldsymbol{\alpha}_{\mathrm{e}}\times\boldsymbol{r}+\boldsymbol{\omega}_{\mathrm{e}}\times\boldsymbol{v}_{\mathrm{a}}=\boldsymbol{\alpha}_{\mathrm{e}}\times\boldsymbol{r}+\boldsymbol{\omega}_{\mathrm{e}}\times(\boldsymbol{v}_{\mathrm{e}}+\boldsymbol{v}_{\mathrm{r}})=\boldsymbol{a}_{\mathrm{e}}+\boldsymbol{\omega}_{\mathrm{e}}\times\boldsymbol{v}_{\mathrm{r}} \tag{2.3.62}$$

注意：式(2.3.62)右端第二项是由于相对运动引起牵连速度大小改变而产生的。若没有相对运动($v_{\mathrm{r}}=0$)，则该项为 0。

将 $\boldsymbol{v}_{\mathrm{r}}$ 项对时间 t 求一阶导数可得

$$\dot{\boldsymbol{v}}_{\mathrm{r}}=\ddot{x}'\boldsymbol{i}'+\ddot{y}'\boldsymbol{j}'+\ddot{z}'\boldsymbol{k}'+\dot{x}'\frac{\mathrm{d}\boldsymbol{i}'}{\mathrm{d}t}+\dot{y}'\frac{\mathrm{d}\boldsymbol{j}'}{\mathrm{d}t}+\dot{z}'\frac{\mathrm{d}\boldsymbol{k}'}{\mathrm{d}t}=\boldsymbol{a}_{\mathrm{r}}+\dot{x}'\frac{\mathrm{d}\boldsymbol{i}'}{\mathrm{d}t}+\dot{y}'\frac{\mathrm{d}\boldsymbol{j}'}{\mathrm{d}t}+\dot{z}'\frac{\mathrm{d}\boldsymbol{k}'}{\mathrm{d}t} \tag{2.3.63}$$

式(2.3.63)中后 3 项涉及动系上单位矢量的导数，现分析如下：

如图 2.3.26 所示，设 O 点到 $\boldsymbol{k}'$ 端点 A 的矢积为 $\boldsymbol{r}_A$，那么

$$\dot{\boldsymbol{k}}'=\boldsymbol{v}_A-\boldsymbol{v}_{O'}=\boldsymbol{\omega}_{\mathrm{e}}\times\boldsymbol{r}_A-\boldsymbol{\omega}_{\mathrm{e}}\times\boldsymbol{r}_{O'}=\boldsymbol{\omega}_{\mathrm{e}}\times(\boldsymbol{r}_A-\boldsymbol{r}_{O'})=\boldsymbol{\omega}_{\mathrm{e}}\times\boldsymbol{k}' \tag{2.3.64}$$

同理，可得泊松公式为

$$\frac{\mathrm{d}\boldsymbol{i}'}{\mathrm{d}t}=\boldsymbol{\omega}_{\mathrm{e}}\times\boldsymbol{i}',\quad \frac{\mathrm{d}\boldsymbol{j}'}{\mathrm{d}t}=\boldsymbol{\omega}_{\mathrm{e}}\times\boldsymbol{j}',\quad \frac{\mathrm{d}\boldsymbol{k}'}{\mathrm{d}t}=\boldsymbol{\omega}_{\mathrm{e}}\times\boldsymbol{k}' \tag{2.3.65}$$

将泊松公式(2.3.65)代入式(2.3.63)可得：

$$\begin{aligned}\dot{\boldsymbol{v}}_{\mathrm{r}}&=\boldsymbol{a}_{\mathrm{r}}+\dot{x}'(\boldsymbol{\omega}_{\mathrm{e}}\times\boldsymbol{i}')+\dot{y}'(\boldsymbol{\omega}_{\mathrm{e}}\times\boldsymbol{j}')+\dot{z}'(\boldsymbol{\omega}_{\mathrm{e}}\times\boldsymbol{k}')\\&=\boldsymbol{a}_{\mathrm{r}}+\boldsymbol{\omega}_{\mathrm{e}}\times(\dot{x}'\boldsymbol{i}'+\dot{y}'\boldsymbol{j}'+\dot{z}'\boldsymbol{k}')\\&=\boldsymbol{a}_{\mathrm{r}}+\boldsymbol{\omega}_{\mathrm{e}}\times\boldsymbol{v}_{\mathrm{r}}\end{aligned} \tag{2.3.66}$$

图 2.3.26　泊松公式推导示意图

将式(2.3.62)和式(2.3.66)代入式(2.3.61)可得牵连运动为转动时绝对加速度的表达式为

$$\boldsymbol{a}_{\mathrm{a}}=\boldsymbol{a}_{\mathrm{e}}+\boldsymbol{a}_{\mathrm{r}}+2\boldsymbol{\omega}_{\mathrm{e}}\times\boldsymbol{v}_{\mathrm{r}}=\boldsymbol{a}_{\mathrm{e}}+\boldsymbol{a}_{\mathrm{r}}+\boldsymbol{a}_{\mathrm{C}} \tag{2.3.67}$$

式中 $\boldsymbol{a}_{\mathrm{C}}=2\boldsymbol{\omega}_{\mathrm{e}}\times\boldsymbol{v}_{\mathrm{r}}$ 称为科氏加速度，它等于动系角速度矢 $\boldsymbol{\omega}_{\mathrm{e}}$ 与动点的相对速度矢 $\boldsymbol{v}_{\mathrm{r}}$ 的矢积的两倍。

最终得到牵连运动为转动时点的加速度合成定理:当牵连运动为转动时,在任一瞬时,动点的绝对加速度等于动点的牵连加速度、相对加速度和科氏加速度的矢量和,即

$$\boldsymbol{a}_{\mathrm{a}}=\boldsymbol{a}_{\mathrm{e}}+\boldsymbol{a}_{\mathrm{r}}+\boldsymbol{a}_{\mathrm{C}} \tag{2.3.68}$$

例 2.3.9　北半球纬度为 φ 处有一河流,河水沿着与正东成 ϕ 角的方向流动,流速为 $\boldsymbol{v}_{\mathrm{r}}$。考虑地球自转的影响,试求河水的科氏加速度。

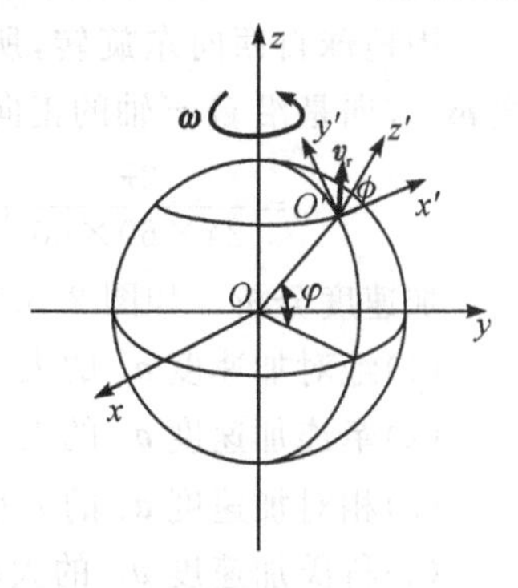

图 2.3.27　例 2.3.9 示意图

解: 取地心系为静系,以地轴为 z 轴。x、y 轴由地心 O 分别指向两颗遥远的恒星。(即 ECI 坐标系)

如图 2.3.27 所示,以水流所在处 O' 为原点,将动系 $O'x'y'z'$ 固结于地球上,x'、y' 轴在水平面内,x' 轴指向东,y' 轴指向北,z' 轴指向天(即东北天坐标系)。

地球绕 z 轴自转的角速度以 $\boldsymbol{\omega}$ 表示。那么科氏加速度为 $\boldsymbol{a}_{\mathrm{C}}=2\boldsymbol{\omega}\times\boldsymbol{v}_{\mathrm{r}}$,则有

$$\boldsymbol{\omega}=\omega\cos\varphi\boldsymbol{j}'+\omega\sin\varphi\boldsymbol{k}',\quad \boldsymbol{v}_{\mathrm{r}}=v_{\mathrm{r}}\cos\phi\boldsymbol{i}'+v_{\mathrm{r}}\sin\phi\boldsymbol{j}'$$

于是

$$\boldsymbol{a}_{\mathrm{C}}=2\omega v_{\mathrm{r}}(-\sin\varphi\sin\phi\boldsymbol{i}'+\sin\varphi\cos\phi\boldsymbol{j}'-\cos\varphi\cos\phi\boldsymbol{k}')$$

由此可得科氏加速度 $\boldsymbol{a}_{\mathrm{C}}$ 的大小为

$$a_{\mathrm{C}}=2\omega v_{\mathrm{r}}\sqrt{\sin^2\varphi\sin^2\phi+\sin^2\varphi\cos^2\phi+\cos^2\varphi\cos^2\phi}=2\omega v_{\mathrm{r}}\sqrt{\sin^2\varphi+\cos^2\varphi\cos^2\phi}$$

根据上式可知:①当 $\phi=0°$ 或 $180°$,即水流向东或向西流动时,a_{C} 具有极大值 $2\omega v_{\mathrm{r}}$;②当 $\phi=90°$ 或 $270°$,即水流向北或向南流动时,a_{C} 具有极小值 $2\omega v_{\mathrm{r}}\sin\varphi$。

$\boldsymbol{a}_{\mathrm{C}}$ 在水平面 $O'x'y'$ 上的投影 $\boldsymbol{a}'_{\mathrm{C}}$ 为

$$\begin{aligned}\boldsymbol{a}'_{\mathrm{C}}&=2\omega v_{\mathrm{r}}(-\sin\varphi\sin\phi\boldsymbol{i}'+\sin\varphi\cos\phi\boldsymbol{j}')\\&=2\omega v_{\mathrm{r}}\sin\varphi[\cos(90°+\phi)\boldsymbol{i}'+\sin(90°+\phi)\boldsymbol{j}']\end{aligned}$$

它的大小为

$$a'_{C}=2\omega v_{\mathrm{r}}\sin\varphi$$

上式表明:①不论 ϕ 为何值,即不论水流方向如何,科氏加速度在水平面上的投影大小不变;②$\boldsymbol{a}'_{\mathrm{C}}$ 的方向与 $\boldsymbol{v}_{\mathrm{r}}$ 垂直,顺着 $\boldsymbol{v}_{\mathrm{r}}$ 的方向看去,$\boldsymbol{a}'_{\mathrm{C}}$ 是向左的。

由牛顿第二定律可知,水流有向左的科氏加速度是由于河的右岸对水流作用有向左的力。根据作用与反作用定律,水流对右岸必有反作用力。由于这个力长年累月地作用使河的右岸受到冲刷。

例 2.3.9 解释了一个自然现象:在北半球,从顺水流的方向看,江河的右岸都受到较明显的冲刷。

例 2.3.10　如图 2.3.28 所示,一辆火车 M 在北半球纬度为 φ 处以速度 $\boldsymbol{v}_0$ 自正南向正北匀速行驶,记地球半径为 R,考虑地球自转影响,求火车的绝对加速度。

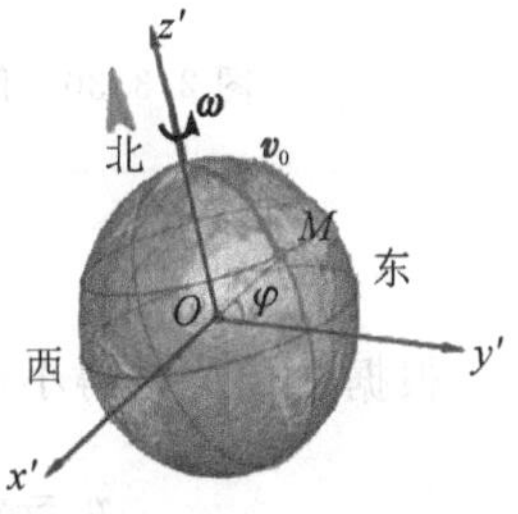

图 2.3.28　例 2.3.10 示意图

解: 首先选择动点、动系与定系。取动点为火车 M;动系为固连于地球上的 $O'x'y'z'$,原点 O' 与地心重合,并使坐标面 $O'y'z'$ 与铁轨所在的子午面重合,$O'z'$ 轴与地轴重合;定系固连于机座。

其次进行运动分析。绝对运动为空间曲线运动；相对运动为点 M 在子午面内以 O' 为圆心，以 R 为半径和以速度为 $\boldsymbol{v}_0$ 的匀速圆弧运动；牵连运动为地球绕 $O'z'$ 轴的匀角速转动。

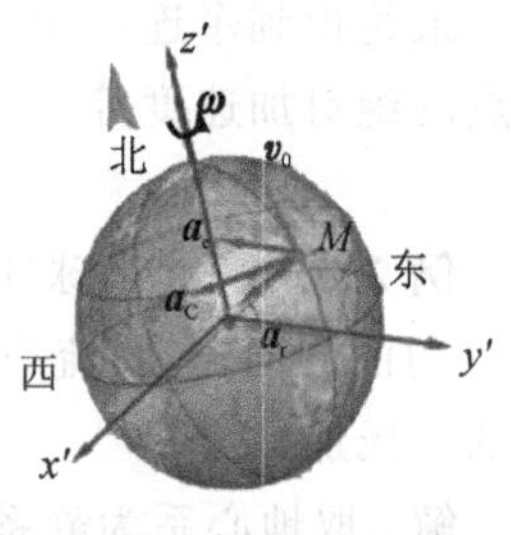

因地球自西向东旋转，所以动坐标系的速度即地球的角速度 $\boldsymbol{\omega}$，方向是沿 $O'z'$ 轴的正向，其大小为

$$\omega=\frac{2\pi}{24\times60\times60}\ \text{rad/s}=7.27\times10^{-5}\text{rad/s}$$

图 2.3.29　例 2.3.10 中加速度矢量图

加速度分析。如图 2.3.29 所示：

(1)绝对加速度 $\boldsymbol{a}_a$ 的大小方向均未知；

(2)牵连加速度 $\boldsymbol{a}_e$ 的大小为 $a_e=(R\cos\varphi)\omega^2$，方向垂直于 $O'z'$ 轴并指向此轴；

(3)相对加速度 $\boldsymbol{a}_r$ 的大小为 $a_r=v_r^2/R=v_0^2/R$，方向指向地心 O；

(4)科氏加速度 $\boldsymbol{a}_C$ 的大小为 $a_C=2\omega v_r\sin\varphi=2\omega v_0\sin\varphi$，方向沿点 M 纬度线的切线，并且指向西。

根据加速度合成定理 $\boldsymbol{a}_a=\boldsymbol{a}_e+\boldsymbol{a}_r+\boldsymbol{a}_C$，如以 $\boldsymbol{i}$、$\boldsymbol{j}$、$\boldsymbol{k}$ 分别表示沿坐标轴 $O'x'$、$O'y'$ 和 $O'z'$ 的单位矢量，则点 M 的加速度 $\boldsymbol{a}_a$ 可表示为

$$\boldsymbol{a}_a=\boldsymbol{a}_e+\boldsymbol{a}_r+\boldsymbol{a}_C=-R\omega^2\cos\varphi\boldsymbol{j}+\left(\frac{v_0^2}{R}\cos\phi\boldsymbol{j}-\frac{v_0^2}{R}\sin\varphi\boldsymbol{k}\right)+2\omega v_0\sin\varphi\boldsymbol{i}$$

$$=2\omega v_0\sin\varphi\boldsymbol{i}-\left(R\omega^2+\frac{v_0^2}{R}\right)\cos\varphi\boldsymbol{j}-\frac{v_0^2}{R}\sin\varphi\boldsymbol{k}$$

例 2.3.11　曲杆 OAB 绕轴 O 转动，使套在其上的小环 M 沿固定直杆 OC 滑动，如图 2.3.30 所示，已知曲杆的角速度 $\omega=0.5$ rad/s，$OA=100$ mm，且 OA 和 AB 垂直。试求当 $\varphi=60°$ 时小环 M 的速度和加速度。

解： 取小环 M 为动点，曲杆 OAB 为动系。动点的绝对轨迹为水平直线，相对轨迹为沿 AB 的直线，牵连运动为绕轴 O 的定轴转动。作动点的速度矢量图如图 2.3.30 所示。$\boldsymbol{v}_e$ 垂直于点 M 到转轴 O 的连线指向下。小环 M 的绝对速度 $\boldsymbol{v}_a$、相对速度 $\boldsymbol{v}_r$ 沿其运动轨迹，那么：

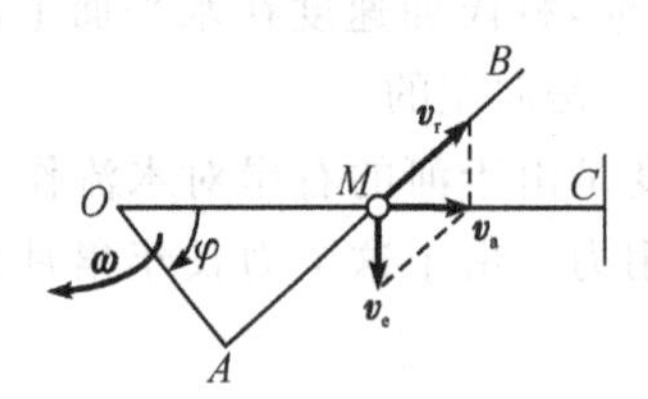

图 2.3.30　例 2.3.11 示意图

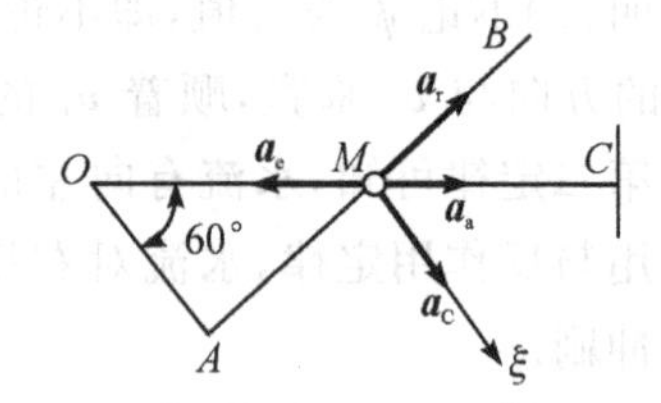

图 2.3.31　例 2.3.11 中加速度矢量图

$$v_e=\overline{OM}\omega=\frac{\overline{OA}\omega}{\cos60^\circ}=100\ \text{mm/s}$$

根据几何关系得小环 M 的绝对速度 $\boldsymbol{v}_a$、相对速度 $\boldsymbol{v}_r$ 分别为

$$v_a=v_e\tan60^\circ=173.2\ \text{mm/s},\ v_r=\frac{v_e}{\sin30^\circ}=200\ \text{mm/s}$$

作动点的加速度矢量图如图 2.3.31 所示，可知 $\boldsymbol{a}_e$ 指向 O，$\boldsymbol{a}_C$ 沿顺时针方向垂直于 $\boldsymbol{v}_r$，

$\boldsymbol{a}_a$、$\boldsymbol{a}_r$ 分别沿其轨迹方向。根据加速度合成定理有

$$a_a = a_e + a_r + a_C$$

式中,

$$a_e = OM\omega^2 = 50\ \text{mm/s}^2,\ a_C = 2\omega v_r = 200\ \text{mm/s}^2$$

取 ξ 轴垂直于 $\boldsymbol{a}_r$,将加速度合成式向该轴投影,得

$$a_a\cos 60° = -a_e\cos 60° + a_C \Rightarrow a_a = -a_e + \frac{a_C}{\cos 60°} = 350\ \text{mm/s}^2$$

例 2.3.12　如图 2.3.32 所示,水力采煤用的水枪可绕铅直轴转动。在某瞬时角速度为 $\boldsymbol{\omega}$,角加速度为零。设与转动轴相距 r 处的水点该瞬时具有相对于水枪的速度 $\boldsymbol{v}_1$ 及加速度 $\boldsymbol{a}_1$,求该水点的绝对速度及绝对加速度。

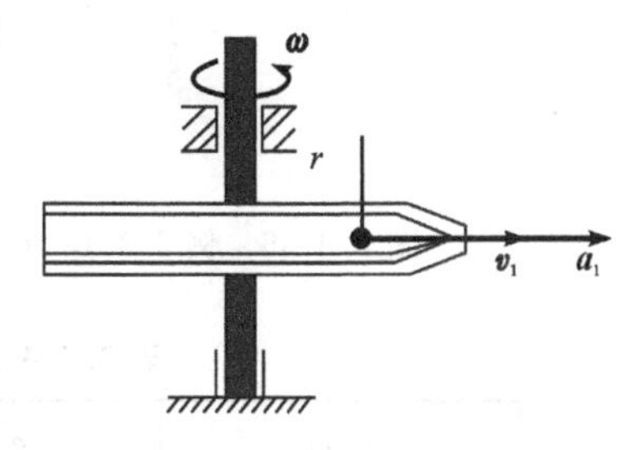

图 2.3.32　例 2.3.12 示意图

解: 取动点 W 为水点;动系为固连于水枪上的坐标系;静系为固连于地面的坐标系。那么绝对速度为水点相对于地面的速度;相对速度为水点相对于水枪的速度;牵连速度为水枪上与水点相重合点相对于地面的速度。

画动点 W 的速度矢量图如图 2.3.33 所示,又根据速度合成定理 $\boldsymbol{v}_a = \boldsymbol{v}_e + \boldsymbol{v}_r$ 可得绝对速度 $\boldsymbol{v}_a$ 的大小为 $v_a = \sqrt{v_e^2 + v_r^2} = \sqrt{r^2\omega^2 + v_1^2}$,方向如图 2.3.33 所示。

画动点 W 的加速度矢量图如图 2.3.34 所示,又根据加速度合成定理 $\boldsymbol{a}_a = \boldsymbol{a}_e + \boldsymbol{a}_r + \boldsymbol{a}_C$ 可得牵连加速度的切向分量 $\boldsymbol{a}_e^t$、牵连加速度的法向分量 $\boldsymbol{a}_e^n$、科氏加速度 $\boldsymbol{a}_C$、相对加速度 $\boldsymbol{a}_r$ 和绝对加速度 $\boldsymbol{a}_a$ 的大小分别为

$$a_e^t = r\alpha = r \times 0 = 0,\quad a_e^n = r\omega^2,\quad a_C = 2\omega v_r \sin\theta = 2\omega v_1 \sin 90° = 2\omega v_1,\quad a_r = a_1$$

$$a_a = \sqrt{(a_1 - r\omega)^2 + (2\omega v_1)^2}$$

式中各个加速度的方向如图 2.3.34 所示。

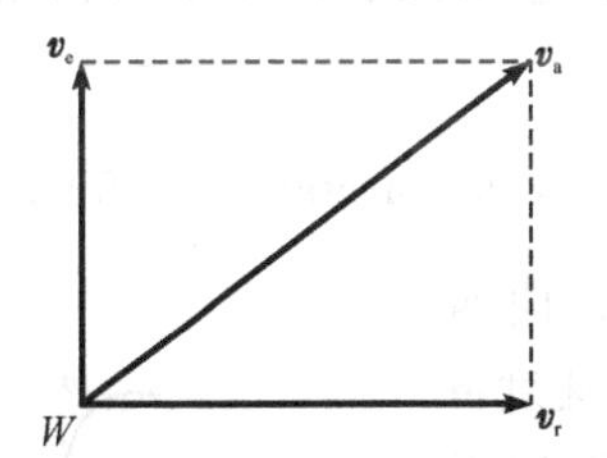

图 2.3.33　例 2.3.12 中速度矢量图

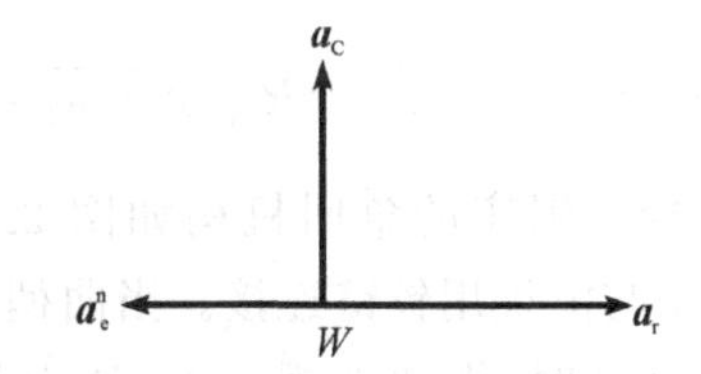

图 2.3.34　例 2.3.12 加速度矢量图

例 2.3.13　圆盘半径 $R = 50$ mm,以匀角速度 $\boldsymbol{\omega}_1$ 绕水平轴 CD 转动。同时框架和 CD 轴一起以匀角速度 $\boldsymbol{\omega}_2$ 绕通过圆盘中心 O 的铅直轴 AB 转动,如图 2.3.35、图 2.3.36 所示。如 $\omega_1 = 5$ rad/s、$\omega_2 = 3$ rad/s。求圆盘上 1 和 2 两点的绝对加速度。

解: 取动点为圆盘上点 1(或 2),动系为框架 CAD,那么相对运动为绕 O 点的圆周运动,牵连运动为绕 AB 轴的定轴转动。速度分析略,下面进行加速度分析。显然牵连运动为转动,那么加速度合成定理为 $\boldsymbol{a}_a = \boldsymbol{a}_e + \boldsymbol{a}_r + \boldsymbol{a}_C$。如图 2.3.36 所示,绝对加速度、相对加速度、牵连加速度和科氏加速度的大小和方向分析如表 2.3.4 所示。

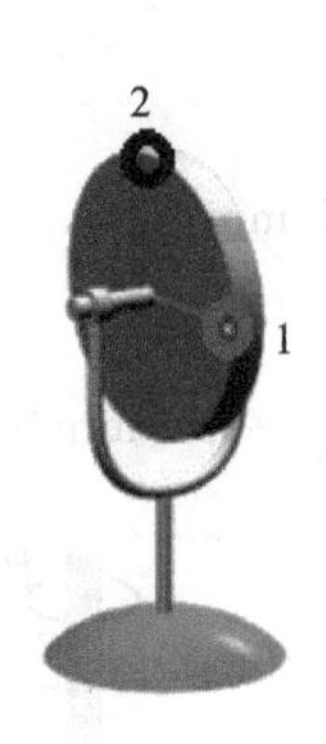

图 2.3.35 例 2.3.13 示意图

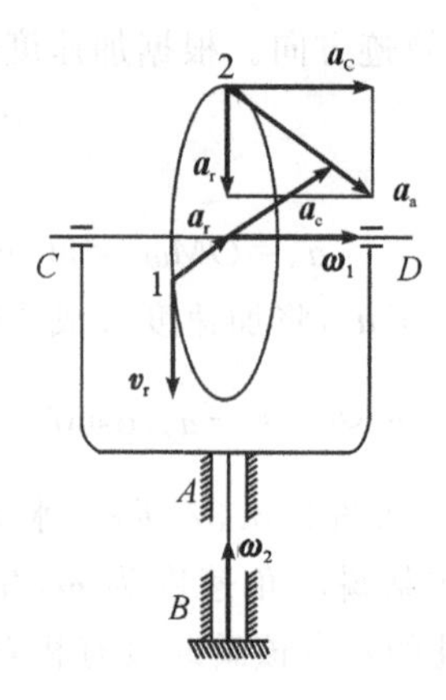

图 2.3.36 例 2.3.13 加速度矢量图

表 2.3.4 例 2.3.13 中各加速度的大小和方向分析

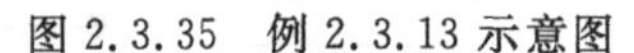

项目	$\boldsymbol{a}_a$	$\boldsymbol{a}_e$	$\boldsymbol{a}_r$	$\boldsymbol{a}_C$
大小	未知	$R\omega_2^2$	$R\omega_1^2$	$2\omega_2 \times v_r$
方向	未知	已知	已知	已知

点 1 的牵连加速度与相对加速度在同一直线上，于是绝对加速度 $\boldsymbol{a}_{a1}$ 的大小为

$$a_{a1}=a_{e1}+a_{r1}=1700\ \text{mm/s}^2$$

点 2 的牵连加速度 $\boldsymbol{a}_{e2}$ 的大小 $a_{e2}=0$，相对加速度 $\boldsymbol{a}_{r2}$ 的大小为

$$a_{r2}=R\omega_1^2=1250\ \text{mm/s}^2$$

点 2 的科氏加速度 $\boldsymbol{a}_{C2}$ 的大小为

$$a_{C2}=2\omega_e v_{r2}\sin 90°=1500\ \text{mm/s}^2$$

各方向如图 2.3.36 所示，于是得点 2 绝对加速度 $\boldsymbol{a}_{a2}$ 的大小和方向（方向用与铅垂方向的夹角 θ_2 表示）为

$$a_{a2}=\sqrt{a_{r2}^2+a_{C2}^2}=R\sqrt{\omega_1^2+\omega_2^2}=1953\ \text{mm/s}^2,\ \theta_2=\arctan\frac{a_{C2}}{a_{r2}}=50°12'$$

例 2.3.14 刨床的急回机构如图 2.3.37 所示。曲柄 OA 的一端 A 与滑块用铰链连接。当曲柄 OA 以匀角速度 $\boldsymbol{\omega}$ 绕固定轴 O 转动时，滑块在摇杆 O_1B 上滑动，并带动 O_1B 绕定轴 O_1 摆动。设曲柄长为 $OA=r$，两轴间距离 $OO_1=l$。求：摇杆 O_1B 在如图所示位置时的角加速度。

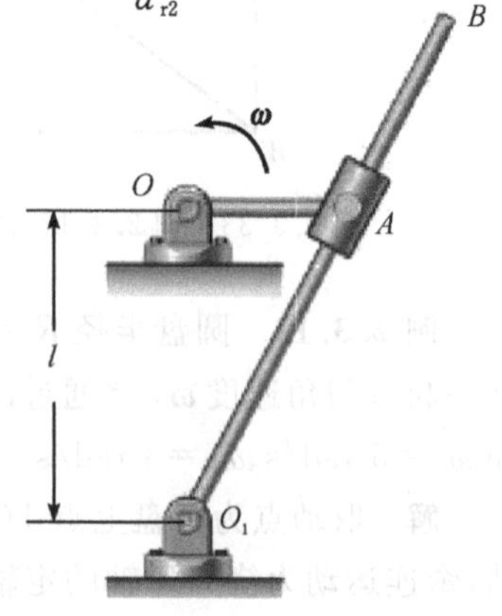

图 2.3.37 例 2.3.14 示意图

解： 取动点为滑块 A，动系为 O_1B 杆，那么绝对运动为圆周运动，相对运动为沿 O_1B 的直线运动，牵连运动为绕 O_1 轴的定轴转动。首先进行速度分析。根据速度合成定理 $\boldsymbol{v}_a=\boldsymbol{v}_e+\boldsymbol{v}_r$ 画出速度矢量图 2.3.38，绝对速度、相对速度和牵连速度的大小和方向分析如表 2.3.5 所示。

表 2.3.5　例 2.3.14 中各速度的大小和方向分析

项目	$\boldsymbol{v}_a$	$\boldsymbol{v}_e$	$\boldsymbol{v}_r$
大小	$r\omega$	未知	未知
方向	已知	已知	已知

根据速度矢量图 2.3.38 可得牵连速度 $\boldsymbol{v}_e$、相对速度 $\boldsymbol{v}_r$ 和杆 O_1A 的角速度 $\boldsymbol{\omega}_1$ 的大小为

$$v_e=v_a\sin\varphi=\frac{r^2\omega}{\sqrt{l^2+r^2}},\ v_r=v_a\cos\varphi=\frac{rl\omega}{\sqrt{l^2+r^2}},\ \omega_1=\frac{v_e}{O_1A}=\frac{v_e}{\sqrt{l^2+r^2}}=\frac{r^2\omega}{l^2+r^2}$$

下面进行加速度分析。显然牵连运动为转动,那么加速度合成定理为 $\boldsymbol{a}_a=\boldsymbol{a}_e+\boldsymbol{a}_r+\boldsymbol{a}_C$。画出加速度矢量图 2.3.39,可将加速度合成定理重写为

$$\boldsymbol{a}_a^n=\boldsymbol{a}_e^t+\boldsymbol{a}_e^n+\boldsymbol{a}_r+\boldsymbol{a}_C$$

绝对加速度、相对加速度、牵连加速度和科氏加速度的大小和方向分析如表 2.3.6 所示。

表 2.3.6　例 2.3.14 中各加速度的大小和方向分析

项目	$\boldsymbol{a}_a^n$	$\boldsymbol{a}_e^t$	$\boldsymbol{a}_e^n$	$\boldsymbol{a}_r$	$\boldsymbol{a}_C$
大小	$\omega^2 r$	未知	$\omega_1^2\cdot O_1A$	未知	$2\omega_1 v_r$
方向	已知	设已知	已知	设已知	已知

将上述加速度合成定理沿 x' 轴投影,有

$$a_{ax'}^n=a_e^t-a_C\quad 或 \quad a_e^t=a_C+a_{ax'}^n=2\omega_1 v_r-\omega^2 r\cos\varphi$$

最终由 $\boldsymbol{a}_e^t=\boldsymbol{\alpha}_1\times\boldsymbol{r}$ 可得摇杆 O_1B 的角加速度 $\boldsymbol{\alpha}_1$ 的大小为

$$\alpha_1=\frac{a_e^t}{O_1A}=\frac{\omega^2}{\sqrt{l^2+r^2}}\left(-\frac{rl(l^2-r^2)}{(l^2+r^2)^{\frac{3}{2}}}\right)=-\frac{rl(l^2-r^2)}{(l^2+r^2)^2}\omega^2$$

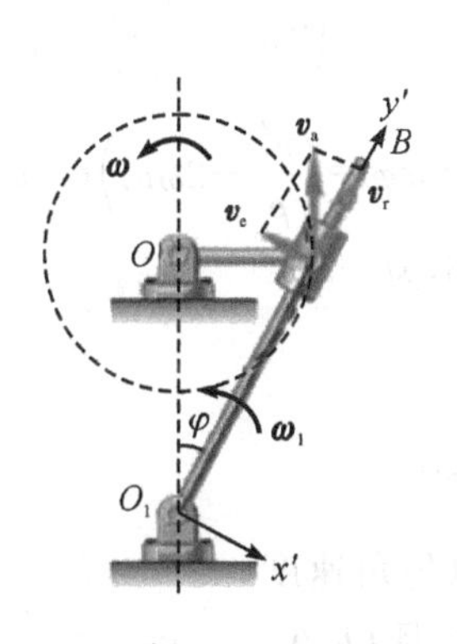

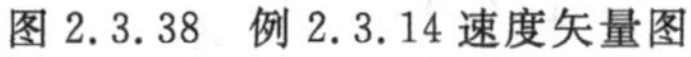
图 2.3.38　例 2.3.14 速度矢量图

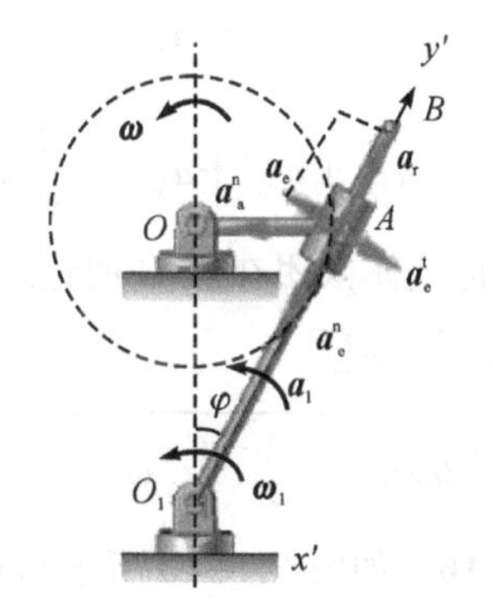

图 2.3.39　例 2.3.14 加速度矢量图

例 2.3.15　空气压缩机的工作轮以角速度 $\boldsymbol{\omega}$ 绕垂直于图面的 O 轴匀速转动,空气的相对速度 $\boldsymbol{v}_r$ 沿弯曲的叶片匀速流动,如图 2.3.40 所示。如曲线 AB 在点 C 的曲率半径为 ρ,通过点 C 的法线与半径间所夹的角为 φ,$CO=r$。求气体微团在点 C 的绝对加速度。

解：取动点为气体微团，动系为如图 2.3.41 所示的固连于工作轮上的直角坐标系 $Ox'y'$。那么绝对运动为平面曲线运动，相对运动为沿曲线 AB 的运动，牵连运动为绕轴 O 的定轴转动。

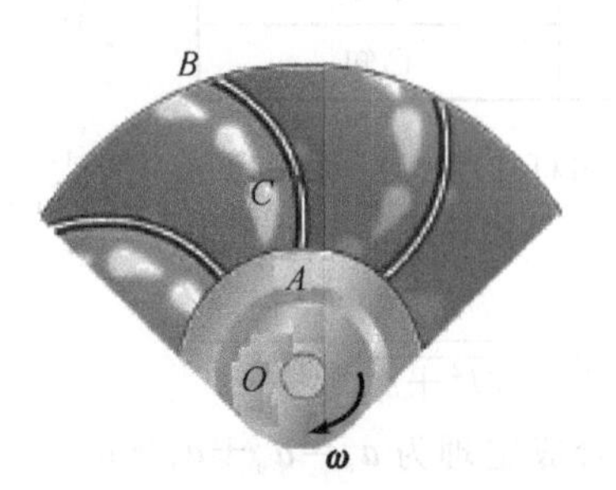

图 2.3.40　例 2.3.15 示意图

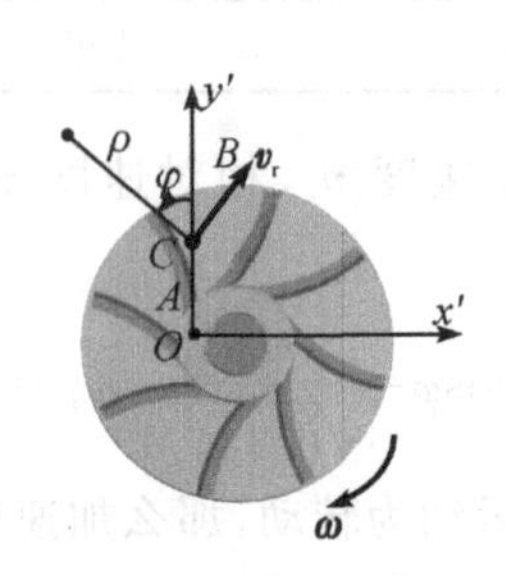

图 2.3.41　例 2.3.15 速度矢量图

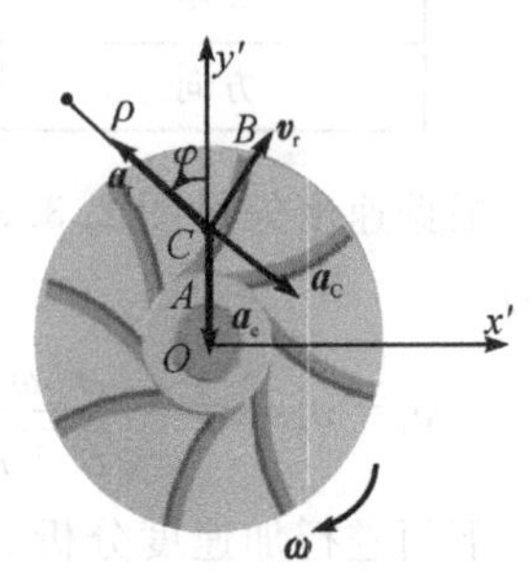

图 2.3.42　例 2.3.15 加速度矢量图

下面进行加速度分析。显然牵连运动为转动，画出加速度矢量图 2.3.42，其中绝对加速度 $\boldsymbol{a}_{\mathrm{a}}$ 的大小方向均未知；牵连加速度 $\boldsymbol{a}_{\mathrm{e}}$ 的大小为 $a_{\mathrm{e}}=r\omega^2$，方向沿 OC 指向 O；相对加速度 $\boldsymbol{a}_{\mathrm{r}}$ 的大小为 $a_{\mathrm{r}}=v_{\mathrm{r}}^2/\rho$，方向如图 2.3.42 所示；科氏加速度 $\boldsymbol{a}_{\mathrm{C}}$ 的大小为 $a_{\mathrm{C}}=2\omega v_{\mathrm{r}}\sin 90°=2\omega v_{\mathrm{r}}$，方向垂直于 $\boldsymbol{v}_{\mathrm{r}}$，指向如图 2.3.42 所示。表 2.3.7 给出了绝对加速度、相对加速度、牵连加速度和科氏加速度的大小和方向分析。加速度合成定理可写为

$$\boldsymbol{a}_{\mathrm{a}}=\boldsymbol{a}_{\mathrm{e}}+\boldsymbol{a}_{\mathrm{r}}+\boldsymbol{a}_{\mathrm{C}}=\boldsymbol{a}_{\mathrm{e}}^{\mathrm{n}}+\boldsymbol{a}_{\mathrm{r}}^{\mathrm{n}}+\boldsymbol{a}_{\mathrm{C}}$$

表 2.3.7　例 2.3.15 中各加速度的大小和方向分析

项目	$\boldsymbol{a}_{\mathrm{a}}$	$\boldsymbol{a}_{\mathrm{e}}^{\mathrm{n}}$	$\boldsymbol{a}_{\mathrm{r}}^{\mathrm{n}}$	$\boldsymbol{a}_{\mathrm{C}}$
大小	未知	$r\omega^2$	v_{r}^2/ρ	$2\omega v_{\mathrm{r}}$
方向	未知	已知	已知	已知

由表 2.3.7 可得气体微团在点 C 的绝对加速度 $\boldsymbol{a}_{\mathrm{a}}$ 沿各个轴的分量 $a_{\mathrm{a}x'}$、$a_{\mathrm{a}y'}$ 为

$$\begin{cases} a_{\mathrm{a}x'}=a_{\mathrm{r}x'}+a_{\mathrm{e}x'}+a_{\mathrm{C}x'}=-\dfrac{v_{\mathrm{r}}^2}{\rho}\sin\varphi+0+2\omega v_{\mathrm{r}}\sin\varphi=\left(2\omega v_{\mathrm{r}}-\dfrac{v_{\mathrm{r}}^2}{\rho}\right)\sin\varphi \\ a_{\mathrm{a}y'}=a_{\mathrm{r}y'}+a_{\mathrm{e}y'}+a_{\mathrm{C}y'}=\dfrac{v_{\mathrm{r}}^2}{\rho}\cos\varphi-r\omega^2-2\omega v_{\mathrm{r}}\cos\varphi=\left(\dfrac{v_{\mathrm{r}}^2}{\rho}-2\omega v_{\mathrm{r}}\right)\cos\varphi-r\omega^2 \end{cases}$$

最终可得气体微团在点 C 的绝对加速度 $\boldsymbol{a}_{\mathrm{a}}$ 的大小为

$$\begin{aligned} a_{\mathrm{a}}&=\sqrt{a_{\mathrm{a}x'}^2+a_{\mathrm{a}y'}^2} \\ &=\sqrt{\left(2\omega v_{\mathrm{r}}-\dfrac{v_{\mathrm{r}}^2}{\rho}\right)^2+r^2\omega^4-2r\omega^2\left(\dfrac{v_{\mathrm{r}}^2}{\rho}-2\omega v_{\mathrm{r}}\right)\cos\varphi} \end{aligned}$$

例 2.3.16　如图 2.3.43 所示凸轮机构中，凸轮以匀角速度 ω 绕水平 O 轴转动，带动直杆 AB 沿铅直线上、下运动，且 O、A、B 共线。凸轮上与点 A 接触的点为 A'，图 2.3.44 所示瞬时凸轮上点 A' 曲率半径为 ρ_A，点 A' 的法线与 OA 夹角为 θ，$OA=l$。求该瞬时 AB 的速度及加速度。

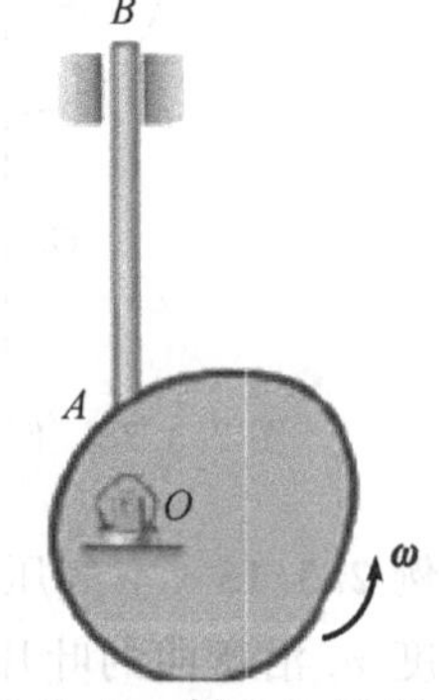

图 2.3.43　例 2.3.16 示意图

解：取动点为 AB 杆上 A 点，动系为凸轮 O，那么绝对运动

为沿 AB 杆的直线运动,相对运动为沿凸轮外边缘的曲线运动,牵连运动为绕 O 轴的定轴转动。首先进行速度分析。根据速度合成定理 $\boldsymbol{v}_a=\boldsymbol{v}_e+\boldsymbol{v}_r$ 画出速度矢量图 2.3.44,绝对速度、相对速度和牵连速度的大小和方向分析如表 2.3.8 所示。

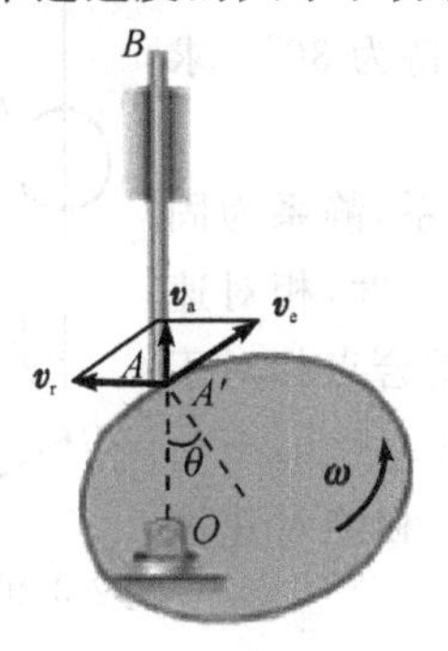

图 2.3.44　例 2.3.16 速度矢量图

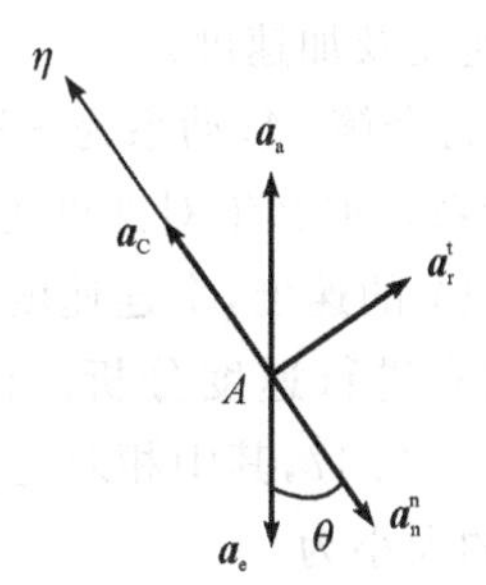

图 2.3.45　例 2.3.16 加速度矢量图

表 2.3.8　例 2.3.16 中各速度的大小和方向分析

项目	$\boldsymbol{v}_a$	$\boldsymbol{v}_e$	$\boldsymbol{v}_r$
大小	未知	ωl	未知
方向	已知	已知	已知

由速度矢量图 2.3.44 可得绝对速度 $\boldsymbol{v}_a$ 和相对速度 $\boldsymbol{v}_r$ 的大小分别为

$$v_a=v_e\tan\theta=\omega l\tan\theta,\quad v_r=\frac{v_e}{\cos\theta}=\frac{\omega l}{\cos\theta}$$

方向如图 2.3.44 中所示。该瞬时 AB 杆的速度即为绝对速度 $\boldsymbol{v}_a$。

下面进行加速度分析。显然牵连运动为转动,那么加速度合成定理为 $\boldsymbol{a}_a=\boldsymbol{a}_e+\boldsymbol{a}_r+\boldsymbol{a}_C$。画出加速度矢量图 2.3.45,可将加速度合成定理重写为

$$\boldsymbol{a}_a=\boldsymbol{a}_e+\boldsymbol{a}_r^t+\boldsymbol{a}_r^n+\boldsymbol{a}_C$$

绝对加速度、相对加速度、牵连加速度和科氏加速度的大小和方向分析如表 2.3.9 所示。

表 2.3.9　例 2.3.16 中各加速度的大小和方向分析

项目	$\boldsymbol{a}_a$	$\boldsymbol{a}_e$	$\boldsymbol{a}_r^t$	$\boldsymbol{a}_r^n$	$\boldsymbol{a}_C$
大小	未知	$\omega^2 l$	未知	v_r^2/ρ_A	$2\omega v_r$
方向	已知	已知	已知	已知	已知

将上述加速度合成定理沿 η 轴投影,有

$$a_a\cos\theta=-a_e\cos\theta-a_r^n+a_C$$

最终可得该瞬时 AB 的加速度 $\boldsymbol{a}_a$ 的大小为

$$a_a=-\omega^2 l\left(1+\frac{l}{\rho_A\cos^3\theta}-\frac{2}{\cos^2\theta}\right)$$

方向为沿 AB 杆垂直向上。

例 2.3.17 如图 2.3.46 所示，套筒 M 套在杆 OA 上，以 $x'=30+200\sin(\pi/2)t$ 沿杆轴线运动，x' 以 mm 计，t 以 s 计。杆 OA 绕 Oz 轴以 $n=60$ r/min 的转速转动，并与 Oz 轴的夹角保持为 30°。求 $t=1$ s 时 M 的速度及加速度。

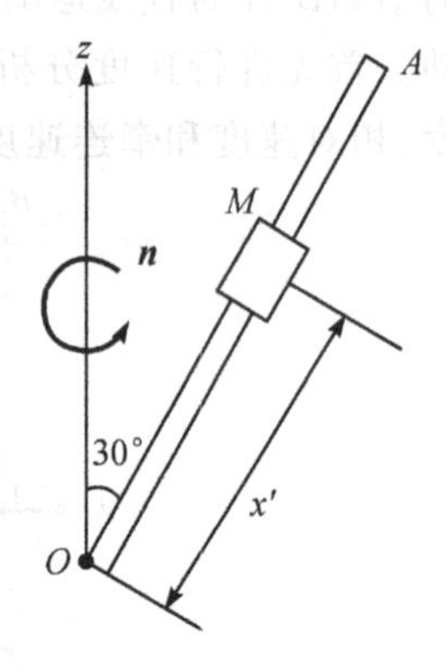

图 2.3.46　例 2.3.17 示意图

解： 取动点为套筒 M，动系为固连于 OA 上的坐标系，静系为固连于地面的坐标系。那么绝对速度为 M 相对于地面的速度，相对速度为 M 相对于 OA 的速度，牵连速度为 OA 上与 M 相重合点相对于地面的速度。首先进行速度分析。根据速度合成定理 $\boldsymbol{v}_a=\boldsymbol{v}_e+\boldsymbol{v}_r$ 画出速度矢量图 2.3.47，其中相对速度 $\boldsymbol{v}_r$、牵连速度 $\boldsymbol{v}_e$ 和绝对速度 $\boldsymbol{v}_a$ 在 $t=1$ s 时的大小为

$$v_r=\frac{\mathrm{d}}{\mathrm{d}t}(x')=\frac{\mathrm{d}}{\mathrm{d}t}\left(30+200\sin\frac{\pi}{2}t\right)=\left(200\cos\frac{\pi}{2}t\right)\times\frac{\pi}{2}$$

$$=100\pi\cos\frac{\pi}{2}t\Rightarrow v_r(1)=100\pi\cos\frac{\pi}{2}=0$$

$$v_e(1)=(x'\sin 30°)\cdot\frac{2\pi n}{60}=\left\{\left[30+200\sin\left(\frac{\pi}{2}\times 1\right)\right]\times 0.5\right\}\times\frac{2\pi\times 60}{60}\ \mathrm{mm/s}=722.2\ \mathrm{mm/s}$$

$$v_a(1)=v_e(1)=722.2\ \mathrm{mm/s}$$

方向如图 2.3.47 所示，其中套筒 M 在 $t=1$ s 时的速度即为绝对速度 $\boldsymbol{v}_a(1)$。

下面进行加速度分析。显然牵连运动为转动，那么加速度合成定理为 $\boldsymbol{a}_a=\boldsymbol{a}_e+\boldsymbol{a}_r+\boldsymbol{a}_C$。画出加速度矢量图 2.3.48，科氏加速度 $\boldsymbol{a}_C$、相对加速度 $\boldsymbol{a}_r$ 和牵连加速度 $\boldsymbol{a}_e$（分解为切向和法向分量 a_e^t, a_e^n）在 $t=1$ s 时的大小分别为

$$a_C(1)=2\omega v_r(1)\sin\theta=2\times(2\times 3.14)\times 0\times\sin 30°=0$$

$$a_r=100\pi\left(-\sin\frac{\pi}{2}t\right)\cdot\frac{\pi}{2}=-50\pi^2\sin\frac{\pi}{2}t\Rightarrow a_r(1)=-50\pi^2\sin\left(\frac{\pi}{2}\times 1\right)\ \mathrm{mm/s^2}$$

$$=-492.98\ \mathrm{mm/s^2}$$

$$\begin{cases}a_e^t(1)=0\\ a_e^n(1)=\left\{\left[30+200\sin\left(\frac{\pi}{2}\times 1\right)\right]\times 0.5\right\}\times(2\pi)^2\ \mathrm{mm/s^2}=4535.416\ \mathrm{mm/s^2}\end{cases}$$

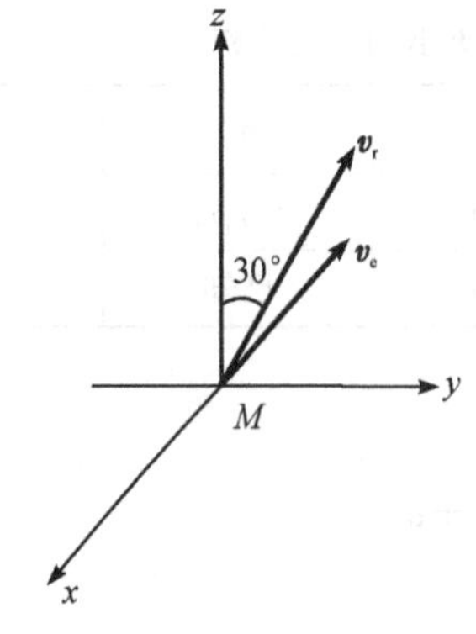

图 2.3.47　例 2.3.17 速度矢量图

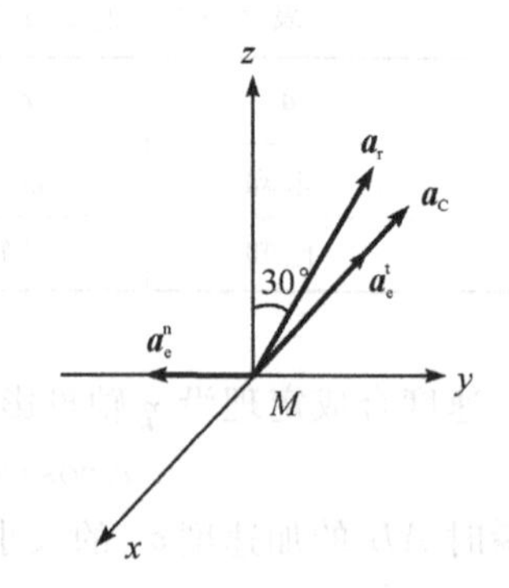

图 2.3.48　例 2.3.17 加速度矢量图

方向如图 2.3.48 所示,其中套筒 M 在 $t=1$ s 时的加速度为绝对加速度 $\boldsymbol{a}_{\mathrm{a}}(1)$,其沿各个轴的分量 $a_{\mathrm{a}x}(1)$、$a_{\mathrm{a}y}(1)$、$a_{\mathrm{a}z}(1)$ 为

$$\begin{cases} a_{\mathrm{a}x}(1)=0 \\ a_{\mathrm{a}y}(1)=a_{\mathrm{r}}\sin 30^\circ - a_{\mathrm{e}}^{\mathrm{n}} = -492.98\times 0.5-4535.416\ \mathrm{mm/s^2}=-4781.906\ \mathrm{mm/s^2} \\ a_{\mathrm{a}z}(1)=a_{\mathrm{r}}\cos 30^\circ = -492.98\times 0.5\ \mathrm{mm/s^2}=-246.49\ \mathrm{mm/s^2} \end{cases}$$

最终可得绝对加速度 $\boldsymbol{a}_{\mathrm{a}}(1)$ 的大小和方向(方向用与各个轴的夹角 α、β、γ 表示)为

$$\begin{aligned} a_{\mathrm{a}}(1) &= \sqrt{(a_{\mathrm{a}x}(1))^2+(a_{\mathrm{a}y}(1))^2+(a_{\mathrm{a}z}(1))^2} \\ &= \sqrt{0^2+(-4781.906)^2+(-246.49)^2} \\ &= 4788.25\ \mathrm{mm/s^2} \end{aligned}$$

$$\begin{cases} \alpha=\arccos\dfrac{a_{\mathrm{a}x}}{a_{\mathrm{a}}}=\arccos\dfrac{0}{4788.25}=90^\circ \\ \beta=\arccos\dfrac{a_{\mathrm{a}y}}{a_{\mathrm{a}}}=\arccos\dfrac{-4781.91}{4788.25}=177.05^\circ \\ \gamma=\arccos\dfrac{a_{\mathrm{a}z}}{a_{\mathrm{a}}}=\arccos\dfrac{-246.49}{4788.25}=92.95^\circ \end{cases}$$

图 2.3.49　例 2.3.17 加速度矢量图最终结果

例 2.3.18　实际应用举例——瓦特离心调速器　它是最古老的自动控制系统及反馈系统,设计于公元 1788 年前后,是瓦特改进蒸汽机的一个重要标志。其工作原理为:离心调速器通过弹簧和钢球所需的向心力达到调节蒸汽机转速的目的,令蒸汽机转速始终保持在一个稳定的设定值。具体如图 2.3.50 所示:

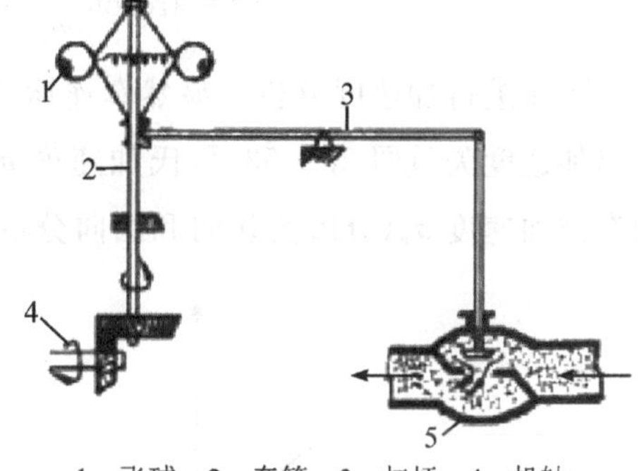

1—飞球；2—套筒；3—杠杆；4—机轴；5—蒸汽阀门（或油门）。

图 2.3.50　瓦特离心调速器工作原理图

在蒸汽机运转过程中:蒸汽机转速超过设定值→弹簧弹力小于钢球所需向心力,钢球做离心运动→带动蒸汽阀门减小开度,进气量降低→蒸汽机转速降低;反之,蒸汽机转速小于设定值→弹簧弹力大于钢球所需向心力,钢球向转轴靠拢→带动蒸汽阀门增大开度,进气量增大→蒸汽机转速增加。

在图 2.3.51 中,已知瓦特离心调速器在某瞬时以角速度 $\omega=0.5\pi$ rad/s,角加速度 $\alpha=1$ rad/s^2 绕其铅直轴转动,与此同时悬挂重球 A、B 的杆子以角速度 $\omega_1=0.5\pi$rad/s,角加速度 $\alpha_1=0.4$ rad/s^2 绕悬挂点转动,使重球向外分开。设 $l=500$ mm。悬挂点间的距离 $2e=100$ mm,调速器的张角 $\theta=30^\circ$,球的大小略去不计,作为质点看待,求重球 A 的绝对速度和加速度。

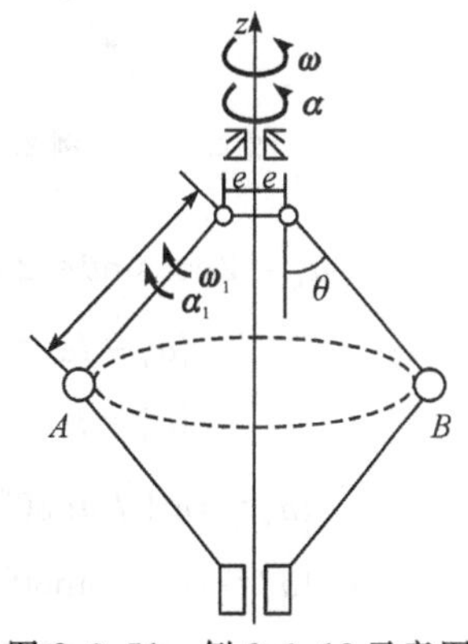

图 2.3.51　例 2.3.18 示意图

解: 取动点为图 2.3.51 中的重球 A,动系为固连于瓦特离心调速器上的坐标系,静系为固连于地面的坐标系。那么

绝对速度为 A 相对于地面的速度，相对速度为 A 相对于瓦特离心调速器的速度，牵连速度为瓦特离心调速器上与 A 相重合点相对于地面的速度。首先进行速度分析。根据速度合成定理 $\boldsymbol{v}_a=\boldsymbol{v}_e+\boldsymbol{v}_r$ 画出速度矢量图 2.3.52，其中相对速度 $\boldsymbol{v}_r$ 和牵连速度 $\boldsymbol{v}_e$ 的大小为

$$v_r=l\omega_1=500\times0.5\times3.14\ \text{mm/s}=785\ \text{mm/s}$$

$$v_e=(e+l\sin30^\circ)\cdot\omega=(50+500\times0.5)\times0.5\times3.14\ \text{mm/s}=471\ \text{mm/s}$$

方向如图 2.3.52 所示。最终可得重球 A 绝对速度 $\boldsymbol{v}_a$ 沿各个轴的分量 v_{ax}、v_{ay}、v_{az} 为

$$\begin{cases}v_{ax}=v_e=471\ \text{mm/s}\\ v_{ay}=-v_r\cos30^\circ=-785\times0.866\ \text{mm/s}=-679.81\ \text{mm/s}\\ v_{az}=v_r\sin30^\circ=785\times0.5\ \text{mm/s}=392.5\ \text{mm/s}\end{cases}$$

最终可得绝对速度 $\boldsymbol{v}_a$ 的大小和方向（方向用与各个轴的夹角 α、β、γ 表示）为

$$v_a=\sqrt{v_e^2+v_r^2}=\sqrt{471^2+785^2}\ \text{mm/s}=915.5\ \text{mm/s}$$

$$\begin{cases}\alpha=\arccos\dfrac{v_{ax}}{v_a}=\arccos\dfrac{471}{915.5}=59.04^\circ\\ \beta=\arccos\dfrac{v_{ay}}{v_a}=\arccos\dfrac{-679.81}{915.5}=59.04^\circ\\ \gamma=\arccos\dfrac{v_{az}}{v_a}=\arccos\dfrac{392.5}{915.5}=64.61^\circ\end{cases}$$

下面进行加速度分析。显然牵连运动为转动，那么加速度合成定理为 $\boldsymbol{a}_a=\boldsymbol{a}_e+\boldsymbol{a}_r+\boldsymbol{a}_C$。画出加速度矢量图 2.3.53，科氏加速度 $\boldsymbol{a}_C$、相对加速度 $\boldsymbol{a}_r$（分解为切向和法向分量 a_r^t、a_r^n）和牵连加速度 $\boldsymbol{a}_e$（分解为切向和法向分量 a_e^t、a_e^n）的大小分别为

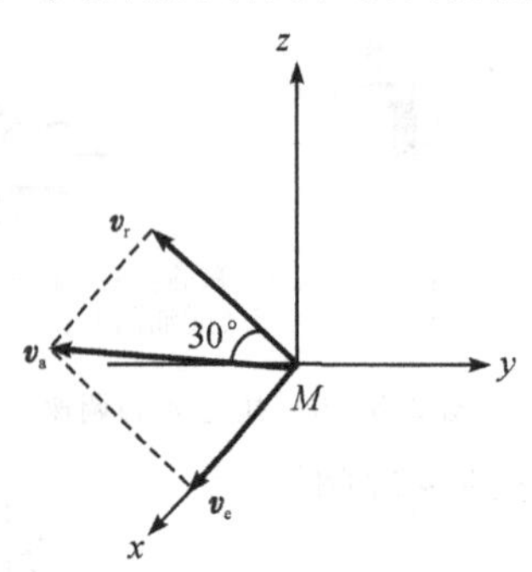

图 2.3.52　例 2.3.18 速度矢量图

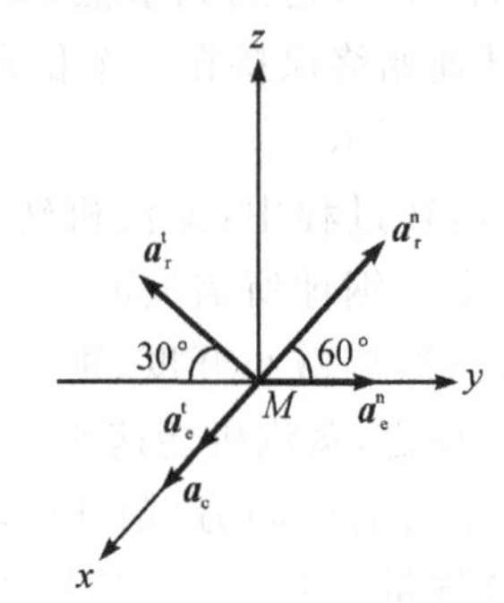

图　23.53　例 2.3.18 加速度矢量图

$$a_C=2\omega v_r\sin\theta=2\times(0.5\times3.14)\times785\times\sin60^\circ\ \text{mm/s}^2=2134.6\ \text{mm/s}^2$$

$$\begin{cases}a_r^t=l\alpha_1=500\times0.4\ \text{mm/s}^2=200\ \text{mm/s}^2\\ a_r^n=l\omega_1^2=500\times(0.5\times3.14)^2\ \text{mm/s}^2=1232.45\ \text{mm/s}^2\end{cases}$$

$$\begin{cases}a_e^t=(e+l\sin30^\circ)\cdot\alpha=(50+500\times0.5)\times1\ \text{mm/s}^2=300\ \text{mm/s}^2\\ a_e^n=(e+l\sin30^\circ)\cdot\omega^2=300\times(0.5\times3.14)^2\ \text{mm/s}^2=739.47\ \text{mm/s}^2\end{cases}$$

方向如图 2.3.53 所示，可得重球 A 的绝对加速度 $\boldsymbol{a}_a$ 沿各个轴的分量 a_{ax}、a_{ay}、a_{az} 为

$$\begin{cases} a_{ax}=a_e^t+a_C=200+2134.6\ \text{mm/s}^2=2334.6\ \text{mm/s}^2 \\ a_{ay}=a_r^n\cos60°-a_r^t\cos30°=1232.45\times0.5-200\times0.866\ \text{mm/s}^2=443.025\ \text{mm/s}^2 \\ a_{az}=a_r^n\sin60°-a_r^t\sin30°=1232.45\times0.866+200\times0.5\ \text{mm/s}^2=1167.3017\ \text{mm/s}^2 \end{cases}$$

最终可得绝对加速度 $\boldsymbol{a}_a$ 的大小和方向(方向用与各个轴的夹角 α、β、γ 表示)为

$$a_a=\sqrt{(a_{ax})^2+(a_{ay})^2+(a_{az})^2}=\sqrt{2334.6^2+443.025^2+1167.3017^2}\ \text{mm/s}^2=2647.5\ \text{mm/s}^2$$

$$\begin{cases} \alpha=\arccos\dfrac{a_{ax}}{a_a}=\arccos\dfrac{2334.6}{2647.5}=28.14° \\ \beta=\arccos\dfrac{a_{ay}}{a_a}=\arccos\dfrac{443.025}{2647.5}=80.37° \\ \gamma=\arccos\dfrac{a_{az}}{a_a}=\arccos\dfrac{1167.3017}{2647.5}=63.84° \end{cases}$$

2.4 第 2 章习题

习题 2.4.1 如图 2.4.1 所示,曲杆上作用一力 $\boldsymbol{F}$,已知 $AB=a$、$CB=b$,试分别计算力 $\boldsymbol{F}$ 对点 A 和点 B 的矩。

习题 2.4.2 重力坝受力如图 2.4.2 所示。设 $W_1=450$ kN、$W_2=200$ kN、$F_1=300$ kN、$F_2=70$ kN,求力系的合力。取图中点 O 为简化中心。

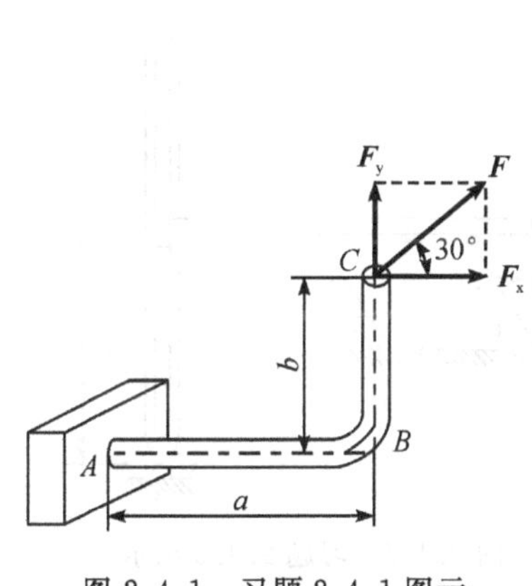

图 2.4.1　习题 2.4.1 图示

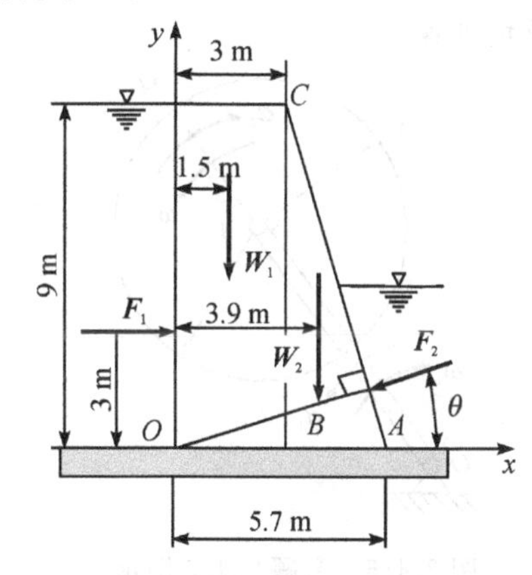

图 2.4.2　习题 2.4.2 图示

习题 2.4.3 如图 2.4.3 所示,铰链四边形机构中的 $O_1A=O_2B=100$ mm、$O_1O_2=AB$。杆 O_1A 以等角速度 $\omega=2$ rad/s 绕 O_1 轴转动。AB 杆上有一套筒 C,此筒与 CD 杆相铰接,机构各部件都在同一铅直面内。求当 $\varphi=60°$时,CD 杆的速度和加速度。

习题 2.4.4 如图 2.4.4 所示,半径为 R 的圆盘可绕垂直于盘面且通过盘心 O 的铅直轴 z 转动。小球 M 悬挂于盘边缘的上方。设在图示瞬时圆盘的角速度及角加速度分别为 $\boldsymbol{\omega}$ 和 $\boldsymbol{\alpha}$。若以圆盘为动参考系,试求该瞬时小球的科氏加速度及相对加速度。

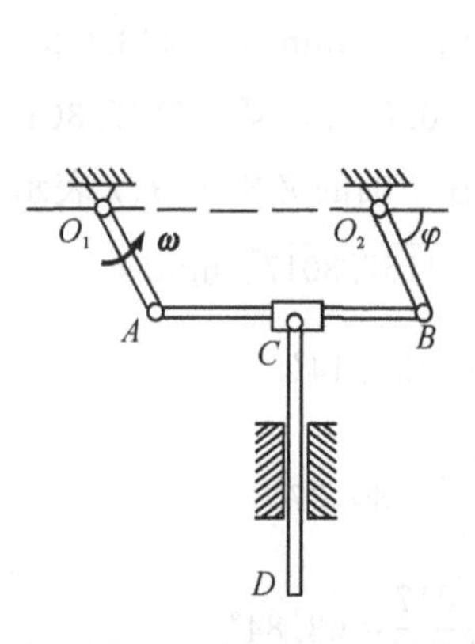

图 2.4.3　习题 2.4.3 图示

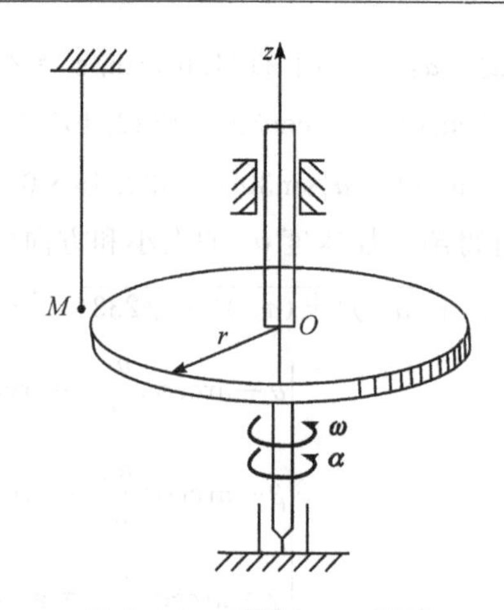

图 2.4.4　习题 2.4.4 图示

习题 2.4.5　如图 2.4.5 所示，曲柄 OA 长为 $2r$，绕固定轴 O 转动；圆盘半径为 r，绕 A 轴转动。已知 $r=100$ mm，在图示位置，曲柄 OA 的角速度 $\omega_1=4$ rad/s，角加速度 $\alpha_1=3$ rad/s^2，圆盘相对于 OA 的角速度 $\omega_2=6$ rad/s，角加速度 $\alpha_2=4$ rad/s^2。求圆盘上 M 点和 N 点的绝对速度和绝对加速度。

习题 2.4.6　在图 2.4.6 所示机构中，已知 $AA'=BB'=r=0.25$ m，且 $AB=A'B'$。连杆 AA' 以匀角速度 $\omega=2$ rad/s 绕 A' 转动，当 $\theta=60°$ 时，槽杆 CE 位置铅直。求此时 CE 的角速度及角加速度。

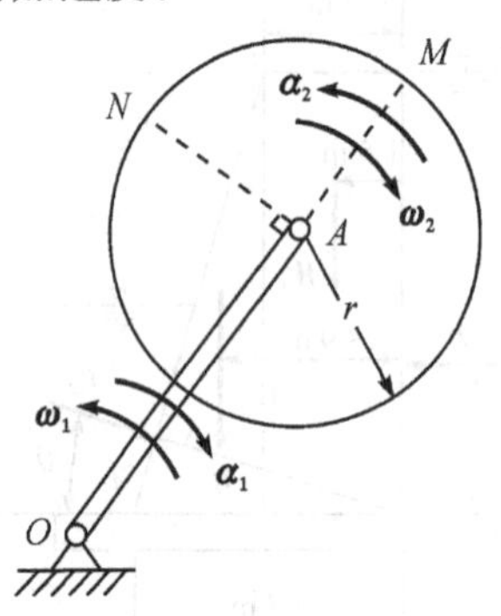

图 2.4.5　习题 2.4.5 图示

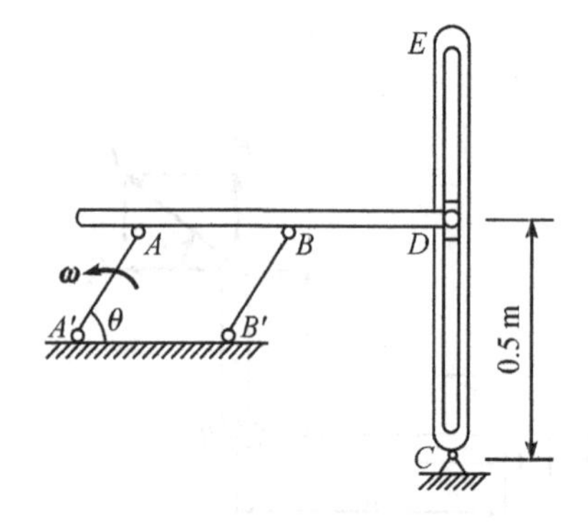

图 2.4.6　习题 2.4.6 图示

习题 2.4.7　如图 2.4.7 所示，销钉 M 可同时在 AB、CD 两滑道内运动，CD 为一圆弧形滑槽，随同板以匀角速度 $\omega_0=1$ rad/s 绕 O 转动；在图示瞬时，T 字杆平移的速度 $v=100$ mm/s，加速度 $\alpha=120$ mm/s^2。试求该瞬时销钉 M 对板的速度与加速度。

习题 2.4.8　如图 2.4.8 所示，半径为 r 的空心圆环刚连在 AB 轴上，AB 的轴线在圆环轴线平面内。圆环内充满液体，并依箭头方向以匀相对速度 $\boldsymbol{v}$ 在环内流动。AB 轴做顺时针方向转动（从 A 向 B 看），其转动的角速度 $\boldsymbol{\omega}$ 为常数，求点 M 处液体分子的绝对加速度。

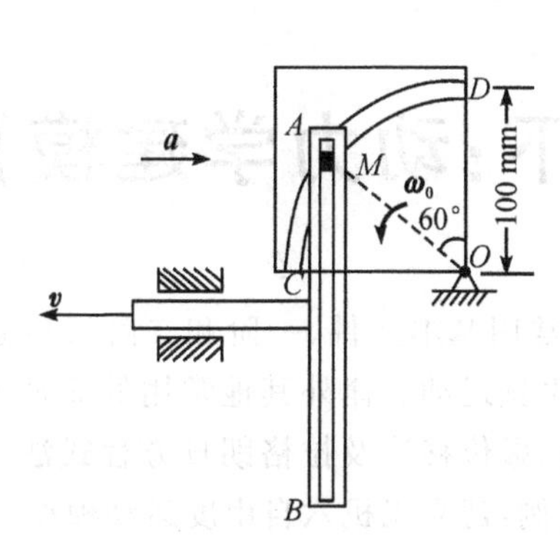

图 2.4.7　习题 2.4.7 图示

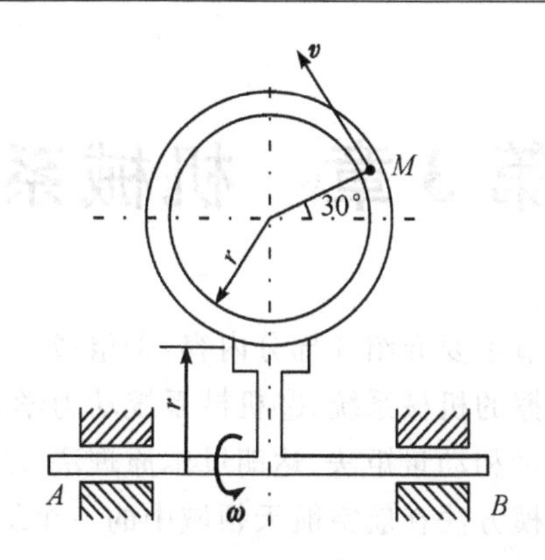

图 2.4.8　习题 2.4.8

第3章　机械系统(下:动力学建模)

本节主要介绍3部分内容:①组成机械系统的常用基本元件、一阶和二阶机械系统、具有干摩擦的机械系统;②机械系统动力学建模中除牛顿运动定律外其他常用的5种方法,分别是动量和动量矩法、达朗贝尔原理法、功和能量法、虚位移法及拉格朗日方程式法;③机械系统建模方法在航空航天领域中的一个综合应用实例:建立飞机六自由度运动模型。

3.1　动力学理论基础——牛顿运动定律

动力学研究的对象有质点、质点系和刚体。当物体受到非平衡力系作用时,其运动状态将发生变化。动力学即研究作用于物体上的力与物体的运动变化之间的关系。

动力学主要研究两类基本问题:①已知物体的运动规律,求作用于物体的力;②已知作用于物体的力,求物体的运动变化规律。动力学的理论基础是牛顿运动定律。

牛顿第一定律(惯性定律):任何物体,若不受外力作用,将永远保持静止或匀速直线运动状态。牛顿第一定律与动量守恒有关,它指出机械系统总动量在没有外力时为常量。

牛顿第二定律(力与加速度关系定律):质点受到外力作用时,其加速度大小与所受力的大小成正比,而与质点的质量成反比,加速度方向与力的方向一致。

对于平移运动,牛顿第二定律用公式表示为

$$\sum \boldsymbol{F} = m\boldsymbol{a} \tag{3.1.1}$$

对于刚体绕固定轴做纯转动运动,牛顿第二定律用公式表示为

$$\sum \boldsymbol{T} = J\boldsymbol{\alpha} \tag{3.1.2}$$

根据牛顿第二定律,质点运动微分方程的矢量形式为

$$m\boldsymbol{a} = \sum \boldsymbol{F},\quad m\frac{\mathrm{d}\boldsymbol{v}}{\mathrm{d}t} = \sum \boldsymbol{F}, m\frac{\mathrm{d}^2\boldsymbol{r}}{\mathrm{d}t^2} = \sum \boldsymbol{F} \tag{3.1.3}$$

将式(3.1.1)用直角坐标系表示,可写为

$$m\frac{\mathrm{d}^2 x}{\mathrm{d}t^2} = F_x,\quad m\frac{\mathrm{d}^2 y}{\mathrm{d}t^2} = F_y,\quad m\frac{\mathrm{d}^2 z}{\mathrm{d}t^2} = F_z \tag{3.1.4}$$

若用自然坐标系表示,式(3.1.1)又可写为

$$m\frac{\mathrm{d}^2 s}{\mathrm{d}t^2} = F_{\mathrm{t}},\quad m\frac{v^2}{\rho} = F_{\mathrm{n}};\quad 0 = F_{\mathrm{b}} \tag{3.1.5}$$

牛顿第三定律(作用力与反作用力定律):两物体间相互作用的力总是大小相等、方向相反,沿同一作用线,且同时分别作用于两个物体上。牛顿第三定律与作用力及反作用力有关,每一个作用力总是有一个与之大小相等的反作用力与之对应。

由于运动的相对性,牛顿运动定律选用固结于地球的坐标系,在此坐标系下的计算结果是足够精确的。这样的坐标系称为惯性坐标系。

任何机械系统的数学模型都可以利用牛顿运动定律来建立。下面给出利用牛顿运动定律建立机械系统数学模型的 3 个例子。(下文中不特指矢量时,所涉及物理量都表示标量)

例 3.1.1　曲柄连杆机构如图 3.1.1 所示,曲柄 OA 以匀角速度转动,$OA=AB=r$。滑块 B 的运动方程为 $x=2r\cos\varphi$。如滑块 B 的质量为 m,摩擦及连杆 AB 的质量不计。求当 $\varphi=\omega t=0$ 时连杆 AB 所受的力。

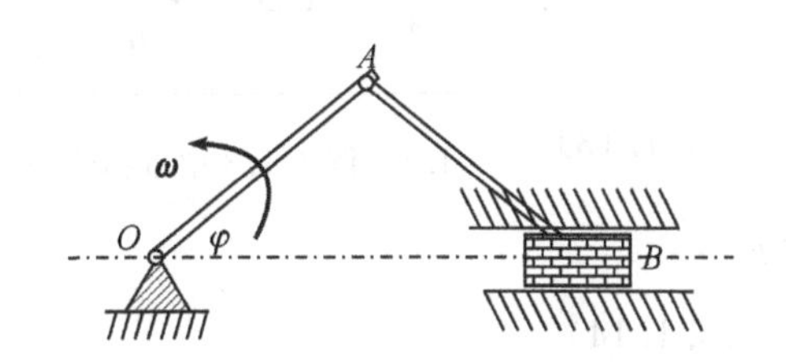

图 3.1.1　例 3.1.1 中曲柄连杆机构示意图

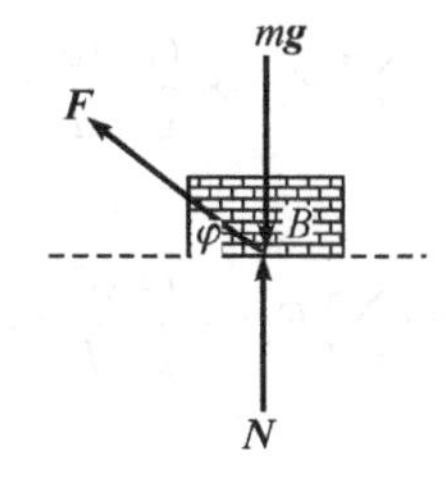

图 3.1.2　例 3.1.1 中滑块受力示意图

解: 取滑块 B 为研究对象。由于杆的质量不计,AB 为二力杆。滑块受力如图 3.1.2 所示。对滑块 B 应用牛顿第二定律可得

$$ma_x=-F\cos\varphi \tag{3.1.6}$$

式中,滑块 B 水平 x 方向的加速度 a_x 可通过将其运动方程 $x=2r\cos\varphi$ 对时间求二阶导数获得:

$$a_x=-2r\omega^2\cos\varphi \tag{3.1.7}$$

联立式(3.1.6)和式(3.1.7)可求得当 $\varphi=\omega t=0$ 时连杆 AB 所受的力 F 为

$$F=2mr\omega^2 \tag{3.1.8}$$

例 3.1.2　如图 3.1.3 所示,质量为 m、长为 l 的摆在铅垂面内摆动。初始时小球的速度为 $\boldsymbol{v}$,$\theta=0$。分析小球的运动。

解: 小球运动状态如图 3.1.3 所示。取小球为研究对象,确定坐标系后对其应用牛顿第二定律画出受力图,在摆的切向(τ 方向)和法向(n 方向)分别列出自然形式的质点运动微分方程为

$$t:ma_{\text{t}}=\sum F_{\text{t}}\Rightarrow ml\ddot{\theta}=-mg\sin\theta \tag{3.1.9}$$

$$n:ma_{\text{n}}=\sum F_{\text{n}}\Rightarrow ml\dot{\theta}^2=F-mg\cos\theta \tag{3.1.10}$$

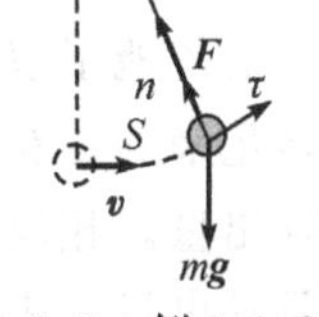

图 3.1.3　例 3.1.2 中小球运动受力图

根据式(3.1.9)可建立小球的运动微分方程为

$$l\ddot{\theta}+g\sin\theta=0 \tag{3.1.11}$$

下面分析小球运动。若小球做微幅摆动,则 $\sin\theta\approx\theta$,式(3.1.11)可简化为线性微分方程

$$\ddot{\theta}+\omega^2\theta=0 \tag{3.1.12}$$

式中,$\omega^2=g/l$,表明小球做等幅摆动,频率为 ω。

例 3.1.3　如图 3.1.4 所示,桥式起重机跑车吊挂一重为 G 的重物,沿水平横梁做匀速运动,速度为 $\boldsymbol{v}_0$,重物中心至悬挂点距离为 l。突然刹车,重物因惯性绕悬挂点 O 向前摆动,求钢丝绳的最大拉力。

解：选重物(抽象为质点)为研究对象，受力分析如图 3.1.4 所示。下面对重物进行运动分析。突然刹车后，重物 G 沿以 O 为中心、l 为半径的圆弧摆动。应用牛顿第二定律在摆的切向(t 方向)和法向(n 方向)分别列出自然形式的质点运动微分方程为

$$t: ma_t = \sum F_t \Rightarrow \frac{G}{g}\frac{\mathrm{d}v}{\mathrm{d}t} = -G\sin\varphi \tag{3.1.13}$$

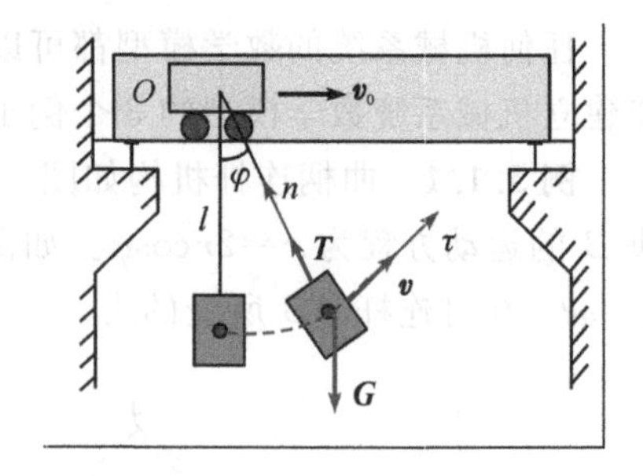

图 3.1.4　例 3.1.3 中重物受力分析示意图

$$n: ma_n = \sum F_n \Rightarrow \frac{G}{g}\frac{v^2}{l} = T - G\cos\varphi \tag{3.1.14}$$

求解式(3.1.13)和式(3.1.14)中的未知量。由式(3.1.14)得钢丝绳拉力 T 为

$$T = G\left(\cos\varphi + \frac{v^2}{gl}\right) \tag{3.1.15}$$

式中，摆角 φ 和重物的速度 v 均为变量。

由式(3.1.13)知重物做减速运动，因此 $\varphi=0$ 时，钢丝绳拉力 T 最大，即 $T=T_{\max}$，

$$T_{\max} = G\left(1 + \frac{v_0^2}{gl}\right) \tag{3.1.16}$$

式(3.1.16)表明：①减小绳子拉力的途径有：减小跑车速度或者增加绳子长度。②拉力 $T_{\max}$ 由两部分组成，一部分等于物体重量，称为静拉力；一部分由加速度引起，称为附加动拉力。全部拉力称为动拉力。

3.2　机械系统基本元件

3.2.1　单位制、刚体、力、扭矩或力矩

清楚地了解各种单位制是定量地研究系统动力学所必需的。国际单位制是由米制单位制转化来的。在绝对单位制(和米制绝对制及英制绝对制)中，质量被选作原始的量度，而力是导出量。相反的，在重力制(米制工程制和英制工程制)中，力的单位作为原始量度，而质量是导出量。表 3.2.1 列出了国际单位制、一般米制单位制中描述机械系统所必须的单位。

表 3.2.1　单位制

单位制量	米制绝对制			重力制 (米制工程制)
	国际单位制 (SI)	米-千克-秒单位制 (mks)	厘米-克-秒单位制 (cgs)	
长度	m	m	cm	m
质量	kg	kg	g	$\frac{\mathrm{kgf}\cdot\mathrm{s}^2}{\mathrm{m}}$
时间	s	s	s	s

续表

单位制量	米制绝对制			重力制 (米制工程制)
	国际单位制 (SI)	米-千克-秒单位制 (mks)	厘米-克-秒单位制 (cgs)	
力	$N=\frac{kg \cdot m}{s^2}$	$N=\frac{kg \cdot m}{s^2}$	$dyn=\frac{g \cdot cm}{s^2}$	kgf
能量	$J=N \cdot m$	$J=N \cdot m$	$erg=dyn \cdot cm$	$kgf \cdot m$
功率	$W=\frac{N \cdot m}{s}$	$W=\frac{N \cdot m}{s}$	$\frac{dyn \cdot cm}{s}$	$\frac{kgf \cdot cm}{s}$

当任何实际物体被加速时,总是要出现内部的弹性变形,如果相对于全部物体的整个运动来说,这些内部变形小得可以忽略,这种物体就称为刚体。刚体是不能变形的。对于纯平移运动,刚体上的每一点都具有相同的运动。

力可以定义为引起物体运动改变趋势的原因。力有两种可能形式作用在物体上:接触力和场力。在米制单位制中,单位力定义为把单位质量加速到 1 单位长度每秒。

扭矩或力矩定义为引起物体转动运动改变趋势的原因。扭矩是力与从转动点到力作用线的垂直距离的乘积。扭矩单位是 N·m。

基本元件的 3 种形式(即惯性元件、弹簧元件和阻尼元件)在建立机械系统模型中是必须的。下面对这 3 种基本元件分别予以介绍。

3.2.2　惯性元件

在机械系统中,惯性元件包括质量和惯性矩,它们的定义分别为

$$\text{惯性(质量)}=\frac{\text{力的变化}}{\text{加速度的变化}}\left(\frac{N}{m/s^2}\text{或 kg}\right)$$

$$\text{惯性(惯性矩)}=\frac{\text{转动力矩的变化}}{\text{角加速度的变化}}\left(\frac{N \cdot m}{rad/s^2}\text{或 } kg \cdot m^2\right)$$

用公式表示为

$$\text{质量 } m=\frac{F}{a}\left(\frac{N}{m/s^2}\text{ 或 kg}\right),\text{惯性矩 } J=\frac{T}{\alpha}\left(\frac{N \cdot m}{rad/s^2}\text{ 或 } kg \cdot m^2\right) \tag{3.2.1}$$

质量是物体中所含物质的量,它被假定为一常数。质量是物体的一种属性,由它引申出物体的惯性——对启动和停止运动的抵抗。

一物体受到地球的吸引,地球作用在物体上的力称为重力。在大气层外,物体无重力,而它的质量保持为常数,并且物体具有惯性。

刚体对于某轴的惯性矩 J 定义为

$$J=\int r^2 \mathrm{d}m \tag{3.2.2}$$

例 3.2.1　如图 3.2.1 所示,求半径为 R、长度为 L 的均质圆柱体的惯性矩。

解: 假定有一半径为 r、厚度为 $\mathrm{d}r$ 的无限小环形微元,此微元的质量 $\mathrm{d}m=2\pi rL\rho\mathrm{d}r$,根

据惯性矩的定义，有

$$J=\int_0^R r^2 2\pi rL\rho\,\mathrm{d}r=\frac{\pi L\rho R^4}{2}$$

由于 $m=\pi R^2L\rho$，最终可得 $J=mR^2/2$。

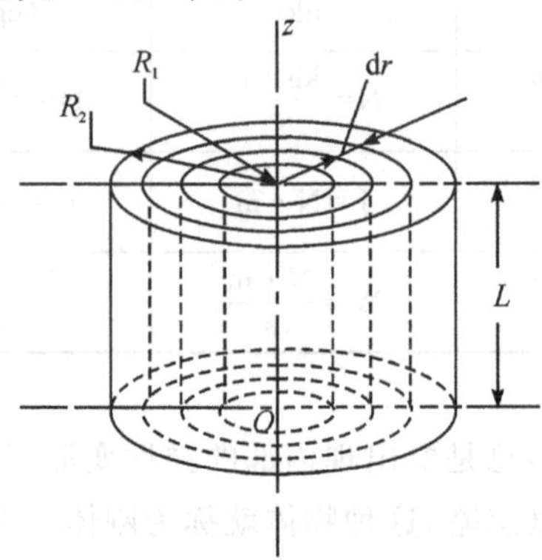

图 3.2.1　例 3.2.1 中均质圆柱体示意图

例 3.2.2　如图 3.2.2 所示，计算质量为 m、半径为 r 的均质圆盘绕 x 轴的惯性矩。

解： 令圆盘密度为

$$\rho=\frac{m}{\pi r^2}$$

如图 3.2.3 所示的质量微元为

$$\mathrm{d}m=\rho\left(2\sqrt{r^2-y^2}\right)\mathrm{d}y$$

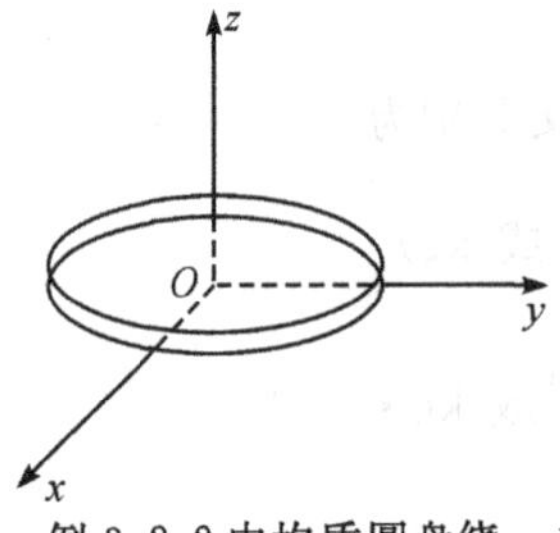

图 3.2.2　例 3.2.2 中均质圆盘绕 x 轴示意图

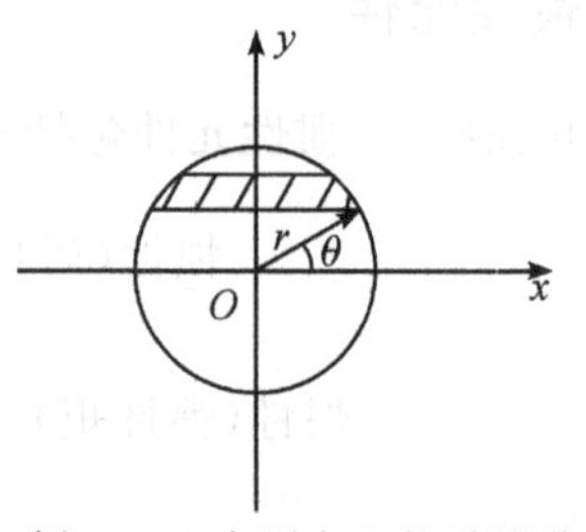

图 3.2.3　例 3.2.2 中圆盘上的质量微元示意图

那么根据惯性矩的定义，可得圆盘绕 x 轴的惯性矩为

$$J_x=\int_{-r}^{r} y^2\rho\left(2\sqrt{r^2-y^2}\right)\mathrm{d}y$$

把直角坐标系变换成为极坐标系，可得 $y=r\sin\theta$，其中：

$$-r\leqslant y\leqslant r\Rightarrow -\frac{\pi}{2}\leqslant\theta\leqslant\frac{\pi}{2}$$

因此，最终可得圆盘绕其 x 轴的惯性矩为

$$J_x=\int_{-\frac{\pi}{2}}^{\frac{\pi}{2}}(r\sin\theta)^2\rho(2r\cos\theta)r\cos\theta\,\mathrm{d}\theta=r^2\rho 2r^2\int_{-\frac{\pi}{2}}^{\frac{\pi}{2}}\sin^2\theta\cos^2\theta\,\mathrm{d}\theta$$

$$=4\rho r^4\int_0^{\frac{\pi}{2}}\sin^2\theta\cos^2\theta\,\mathrm{d}\theta=4\rho r^4\left(\frac{1}{8}\left(\theta-\frac{1}{4}\sin 4\theta\right)\right)\Big|_0^{\frac{\pi}{2}}=\frac{1}{4}mr^2=J_y$$

表 3.2.2 给出了常见形状物体的惯性矩。

表 3.2.2　常见形状物体的惯性矩

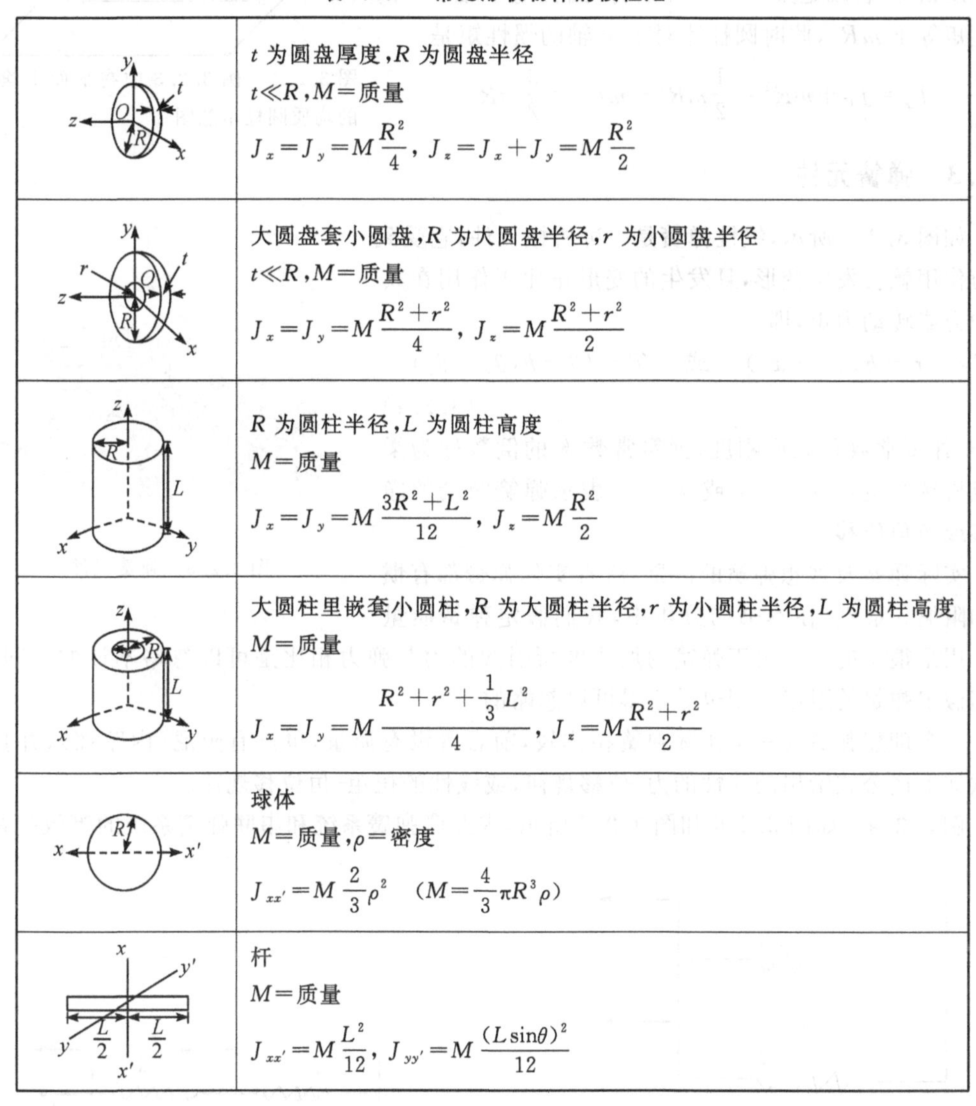

	t 为圆盘厚度,R 为圆盘半径 $t \ll R$,M=质量 $J_x=J_y=M\dfrac{R^2}{4}$, $J_z=J_x+J_y=M\dfrac{R^2}{2}$
	大圆盘套小圆盘,R 为大圆盘半径,r 为小圆盘半径 $t \ll R$,M=质量 $J_x=J_y=M\dfrac{R^2+r^2}{4}$, $J_z=M\dfrac{R^2+r^2}{2}$
	R 为圆柱半径,L 为圆柱高度 M=质量 $J_x=J_y=M\dfrac{3R^2+L^2}{12}$, $J_z=M\dfrac{R^2}{2}$
	大圆柱里嵌套小圆柱,R 为大圆柱半径,r 为小圆柱半径,L 为圆柱高度 M=质量 $J_x=J_y=M\dfrac{R^2+r^2+\frac{1}{3}L^2}{4}$, $J_z=M\dfrac{R^2+r^2}{2}$
	球体 M=质量,ρ=密度 $J_{xx'}=M\dfrac{2}{3}\rho^2 \quad (M=\dfrac{4}{3}\pi R^3\rho)$
	杆 M=质量 $J_{xx'}=M\dfrac{L^2}{12}$, $J_{yy'}=M\dfrac{(L\sin\theta)^2}{12}$

回转半径:刚体对于某轴的回转半径 k 的平方乘以刚体的质量 m 等于刚体对于同一轴的惯性矩 J。即

$$mk^2=J \Rightarrow k=\sqrt{\frac{J}{m}} \tag{3.2.3}$$

惯性矩的轴不是几何轴,如果这些轴是平行的,对于任一距离通过重心的几何轴为 x 的轴的惯性矩等于对于几何轴的惯性矩与把物体集中在重心对于新轴的惯性矩之和。

例 3.2.3　如图 3.2.4 所示,质量为 m、半径为 R 的均质圆柱体在平面上滚动。寻找圆柱对于其在表面上接触线(轴 xx')的惯性矩。

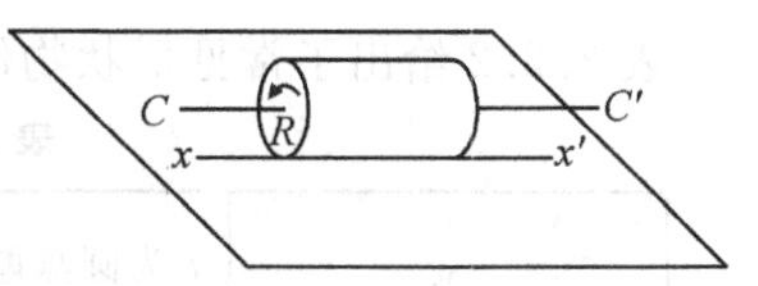

图 3.2.4　例 3.2.3 中在平面上滚动的均质圆柱示意图

解： 已知圆柱对于轴 CC' 的惯性矩是 $J_C=mR^2/2$。当把质量 m 看成是集中在重心上时，圆柱对于轴 xx' 的惯性矩等于 mR^2，此时圆柱体对于 x 轴的惯性矩是

$$J_x=J_C+mR^2=\frac{1}{2}mR^2+mR^2=\frac{3}{2}mR^2$$

3.2.3　弹簧元件

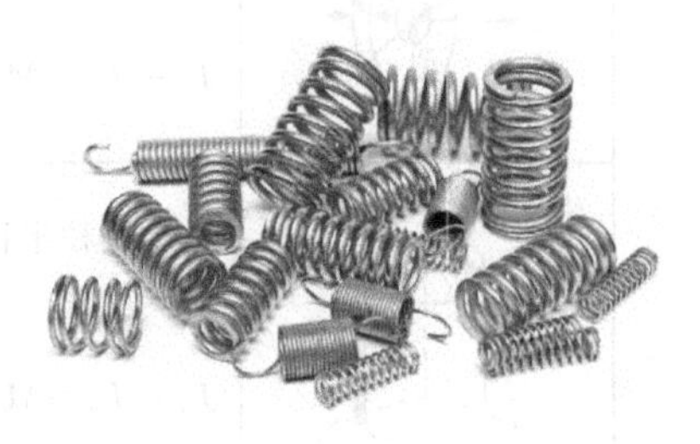
图 3.2.5　弹簧元件

如图 3.2.5 所示，线性弹簧是一种机械元件，它受到外力作用就会发生变形，且发生的变形正比于作用在其上的力或转动力矩，即

$$F=kx=k(x_1-x_2) \quad 或 \quad T=k\theta=k(\theta_1-\theta_2) \tag{3.2.4}$$

式中，弹簧常数 k 表征刚度；弹簧常数 k 的倒数称为柔度或机械容量 C；x_1-x_2 或 $\theta_1-\theta_2$ 表示弹簧两端的净位移或净角位移。

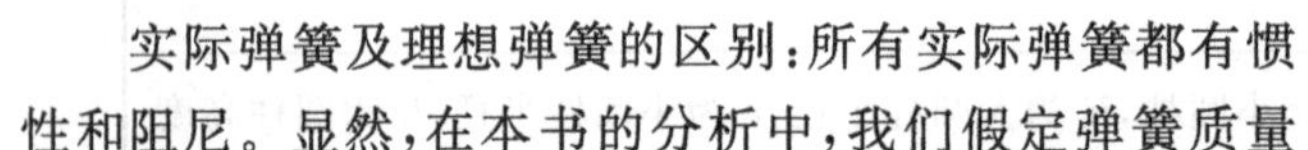

实际弹簧及理想弹簧的区别：所有实际弹簧都有惯性和阻尼。显然，在本书的分析中，我们假定弹簧质量的作用是很小的——由于弹簧的加速度所引起的力与弹力相比是可以忽略不计的。同样，我们假定弹簧的阻尼作用也是小得可以忽略的。

一个理想弹簧与一个实际弹簧相比较，前者既没有质量，也没有阻尼（内摩擦），并且将服从如上述公式给出的线性的力-位移规律，或线性的扭矩-角位移规律。

例 3.2.4　如图 3.2.6 和图 3.2.7 所示，求并联弹簧系统和串联弹簧系统的等效弹簧常数。

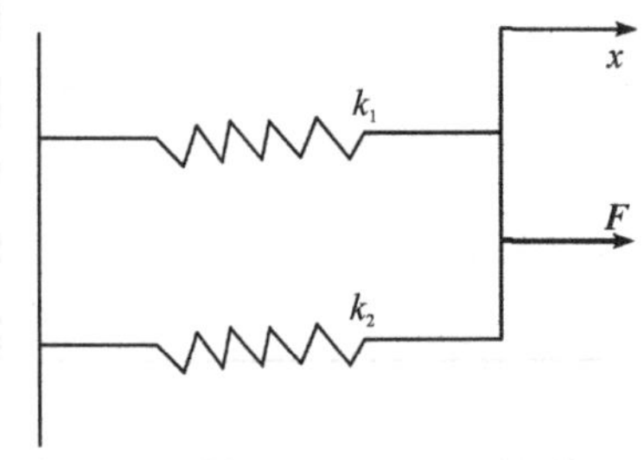

图 3.2.6　例 3.2.4 中并联弹簧系统示意图

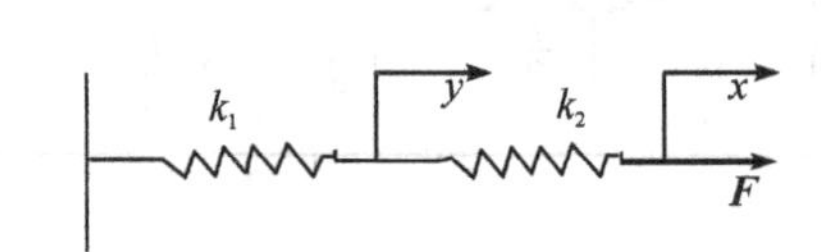

图 3.2.7　例 3.2.4 中串联弹簧系统示意图

解： 对于并联弹簧系统，应用牛顿第二定律可得其等效弹簧常数为

$$k_1x+k_2x=F=k_{eq}x\Rightarrow k_{eq}=k_1+k_2$$

对于串联弹簧系统，每个弹簧受力相同，应用牛顿第二定律，有

$$\begin{cases}k_1y=F\\k_2(x-y)=F\end{cases}$$

将上式消去 y 可得：

$$k_2\left(x-\frac{F}{k_1}\right)=F\Rightarrow k_2x=\frac{k_1+k_2}{k_1}F\Rightarrow k_{\mathrm{eq}}=\frac{1}{1/k_1+1/k_2}$$

例 3.2.5　如图 3.2.8 所示,质量 m 悬挂在两个弹簧上。一个弹簧是悬臂梁,弹簧常数是 k_1;另一个是拉伸-压缩弹簧,弹簧常数是 k_2。确定质量 m 的静变形和系统的运动方程。

解: 两个弹簧串联,由例 3.2.4 可知其等效弹簧常数为

$$k_{\mathrm{eq}}=\frac{k_1k_2}{k_1+k_2}$$

静形变为

$$\delta=\frac{mg}{k_{\mathrm{eq}}}$$

因此,它可等效为一个如图 3.2.9 所示的由弹簧和质量元件构成的振动系统,其中弹簧刚度为 k_{eq},质量为 m。应用牛顿第二定律可得系统的运动方程为

$$\ddot{x}+\frac{k_{\mathrm{eq}}}{m}x=0\ \Rightarrow\ \ddot{x}+\frac{k_1k_2}{(k_1+k_2)m}x=0$$

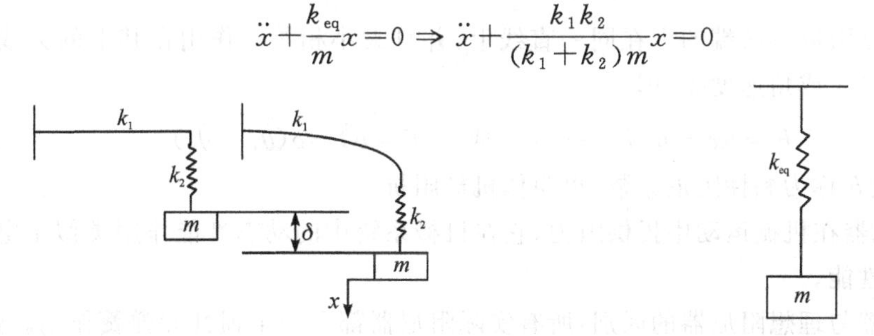

图 3.2.8　例 3.2.5 示意图　　图 3.2.9　例 3.2.5 中等效的弹簧-质量振动系统

例 3.2.6　在实际的弹簧-质量系统中,弹簧的质量 m_s 较小,但它与所支承的质量 m 相比较不可忽略。证明:系统的惯性可以把质量 m_s 的 1/3 加在所支承的质量 m 上进行计算,此时弹簧可以看成是无质量的弹簧。

解: 系统是自由振动的,位移为

$$x=A\cos\omega t$$

由于弹簧质量较小,可假设其为均匀拉伸。此时在弹簧上距离顶端 ξ 的点的位移为

$$x_\xi=\frac{\xi}{l}A\cos\omega t$$

根据能量守恒定律,在 $x=0$ 时,位能为 0,质量 m 的动能最大,速度也最大,为 $A\omega$。距离顶端的点的速度为 $(\xi/l)A\omega$。最大动能是

$$\begin{aligned}T_{\max}&=\frac{1}{2}m(A\omega)^2+\int_0^l\frac{1}{2}\left(\frac{m_s}{l}\right)\left(\frac{\xi}{l}A\omega\right)^2\mathrm{d}\xi\\&=\frac{1}{2}mA^2\omega^2+\frac{1}{2}\left(\frac{m_s}{l}\right)\left(\frac{A^2\omega^2}{l^2}\right)\frac{1}{3}l^3\\&=\frac{1}{2}\left(m+\frac{m_s}{3}\right)A^2\omega^2\end{aligned}$$

由上式可以看出系统的惯性(或等效质量)为 $m+\dfrac{m_s}{3}$。

3.2.4 阻尼元件

阻尼是一机械元件，它耗散能量使之变成热而不是积蓄能量。图 3.2.10 给出了移动阻尼器和扭转(旋转)阻尼器的简图。它们都由活塞和充满油的油缸组成。活塞杆与油缸之间的任何相对运动都受到油的抵制，因为油必须围绕着活塞(或通过活塞上的小孔)从一边流到另一边。实际上，能量以热的形式耗散在周围。在图 3.2.10(a)中速度 $\dot{x}_1$ 和 $\dot{x}_2$ 是相对于同一参考系计算的。

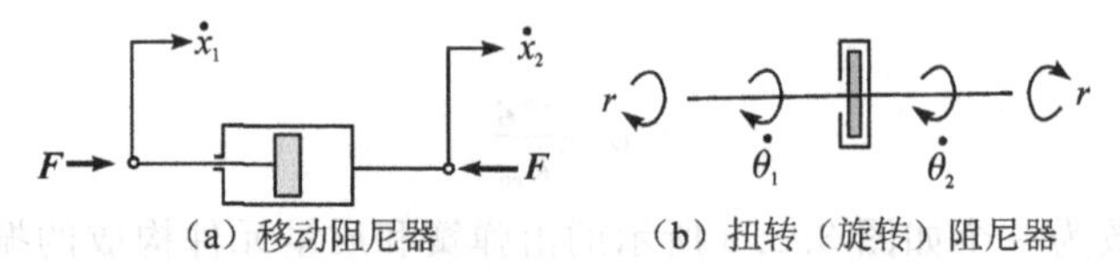

图 3.2.10 移动阻尼器和扭转阻尼器简图

作用在移动阻尼器两端的力在同一直线上，并且大小相等。作用在其上的力或力矩正比于两端的速度差或角速度差，即

$$F = b\dot{x} = b(\dot{x}_1 - \dot{x}_2) \quad 或 \quad T = b\dot{\theta} = b(\dot{\theta}_1 - \dot{\theta}_2) \tag{3.2.5}$$

式中，比例常数 b 称为黏性阻尼系数，也叫作机械阻抗。

注意，阻尼器在机械运动中提供阻力，它在机械系统中的动态性能作用类似于电阻在电系统中的动态性能。

实际阻尼器与理想阻尼器的区别：所有实际阻尼器都会产生惯性和弹簧作用。然而，在本书中我们假定这些作用可以忽略。一个理想阻尼器是无质量和无弹簧作用的，它耗散所有能量，并且服从如上述公式给出的线性的力-速度规律或线性的扭矩-角速度规律。

3.2.5 其他典型机械构件

1. 正弦机构

图 3.2.11 所示为一个正弦机构，它由曲柄做常速度旋转，在输出端产生正弦运动。这种运动转换器的装置在机械系统中被当作一种运动源。这种运动源，如果通过一个软弹簧来连接荷重元件，显然可以转换为力源，如图 3.2.12 所示。

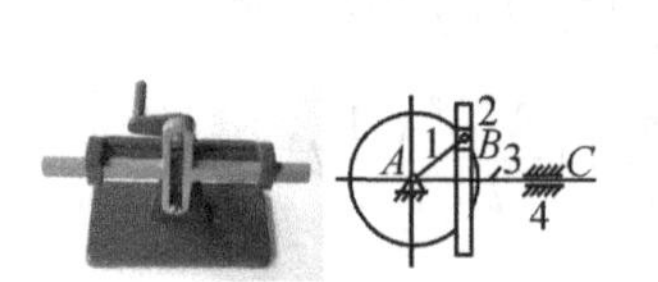

图 3.2.11 正弦机构

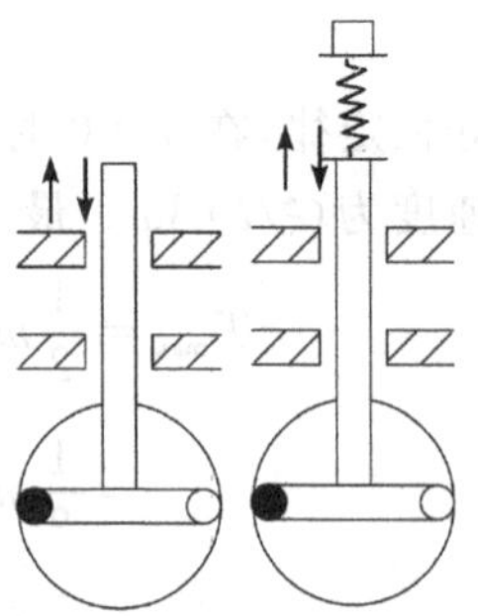

图 3.2.12 正弦机构连接荷重

2. 杠杆

杠杆把能量从机械系统的一部分传递到另一部分。为了定量地衡量传递能量能力的大小,引入了机械效益,其定义为机器的作用力与输入机器中的力两者之比,常用字母 MA 表示,即

$$\text{机械效益} = \text{MA} = \frac{\text{输出力}}{\text{输入力}} \tag{3.2.6}$$

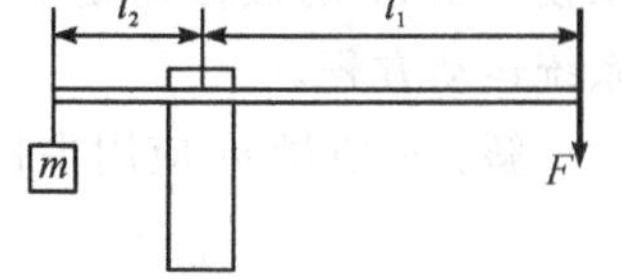

图 3.2.13　杠杆机构示意图

如图 3.2.13 所示,该杠杆系统的机械效益为

$$\text{MA} = \frac{l_1}{l_2} \tag{3.2.7}$$

输出力为

$$F = \frac{mg}{\text{MA}} = \frac{l_2}{l_1}mg \tag{3.2.8}$$

例 3.2.7　求图 3.2.14 所示的杠杆-弹簧-阻尼系统的运动方程式。假设杠杆是刚性和无质量的。

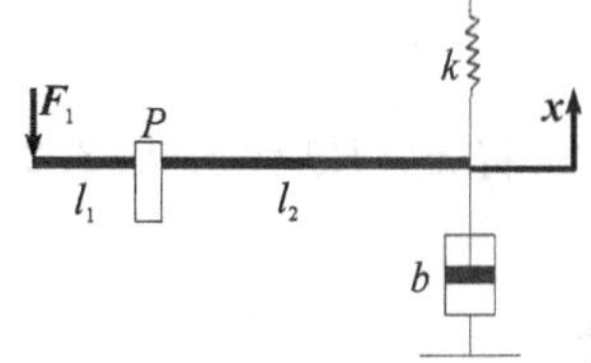

图 3.2.14　例 3.2.7 中的杠杆-弹簧-阻尼系统

解: 使用牛顿第二定律,对于小位移 x,绕支点 P 的转动方程式是

$$F_1 l_1 - (b\dot{x} + kx) l_2 = 0 \quad \text{或} \quad b\dot{x} + kx = \frac{l_1}{l_2}F_1$$

3. 滑轮和滑轮组

如图 3.2.15 所示,滑轮是用比较小的力来提升重载荷的一种机械装置。这种装置是借助微小的载荷在长距离内的移动来得到短距离内重载荷的移动。滑轮可分为定滑轮和动滑轮。

滑轮组的机械效益与滑轮的个数及滑轮组的结构有关,在下面的分析中,我们把滑轮的重量和绳索的重量包括在荷重 mg 内,且忽略可能存在于系统中的摩擦力。

在图 3.2.16 中,载荷 G 的重量均为 mg,由于结构不同,滑轮组的输入力分别为

$$F_{\text{甲}} = \frac{mg}{3}, \quad F_{\text{乙}} = \frac{mg}{2}, \quad F_1 = \frac{mg}{3}, \quad F_2 = \frac{mg}{4} \tag{3.2.9}$$

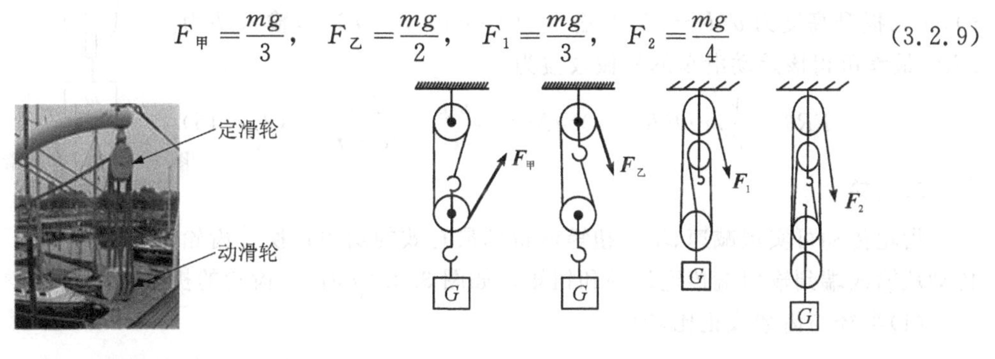

图 3.2.15　定滑轮与动滑轮示意图　　　图 3.2.16　滑轮组受力示意图

它们做功相同,均为

$$Fx = mgh \tag{3.2.10}$$

例 3.2.8　如图 3.2.17 所示的弹簧-质量-滑轮系统中,滑轮对于转动轴的惯性矩是 J,

半径是 R。假定系统的初始状态是平衡的。质量 m 的重力引起弹簧的静变形是 $k\delta=mg$。如果设质量 m 的位移 x 是从平衡位置量起的，求系统运动方程。

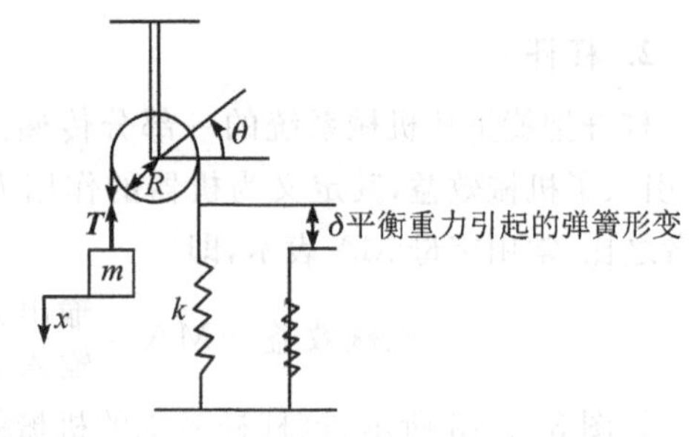

图 3.2.17　例 3.2.8 中的弹簧-质量-滑轮系统示意图

解：对质量 m 应用牛顿第二定律有

$$m\ddot{x}=-T \tag{3.2.11}$$

式中，T 是钢索中的张力，且由于从静平衡位置开始度量，方程中无 mg 项。

对于滑轮的转动应用牛顿第二定律，可得其方程式是

$$J\ddot{\theta}=TR-kxR \tag{3.2.12}$$

从式(3.2.11)和式(3.2.12)中消去张力 T，有

$$J\ddot{\theta}=-m\ddot{x}R-kxR \tag{3.2.13}$$

将 $x=R\theta$ 代入式(3.2.13)中，可得系统运动方程为

$$(J+mR^2)\ddot{\theta}+kR^2\theta=0 \tag{3.2.14}$$

或

$$\ddot{\theta}+\frac{kR^2}{J+mR^2}\theta=0 \tag{3.2.15}$$

4. 差动滑车

差动滑车与滑轮组的区别是前者的链条是连续的，且两个不同直径上的滑轮固定在同一轴上，转过相同的角度。使用差动滑车可以获得大的机械效益。

如图 3.2.18 所示，上滑轮滑动角度 θ，链 c 从小滑轮松开的长度为 $r\theta$，链 d 缠住大滑轮的长度为 $R\theta$，那么回路 cd 缩短了距离 $\theta(R-r)$，重物提升高度为 $\theta(R-r)/2$，输出功为 $mg\theta(R-r)/2$，输入功为 $FR\theta$，最终可得该差动滑车的机械效益为

$$FR\theta=\frac{1}{2}mg\theta(R-r)\Rightarrow MA=\frac{mg}{F}=\frac{2R}{R-r} \tag{3.2.16}$$

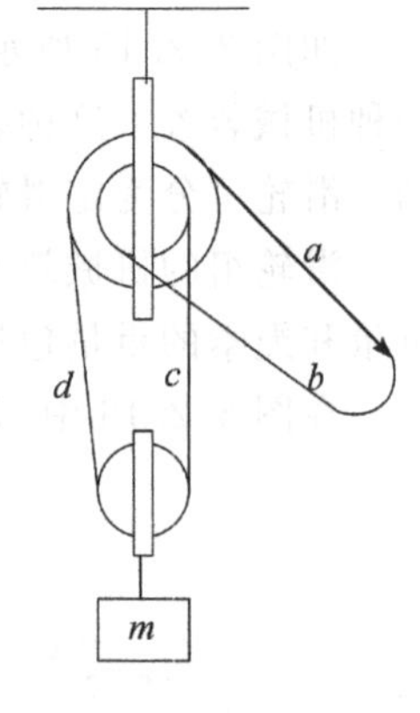

图 3.2.18　差动滑车示意图

5. 齿轮

齿轮传动可实现减速、增大扭矩或得到最有效的功率转换。齿轮传动从输入端到输出端传递运动和扭矩。如图 3.2.19 所示，齿轮的机械特性如下：

(1)半径与齿数成正比，即

$$\frac{r_1}{r_2}=\frac{n_1}{n_2} \tag{3.2.17}$$

(2)两齿轮接触点表速度相等，即

$$r_1\omega_1=r_2\omega_2 \quad 或 \quad \frac{\omega_2}{\omega_1}=\frac{r_1}{r_2}=\frac{n_1}{n_2} \tag{3.2.18}$$

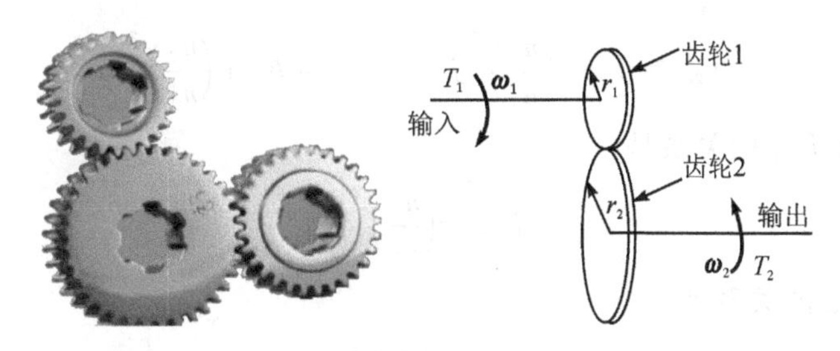

图 3.2.19　齿轮传动模型示意图

(3)忽略摩擦损失,传递功率不变,即

$$P=T_1\omega_1=T_2\omega_2 \tag{3.2.19}$$

例 3.2.9　研究图 3.2.20 所示的齿轮传动系统。已知齿轮 1 的齿数、转动角速度、惯性矩和黏性摩擦系数分别为 n_1、ω_1、J_1 和 b_1;齿轮 2 的齿数、转动角速度、惯性矩和黏性摩擦系数分别为 n_2、ω_2、J_2 和 b_2。齿轮 1 为主动轮,受到了电动机产生的输入扭矩 T_m。齿轮 2 为从动轮,受到了负载扭矩 T_L。求对于电动机轴(轴 1)及对于负载轴(轴 2)的等效惯性矩和等效黏性摩擦系数。

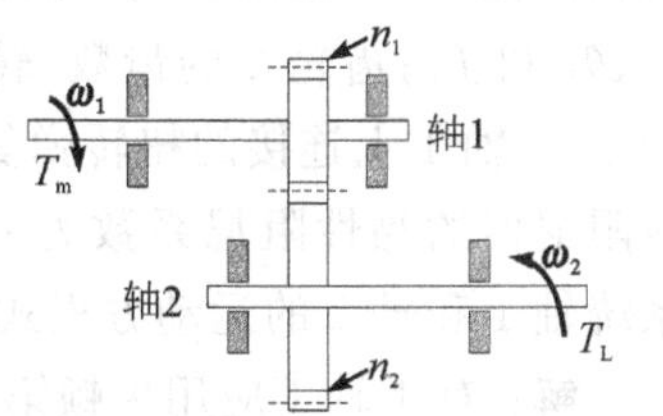

图 3.2.20　例 3.2.9 中齿轮传动模型示意图

解:对轴 1 应用牛顿第二定律,有

$$J_1\dot{\omega}_1+b_1\omega_1+T_1=T_\mathrm{m} \tag{3.2.20}$$

式中,T_m 是由电动机产生的扭矩;T_1 是作用在齿轮 1 上的负载扭矩;$b_1\omega_1$ 是作用在齿轮 1 上的摩擦力产生的扭矩。

对轴 2 应用牛顿第二定律,有

$$J_2\dot{\omega}_2+b_2\omega_2+T_L=T_2 \tag{3.2.21}$$

式中,T_2 是传递到齿轮 2 上的扭矩;T_L 是作用在齿轮 2 上的负载扭矩;$b_2\omega_2$ 是作用在齿轮 2 上的摩擦力产生的扭矩。

齿轮 1 到齿轮 2 传递功率不变:

$$T_1\omega_1=T_2\omega_2\Rightarrow T_1=T_2\frac{\omega_2}{\omega_1}=T_2\frac{n_1}{n_2} \tag{3.2.22}$$

由式(3.2.22)可见,若 $n_1/n_2<1$,则可增大扭矩。从式(3.2.20)和式(3.2.21)中消去 T_1、T_2 可得

$$J_1\dot{\omega}_1+b_1\omega_1+\frac{n_1}{n_2}(J_2\dot{\omega}_2+b_2\omega_2+T_\mathrm{L})=T_\mathrm{m} \tag{3.2.23}$$

由于 $\omega_2=(n_1/n_2)\omega_1$,从式(3.2.23)中消去 ω_2 得

$$\left(J_1+\left(\frac{n_1}{n_2}\right)^2J_2\right)\dot{\omega}_1+\left(b_1+\left(\frac{n_1}{n_2}\right)^2b_2\right)\omega_1+\left(\frac{n_1}{n_2}\right)T_\mathrm{L}=T_\mathrm{m} \tag{3.2.24}$$

齿轮传动对于轴 1 的等效惯性矩和等效黏性摩擦系数为

$$J_{1\mathrm{eq}}=J_1+\left(\frac{n_1}{n_2}\right)^2J_2,\quad b_{1\mathrm{eq}}=b_1+\left(\frac{n_1}{n_2}\right)^2b_2 \tag{3.2.25}$$

齿轮传动对于轴 2 的等效惯性矩和等效黏性摩擦系数为

$$J_{2eq}=J_2+\left(\frac{n_2}{n_1}\right)^2 J_1,\quad b_{2eq}=b_2+\left(\frac{n_2}{n_1}\right)^2 b_1 \tag{3.2.26}$$

因此，J_{1eq} 与 J_{2eq} 的关系是

$$J_{1eq}=\left(\frac{n_1}{n_2}\right)^2 J_{2eq} \tag{3.2.27}$$

而 b_{1eq} 与 b_{2eq} 的关系是

$$b_{1eq}=\left(\frac{n_1}{n_2}\right)^2 b_{2eq} \tag{3.2.28}$$

例 3.2.10 对图 3.2.21 所示的齿轮传动系统中作用一扭矩 T 于轴 1 上，轴 2 上的负载扭矩是 T_L。已知齿轮 1 的齿数、转动角度和惯性矩分别为 n_1、θ_1 和 J_1；齿轮 2 的齿数、转动角度和惯性矩分别为 n_2、θ_2 和 J_2。轴 1 上连接的扭转弹簧的刚度为 k，轴 2 上连接的扭转阻尼器的黏性阻尼系数为 b，不计两齿轮间的摩擦。求该系统轴 1 和轴 2 的运动方程式。

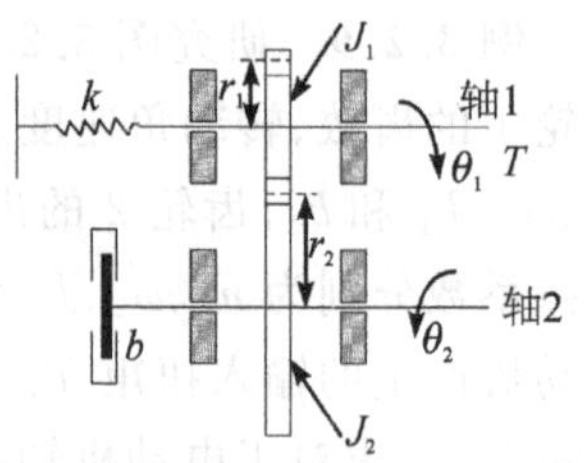

图 3.2.21 例 3.2.10 中齿轮传动系统示意图

解：对于轴 1 应用牛顿第二定律，运动方程式是

$$J_1\ddot{\theta}_1=-k\theta_1-T_1+T \tag{3.2.29}$$

式中，T_1 是轴 2 对轴 1 的反扭矩。

对于轴 2 应用牛顿第二定律，运动方程式是

$$J_2\ddot{\theta}_2=-b\dot{\theta}_2-T_L+T_2 \tag{3.2.30}$$

式中，T_2 是通过齿轮 1 作用在轴 2 上的扭矩。

根据几何约束，有

$$r_1\dot{\theta}_1=r_2\dot{\theta}_2 \tag{3.2.31}$$

且齿轮 1 所做的功等于齿轮 2 所做的功：

$$T_1\dot{\theta}_1=T_2\dot{\theta}_2 \tag{3.2.32}$$

或

$$\frac{T_1}{T_2}=\frac{\dot{\theta}_2}{\dot{\theta}_1}=\frac{r_1}{r_2} \tag{3.2.33}$$

由式(3.2.30)和式(3.2.33)可得

$$J_2\ddot{\theta}_2+b\dot{\theta}_2+T_L=T_2=T_1\frac{r_2}{r_1} \tag{3.2.34}$$

根据式(3.2.29)消去式(3.2.34)中的 T_1，有

$$J_1\ddot{\theta}_1+k\theta_1+\frac{r_1}{r_2}(J_2\ddot{\theta}_2+b\dot{\theta}_2+T_L)=T \tag{3.2.35}$$

把 $\theta_2=(r_1/r_2)\theta_1$ 代入式(3.2.35)可得轴 1 的运动方程式为

$$\left(J_1+\left(\frac{r_1}{r_2}\right)^2 J_2\right)\ddot{\theta}_1+b\left(\frac{r_1}{r_2}\right)^2\dot{\theta}_1+k\theta_1=T-\frac{r_1}{r_2}T_L \tag{3.2.36}$$

把 $\theta_1=(r_2/r_1)\theta_2$ 代入式(3.2.35)可得轴 2 的运动方程式为

$$\left(J_1+\left(\frac{r_1}{r_2}\right)^2 J_2\right)\ddot{\theta}_2+b\left(\frac{r_1}{r_2}\right)^2\dot{\theta}_2+k\theta_2=\frac{r_1}{r_2}T-\left(\frac{r_1}{r_2}\right)^2 T_L \tag{3.2.37}$$

3.3　一阶和二阶机械系统的解

若一个系统的模型由微分方程表示,该微分方程的(全)解由补解和特解两部分组成。工程中习惯上将补解和特解分别称为系统的自然响应和强迫响应。除了自然响应和强迫响应外,工程中还经常用到瞬态响应和稳态响应,这 4 种响应的概念如下:

(1)强迫响应:由激励函数决定的性能称为强迫响应;

(2)自然响应:由初始条件(储存的初始能量)决定的性能称为自然响应;

(3)瞬态响应:在自然响应起始和终止之间的过程叫作瞬态响应;

(4)稳态响应(又称稳定状态):在自然响应变成小得可以忽略的情况以后,此时的状态称为达到稳定状态。(例如二阶欠阻尼系统的瞬态响应和稳定状态)

研究系统微分方程解的形式对于后续的系统分析具有非常重要的作用。下面我们以几种常见的一阶和二阶机械系统为例,介绍如何得到它们的微分方程模型的解。

说明:①此处我们仅考虑线性系统;②对于一阶和二阶线性系统,除了采用本节解微分方程的方法求解外,还可以利用传递函数求解,其思路是:先对系统的微分方程模型进行拉普拉斯变换得到相应的传递函数模型;再在拉氏域中求解;最后对拉氏域的解进行拉普拉斯反变换得到时域解。详细过程可参见信号与系统或自动控制原理相关教材。

3.3.1　一阶机械系统的解

若描述系统运动方程的数学模型为一阶微分方程,则称该系统为一阶系统。下面我们以图 3.3.1 所示的转动系统为例介绍如何得到一阶机械系统的解。

例 3.3.1　转动系统。如图 3.3.1 所示,将一惯性矩为 J 的刚体支持在轴承中转动,假定该系统轴承中的摩擦是黏性阻尼,阻尼系数为 b。求系统运动微分方程。

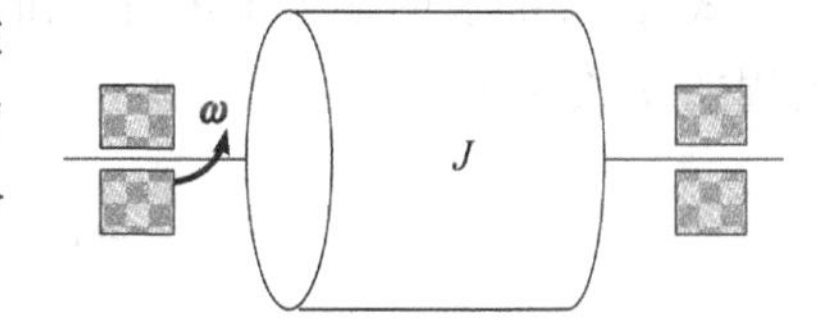

图 3.3.1　例 3.3.1 中的转动轴承系统

解: 应用牛顿第二定律得到其运动方程为

$$J\dot{\omega}=\sum T=-b\omega \tag{3.3.1}$$

给定初始条件 $\omega(0)=\omega_0$,该一阶微分方程的解为

$$\omega(t)=\omega_0 e^{-(b/J)t} \tag{3.3.2}$$

由式(3.3.2)可见它的解是一个随时间 t 单调减的指数函数。

3.3.2　二阶机械系统的解

若描述系统运动方程的数学模型为二阶微分方程,则称该系统为二阶系统。下面我们以几个典型例子介绍如何得到二阶机械系统的解。

例 3.3.2　弹簧-质量系统。如图 3.3.2 所示,该机械系统由一个刚度为 k 的弹簧和一个质量 m 组成。质量由弹簧支承。对于垂直方向的运动,求系统运动微分方程。

解：应用牛顿第二定律可得其运动模型为

$$m\ddot{y}=\sum F=-ky+mg \tag{3.3.3}$$

将重力由静平衡的弹簧形变抵消，式(3.3.3)变为

$$m\ddot{x}+kx=0 \tag{3.3.4}$$

假定把质量向下拉并释放，此时的初始条件为 $x(0)=x_0$ 和 $\dot{x}(0)=0$。上述二阶线性微分方程的解为

$$x(t)=x_0\cos\sqrt{\frac{k}{m}}t \tag{3.3.5}$$

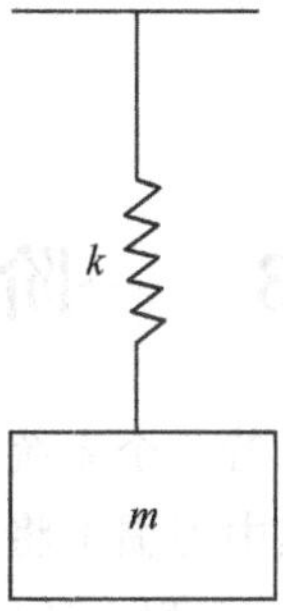

图 3.3.2　例 3.3.2 中的弹簧-质量系统

式(3.3.5)表明，该系统围绕其静平衡位置做等幅周期运动，最大振幅为 x_0，振动频率(又称系统的固有频率)为$\sqrt{k/m}$。我们将该类运动称为自由振动或二阶无阻尼正弦振动或简谐运动。

例 3.3.3　惯性矩-扭转弹簧系统。对于均质具有简单形状物体的惯性矩有可能用其定义式计算获得。然而，对于具有复杂形状的刚体或由不同密度材料组成的刚体的惯性矩，其定义计算变得非常困难甚至是不可能的。在这种情况下，采用实验方法决定惯性矩是一个好的解决途径。

实验测定惯性矩的方法如下：如图 3.3.3 所示，支承一刚体在无摩擦的轴承中，它能够绕着所要决定惯性矩的转轴做自由转动。附加上一具有已知刚度为 k 的扭转弹簧于刚体上，使弹簧做微小的扭转并释放，应用牛顿第二定律可得该系统的运动方程为

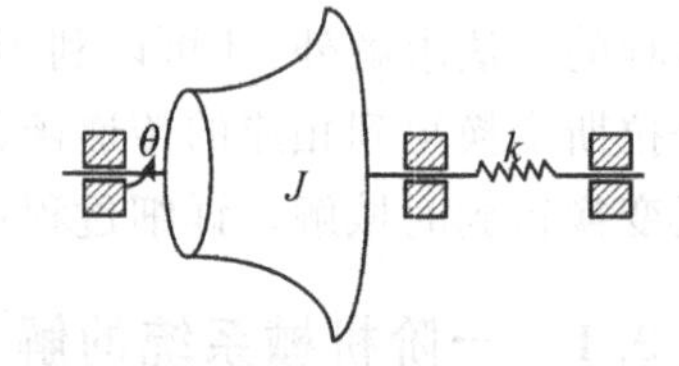

图 3.3.3　例 3.3.3 中的惯性矩-扭转弹簧系统

$$\ddot{\theta}+\frac{k}{J}\theta=0 \tag{3.3.6}$$

式(3.3.6)表明该系统进行二阶无阻尼正弦振动，由上例可知系统的固有频率 ω_n 和振动周期 T 分别是

$$\omega_n=\sqrt{\frac{k}{J}},\quad T=\frac{2\pi}{\omega_n}=\frac{2\pi}{\sqrt{k/J}} \tag{3.3.7}$$

最终可得惯性矩为

$$J=\frac{kT^2}{4\pi^2} \tag{3.3.8}$$

因此，只要通过实验测量出该简谐运动的振动周期 T，即可通过式(3.3.8)得到所测刚体的惯性矩。

例 3.3.4　大多数的物理系统包含有某些形式的阻尼，包括黏性阻尼、干摩擦、磁性阻尼等。这些阻尼不仅使运动放慢，也是最终使运动停止的原因。如图3.3.4 所示的由一个刚度为 k 的弹簧、一个质量为 m 和一个黏性阻尼系数为 b 的阻尼器构成的机械系统，假设把质量 m 向下拉并释放它，对于垂直运动，当位移 x 由质量 m 的静平衡位置来度量时，求系统运动微分

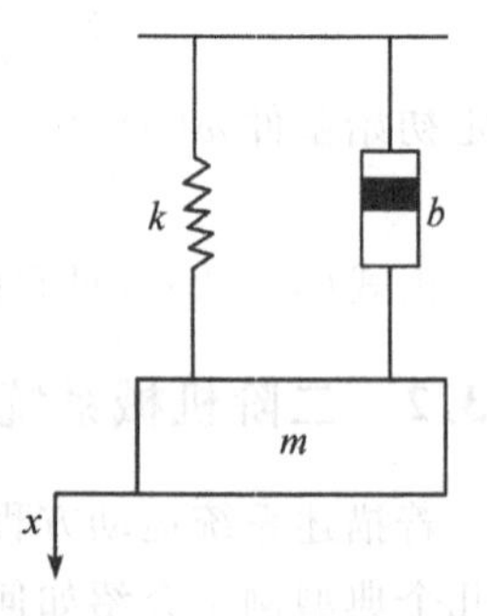

图 3.3.4　例 3.3.4 中的弹簧-质量-阻尼器系统示意图

方程。

解：应用牛顿第二定律可得其运动方程为

$$m\ddot{x} + b\dot{x} + kx = 0 \tag{3.3.9}$$

对于该二阶阻尼系统，给定初始条件 $x(0)=x_0$ 和 $\dot{x}(0)=0$，由于阻尼器的存在，振动将随时间消失。让我们在特殊情况下解上述二阶线性微分方程式，假定 $m=0.1$、$b=0.4$。此时式(3.3.9)变为

$$0.1\ddot{x} + 0.4\dot{x} + 4x = 0 \tag{3.3.10}$$

或

$$\ddot{x} + 4\dot{x} + 40x = 0 \tag{3.3.11}$$

我们假定式(3.3.11)的解具有如下指数形式：

$$x(t) = K\mathrm{e}^{\lambda t} \tag{3.3.12}$$

将式(3.3.12)代入式(3.3.11)，结果是

$$K\lambda^2\mathrm{e}^{\lambda t} + 4K\lambda\mathrm{e}^{\lambda t} + 40K\mathrm{e}^{\lambda t} = 0 \tag{3.3.13}$$

将式(3.3.13)除以 $K\mathrm{e}^{\lambda t}$ 得

$$\lambda^2 + 4\lambda + 40 = 0 \tag{3.3.14}$$

二次方程式(3.3.14)是所研究系统的特征方程，它有两个根：

$$\lambda_1 = -2 + \mathrm{j}6,\ \lambda_2 = -2 - \mathrm{j}6 \tag{3.3.15}$$

此两 λ 值是满足方程式(3.3.11)所假定的解。显然，我们假定解中包含两项由方程(3.3.12)表示的解，并写出一般形式的解如下：

$$\begin{aligned} x(t) &= K_1\mathrm{e}^{(-2+\mathrm{j}6)t} + K_2\mathrm{e}^{(-2-\mathrm{j}6)t} \\ &= \mathrm{e}^{-2t}(K_1\mathrm{e}^{\mathrm{j}6t} + K_2\mathrm{e}^{-\mathrm{j}6t}) \\ &= \mathrm{e}^{-2t}(A\sin 6t + B\cos 6t) \end{aligned} \tag{3.3.16}$$

式中，K_1 和 K_2 为任意常数，并且 $A=\mathrm{j}(K_1-K_2)$，$B=K_1+K_2$。

下面求 $x(t)$。当质量是在 $t=0$ 时被拉向下，此时 $x(0)=x_0$，并具有零速度释放，$\dot{x}(0)=0$。此时任意常数 A 和 B 可以决定如下。

首先，把 $t=0$ 代入式(3.3.16)得

$$x(0) = B = x_0 \tag{3.3.17}$$

将式(3.3.16)对时间 t 求一阶导数得

$$\begin{aligned} \dot{x}(t) &= -2\mathrm{e}^{-2t}(A\sin 6t + B\cos 6t) + \mathrm{e}^{-2t}(6A\cos 6t - 6B) \\ &= -2\mathrm{e}^{-2t}[(A+3B)\sin 6t + (B-3A)\cos 6t] \end{aligned} \tag{3.3.18}$$

因此

$$\dot{x}(0) = -2(B-3A) = 0 \tag{3.3.19}$$

所以

$$A = \frac{1}{3}x_0,\quad B = x_0 \tag{3.3.20}$$

解 $x(t)$ 为

$$x(t)=\mathrm{e}^{-2t}(\frac{1}{3}\sin 6t+\cos 6t)x_0 \tag{3.3.21}$$

将式(3.3.21)所示的方程的解绘制在图3.3.5中,由此图可见,解 $x(t)$ 除了描绘了一个阻尼正弦振动外,还反映了弹簧-质量-阻尼器系统在给定值下的自由振动。

实际上,根据阻尼程度的大小,又可将二阶阻尼系统分为二阶欠阻尼系统、二阶过阻尼系统和临界阻尼系统。本例即为一个二阶欠阻尼系统。关于这几种系统的详细介绍请参见自动控制原理相关教材。

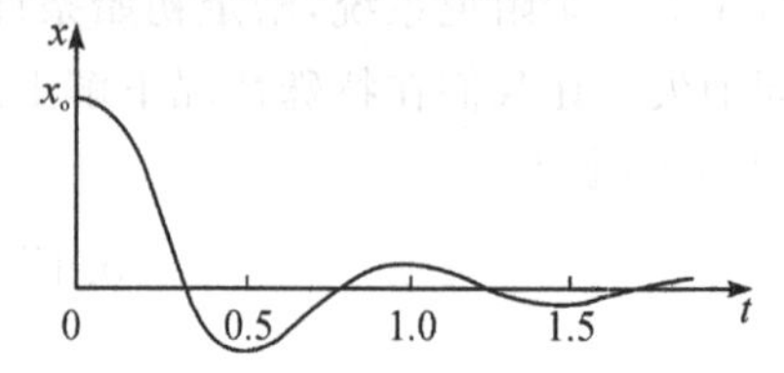

图3.3.5　由 $\ddot{x}+4\dot{x}+40x=0$,初始条件是 $x(0)=x_0$ 和 $\dot{x}(0)=0$ 所描述的弹簧-质量-阻尼器系统的振动

对于一阶和二阶线性系统,我们将求微分方程的解(即系统的响应)的一般步骤总结如下:

(1)求得系统的数学模型(使用牛顿第二定律写出系统的微分方程)。

(2)如果系统包含有阻尼,可以方便地假定解是具有未定常数的指数函数形式;如果系统不包含有阻尼,可以假定解是具有未定常数的正弦函数形式。

(3)从特征方程决定指数(如对于指数形式解的指数或对于正弦解的固有频率)。

(4)使用初始条件来决定未定常数的数值。

3.3.3　具有多自由度的机械系统的解

自由度:机械系统具有的自由度数是用来说明所有各元件位置所需要的独立坐标的最小数字。

自由度数的确定:用运动方程的数目和约束方程的数目来表示,自由度数可以写成

$$\text{自由度数}=\text{运动方程数目}-\text{约束方程数目} \tag{3.3.22}$$

多自由度系统:一般 n 个自由度系统有 n 个固有(振动)频率。

本节前述介绍的一阶和二阶机械系统均只有1个自由度。下面我们以图3.3.6所示的弹簧-质量系统为例介绍如何得到2个自由度机械系统的解。

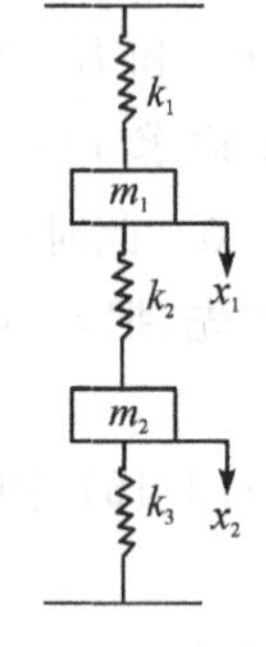

图3.3.6　2个自由度的弹簧-质量系统

例3.3.5　如图3.3.6所示,由3个弹簧和2个质量组成的2个自由度的弹簧-质量振动系统,弹簧刚度分别为 k_1、k_2 和 k_3,质量分别为 m_1 和 m_2。位移 x_1 和 x_2 分别由质量 m_1 和 m_2 的静平衡位置来度量。求系统垂直方向上的运动微分方程式。

解: 对质量 m_1 和 m_2 应用牛顿第二定律。无论 $x_2>x_1$,即弹簧2拉伸时,或若 $x_2<x_1$,即弹簧2压缩时,均有

$$\begin{cases} m_1\ddot{x}_1=-k_1x_1+k_2(x_2-x_1) \\ m_2\ddot{x}_2=-k_3x_2-k_2(x_2-x_1) \end{cases} \tag{3.3.23}$$

假定运动是简谐的,有

$$x_1=A\sin\omega t,\quad x_2=B\sin\omega t \tag{3.3.24}$$

此时

$$\ddot{x}_1 = -A\omega^2 \sin\omega t, \quad \ddot{x}_2 = -B\omega^2 \sin\omega t \tag{3.3.25}$$

将式(3.3.24)和式(3.3.25)代入运动方程式(3.3.23),得

$$\begin{cases} -mA\omega^2 + 2kA - kB = 0 \\ -mB\omega^2 + 2kB - kA = 0 \end{cases} \Rightarrow \omega^4 - \frac{4k}{m}\omega^2 + 3\frac{k^2}{m^2} = 0 \Rightarrow \omega_1 = \sqrt{\frac{k}{m}}, \quad \omega_2 = \sqrt{\frac{3k}{m}} \tag{3.3.26}$$

说明:2 个质量同时以 2 个固有频率中的任一频率振动。在第一固有频率 ω_1 时,振幅比 $A/B=1$,它表示两质量以相同的幅值在相同方向上运动——同相位运动;在第二固有频率 ω_2 时,振幅比 $A/B=-1$,它表示两质量以相同的幅值在相反方向上运动——反相位运动。两个振型可能同时发生,这取决于初始条件。

3.4　具有干摩擦的机械系统、滚动与滑动

3.4.1　静摩擦、滑动摩擦、滚动摩擦

线性摩擦与非线性摩擦:服从线性规律的摩擦称为线性摩擦,不服从线性规律的摩擦称为非线性摩擦。非线性摩擦的例子包括静摩擦、滑动摩擦和平方规律摩擦等。例如当固体在流体介质中运动时,发生平方规律摩擦,在低速度时摩擦力基本上正比于速度,而在高速度时变成正比于速度的 2 次方。本书中我们仅讨论静摩擦和滑动摩擦。

干摩擦:当一个无润滑的表面在另一个无润滑的表面上滑动时所受到的摩擦力。

静摩擦、滑动摩擦:当一个物体的表面在另一物体的表面上滑动时,每一物体都有一平行于接触表面的摩擦力作用在另一物体上。作用在每一物体上的力与此物体相对于另一物体运动的方向相反。

当两表面间的滑动即将发生,而两接触表面彼此还处在相对静止时,静摩擦力达到最大值,很快在运动开始后,静摩擦力的大小稍微有所减小。当物体在匀速运动时,作用在物体上的摩擦力称为滑动或动摩擦力,有时也称为库仑摩擦。

法线力的值 N 和最大静摩擦力 F_s 之间是成正比的。其比值称为静摩擦系数,即

$$\mu_s = \frac{F_s}{N} \tag{3.4.1}$$

实际静摩擦力在零和最大值之间,即 $0 \leqslant F \leqslant \mu_s N$。

如果摩擦力 F 是由做匀速运动的物体所观察到的,其比值称为滑动摩擦系数或动摩擦系数,即

$$\mu_k = \frac{F_k}{N} \quad 或 \quad F_k = \mu_k N \tag{3.4.2}$$

静摩擦系数和滑动摩擦系数主要决定于接触表面的性质。

小结:①摩擦力总是指向实际运动或企图运动方向的相反方向。直到物体开始运动以前,静摩擦力的值等于在运动方向上作用的力的值;②滑动摩擦力的值正比于法线力,几乎与接触面积无关;③滑动摩擦系数随相对速度稍有变化,但是在很宽的速度范围内可以看成

是常数;④对给定的一对表面,最大静摩擦力比滑动摩擦力大。

滚动摩擦:一物体在另一物体上滚动而受到的反抗力称为滚动摩擦,它是由两物体在接触处的变形而产生的。

滚动摩擦力偶:在图 3.4.1 中,一半径为 r 的均质圆柱体在平行于表面的拉力 P 作用下在光滑表面上滚动,作用向下的重力 mg 和作用向上的反力或法线力 N 在同一平面内作用在圆柱体上,这一对力大小相等、方向相反且不在同一作用线上,它俩组成一滚动摩擦力偶。注意重力作用线与法线力作用线间存在距离 ρ,它是由圆柱和光滑表面间的变形而引起的。

滚动摩擦力偶矩是使圆柱体绕与表面相切的轴转动的力偶矩。它的最大值(即法线力乘以距离 ρ)一般是很小的,所以此力矩一般是可以忽略的。滚动摩擦力偶企图使圆柱体旋转的方向与其实际滚动的方向相反。若力作用在静止的圆柱体上,并欲使其滚动,滚动摩擦力偶将力图阻止其绕两接触表面的接触线转动。

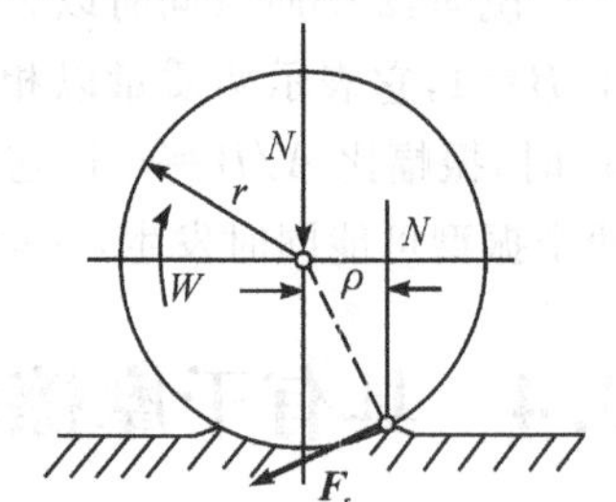

图 3.4.1 滑动摩擦示意图

在图 3.4.1 中,由拉力产生的力矩为 $T_1=Ph\approx Pr$,由滚动摩擦力产生的力矩为 $T_2=N\rho$,当拉力增大到圆柱即将滚动的时刻时有 $T_1=T_2$,此时,距离 $\rho=Pr/N$,我们将其称为滚动摩擦系数,它是与接触表面性质和接触压力有关的一个因数,具有长度的量纲。

由于滚动摩擦力偶一般非常小,它在机械系统的工程分析中一般是可以忽略的。在下面分析具有干摩擦的机械系统中,我们也同样忽略它。

3.4.2 滚动运动和滑动运动

如果没有摩擦,圆柱体将滑动。如果圆柱体滚动而无滑动,则将在所有时间内作用着静摩擦力。静摩擦力的大小和方向使得:质心的移动距离 x 等于圆柱体的半径 R 乘以旋转角 θ,即

$$x=R\theta \tag{3.4.3}$$

如果圆柱体滑动,摩擦力是动摩擦力,则 $F=\mu_k N$。

圆柱体向下滚动而无滑动的条件是摩擦力小于动摩擦力。

圆柱体滚动时的静摩擦力是一非消耗力,它只起到交换转动和移动能量的作用。这个摩擦力不产生滑动位移。摩擦力所做的功增大了质量中心移动的动能,而且正好等于由同一摩擦力所做转动功的负值,因此减小了绕其质量中心的旋转动能,换句话说,机械能没有消散。

例 3.4.1 如图 3.4.2 所示,假设圆柱体滚动而无滑动,求摩擦力的大小 F 和其方向。

解:对圆柱体应用牛顿第二定律,对于平移运动,有

$$m\ddot{x}=P-F \tag{3.4.4}$$

对于旋转运动,有

$$J\ddot{\theta}=FR \tag{3.4.5}$$

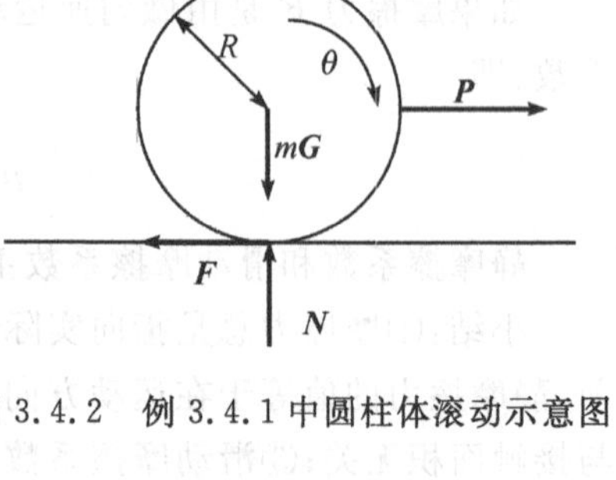

图 3.4.2 例 3.4.1 中圆柱体滚动示意图

圆柱体中通过中心轴的惯性矩为 $J=mR^2/2$,且滚动而无滑动的条件为 $x=R\theta$,将它们代入式(3.4.5)可得 $F=m\ddot{x}/2$,再将其代入式(3.4.4),最终可得 $F=P/3$ 且方向向左。

例 3.4.2　如图 3.4.3 所示,均质圆柱在斜面上向下运动,确定使圆柱向下滚动而无滑动的角。

解: 要使圆柱体滚动而无滑动,必须满足:

$$F<\mu_k N,\quad x=R\theta \tag{3.4.6}$$

应用牛顿第二定律可得 x 方向上的移动方程为

$$m\ddot{x}=mg\sin\alpha-F \tag{3.4.7}$$

旋转运动方程为

$$J\ddot{\theta}=FR \tag{3.4.8}$$

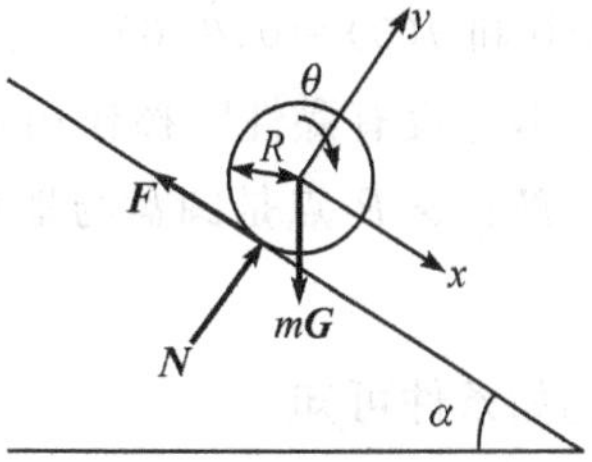

图 3.4.3　例 3.4.2 中均质圆柱沿斜面向下运动示意图

联立式(3.4.6)～式(3.4.8)可得

$$m\ddot{x}=mg\sin\alpha-\frac{J\ddot{x}}{R^2} \tag{3.4.9}$$

又因为 $J=mR^2/2$,式(3.4.9)变为 $\ddot{x}=2g\sin\alpha/3$,将其代入式(3.4.7)可得

$$F=mg\sin\alpha-m\ddot{x}=\frac{1}{3}mg\sin\alpha \tag{3.4.10}$$

根据式(3.4.6),显然有

$$\mu_s N>\mu_k N=\mu_k mg\cos\alpha>F=\frac{1}{3}mg\sin\alpha \tag{3.4.11}$$

最终可得使圆柱向下滚动而无滑动的角满足

$$\mu_s>\mu_k>\frac{1}{3}\tan\alpha \tag{3.4.12}$$

例 3.4.3　如图 3.4.4 所示,一梯子倚靠在墙上。假定梯子与墙的滑动摩擦系数是 0.2,梯子与地面的滑动摩擦系数是 0.5,求梯子将开始向下滑动到地面上的临界角度。

解: 系统受力情况如图 3.4.4 所示。临界角度可以从力平衡和力矩平衡获得。

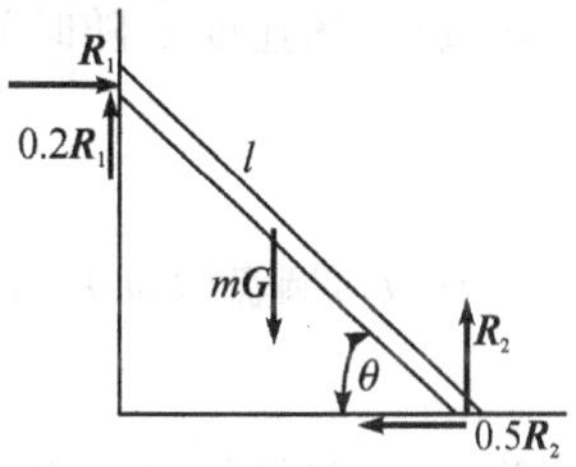

梯子的力平衡方程为

$$\begin{cases}F_1=0.5F_2\\ mg=0.2F_1+F_2\end{cases} \tag{3.4.13}$$

图 3.4.4　例 3.4.3 中梯子受力示意图

由式(3.4.13)可得

$$mg=1.1F_2 \tag{3.4.14}$$

P 点的力矩平衡方程式为

$$F_2 l\cos\theta=mg\ \frac{l}{2}\cos\theta+0.5F_2 l\sin\theta\Rightarrow F_2=\frac{1}{2}mg+0.5F_2\tan\theta \tag{3.4.15}$$

将 $mg=1.1F_2$ 代入式(3.4.15)可得

$$F_2=0.55R_2+0.5F_2\tan\theta\Rightarrow\tan\theta=0.9\Rightarrow\theta=42° \tag{3.4.16}$$

例 3.4.4 如图 3.4.5 所示，半径为 R、质量为 m 的均质圆盘放在水平地面上。假设在 $t=0$ 时，圆盘的质量中心具有 x 方向（而不是初角速度）的初速度 v_0，即 $x(0)=0$、$\dot{x}(0)=v_0>0$ 和 $\theta(0)=0$、$\dot{\theta}(0)=0$，其中 θ 是圆盘绕其转轴的角位移。确定圆盘在 $t>0$ 时的运动。假定没有黏性摩擦作用在圆盘上。

解： 令 P 点是圆盘与地面的接触点，它的初始速度为

$$v_p(0)=v_0-R\dot{\theta}(0) \tag{3.4.17}$$

由初始条件可知

$$v_p(0)=v_0-R\dot{\theta}(0)>0 \tag{3.4.18}$$

因此圆盘开始滑动带滚动。在 $\dot{x}-R\dot{\theta}>0$ 的时间间隔内，系统的运动方程式是

$$\begin{cases} m\ddot{x}=-F \\ J\ddot{\theta}=FR \end{cases} \tag{3.4.19}$$

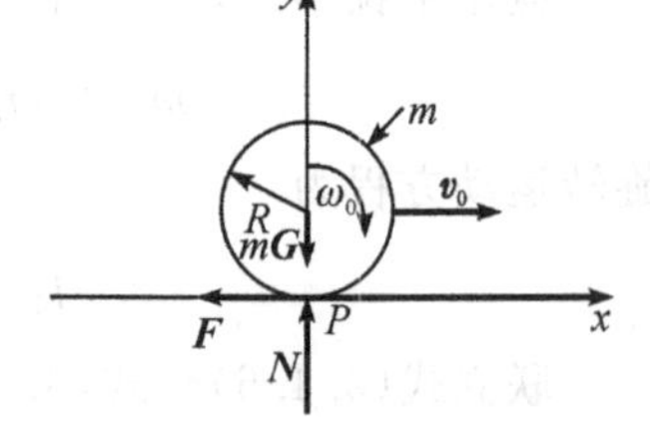

图 3.4.5 例 3.4.4 中圆盘滚动与滑动运动示意图

式中，F 为滑动摩擦力，$F=\mu_k N=\mu_k mg$；J 是圆盘对于转轴的惯性矩，$J=mR^2/2$。则式(3.4.19)可以简化为

$$\begin{cases} \ddot{x}=-\mu_k g \\ \ddot{\theta}=2\mu_k \dfrac{g}{R} \end{cases} \tag{3.4.20}$$

对时间 t 求积分，可得

$$\begin{cases} \dot{x}=v_0-\mu_k gt \\ \dot{\theta}=2\mu_k \dfrac{g}{R}t \end{cases} \tag{3.4.21}$$

注意，式(3.4.21)仅在 $\dot{x}-R\dot{\theta}>0$ 的时间间隔内保持正确。由该式可知速度 $\dot{x}$ 随时间增大而减小；角速度 $\dot{\theta}$ 随时间增大而增大。假设在 $t=t_1$ 时有 $\dot{x}=R\dot{\theta}$，那么根据该式可得

$$v_0-\mu_k gt_1=2\mu_k R\frac{g}{R}t_1 \Rightarrow t_1=\frac{v_0}{3\mu_k g} \tag{3.4.22}$$

对 $t<t_1$，圆盘滚动并滑动。在 $t=t_1$ 时，圆盘开始滚动而无滑动，此时速度

$$\dot{x}(t_1)=R\dot{\theta}(t_1)=2v_0/3=\text{常数}$$

总结：一旦接触点 P 的速度为 0，摩擦力不再作用在系统上，滑动终止。此后不能应用等式 $F=\mu_k N$。事实上，在 $t>t_1$ 时摩擦力 F 变为 0，圆盘以常线速度 $2v_0/3$ 和常角速度 $2v_0/3R$ 做连续的滚动而无滑动。

例 3.4.5 对于例 3.4.4，若在 $t=0$ 时刻圆盘的质量中心在 x 方向给出一初速度 v_0，并同时给圆盘绕其转轴一初角速度 ω_0。确定圆盘在 $t>0$ 时的运动。

解： 圆盘的运动与接触点（点 P）的速度是正的、负的或零有关。接触点的初始速度是

$$u_0=v_0-R\omega_0 \tag{3.4.23}$$

情况 1。$v_0 > R\omega_0$:有初始滑动。此时运动方程式为

$$\begin{cases} m\ddot{x} = -F = -\mu_k N = -\mu_k mg \\ J\ddot{\theta} = \dfrac{1}{2}mR^2\ddot{\theta} = FR \end{cases} \tag{3.4.24}$$

简化式(3.4.24)可得

$$\begin{cases} \ddot{x} = -\mu_k g \\ \ddot{\theta} = 2\mu_k \dfrac{g}{R} \end{cases} \tag{3.4.25}$$

代入初始条件,有

$$\begin{cases} \dot{x} = v_0 - \mu_k g t \\ \dot{\theta} = \omega_0 + 2\mu_k \dfrac{g}{R} t \end{cases} \tag{3.4.26}$$

由式(3.4.26)可见,在 $t = t_1$ 时,速度减小至 $\dot{x}(t_1) = R\dot{\theta}(t_1)$。那么可得

$$v_0 - \mu_k g t_1 = R\left(\omega_0 + 2\mu_k \frac{g}{R} t_1\right) \Rightarrow t_1 = \frac{v_0 - R\omega_0}{3\mu_k g} \tag{3.4.27}$$

当 $t = t_1$ 时,接触点(P 点)将具有零速度,滑动终止。对于 $t \geqslant t_1$,圆盘滚动而无滑动,联立式(3.4.26)和式(3.4.27)可得其速度为

$$\dot{x} = R\dot{\theta} = \frac{1}{3}(2v_0 + R\omega_0) = 常数 \tag{3.4.28}$$

情况 2。$v_0 < R\omega_0$:此时接触点 P 具有速度 $u_0 = v_0 - R\omega_0 < 0$,因此具有初始滑动,摩擦力方向与情况 1 相反。此时运动方程为

$$\begin{cases} m\ddot{x} = F \\ J\ddot{\theta} = -FR \end{cases} \tag{3.4.29}$$

化简可得

$$\begin{cases} \ddot{x} = \mu_k g \\ \ddot{\theta} = -2\mu_k \dfrac{g}{R} \end{cases} \tag{3.4.30}$$

代入初始条件可得

$$\begin{cases} \dot{x} = v_0 + \mu_k g t \\ \dot{\theta} = \omega_0 - 2\mu_k \dfrac{g}{R} t \end{cases} \tag{3.4.31}$$

可见 $\dot{x}$ 随时间增大而增大,$\dot{\theta}$ 随时间增大而减小。因此,在 $t = t_2$ 时刻,$\dot{x}(t_2) = R\dot{\theta}(t_2)$,有

$$v_0 + \mu_k g t_2 = R\left(\omega_0 - 2\mu_k \frac{g}{R} t_2\right) \Rightarrow t = t_2 = \frac{R\omega_0 - v_0}{3\mu_k g} \tag{3.4.32}$$

此时接触点 P 具有零速度,滑动终止。对于 $t \geqslant t_2$ 时,圆盘以常速度滚动而无滑动,速

度为

$$\dot{x}=R\dot{\theta}=\frac{1}{3}(2v_0+R\omega_0)=\text{常数} \tag{3.4.33}$$

情况 3。$v_0=R\omega_0$：此时接触点 P 的初始速度为 $u_0=v_0-R\omega_0=0$，故圆盘只有滚动，没有滑动。运动方程是

$$\begin{cases} m\ddot{x}=-F \\ J\ddot{\theta}=FR \end{cases} \tag{3.4.34}$$

式中，$x=R\theta$。从式(3.4.34)中消去 F，可得

$$m\ddot{x}+\frac{1}{2}mR\ddot{\theta}=0\Rightarrow m\ddot{x}+\frac{1}{2}m\ddot{x}=0\Rightarrow\ddot{x}=0 \tag{3.4.35}$$

代入初始条件可得

$$\begin{cases} \dot{x}=v_0=\text{常数} \\ \dot{\theta}=\dfrac{\dot{x}}{R}=\omega_0=\text{常数} \end{cases} \tag{3.4.36}$$

3.5 动量和动量矩定理

能量守恒定律、动量守恒定律以及动量矩守恒定律一起构成了现代物理学中的三大基本守恒定律，最初它们是牛顿运动定律的推论，但后来发现它们的适用范围远远广于牛顿运动定律，是比牛顿运动定律更基础的物理规律，是时空性质的反映。其中，能量守恒定律由时间平移不变性推出，动量守恒定律由空间平移不变性推出，动量矩守恒定律由空间的旋转不变性推出。因此，动量定理用于对平动的质点、质点系和刚体进行建模，而动量矩定理用于对转动的质点、质点系和刚体进行建模。

3.5.1 动量和动量守恒

动量定义为物体质量和速度的乘积，常用符号 $\boldsymbol{p}$ 表示，即

$$\boldsymbol{p}=m\boldsymbol{v} \tag{3.5.1}$$

动量反映了平动物体的作用效果。动量也是矢量，方向与速度方向相同。质点系的动量为系内各质点动量的矢量和。

动量守恒定律是指若一个系统不受外力或所受外力之和为零，则这个系统的总动量保持不变，即

$$\boldsymbol{p}=\boldsymbol{p}' \quad \text{或} \quad \Delta\boldsymbol{p}=\boldsymbol{p}-\boldsymbol{p}'=\boldsymbol{0} \tag{3.5.2}$$

式中，$\boldsymbol{p}$ 为系统相互作用开始时的总动量；$\boldsymbol{p}'$为系统相互作用结束后(或某一中间状态时)的总动量。

如何采用动量守恒定律建立机械系统中平移运动的数学模型，在大学物理课程中已有过详细介绍，本书中不再重复。下面我们重点介绍如何根据动量矩定理建立机械系统中旋

转运动的数学模型。

任何转动发生变化都是动量矩定理的作用。动量矩定理和动量定理本质上都是牛顿第二定律。在一定程度上,动量定理和动量矩定理比牛顿第二定律更高一个层次。

3.5.2　动量矩的定义

1. 质点和质点系的动量矩

质点 A 的动量 $m\boldsymbol{v}$ 对点 O 的矩,定义为质点 A 对点 O 的动量矩,用 $\boldsymbol{M}_O(m\boldsymbol{v})$ 表示,有

$$\boldsymbol{M}_O(m\boldsymbol{v}) = \boldsymbol{r} \times m\boldsymbol{v} \tag{3.5.3}$$

如图 3.5.1 所示,将式(3.5.3)投影到各坐标轴可得动量 $m\boldsymbol{v}$ 对各坐标轴的矩:

$$\begin{cases} M_x(mv) = y(mv_z) - z(mv_y) \\ M_y(mv) = z(mv_x) - x(mv_z) \\ M_z(mv) = x(mv_y) - y(mv_x) \end{cases} \tag{3.5.4}$$

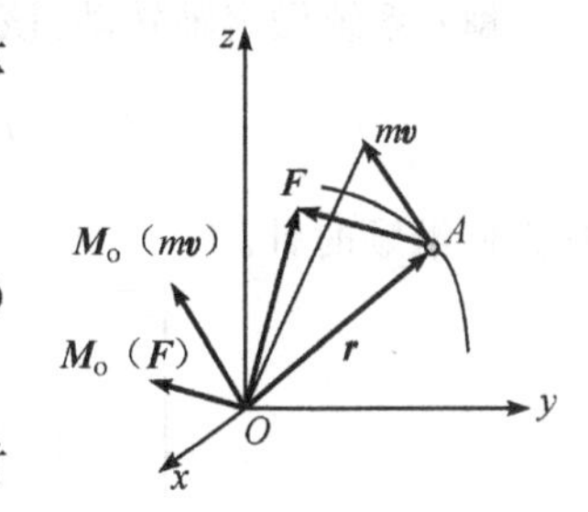

图 3.5.1　质点对轴的动量矩

质点系内各质点对某点 O 的动量矩的矢量和,称为此质点系对该点 O 的动量主矩或动量矩,用 $\boldsymbol{L}_O$ 表示,有

$$\boldsymbol{L}_O = \sum \boldsymbol{M}_O(m_i\boldsymbol{v}_i) = \sum \boldsymbol{r} \times m_i\boldsymbol{v}_i \tag{3.5.5}$$

类似地可得质点系对各坐标轴的动量矩表达式为

$$\begin{cases} L_x = \sum M_x(m_iv_i) \\ L_y = \sum M_y(m_iv_i) \\ L_z = \sum M_z(m_iv_i) \end{cases} \tag{3.5.6}$$

2. 平动刚体对固定点的动量矩

如图 3.5.2 所示,设刚体以速度 $\boldsymbol{v}$ 平动,刚体内任一点 A 的矢径是 $\boldsymbol{r}_i$,该点的质量为 m,速度是 $\boldsymbol{v}_i$,质心为点 C,该质点对点 O 的动量矩为 $\boldsymbol{M}_O(m_i\boldsymbol{v}_i) = \boldsymbol{r} \times m_i\boldsymbol{v}_i$,从而整个刚体对点 O 的动量矩为

$$\boldsymbol{L}_O = \sum \boldsymbol{M}_O(m_i\boldsymbol{v}_i) = \sum \boldsymbol{r}_i \times m_i\boldsymbol{v}_i \tag{3.5.7}$$

因为刚体平动 $\boldsymbol{v}_i = \boldsymbol{v} = \boldsymbol{v}_C$,故

$$\boldsymbol{L}_O = \sum \boldsymbol{M}_O(m_i\boldsymbol{v}_i) = \sum (m_i\boldsymbol{r}_i) \times \boldsymbol{v}_C \tag{3.5.8}$$

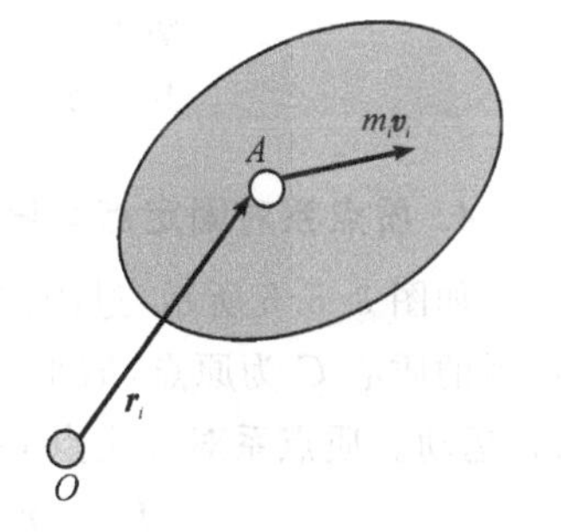

图 3.5.2　平动刚体对固定点的动量矩

又因为 $\sum m_i\boldsymbol{r}_C = \sum m_i\boldsymbol{r}_i$,所以最终可得平动刚体对固定点 O 的动量矩为

$$\boldsymbol{L}_O = \sum m_i\boldsymbol{r}_C \times \boldsymbol{v}_C = \boldsymbol{r}_C \times \sum m_i\boldsymbol{v}_C \tag{3.5.9}$$

3. 定轴转动刚体对其转轴的动量矩

如图 3.5.3 所示,设刚体以角速度 ω 绕固定轴 z 转动,刚体内任一点 A 的转动半径是

r_z。该点的速度大小是 $v=r_z\omega$，方向同时垂直于轴 z 和转动半径 r_z，且指向转动前进的一方。若用 m 表示该质点的质量，则其动量对转轴 z 的动量矩为

$$M_z(m\boldsymbol{v})=\boldsymbol{r}_z \cdot m\boldsymbol{r}_z\omega=mr_z^2\omega \tag{3.5.10}$$

从而整个刚体对轴 z 的动量矩为

$$L_z=\sum M_z(m_i\boldsymbol{v}_i)=\omega\sum m_i r_{iz}^2=J_z\omega \tag{3.5.11}$$

即，做定轴转动的刚体对转轴的动量矩，等于该刚体对该轴的转动惯量与角速度的乘积。

例 3.5.1 如图 3.5.4 所示，一半径为 R、质量为 m_1 的匀质圆盘与一长为 l，质量为 m_2 的匀质细杆相固连，以角速度 ω 在铅直面转动。试求该系统对 O 轴的动量矩。

解： 系统做定轴转动，该系统对 O 轴的动量矩大小为

$$L_O=J_O\omega=\left[\frac{1}{3}m_2l^2+\frac{1}{2}m_1R^2+m_1(R+l)^2\right]\omega$$

其方向沿顺时针。

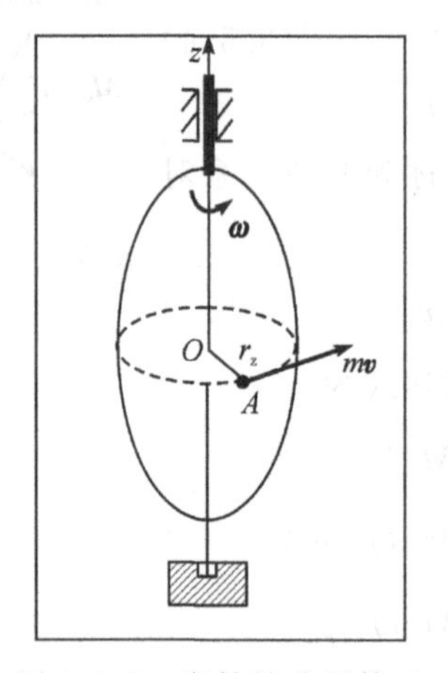

图 3.5.3 定轴转动刚体对其转动轴的动量矩

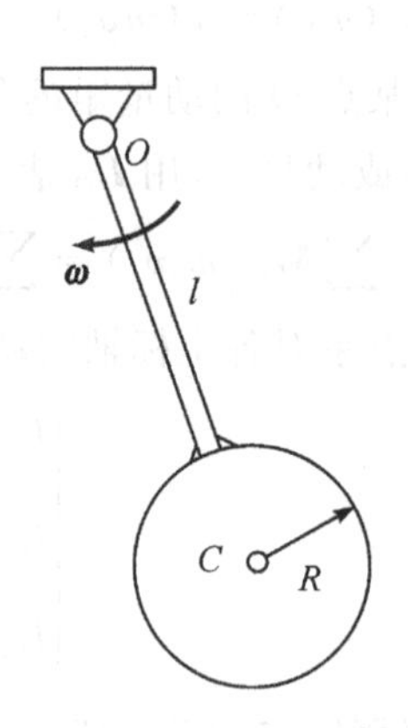

图 3.5.4 例 3.5.1 示意图

4. 质点系对固定点动量矩的另一种表示

如图 3.5.5 所示，过固定点 O 建立固定坐标系 $Oxyz$，以质点系的质心 C 为原点，取平动坐标系 $Ox'y'z'$，它以质心的速度 $\boldsymbol{v}_C$ 运动。质点系对固定点 O 的动量矩为

$$\boldsymbol{L}_O=\boldsymbol{r}_C\times m\boldsymbol{v}_C+\boldsymbol{L}_C \tag{3.5.12}$$

式中，

$$\boldsymbol{L}_C=\sum(\boldsymbol{r}_{ri}\times m_i\boldsymbol{v}_{ri}) \tag{3.5.13}$$

表示质点系相对质心 C 的动量矩。

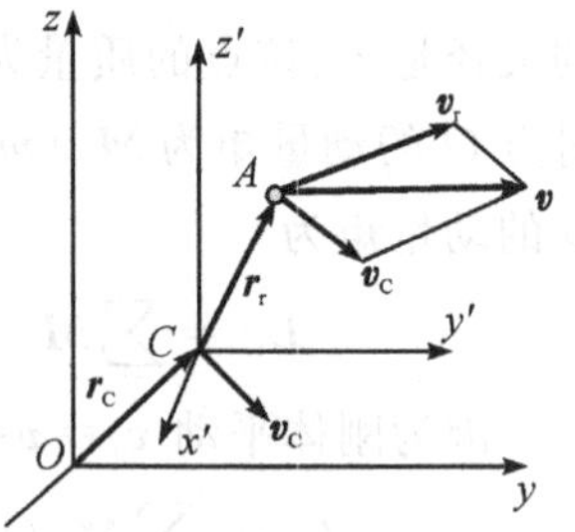

图 3.5.5 平面运动刚体对固定点 O 的动量矩

式(3.5.13)即平面运动刚体对固定点 O 的动量矩计算公式。

可以证明，在质心平动坐标系下，质点系的绝对动量对质心 C 的动量矩等于相对动量对质心 C 的动量矩。即

$$\boldsymbol{L}_C=\sum(\boldsymbol{r}_{ri}\times m\boldsymbol{v}_{ri})=\sum(\boldsymbol{r}_{ri}\times m_i\boldsymbol{v}_i) \tag{3.5.14}$$

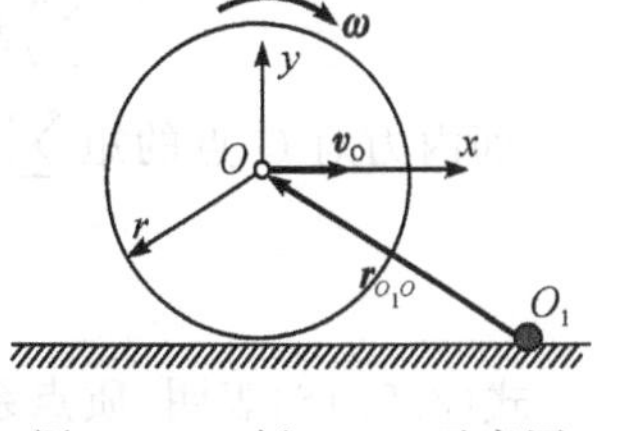

图 3.5.6 例 3.5.2 示意图

例 3.5.2 一半径为 r 的匀质圆盘在水平面上纯滚动,如图 3.5.6 所示。已知圆盘对质心的转动惯量为 J_O、角速度为 ω、质心 O 点的速度为 v_O。试求圆盘对水平面上 O_1 点的动量矩。

解: 圆盘对水平面上 O_1 点的动量矩 L_{O_1} 可写为

$$L_{O_1}=L_O+r_{O_1O}\times mv_O$$

式中,

$$L_O=J_O\omega=\frac{1}{2}mr^2\omega,\quad v_O=r\omega,\quad r_{O_1O}\times mv_O=mr^2\omega$$

故最终可得 L_{O_1} 为

$$L_{O_1}=\frac{3}{2}mr^2\omega$$

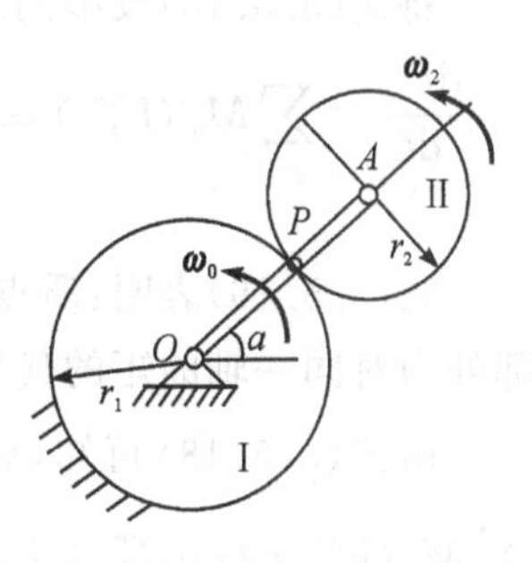

图 3.5.7 例 3.5.3 示意图

例 3.5.3 如图 3.5.7 所示行星齿轮机构在水平面内运动。质量为 m_1 的均质曲柄 OA 带动行星齿轮Ⅱ在固定齿轮Ⅰ上纯滚动。已知曲柄 OA 的角速度为 ω_0,齿轮Ⅱ的质量为 m_2,半径为 r_2。定齿轮Ⅰ的半径为 r_1。求齿轮Ⅱ对轴 O 的动量矩。

解: 齿轮Ⅱ中心点 A 的线速度 v_A 的大小为

$$v_A=(r_1+r_2)\cdot\omega_0=r_2\omega_2$$

由上式可得

$$\omega_2=\frac{r_1+r_2}{r_2}\omega_0$$

由于

$$L_O=r_C\times mv_C+L_C$$

最终可得齿轮Ⅱ对轴 O 的动量矩 L_O 的大小为

$$\begin{aligned}L_O&=(r_1+r_2)\cdot m_2v_A+J_A\omega_2=(r_1+r_2)^2m_2\omega_0+\frac{1}{2}m_2r_2(r_1+r_2)\omega_0\\&=(r_1+r_2)\left(r_1+\frac{3}{2}r_2\right)m_2\omega_0\end{aligned}$$

3.5.3 动量矩定理

1. 质点系对定点的动量矩定理

应用质点对定点的动量矩定理可知质点系对定点 O 的动量矩为

$$\boldsymbol{L}_O=\sum(\boldsymbol{r}_i\times m\boldsymbol{v}_i)\tag{3.5.15}$$

将式(3.5.15)两端对时间 t 求一阶导数,得

$$\begin{aligned}\frac{\mathrm{d}\boldsymbol{L}_O}{\mathrm{d}t}&=\sum\left(\frac{\mathrm{d}\boldsymbol{r}_i}{\mathrm{d}t}\times m_i\boldsymbol{v}_i+\boldsymbol{r}_i\times m_i\frac{\mathrm{d}\boldsymbol{v}_i}{\mathrm{d}t}\right)=\sum(\boldsymbol{v}_i\times m\boldsymbol{v}_i+\boldsymbol{r}_i\times m_i\boldsymbol{a}_i)\\&=\sum(\boldsymbol{r}_i\times m_i\boldsymbol{a}_i)=\sum(\boldsymbol{r}_i\times\boldsymbol{F}_i)=\sum\boldsymbol{M}_O(\boldsymbol{F}_i)\end{aligned}\tag{3.5.16}$$

式中,对 O 点的合力矩 $\sum\boldsymbol{M}_O(\boldsymbol{F}_i)$ 可分为外力对 O 点的矩和内力对 O 点的矩两项,即

$$\sum \boldsymbol{M}_O(\boldsymbol{F}_i) = \sum \boldsymbol{M}_O(\boldsymbol{F}_i^{(e)}) + \sum \boldsymbol{M}_O(\boldsymbol{F}_i^{(i)}) \tag{3.5.17}$$

而内力对 O 点的矩 $\sum \boldsymbol{M}_O(\boldsymbol{F}_i^{(i)})=0$，所以最终可得

$$\frac{\mathrm{d}\boldsymbol{L}_O}{\mathrm{d}t} = \boldsymbol{M}_O\text{，且 } \boldsymbol{M}_O = \sum \boldsymbol{M}_O(\boldsymbol{F}_i^{(e)}) \tag{3.5.18}$$

式(3.5.18)表明：质点系对某固定点的动量矩随时间的变化率，等于作用于质点系的全部外力对同一点的矩的矢量和，这就是质点系对定点的动量矩定理。

2. 质点系对定轴的动量矩定理

将式(3.5.18)投影到固定坐标轴系上，注意到导数的投影等于投影的导数，则得

$$\frac{\mathrm{d}L_x}{\mathrm{d}t} = \sum M_x(F_i^{(e)}) \equiv M_x,\ \frac{\mathrm{d}L_y}{\mathrm{d}t} = \sum M_y(F_i^{(e)}) \equiv M_y,\ \frac{\mathrm{d}L_z}{\mathrm{d}t} = \sum M_z(F_i^{(e)}) \equiv M_z \tag{3.5.19}$$

式(3.5.19)表明：质点系对某固定轴的动量矩随时间的变化率，等于作用于质点系的全部外力对同一轴的矩的代数和，这就是质点系对定轴的动量矩定理。

由式(3.5.18)可知，如果 $\sum \boldsymbol{M}_O(\boldsymbol{F}_i^{(e)}) \equiv 0$，那么 $\boldsymbol{L}_O$ = 常矢量；由式(3.5.19)可知，如果 $\sum M_z(F^{(e)}) \equiv 0$，那么 L_z = 常量。

最终可得质点系的动量矩守恒定理：如作用于质点系的所有外力对某固定点（或固定轴）的主矩始终等于零，则质点系对该点（或该轴）的动量矩保持不变。该定理说明了质点系动量矩守恒的条件。

例 3.5.4 试用动量矩定理导出如图 3.5.8 所示单摆（数学摆）的运动微分方程。

解： 把单摆看成一个在圆弧上运动的质点 A，设其质量为 m，摆线长 l。又设在任一瞬时质点 A 具有速度 v，摆线 OA 与铅垂线的夹角是 φ。取通过悬点 O 而垂直于运动平面的固定轴 z 作为矩轴，对此轴应用质点的动量矩定理：

$$\frac{\mathrm{d}}{\mathrm{d}t}[M_z(m\boldsymbol{v})] = \sum M_z(F_i^{(e)})$$

由于动量矩和力矩分别是

$$M_z(mv) = mvl = m(l\omega)l = ml^2\frac{\mathrm{d}\varphi}{\mathrm{d}t},$$

$$\sum M_z(F_i^{(e)}) = -mgl\sin\varphi$$

从而可得

$$\frac{\mathrm{d}}{\mathrm{d}t}\left(ml^2\frac{\mathrm{d}\varphi}{\mathrm{d}t}\right) = -mgl\sin\varphi$$

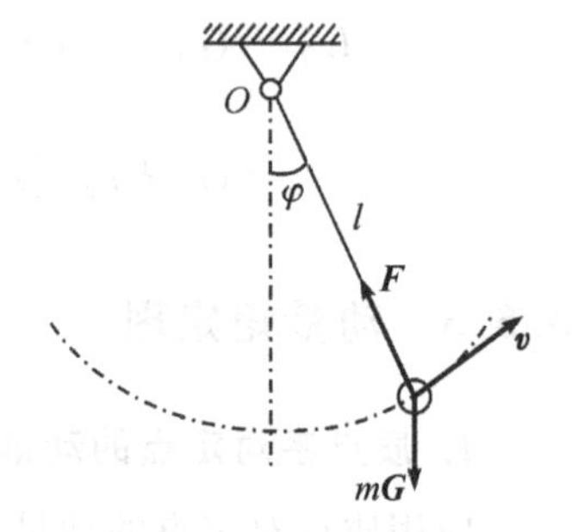

图 3.5.8 例 3.5.4 示意图

对上式化简即得单摆的运动微分方程为

$$\frac{\mathrm{d}^2\varphi}{\mathrm{d}t^2} + \frac{g}{l}\sin\varphi = 0$$

例 3.5.5 摩擦离合器靠接合面的摩擦进行传动。在接合前，已知主动轴 1 以角速度 ω_0 转动，而从动轴 2 处于静止（图 3.5.9(a)）。一经结合，轴 1 的转速迅速减慢。轴 2 的转速迅速加快，两轴最后以共同角速度 ω 转动（图 3.5.9(b)）。已知轴 1 和轴 2 连同各自的附

件对转轴的转动惯量分别是 J_1 和 J_2,试求接合后的共同角速度 ω,轴承的摩擦不计。

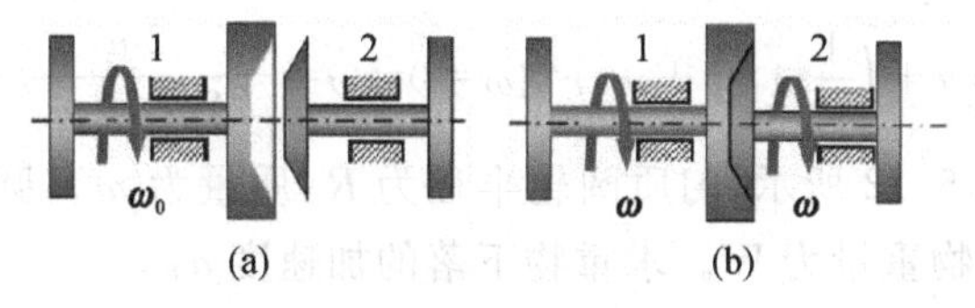

图 3.5.9　例 3.5.5 示意图

解: 取轴 1 和轴 2 组成的系统作为研究对象。接合时作用在两轴的外力对公共转轴的矩都等于零,故系统对转轴的总动量矩不变。接合前系统的动量矩是

$$(J_1\omega_0+J_2\times 0)$$

离合器接合后,系统的动量矩是

$$(J_1+J_2)\omega$$

故由动量矩守恒定理得

$$J_1\omega_0=(J_1+J_2)\omega$$

从而求得结合后的共同角速度为

$$\omega=\frac{J_1}{J_1+J_2}\omega_0$$

显然 ω 的转向与 ω_0 相同。

例 3.5.6　如图 3.5.10 所示,在静止的水平匀质圆盘上,一人沿盘边缘由静止开始相对盘以速度 u 行走,设人的质量为 m_2、盘的质量为 m_1、盘的半径为 r,摩擦不计。求盘的角速度 ω。

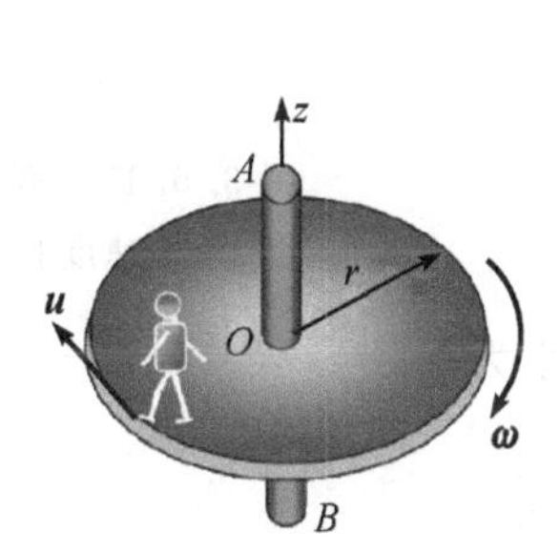

图 3.5.10　例 3.5.6 示意图

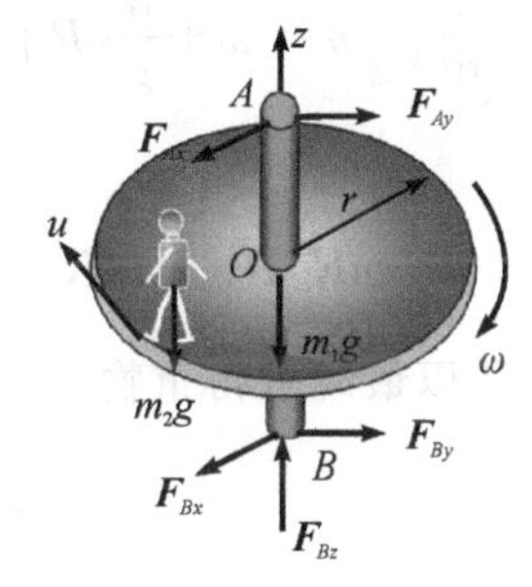

图 3.5.11　例 3.5.6 受力分析示意图

解: 以人和盘为研究对象。受力分析如图 3.5.11 所示,人对轴 z 的动量矩 L_z 为

$$L_z=J_z\omega+m_2v\cdot r$$

式中,速度 v 为绝对速度,由速度合成定理 $\boldsymbol{v}=\boldsymbol{v}_a=\boldsymbol{v}_e+\boldsymbol{v}_r$ 可得

$$v=r\omega+u$$

那么动量矩 L_z 可重写为

$$L_z=J_z\omega+m_2r(r\omega+u)=m_2ru+\left(\frac{1}{2}m_1r^2+m_2r^2\right)\omega$$

由于 $M_z=0$,初始静止 $L_{z0}=0$,又根据动量矩定理有

$$\frac{\mathrm{d}L_z}{\mathrm{d}t}=\sum M_z(F_i^{(e)})$$

最终可得盘的角速度 ω 为

$$m_2ru+\left(\frac{1}{2}m_1r^2+m_2r^2\right)\omega=0\Rightarrow\omega=-\frac{2m_2}{2m_2+m_1}\cdot\frac{u}{r}$$

例 3.5.7 如图 3.5.12 所示，匀质圆轮半径为 R、质量为 m。圆轮在重物 P 带动下绕固定轴 O 转动，已知重物重量为 W。求重物下落的加速度 a_P。

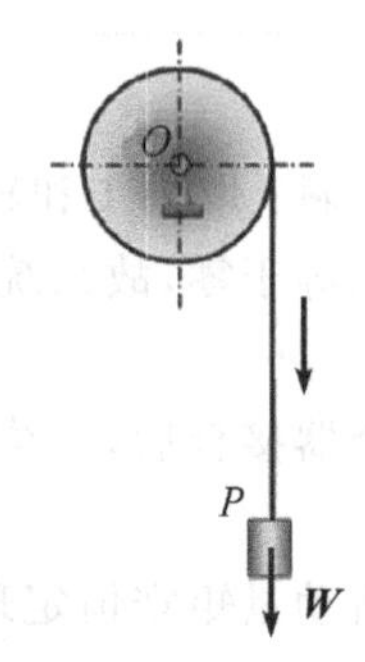

图 3.5.12 例 3.5.7 示意图

解： 以整个系统为研究对象。设圆轮的角速度和角加速度分别为 ω 和 α，重物的加速度为 a_P，它们的方向如图 3.5.13 所示。那么圆轮对轴 O 的动量矩大小为

$$L_{O1}=J_O\omega=\frac{1}{2}mR^2\omega$$

方向为顺时针。

重物对轴 O 的动量矩大小为

$$L_{O2}=mvR=\frac{W}{g}vR$$

方向为顺时针。

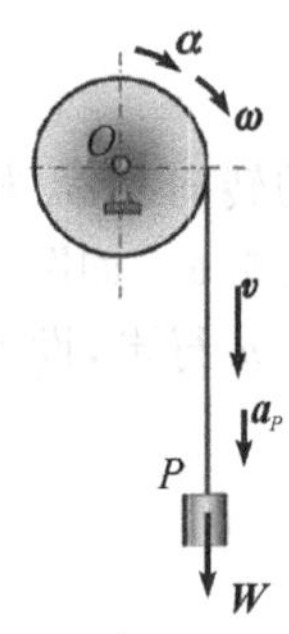

图 3.5.13 例 3.5.7 中角速度、角加速度和重物加速度

系统对轴 O 的总动量矩大小为

$$L_O=L_{O1}+L_{O2}=\frac{1}{2}mR^2\omega+\frac{W}{g}vR$$

方向为顺时针。

应用动量矩定理 $\mathrm{d}L_O/\mathrm{d}t=M_O$ 有

$$\frac{\mathrm{d}}{\mathrm{d}t}\left(\frac{1}{2}mR^2\omega+\frac{W}{g}vR\right)=WR$$

可得

$$\frac{1}{2}mR^2\alpha+\frac{W}{g}a_PR=WR$$

式中，$a_P=R\alpha$。所以最终求得重物下落的加速度大小为

$$a_P=\frac{W}{m/2+W/g}$$

3. 利用动量矩定理建立刚体定轴转动微分方程

如图3.5.14所示，设刚体在主动力 $\boldsymbol{F}_1,\boldsymbol{F}_2,\cdots,\boldsymbol{F}_n$ 作用下绕定轴 z 转动，与此同时，轴承上产生了反力 $\boldsymbol{F}_A$ 和 $\boldsymbol{F}_B$。用 $M_z=\sum M_z(F^{(e)})$ 表示作用在刚体上的外力对转轴 z 的主矩（反力 $\boldsymbol{F}_A$、$\boldsymbol{F}_B$ 自动消去）。那么刚体对转轴 z 的动量矩为 $L_z=J_z\omega$。于是根据动量矩定理 $\mathrm{d}L_z/\mathrm{d}t=M_z$ 可得

$$J_z\frac{\mathrm{d}\omega}{\mathrm{d}t}=M_z \tag{3.5.20}$$

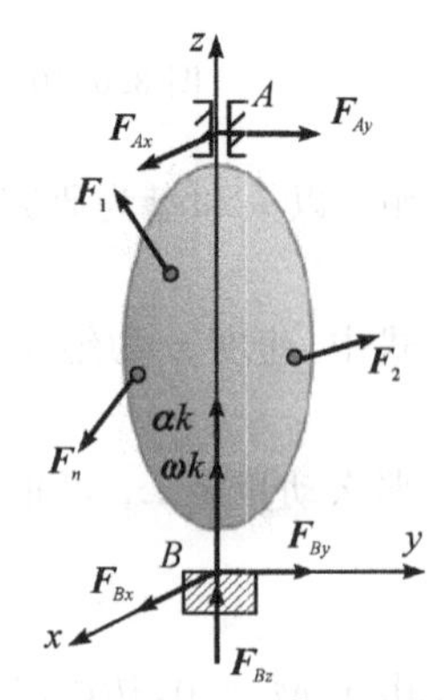

图 3.5.14 刚体的定轴转动示意图

考虑到 $\alpha=\mathrm{d}\omega/\mathrm{d}t=\mathrm{d}^2\varphi/\mathrm{d}t^2$，则式(3.5.20)可写成

$$J_z \frac{\mathrm{d}^2\varphi}{\mathrm{d}t^2} = \sum M_z(\boldsymbol{F}_i^{(e)}) \quad 或 \quad J_z\ddot{\varphi} = M_z \tag{3.5.21}$$

即定轴转动刚体对转轴的转动惯量与角加速度的乘积等于作用于刚体的外力对转轴的主矩。这就是刚体定轴转动微分方程。

几点讨论:①若外力矩 $M_z=0$,刚体做匀速转动;②若外力距 $M_z=$常量,则刚体做匀变速转动;③若外力矩 M_z 相同,J_z 越大,角加速度越小,即刚体转动状态变化得越慢,反之亦然,这正说明 J_z 是刚体转动时惯性的度量。

例 3.5.8　如图 3.5.15 所示,在什么条件下,$F_1=F_2$?

解:由定轴转动微分方程可得

$$J_O\alpha = F_1R - F_2R$$

即

$$F_1 - F_2 = \frac{J_O\alpha}{R}$$

又因为 $J_O=mR^2/2$,那么上式可写为

$$F_1 - F_2 = \frac{1}{2}mR\alpha$$

使 $F_1=F_2$ 的条件为上式右端等于 0,可得①$m=0$;或②$R=0$;或③$\alpha=0$。

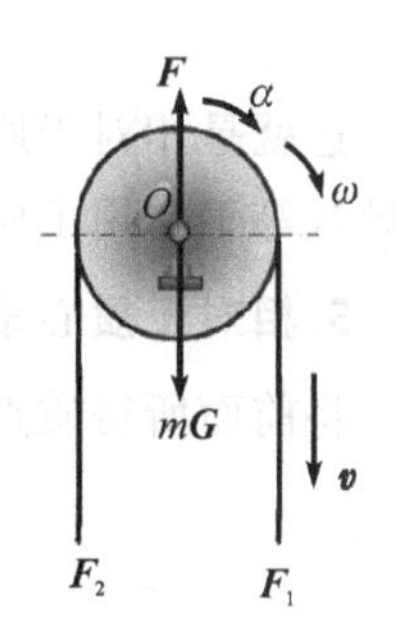

图 3.5.15　例 3.5.8 示意图

4. 相对于质心的动量矩定理

如图 3.5.16 所示,过固定点 O 建立固定坐标系 $Oxyz$,以质点系的质心 C 为原点,取平动坐标系 $Cx'y'z'$,质点系对固定点 O 的动量矩为

$$\boldsymbol{L}_O = \boldsymbol{r}_C \times \sum m_i\boldsymbol{v}_C + \boldsymbol{L}_C,\ \boldsymbol{L}_C = \sum(\boldsymbol{r}_{ri} \times m_i\boldsymbol{v}_{ri}) \tag{3.5.22}$$

式中,$\boldsymbol{L}_C$ 为质点系相对质心 C 的动量矩。

由对定点的动量矩定理

$$\frac{\mathrm{d}\boldsymbol{L}_O}{\mathrm{d}t} = \sum \boldsymbol{M}_O(\boldsymbol{F}_i^{(e)}) = \sum(\boldsymbol{r}_i \times \boldsymbol{F}_i^{(e)}) \tag{3.5.23}$$

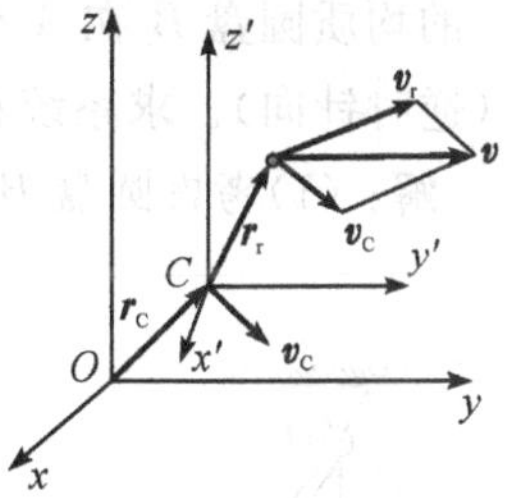

图 3.5.16　相对于质心的动量矩定理示意图

可得

$$\frac{\mathrm{d}}{\mathrm{d}t}\left(\boldsymbol{r}_C \times \sum m_i\boldsymbol{v}_C + \boldsymbol{L}_C\right) = \sum(\boldsymbol{r}_i \times \boldsymbol{F}_i^{(e)}) \tag{3.5.24}$$

式(3.5.24)等号左端可写为

$$\begin{aligned}\frac{\mathrm{d}}{\mathrm{d}t}\left(\boldsymbol{r}_C \times \sum m_i\boldsymbol{v}_C + \boldsymbol{L}_C\right) &= \frac{\mathrm{d}\boldsymbol{r}_C}{\mathrm{d}t} \times \sum m_i\boldsymbol{v}_C + \boldsymbol{r}_C \times \sum m_i\frac{\mathrm{d}\boldsymbol{v}_C}{\mathrm{d}t} + \frac{\mathrm{d}\boldsymbol{L}_C}{\mathrm{d}t}\\ &= \boldsymbol{v}_C \times m\boldsymbol{v}_C + \boldsymbol{r}_C \times m\boldsymbol{a}_C + \frac{\mathrm{d}\boldsymbol{L}_C}{\mathrm{d}t}\\ &= \boldsymbol{r}_C \times m\boldsymbol{a}_C + \frac{\mathrm{d}\boldsymbol{L}_C}{\mathrm{d}t}\end{aligned} \tag{3.5.25}$$

式(3.5.24)等号右端可写为

$$\sum(\boldsymbol{r}_i\times\boldsymbol{F}_i^{(e)})=\sum[(\boldsymbol{r}_C+\boldsymbol{r}_{ri})\times\boldsymbol{F}_i^{(e)}]=\sum(\boldsymbol{r}_C\times\boldsymbol{F}_i^{(e)})+\sum(\boldsymbol{r}_{ri}\times\boldsymbol{F}_i^{(e)}) \tag{3.5.26}$$

故可得

$$\boldsymbol{r}_C\times m\boldsymbol{a}_C+\frac{\mathrm{d}\boldsymbol{L}_C}{\mathrm{d}t}=\sum(\boldsymbol{r}_C\times\boldsymbol{F}_i^{(e)})+\sum(\boldsymbol{r}_{ri}\times\boldsymbol{F}_i^{(e)}) \tag{3.5.27}$$

注意到由质心运动定理有 $m\boldsymbol{a}_C=\sum\boldsymbol{F}_i^{(e)}$，所以式(3.5.27)为

$$\frac{\mathrm{d}\boldsymbol{L}_C}{\mathrm{d}t}=\sum(\boldsymbol{r}_{ri}\times\boldsymbol{F}_i^{(e)})=\sum\boldsymbol{M}_C(\boldsymbol{F}_i^{(e)})=\boldsymbol{M}_C \tag{3.5.28}$$

这就是相对于质心的动量矩定理的一般形式。即，质点系相对于质心的动量矩对时间的导数等于作用于质点系的外力对质心的主矩。

5. 相对于质心轴的动量矩定理

将前面所得质点系相对于质心的动量矩定理沿质心轴进行投影，得

$$\frac{\mathrm{d}L_{Cz'}}{\mathrm{d}t}=M_{Cz'} \tag{3.5.29}$$

即，质点系相对于质心轴的动量矩对时间的导数等于作用于质点系的外力对该轴的主矩。

讨论：①在以质心为原点的平动坐标系中，质点系对质心(或质心轴)的动量矩定理的形式与对定点(或定轴)的动量矩定理的形式相同；②由该定理可见，质点系相对于质心(或质心轴)的动量矩的改变，只与质点系的外力有关，而与内力无关，即内力不能改变质点系对质心(或质心轴)的动量矩。

例 3.5.9 如图 3.5.17 所示，长度为 l、质量为 m_1 的均质杆 OA 与半径为 R、质量为 m_2 的均质圆盘 B 在 A 处铰接，铰链 O、A 均光滑。初始时，杆 OA 有偏角、轮 B 有角速度 ω_0(逆时针向)。求系统在重力作用下的运动。

解：(1)考虑圆盘 B，受力如图 3.5.18 所示，根据对质心的动量矩定理可得

$$J_B\dot{\omega}_B=0 \quad 故 \quad \omega_B=\omega_0$$

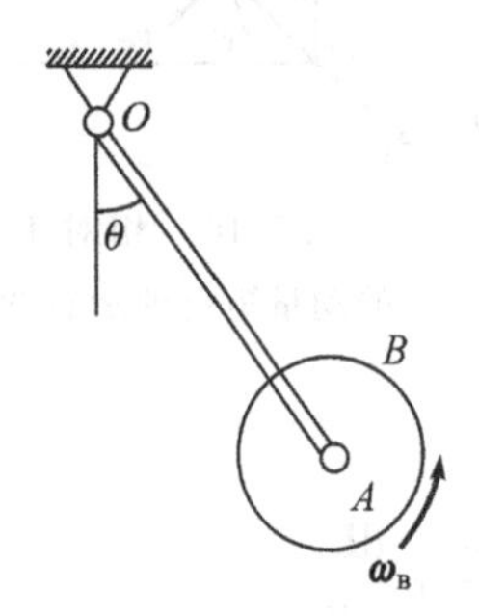

图 3.5.17　例 3.5.9 示意图

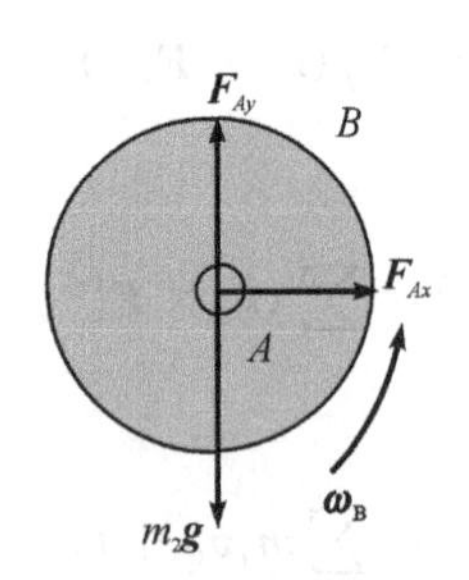

图 3.5.18　例 3.5.9 中圆盘 B 受力图

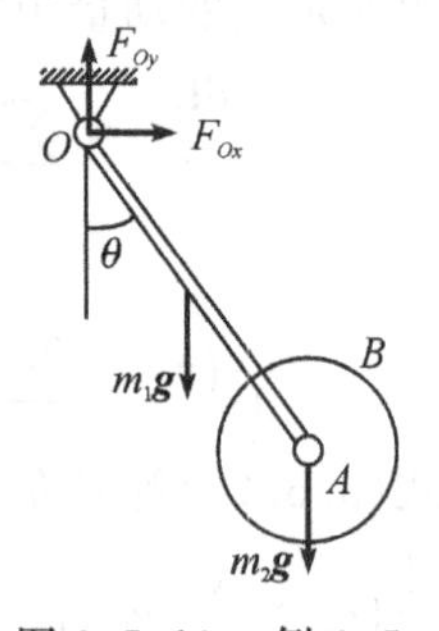

图 3.5.19　例 3.5.9 中杆轮系统受力图

(2)考虑杆轮系统，受力如图 3.5.19 所示，应用对固定点 O 的动量矩定理，计算轮 B 动量矩时使用式 $\boldsymbol{L}_O=\boldsymbol{L}_C+\boldsymbol{r}_C\times\boldsymbol{p}$ 可得

$$\frac{\mathrm{d}}{\mathrm{d}t}=[J_{OA}\dot{\theta}+(J_B\omega_B+m_2l\dot{\theta}\cdot l)]=-m_1g\frac{l}{2}\sin\theta-m_2gl\sin\theta$$

可解得

$$\left(\frac{1}{3}m_1+m_2\right)l\ddot{\theta}+\left(\frac{1}{2}m_1+m_2\right)g\sin\theta=0$$

可求得微幅振动时的运动规律为

$$\theta=\theta_0\cos\omega_0 t,\omega_0=\sqrt{\frac{3m_1+6m_2}{2m_1+6m_2}\cdot\frac{g}{l}}$$

综上可得该系统在重力作用下的运动特性为:圆盘的转动不影响系统的摆动,而系统的摆动也不影响圆盘的转动。

例 3.5.10　如图 3.5.20 所示,起重装置由匀质鼓轮 D(半径为 R、重为 W_1)及均质梁 AB(长 $l=4R$、重 $W_2=W_1$)组成,鼓轮通过电机 C(质量不计)安装在梁的中点,被提升的重物 E 重 $W=0.25W_1$。电机通电后的驱动力矩为 M,求重物 E 上升的加速度 a 及支座 A、B 的约束力 F_{NA} 及 F_{NB}。

解:(1)求加速度 a。考虑鼓轮 D、重物 E 及与鼓轮固结的电机转子所组成的系统(见图 3.5.21),M 为电机定子作用在转子的驱动力矩,对固定点 O 应用动量矩定理得

$$\frac{\mathrm{d}}{\mathrm{d}t}\left[\left(J_D+\frac{W}{g}R^2\right)\omega\right]=M-WR$$

式中,

$$J_D=\frac{1}{2}\frac{W_1}{g}R^2$$

解得

$$a=\frac{4M/R-W_1}{3W_1}\cdot\frac{g}{R}$$

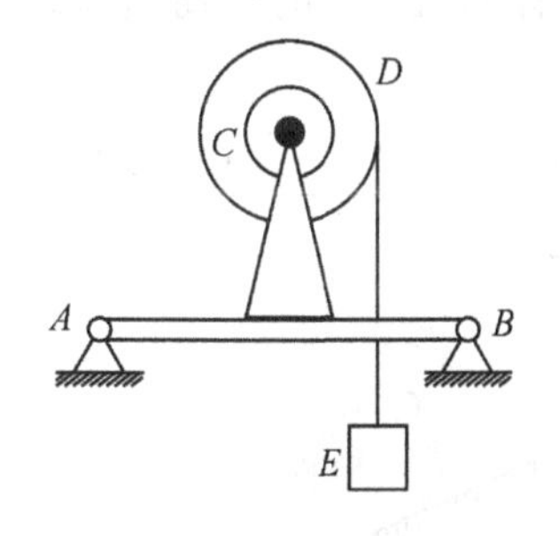

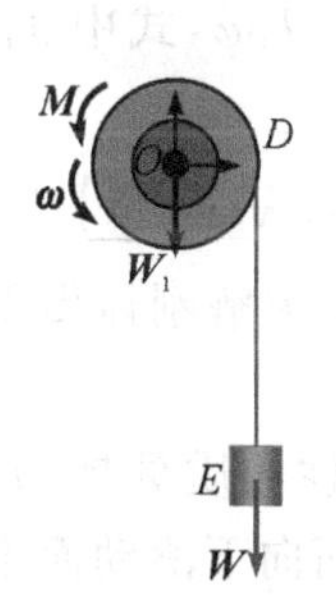

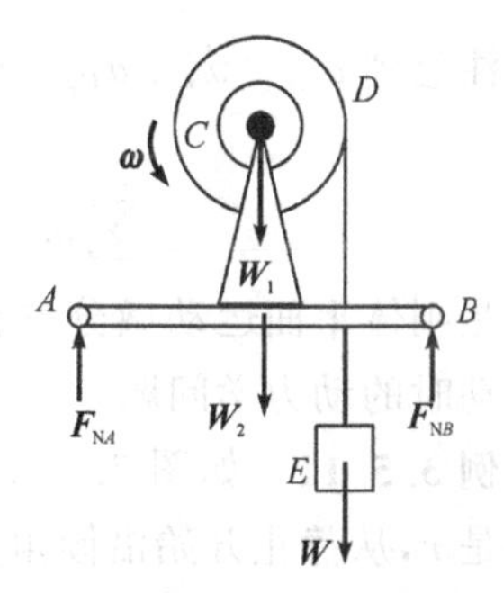

图 3.5.20　例 3.5.10 示意图　　图 3.5.21　例 3.5.10 中鼓轮 D 受力图　　图 3.5.22　例 3.5.10 中整个系统受力图

(2)考虑整个系统(见图 3.5.22),注意驱动力矩为 M。对 B 应用动量矩定理得

$$\frac{\mathrm{d}}{\mathrm{d}t}\left[J_D\omega-\frac{W}{g}R\omega\left(\frac{l}{2}-R\right)\right]=(W_1+W_2)\frac{l}{2}+W\left(\frac{1}{2}-R\right)-F_{NA}l$$

解得

$$\begin{aligned}F_{NA}&=\frac{1}{2}(W_1+W_2)+W\left(\frac{1}{2}-\frac{R}{l}\right)-\left[J_D-\frac{W}{g}R\left(\frac{l}{2}-R\right)\right]\frac{a}{l}\\&=\frac{17}{16}W_1-\frac{1}{16}\frac{W_1}{g}R\alpha\end{aligned}$$

对整个系统应用动量定理得

$$\frac{W}{g}R\alpha = F_{NA} + F_{NB} - W_1 - W_2 - W$$

解得

$$F_{NB} = W_1 + W_2 + W - F_{NA} + \frac{W}{g}R\alpha = \frac{19}{16}W_1 + \frac{5}{16}\frac{W_1}{g}a$$

6. 利用动量矩定理建立刚体平面运动微分方程

如图 3.5.23 所示，设刚体在外力 $\boldsymbol{F}_1, \boldsymbol{F}_2, \cdots, \boldsymbol{F}_n$ 作用下做平面运动。取固定坐标系 $Oxyz$，使刚体平行于坐标面 Oxy 运动，且质点 C 在这个平面内，再以质点为原点作平动坐标系 $Cx'y'z'$。

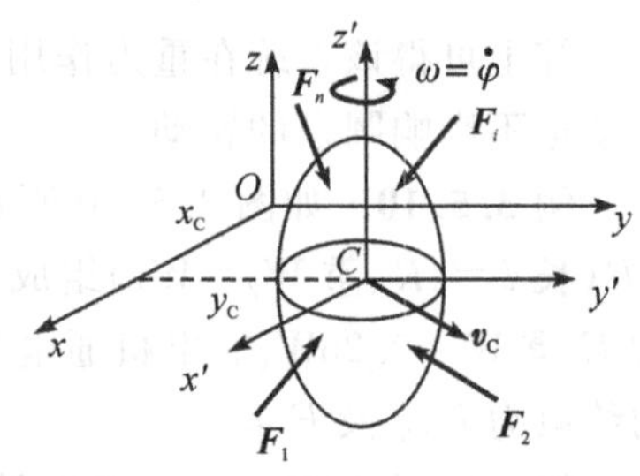

图 3.5.23 刚体平面运动微分方程

由运动学知，刚体的平面运动可分解成随质心的牵连平动和相对于质心的相对转动。随质心的牵连平动规律可由质心运动定理来确定，即

$$\sum m\boldsymbol{a}_C = \sum \boldsymbol{F}_i^{(e)} \tag{3.5.30}$$

而相对于质心的相对转动规律可由相对质心的动量矩定理来确定，即

$$\frac{\mathrm{d}\boldsymbol{L}_C}{\mathrm{d}t} = \boldsymbol{M}_C \tag{3.5.31}$$

将式(3.5.30)投影到轴 x、轴 y 上，将式(3.5.31)投影到轴 Cz'上，可得

$$\sum m_i a_{Cx} = \sum F_x,\ \sum m_i a_{Cy} = \sum F_y,\ \frac{\mathrm{d}L_{Cz'}}{\mathrm{d}t} = M_{Cz'} \tag{3.5.32}$$

注意到 $a_{Cx} = \ddot{x}_C$、$a_{Cy} = \ddot{y}_C$、$L_{Cz'} = J_C\omega = J_C\dot{\varphi}$，式中 J_C 表示刚体对轴 Cz'的转动惯量。则有

$$\sum m_i\ddot{x}_C = \sum F_x,\ \sum m_i\ddot{y}_C = \sum F_y,\ J_C\ddot{\varphi} = M_C \tag{3.5.33}$$

这就是刚体平面运动微分方程。可以应用它求解刚体做平面运动时的动力学问题。

例 3.5.11 如图 3.5.24 所示，匀质圆柱的质量是 m、半径是 r，从静止开始沿倾角为 φ 的固定斜面向下滚动而不滑动，斜面与圆柱的静摩擦系数是 f_s。试求圆柱质心 C 的加速度，以及保证圆柱滚动而不滑动的条件。

解： 以圆柱为研究对象，圆柱做平面运动，受力如图 3.5.25 所示。由刚体平面运动微分方程可得

$$ma_C = mg\sin\varphi - F,\ 0 = F_N - mg\cos\varphi,\ J_C\alpha = Fr \tag{3.5.34}$$

由于圆柱只滚不滑，故有运动学关系

$$a_C = r\alpha \tag{3.5.35}$$

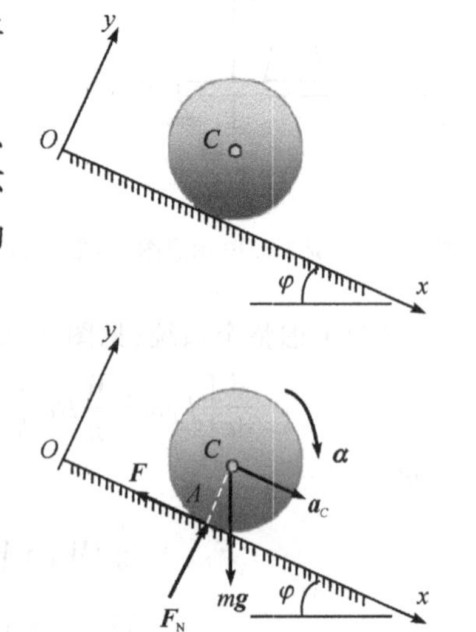

图 3.5.25 例 3.5.11 中圆柱受力图

联立求解式(3.5.34)和式(3.5.35)，并考虑到 $J_C =$

$mr^2/2$,得到

$$a_C=\frac{2}{3}g\sin\varphi,\quad F=\frac{1}{3}mg\sin\varphi,\quad F_N=mg\cos\varphi \tag{3.5.36}$$

将式(3.5.36)求出的 F 和 F_N 代入保证圆柱滚动而不滑动的静力学条件 $F\leqslant f_sF_N$,则得

$$\frac{1}{3}mg\sin\varphi\leqslant f_smg\cos\varphi \tag{3.5.37}$$

从而求得圆柱滚动而不滑动的条件为 $\tan\varphi\leqslant 3f_s$。

讨论:①若 $\tan\varphi\leqslant 3f_s$ 不成立,如何分析?即圆柱有滑动,故运动学关系 $a_C=r\alpha$ 不成立。则需应用关系 $F=F_Nf_s$ 作为补充方程。②本例动量矩方程也可用 $J_A\alpha=M_A$。③本例也可用动能定理求出 a_C,然后应用质心运动定理求出 F。

例 3.5.12　如图 3.5.26 所示,匀质细杆 AB 的质量是 m、长度是 $2l$,放在铅直面内,两端分别沿光滑的铅直墙壁和光滑的水平地面滑动。假设杆的初位置与墙成交角 φ_0,初角速度等于零。试求杆沿铅直墙壁下滑时的角速度和角加速度,以及杆开始下滑时它与墙壁所成的角度 φ_1。

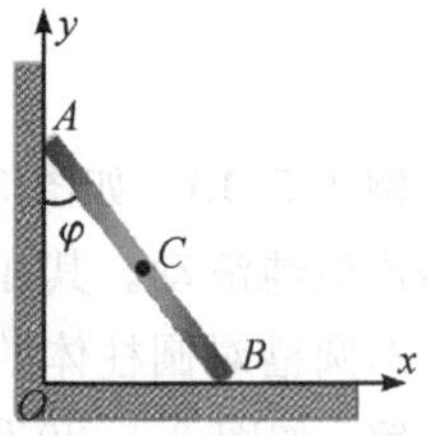

图 3.5.26　例 3.5.12 示意图

解: 杆在 A 端开始下滑以前,受力如图 3.5.27 所示。杆做平面运动,取坐标系 Oxy,则杆的运动微分方程可写为

$$m\ddot{x}_C=F_A,\ m\ddot{y}_C=F_B-mg,\ J_C\ddot{\varphi}=F_Bl\sin\varphi-F_Al\cos\varphi \tag{3.5.38}$$

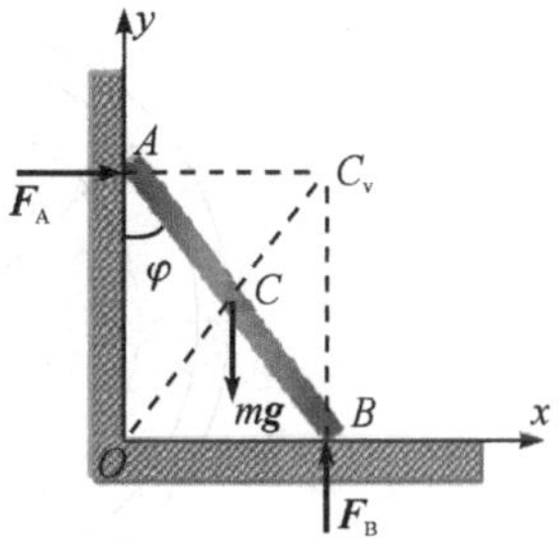

图 3.5.27　例 3.5.12 中 A 端脱离墙壁前细杆受力图

由几何关系知

$$x_C=l\sin\varphi,\quad y_C=l\cos\varphi \tag{3.5.39}$$

将式(3.5.39)对时间 t 求一阶和二阶导数可得

$$\dot{x}_C=l\dot{\varphi}\cos\varphi,\quad \dot{y}_C=-l\dot{\varphi}\sin\varphi \tag{3.5.40}$$

$$\ddot{x}_C=l\ddot{\varphi}\cos\varphi-l\dot{\varphi}^2\sin\varphi,\quad \ddot{y}_C=-l\ddot{\varphi}\sin\varphi-l\dot{\varphi}^2\cos\varphi \tag{3.5.41}$$

联立式(3.5.38)~式(3.5.41),最后可解得 AB 的角加速度为

$$\ddot{\varphi}=\frac{3g}{4l}\sin\varphi \tag{3.5.42}$$

利用关系

$$\ddot{\varphi}=\frac{\mathrm{d}\dot{\varphi}}{\mathrm{d}t}\frac{\mathrm{d}\varphi}{\mathrm{d}\varphi}=\frac{\dot{\varphi}\mathrm{d}\dot{\varphi}}{\mathrm{d}\varphi} \tag{3.5.43}$$

把式(3.5.42)化成积分

$$\int_0^{\dot{\varphi}}\dot{\varphi}\mathrm{d}\dot{\varphi}=\frac{3g}{4l}\int_{\varphi_0}^{\varphi}\sin\varphi\mathrm{d}\varphi \tag{3.5.44}$$

可求得杆 AB 的角速度为

$$\dot{\varphi}=\sqrt{\frac{3g}{2l}(\cos\varphi_0-\cos\varphi)} \tag{3.5.45}$$

当杆即将下滑时，$F_A\to 0$。将 $F_A=0$ 代入式(3.5.38)，再根据上述 $\ddot{x}_C$ 的方程式(3.5.41)可得

$$l\ddot{\varphi}\cos\varphi_1=l\dot{\varphi}^2\sin\varphi_1 \tag{3.5.46}$$

把 $\varphi=\varphi_1$ 时的值代入上述 $\ddot{\varphi}$ 和 $\dot{\varphi}$ 的表达式(3.5.42)和式(3.5.45)后再代入式(3.5.46)，得关系

$$l\,\frac{3g}{4l}\sin\varphi_1\cos\varphi_1=l\,\frac{3g}{2l}(\cos\varphi_0-\cos\varphi_1)\sin\varphi_1 \tag{3.5.47}$$

整理后求得杆开始下滑时与墙所成的夹角为

$$\varphi_1=\arccos\left(\frac{2}{3}\cos\varphi_0\right) \tag{3.5.48}$$

例 3.5.13 如图 3.5.28 所示，半径为 r、质量为 m 的均质圆柱体，在半径为 R 的刚性圆槽内做纯滚动。其在初始位置 $\varphi=\varphi_0$，由静止向下滚动。试求：(1)圆柱体的运动微分方程；(2)圆槽对圆柱体的约束力；(3)微振动周期与运动规律。

解： 如图 3.5.29 所示，首先对圆柱体进行受力分析。记 mg 为重力，F 为滑动摩擦力，F_N 为圆槽对圆柱体的约束力。圆柱体做平面运动，取弧坐标 s 与圆柱体质心轨迹重合。

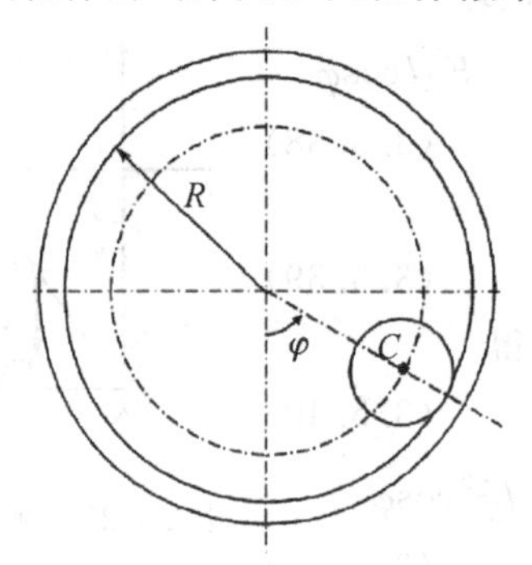

图 3.5.28 例 3.5.13 示意图

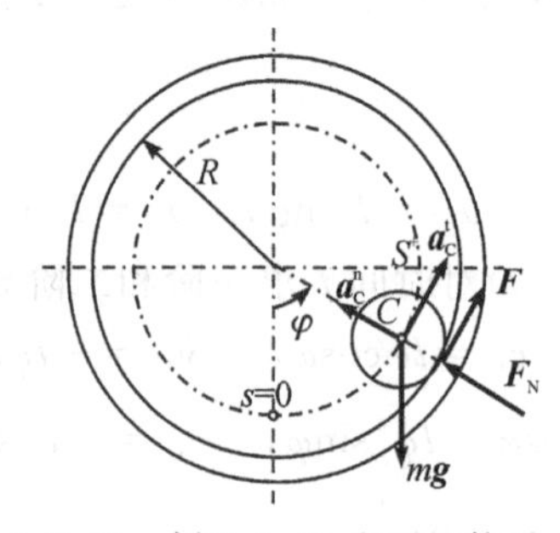

图 3.5.29 例 3.5.13 中圆柱体受力图

(1)求圆柱体的运动微分方程。根据自然轴系中，质心运动定理的投影形式，圆柱体的平面运动微分方程为

$$ma_C^t=m(R-r)\ddot{\varphi}=F-mg\sin\varphi,\ ma_C^n=m(R-r)\dot{\varphi}^2=F_N-mg\cos\varphi,\ J_C\alpha=-Fr$$

记 C 为瞬心，由运动学知识得

$$v_C=(R-r)\dot{\varphi}=r\omega,\ \dot{\omega}=\alpha=\frac{(R-r)}{r}\ddot{\varphi}$$

联立求解得

$$-\frac{1}{2}m(R-r)\ddot{\varphi}=F,\quad \frac{3}{2}(R-r)\ddot{\varphi}+g\sin\varphi=0$$

注意：这是角度 φ 大小都适用的圆柱体非线性运动微分方程。

(2)求圆槽对圆柱体的约束力。由第二个运动微分方程 $ma_C^n=m(R-r)\dot{\varphi}^2=F_N-$

$mg\cos\varphi$ 可得圆槽对圆柱体的约束力为

$$F_N = mg\cos\varphi + m(R-r)\dot{\varphi}^2, F = -\frac{1}{2}m(R-r)\ddot{\varphi}$$

(3)求微振动的周期与运动规律。当 φ 很小时,$\sin\varphi \approx \varphi$,非线性微分方程线性化可得

$$\ddot{\varphi} + \frac{2g}{3(R-r)}\varphi = 0$$

其微振动频率 ω_0 和周期 T 分别为

$$\omega_0 = \sqrt{\frac{2g}{3(R-r)}},\quad T = 2\pi\sqrt{\frac{3(R-r)}{2g}}$$

该线性微分方程的一般解为

$$\varphi = A\sin(\omega_0 t + \alpha)$$

求导得

$$\dot{\varphi} = A\omega_0\cos(\omega_0 t + \alpha)$$

式中,A 和 α 为待定常数,由运动的初始条件确定。

将初始条件 $t=0$ 时 $\varphi = \varphi_0$ 和 $\dot{\varphi}_0 = 0$ 代入上式得

$$\varphi_0 = A\sin\alpha,\quad 0 = A\omega_0\cos\alpha$$

式中,

$$A = \varphi_0,\quad \alpha = \frac{\pi}{2}$$

最终可得该线性微分方程的解为

$$\varphi = \varphi_0\cos\left(\sqrt{\frac{2g}{3(R-r)}}t\right)$$

3.6　达朗贝尔原理

用静力学方法求解动力学问题,又被称为动静法。达朗贝尔原理给出了物体系统惯性力与作用于物体系统的作用力系之间的平衡关系。

当在质量上作用力时,其速度会增加。设想加速度是由作用力而引起的,我们可以把此动的状态转换为平衡状态,即在该质量上的所有外力之和由一假想的惯性力所抵消,即

$$\boldsymbol{F} - m\boldsymbol{a} = \boldsymbol{0} \tag{3.6.1}$$

假定有一假想力 $-m\boldsymbol{a}$ 作用在一质点上,可以把该质点看成是平衡的,此事实就称为达朗贝尔原理。应用达朗贝尔原理而导出的方程是一个包括假想的惯性力在内的所有力总和的方程,它等于零。达朗贝尔原理从数学形式上看只是牛顿第二定律的移项,但在原理上它通过加惯性力的办法将动力学问题转化为静力学问题。

注意:这个惯性力是一个假想的力,它是以分析为目的想象地加在系统上,而不是使原来静止的物体产生运动的一个实际力。

应用达朗贝尔原理的方法与直接应用牛顿第二定律相比,其主要优点是我们不一定要研究通过重心轴的力的作用和转动力矩。

质点的达朗贝尔原理。设非自由质点 M 的质量为 m,其在主动力 $\boldsymbol{F}$ 和约束力 $\boldsymbol{F}_N$ 的作

用下做曲线运动，某瞬时其加速度为 $\boldsymbol{a}$，该质点的动力学基本方程为

$$\boldsymbol{F}+\boldsymbol{F}_{\mathrm{N}}=m\boldsymbol{a} \quad 或 \quad \boldsymbol{F}+\boldsymbol{F}_{\mathrm{N}}+(-m\boldsymbol{a})=\boldsymbol{0} \tag{3.6.2}$$

如图 3.6.1 所示，引入质点的惯性力 $\boldsymbol{F}^{*}=-m\boldsymbol{a}$ 这一概念，惯性力的大小等于质点的质量与加速度的乘积，方向与加速度的方向相反。于是式(3.6.2)可以改写为

$$\boldsymbol{F}+\boldsymbol{F}_{\mathrm{N}}+\boldsymbol{F}^{*}=\boldsymbol{0} \tag{3.6.3}$$

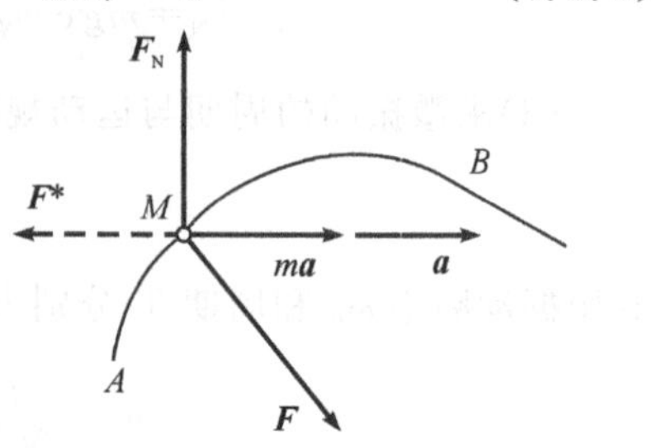

图 3.6.1 质点的达朗贝尔原理示意图

式(3.6.3)描述了质点的达朗贝尔原理，表示作用于质点上的主动力、约束力和惯性力构成一假想的平衡力系。必须指出，惯性力 $\boldsymbol{F}^{*}$ 是人为引入的，也就是说质点并没有受到这样一个力的作用，因此实际上质点并不处于平衡。达朗贝尔原理只是将惯性力假想地加到质点上，使之平衡，从而将动力学问题在处理方法上转化为静力平衡问题来处理。

质点系的达朗贝尔原理。上述质点的达朗贝尔原理可以直接推广到质点系。将达朗贝尔原理应用于每个质点，得到 n 个矢量平衡方程为

$$\boldsymbol{F}_i+\boldsymbol{F}_{\mathrm{N}i}+\boldsymbol{F}_i^{*}=\boldsymbol{0},\quad i=1,2,\cdots,n \tag{3.6.4}$$

式(3.6.4)表明：在质点系运动的任一瞬间，作用于每一质点上的主动力、约束力和该质点的惯性力在形式上构成一平衡力系。

对于所讨论的质点系，有 n 个形式如式(3.6.4)的平衡方程，即有 n 个形式上的平衡力系。将其中任意几个平衡力系合在一起，所构成的任意力系仍然是平衡力系。根据静力学中空间任意力系的平衡条件，有

$$\begin{cases}\sum\boldsymbol{F}_i+\sum\boldsymbol{F}_{\mathrm{N}i}+\sum\boldsymbol{F}_i^{*}=\boldsymbol{0}\\ \sum\boldsymbol{M}_O(\boldsymbol{F}_i)+\sum\boldsymbol{M}_O(\boldsymbol{F}_{\mathrm{N}i})+\sum\boldsymbol{M}_O(\boldsymbol{F}_i^{*})=\boldsymbol{0}\end{cases} \tag{3.6.5}$$

式(3.6.5)表明：在任意瞬间，作用于质点系的主动力、约束力和该点的惯性力所构成力系的主矢量等于零，该力系对任一点 O 的主矩也等于零。

考虑到式(3.6.5)中的求和可以对质点系中的任何一部分进行，而不限于对整个质点系，因此，该式并不表示仅有 6 个平衡方程，而是共有 $3n$ 个独立的平衡方程。同时注意，在求和过程中所有内力都将自动消去。

达朗贝尔原理提供了按静力学平衡方程的形式给出质点系动力学方程的方法，这种方法称为动静法。这些方程也称为动态平衡方程。

例 3.6.1 如图 3.6.2 所示，汽车连同货物的总质量是 m，其质心 C 离前后轮的水平距离分别是 b 和 c，离地面的高度是 h。当汽车以加速度 $\boldsymbol{a}$ 沿水平道路行驶时，求地面给前、后轮的铅直反力。轮子质量不计。

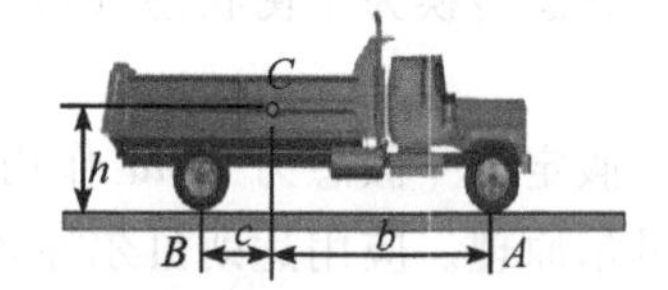

图 3.6.2 例 3.6.1 示意图

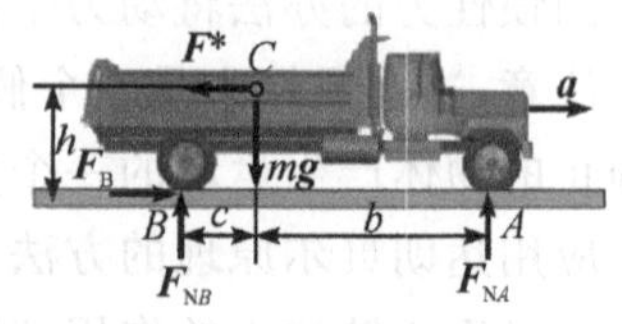

图 3.6.3 例 3.6.1 受力分析示意图

解： 取汽车连同货物为研究对象，其受力分析如图 3.6.3 所示。汽车实际受到的外力有：重力 G，地面对前、后轮的铅直反力 F_{NA}、F_{NB} 及水平摩擦力 F_B。（注意：前

轮一般是被动轮,当忽略轮子质量时,其摩擦力可以不计)

因汽车平动,其惯性力系合成为作用在质心 C 上的一个力 $F^*=-ma$。于是可以写出汽车的动态平衡方程为

$$\begin{cases}\sum M_B=0,\ F^*h-mgc+F_{NA}(b+c)=0\\ \sum M_A=0,\ F^*h-mgb+F_{NB}(b+c)=0\end{cases}$$

由上式解得

$$F_{NA}=\frac{m(gc-ah)}{b+c},F_{NB}=\frac{m(gb-ah)}{b+c}$$

例 3.6.2　如图 3.6.4 所示,匀质滑轮的半径为 r、质量为 m,可绕水平轴转动。轮缘上跨过的软绳的两端各挂质量为 m_1 和 m_2 的重物,且 $m_1>m_2$。绳的重量不计,绳与滑轮之间无相对滑动,轴承摩擦忽略不计。求重物的加速度和轴承反力。

解: 以滑轮与两重物一起组成所研究的质点系。作用在该系统上的外力有重力 m_1g、m_2g、mg 和轴承约束反力 F_N。在系统中每个质点上假想地加上惯性力后,可以应用达朗贝尔原理。

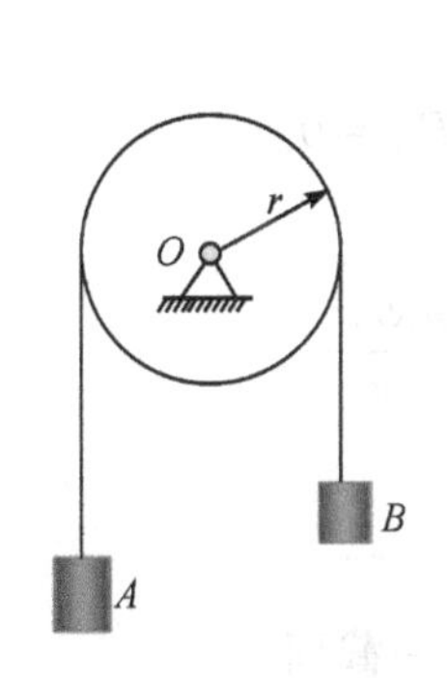

图 3.6.4　例 3.6.2 示意图

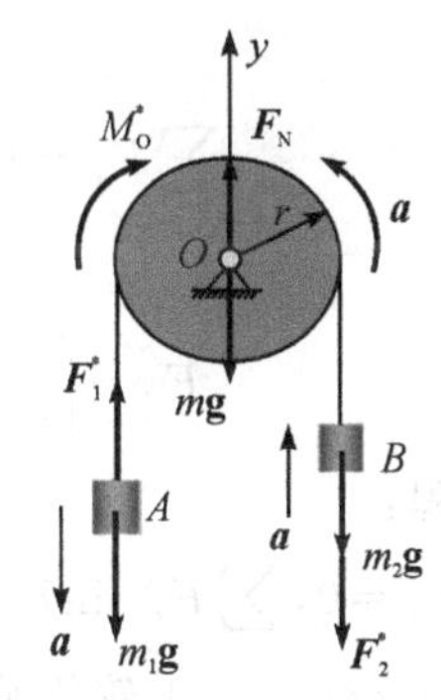

图 3.6.5　例 3.6.2 受力分析示意图

已知 $m_1>m_2$,则重物的加速度 $\boldsymbol{a}$ 方向如图 3.6.5 所示。重物的惯性力方向均与加速度 $\boldsymbol{a}$ 的方向相反,大小分别为:$F_1^*=m_1a$、$F_2^*=m_2a$。

滑轮定轴转动,惯性力向转轴 O 简化。可得惯性力的主矢 $\boldsymbol{F}^*$ 和主矩 $\boldsymbol{M}_O^*$ 大小分别为

$$F^*=ma_O=0,\quad M_O^*=J_O\alpha=\frac{1}{2}mr^2\cdot\frac{a}{r}=\frac{1}{2}mar$$

应用达朗贝尔原理列平衡方程,得

$$\begin{cases}\sum F_y=0\Rightarrow F_N-mg-m_1g-m_2g+F_1^*-F_2^*=0\\ \sum M_O(F)=0\Rightarrow(m_1g-F_1^*-F_2^*-m_2g)r-M_O^*=0\end{cases}$$

解上式得

$$a=\frac{m_1-m_2}{m_1+m_2+m/2}g$$

$$F_N=mg+m_1g+m_2g-m_1a+m_2a=\frac{8m_1m_2+m^2+3mm_1+3mm_2}{2m_1+2m_2+m}g$$

例 3.6.3 如图 3.6.6 所示，飞轮质量为 m、半径为 R，以匀角速度 ω 转动。设轮缘较薄，质量均匀分布，轮辐质量不计。若不考虑重力的影响，求轮缘横截面的张力。

解：取四分之一轮缘为研究对象，如图 3.6.7 所示。将轮缘分成无数微小的弧段，每段加惯性力 $F_i^* = m_i a_i^n$，其可写为

$$F_i^* = m_i a_i^n = \frac{m}{2\pi R} R\Delta\theta_i \times R\omega^2$$

图 3.6.6　例 3.6.3 示意图

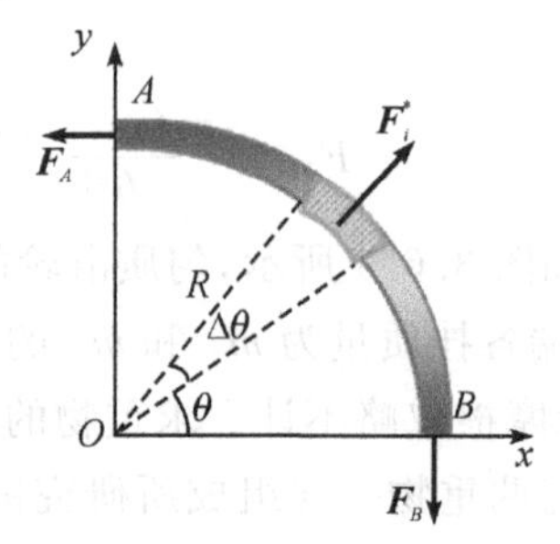

图 3.6.7　例 3.6.3 受力分析示意图

建立平衡方程：

$$\sum F_x = 0, \sum F_i^* \cos\theta_i - F_A = 0$$

令 $\Delta\theta_i \to 0$，有

$$F_A = \int_0^{\frac{\pi}{2}} \frac{m}{2\pi} R\omega^2 \cos\theta \, \mathrm{d}\theta = \frac{mR\omega^2}{2\pi}$$

再建立平衡方程：

$$\sum F_y = 0, \sum F_i^* \sin\theta_i - F_B = 0$$

同样解得 $F_B = mR\omega^2/2\pi$。由于轮缘质量分布均匀，任一截面张力都相同。

例 3.6.4 如图 3.6.8 所示，匀质圆盘的半径为 r、质量为 m，可绕水平轴 O 转动。突然剪断绳，求圆盘的角加速度和轴承 O 处的反力。

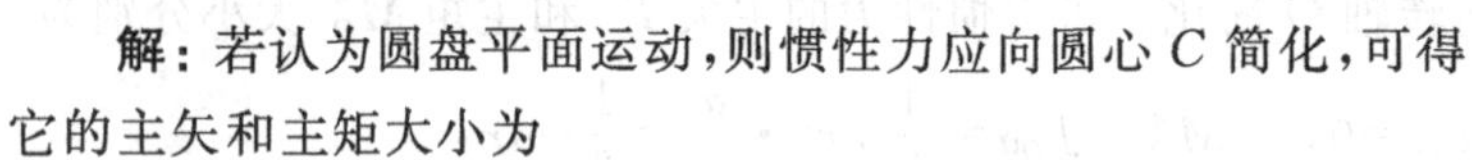

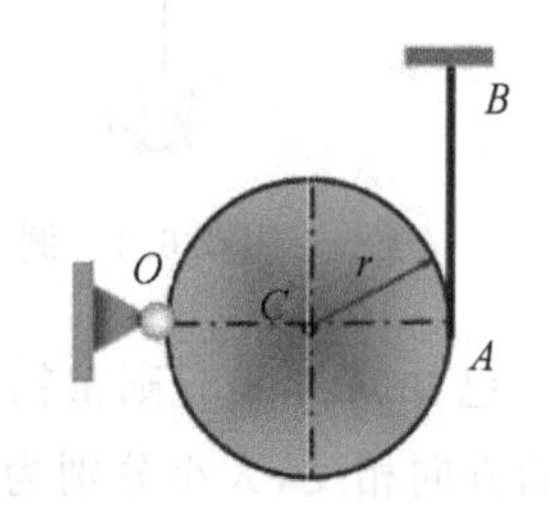

图 3.6.8　例 3.6.4 示意图

解：若认为圆盘平面运动，则惯性力应向圆心 C 简化，可得它的主矢和主矩大小为

主矢大小：$F_t^* = ma_C^t = mr\alpha$，　$F_n^* = mr\omega^2 = 0$

主矩大小：$M_C^* = J_C\alpha = \dfrac{1}{2}mr^2\alpha$

根据图 3.6.9 中的受力分析，应用达朗贝尔原理列平衡方程，得

$$\begin{cases} \sum F_x = 0 \Rightarrow F_{Ox} + F_n^* = 0 \\ \sum F_y = 0 \Rightarrow F_{Oy} + F_t^* - mg = 0 \\ \sum M_C(F) = 0 \Rightarrow F_{Oy} r - M_C^* = 0 \end{cases}$$

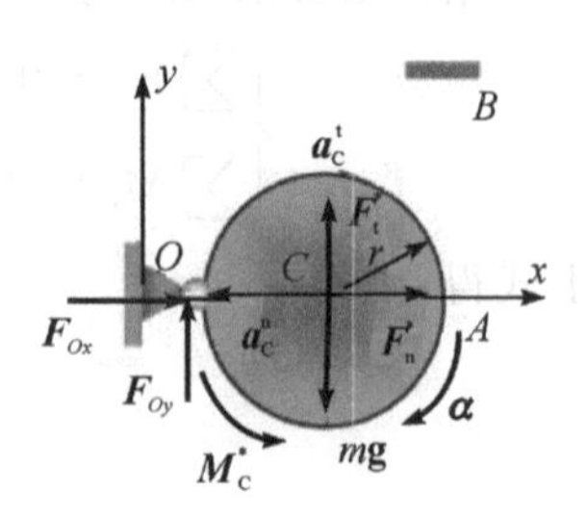

图 3.6.9　例 3.6.4 受力分析示意图

联立上式最终可解得圆盘的角加速度α和轴承O处的反力F_N为

$$\alpha=\frac{2g}{3r},\quad F_N=F_{Oy}=\frac{1}{3}mg$$

例3.6.5 在图3.6.10及图3.6.11中,铅直轴AB以匀角速度ω转动,轴上固连两水平杆CD和EF,两杆分别和转动轴形成的平面夹角是α,两杆长度都是l,其余尺寸如图3.6.11所示。今在两杆端上各固连一小球D和F,它们的质量都是m,不计转轴和杆的质量。试求轴承A、B对轴的动反力。

图3.6.10 例3.6.5示意图

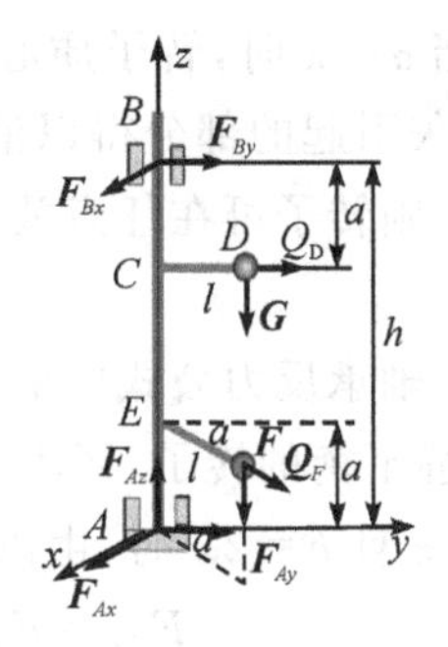

图3.6.11 例3.6.5受力分析示意图

解:取转轴连同两杆和两小球为研究对象。它所受到的真实力有两小球的重力$G=mg$和轴承A、B的反力。当轴以匀角速度ω转动时,两小球只有法向加速度,其大小是

$$a_D=a_F=l\omega^2$$

两小球的惯性力大小是

$$Q_D=Q_F=ml\omega^2$$

方向分别沿CD和EF,真实力与惯性力构成空间任意力系,如图3.6.11所示。因对象上的惯性力是两个集中力,所以不必简化。

取坐标系如图3.6.11所示,并根据达朗贝尔原理列出平衡方程为

$$\begin{cases}\sum F_x=0\Rightarrow F_{Ax}+F_{Bx}+ml\omega^2\sin\alpha=0\\ \sum F_y=0\Rightarrow F_{Ay}+F_{By}+ml\omega^2+ml\omega^2\cos\alpha=0\\ \sum F_z=0\Rightarrow F_{Az}-mg-mg=0\\ \sum M_x(F)=0\Rightarrow -F_{By}h-ml\omega^2(h-a)-ml\omega^2a\cos\alpha-mgl-mgl\cos\alpha=0\\ \sum M_y(F)=0\Rightarrow F_{Bx}h+ml\omega^2a\sin\alpha+mgl\sin\alpha=0\end{cases}$$

联立求解上式得到轴承的反力F_A和F_B分别为

$$F_{Ax}=\frac{ml}{h}[g-(h-a)\omega^2]\sin\alpha,F_{Ay}=\frac{ml}{h}[-(h-a)\omega^2\cos\alpha-a\omega^2+(1+\cos\alpha)g],F_{Az}=2mg$$

$$F_{Bx}=-\frac{ml}{h}(a\omega^2+g)\sin\alpha,F_{By}=-\frac{ml}{h}[(h-a)\omega^2+a\omega^2\cos\alpha+(1+\cos\alpha)g]$$

讨论:①上述解答式中,不含ω^2的项是转子(机器中的转动部件,本例中是转轴、杆及小球所组成的转动刚体)静止时的静反力;而含ω^2的项是转子匀速转动时的惯性力引起的附

加动反力，它们的反作用力是轴承所受的附加动压力。②转子匀速转动时附加动压力随 ω 的增大而急剧增大（与 ω^2 成比例），且其在空间的方向随时间而周期性变化，它将影响轴承的使用寿命，并引起周围物体的振动。

为了寻找减小或消除上述附加动压力的途径，现考虑本例的如下 2 种特例：

(1)当 $\alpha=\pi$ 时，由以上的轴承反力公式可得

$$F_{Ax}=F_{Bx}=0,\quad F_{Ay}=-F_{By}=\frac{ml}{h}(h-2a)\omega^2,\quad F_{Az}=2mg$$

事实上，当 $\alpha=\pi$ 时，转子质心在转轴上，从而转子惯性力主矢等于零，使得附加动压力中由惯性力主矢引起的部分得以消除。注意到质心在转轴上的转子若除自身重力外不受其他主动力作用，则转子可在任意放置的位置上静止平衡，所以这种质心在转轴上的情况称为静平衡。

可以看出，轴承反力公式中的第二式表示了两小球惯性力所形成的力偶所引起的附加动反力。即仅静平衡的转子，还不能完全消除附加动反力。

(2)当 $\alpha=\pi$ 且 $h=2a$ 时，由以上的轴承反力公式可得

$$F_{Ax}=F_{Bx}=F_{Ay}=F_{By}=0,\quad F_{Az}=2mg$$

即这时惯性力系自成平衡，附加动反力全部消除。这种转子惯性力自成平衡的情况称为动平衡，如图 3.6.12 和图 3.6.13 所示。

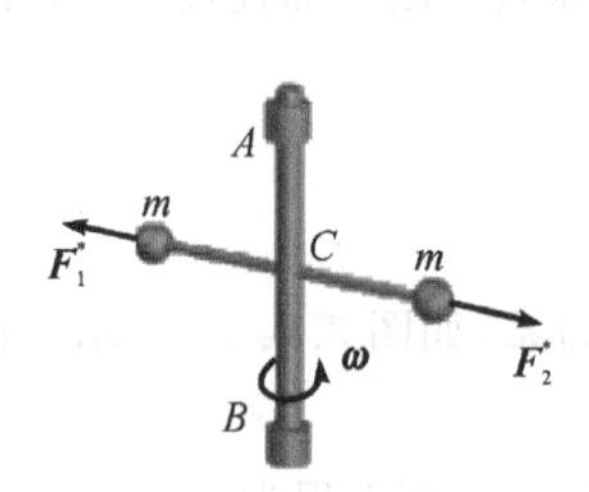

图 3.6.12　动平衡示意图 1

图 3.6.13　动平衡示意图 2

动平衡在工程技术中有重要意义。为了使高速旋转的部件，如陀螺仪的转子、航空发动机的转子等工作时的附加动压力减小到允许的范围之内，常常要在专门的动平衡试验机上进行试验，并在转子适当的位置做质量配置，使转子质心的偏离、惯性力的大小都控制在允许的范围内。

3.7　功和能量法

如果认为力是力量的度量，则功是能力的度量，而能是做功的能力。

功。在一机械系统中做的功是力与力作用所经过的距离的乘积（或转动力矩乘角位移），力和距离是在同一方向上测量的。即

$$W=Fx,\quad W=T\theta \tag{3.7.1}$$

对于移动弹簧：

$$所做总功 =\int_0^x kx\,\mathrm{d}x = \frac{1}{2}kx^2 \tag{3.7.2}$$

对于扭转弹簧:

$$所做总功 =\int_0^x k\theta\,\mathrm{d}\theta = \frac{1}{2}k\theta^2 \tag{3.7.3}$$

能。能可以定义为做功的容量或能力,能具有许多不同的形式,可以相互转换。当系统能够做功时,就说它具有能量。能的单位与功的单位相同。

根据能量守恒定律,能既不能创生(无中生有),也不能消灭(从有到无)。这意味着系统中总的能量的增加等于净输入到该系统的能量。所以如果系统没有能量输入,系统中的总能量就没有变化。

一个物体由于它的位置而具有的能量称为位能,而物体由于速度而具有的能量称为动能。

位能。在机械系统中只有质量和弹簧元件能够储存位能,储存在系统中位能的变化等于改变系统的形态所需的功。位能总是相对于某一选定的参考水平面来度量,即

$$U=\int_0^h mg\,\mathrm{d}x = mgh, \qquad U=\int_0^x F\,\mathrm{d}x=\int_0^x kx\,\mathrm{d}x = \frac{1}{2}kx^2 \tag{3.7.4}$$

动能。在机械系统中只有惯性元件能够储存动能。对于平移运动,动能 $T=mv^2/2$;对于旋转运动,动能 $T=J\dot{\theta}^2/2$。

例 3.7.1　求使质量为 m、速度为 v 的汽车停止需要的力。

解:

$$T=\frac{1}{2}mv^2=Fx \Rightarrow F=\frac{mv^2}{2x}$$

能量的消散。如图 3.7.1 和图 3.7.2 所示,阻尼器中能量的耗散等于在其上所做的净功:

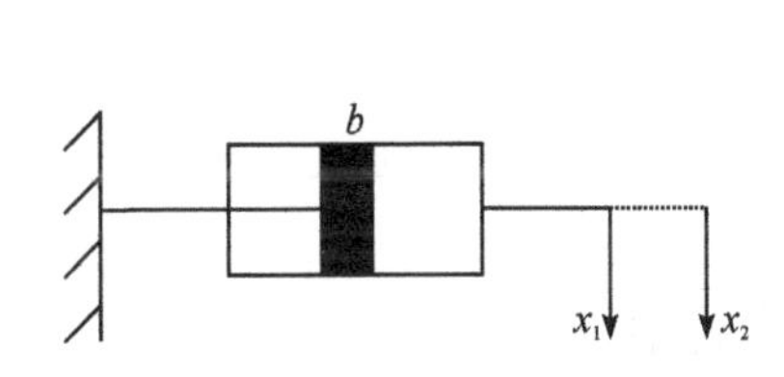

图 3.7.1　阻尼器示意图

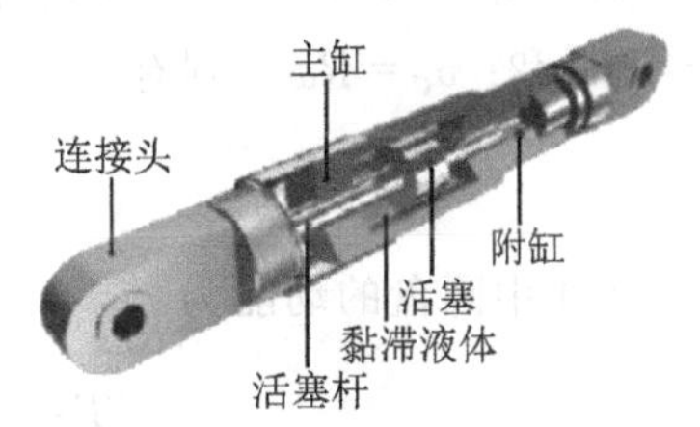

图 3.7.2　阻尼器结构图

$$\Delta W=\int_{x_1}^{x_2} F\,\mathrm{d}x=\int_{x_1}^{x_2} b\dot{x}\,\mathrm{d}x = b\int_{t_1}^{t_2}\dot{x}\,\frac{\mathrm{d}x}{\mathrm{d}t}\mathrm{d}t = b\int_{x_1}^{x_2}\dot{x}^2\,\mathrm{d}t$$

功率。功率是所做功与时间的比值。即

$$功率 = P = \frac{\mathrm{d}W}{\mathrm{d}t} \tag{3.7.5}$$

功率和能之间的关系如下:

(1)对于平移弹簧:

$$P=\frac{\mathrm{d}W}{\mathrm{d}t}=\frac{F\,\mathrm{d}x}{\mathrm{d}t}=F\dot{x}=kx\dot{x}=\dot{U} \tag{3.7.6}$$

(2)对于扭转弹簧:

$$P=\frac{\mathrm{d}W}{\mathrm{d}t}=\frac{T\,\mathrm{d}\theta}{\mathrm{d}t}=T\dot{\theta}=k\theta\dot{\theta}=\dot{U} \tag{3.7.7}$$

(3)对于直线运动：

$$P=\frac{\mathrm{d}W}{\mathrm{d}t}=\frac{F\,\mathrm{d}x}{\mathrm{d}t}=F\dot{x}=m\ddot{x}\dot{x}=\dot{T} \tag{3.7.8}$$

(4)对于阻尼器：

$$P=\frac{\mathrm{d}W}{\mathrm{d}t}=\frac{F\,\mathrm{d}x}{\mathrm{d}t}=F\dot{x}=b\dot{x}^2 \tag{3.7.9}$$

被动元件：元件本身不能对系统做任何输入。例如质量、阻尼器、弹簧、电感、电阻、电容等。

主动元件：能够输入外部能量到系统中的元件。例如外力、扭矩能源、电流和电压能源。

例 3.7.2 求图 3.7.3 和图 3.7.4 所示均质圆盘的动能。圆盘半径为 R，质量为 m。

图 3.7.3　例 3.7.2 中均质圆盘滚动示意图　图 3.7.4　例 3.7.2 中均质圆盘在平板上滚动的示意图

解：在这两幅图中，圆盘的动能均由平动动能和滚动动能两部分组成，但后者需要考虑速度的合成。因此图 3.7.3 中圆盘的动能为

$$T=\frac{1}{2}mv_C^2+\frac{1}{2}J_C\omega^2$$

式中，$J_C=mR^2/2$；$v_C=R\omega$。则有

$$T=\frac{3}{4}mv_C^2$$

在图 3.7.4 中圆盘的动能为

$$T=\frac{1}{2}mv_C^2+\frac{1}{2}J_C\omega^2$$

而根据速度合成定理可得 $v_C=R\omega+v$，故

$$T=\frac{1}{2}m(v+R\omega)^2+\frac{1}{2}J_C\omega^2=m(v+R\omega)^2$$

推导运动方程式的能量守恒定律法步骤如下：

(1)根据能量守恒定律，在没有任何外力输入时系统的动能 T 与位能 U 之和为常数，即

$$T+U=\text{常数} \tag{3.7.10}$$

(2)选择参考水平面，分别写出系统位能 U 和动能 T 的数学表达式；

(3)将式(3.7.10)等号两边同时对时间 t 求一阶导数；

(4)由于某项不恒为零，最终可得该系统的运动方程式。

需要说明的是，我们将不包含摩擦的系统称为保守系统。而本小节介绍的功能建模法(或能量守恒定律法)通常仅适用于较简单的保守系统。

例 3.7.3　通过能量守恒定律推导如图 3.7.5 所示圆柱-弹簧的运动方程式。已知弹簧的刚度为 k、圆柱的质量为 m、圆柱的半径为 R。以弹簧零形变处为参考起点,记圆柱角位移为 θ、圆心水平位移为 x。假设圆柱做纯滚动。

解: 圆柱体动能为

$$T=\frac{1}{2}m\dot{x}^2+\frac{1}{2}J\dot{\theta}^2$$

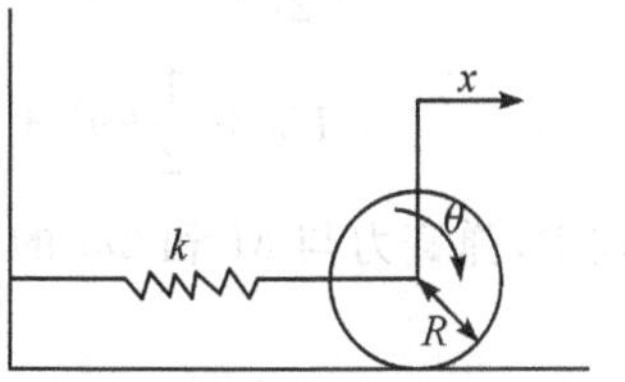

弹簧的位能为

$$U=\frac{1}{2}kx^2$$

图 3.7.5　例 3.7.3 中圆柱体与弹簧连接示意图

根据能量守恒,有

$$T+U=\frac{1}{2}m\dot{x}^2+\frac{1}{2}J\dot{\theta}^2+\frac{1}{2}kx^2=\text{常数}$$

由于 $x=R\theta$ 和 $J=mR^2/2$,可得

$$\frac{3}{4}m\dot{x}^2+\frac{1}{2}kx^2=\text{常数}$$

将上式对时间 t 求一阶导数,得

$$\left(m\ddot{x}+\frac{2}{3}kx\right)\dot{x}=0$$

该式满足自由振动方程,振动频率为 $\omega=\sqrt{2k/3m}$。

对于旋转运动,其振动方程为

$$\ddot{\theta}+\frac{2k}{3m}\theta=0$$

例 3.7.4　应用能量守恒定理求图 3.7.6 所示弹簧-质量-滑轮系统的运动模型和固有频率。已知重物质量为 m、滑轮质量为 M、滑轮半径为 R、弹簧刚度为 k。假设滑轮做纯滚动。

解: 定义 x、y 和 θ 分别是质量 m 的位移、滑轮的位移和滑轮的转动角,它们分别是从对应的平衡位置来度量的。根据图 3.7.6,有

图 3.7.6　例 3.7.4 中弹簧-质量-滑轮系统示意图

$$x=2y,R\theta=x-y=y,J=\frac{1}{2}MR^2$$

该系统的动能 T 为

$$T=\frac{1}{2}m\dot{x}^2+\frac{1}{2}M\dot{y}^2+\frac{1}{2}J\dot{\theta}^2=\frac{1}{2}m\dot{x}^2+\frac{1}{8}M\dot{x}^2+\frac{1}{4}MR^2\left(\frac{\dot{y}}{R}\right)^2$$
$$=\frac{1}{2}m\dot{x}^2+\frac{3}{16}M\dot{x}^2$$

在平衡状态时位能 U_0 为

$$U_0=\frac{1}{2}ky_\delta^2+Mg(l-y_0)+mg(l-x_0)$$

式中,y_δ 是弹簧由于悬挂质量 M 和 m 而产生的静变形;x_0 和 y_0 分别是 m 和 M 的变形。

系统的瞬时位能 U 为

$$U=\frac{1}{2}k(y_{\delta}+y)^{2}+Mg(l-y_{0}-y)+mg(l-x_{0}-x)$$

$$=\frac{1}{2}ky_{\delta}^{2}+ky_{\delta}y+\frac{1}{2}ky^{2}+Mg(l-y_{0})-Mgy+mg(l-x_{0})-mgx$$

$$=U_{0}+\frac{1}{2}ky^{2}+ky_{\delta}y-Mgy-mgy$$

式中，弹簧力与 M 和 $2m$ 的重力相平衡，即

$$ky_{\delta}=Mg+2mg$$

因此可得

$$U=U_{0}+\frac{1}{2}ky^{2}=U_{0}+\frac{1}{8}kx^{2}$$

对此保守系统应用能量守恒定律，有

$$T+U=\frac{1}{2}m\dot{x}^{2}+\frac{3}{16}Mx^{2}+U_{0}+\frac{1}{8}kx^{2}=\text{常数}$$

上式两边同时对时间 t 求一阶导数可得

$$\left[\left(m+\frac{3}{8}M\right)\ddot{x}+\frac{1}{4}kx\right]\dot{x}=0$$

由于 $\dot{x}$ 不总是为0，因此必须有

$$\ddot{x}+\frac{2k}{8m+3M}x=0$$

从上式可见此保守系统服从自由振荡，且固有频率为

$$\omega_{n}=\sqrt{\frac{2k}{8m+3M}}$$

例 3.7.5 如图 3.7.7 所示，半径为 r、质量为 m 的圆柱体在半径为 R 的圆柱表面内滚动而无滑动。假定振幅很小，应用能量守恒定律求圆柱体的运动方程和振动频率。

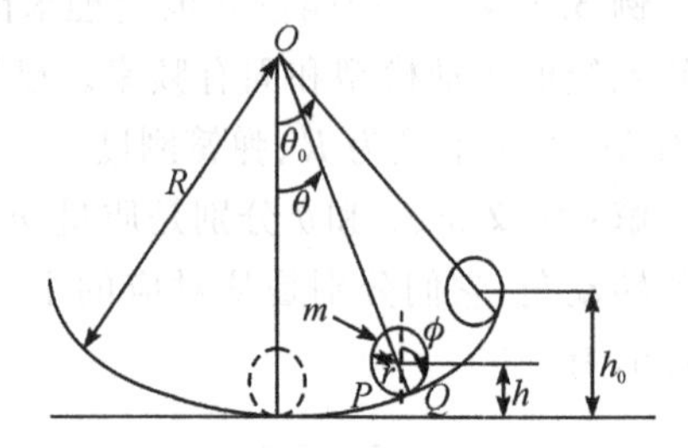

图 3.7.7 例 3.7.5 中圆柱体运动示意图

解： 定义 θ 角作为 OP 线的转角，从垂直位置量起。角 ϕ 是 PQ 线的转角。当圆柱体滚动而无滑动时，有

$$R|\theta|=r(|\theta|+|\phi|)$$

或

$$(R-r)|\theta|=r|\phi|$$

假定圆柱体滚至高度 h_0 后就向下滚动，此时动能为0，位能为 mgh_0。在任意时间 t 时圆柱体位于点 P，此时的位能 U 和动能 T 分别是

$$U=mgh,\quad T=\frac{1}{2}mv^{2}+\frac{1}{2}J\dot{\phi}^{2}$$

式中，v 是圆柱体重心的速度；J 是圆柱体绕过重心点 P 转轴的惯性矩，$J=mr^{2}/2$。

对此系统应用能量守恒定律可得

$$T+U=\frac{1}{2}mv^2+\frac{1}{2}J\dot{\phi}^2+mgh=mgh_0$$

由于 $v^2=(R-r)^2\dot{\theta}^2=r^2\dot{\phi}^2$,上式可简化为

$$\frac{3}{4}m(R-r)^2\dot{\theta}^2=mg(h_0-h)$$

将 $h_0=R-(R-r)\cos\theta_0$ 和 $h=R-(R-r)\cos\theta$ 代入上式,可得

$$\frac{3}{4}(R-r)\dot{\theta}^2=g(\cos\theta-\cos\theta_0)$$

将上式对时间 t 求一阶导数可得

$$\frac{3}{2}(R-r)\dot{\theta}\ddot{\theta}=g(-\sin\theta)\dot{\theta}$$

或

$$\left[\frac{3}{2}(R-r)\ddot{\theta}+g\sin\theta\right]\dot{\theta}=0$$

由于 $\dot{\theta}$ 不总为 0,因此必须有

$$\frac{3}{2}(R-r)\ddot{\theta}+g\sin\theta=0$$

对于小的 θ 值,$\sin\theta\approx\theta$,上式可简化为

$$\ddot{\theta}+\frac{2g}{3(R-r)}\theta=0$$

此时简谐运动的频率为

$$\omega_n=\sqrt{\frac{2g}{3(R-r)}}$$

例 3.7.6　如图 3.7.8 所示,半径为 R、质量为 m 的均质圆盘在倾斜角为 ϕ 的斜面上向下做无滑动的滚动。假定圆柱体初始时是静止的。应用能量守恒定律求当圆盘沿斜面向下滚过的距离为 L 时圆盘质量重心的线速度。

解:在 $t=0$ 时,圆盘的动能 T 和位能 U 为

$$T_1=0,\quad U_1=mg(L\sin\varphi+h)$$

圆盘向下滚过距离 L 时的瞬时动能 T 和位能 U 为

$$T_2=\frac{1}{2}m\dot{x}^2+\frac{1}{2}J\dot{\theta}^2,\quad U_2=mgh$$

式中,动能是由移动动能和转动动能所组成的。

根据能量守恒定律可得

$$T_1+U_1=T_2+U_2$$

或

$$mg(L\sin\phi+h)=\frac{1}{2}m\dot{x}^2+\frac{1}{2}J\dot{\theta}^2+mgh$$

由于滚动而无滑动,有 $x=R\theta$,且圆柱体的惯性矩为 $J=mR^2/2$,因此上式变为

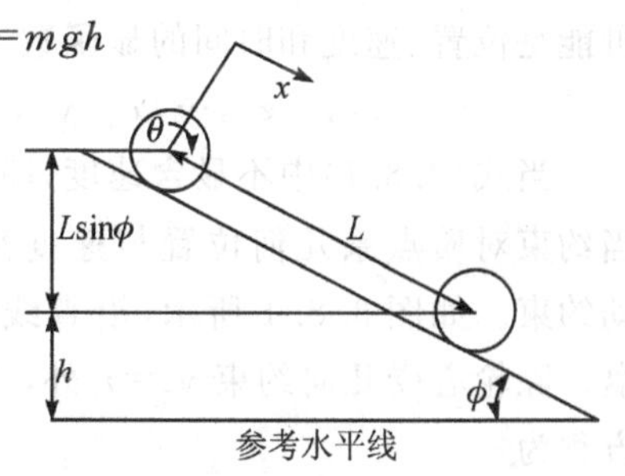

图 3.7.8　例 3.7.6 中圆柱体沿斜面滚动示意图

$$mgL\sin\phi=\frac{1}{2}m\dot{x}^2+\frac{1}{4}m\dot{x}^2$$

或

$$\dot{x}=\sqrt{\frac{4}{3}gL\sin\phi}$$

3.8 虚位移原理

虚位移原理建立了独立于牛顿力学体系的质点系平衡条件。牛顿力学体系又称为矢量力学，即描述的力学量都用矢量表示，如：矢径、速度、加速度、角速度、角加速度、力、力偶等。分析力学体系又称为标量力学，即描述的物理量为标量，如：广义坐标、能量、功等。

虚位移原理以分析力学为基础建立系统平衡的充要条件，比牛顿力学建立的平衡条件具有更广泛的意义。

本节重点阐述虚位移原理在求解静力平衡问题中的应用。事实上，虚位移原理建立的平衡准则还应用于动力学中建立质点系统运动与受力的关系、固体力学中物体变形的分析等。

虚位移原理用动力学中功的概念及方法来建立受约束质点的平衡条件，这是研究静力学平衡问题的另一途径。虚位移原理利用理想约束的约束力不做功，对结构只将需要求的约束力逐个释放出来，变成主动力来求解；而对机构往往是求主动力之间（例如驱动力和工作阻力之间）的关系，不需要求约束力。因此当系统约束力较为复杂时，用虚位移原理求解就特别简便。

虚位移原理是在确定广义坐标的基础上，以力在可能位移上所做虚功之和必须为零来描述非自由质点系的平衡条件。所以虚位移原理也称为分析静力学。

3.8.1 约束和约束方程

在工程中，大多数物体在空间的位置和形状会受到周围物体的限制，这种质点系称为非自由质点系。这种对质点系位形空间的限制条件称为约束，在静力学中，所研究的一些约束是使物体的位置受到一定限制。但在研究物体的运动时，约束的概念还有另一方面的含义，那就是约束对物体速度的限制。将这些约束用数学方程来表示，则这种方程称为约束方程。

由 n 个质点组成的质点系，可能有 $s(s\leqslant 3n)$ 个约束条件。每个约束对质点系的限制都可能是位置、速度和时间的显函数，因此，约束方程以直角坐标表示的一般形式为

$$f_r(x_1,y_1,z_1,\cdots,x_n,y_n,z_n,\dot{x}_1,\dot{y}_1,\dot{z}_1,\cdots,\dot{x}_n,\dot{y}_n,\dot{z}_n,t)\leqslant 0,\ r=1,\cdots,s \quad (3.8.1)$$

当式(3.8.1)中不显含速度，即约束只对质点系几何位置起限制作用时，称为几何约束。当约束对质点系几何位置与速度都起限制作用时，称为运动约束。如图3.8.1所示，沿直线只有滚动没有滑动的圆盘。除轮心受几何约束 $y_c=r$ 外，还受到纯滚动的运动约束方程为

$$\dot{x}_c-r\dot{\phi}=0 \quad (3.8.2)$$

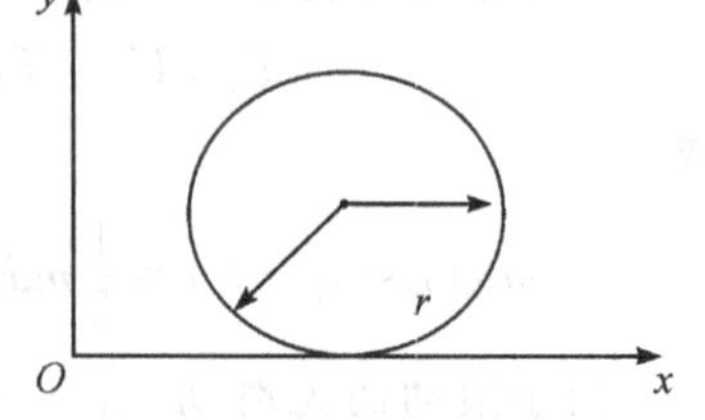

图3.8.1 纯滚运动约束

式(3.8.2)经过积分可变为几何约束方程：

$$x_c - r\varphi = C \tag{3.8.3}$$

这种通过积分或微分可将运动约束方程与几何约束方程变换的约束称为完整约束。在约束方程中,若不显含时间 t,称为定常约束,若显含时间 t,则称为非定常约束。

广义坐标和自由度。一般地,由 n 个质点组成的质点系,受到 s 个定常约束,具有 $k=3n-s$ 个自由度。若选 k 个广义坐标 $q_1,q_2\cdots,q_k$,那么,各质点的坐标可以写成广义坐标的函数形式,即

$$\begin{cases} x_i = x_i(q_1,q_2,\cdots,q_k) \\ y_i = y_i(q_1,q_2,\cdots,q_k), \quad i=1,2,\cdots,n \\ z_i = z_i(q_1,q_2,\cdots,q_k) \end{cases} \tag{3.8.4}$$

各质点的位置矢径可表示为

$$\boldsymbol{r}_i = \boldsymbol{r}_i(q_1,q_2,\cdots,q_k), \quad i=1,2,\cdots,n \tag{3.8.5}$$

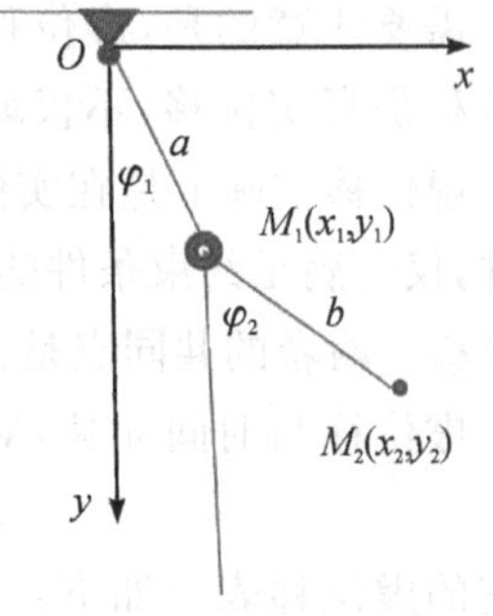

如图3.8.2所示的双锤摆,系统有 M_1、M_2 两个质点,设其沿铅直平面摆动,则确定该系统的位置需要4个坐标 x_1、y_1、x_2、y_2,但各坐标须满足2个约束方程:

$$x_1^2 + y_1^2 = a^2, \quad (x_1 - x_2)^2 + (y_1 - y_2)^2 = b^2 \tag{3.8.6}$$

图3.8.2　双锤摆的约束

因为是平面运动机构,所以现在只有2个坐标是独立的,系统具有2个自由度。

注意:在同一系统中,广义坐标的选取不是唯一的。

常见的约束可归纳为以下几类:

(1)几何约束:只限制质点的几何位置的约束;

(2)运动约束:约束方程包含质点坐标(对时间)的导数;

(3)定常约束:约束条件与时间无关,即约束方程中不显含时间 t_0;

(4)非定常约束:约束条件与时间有关,即约束方程中显含时间 t_0,

(5)完整约束:包括几何约束和可化成几何约束的运动约束;

(6)非完整约束:不可化成几何约束的运动约束;

(7)理想约束:约束力做功恒等于零的约束。

3.8.2　虚位移

1. 实位移与虚位移的比较

实位移。质点系发生的为约束允许的真实位移。设一个具有 k 个自由度的、由 n 个质点组成的质点系统,每一个质点由矢径 $\boldsymbol{r}_i$ 表示其位置,而 $\boldsymbol{r}_i$ 可以用广义坐标表示如下:

$$\boldsymbol{r}_i = \boldsymbol{r}_i(q_1,q_2,\cdots,q_k,t), \quad i=1,2,\cdots,n \tag{3.8.7}$$

广义实位移即在 t 时刻,质点系在外力作用下经历无限小时间间隔 Δt,质点系中每一个质点产生微小位移 $\mathrm{d}\boldsymbol{r}_i(i=1,2,\cdots,n)$。显然,表示系统位形的广义坐标也将产生一组微小增量 $\mathrm{d}q_j(j=1,2,\cdots,k)$,称为系统广义实位移。它满足条件:

(1) $\mathrm{d}\boldsymbol{r}_i = \sum\limits_{j=1}^{k} \dfrac{\partial \boldsymbol{r}_i}{\partial q_j}\mathrm{d}q_j + \dfrac{\partial \boldsymbol{r}_i}{\partial t}\mathrm{d}t, i=1,2,\cdots,n$;

(2)位移满足约束条件和初始条件。

虚位移。质点(或质点系)在给定瞬时,产生约束所容许的任何微小的位移,称为质点(或质点系)的虚位移或可能位移。虚位移通常记作 $\delta\boldsymbol{r}$,δ 为变分符号,它表示变量与时间历程无关的微小变更,以区别于实际位移 $\mathrm{d}\boldsymbol{r}$。

例如:受固定曲面 S 约束的质点 A,在满足曲面约束的条件下,质点 A 在曲面该点的切面 T 上的任何方向的微小位移,即为该质点的虚位移。

需要注意的是,虚位移是可能位移,它是一个纯粹的几何概念,它仅依赖于约束条件;而实位移是真实位移,不仅取决于约束条件,还与时间和作用力有关。

虚位移实际上是在实位移概念的基础上,不考虑主动力的作用(产生位移的动力)和初始条件,仅仅满足约束条件的位移。与实位移的物理意义比较,虚位移是一种假设的、可能产生的位移。两者的共同点是:在一定的条件下(定常、完整约束)实位移必是虚位移中的一组。

虚位移与时间无关,对应 k 个自由度的质点系统,质点位置矢径为

$$\boldsymbol{r}_i=\boldsymbol{r}_i(q_1,q_2,\cdots,q_k),\qquad i=1,2,\cdots,n \tag{3.8.8}$$

则它的虚位移表示如下:

$$\delta\boldsymbol{r}_i=\sum_{j=1}^{k}\frac{\partial\boldsymbol{r}_i}{\partial q_j}\delta q_j,\qquad i=1,2,\cdots,n \tag{3.8.9}$$

显然,虚位移与时间无关。

2. 确定系统中质点间虚位移的关系

如前所述,具有 k 个自由度的,由 n 个质点组成的质点系统,质点间的位置关系不是完全独立的,因此,每一个质点的虚位移并不完全独立。把每一个质点的虚位移用独立的广义坐标表示,分析中通常需要建立非独立的质点虚位移之间的关系,方法如下:

(1)虚速度法。该方法等同于建立"平面运动刚体上两点间的速度关系"。把"点的虚位移"视为"点的速度",应用"基点法""速度投影定理""速度瞬心法"及"复合运动速度关系",确定两点间的虚位移关系。

(2)解析法。在固定参考系中,将确定点的位置的直角坐标表示为选定的独立广义坐标的函数,对其求变分。

例 3.8.1 试确定图 3.8.3 中 D、B、E、C 四点的虚位移与广义坐标 θ 的关系。设 $AD=DB=BE=EC=l$。

解: 系统是单自由度,取 θ 为广义坐标。

(1)用解析法求解。建立图 3.8.4 所示坐标系,有

$$\begin{cases}x_D=l\cos\theta\\y_D=l\sin\theta\end{cases},\quad\begin{cases}x_B=2l\cos\theta\\y_B=2l\sin\theta\end{cases}$$

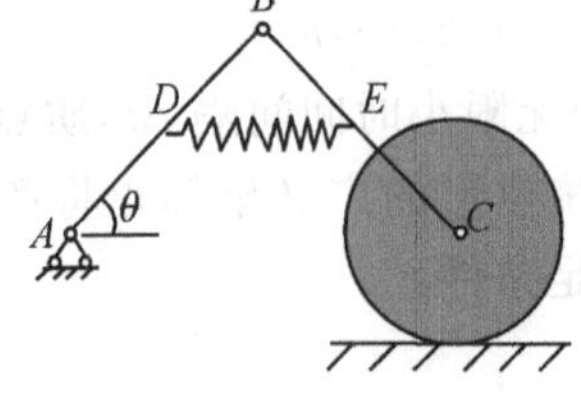

图 3.8.3　例 3.8.1 示意图

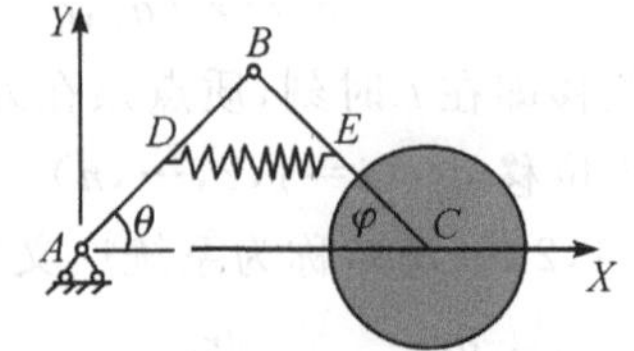

图 3.8.4　用解析法求解例 3.8.1 示意图

由于 $AB=BC$、$\theta=\varphi$,则

$$\begin{cases}x_E=2l\cos\theta+l\cos\varphi=3l\cos\theta\\ y_E=2l\sin\theta-l\sin\varphi=l\sin\theta\end{cases},\quad \begin{cases}x_C=2l\cos\theta+2l\cos\varphi=4l\cos\theta\\ y_C=0\end{cases}$$

对上式求变分可得

$$\begin{cases}\delta x_D=-l\sin\theta\delta\theta\\ \delta y_D=l\cos\theta\delta\theta\end{cases},\quad \begin{cases}\delta x_B=-2l\sin\theta\delta\theta\\ \delta y_B=2l\cos\theta\delta\theta\end{cases}$$

$$\begin{cases}\delta x_E=-3l\sin\theta\delta\theta\\ \delta y_E=l\cos\theta\delta\theta\end{cases},\quad \begin{cases}\delta x_C=-4l\sin\theta\delta\theta\\ \delta y_C=0\end{cases}$$

根据上式可求得各点虚位移关系,如 D 点虚位移与 C 点虚位移的关系为

$$\delta x_D=\frac{1}{4}\delta x_C,\qquad \delta y_D=-\frac{1}{4}\cot\theta\delta x_C$$

(2)虚速度法。各点虚位移方向如图 3.8.5 所示,有

$$\delta r_D=l\delta\theta,\qquad \delta r_B=2l\delta\theta$$

对上式应用速度投影定理可求得各点虚位移大小关系如下:

$$\delta r_B\cos\left(\frac{\pi}{2}-2\theta\right)=\delta r_C\cos\theta,\quad \delta r_C=\delta r_B\frac{\sin2\theta}{\cos\theta}=2\delta r_B\sin\theta,$$

$$\delta r_D=\frac{\delta r_B}{2},\quad \delta r_C=4\delta r_D\sin\theta$$

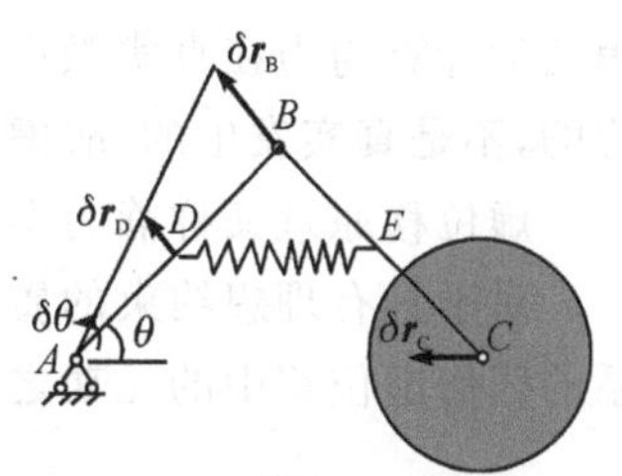

图 3.8.5　用虚速度法求解例 3.8.1 示意图

3. 虚位移和理想约束

理想约束:如果约束力在质点系的任何虚位移中所做元功之和等于零,则这种约束称为理想约束。以 $\boldsymbol{F}_{Ni}$ 表示第 i 个质点受到的约束力合力,$\delta\boldsymbol{r}_i$ 表示该质点的虚位移,则质点系的理想约束条件为

$$\sum_{i=1}^{n}\boldsymbol{F}_{Ni}\cdot\delta\boldsymbol{r}_i=0 \tag{3.8.10}$$

能满足式(3.8.10)所示的理想约束不外乎下列 4 种类型:

(1)$\delta\boldsymbol{r}_i=0$,即约束处无虚位移,如固定端约束,铰支座等;

(2)$\boldsymbol{F}_{Ni}\perp\delta\boldsymbol{r}_i$,即约束力与虚位移相垂直,如光滑接触面约束等;

(3)$\boldsymbol{F}_{Ni}=0$,即约束点上约束力的合力为零,如铰链连接的销钉上受到的是一对大小相等、方向相反的约束力,故其所受约束力的合力为零;

(4)$\sum_{i=1}^{n}\boldsymbol{F}_{Ni}\cdot\delta\boldsymbol{r}_i=0$,即一个约束在一处约束力的虚功不为零,但若干处的虚功之和即为零。如图 3.8.6 所示的二力杆约束。

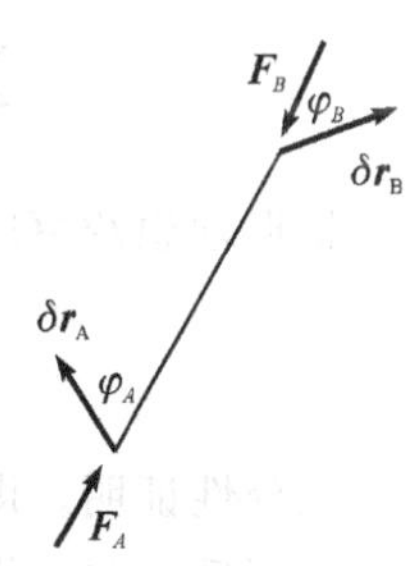

图 3.8.6　二力杆约束示意图

如图 3.8.6 所示的连接两质点的无重刚性杆,此刚杆为二力杆,两端受力大小相等、方向相反,作用线沿杆轴;而 A、B 两点的虚位移分别为 $\delta\boldsymbol{r}_A$ 和 $\delta\boldsymbol{r}_B$,且 $|\delta\boldsymbol{r}_A|\neq|\delta\boldsymbol{r}_B|$。但在刚性杆约束下,两点虚位移沿杆轴的投影应相等,即

$$\delta r_A \cos\phi_A = \delta r_B \cos\phi_B \tag{3.8.11}$$

因此,有

$$\sum_{i=1}^{2} \boldsymbol{F}_{Ni} \cdot \delta \boldsymbol{r}_i = F_A \delta r_A \cos\phi_A - F_B \delta r_B \cos\phi_B = 0 \tag{3.8.12}$$

注意:①理想约束是从实际约束中抽象出来的理想模型,它代表了相当多的实际约束的力学性质。②经典力学和现代力学的大多数理论研究都是基于理想约束的,它具有非常重要的意义。③虚位移原理本质上是由理想约束条件推导得到的。

3.8.3 虚位移原理(虚功原理)

1.直角坐标表示的虚位移原理

虚功。作用于质点或质点系上的力在给定虚位移上所做的功称为虚功,记为 $\delta W = F \cdot \delta r$。虚功的计算与力在真实微小位移上所做元功的计算是一样的。但须指出,由于虚位移是假想的,不是真实发生的,故虚功也是假想的。

虚位移原理又称静力学普遍方程,其表述为:

对于具有理想约束的质点系,在给定位置上保持平衡的充要条件是:所有主动力在质点系的任何虚位移中的元功之和等于零。其矢量表达式和解析表达式分别为

$$\delta W = \sum_{i=1}^{n} \boldsymbol{F}_i \cdot \delta \boldsymbol{r}_i = 0, \quad \delta W = \sum_{i=1}^{n} (F_{xi} \cdot \delta x_i + F_{yi} \cdot \delta y_i + F_{zi} \cdot \delta z_i) = 0 \tag{3.8.13}$$

现在证明虚位移原理。先证明必要性,再证明充分性。

必要性证明。即:如果质点系处于平衡,则式(3.8.13)成立。

当质点系平衡时,其中各质点均应平衡,因而作用于第 i 个质点的主动力合力 $\boldsymbol{F}_i$ 与约束力的合力 $\boldsymbol{F}_{Ni}$ 之和必为零,即

$$\boldsymbol{F}_i + \boldsymbol{F}_{Ni} = 0 \quad i = 1,2,\cdots,n$$

设此质点具有任意虚位移 δr_i,则 $\boldsymbol{F}_i$ 与 $\boldsymbol{F}_{Ni}$ 在虚位移上元功之和必等于零,有

$$(\boldsymbol{F}_i + \boldsymbol{F}_{Ni}) \cdot \delta \boldsymbol{r}_i = 0, \quad i = 1,2,\cdots,n$$

将 n 个质点等式相加,得

$$\sum_{i=1}^{n} (\boldsymbol{F}_i + \boldsymbol{F}_{Ni}) \cdot \delta \boldsymbol{r}_i = \sum_{i=1}^{n} \boldsymbol{F}_i \cdot \delta \boldsymbol{r}_i + \sum_{i=1}^{n} \boldsymbol{F}_{Ni} \cdot \delta \boldsymbol{r}_i = 0$$

根据理想约束的条件 $\sum_{i=1}^{n} \boldsymbol{F}_{Ni} \cdot \delta \boldsymbol{r}_i = 0$ 可证得

$$\sum_{i=1}^{n} \boldsymbol{F}_i \cdot \delta \boldsymbol{r}_i = 0$$

充分性证明。即证明如果式(3.8.13)成立,则质点系处于平衡。

采用反证法。设式(3.8.13)成立,而质点系不平衡,则在质点系中至少有1个质点将离开平衡位置从静止开始加速运动。

这时该质点在主动力、约束力的合力 $\boldsymbol{F}_{Ri} = \boldsymbol{F}_i + \boldsymbol{F}_{Ni}$ 作用下必有实位移 $d\boldsymbol{r}_i$,且实位移方向与合力方向一致,于是 $\boldsymbol{F}_{Ri}$ 将做正功。在定常约束的情况下,实位移 $d\boldsymbol{r}_i$ 必为虚位移之

一。于是,有 $\boldsymbol{F}_{\mathrm{R}i}\delta\boldsymbol{r}_i=(\boldsymbol{F}_i+\boldsymbol{F}_{\mathrm{N}i})\cdot\delta\boldsymbol{r}_i>0$。

对于每一个进入运动的质点,都可以写出这样类似的不等式。而对于平衡的质点仍可得到等式。将所有质点的表达式相加,必有

$$\sum_{i=1}^{n}(\boldsymbol{F}_i+\boldsymbol{F}_{\mathrm{N}i})\cdot\delta\boldsymbol{r}_i=\sum_{i=1}^{n}\boldsymbol{F}_i\cdot\delta\boldsymbol{r}_i+\sum_{i=1}^{n}\boldsymbol{F}_{\mathrm{N}i}\cdot\delta\boldsymbol{r}_i>0$$

由于理想约束条件为 $\sum_{i=1}^{n}\boldsymbol{F}_{\mathrm{N}i}\cdot\delta\boldsymbol{r}_i=0$,因此有

$$\sum_{i=1}^{n}\boldsymbol{F}_i\cdot\delta\boldsymbol{r}_i>0$$

此结果与证明中所假设的条件矛盾。所以质点系不可能进入运动,而必定呈平衡状态。

2. 广义力表示的虚位移原理

设由 n 个质点组成的质点系,其受到 s 个理想约束,并具有 k 个自由度。以 k 个广义坐标 $q_1,q_2,\cdots,q_k$ 来确定质点系的位置。当质点系发生虚位移时,各广义坐标分别有微小的变更 $\delta q_1,\delta q_2,\cdots,\delta q_k$(称为广义虚位移)。任一质点的虚位移 $\delta\boldsymbol{r}_i$ 可表示为 k 个独立变分 $\delta q_1,\delta q_2,\cdots,\delta q_k$ 的函数。即对式 $\boldsymbol{r}_i=\boldsymbol{r}_i(q_1,q_2,\cdots,q_k)$ 用类似求微分的方法得到其变分(虚位移)为

$$\delta\boldsymbol{r}_i=\sum_{j=1}^{k}\frac{\partial\boldsymbol{r}_i}{\partial q_j}\delta q_j\quad i=1,2,\cdots,n \tag{3.8.14}$$

如以 $\boldsymbol{F}_1,\boldsymbol{F}_2,\cdots,\boldsymbol{F}_n$ 分别表示作用于质点系内各质点的主动力,则质点系主动力的虚功可表示为

$$\delta W=\sum_{i=1}^{n}\boldsymbol{F}_i\cdot\delta\boldsymbol{r}_i=\sum_{j=1}^{k}\left(\sum_{i=1}^{n}\boldsymbol{F}_i\cdot\frac{\partial\boldsymbol{r}_i}{\partial q_j}\right)\delta q_j \tag{3.8.15}$$

令

$$Q_j=\sum_{i=1}^{n}\boldsymbol{F}_i\cdot\frac{\partial\boldsymbol{r}_i}{\partial q_j},\quad j=1,2,\cdots,k \tag{3.8.16}$$

则可得

$$\delta W=\sum_{j=1}^{k}\left(\sum_{i=1}^{n}\boldsymbol{F}_i\cdot\frac{\partial\boldsymbol{r}_i}{\partial q_j}\right)\delta q_j=\sum_{j=1}Q_j\delta q_j \tag{3.8.17}$$

这就是广义坐标表示质点系上的主动力在虚位移中所做元功之和的表达式。Q_j 为对应于广义虚位移 δq_j 的力,称为广义力。据此可知,广义力的数目与广义坐标的数目相等。由于 $Q_j\delta q_j$ 具有功的量纲,因此广义力 Q_j 的量纲取决于广义坐标 q_j 的量纲。当 q_j 为长度时,Q_j 为力;当 q_j 为角度时,Q_j 为力矩。

广义力的解析表达式为

$$Q_j=\sum_{i=1}^{n}\left(F_{ix}\cdot\frac{\partial x_i}{\partial q_j}+F_{iy}\cdot\frac{\partial y_i}{\partial q_j}+F_{iz}\cdot\frac{\partial z_i}{\partial q_j}\right),\quad j=1,2,\cdots,k \tag{3.8.18}$$

下面给出保守系统的广义力。

对于保守系统,作用于质点系的主动力都是有势力,质点系在任一位置的势能 V 用广义坐标可表示为 $V(q_1,q_2,\cdots,q_k)$。

质点 i 的主动力在直角坐标的分量 F_{ix}、F_{iy}、F_{iz} 可用势能 V 表示为

$$F_{ix}=-\frac{\partial V}{\partial x_i},\quad F_{iy}=-\frac{\partial V}{\partial y_i},\quad F_{iz}=-\frac{\partial V}{\partial z_i},\ i=1,2,\cdots,n$$

代入前述广义力的解析表达式(3.8.18),有

$$Q_j=-\sum_{i=1}^{n}\left(\frac{\partial V}{\partial x_i}\cdot\frac{\partial x_i}{\partial q_j}+\frac{\partial V}{\partial y_i}\cdot\frac{\partial y_i}{\partial q_j}+\frac{\partial V}{\partial z_i}\cdot\frac{\partial z_i}{\partial q_j}\right)$$

最终可得

$$Q_j=-\frac{\partial V}{\partial q_j}\ (j=1,2,\cdots,k)$$

上式表明:在保守系统中,广义力等于质点系的势能函数对相应广义坐标的偏导数并冠以负号。

例 3.8.2 在图 3.8.7 所示系统中,已知:物块质量为 m_1,杆 OB 的质量为 m_2、长为 l,斜面倾角为 θ、斜面光滑。试求系统的广义力。

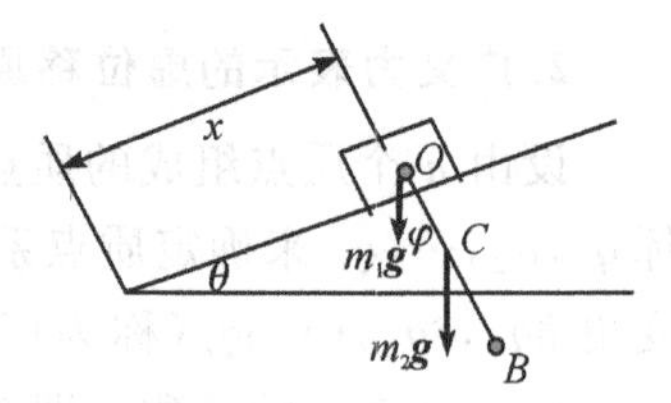

图 3.8.7 例 3.8.2 示意图

解: 系统自由度为 2,可取 x、φ 为 2 个广义坐标。

取 $x=0$、$\varphi=0$ 为零势能参考面,则用广义坐标表示的系统势能 V 为

$$V=m_1gx\sin\theta+m_2gx\sin\theta+\frac{1}{2}m_2gl(1-\cos\varphi)$$

根据保守系统广义力的计算公式 $Q_j=-\frac{\partial V}{\partial q_j}\ (j=1,2,\cdots,k)$可得

$$Q_x=-\frac{\partial V}{\partial x}=-(m_1+m_2)g\sin\theta,\quad Q_\varphi=-\frac{\partial V}{\partial \varphi}=-\frac{1}{2}m_2gl\sin\varphi$$

下面给出用广义力表示的虚位移原理。

当质点系处于平衡时,由虚位移原理可知

$$\delta W=\sum_{j=1}^{k}Q_j\delta q_j=0 \tag{3.8.19}$$

由于各广义虚位移是彼此独立的,所以式(3.8.19)成立,必有

$$Q_j=0,\quad j=1,2,\cdots,k \tag{3.8.20}$$

式(3.8.20)说明:质点系的所有与广义坐标对应的广义力均等于零。这就是以广义力表示的质点系平衡条件,也即广义力表示的虚位移原理。

通常质点系上求广义力可列写出主动力在坐标系上的投影和主动力作用点的位置坐标(为广义坐标的函数),代入广义力的解析表达式,便可求出质点系的广义力。对于有 k 个自由度的质点系,也可以使质点系只有一个广义虚位移 δq_j 不等于零,而其他广义虚位移都等于零。则得第 j 个广义虚位移的虚功和广义力为

$$\delta W_j=Q_j\delta q_j,\quad Q_j=\frac{\delta W_j}{\delta q_j} \tag{3.8.21}$$

即每次只给出一个对应于广义坐标的虚位移,就可以求出相应的广义力。

例 3.8.3 如图 3.8.8 所示双摆,摆长分别为 l_1、l_2,质量分别为 m_1、m_2。在摆端 B 上受到水平力 F。求系统平衡时双摆的位形。

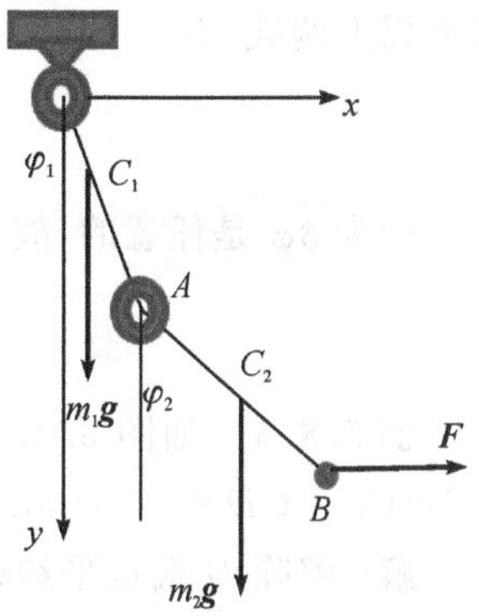

解:如图 3.8.8 所示建立参考基。根据功的定义,在图示的参考基下,所有主动力的虚功为

$$\delta W = m_1 g \delta y_1 + m_2 g \delta y_2 + F \delta x_B \qquad (3.8.22)$$

系统有两个自由度,取广义坐标为 φ_1、φ_2,先令 $\delta\varphi_1 \neq 0$、$\delta\varphi_2 = 0$,此时,杆 AB 与原位形平行,有

$$y_1 = \frac{l_1}{2}\cos\varphi_1,\ y_2 = l_1\cos\varphi_1 + \frac{l_2}{2},\ x_B = l_1\sin\varphi_1$$

上式对 φ_1 取变分可得虚位移 δy_1、δy_2、δx_B 与广义虚位移 $\delta\varphi_1$ 的关系为

$$\delta y_1 = -\frac{l_1}{2}\sin\varphi_1\delta\varphi_1,$$

$$\delta y_2 = -l_1\sin\varphi_1\delta\varphi_1,\ \delta x_B = l_1\cos\varphi_1\delta\varphi_1$$

图 3.8.8　例 3.8.3 示意图

将它们代入式(3.8.22),有

$$\delta W_1 = \left(-\frac{m_1 g l_1}{2}\sin\varphi_1 - m_2 g l_1 \sin\varphi_1 + F l_1 \cos\varphi_1\right)\delta\varphi_1 \qquad (3.8.23)$$

再令 $\delta\varphi_1 = 0$、$\delta\varphi_2 \neq 0$,此时,杆 OA 与原位形平行,有

$$y_1 = \frac{l_1}{2},\ y_2 = l_1 + \frac{l_2}{2}\cos\varphi_2,\ x_B = l_2\sin\varphi_2$$

上式对 φ_2 取变分可得虚位移 δy_1、δy_2、δx_B 与广义虚位移 $\delta\varphi_2$ 的关系为

$$\delta y_1 = 0,\quad \delta y_2 = -\frac{l_2}{2}\sin\varphi_2\delta\varphi_2,\quad \delta x_B = l_2\cos\varphi_2\delta\varphi_2$$

将它们代入式(3.8.22),有

$$\delta W_2 = \left(-\frac{m_2 g l_2}{2}\sin\varphi_2 + F l_2 \cos\varphi_2\right)\delta\varphi_2 \qquad (3.8.24)$$

由式(3.8.23)和式(3.8.24),根据 $Q_j = \dfrac{\delta W_j}{\delta q_j}$ 可得到关于广义坐标的广义力,分别为

$$Q_{\varphi_1} = -\frac{m_1 g l_1}{2}\sin\varphi_1 - m_2 g l_1 \sin\varphi_1 + F l_1\cos\varphi_1,\quad Q_{\varphi_2} = -\frac{m_2 g l_2}{2}\sin\varphi_2 + F l_2 \cos\varphi_2$$

由式(3.8.20)所示的平衡条件 $Q_{\varphi_1} = 0$、$Q_{\varphi_2} = 0$,最终求得平衡位置的位形坐标为

$$\varphi_1 = \arctan\frac{2F}{m_1 g + 2 m_2 g},\quad \varphi_2 = \arctan\frac{2F}{m_2 g}$$

例 3.8.4　如图 3.8.9 所示,在螺旋压榨机的手柄 AB 上作用一在水平面内的力偶(F,F'),其力偶矩大小 $M = 2Fl$,螺杆的导程为 h。求机构平衡时加在被压物体上的力。

解:给定虚位移 $\delta\varphi$、δs,对应的虚功为

$$\delta W_F = -F_N\delta s + M\delta\varphi = -F_N\delta s + 2Fl\delta\varphi = 0$$

$\delta\varphi$、δs 满足以下关系:

$$\frac{\delta\varphi}{2\pi} = \frac{\delta s}{h}$$

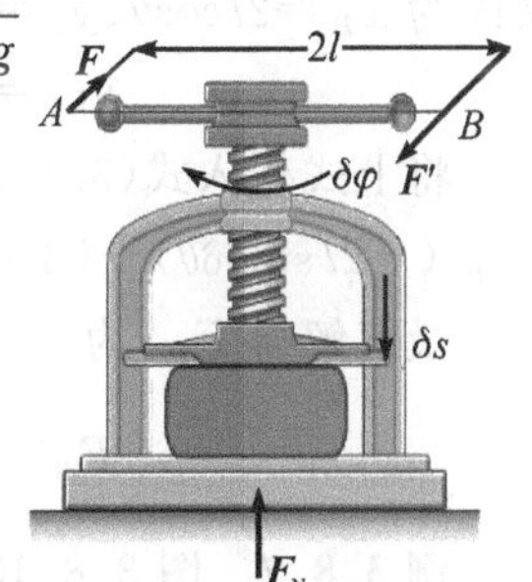

图 3.8.9　例 3.8.4 示意图

联立以上两式，有

$$\delta W_F=(2Fl-\frac{F_N h}{2\pi})\delta\varphi=0$$

因为 $\delta\varphi$ 是任意的，故

$$2Fl-\frac{F_N h}{2\pi}=0,\quad F_N=\frac{4\pi l}{h}F$$

例 3.8.5 如图 3.8.10 中所示结构，各杆自重不计，在 G 点作用一铅直向上的力 F，$AC=CE=CD=DG=GE=l$。求支座 B 的水平约束力。

解：解除 B 端水平约束，以力 F_{Bx} 代替，根据图 3.8.11 所示，有

$$x_B=2l\cos\theta,\ y_G=3l\sin\theta,\ \delta x_B=-2l\sin\theta\delta\theta,\ \delta y_G=3l\cos\theta\delta\theta$$

代入虚功方程，有

$$\delta W_F=F_{Bx}(-2l\sin\theta\delta\theta)+F\cdot 3l\cos\theta\delta\theta=0$$

由上式可得支座 B 的水平约束力 F_{Bx} 为

$$F_{Bx}=\frac{3}{2}F\cot\theta$$

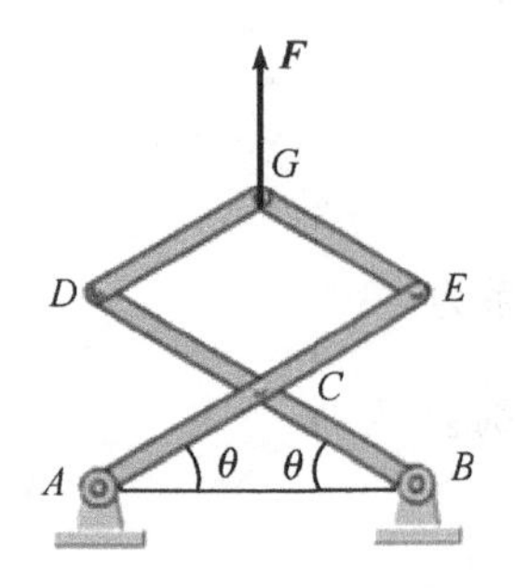

图 3.8.10 例 3.8.5 示意图

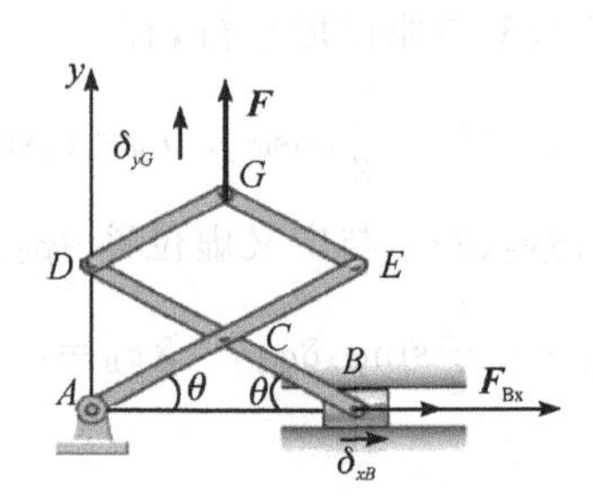

图 3.8.11 例 3.8.5 示意图 2

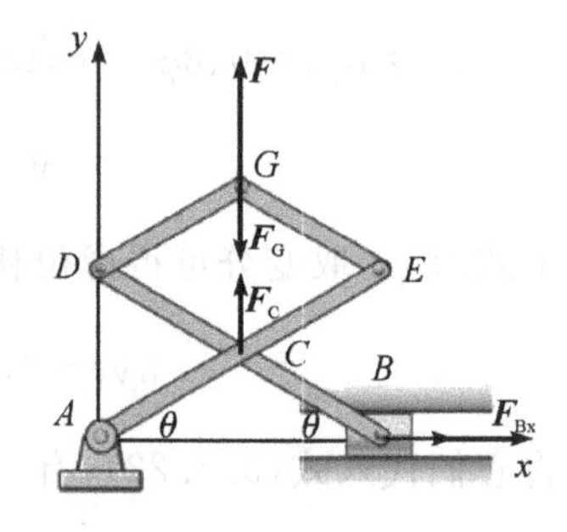

图 3.8.12 例 3.8.6 示意图

例 3.8.6 如图 3.8.12 所示，在 CG 之间加一弹簧，刚度为 k，且已有伸长量 δ_0，求支座 B 的水平约束力 F_{Bx}。

解：在弹簧处也代之以力，如图 3.8.12 所示，有 $F_C=F_G=k\delta_0$。由虚功原理 $\delta W_F=0$ 可得

$$\delta W_F=F_{Bx}\cdot\delta x_B+F_C\cdot\delta y_C-F_G\cdot\delta y_G+F\cdot\delta y_G=0 \tag{3.8.25}$$

又因为 $x_B=2l\cos\theta$、$y_C=l\sin\theta$、$y_G=3l\sin\theta$，故虚位移 δx_B、δy_C 和 δy_G 满足以下关系：

$$\delta x_B=-2l\sin\theta\delta\theta,\quad \delta y_C=l\cos\theta\delta\theta,\quad \delta y_G=3l\cos\theta\delta\theta$$

将上式代入式(3.8.25)，有

$$F_{Bx}(-2l\sin\theta\delta\theta)+k\delta_0 l\cos\theta\delta\theta-k\delta_0 3l\cos\theta\delta\theta+F3l\cos\theta\delta\theta=0$$

最终解得 F_{Bx} 为

$$F_{Bx}=\frac{3}{2}F\cot\theta-k\delta_0\cot\theta$$

例 3.8.7 图 3.8.13 所示椭圆规机构中，连杆 AB 长为 l，滑块 A、B 与杆重均不计，忽略各处摩擦，机构在图示位置平衡。

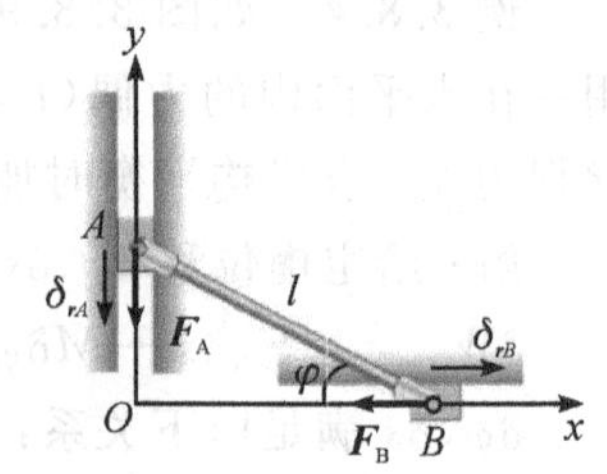

图 3.8.13 例 3.8.7 示意图

求主动力 F_A 与 F_B 之间的关系。

解: 给定虚位移 δr_A、δr_B。由虚功原理 $\sum F_i \cdot \delta r_i = 0$ 可得

$$F_A \delta r_A - F_B \delta r_B = 0 \tag{3.8.26}$$

由于 δr_A、δr_B 在 A、B 连线上投影相等,故

$$\delta r_B \cos\varphi = \delta r_A \sin\varphi$$

将上式代入虚功方程式(3.8.26),有

$F_A \cos\varphi \delta r_B - F_B \delta r_B = 0$,　即　$F_A = F_B \tan\varphi$

例 3.8.8　如图 3.8.14 所示机构,不计各构件自重与各处摩擦,求机构在图示位置平衡时,主动力偶矩 M 与主动力 F 之间的关系。

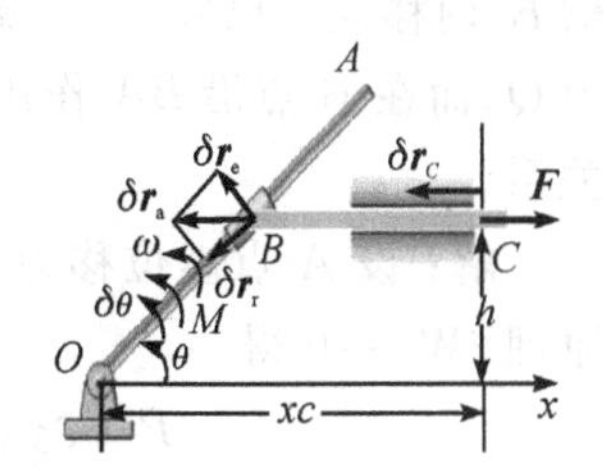

图 3.8.14　例 3.8.8 示意图

解: 给定虚位移 $\delta\theta$、δr_C。由虚功原理可得

$$\sum \delta W_F = M\delta\theta - F\delta r_C = 0 \tag{3.8.27}$$

根据图中关系有

$$\delta r_a = \frac{\delta r_e}{\sin\theta}, \quad \delta r_e = OB\delta\theta = \frac{h}{\sin\theta}\delta\theta, \quad \delta r_c = \delta r_a = \frac{h\delta\theta}{\sin^2\theta}$$

将上式代入虚功方程式(3.8.27),最终得到

$$M = \frac{Fh}{\sin^2\theta}$$

例 3.8.9　求图 3.8.15 所示无重组合梁支座 A 的约束力 F_A。

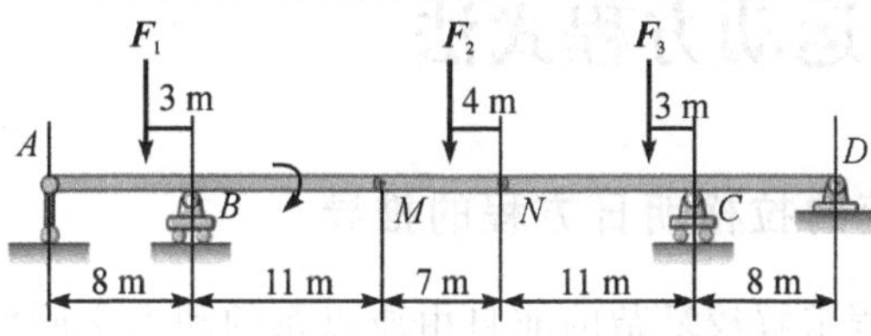

图 3.8.15　例 3.8.9 示意图 1

解: 解除 A 处约束,以 F_A 代之,给定虚位移 δs_A、δs_1、δs_M、$\delta\varphi$ 和 δs_2,如图 3.8.16 所示,有

$$\delta W_F = F_A \delta s_A - F_1 \delta s_1 + M\delta\varphi + F_2 \delta s_2 = 0 \tag{3.8.28}$$

图 3.8.16　例 3.8.9 示意图 2

式中

$$\delta\varphi = \frac{\delta s_A}{8}, \quad \delta s_1 = 3\delta\varphi = \frac{3}{8}\delta s_A, \quad \delta s_M = 11\delta\varphi = \frac{11}{8}\delta s_A,$$

$$\delta s_2=\frac{4}{7}\delta s_M=\frac{4}{7}\cdot\frac{11}{8}\delta s_A=\frac{11}{14}\delta s_A$$

将上式代入虚功方程式(3.8.28),最终得到

$$F_A=\frac{3}{8}F_1-\frac{11}{14}F_2-\frac{1}{8}M$$

例 3.8.10 图 3.8.17 所示连杆机构中,当曲柄 OC 绕 O 点摆动时,滑块 A 沿曲柄自由滑动,从而带动 AB 杆在铅垂导槽 K 内移动。已知 $OC=a$、$OK=l$,在 C 点垂直于曲柄作用一力 Q,而在 B 点沿 BA 作用一力 P。求机构平衡时力 P 与 Q 的关系。

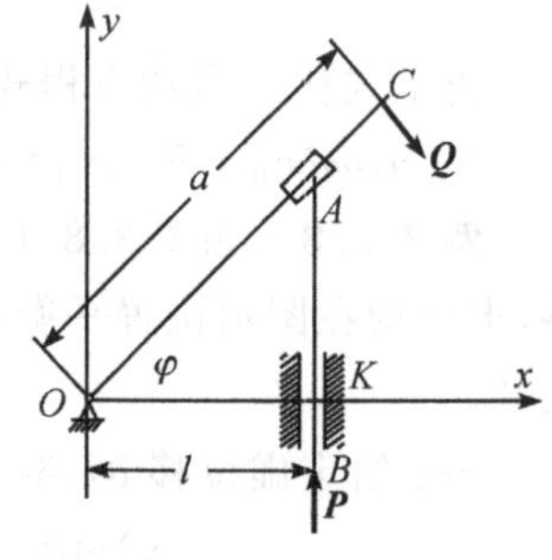

图 3.8.17 例 3.8.10 示意图

解: 设 A 点虚位移为 δy_A,C 点虚位移为 $a\delta\varphi$,根据虚位移原理 $\delta W_F=0$ 得

$$P\cdot\delta y_A-Q\cdot a\cdot\delta\varphi=0 \tag{3.8.29}$$

由图 3.8.17 可知,$y_A=l\tan\varphi$,所以

$$\delta y_A=\frac{l\delta\varphi}{\cos^2\varphi}$$

将上式代入虚功方程式(3.8.29),可得机构平衡时力 P 与 Q 的关系为

$$Q=\frac{Pl}{a\cos^2\varphi}$$

3.9 拉格朗日运动方程式法

3.9.1 一般完整系统的拉格朗日方程的推导

应用动力学普遍方程求解较复杂的非自由质点系的动力学问题常很不方便,这是由于系统存在约束,所以这种方程中各质点的虚位移可能不全是独立的,这样解题时还需寻找虚位移之间的关系。

但是,如果改用广义坐标来描述系统的运动,将动力学普遍方程表达成广义坐标的形式,就可得到与广义坐标数目相同的一组独立的运动微分方程,这就是著名的拉格朗日方程,用它求解较复杂的非自由质点系的动力学问题较为方便。

拉格朗日运动方程式法由约瑟夫·拉格朗日(图 3.9.1)在其所著《分析力学》中提出。他在该书序中总结了本方法和牛顿运动定律法的显著区别:"在这本书中找不到一张图,我所叙述的方法既不需要作图,也不需要任何几何的或力学的推理,只需要统一而有规则的代数(分析)运算。"

为了推导拉格朗日方程,首先给出广义坐标的定义:完全描绘系统运动所必需的一组独立坐标。设由 n 个质点组成的质点系,受到 s 个理想的、完整的约束,则该系统具有 $k=3n-s$ 个自由度,可用 k 个广义坐标 $q_1,q_2\cdots,q_k$ 来确定该系统的位形。

在非定常约束下,系统中任一质点的矢径可表示成广义坐标和时间的函数,即

$$\boldsymbol{r}_i=\boldsymbol{r}_i(q_1,q_2,\cdots,q_k)\ (i=1,\cdots,n) \tag{3.9.1}$$

图 3.9.1　约瑟夫·拉格朗日(Joseph Lagrange)(1736—1813)

(法国数学家、物理学家,分析力学的创立者。在其名著《分析力学》中,他将数学分析应用于质点和刚体力学,提出了运用于静力学和动力学的普遍方程,引进广义坐标的概念,建立了拉格朗日方程,并把力学体系的运动方程从以力为基本概念的牛顿形式,改变为以能量为基本概念的分析力学形式,奠定了分析力学的基础,为将力学理论推广应用到物理学其他领域开辟了道路。)

将式(3.9.1)对时间 t 求一阶导数,得该质点的速度为

$$\boldsymbol{v}_i = \frac{\mathrm{d}\boldsymbol{r}_i}{\mathrm{d}t} = \sum_{j=1}^{k} \frac{\partial \boldsymbol{r}_i}{\partial q_j}\dot{q}_j + \frac{\partial \boldsymbol{r}_i}{\partial t} \text{(注 } \boldsymbol{v}_i\text{、}\boldsymbol{r}_i \text{ 为矢量)} \tag{3.9.2}$$

式中,$\dot{q}_j$ 称为广义速度。由式(3.9.1)可知$\partial \boldsymbol{r}_i/\partial t$、$\partial \boldsymbol{r}_i/\partial q_j$ 仅是广义坐标和时间的函数,与广义速度 $\dot{q}_j$ 无关。

将式(3.9.2)两端对广义速度 $\dot{q}_j$ 求偏导,注意到 $\dot{q}_j$ 和 q_j 是彼此独立的,则有拉格朗日第一变换式:

$$\frac{\partial \boldsymbol{v}_i}{\partial \dot{q}_j} = \frac{\partial \boldsymbol{r}_i}{\partial q_j} \tag{3.9.3}$$

将式(3.9.2)对任一广义坐标 q_{h} 求偏导,有

$$\frac{\partial \boldsymbol{v}_i}{\partial q_{\mathrm{h}}} = \sum_{j=1}^{k} \frac{\partial^2 \boldsymbol{r}_i}{\partial q_{\mathrm{h}} \partial q_j}\dot{q}_j + \frac{\partial^2 \boldsymbol{r}_i}{\partial q_{\mathrm{h}} \partial t} \tag{3.9.4}$$

将矢径 $\boldsymbol{r}_i = \boldsymbol{r}_i(q_1, q_2, \cdots, q_k; t)$对任一 q_{h} 求偏导,再对时间 t 求一阶导数得

$$\frac{\mathrm{d}}{\mathrm{d}t}\left(\frac{\partial \boldsymbol{r}_i}{\partial q_{\mathrm{h}}}\right) = \sum_{j=1}^{k} \frac{\partial}{\partial q_j}\left(\frac{\partial \boldsymbol{r}_i}{\partial q_{\mathrm{h}}}\right)\dot{q}_j + \frac{\partial^2 \boldsymbol{r}_i}{\partial t \partial q_{\mathrm{h}}} = \sum_{j=1}^{k} \frac{\partial^2 \boldsymbol{r}_i}{\partial q_j \partial q_{\mathrm{h}}}\dot{q}_j + \frac{\partial^2 \boldsymbol{r}_i}{\partial t \partial q_{\mathrm{h}}} \tag{3.9.5}$$

将式(3.9.5)右边与式(3.9.4)右边比较可得拉格朗日第二变换式为

$$\frac{\partial \boldsymbol{v}_i}{\partial q_j} = \frac{\mathrm{d}}{\mathrm{d}t}\left(\frac{\partial \boldsymbol{r}_i}{\partial q_j}\right) \tag{3.9.6}$$

对矢径 $\boldsymbol{r}_i = \boldsymbol{r}_i(q_1, q_2, \cdots, q_k)$求变分,得

$$\delta \boldsymbol{r}_i = \sum_{j=1}^{k} \frac{\partial \boldsymbol{r}_i}{\partial q_j}\delta q_j \tag{3.9.7}$$

将式(3.9.7)代入动力学普遍方程 $\sum_{i=1}^{n}(\boldsymbol{F}_i + \boldsymbol{F}_i^*) \cdot \delta \boldsymbol{r}_i = 0$,有

$$\sum_{i=1}^{n}\left[(\boldsymbol{F}_i + \boldsymbol{F}_i^*) \cdot \sum_{j=1}^{k} \frac{\partial \boldsymbol{r}_i}{\partial q_j}\delta q_j\right] = \sum_{j=1}^{k}\left[\sum_{i=1}^{n}\left(\boldsymbol{F}_i \cdot \frac{\partial \boldsymbol{r}_i}{\partial q_j}\right) + \sum_{i=1}^{n}\left(\boldsymbol{F}_i^* \cdot \frac{\partial \boldsymbol{r}_i}{\partial q_j}\right)\right]\delta q_j = 0 \tag{3.9.8}$$

式中，记

$$Q_j=\sum_{i=1}^{n}(\boldsymbol{F}_i\cdot\frac{\partial \boldsymbol{r}_i}{\partial q_j}),\quad Q_j^*=\sum_{i=1}^{n}(\boldsymbol{F}_i^*\cdot\frac{\partial \boldsymbol{r}_i}{\partial q_j}) \tag{3.9.9}$$

分别表示广义力和广义惯性力。

这样动力学普遍方程又可写为

$$\sum_{j=1}^{k}[Q_j+Q_j^*]\delta q_j=0 \tag{3.9.10}$$

式中，广义惯性力 Q_j^* 又可写为

$$Q_j^*=\sum_{i=1}^{n}(\boldsymbol{F}_i^*\cdot\frac{\partial \boldsymbol{r}_i}{\partial q_j})=\sum_{i=1}^{n}[(-m_i\boldsymbol{a}_i)\cdot\frac{\partial \boldsymbol{r}_i}{\partial q_j}]=-\sum_{i=1}^{n}[(m_i\frac{\mathrm{d}\boldsymbol{v}_i}{\mathrm{d}t})\cdot\frac{\partial \boldsymbol{r}_i}{\partial q_j}] \tag{3.9.11}$$

因为

$$\frac{\mathrm{d}}{\mathrm{d}t}(m_i\boldsymbol{v}_i\cdot\frac{\partial \boldsymbol{r}_i}{\partial q_j})=(m_i\frac{\mathrm{d}\boldsymbol{v}_i}{\mathrm{d}t})\cdot\frac{\partial \boldsymbol{r}_i}{\partial q_j}+m_i\boldsymbol{v}_i\cdot\frac{\mathrm{d}}{\mathrm{d}t}(\frac{\partial \boldsymbol{r}_i}{\partial q_j}) \tag{3.9.12}$$

所以

$$(m_i\frac{\mathrm{d}\boldsymbol{v}_i}{\mathrm{d}t})\cdot\frac{\partial \boldsymbol{r}_i}{\partial q_j}=\frac{\mathrm{d}}{\mathrm{d}t}(m_i\boldsymbol{v}_i\cdot\frac{\partial \boldsymbol{r}_i}{\partial q_j})-m_i\boldsymbol{v}_i\cdot\frac{\mathrm{d}}{\mathrm{d}t}(\frac{\partial \boldsymbol{r}_i}{\partial q_j}) \tag{3.9.13}$$

将式(3.9.13)代入式(3.9.11)可得广义惯性力为

$$Q_j^*=-\sum_{i=1}^{n}[\frac{\mathrm{d}}{\mathrm{d}t}(m_i\boldsymbol{v}_i\cdot\frac{\partial \boldsymbol{r}_i}{\partial q_j})-m_i\boldsymbol{v}_i\cdot\frac{\mathrm{d}}{\mathrm{d}t}(\frac{\partial \boldsymbol{r}_i}{\partial q_j})] \tag{3.9.14}$$

将拉格朗日第一变换式(3.9.3)和第二变换式(3.9.6)代入式(3.9.14)可得

$$\begin{aligned}Q_j^*&=-\sum_{i=1}^{n}[\frac{\mathrm{d}}{\mathrm{d}t}(m_i\boldsymbol{v}_i\cdot\frac{\partial \boldsymbol{v}_i}{\partial \dot{q}_j})-m_i\boldsymbol{v}_i\cdot(\frac{\partial \boldsymbol{v}_i}{\partial q_j})]\\&=-\frac{\mathrm{d}}{\mathrm{d}t}\sum_{i=1}^{n}[m_i\boldsymbol{v}_i\cdot\frac{\partial \boldsymbol{v}_i}{\partial \dot{q}_j}]+\sum_{i=1}^{n}[m_i\boldsymbol{v}_i\cdot\frac{\partial \boldsymbol{v}_i}{\partial q_j}]\\&=-\frac{\mathrm{d}}{\mathrm{d}t}\left[\frac{\partial}{\partial \dot{q}_j}\sum_{i=1}^{n}(\frac{1}{2}m_i\boldsymbol{v}_i\cdot\boldsymbol{v}_i)\right]+\frac{\partial}{\partial q_j}\sum_{i=1}^{n}(\frac{1}{2}m_i\boldsymbol{v}_i\cdot\boldsymbol{v}_i)\end{aligned} \tag{3.9.15}$$

式中 $\sum_{i=1}^{n}(m_i\boldsymbol{v}_i\cdot\boldsymbol{v}_i)/2$ 表示系统的动能 T。故广义惯性力的最后变形形式为

$$Q_j^*=-\frac{\mathrm{d}}{\mathrm{d}t}(\frac{\partial T}{\partial \dot{q}_j})+\frac{\partial T}{\partial q_j}\ (j=1,2,\cdots,k) \tag{3.9.16}$$

将式(3.9.16)代入前面所得动力学普遍方程的转化式(3.9.10)，有

$$\sum_{j=1}^{k}[Q_j+Q_j^*]\delta q_j=\sum_{j=1}^{k}[Q_j-\frac{\mathrm{d}}{\mathrm{d}t}(\frac{\partial T}{\partial \dot{q}_j})+\frac{\partial T}{\partial q_j}]\delta q_j=0 \tag{3.9.17}$$

对于完整系统，广义虚位移 δq_j 都是独立的并且具有任意性，所以为使式(3.9.17)成立，最终可得一般完整系统的拉格朗日方程为

$$\frac{\mathrm{d}}{\mathrm{d}t}(\frac{\partial T}{\partial \dot{q}_j})-\frac{\partial T}{\partial q_j}=Q_j(j=1,2,\cdots,k) \tag{3.9.18}$$

由式(3.9.18)可见一般完整系统的拉格朗日方程是一组对应于广义坐标 $q_1,q_2,\cdots,q_k$

的 k 个独立二阶微分方程,式中消去了全部理想约束的未知约束力。

说明:①式(3.9.18)所示的拉格朗日方程确切地应叫作第二类拉格朗日方程,是与自由度数相同的二阶常微分方程;②拉格朗日方程可用于建立系统的运动微分方程,该方法的特点是利用广义坐标,并从能量的观点研究系统动力学问题。

应用一般完整系统的拉格朗日方程建立系统的运动微分方程时,一般步骤如下:

(1)选定研究对象,确定该系统的自由度数目,并恰当地选择同样数目的广义坐标;

(2)用广义坐标、广义速度和时间的函数表示出系统的动能 T;

(3)求广义力:比较方便而且常用的是从式 $Q_j=[\sum\delta W]_j/\delta q_j$ 求得;

(4)将 Q、T 代入拉格朗日方程式(3.9.18),得到 k 个独立的二阶微分方程,即系统的运动微分方程组。

以上步骤是非常有效且容易掌握的。这就是拉格朗日方程的重要优点。另外,在拉格朗日方程中自动消去了理想约束的反力,且避免了加速度分析。

3.9.2　保守系统的拉格朗日方程及应用举例

若系统为保守系统,则系统上的主动力均为有势力,此时广义力可写为

$$Q_j=-\frac{\partial U}{\partial q_j}(j=1,2,\cdots,k) \tag{3.9.19}$$

将式(3.9.19)代入一般完整系统的拉格朗日方程式(3.9.18),又注意到势能函数 $U=U(q_1,q_2,\cdots,q_k)$ 与广义速度 $\dot{q}_j$ 无关,即 $\partial U/\partial\dot{q}_j=0$,则有

$$\frac{\mathrm{d}}{\mathrm{d}t}\left[\frac{\partial(T-U)}{\partial\dot{q}_j}\right]-\frac{\partial(T-U)}{\partial q_j}=0 \tag{3.9.20}$$

将 $L=T-U$ 称为拉格朗日函数,T 为系统的动能,故保守系统的拉格朗日方程(又称欧拉-拉格朗日方程)为

$$\frac{\mathrm{d}}{\mathrm{d}t}\left(\frac{\partial L}{\partial\dot{q}_j}\right)-\frac{\partial L}{\partial q_j}=0\ (j=1,2,\cdots,k) \tag{3.9.21}$$

由式(3.9.21)可见:当主动力有势(即系统为保守系统),用欧拉-拉格朗日方程建立系统模型时无须求系统的广义力 $Q_j(j=1,2,\cdots,k)$,只须写出拉格朗日函数 $L=T-U$,然后求偏导数即可。

例 3.9.1　用拉格朗日方程法求图 3.9.2 所示单摆系统的运动微分方程。已知摆长为 l,与摆相连的小球质量为 m。

解:系统的动能为

$$T=\frac{1}{2}m(l\dot{\theta})^2$$

以 $\theta=0$ 时位置为基准线,系统位能为

$$U=mgl(1-\cos\theta)$$

该系统为保守系统,拉格朗日函数为

$$L=T-U=\frac{1}{2}m(l\dot{\theta})^2-mgl(1-\cos\theta)$$

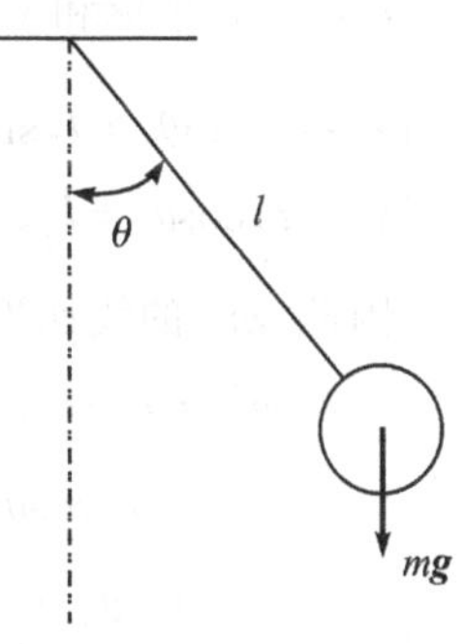

图 3.9.2　例 3.9.1 示意图

根据欧拉-拉格朗日方程可得

$$\frac{\mathrm{d}}{\mathrm{d}t}(\frac{\partial L}{\partial \dot{\theta}})-\frac{\partial L}{\partial \theta}=0\Rightarrow\frac{\mathrm{d}}{\mathrm{d}t}(ml^2\dot{\theta})+mgl\sin\theta=0\Rightarrow\ddot{\theta}+\frac{g}{l}\sin\theta=0$$

例 3.9.2 如图 3.9.3 所示弹簧-载荷摆。假定 $\theta=0$ 时弹簧力为 0。求该系统的运动微分方程。已知摆长为 l、与摆相连的小球质量为 m、弹簧刚度为 k、悬挂点到弹簧与单摆连接点的长度为 a。

解： 系统的动能为

$$T=\frac{1}{2}m(l\dot{\theta})^2$$

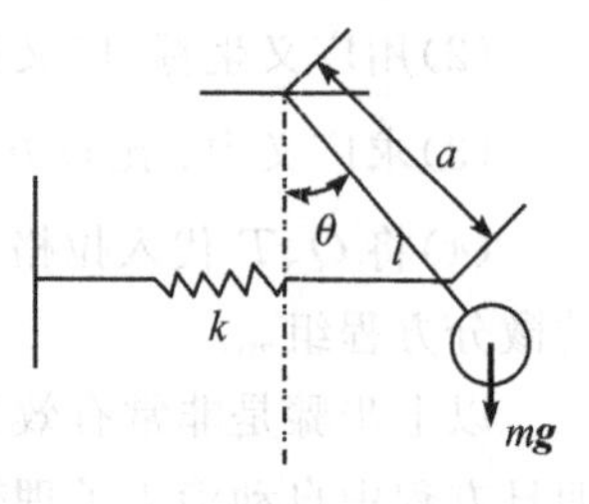

图 3.9.3 例 3.9.2 示意图

系统的位能为

$$U=mgl(1-\cos\theta)+\frac{1}{2}k(a\sin\theta)^2$$

该系统为保守系统，拉格朗日函数为

$$L=T-U=\frac{1}{2}m(l\dot{\theta})^2-mgl(1-\cos\theta)-\frac{1}{2}k(a\sin\theta)^2$$

根据欧拉-拉格朗日方程可得

$$\frac{\mathrm{d}}{\mathrm{d}t}(\frac{\partial L}{\partial \dot{\theta}})-\frac{\partial L}{\partial \theta}=0$$

$$\Rightarrow\frac{\mathrm{d}}{\mathrm{d}t}(ml^2\dot{\theta})+mgl\sin\theta+ka^2\sin\theta\cos\theta=0$$

$$\Rightarrow\ddot{\theta}+\frac{g}{l}\sin\theta+\frac{ka^2}{ml^2}\sin\theta\cos\theta=0$$

例 3.9.3 如图 3.9.4 所示复摆。假定 $\theta_1=0$ 和 $\theta_2=0$ 时系统位能为 0，求该系统的运动微分方程。已知两个摆的摆长分别是 l_1、l_2，与摆相连的两个小球的质量分别是 m_1、m_2。

解： 系统的动能为

$$T=\frac{1}{2}m_1v_1^2+\frac{1}{2}m_2v_2^2$$

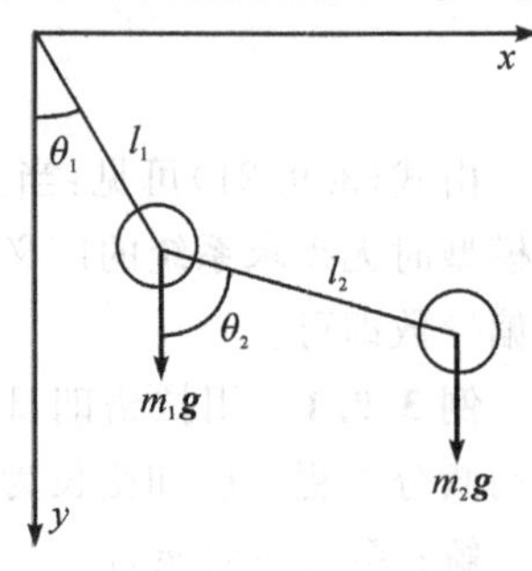

图 3.9.4 例 3.9.3 示意图

式中，$v_1=l_1\dot{\theta}_1$；$v_2\neq l_2\dot{\theta}_2$。

m_2 的 x 坐标和 y 坐标及 x 速度和 y 速度分别为

$$\begin{cases}x_2=l_1\sin\theta_1+l_2\sin\theta_2\\y_2=l_1\cos\theta_1+l_2\cos\theta_2\end{cases},\quad\begin{cases}\dot{x}_2=l_1\cos\theta_1\dot{\theta}_1+l_2\cos\theta_2\dot{\theta}_2\\\dot{y}_2=-l_1\sin\theta_1\dot{\theta}_1-l_2\cos\theta_2\dot{\theta}_2\end{cases}$$

因此，m_2 的线速度为

$$\begin{aligned}v_2^2&=\dot{x}_2^2+\dot{y}_2^2\\&=(l_1\cos\theta_1\dot{\theta}_1+l_2\cos\theta_2\dot{\theta}_2)^2+(-l_1\sin\theta_1\dot{\theta}_1-l_2\cos\theta_2\dot{\theta}_2)^2\\&=l_1^2\dot{\theta}_1^2+l_2^2\dot{\theta}_2^2+2l_1l_2\dot{\theta}_1\dot{\theta}_2\cos(\theta_2-\theta_1)\end{aligned}$$

系统动能 T 和位能 U 分别为

$$T=\frac{1}{2}m_1(l_1\dot{\theta}_1)^2+\frac{1}{2}m_2(l_1^2\dot{\theta}_1^2+l_2^2\dot{\theta}_2^2+2l_1l_2\dot{\theta}_1\dot{\theta}_2\cos(\theta_2-\theta_1))^2$$

$$U=m_1gl_1(1-\cos\theta_1)+m_2g(l_1(1-\cos\theta_1)+l_2(1-\cos\theta_2))$$

该系统为保守系统,拉格朗日函数为

$$\begin{aligned}L&=T-U\\&=\frac{1}{2}m_1(l_1\dot{\theta}_1)^2+\frac{1}{2}m_2(l_1^2\dot{\theta}_1^2+l_2^2\dot{\theta}_2^2+2l_1l_2\dot{\theta}_1\dot{\theta}_2\cos(\theta_2-\theta_1))^2-\\&\quad m_1gl_1(1-\cos\theta_1)+m_2g(l_1(1-\cos\theta_1)+l_2(1-\cos\theta_2))\end{aligned}$$

系统的欧拉-拉格朗日方程为

$$\begin{cases}\dfrac{\mathrm{d}}{\mathrm{d}t}\left(\dfrac{\partial L}{\partial\dot{\theta}_1}\right)-\dfrac{\partial L}{\partial\theta_1}=0\\[2ex]\dfrac{\mathrm{d}}{\mathrm{d}t}\left(\dfrac{\partial L}{\partial\dot{\theta}_2}\right)-\dfrac{\partial L}{\partial\theta_2}=0\end{cases}$$

由于

$$\begin{cases}\dfrac{\partial L}{\partial\dot{\theta}_1}=(m_1+m_2)l_1^2\dot{\theta}_1+m_2l_1l_2\dot{\theta}_2\cos(\theta_2-\theta_1)\\[2ex]\dfrac{\partial L}{\partial\theta_1}=m_2l_1l_2\dot{\theta}_1\dot{\theta}_2\sin(\theta_2-\theta_1)-(m_1+m_2)gl_1\sin\theta_1\\[2ex]\dfrac{\partial L}{\partial\dot{\theta}_2}=m_2l_2^2\dot{\theta}_2+m_2l_1l_2\dot{\theta}_1\cos(\theta_2-\theta_1)\\[2ex]\dfrac{\partial L}{\partial\theta_2}=-m_2l_1l_2\dot{\theta}_1\dot{\theta}_2\sin(\theta_2-\theta_1)-m_2gl_2\sin\theta_2\end{cases}$$

最终可得复摆系统的运动方程为

$$\begin{cases}(m_1+m_2)l_1\ddot{\theta}_1+m_2l_2(\ddot{\theta}_2\cos(\theta_2-\theta_1)-\dot{\theta}_2^2\sin(\theta_2-\theta_1))+(m_1+m_2)g\sin\theta_1=0\\l_2\ddot{\theta}_2+l_1(\ddot{\theta}_1\cos(\theta_2-\theta_1)+\dot{\theta}_1^2\sin(\theta_2-\theta_1))+g\sin\theta_2=0\end{cases}$$

例 3.9.4　如图 3.9.5 所示运动摆,假设 $x=0$ 和 $\theta=0$ 时系统位能为 0,求该系统的运动微分方程。已知小车质量为 M、单摆摆长为 l、与摆相连的小球质量为 m、弹簧刚度为 k。

解:系统的动能为

$$T=\frac{1}{2}Mv_1^2+\frac{1}{2}mv_2^2$$

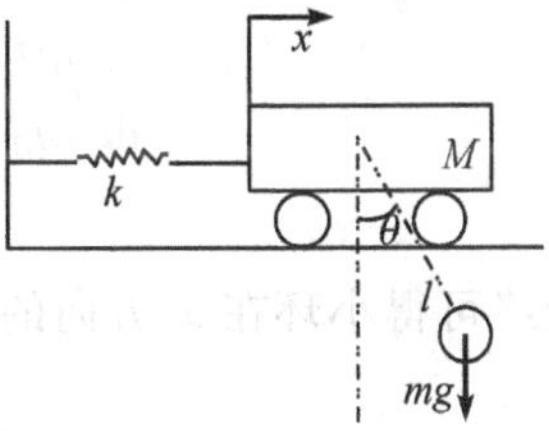

式中,

$$v_1=\dot{x}$$

$$v_2^2=(\dot{x}+l\cos\theta\dot{\theta})^2+(l\sin\theta\dot{\theta})^2=\dot{x}^2+l^2\dot{\theta}^2+2\dot{x}l\cos\theta\dot{\theta}$$

图 3.9.5　例 3.9.4 示意图

系统的位能是

$$U=mgl(1-\cos\theta)+\frac{1}{2}kx^2$$

该系统为保守系统,拉格朗日函数为

$$L=T-U=\frac{1}{2}M\dot{x}^2+\frac{1}{2}m(\dot{x}^2+l^2\dot{\theta}^2+2\dot{x}l\cos\theta\dot{\theta})-mgl(1-\cos\theta)-\frac{1}{2}kx^2$$

根据欧拉-拉格朗日方程

$$\begin{cases}\dfrac{\mathrm{d}}{\mathrm{d}t}\left(\dfrac{\partial L}{\partial \dot{x}}\right)-\dfrac{\partial L}{\partial x}=0\\[2ex]\dfrac{\mathrm{d}}{\mathrm{d}t}\left(\dfrac{\partial L}{\partial \dot{\theta}}\right)-\dfrac{\partial L}{\partial \theta}=0\end{cases}$$

可得系统的运动方程为

$$\begin{cases}\ddot{x}+\dfrac{m}{M+m}l\cos\theta\ddot{\theta}-\dfrac{m}{M+m}l\sin\theta\dot{\theta}^2+\dfrac{k}{M+m}x=0\\[2ex]\ddot{\theta}+\dfrac{1}{l}\ddot{x}\cos\theta+\dfrac{g}{l}\sin\theta=0\end{cases}$$

例 3.9.5 如图 3.9.6 所示，轴为竖直而顶点在下的抛物线金属丝，以匀角速度 ω 绕轴 y 转动，一质量为 m 的小环，套在此金属丝上，并可沿着金属丝滑动。求小环在 x 方向的运动微分方程。已知抛物线方程为 $x^2=4ay$，式中 a 为常数。

解： 首先计算小环 m 绝对速度的大小 v。根据速度合成定理，有

$$v_{相}^2=\dot{x}^2+\dot{y}^2,\quad v_{牵}=\omega x,\quad v^2=v_{相}^2+v_{牵}^2=\dot{x}^2+\dot{y}^2+\omega^2x^2$$

式中，由于有抛物线约束 $x^2=4ay$，故可得 $\dot{y}$ 为

$$\dot{y}=\frac{x\dot{x}}{2a}$$

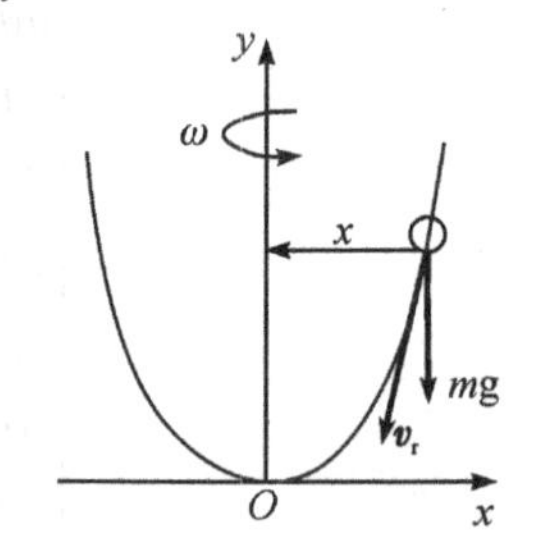

图 3.9.6 例 3.9.5 示意图

根据上式可得系统的动能和位能分别为

$$T=\frac{m(\dot{x}^2+\dot{y}^2+\omega^2x^2)}{2},\quad U=mgy=\frac{mgx^2}{a}$$

该系统为保守系统，拉格朗日函数为

$$L=T-U=\frac{m\left[\dot{x}^2\left(1+\dfrac{x^2}{4a^2}\right)+\omega^2x^2\right]}{2}-\frac{mgx^2}{4a}$$

根据欧拉-拉格朗日方程

$$\frac{\mathrm{d}}{\mathrm{d}t}\left(\frac{\partial L}{\partial \dot{x}}\right)-\frac{\partial L}{\partial x}=0,\text{其中}\begin{cases}\dfrac{\partial L}{\partial \dot{x}}=m\dot{x}\left(1+\dfrac{x^2}{4a^2}\right)\\[2ex]\dfrac{\partial L}{\partial x}=\left(\dfrac{m\dot{x}^2}{4a^2}+m\omega^2\right)x-\dfrac{mgx}{2a}\end{cases}$$

最终可得小环在 x 方向的运动方程为

$$m\left(1+\frac{x^2}{4a^2}\right)\ddot{x}+\frac{mx}{4a^2}\dot{x}^2-m\omega^2x+\frac{mg}{2a}x=0$$

例 3.9.6 图 3.9.7 中两均质圆轮沿斜面纯滚，均质杆 AB 与两轮心铰链接。已知参数 m_1、m_2、m_3、r_1、r_2、k 如图中所示，试求系统微振动微分方程。

解： 该系统的自由度为 1。取轮心 B 沿斜面位移 x 为广义坐标、平衡位置为零势能位置，系统的总动能为

$$T=\frac{1}{2}m_1\dot{x}^2+\frac{1}{2}J_1\omega_1^2+\frac{1}{2}m_2\dot{x}^2+\frac{1}{2}J_2\omega_2^2+\frac{1}{2}m_3\dot{x}^2$$

$$=\frac{1}{2}m_1\dot{x}^2+\frac{1}{2}\left(\frac{1}{2}m_1r_1^2\right)\left(\frac{\dot{x}}{r_1}\right)^2+\frac{1}{2}m_2\dot{x}^2+$$

$$\frac{1}{2}\left(\frac{1}{2}m_2r_2^2\right)\left(\frac{\dot{x}}{r_2}\right)^2+\frac{1}{2}m_3\dot{x}^2$$

$$=\left(\frac{3}{4}m_1+\frac{3}{4}m_2+\frac{1}{2}m_3\right)\dot{x}^2$$

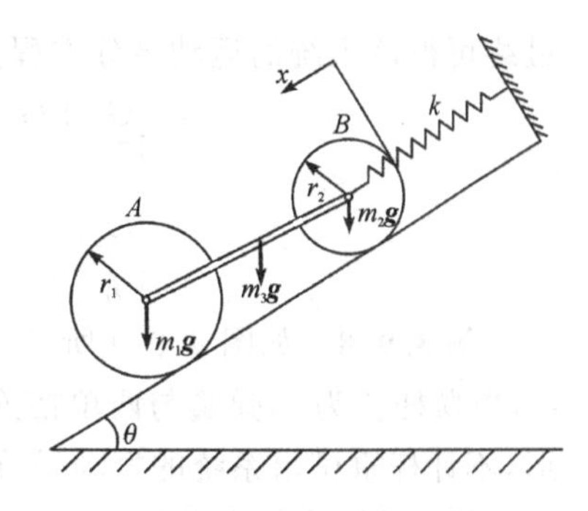

图 3.9.7　例 3.9.6 示意图

系统总位能为

$$V=-(m_1+m_2+m_3)gx\sin\theta+\frac{1}{2}kx^2$$

$$L=T-V=\left(\frac{3}{4}m_1+\frac{3}{4}m_2+\frac{1}{2}m_3\right)\dot{x}^2+(m_1+m_2+m_3)gx\sin\theta-\frac{1}{2}kx^2$$

$$\begin{cases}\dfrac{\partial L}{\partial \dot{x}}=\left(\dfrac{3}{2}m_1+\dfrac{3}{2}m_2+m_3\right)\dot{x}\\[2ex]\dfrac{\partial L}{\partial x}=(m_1+m_2+m_3)g\sin\theta-kx\end{cases}$$

由$\dfrac{\mathrm{d}}{\mathrm{d}t}\left(\dfrac{\partial L}{\partial \dot{x}}\right)-\dfrac{\partial L}{\partial x}=0$,可得

$$\left(\frac{3}{2}m_1+\frac{3}{2}m_2+m_3\right)\ddot{x}+kx-(m_1+m_2+m_3)g\sin\theta=0$$

例 3.9.7　如图 3.9.8 所示,物 A 重为 G_1、物 B 重为 G_2,弹簧刚度系数为 k,其 O 端固定于物 A 上,另一端与物 B 相连。系统由静止开始运动,不计摩擦与弹簧质量,且弹簧在初瞬时无变形,求该系统的运动微分方程。

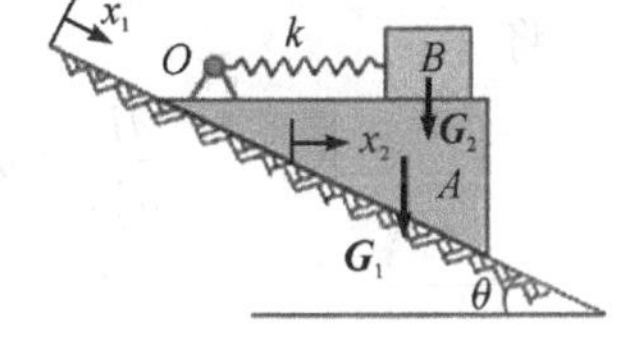

图 3.9.8　例 3.9.7 示意图

解:系统处于势力场中,是保守系统,且自由度为 2,取 A 的绝对位移 x_1、B 的相对位移 x_2(弹簧的绝对伸长量)为广义坐标,取系统的初始位置为零势能位置。

在任意时刻 t,系统的拉格朗日函数为

$$L=T-U=\frac{1}{2}\frac{G_1}{g}\dot{x}_1^2+\frac{1}{2}\frac{G_2}{g}(\dot{x}_1^2+\dot{x}_2^2+2\dot{x}_1\dot{x}_2\cos\theta)+(G_1+G_2)x_1\sin\theta-\frac{1}{2}kx_2^2$$

将

$$\frac{\partial L}{\partial \dot{x}_1}=\frac{G_1+G_2}{g}\dot{x}_1+\frac{G_2}{g}\dot{x}_2^2\cos\theta,\quad \frac{\partial L}{\partial x_1}=(G_1+G_2)\sin\theta,$$

$$\frac{\partial L}{\partial \dot{x}_2}=\frac{G_2}{g}\dot{x}_2+\frac{G_2}{g}\dot{x}_1^2\cos\theta,\quad \frac{\partial L}{\partial x_2}=-kx_2$$

代入下列欧拉-拉格朗日方程

$$\begin{cases}\dfrac{\mathrm{d}}{\mathrm{d}t}(\dfrac{\partial L}{\partial \dot{x}_1})-\dfrac{\partial L}{\partial x_1}=0\\[2ex]\dfrac{\mathrm{d}}{\mathrm{d}t}(\dfrac{\partial L}{\partial \dot{x}_2})-\dfrac{\partial L}{\partial x_2}=0\end{cases}$$

最终可得该系统的运动微分方程为

$$\begin{cases}\dfrac{G_1+G_2}{g}\ddot{x}_1+\dfrac{G_2}{g}\ddot{x}_2\cos\theta-(G_1+G_2)\sin\theta=0\\ \dfrac{G_2}{g}\ddot{x}_2+\dfrac{G_2}{g}\ddot{x}_1\cos\theta+kx_2=0\end{cases}$$

例 3.9.8 如图 3.9.9 所示，两个相同单摆，用刚度为 k 的弹簧连接。已知小球质量为 m，单摆杆长为 l，弹簧与两单摆连接处距摆心 O_1、O_2 的长度均为 a，系统静止时，弹簧无变形，不计杆重试求系统的振动微分方程和固有频率。

解：系统为保守系统，自由度为 2，选图中所示的摆角 φ_1、φ_2 为广义坐标，系统动能为

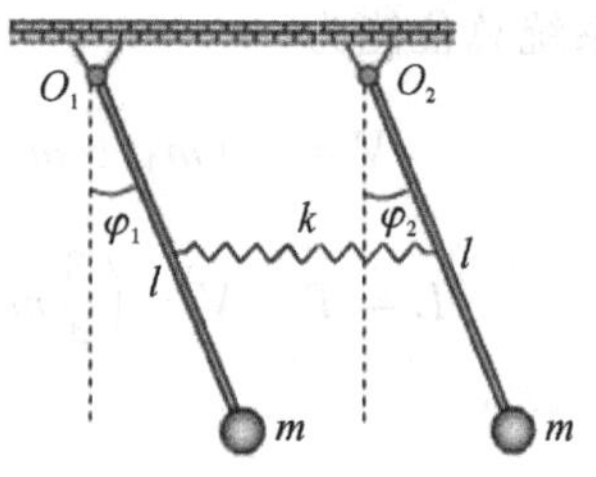

图 3.9.9 例 3.9.8 示意图

$$T=\frac{1}{2}m(l\dot{\varphi}_1)^2+\frac{1}{2}m(l\dot{\varphi}_2)^2$$

选平衡位置势能为 0，则系统势能为

$$U=mgl[(1-\cos\varphi_1)+(1-\cos\varphi_2)]+\frac{1}{2}k\lambda^2$$

式中，φ_1、φ_2 较小时，有 $1-\cos\varphi_1=\frac{1}{2}\varphi_1^2$，弹簧形变量 $\lambda=a(\varphi_2-\varphi_1)$。那么上式可重写为

$$U=\frac{1}{2}mgl(\varphi_1^2+\varphi_2^2)+\frac{1}{2}ka^2(\varphi_1^2+\varphi_2^2-2\varphi_1\varphi_2)$$

故系统的拉格朗日函数是

$$L=T-U=\frac{1}{2}ml^2(\dot{\varphi}_1^2+\dot{\varphi}_2^2)-\frac{1}{2}mgl(\varphi_1^2+\varphi_2^2)-\frac{1}{2}ka^2(\varphi_1^2+\varphi_2^2-2\varphi_1\varphi_2)$$

将

$$\frac{\partial L}{\partial\dot{\varphi}_1}=ml^2\dot{\varphi}_1,\quad \frac{\partial L}{\partial\varphi_1}=-mgl\varphi_1-ka^2\varphi_1+ka^2\varphi_2,$$

$$\frac{\partial L}{\partial\dot{\varphi}_2}=ml^2\dot{\varphi}_2,\quad \frac{\partial L}{\partial\varphi_2}=-mgl\varphi_2-ka^2(\varphi_2-\varphi_1)$$

代入欧拉-拉格朗日方程

$$\frac{\mathrm{d}}{\mathrm{d}t}\left(\frac{\partial L}{\partial\dot{\varphi}_1}\right)-\frac{\partial L}{\partial\varphi_1}=0,\ \frac{\mathrm{d}}{\mathrm{d}t}\left(\frac{\partial L}{\partial\dot{\varphi}_2}\right)-\frac{\partial L}{\partial\varphi_2}=0$$

最终可得系统的振动微分方程为

$$\begin{cases}ml^2\ddot{\varphi}_1+(mgl+ka^2)\varphi_1-ka^2\varphi_2=0\\ ml^2\ddot{\varphi}_2+(mgl+ka^2)\varphi_2-ka^2\varphi_1=0\end{cases}$$

或写成矩阵形式为

$$\begin{bmatrix}ml^2 & 0\\ 0 & ml^2\end{bmatrix}\begin{bmatrix}\ddot{\varphi}_1\\ \ddot{\varphi}_2\end{bmatrix}+\begin{bmatrix}ka^2+mgl & -ka^2\\ -ka^2 & ka^2+mgl\end{bmatrix}\begin{bmatrix}\varphi_1\\ \varphi_2\end{bmatrix}=0 \tag{3.9.22}$$

设

$$\begin{bmatrix}\varphi_1\\ \varphi_2\end{bmatrix}=\begin{bmatrix}A_1\\ A_2\end{bmatrix}\sin(\omega_0 t+\alpha)$$

将其代入式(3.9.22)得

$$\begin{bmatrix}ka^2+mgl-ml^2\omega_0^2 & -ka^2\\ -ka^2 & ka^2+mgl-ml^2\omega_0^2\end{bmatrix}\begin{bmatrix}A_1\\ A_2\end{bmatrix}=\begin{bmatrix}0\\ 0\end{bmatrix}\tag{3.9.23}$$

方程(3.9.23)有非零解的条件是:其频率方程满足

$$\begin{vmatrix}ka^2+mgl-ml^2\omega_0^2 & -ka^2\\ -ka^2 & ka^2+mgl-ml^2\omega_0^2\end{vmatrix}=0$$

即$(ka^2+mgl-ml^2\omega_0^2)^2-k^2a^4=0$,解得

$$\omega_{01}=\sqrt{\frac{g}{l}},\quad \omega_{02}=\sqrt{\frac{2ka^2+mgl}{m^2 l}}$$

ω_{01}、ω_{02}为系统的主频率。将ω_{01}代入式(3.9.23)得

$$\begin{bmatrix}ka^2 & -ka^2\\ -ka^2 & ka^2\end{bmatrix}\begin{bmatrix}A_1^{(1)}\\ A_2^{(1)}\end{bmatrix}=\begin{bmatrix}0\\ 0\end{bmatrix}$$

即$A_2^{(1)}/A_1^{(1)}=1$,为系统的第一主振型,振动时弹簧不变形;将ω_{02}代入式(3.9.23)得$A_2^{(2)}/A_1^{(2)}=-1$,为系统的第二主振型,振动时弹簧中点不动。两振型图如下图3.9.10所示。

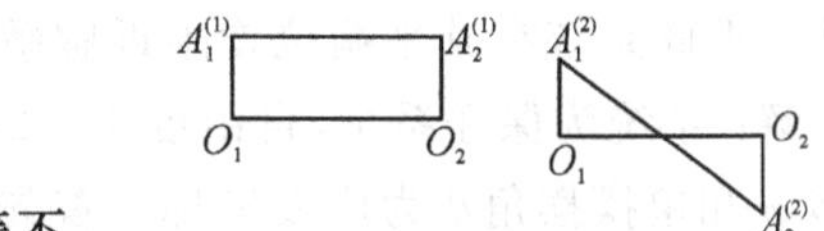

图3.9.10　例3.9.8中系统的第一和第二振型图

例3.9.9　如图3.9.11所示,1、2、3、4刚性杆长均为a,可不计质量。均质刚杆AB长l,质量为2 m,C、D小球质量均为m,求微小运动微分方程组及3、4杆相对运动类型。

解:系统为定常理想完整保守系统,自由度$k=3$,选图中所示的摆角$\theta_1(=\theta_2)$、θ_3、θ_4为广义坐标。系统的拉格朗日函数是

$$\begin{aligned}L&=T-U\\&=\frac{1}{2}\times 2m(a\dot\theta_1)^2+\frac{1}{2}m(a\dot\theta_1+a\dot\theta_3)^2+\frac{1}{2}m(a\dot\theta_1+a\dot\theta_4)^2-\\&\quad 2mga(1-\cos\theta_1)-mga(1-\cos\theta_1+1-\cos\theta_3)-\\&\quad mga(1-\cos\theta_1+1-\cos\theta_4)\end{aligned}$$

将

$$\frac{\partial L}{\partial\dot\theta_1}=2ma^2\dot\theta_1+m(a\dot\theta_1+a\dot\theta_3)a+ma^2(\dot\theta_1+\dot\theta_3)$$

$$\frac{\partial L}{\partial\theta_1}=-4mga\theta_1$$

代入欧拉-拉格朗日方程

$$\frac{\mathrm{d}}{\mathrm{d}t}\frac{\partial L}{\partial\dot\theta_1}-\frac{\partial L}{\partial\theta_1}=0$$

得

$$ma^2(4\ddot\theta_1+\ddot\theta_3+\ddot\theta_4)+4mga\theta_1=0$$

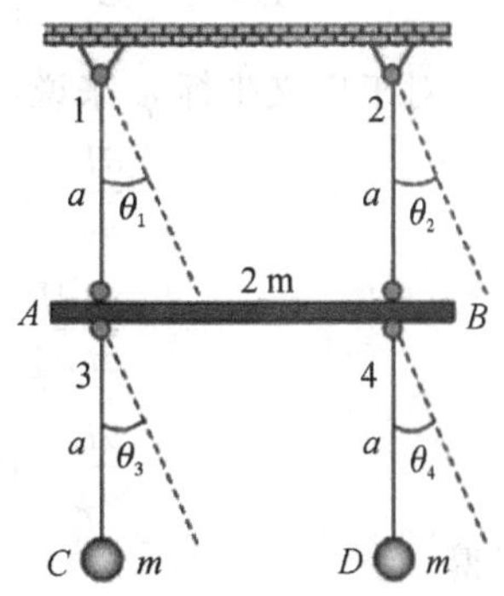

图3.9.11　例3.9.9示意图

同理可得该系统微小运动微分方程组为

$$\begin{cases}4\ddot{\theta}_1+\ddot{\theta}_3+\ddot{\theta}_4+\dfrac{4g\theta_1}{a}=0\\ \ddot{\theta}_1+\ddot{\theta}_3+\dfrac{g\theta_3}{a}=0\\ \ddot{\theta}_1+\ddot{\theta}_4+\dfrac{g\theta_4}{a}=0\end{cases}$$

用该微分方程组中的第2式减去其中的第3式，并设 $\theta_r=\theta_3-\theta_4$，得3、4杆相对运动方程为

$$\ddot{\theta}_r+\frac{g}{a}\theta_r=0$$

故 $\theta_r=A\sin(\sqrt{g/a}+\varphi)$，3、4杆相对运动类型为简谐运动。

例 3.9.10 如图3.9.12所示，均质圆柱体的半径为 r、质量为 m_0，在水平面上滚动而无滑动。在其中心水平轴 O 上装有一细长杆的单摆，摆长 l、集中质量为 m。细长杆的质量不计。求此系统在其平衡位置附近做微幅摆动的运动方程。

解： 系统为保守系统，自由度 $k=2$，选图中所示的圆柱体角位移 φ 和单摆摆角 θ 为广义坐标。首先计算集中质量 m 绝对速度的大小 v_m。根据速度合成定理，有

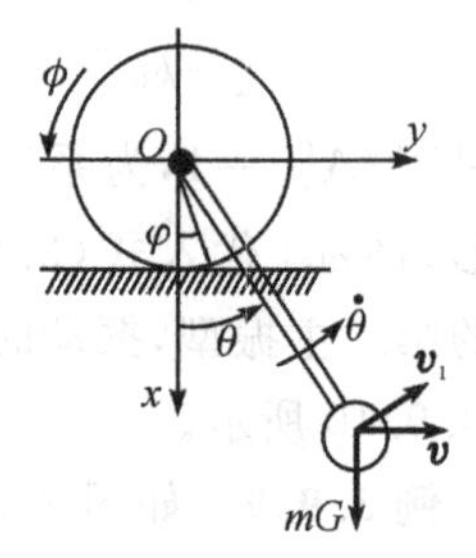

图 3.9.12 例 3.9.10 示意图

$$v_e=r\dot{\varphi},\quad v_r=l\dot{\theta}$$

$$v_{mx}=-v_r\sin\theta=-l\dot{\theta}\sin\theta$$

$$v_{my}=v_r\cos\theta+v_e=l\dot{\theta}\cos\theta+r\dot{\varphi}$$

$$v_m=\sqrt{r^2\dot{\varphi}^2+l^2\dot{\theta}^2+2rl\dot{\theta}\dot{\varphi}\cos\theta}$$

系统的动能为均质圆柱体的动能与集中质量 m 动能的代数和：

$$T=\frac{1}{2}\left(\frac{3}{2}m_0r^2\right)\dot{\varphi}^2+\frac{1}{2}mv_m^2=\frac{1}{4}(3m_0+2m)r^2\dot{\varphi}^2+mrl\dot{\theta}\dot{\varphi}\cos\theta+\frac{1}{2}ml^2\dot{\theta}^2$$

选取通过 O 轴的水平面为重力的零势能平面，此系统的势能函数、拉格朗日函数分别为

$$U=-mgl\cos\theta$$

$$L=T-U=\frac{1}{4}(3m_0+2m)r^2\dot{\varphi}^2+mrl\dot{\theta}\dot{\varphi}\cos\theta+\frac{1}{2}ml^2\dot{\theta}^2+mgl\cos\theta$$

对于广义坐标 φ 来说，由

$$\frac{\partial L}{\partial\dot{\varphi}}=\frac{1}{2}(3m_0+2m)r^2\dot{\varphi}^2+mrl\dot{\theta}\cos\theta$$

$$\frac{\mathrm{d}}{\mathrm{d}t}\frac{\partial L}{\partial\dot{\varphi}}=\frac{1}{2}(3m_0+2m)r^2\ddot{\varphi}+mrl\ddot{\theta}\cos\theta-mrl\dot{\theta}^2\sin\theta$$

$$\frac{\partial L}{\partial\varphi}=0$$

可得

$$\frac{1}{2}(3m_0+2m)r\ddot{\varphi}+ml(\ddot{\theta}\cos\theta-\dot{\theta}^2\sin\theta)=0\quad 或\quad \ddot{\varphi}=\frac{2ml}{(3m_0+2m)r}(\dot{\theta}^2\sin\theta-\ddot{\theta}\cos\theta)$$

对于广义坐标 θ 来说,由

$$\frac{\partial L}{\partial \dot{\theta}}=mrl\dot{\varphi}\cos\theta+ml^2\dot{\theta},\quad \frac{\mathrm{d}}{\mathrm{d}t}\frac{\partial L}{\partial \dot{\theta}}=ml\ddot{\varphi}\cos\theta-mrl\dot{\varphi}\dot{\theta}\sin\theta+ml^2\ddot{\theta},$$

$$\frac{\partial L}{\partial \theta}=-mrl\dot{\theta}\sin\theta-mgl\sin\theta$$

可得

$$r\ddot{\varphi}\cos\varphi+l\ddot{\theta}+g\sin\theta=0 \quad 或\ (3m_0+2m\sin^2\theta)l\ddot{\theta}+ml\dot{\theta}^2\sin2\theta+(3m_0+2m)g\sin\theta=0$$

此系统在其平衡位置附近做微幅运动,即 θ、$\dot{\theta}$ 都很小,故有

$$\sin\theta=\theta,\quad \sin2\theta=2\theta,\quad \cos\theta=1,\quad \sin^2\theta=0,\quad \dot{\theta}^2=0$$

最终可得此系统在其平衡位置附近做微幅摆动的运动方程为

$$\begin{cases}\ddot{\varphi}=-\dfrac{2ml}{(3m_0+2m)r}\ddot{\theta}\\ 3m_0l\ddot{\theta}+(3m_0+2m)g\theta=0\end{cases}$$

例 3.9.11　如图 3.9.13 所示,楔形体重 P、倾角为 α,放置在光滑水平面上。圆柱体重 Q,半径为 r,只滚不滑。初始系统静止,圆柱体在斜面最高点。试求:(1)系统的运动微分方程;(2)楔形体的加速度。

解:研究整体系统。该系统为保守系统,具有两个自由度。取广义坐标为图中所示的楔形体的水平位移 x 和圆柱体沿斜面向下的位移 s;各坐标原点均在初始位置。系统的动能为

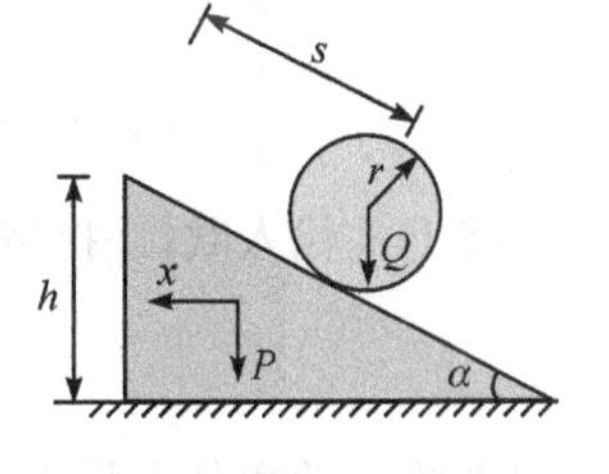

图 3.9.13　例 3.9.11 示意图

$$T=\frac{1}{2}\frac{P}{g}\dot{x}^2+\frac{1}{2}\frac{Q}{g}(\dot{x}^2+\dot{s}^2-2\dot{x}\dot{s}\cos\alpha)+\frac{1}{2}\cdot\frac{1}{2}\frac{Q}{g}r^2\left(\frac{\dot{s}}{r}\right)^2$$

$$=\frac{1}{2}\frac{P+Q}{g}\dot{x}^2+\frac{3}{4}\frac{Q}{g}\dot{s}^2-\frac{Q}{g}\dot{x}\dot{s}\cos\alpha$$

系统的势能为

$$U=\frac{1}{3}Ph+Q(h-s\cdot\sin\alpha+r\cos\alpha)$$

拉格朗日函数为

$$L=T-U=\frac{1}{2}\frac{P+Q}{g}\dot{x}^2+\frac{3}{4}\frac{Q}{g}\dot{s}^2-\frac{Q}{g}\dot{x}\dot{s}\cos\alpha-\frac{1}{3}Ph-Q(h-s\cdot\sin\alpha+r\cos\alpha)$$

代入欧拉-拉格朗日方程

$$\frac{\mathrm{d}}{\mathrm{d}t}\left(\frac{\partial L}{\partial \dot{q}_j}\right)-\frac{\partial L}{\partial q_j}=0\ (j=1,2,\cdots,k)$$

并适当化简,得到系统的运动微分方程为

$$\begin{cases}(P+Q)\ddot{x}-Q\cdot\ddot{s}\cos\alpha=0\\ 3\ddot{s}-2\ddot{x}\cos\alpha=2g\sin\alpha\end{cases}$$

由上式可得楔形体的加速度为

$$\ddot{x}=\frac{Q\sin2\alpha}{3P+Q+2Q\sin^2\alpha}$$

例 3.9.12 如图 3.9.14 所示,刚体由 4 根拉伸弹簧支承,被限制在图示平面内运动。图示位置为平衡位置。且质量为 m、转动惯量为 I_O。试导出系统的微幅运动微分方程。

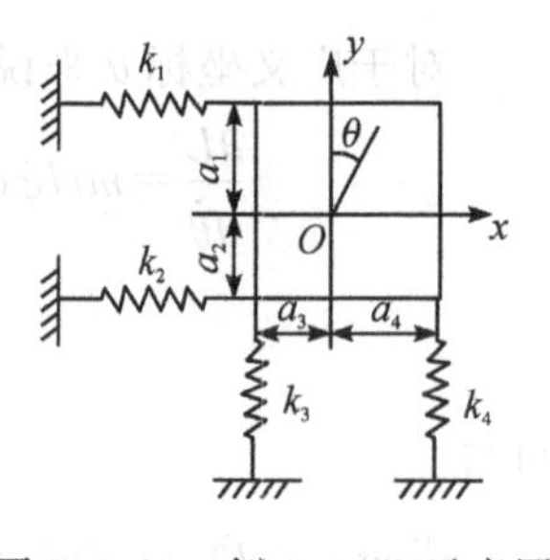

图 3.9.14 例 3.9.12 示意图

解: 该系统为保守系统,自由度 $k=3$。如图中所示,取刚体质心 O 点偏离平衡位置的 x、y 和刚体绕质心的转角 θ 为广义坐标,即 $q_1=x$、$q_2=y$、$q_3=\theta$。那么 4 根弹簧端点的坐标分别为

$$x_1=x+a_1\theta,\quad x_2=x-a_2\theta,\quad x_3=x_4=0$$

$$y_1=y_2=0,\quad y_3=y+a_3\theta,\quad y_4=y-a_4\theta$$

系统的动能为

$$T=\frac{1}{2}m(\dot{x}^2+\dot{y}^2)+\frac{1}{2}I_O\dot{\theta}^2$$

系统的势能为

$$U=\frac{1}{2}k_1(x+a_1\theta)^2+\frac{1}{2}k_2(x-a_2\theta)^2+\frac{1}{2}k_3(y+a_3\theta)^2+\frac{1}{2}k_4(y-a_4\theta)^2$$

拉格朗日函数为

$$\begin{aligned}L&=T-U\\&=\frac{1}{2}m(\dot{x}^2+\dot{y}^2)+\frac{1}{2}I_O\dot{\theta}^2-\frac{1}{2}k_1(x+a_1\theta)^2-\frac{1}{2}k_2(x-a_2\theta)^2-\\&\quad\frac{1}{2}k_3(y+a_3\theta)^2-\frac{1}{2}k_4(y-a_4\theta)^2\end{aligned}$$

将上式代入欧拉-拉格朗日方程

$$\frac{\mathrm{d}}{\mathrm{d}t}\left(\frac{\partial L}{\partial \dot{q}_j}\right)-\frac{\partial L}{\partial q_j}=0\ (j=1,2,\cdots,k)$$

可得系统运动微分方程为

$$\begin{cases}m\ddot{x}+(k_1+k_2)x+(k_1a_1-k_2a_2)\theta=0\\m\ddot{y}+(k_3+k_4)y+(k_3a_3-k_4a_4)\theta=0\\I_O\ddot{\theta}+(k_1a_1-k_2a_2)x+(k_3a_3-k_4a_4)y+(k_1a_1^2+k_2a_2^2+k_3a_3^2+k_4a_4^2)\theta=0\end{cases}$$

3.9.3 非保守系统的拉格朗日方程应用举例

在应用一般完整系统拉格朗日方程建立非保守系统运动模型时,关键点在于广义力的计算。

例 3.9.13 如图 3.9.15 所示,用拉格朗日方程建立用球坐标表示的自由质点的运动微分方程。

解: 在图 3.9.15 的球坐标系中,自由质点 P 有 3 个自由度,取(r,θ,φ)为广义坐标。记极角为 θ,则纬度为 $\pi/2-\theta$;记方位角为 φ;记径向距离为 r。根据球坐标和直角坐标的关系

$$\begin{cases}x=r\sin\theta\cos\varphi\\y=r\sin\theta\sin\varphi\\z=r\cos\theta\end{cases}$$

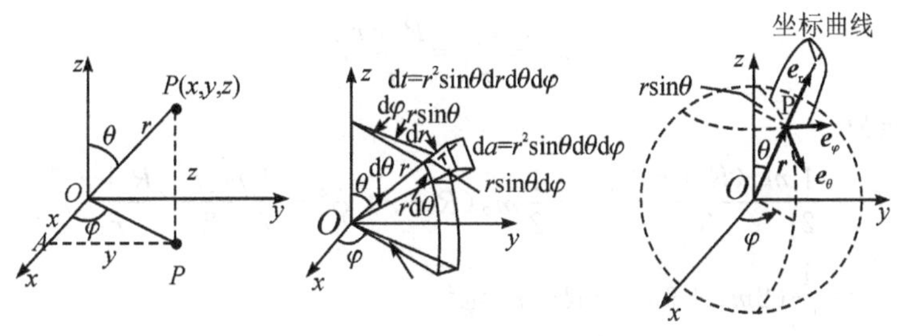

图 3.9.15　例 3.9.13 示意图

可得用广义坐标(即球坐标)表示的自由质点 P 的实位移和速度大小 v 分别为

$$\mathrm{d}\boldsymbol{r}=\mathrm{d}r\boldsymbol{e}_r+r\mathrm{d}\theta\boldsymbol{e}_\theta+r\sin\theta\cdot\mathrm{d}\varphi\boldsymbol{e}_\varphi,\quad v^2=\dot{r}^2+r^2\dot{\theta}^2+r^2\sin^2\theta\dot{\varphi}^2$$

其用广义坐标表示的动能 T 为

$$T=\frac{1}{2}mv^2=\frac{m}{2}(\dot{r}^2+r^2\dot{\theta}^2+r^2\sin^2\theta\dot{\varphi}^2)$$

设质点受主动力 $\boldsymbol{F}$,$\boldsymbol{F}=F_r\boldsymbol{e}_r+F_\theta\boldsymbol{e}_\theta+F_\varphi\boldsymbol{e}_\varphi$,因为 $\mathrm{d}\boldsymbol{r}=\mathrm{d}r\boldsymbol{e}_r+r\mathrm{d}\theta\boldsymbol{e}_\theta+r\sin\theta\cdot\mathrm{d}\varphi\boldsymbol{e}_\varphi$,故虚位移为 $\delta\boldsymbol{r}=\delta r\boldsymbol{e}_r+r\delta\theta\boldsymbol{e}_\theta+r\sin\theta\delta\varphi\boldsymbol{e}_\varphi$,对应的虚功 δW 为

$$\delta W=\boldsymbol{F}\cdot\delta\boldsymbol{r}=(F_r\boldsymbol{e}_r+F_\theta\boldsymbol{e}_\theta+F_\varphi\boldsymbol{e}_\varphi)\cdot(\delta r\boldsymbol{e}_r+r\delta\theta\boldsymbol{e}_\theta+r\sin\theta\delta\varphi\boldsymbol{e}_\varphi)=F_r\delta r+F_\theta r\delta\theta+F_\varphi r\sin\theta\delta\varphi$$

由上式可得广义坐标(r,θ,φ)对应的广义力为 $Q_r=F_r$、$Q_\theta=F_\theta r$、$Q_\varphi=F_\varphi r\sin\theta$。

将所得动能和广义力代入一般完整系统的拉格朗日方程,有

$$\begin{cases}\dfrac{\mathrm{d}}{\mathrm{d}t}\dfrac{\partial T}{\partial\dot{r}}-\dfrac{\partial T}{\partial r}=Q_r\\[2mm]\dfrac{\mathrm{d}}{\mathrm{d}t}\dfrac{\partial T}{\partial\dot{\theta}}-\dfrac{\partial T}{\partial\theta}=Q_\theta\\[2mm]\dfrac{\mathrm{d}}{\mathrm{d}t}\dfrac{\partial T}{\partial\dot{\varphi}}-\dfrac{\partial T}{\partial\varphi}=Q_\varphi\end{cases}$$

由上式最终可得

$$\begin{cases}m(\ddot{r}-r\dot{\theta}^2-r\dot{\varphi}^2\sin^2\theta)=F_r\\m(r\ddot{\theta}+2\dot{r}\dot{\theta}-r\dot{\varphi}^2\sin\theta\cos\theta)=F_\theta\\m(r\ddot{\varphi}\sin\theta+2\dot{r}\dot{\varphi}\sin\theta+2r\dot{\varphi}\dot{\theta}\cos\theta)=F_\varphi\end{cases}$$

式中,等式左边的括号分别是加速度在球坐标系中的 3 个分量。

例 3.9.14　在水平面运动的行星齿轮机构如图 3.9.16 所示。匀质杆 OA 质量是 m_1,可绕铅直轴 O 转动,杆端 A 借铰链装有一质量为 m_2、半径为 r 的匀质小齿轮,此小齿轮沿半径为 R 的固定大齿轮滚动。当杆 OA 上作用着转矩 M_O 时,求此杆的角加速度。

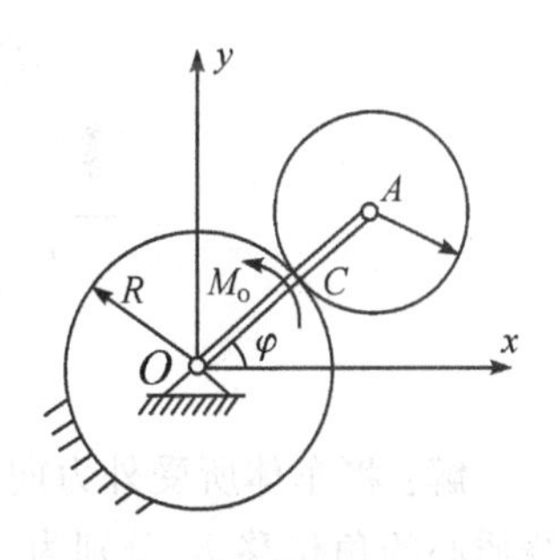

图 3.9.16　例 3.9.14 示意图

解: 此机构只有一个自由度。取杆 OA 的转角 φ 为广义坐标,点 A 的速度 $v_A=(R+r)\dot{\varphi}$。小齿轮在固定的大齿轮上的啮合点 C 是其速度瞬心,故小轮的角速度为

$$\omega_A=\frac{v_A}{r}=\frac{R+r}{r}\dot{\varphi}$$

系统的动能为

$$T=\frac{1}{2}\frac{m_1(R+r)^2}{3}\dot{\varphi}^2+\frac{1}{2}m_2(R+r)^2\dot{\varphi}^2+\frac{1}{2}\frac{m_2r^2}{2}\left(\frac{R+r}{r}\right)^2\dot{\varphi}^2$$
$$=\frac{1}{12}(2m_1+9m_2)(R+r)^2\dot{\varphi}^2$$

广义力为

$$Q_\varphi=\frac{M_O\delta\varphi}{\delta\varphi}=M_O$$

将所得的动能和广义力代入一般完整系统的拉格朗日方程

$$\frac{\mathrm{d}}{\mathrm{d}t}\left(\frac{\partial T}{\partial\dot{\varphi}_1}\right)-\frac{\partial T}{\partial\varphi}=Q_\varphi$$

可得

$$\frac{1}{6}(2m_1+9m_2)(R+r)^2\ddot{\varphi}=M_O$$

从而解得杆 OA 的角速度为

$$\ddot{\varphi}=\frac{6M_O}{(2m_1+9m_2)(R+r)^2}$$

例 3.9.15 如图 3.9.17 所示的汽车减震系统，以车体上 D 点的 x_D、θ_D 为广义坐标，建立车体微幅振动微分方程。如图中所示，C 点为汽车质心，前轮和后轮分别位于 A 点和 B 点。已知汽车质量为 m、质心惯性矩为 I_C，前轮和后轮减震弹簧的刚度分别为 k_1、k_2，D 点到 C 点、A 点和 B 点的距离分别为 e、a_1 和 a_2。

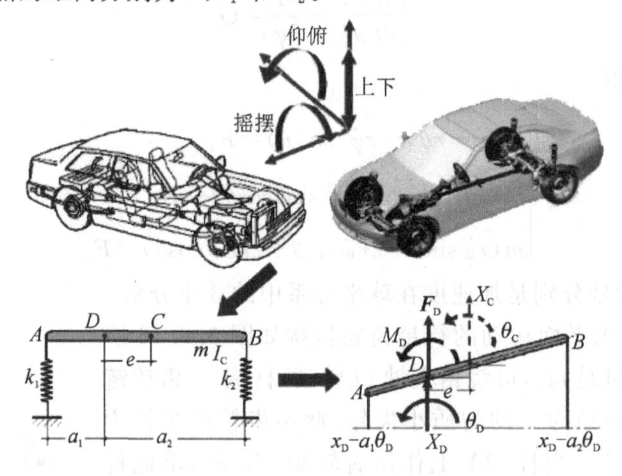

图 3.9.17 例 3.9.15 示意图

解：将车体所受外力向 D 点简化为合力 F_D 与 M_D。考虑微振动，刚体质心位移 x_C 及绕质心的角位移 θ_C 分别为 $x_C=x_D+e\theta_C$、$\theta_C=\theta_D$。那么，计算系统的动能 T 和势能 U 分别为

$$T=\frac{1}{2}m(\dot{x}_D+e\dot{\theta}_D)^2+\frac{1}{2}I_C\dot{\theta}_D^2$$

$$U=\frac{1}{2}k_1(x_D+a_1\theta_D)^2+\frac{1}{2}k_2(x_D+a_2\theta_D)^2$$

式中,I_C 表示质心惯性矩。

下面确定对应于广义坐标的广义力。设虚位移为 δx_D、$\delta\theta_D$,非有势力 F_D 和 M_D 所做的虚功分别为

$$\delta W_1=F_D\delta x_D,\quad \delta W_2=M_D\delta\theta_D$$

由上述虚功可得广义力分别为

$$Q_1=F_D,\quad Q_2=M_D$$

将所得的动能和广义力代入一般完整系统的拉格朗日方程,最终可得车体振动方程式为

$$\begin{cases} m\ddot{x}_D+me\ddot{\theta}_D+(k_1+k_2)x_D+(k_2a_2-k_1a_1)\theta_D=F_D \\ me\ddot{x}_D+(I_C+me^2)\ddot{\theta}_D+(k_2a_2-k_1a_1)x_D+(k_1a_1^2+k_2a_2^2)=M_D \end{cases}$$

将其写为矩阵形式,有

$$\begin{bmatrix} m & me \\ me & I_C+me^2 \end{bmatrix}\begin{bmatrix} \ddot{x}_D \\ \ddot{\theta}_D \end{bmatrix}+\begin{bmatrix} k_1+k_2 & k_2a_2-k_1a_1 \\ k_2a_2-k_1a_1 & k_1a_1^2+k_2a_2^2 \end{bmatrix}\begin{bmatrix} x_D \\ \theta_D \end{bmatrix}=\begin{bmatrix} F_D \\ M_D \end{bmatrix}$$

扩展:对于 n 自由度系统,若广义坐标为 $x_1,x_2,\cdots,x_n$,广义力为 $F_1,F_2,\cdots,F_n$,有

$$\begin{bmatrix} m_{11} & m_{12} & \cdots & m_{1n} \\ m_{21} & m_{22} & \cdots & m_{2n} \\ \vdots & \vdots & & \vdots \\ m_{n1} & m_{n2} & \cdots & m_{nn} \end{bmatrix}\begin{bmatrix} \ddot{x}_1 \\ \ddot{x}_2 \\ \vdots \\ \ddot{x}_n \end{bmatrix}+\begin{bmatrix} k_{11} & k_{12} & \cdots & k_{1n} \\ k_{21} & k_{22} & \cdots & k_{2n} \\ \vdots & \vdots & & \vdots \\ k_{n1} & k_{n2} & \cdots & k_{nn} \end{bmatrix}\begin{bmatrix} x_1 \\ x_2 \\ \vdots \\ x_n \end{bmatrix}=\begin{bmatrix} F_1 \\ F_2 \\ \vdots \\ F_n \end{bmatrix}$$

即

$$\boldsymbol{M}\ddot{\boldsymbol{x}}+\boldsymbol{K}\boldsymbol{x}=\boldsymbol{F}$$

若考虑阻尼因素,有

$$\begin{bmatrix} m_{11} & m_{12} & \cdots & m_{1n} \\ m_{21} & m_{22} & \cdots & m_{2n} \\ \vdots & \vdots & & \vdots \\ m_{n1} & m_{n2} & \cdots & m_{nn} \end{bmatrix}\begin{bmatrix} \ddot{x}_1 \\ \ddot{x}_2 \\ \vdots \\ \ddot{x}_n \end{bmatrix}+\begin{bmatrix} c_{11} & c_{12} & \cdots & c_{1n} \\ c_{21} & c_{22} & \cdots & c_{2n} \\ \vdots & \vdots & & \vdots \\ c_{n1} & c_{n2} & \cdots & c_{nn} \end{bmatrix}\begin{bmatrix} \dot{x}_1 \\ \dot{x}_2 \\ \vdots \\ \dot{x}_n \end{bmatrix}+\begin{bmatrix} k_{11} & k_{12} & \cdots & k_{1n} \\ k_{21} & k_{22} & \cdots & k_{2n} \\ \vdots & \vdots & & \vdots \\ k_{n1} & k_{n2} & \cdots & k_{nn} \end{bmatrix}\begin{bmatrix} x_1 \\ x_2 \\ \vdots \\ x_n \end{bmatrix}=\begin{bmatrix} F_1 \\ F_2 \\ \vdots \\ F_n \end{bmatrix}$$

那么系统运动微分方程可以统一表示为如下的矩阵形式:

$$\boldsymbol{M}\ddot{\boldsymbol{x}}+\boldsymbol{C}\dot{\boldsymbol{x}}+\boldsymbol{K}\boldsymbol{x}=\boldsymbol{F}(t)$$

式中,$\boldsymbol{M}$ 表示质量矩阵;$\ddot{x}$ 表示加速度向量;$\boldsymbol{C}$ 表示阻尼矩阵;$\dot{\boldsymbol{x}}$ 表示速度向量;$\boldsymbol{K}$ 表示刚度矩阵;$\boldsymbol{x}$ 表示位移向量;$\boldsymbol{F}(t)$表示广义力向量。

3.10 机械系统建模综合实例

本节以刚体飞机六自由度运动方程为例来介绍机械系统建模方法在航空航天设计领域中的广泛应用。为了建立飞机六自由度运动模型，3.10.1 小节首先介绍与之密切相关的两种坐标体系。随后，3.10.2 小节会详细推导了如何在不同坐标系下建立飞机六自由度运动模型。

3.10.1 飞机设计中的坐标系

在飞行器设计相关学科领域，有着两种被广泛应用的坐标系定义方式：苏联及引进苏联航空技术建立航空工业体系的相关国家所广泛采用的坐标系定义方式，简称苏联坐标系或者苏联系；美国、欧洲广泛采用的坐标系定义方式，简称欧美坐标系或者欧美系。两种坐标系对当今航空航天设计领域都具有深远的影响。本节内容主要介绍两种坐标系的定义方式。

1. 苏联坐标系

1）地面坐标系

地面坐标系简称地面系（$Ox_gy_gz_g$），如图 3.10.1 所示，其原点 O 固定于地面上某点，Oy_g 轴铅垂向上，Ox_g 和 Oz_g 轴在水平面内和 Oy_g 轴构成右手直角坐标系。重力通常在地面系内给出，并沿 Oy_g 轴的负向。若 Oz_g 和 Ox_g 轴在水平面内分别指向正东和正北，那么该地面系就是常用的东北天坐标系。

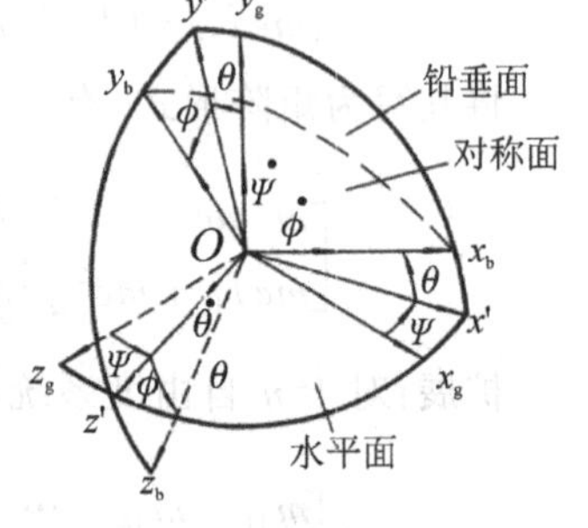

图 3.10.1 地面系与机体系的关系（图中 Ox_by_b 平面为飞机对称面；Ox_gz_g 平面为水平面；Ox_by_g 平面为通过 Ox_b 轴的铅锤面（即 Ox_b 轴与重力所在轴构成的平面））

2）机体坐标系

机体坐标系简称机体系（$Ox_by_bz_b$），如图 3.10.1 所示，其原点 O 在飞机的质心上，纵轴 Ox_b 指向前方，竖轴 Oy_b 在飞机对称面内指向机体上方，横轴 Oz_b 垂直于飞机对称面指向右方。发动机推力一般在机体坐标系内给出，通常沿 Ox_b 轴的正向。

机体坐标系纵轴 Ox_b 在飞机对称面内，它与地面（水平面）之间的夹角叫作机体俯仰角，简称俯仰角，记为 θ，机头上仰为正；它在水平面 Ox_gz_g 上的投影 Ox' 与 Ox_g 轴之间的夹角叫作偏航角 Ψ，机头左偏为正；飞机对称面 Ox_by_b 与通过 Ox_b 轴的铅垂面之间的夹角叫作滚动角，记为 ϕ，飞机右倾斜时 ϕ 为正，滚动角又叫作坡度。

平移地面系 $Ox_gy_gz_g$ 使其原点与机体系的原点重合时，可以看出地面系与机体系之间的角度关系完全由 3 个欧拉角 ϕ、θ 和 Ψ 确定（如图 3.10.1 所示），抑或说 3 个欧拉角反映了飞机相对地面系这一常用基准面的姿态。顺序地使地面系绕 Oy_g、Oz'、Ox_b 轴转过 Ψ、θ 和 ϕ 角可使此两个坐标轴系重合。

3) 速度坐标系

速度坐标系 $Ox_ay_az_a$(简称速度系)如图 3.10.2 所示,其原点 O 在飞机质心上;Ox_a 轴沿飞行速度(空速)方向,向前为正,称为速度轴或阻力轴;Oy_a 轴在飞机对称面内垂直于 Ox_a 轴,向上为正,称为升力轴;Oz_a 轴垂直于 Ox_ay_a 平面,向右为正,称为侧力轴。作用于飞机的空气动力一般按速度系给出。

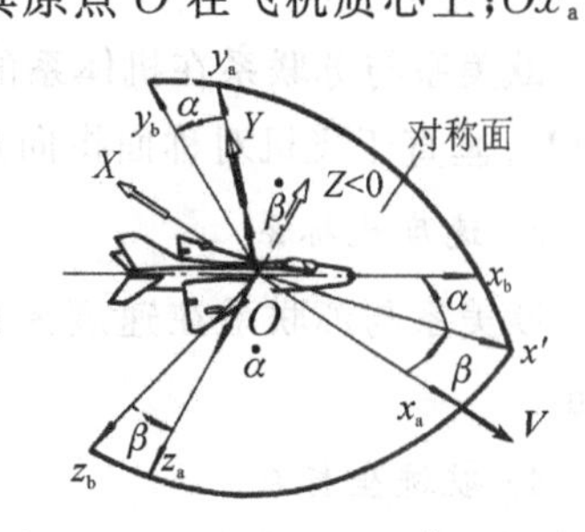

图 3.10.2　速度系与机体系的关系(其中 Ox_by_b 平面为飞机对称面,Ox_az_a 平面为与升力轴 Oy_a 相垂直的平面)

速度系的 Ox_a 轴与飞机对称面 Ox_by_b 之间的夹角叫作侧滑角,记为 β。飞行速度(空速)指向飞机对称面右侧时,侧滑角 β 为正,称为右侧滑。Ox_a 轴在飞机对称面 Ox_by_b 上的投影 Ox'轴与机体纵轴 Ox_b 的夹角叫作迎角或攻角,记为 α。速度系与机体系之间的方位关系完全由迎角 α 和侧滑角 β 确定。由图 3.10.2 可以看出,依次序绕 Oy_a 轴、Oz_b 轴分别使速度系 $Ox_ay_az_a$ 转过 β 角和 α 角,可以使这两个坐标系重合。

4) 航迹坐标系

航迹坐标系($Ox_hy_hz_h$)又称为地平坐标系,简称航迹系,如图 3.10.3 所示,其原点 O 在飞机质心上;Ox_h 轴沿飞机飞行速度(空速)方向,向前为正,故它与速度坐标系($Ox_ay_az_a$)中的速度轴 Ox_a 相重合;Oy_h 轴在通过 Ox_h 轴的铅垂平面内与 Ox_h 轴垂直,向上为正;Oz_h 轴在水平面内垂直于 Ox_hy_h 平面,构成右手直角坐标系。航迹坐标系通常在描述飞机航行轨迹时更为直接,也便于确定运载体姿态角。

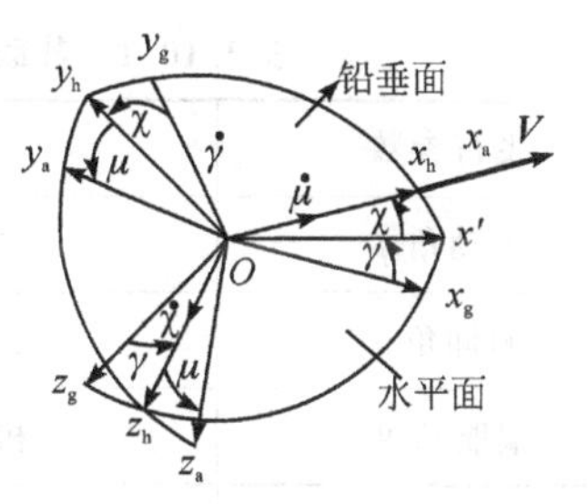

图 3.10.3　地面系、速度系、航迹系的方位关系(其中 Ox_gz_g 平面为水平面,Ox_hy_h 平面为通过 Ox_h 轴的铅锤面(即 Ox_h 轴与重力所在轴构成的平面))

航迹系 $Ox_hy_hz_h$ 与速度系 $Ox_ay_az_a$ 之间只相差一个 μ 角(见图 3.10.3),称为速度滚转角。规定航迹系绕 Ox_h 轴向右倾斜时,速度滚转角 μ 为正。将航迹系绕飞行速度方向(即 Ox_h 轴)转过 μ 角度即可使这两个坐标系相互重合。

航迹系中的 Ox_h 轴在水平面 Ox_gz_g 上的投影线 Ox'轴与地面系中的 Ox_g 轴之间的夹角 γ 叫作航向角,飞行方向左偏时航向角 γ 为正;航迹系中的 Ox_h 轴与水平面 Ox_gz_g 之间的夹角 χ 叫作航迹俯仰角或上升角,飞行方向向上时上升角 χ 为正。航向角 γ 和上升角 χ 反映了飞机飞行速度相对地面系这一常用基准面的方向。

平移地面系 $Ox_gy_gz_g$ 使其原点与飞机质心重合时,航迹系、速度系和地面系之间的方位关系如图 3.10.3 所示。依次使地面系绕 Oy_g、Oz_h 轴转过 γ、χ 角可使地面系与航迹系重合。

2. 欧美坐标系

1) 地面坐标系

欧美系与苏联系在地面系的区别为:前者的 Oy_g 轴铅垂向下,Ox_g 轴和 Oz_g 轴在水平

面内和 Oy_g 轴构成右手直角坐标系。

2）机体坐标系

欧美系与苏联系在机体系的区别为：前者的竖轴 Oy_b 在飞机对称面内指向机体下方，横轴 Oz_b 垂直于飞机对称面指向左方。

3）速度坐标系

欧美系与苏联系在速度系的区别为：前者的升力轴 Oy_a 向下为正，侧力轴 Oz_a 向左为正。

4）航迹坐标系

欧美系与苏联系在航迹系的区别为：前者的 Oy_h 轴向下为正；Oz_h 轴在水平面内垂直于 Ox_hy_h 平面，构成右手直角坐标系。

由于坐标系定义的方式不同，欧美系下各飞行参数的正方向和苏联系也不同，为了明确飞行器各参数在不同坐标系下定义的异同，各参数在两种坐标系下的对比如表 3.10.1 所示。

表 3.10.1　苏联系和欧美系下各飞行参数的正方向对比

飞行参数	苏联系	欧美系
滚动角 ϕ	向右倾斜为正	向右倾斜为正
俯仰角 θ	抬头为正	抬头为正
偏航角 Ψ	机头左偏航为正	机头右偏航为正
航迹俯仰角(上升角)χ	向上飞行时为正	向上飞行时为正
航向角 γ	速度在地面投影在 Ox 轴左侧为正	速度在地面的投影在 Ox 轴右侧为正
速度滚转角 μ	右倾斜为正	右倾斜为正
迎角(攻角)α	速度的投影在 Ox 轴之上为正（Oy 轴定义指向地心为负）	速度的投影在 Ox 轴之下为正（Oy 轴定义指向地心为正）
侧滑角 β	速度矢量处于对称面的右方为正	速度矢量处于对称面的右方为正

3. 坐标系的统一性和建立依据

1）欧美系和苏联系在牛顿力学体系下的统一性

欧美系和苏联系最大的不同是 Oy 轴的正方向不同。虽然两种坐标系的 Oy 轴正方向完全相反，但是 Ox 轴的定义则相同。除此之外，欧美系和苏联系另一个相同之处是都采用右手直角坐标系进行定义。这样的定义方式体现了两者在牛顿力学体系下的统一性。

由于物体旋转矢量的定义是在右手直角坐标系下根据右手螺旋法则定义的。在描述物体的旋转运动时右手直角坐标系成为了最简单、最方便的形式。飞行器的运动是具有 6 个自由度的平移加旋转运动,描述其运动的方程比较复杂。因此坐标系的定义就显得尤为重要。苏联系和欧美系虽然对垂直平面内的正方向定义不同,但是都遵循了牛顿体系的基本规律,建立了右手直角坐标系。所以苏联系和欧美系在牛顿力学体系下是统一的。

正因为如此,两种坐标系下描述的飞行器六自由度运动方程才具有相同的表现形式,飞行器各种参数才具有直观可比性。

2) 欧美系和苏联系建立的依据

力学中应用坐标系描述物体运动必须满足以下 3 条基本原则:

(1)符合人们的日常观念。该原则要求建立的坐标系应当尽可能地符合人们的日常观念。例如,飞行器坐标系中地面系和机体系的建立,主要依据就是人们的观念。

(2)运动方程的形式尽可能地简单。物体运动在不同坐标系下具有不同的动力学方程表现形式。这些不同坐标系下的方程在建立的难易程度和复杂程度上差别很大。因此在建立坐标系时,应当尽可能地使得运动方程形式简单。

(3)沿某一固定受力方向建立坐标。该原则本质是和原则(2)相似的。一般情况下,沿着固定力方向建立坐标轴可以使方程形式更加简单。

根据以上原则我们来分析苏联系和欧美系建立的依据。两种坐标的轴的建立主要是根据人们的日常观念和认知习惯。两种坐标系最大的不同是垂直轴的方向。

苏联系定义 Oy 轴的方向向上。这主要是因为飞行器的飞行是从地面的原点开始向上飞行的。这种将 Oy 轴的方向定义为向上的方式符合人们日常的认知,容易被接受。因此,苏联系是依据原则(1)建立的。

欧美系定义 Oy 轴的方向指向地心。这种定义方式的主要依据是在飞行器受到的各种作用力中,只有重力的大小(忽略燃油的消耗)和方向是固定不变的。因此,沿着该固定受力方向建立坐标轴可以使运动方程形式更加简单。因此,欧美系建立的依据是原则(2)和原则(3)。

因此,苏联系更加符合人们的认知习惯,而欧美系则使得运动方程最简单。可以说,这两种坐标体系各有千秋。

3.10.2　飞机六自由度运动方程

1. 基本假设和动导数

飞机六自由度运动方程是基于以下 5 条基本假设得到的:

(1)飞机是刚体,质量为常数(非必要条件)。

(2)假设地球不动,地面坐标系为惯性坐标系(即静系)。那么当飞机运动时,机体坐标系、速度坐标系、航迹坐标系、稳定坐标系均为相对于该惯性系的动系。图 3.10.4 给出了飞机 5 个坐标系间的转换图,此处的坐标系均采用欧美系,其中部分坐标系如图 3.10.5 中所示。

图 3.10.4 飞机 5 个坐标系间的转换图（图中气流系即速度系。ϕ、θ、Ψ 为 3 个欧拉角（滚动角 ϕ、俯仰角 θ 和偏航角 Ψ）；α 为迎角；β 为侧滑角；μ 为速度滚转角；χ 为航迹俯仰角（上升角）和 γ 为航向角。）

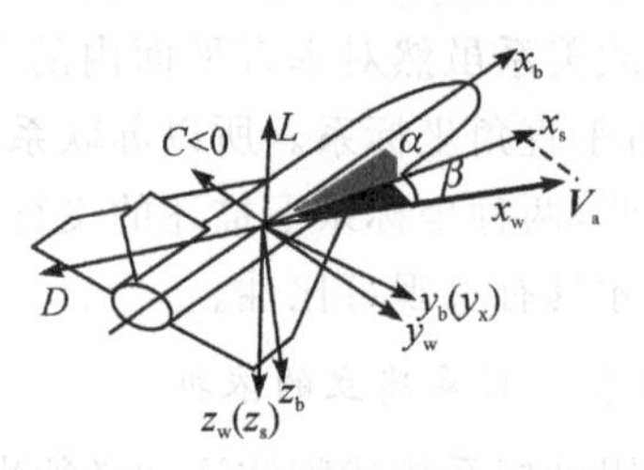

图 3.10.5 飞机部分坐标系示意图（$Ox_by_bz_b$ 为机体系；$Ox_wy_wz_w$ 为气流系，也就是 3.10.1 节中的速度系 $Ox_ay_az_a$；$Ox_sy_sz_s$ 为稳定系。α 为迎角；β 为侧滑角。L、D、C 表示飞机所受到的 3 个气动力，其中 L 为升力；D 为阻力；C 为侧力。注意图中各坐标系的 z 轴即为 3.10.1 节中相应坐标系的 y 轴；因此根据右手定则，图中各坐标系的 y 轴即为 3.10.1 节中相应坐标系的 $-z$ 轴。）

(3)忽略地球曲率，认为地面为平面。

(4)重力加速度为常数，不随高度变化。

(5)机体坐标系平面为飞机对称面，飞机几何外形对称，质量分布也对称，惯性矩满足

$$I_{xy}=\int xy\,\mathrm{d}m=0,\quad I_{zy}=\int zy\,\mathrm{d}m=0 \tag{3.10.1}$$

由于以上假设，使得该模型适用于马赫数小于 5 的飞行器的位置、速度、加速度和姿态建模与控制，不适用于远距导航和航天器的飞行控制。

根据运动学和动力学知识，用动系表示的惯性系下飞机（质心）的速度矢量 $\boldsymbol{V}$ 和动量矩矢量 $\boldsymbol{H}$ 的导数满足以下关系：

$$\frac{\mathrm{d}\boldsymbol{V}}{\mathrm{d}t}=\boldsymbol{I}_V\frac{\tilde{\mathrm{d}}V}{\mathrm{d}t}+\boldsymbol{\Omega}\times\boldsymbol{V},\quad \frac{\mathrm{d}\boldsymbol{H}}{\mathrm{d}t}=\boldsymbol{I}_H\frac{\tilde{\mathrm{d}}H}{\mathrm{d}t}+\boldsymbol{\Omega}\times\boldsymbol{H} \tag{3.10.2}$$

式中，$\boldsymbol{I}_V$ 为速度的单位向量；$\boldsymbol{\Omega}$ 为飞机动系相对惯性系的角速度矢量；$\boldsymbol{I}_H$ 为动量矩的单位向量；$\tilde{\mathrm{d}}V/\mathrm{d}t$、$\tilde{\mathrm{d}}H/\mathrm{d}t$ 表示速度和动量矩对动系的相对导数，简称动导数。

2. 在机体系下推导飞机的质心运动方程和力矩方程

飞机速度矢量 $\boldsymbol{V}$ 和角速度矢量 $\boldsymbol{\Omega}$ 在机体系分别表示为

$$\boldsymbol{V}=\boldsymbol{i}u+\boldsymbol{j}v+\boldsymbol{k}w,\quad \boldsymbol{\Omega}=\boldsymbol{i}p+\boldsymbol{j}q+\boldsymbol{k}r \tag{3.10.3}$$

式中，$\boldsymbol{i}$、$\boldsymbol{j}$、$\boldsymbol{k}$ 为机体系各轴上的单位矢量；u、v、w 为机体系各轴上的速度分量；p、q、r 为绕机体系各轴的角速度分量。

当动系取为机体系时，飞机速度矢量 $\boldsymbol{V}=\boldsymbol{i}u+\boldsymbol{j}v+\boldsymbol{k}w$ 对机体系的相对导数$\boldsymbol{I}_V\tilde{\mathrm{d}}V/\mathrm{d}t$ 为

$$\boldsymbol{I}_V\frac{\tilde{\mathrm{d}}V}{\mathrm{d}t}=\boldsymbol{i}\dot{u}+\boldsymbol{j}\dot{v}+\boldsymbol{k}\dot{w} \tag{3.10.4}$$

另外式(3.10.2)中飞机角速度矢量与速度矢量的矢积 $\boldsymbol{\Omega}\times\boldsymbol{V}$ 为

$$\boldsymbol{\Omega}\times\boldsymbol{V}=\begin{vmatrix}\boldsymbol{i} & \boldsymbol{j} & \boldsymbol{k}\\ p & q & r\\ u & v & w\end{vmatrix}=\boldsymbol{i}(wq-vr)+\boldsymbol{j}(ur-wp)+\boldsymbol{k}(vp-uq) \tag{3.10.5}$$

将式(3.10.4)和式(3.10.5)代入式(3.10.2),可得

$$\frac{\mathrm{d}\boldsymbol{V}}{\mathrm{d}t}=\boldsymbol{I}_V\frac{\tilde{\mathrm{d}}V}{\mathrm{d}t}+\boldsymbol{\Omega}\times\boldsymbol{V}=\boldsymbol{i}\dot{u}+\boldsymbol{j}\dot{v}+\boldsymbol{k}\dot{w}+\boldsymbol{i}(wq-vr)+\boldsymbol{j}(ur-wp)+\boldsymbol{k}(vp-uq) \tag{3.10.6}$$

在机体系下将作用于飞机的合外力$\sum\boldsymbol{F}$表示为

$$\sum\boldsymbol{F}=\boldsymbol{i}X+\boldsymbol{j}Y+\boldsymbol{k}Z \tag{3.10.7}$$

式中,X、Y、Z为机体系各轴上的受力分量。

将式(3.10.6)和式(3.10.7)代入牛顿第二定律$\sum\boldsymbol{F}=m\mathrm{d}\boldsymbol{V}/\mathrm{d}t$,最终得到机体系下飞机的质心运动方程为

$$\begin{cases}X=m(\dot{u}+wq-vr)=F_x-mg\sin\theta\\ Y=m(\dot{v}+ur-wp)=F_y+mg\cos\theta\sin\phi\\ Z=m(\dot{w}+vp-uq)=F_z+mg\cos\theta\cos\phi\end{cases} \tag{3.10.8}$$

式中,F_x、F_y、F_z为不考虑飞机自重时外力在机体系各轴上的分量;ϕ、θ为3个欧拉角中的滚动角和俯仰角。

如图3.10.6所示,刚体中单位质量的动量矩$\mathrm{d}\boldsymbol{H}$满足

$$\mathrm{d}\boldsymbol{H}=\boldsymbol{r}\times(\boldsymbol{\Omega}\times\boldsymbol{r})\mathrm{d}m \tag{3.10.9}$$

对飞机的全部质量积分,可以得到总的动量矩$\boldsymbol{H}$为

$$\boldsymbol{H}=\int\mathrm{d}\boldsymbol{H}=\int\boldsymbol{r}\times(\boldsymbol{\Omega}\times\boldsymbol{r})\mathrm{d}m \tag{3.10.10}$$

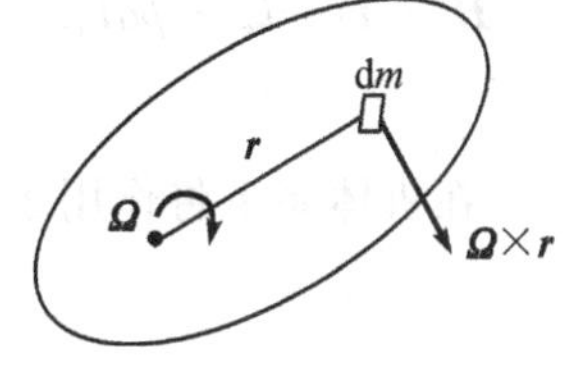

图3.10.6　刚体中单位质量的动量矩

考虑到在机体系下飞机上某点的位置矢量$\boldsymbol{r}$和角速度矢量$\boldsymbol{\Omega}$可分别写为$\boldsymbol{r}=\boldsymbol{i}x+\boldsymbol{j}y+\boldsymbol{k}z$和$\boldsymbol{\Omega}=\boldsymbol{i}p+\boldsymbol{j}q+\boldsymbol{k}r$,那么可得到

$$\boldsymbol{\Omega}\times\boldsymbol{r}=\boldsymbol{i}(zq-yr)+\boldsymbol{j}(xr-zp)+\boldsymbol{k}(yp-xq) \tag{3.10.11}$$

在机体系下将作用于飞机质心的动量矩$\boldsymbol{H}$表示为

$$\boldsymbol{H}=\boldsymbol{i}H_x+\boldsymbol{j}H_y+\boldsymbol{k}H_z \tag{3.10.12}$$

式中,H_x、H_y、H_z为机体系各轴上的动量矩分量。将式(3.10.11)代入式(3.10.10)可得动量矩分量H_x、H_y、H_z分别为

$$\begin{cases}H_x=\int[(y^2+z^2)p-xyq-xzr]\mathrm{d}m\\ H_y=\int[(z^2+x^2)q-yzr-xyp]\mathrm{d}m\\ H_z=\int[(x^2+y^2)r-xzp-yzq]\mathrm{d}m\end{cases} \tag{3.10.13}$$

因为在转动时角速度对每一个质量点是相同的,所以角速度分量p、q、r可以移到积分式外部。同时令

$$\begin{cases} I_x=\int(y^2+z^2)\,\mathrm{d}m, & I_y=\int(z^2+x^2)\,\mathrm{d}m, & I_z=\int(x^2+y^2)\,\mathrm{d}m \\ I_{xy}=I_{yx}=\int xy\,\mathrm{d}m, & I_{xz}=I_{zx}=\int xz\,\mathrm{d}m, & I_{yz}=I_{zy}=\int yz\,\mathrm{d}m \end{cases} \tag{3.10.14}$$

依据对称性假设，有 $I_{xy}=I_{zy}=0$。因此

$$H_x=pI_x-rI_{xz},\quad H_y=qI_y,\quad H_z=rI_z-pI_{xz} \tag{3.10.15}$$

当动系取为机体系时，飞机动量矩矢量 $\boldsymbol{H}=\boldsymbol{i}H_x+\boldsymbol{j}H_y+\boldsymbol{k}H_z$ 对机体系的相对导数 $\boldsymbol{I}_H\mathrm{d}H/\mathrm{d}t$ 满足

$$\boldsymbol{I}_H\frac{\mathrm{d}H}{\mathrm{d}t}=\boldsymbol{i}\frac{\mathrm{d}H_x}{\mathrm{d}t}+\boldsymbol{j}\frac{\mathrm{d}H_y}{\mathrm{d}t}+\boldsymbol{k}\frac{\mathrm{d}H_z}{\mathrm{d}t} \tag{3.10.16}$$

假定飞机的质量不变，则 I_x、I_{xz}、I_y、I_z 的时间导数为零，因此可得

$$\frac{\mathrm{d}H_x}{\mathrm{d}t}=\dot{p}I_x-\dot{r}I_{xz},\quad \frac{\mathrm{d}H_y}{\mathrm{d}t}=\dot{q}I_y,\quad \frac{\mathrm{d}H_z}{\mathrm{d}t}=\dot{r}I_z-\dot{p}I_{xz} \tag{3.10.17}$$

另外式(3.10.2)中飞机角速度矢量与动量矩矢量的矢积 $\boldsymbol{\Omega}\times\boldsymbol{H}$ 为

$$\boldsymbol{\Omega}\times\boldsymbol{H}=\begin{vmatrix} \boldsymbol{i} & \boldsymbol{j} & \boldsymbol{k} \\ p & q & r \\ H_x & H_y & H_z \end{vmatrix}=\boldsymbol{i}(qH_z-rH_y)+\boldsymbol{j}(rH_x-pH_z)+\boldsymbol{k}(pH_y-qH_x) \tag{3.10.18}$$

将式(3.10.15)代入式(3.10.18)，可将 $\boldsymbol{\Omega}\times\boldsymbol{H}$ 重新表示为关于飞机惯性矩的函数：

$$\boldsymbol{\Omega}\times\boldsymbol{H}=\boldsymbol{i}(qrI_z-pqI_{xz}-qrI_y)+\boldsymbol{j}(prI_x-r^2I_{xz}-prI_z+p^2I_{xz})+\boldsymbol{k}(pqI_y-pqI_x+qrI_{xz}) \tag{3.10.19}$$

在机体系下将作用于飞机的合力矩 $\sum\boldsymbol{M}$ 表示为

$$\sum\boldsymbol{M}=\boldsymbol{i}L+\boldsymbol{j}M+\boldsymbol{k}N \tag{3.10.20}$$

式中，L、M、N 为绕机体系各轴的力矩分量。

根据式(3.5.28)所示的相对于质心的动量矩定理及式(3.10.2)，合力矩 $\sum\boldsymbol{M}$ 又可表示为动量矩 $\boldsymbol{H}$ 对时间 t 的一阶导数：

$$\sum\boldsymbol{M}=\frac{\mathrm{d}\boldsymbol{H}}{\mathrm{d}t}=\boldsymbol{I}_H\frac{\mathrm{d}H}{\mathrm{d}t}+\boldsymbol{\Omega}\times\boldsymbol{H} \tag{3.10.21}$$

将式(3.10.16)、式(3.10.17)和式(3.10.19)代入式(3.10.21)，最终得到机体系下飞机的力矩方程(也称角运动方程)为

$$\begin{cases} L=\dot{p}I_x-\dot{r}I_{xz}+qr(I_z-I_y)-pqI_{xz} \\ M=\dot{q}I_y+pr(I_x-I_z)+(p^2-r^2)I_{xz} \\ N=\dot{r}I_z-\dot{p}I_{xz}+pq(I_y-I_x)+qrI_{xz} \end{cases} \tag{3.10.22}$$

3. 在地面系下推导飞机的姿态运动方程和导航方程

从地面看，飞行器的轨迹是用地面系描述的。因此，知道了飞行器的机体运动参量后，还需要将机体系参量转换到地面系。具体思路如下：

(1)根据机体轴上的速度分量，通过地面系与机体系的方向余弦矩阵，可以得到地面系

的速度,再积分得到飞机在地面系的位置信息。

(2)根据机体运动的角速度,通过地面系与机体系的方向余弦矩阵,可以得到地面系的角速度,再积分得到飞机相对于地面系的姿态信息。

(3)根据速度系与地面系的关系方向余弦矩阵,可以得到地面系的速度轨迹信息,再积分后可得到飞机在地面系的飞行轨迹信息。

根据图 3.10.7 所示机体角速度矢量在地面系的投影,可得机体系角速度分量 p、q、r 与地面系角速度分量 $\dot{\phi}$、$\dot{\theta}$、$\dot{\Psi}$ 的转换关系为

$$\begin{cases} p=\dot{\phi}-\dot{\Psi}\sin\theta \\ q=\dot{\theta}\cos\phi+\dot{\Psi}\cos\theta\sin\phi \\ r=-\dot{\theta}\sin\phi+\dot{\Psi}\cos\theta\cos\phi \end{cases} \tag{3.10.23}$$

或

$$\begin{cases} \dot{\phi}=p+(r\cos\phi+q\sin\phi)\tan\theta \\ \dot{\theta}=q\cos\phi-r\sin\phi \\ \dot{\Psi}=\dfrac{1}{\cos\theta}(r\cos\phi+q\sin\phi) \end{cases} \tag{3.10.24}$$

上式称为飞机的姿态运动方程组。

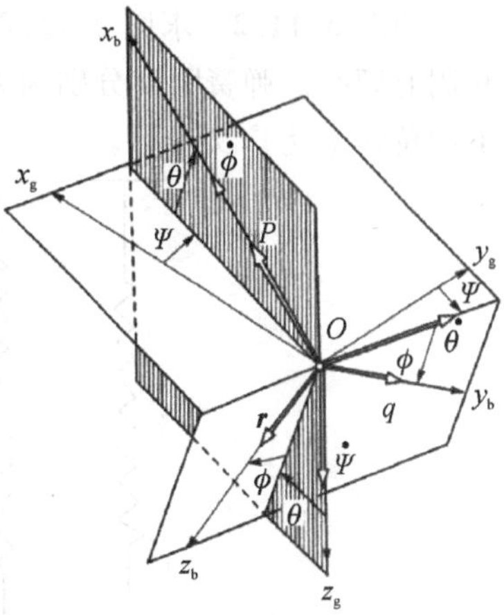

图 3.10.7 机体角速度 p、q、r 在地面系 $Ox_gy_gz_g$ 的投影

令地面系下飞机的速度分量为 $[\dot{x}_g \quad \dot{y}_g \quad -\dot{h}]^{\mathrm{T}}_{\mathrm{earth}}$,已知机体系下飞机的速度分量为 $[u \quad v \quad w]^{\mathrm{T}}_{\mathrm{body}}$,根据图 3.10.7,可知两者之间的转换关系可由三个欧拉角 ϕ,θ,Ψ 得到:

$$\begin{bmatrix} u \\ v \\ w \end{bmatrix}=\begin{bmatrix} \cos\theta\cos\Psi & \cos\theta\sin\Psi & -\sin\theta \\ (\sin\phi\sin\theta\cos\Psi-\cos\phi\sin\Psi) & (\sin\phi\sin\theta\sin\Psi+\cos\phi\cos\Psi) & \sin\phi\cos\theta \\ (\cos\phi\sin\theta\cos\Psi+\sin\phi\sin\Psi) & (\cos\phi\sin\theta\sin\Psi-\sin\phi\cos\Psi) & \cos\phi\cos\theta \end{bmatrix}\begin{bmatrix} \dot{x}_g \\ \dot{y}_g \\ -\dot{h} \end{bmatrix} \tag{3.10.25}$$

或

$$\begin{bmatrix} \dot{x}_g \\ \dot{y}_g \\ -\dot{h} \end{bmatrix}=\begin{bmatrix} \cos\theta\cos\Psi & \cos\theta\sin\Psi & -\sin\theta \\ (\sin\phi\sin\theta\cos\Psi-\cos\phi\sin\Psi) & (\sin\phi\sin\theta\sin\Psi+\cos\phi\cos\Psi) & \sin\phi\cos\theta \\ (\cos\phi\sin\theta\cos\Psi+\sin\phi\sin\Psi) & (\cos\phi\sin\theta\sin\Psi-\sin\phi\cos\Psi) & \cos\phi\cos\theta \end{bmatrix}^{\mathrm{T}}\begin{bmatrix} u \\ v \\ w \end{bmatrix} \tag{3.10.26}$$

上式称为飞机的导航方程组。

4. 飞机六自由度运动方程汇总

综上,下面汇总了飞机六自由度运动方程(共计 12 个方程),其中力和力矩方程在机体系下给出、姿态运动方程和导航方程在地面系下给出,具体为:

(1)力方程组如式(3.10.8)所示;

(2)力矩方程组如式(3.10.22)所示;

(3)姿态运动方程组如式(3.10.24)所示;

(4)导航方程组如式(3.10.26)所示。

3.11　第3章习题

习题 3.11.1　对于图 3.11.1 所示的由 3 个弹簧组成的机械系统，弹簧刚度分别为 k_1、k_2 和 k_3，求等效弹簧常数 k_{eq}。

习题 3.11.2　求图 3.11.2 所示的由 3 个弹簧和 1 个质量组成的机械系统的运动方程和固有频率。弹簧刚度分别为 k_1、k_2 和 k_3，质量为 m。取质量 m 相对于静平衡位置垂直向下的位移 x 为广义坐标。

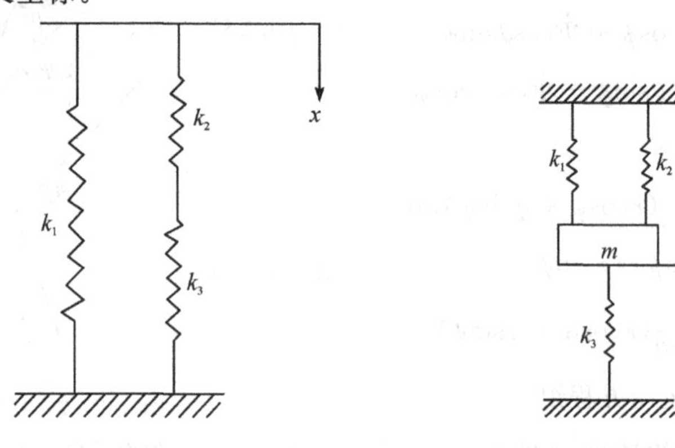

图 3.11.1　习题 3.11.1 图示　　　图 3.11.2　习题 3.11.2 图示

习题 3.11.3　如图 3.11.3(a)、(b)、(c)所示 3 个机械系统：

(1)在图 3.11.3(a)中，假设圆柱体的转动惯量为 J、扭转弹簧刚度为 k、阻尼器的黏性阻尼系数为 b，建立以扭转弹簧左端角位移 θ_i 为输入、刚体角位移 θ_o 为输出的系统运动方程式。

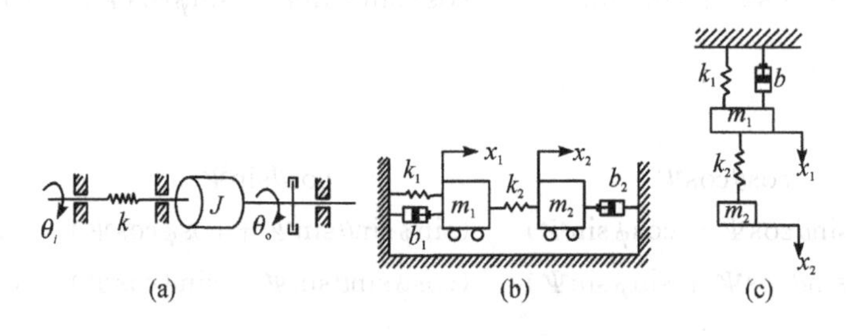

图 3.11.3　习题 3.11.3 图示

(2)在图 3.11.3(b)中，假设小车质量分别为 m_1 和 m_2、弹簧刚度分别为 k_1 和 k_2、阻尼器的黏性阻尼系数分别为 b_1 和 b_2，取广义坐标为小车 m_1 和 m_2 的水平位移 x_1 和 x_2，建立系统水平方向上的运动方程式。

(3)在图 3.11.3(c)中，假设质量分别为 m_1 和 m_2、弹簧刚度分别为 k_1 和 k_2、阻尼器的黏性阻尼系数为 b，取广义坐标为质量 m_1 和 m_2 相对于静平衡位置的垂直位移 x_1 和 x_2，建立系统垂直方向上的运动方程式。

习题 3.11.4　质量为 m(m=10 kg)的物体受到图 3.11.4 所示方向的力 F 拉拽。如果物体与地面间的滑动摩擦系数是 0.3,求必须保持物体以常速度运动所需要力的大小。

习题 3.11.5　一个半径为 R、质量为 m 的均质圆柱体在粗糙表面上滚动。其与墙是通过一刚度为 k 的弹簧相连接,如图 3.11.5 所示。假定圆柱体滚动而无滑动,圆柱体角位移为 θ,质心水平位移为 x,求系统的运动方程式和振动频率。

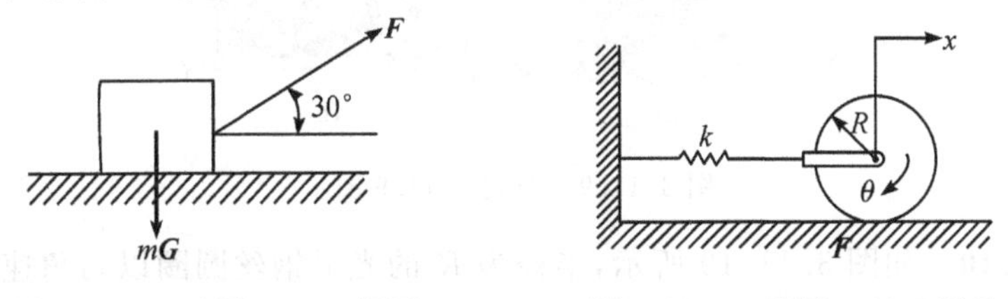

图 3.11.4　习题 3.11.4 图示　　图 3.11.5　习题 3.11.5 图示

习题 3.11.6　假设图 3.11.6 所示摆杆的质量 m 是小的,但与球质量 M 相比是不能忽略的,求当摆角 θ 很小时摆的运动方程式和固有振动频率。

习题 3.11.7　推导图 3.11.7 所示的由 2 个圆盘和 3 个弹簧构成的机械系统的运动方程式。弹簧刚度从左向右依次为 k_1、k_0 和 k_2,圆盘惯性矩为 J_1 和 J_2,取 2 个圆盘的角位移 θ_1 和 θ_2 为广义坐标。

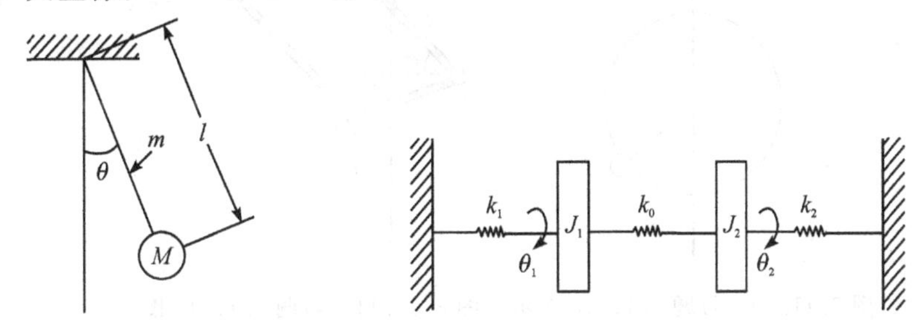

图 3.11.6　习题 3.11.6 图示　　图 3.11.7　习题 3.11.7 图示

习题 3.11.8　如图 3.11.8 所示,一不可伸长的绳子跨过小滑轮 D,绳的一端系于均质圆轮 A 的轮心 C 处,另一端绕在均质圆柱体 B 上。轮 A 重 W_1、半径为 R。圆柱 B 重 W_2、半径为 r。轮 A 沿倾角为 α 的斜面做纯滚动,绳子倾斜段与斜面平行。滑轮 D 和绳子的质量不计,建立系统运动方程式,并求轮心 C 和圆柱 B 的中心 E 的加速度。(系统具有两个自由度。我们选取图 3.11.8(b)中的 $x_1=DC$ 和 $y=y_E$ 作为系统的广义坐标。)

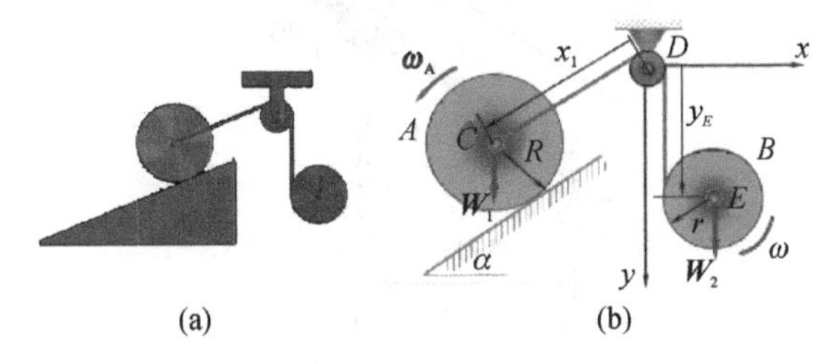

图 3.11.8　习题 3.11.8 图示

习题 3.11.9　如图 3.11.9 所示,质量为 m_1 的三角块 A 在水平面上运动,质量为 m_2 的物块 B 在三角块斜面上运动,斜面以及水平面光滑,倾角为 α,弹簧刚度为 k。建立出系统运动微分方程。(系统为 2 个自由度,选图 3.11.9(b)中三角块 A 水平向左的位移 x_1 和物块 B 沿斜面向下的位移 x_2 为广义坐标。其中坐标 x_2 的原点在弹簧的静伸长处。)

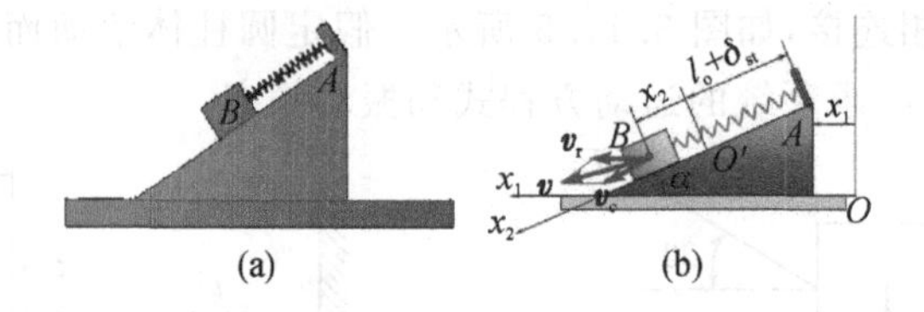

图 3.11.9　习题 3.11.9 图示

习题 3.11.10　如图 3.11.10 所示,半径为 R 的光滑钢丝圆圈以匀角速度 ω 绕竖直直径转动。质点 M 穿在圆圈上。写出质点的拉格朗日函数和运动方程。(选图中所示的 θ 为广义坐标。)

习题 3.11.11　图 3.11.11 所示为平行四杆机构,尺寸 a、b、l 及力 P、F 均为已知。求:平衡时角 α=? 角 β=?

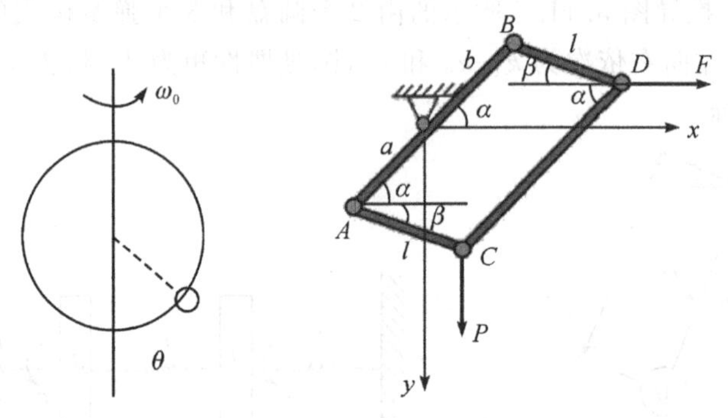

图 3.11.10　习题 3.11.10 图示　图 3.11.11　习题 3.11.11 图示

习题 3.11.12　如图 3.11.12 所示,滑套 D 套在光滑的直杆 AB 上,并带动杆 CD 在铅直的滑道上滑动。已知 $\theta=0°$时弹簧为原长,弹簧的刚性系数为 5 kN/m。图中所示数字的单位均为毫米(mm)。求:在任意位置平衡时,应加多大的力偶 M?

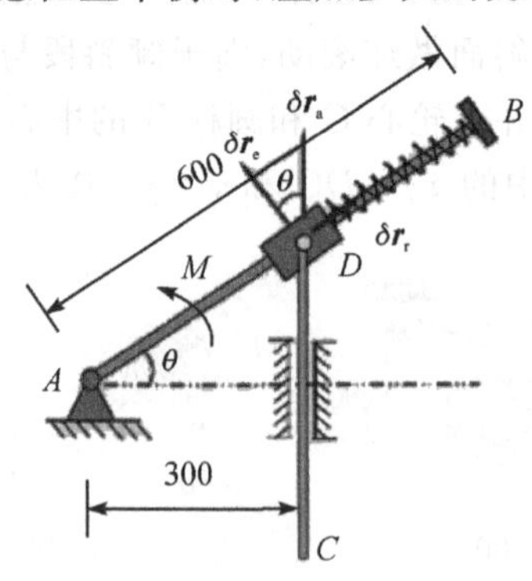

图 3.11.12　习题 3.11.12 图示

第4章　电系统

4.1　基本符号、概念

4.1.1　电流和电压

电压：在导体中产生电流流动所需要的电动势，单位是伏[特](V)。

电荷：电荷是电流对时间的积分，单位是库[仑](C)，1库仑是1秒钟内1安培电流输送的电荷值，即

$$1\ \mathrm{C}=1\ \mathrm{A}\cdot\mathrm{s}$$

在米制单位制中，1库仑是在1 V/m电场中所受到1 N力的电荷值，则有

$$1\ \mathrm{C}=1\ \mathrm{N}\cdot\mathrm{m/V}$$

电流：表示电荷的流动率，电流的单位是安[培](A)。如果dq C电荷在dt时间内穿过给定的截面，此时电流i为

$$i=\frac{\mathrm{d}q}{\mathrm{d}t} \tag{4.1.1}$$

1安培的电流是指每秒输送1库伦的电荷，则有

$$1\ \mathrm{A}=1\ \mathrm{C/s}$$

如正电荷流是从左向右(或负电荷流从右向左)，则电流流动是从左向右。

电流源：电流源表示能源，它产生规定的电流，一般是时间的函数，而与电源的端电压无关。电流源一般包括晶体管和设计成恒电流的功率供给装置。图4.1.1为直流恒定的电流源。

电压源：电压源是一种能源，它供给规定电压，一般是时间的函数，是完全与电流独立的。电压源一般包括有旋转的发电机、电池及电子系统内供恒电压的功率供给装置。电压源和电流源的电路符号如图4.1.2所示。

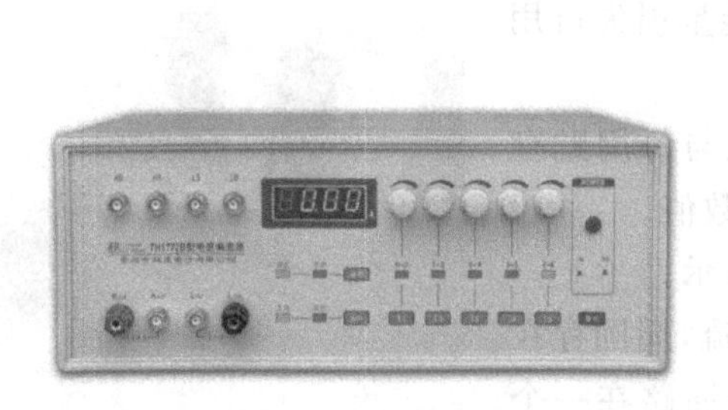

图4.1.1　电流源

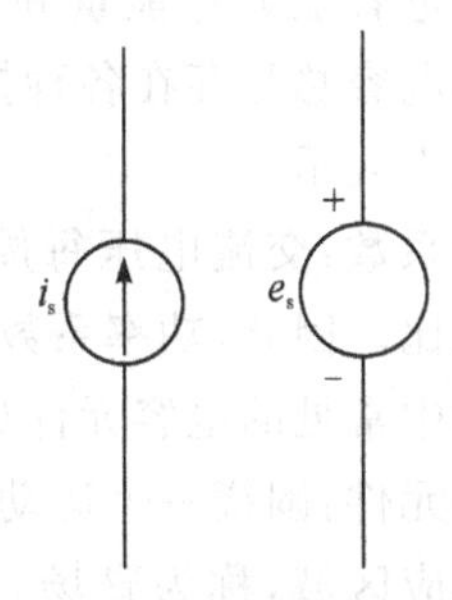

图4.1.2　电流源与电压源电路符号

一个电池可以由一个纯电压源和一个内电阻来代表,后者要考虑其热损失。

4.1.2 3类基本电路元件

电阻:定义为使电流发生单位变化所需要的电压变化,或

$$电阻\ R=\frac{电压变化}{电流变化}\quad \frac{\mathrm{V}}{\mathrm{A}}$$

线性电阻的电阻 R 可以由下式给出:

$$R=\frac{e_R}{i} \tag{4.1.2}$$

其中,e_R 是电阻两端的电压;i 是通过电阻的电流。电阻的单位是欧[姆](Ω),有

$$欧姆=\frac{伏特}{安培}$$

电阻不能以任何形式贮存电能,它能把电能耗散为热。真实的电阻不可能是线性的,其总是存在着某些电容和电感效应。

电导:电阻的倒数称为电导,单位是西[门子](S),有

$$电导=\frac{1}{R}=G\quad \mathrm{S}$$

电容元件:电容定义为使单位电压变化所需要的电荷值的变化。电容是在两个板间对于一定的端电压能贮存的电荷值的一种度量,有

$$电容\ C=\frac{电荷值的变化}{电压的变化}\quad \frac{\mathrm{C}}{\mathrm{V}}$$

电容器的电容 C 可由下式给出:

$$C=\frac{q}{e_c} \tag{4.1.3}$$

其中,q 是电荷的贮存量;e_c 是电容的端电压。电容的单位是法[拉](F),有

$$法拉=\frac{安培\cdot 秒}{伏特}=\frac{库伦}{伏特}$$

由于 $i=\mathrm{d}q/\mathrm{d}t$ 和 $e_c=q/C$,因此,

$$i=C\frac{\mathrm{d}e_c}{\mathrm{d}t},\quad \mathrm{d}e_c=\frac{1}{C}i\,\mathrm{d}t \Rightarrow e_c(t)=\frac{1}{C}\int_0^t i\,\mathrm{d}t+e_c(0) \tag{4.1.4}$$

即一个纯电容能贮存能量并能重新释放所有的能量,但实际的电容总是存在各种损失。这些能量损失可用功率系数来表示。

功率系数:交流电压每周能量的损失与每周贮存的能量之比。因此,功率系数希望是小的数值。

实际中常见的电容元件如图 4.1.3 所示。

图 4.1.3 电容元件

电感元件:围绕一个运动的电荷或电流,周围存在着一个感应区域,称为磁场。如果有一个回路在一个随时间而变化的磁场中,则回路将产生感应电动势,即

为电感效应。

感应电压与电流变化率(每秒电流的变化)之比定义为电感,或

$$电感=\frac{感应电压的变化}{每秒电流的变化}\quad \frac{\mathrm{V}}{\mathrm{A/s}}$$

电感效应可分为自感和互感。

自感是单个线圈的性质,它是当由线圈电流引起磁场耦合线圈本身时产生的。感应电压的大小正比于耦合电路的磁通量的变化率。

如果电路不包含铁磁体元件(例如铁心),磁通量变化率正比于 $\mathrm{d}i/\mathrm{d}t$。

自感或简单感应 L 是感应电压 e_{L}(V)和电流变化率(每秒电流的变化)$\mathrm{d}i/\mathrm{d}t$(A/s)之间的比例常数,有

$$L=\frac{e_{\mathrm{L}}}{\mathrm{d}i/\mathrm{d}t} \tag{4.1.5}$$

电感的单位是亨[利](H)。当1安培电流每秒的变化率将感应1伏特电动势时,此电路就具有1亨利电感,即

$$亨利=\frac{伏特}{安培/秒}=\frac{韦伯}{安培}$$

对于电感线圈,有

$$e_{\mathrm{L}}=L\frac{\mathrm{d}i}{\mathrm{d}t} \tag{4.1.6}$$

对式(4.1.6)求解可得电感线圈中的瞬态电流 $i_{\mathrm{L}}(t)$为

$$i_{\mathrm{L}}(t)=\frac{1}{L}\int_0^t e_{\mathrm{L}}\mathrm{d}t+i_{\mathrm{L}}(0)$$

由于大量的电感线圈是金属导线线圈,它们总是具有一定的电阻。由电阻存在而引起的能量损失用品质因数 Q 表示。

品质因数:表示储存与消散能量的比率。一个高 Q 值一般表示电感线圈含有小的电阻值。

互感:表示电感线圈之间的影响,这是由它们的磁场之间的相互作用而引起的。

当两个电感线圈中任一个有1 A/s的电流变化时,对另一个电感线圈感应产生1 V的电动势,则它们间的互感 M 是1 H。

实际中常见的电感元件如图4.1.4所示。

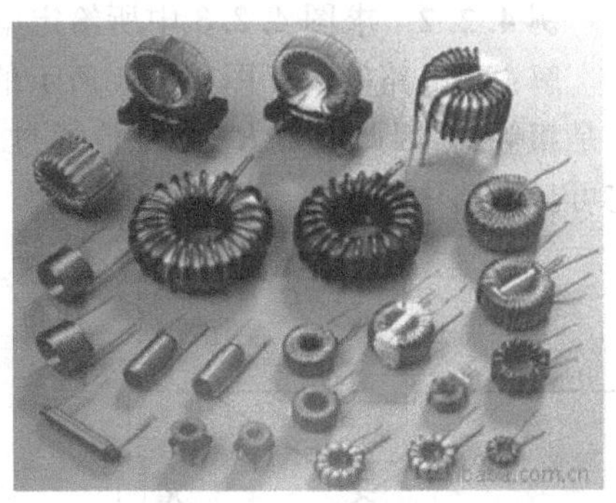

图4.1.4　电感元件

说明:以上介绍的均是理想条件下的电阻、电容和电感。而实际的电阻、电容和电感都是非理想的。实际电阻存在一定引线电感和极间电容;实际电容容量会随频率的变化而稍有变化,并且因为引线的存在在高频下有感抗;实际电感存在线圈电阻、分布电容。这些影响因素通常很小,但当应用场合频率较高,或通过电流较大,或对精度要求很高时,这些因素在建模过程中不能被忽略。

4.2 电路的基本定律

4.2.1 欧姆定律

欧姆定律是指电路中的电流正比于作用在电路上的总电动势，反比于电路中的总电阻，即

$$i=\frac{e}{R} \tag{4.2.1}$$

其中，i 是电流(A)；e 是电动势(V)；R 是电阻(Ω)。

对于串联电路，串联电阻的合成电阻是各分电阻之和；对于并联电路，并联电阻的合成电阻的倒数是各分电阻的倒数之和。

例 4.2.1 研究图 4.2.1 所示的电路在点 A 和点 B 之间的合成电阻。

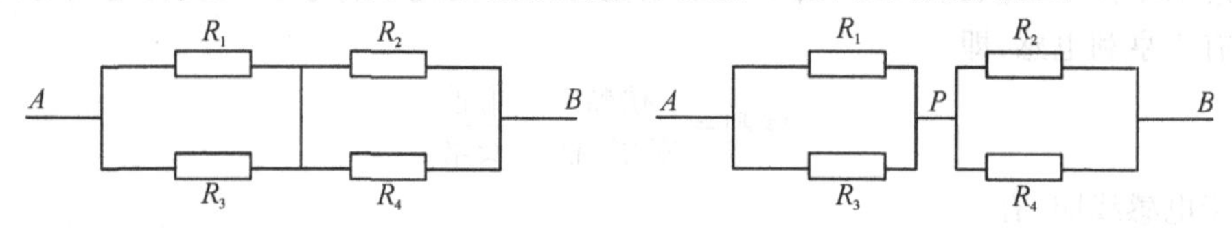

图 4.2.1 例 4.2.1 示意图　　图 4.2.2 例 4.2.1 等效电路

解：在此电路中，R_1 和 R_3 是并联、R_2 和 R_4 是并联。并由这两并联电阻组成串联电路，等效电路如图 4.2.2 所示。则有

$$R_{AP}=\frac{R_1R_3}{R_1+R_3},\quad R_{PB}=\frac{R_2R_4}{R_2+R_4}$$

因此可得点 A 和点 B 之间的合成电阻 R 为

$$R=R_{AP}+R_{PB}=\frac{R_1R_3}{R_1+R_3}+\frac{R_2R_4}{R_2+R_4}$$

例 4.2.2 求图 4.2.3 中所给定电路的点 A 和点 B 间的电阻。

解：此电路等价于图 4.2.4 所示的电路。因为 $R_1=R_4$、$R_2=R_3$，在点 C 和点 D 之间电压是相等的，因此电阻 R_5 无电流通过。电阻 R_5 在点 A 和点 B 之间对总电阻值无作用，故它可从电路中移去。于是有

$$\frac{1}{R_{AB}}=\frac{1}{R_1+R_4}+\frac{1}{R_2+R_3}$$

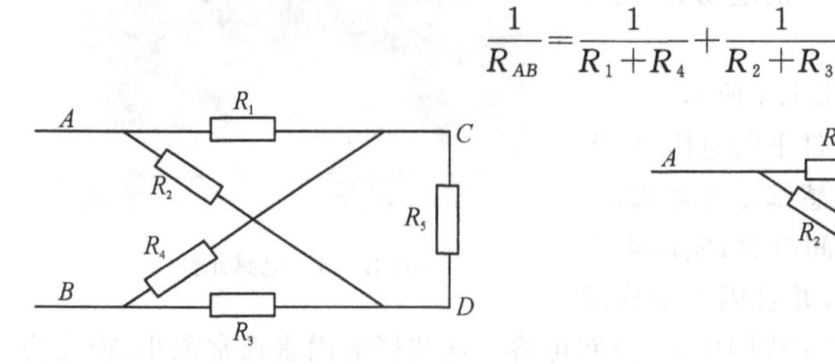

图 4.2.3 例 4.2.2 示意图

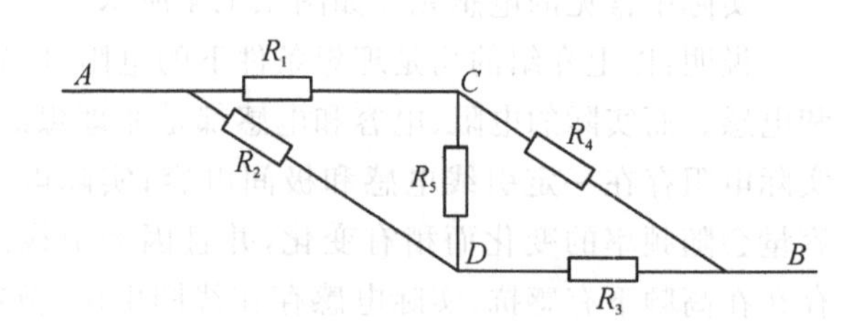

图 4.2.4 例 4.2.2 等效电路

例 4.2.3　求图 4.2.5 所示电路的点 A 与点 B 间的合成电阻，它是由无限多电阻连接成 Π 形所组成。

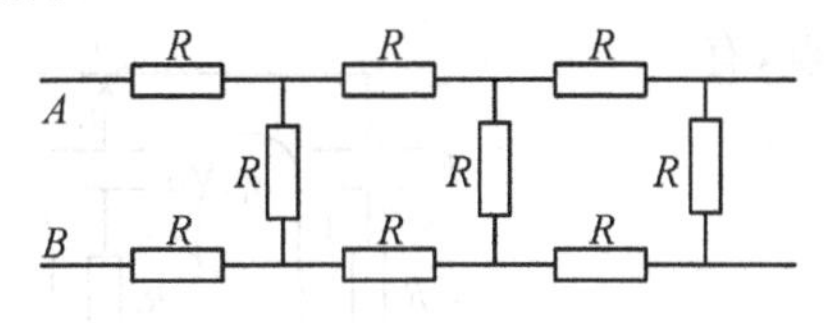

图 4.2.5　例 4.2.3 示意图

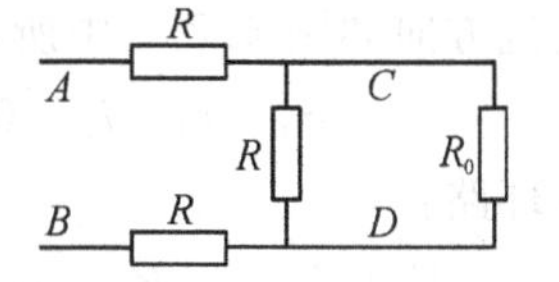

图 4.2.6　例 4.2.3 等效电路

解： 设点 A 和点 B 间的合成电阻为 R_0。把前 3 个电阻与其他电阻分离开来。因为电路是由无限多电阻合成，前 3 个电阻对合成电阻值无影响。因此，如图 4.2.6 所示，在点 C 和点 D 间的合成电阻同样是 R_0。

点 A 和点 B 间的电阻 R_0 可求得为

$$R_0 = 2R + \frac{1}{\dfrac{1}{R}+\dfrac{1}{R_0}} = 2R + \frac{RR_0}{R_0+R}$$

即

$$R_0 = R + \sqrt{3}R$$

4.2.2　基尔霍夫电流定律和电压定律

基尔霍夫电流定律又称节点定律。节点是指在 1 个电路中由 3 个或更多个导线连接在一起的点。该定律说明所有进入和流出一节点的电流的代数和等于零。也即进入一节点的电流和等于同一节点流出的电流和。

图 4.2.7 可用基尔霍夫电流定律表示为

$$i_1 + i_2 + i_3 - i_4 - i_5 = 0$$

基尔霍夫电压定律又称环路定律。该定律说明在任何瞬时在电路中绕任何环路的电压代数和是零。也即绕环路电压降值之和等于电压升值之和。电压的升值发生在从负极到正极通过一电动势源，或与电流流动相反的方向通过一电阻时。电压的降值发生在从正极到负极通过一电动势源，或与电流流动方向同向通过一电阻时。

如图 4.2.8 所示，

$$e_{AB} + e_{BC} + e_{CA} = 0 \Rightarrow E - iR - ir = 0 \Rightarrow i = \frac{E}{R+r}$$

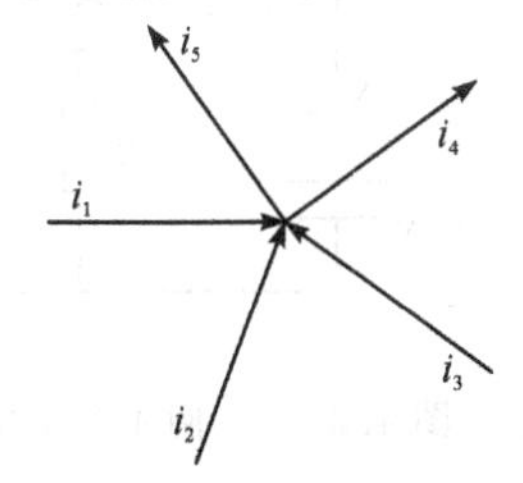

图 4.2.7　基尔霍夫电流定律示意图

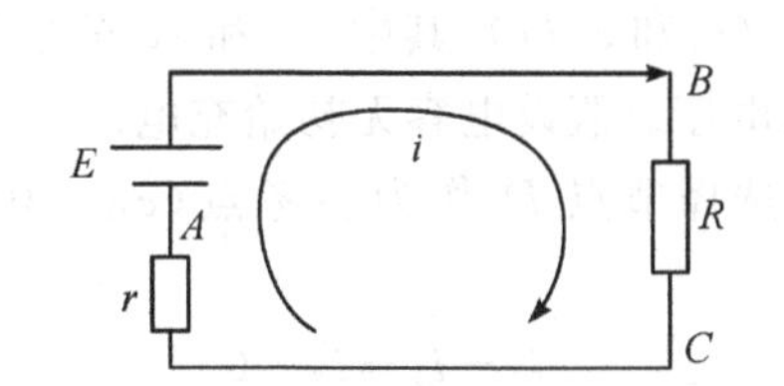

图 4.2.8　基尔霍夫电压定律示意图

具有两个或更多个环路的电路可同时使用基尔霍夫电流定律和电压定律。第一步写出电流方程式以决定每一导线的电流方向。第二步是决定在每一环路中所遵循电流的方向。

假定电流方向如图 4.2.9 中所示，在 A 点，有

$$i_1+i_3-i_2=0$$

对于左环路：

$$E_1-E_2+i_3R_2-i_1R_1=0$$

对于右环路：

$$E_2-i_2R_3-i_3R_2=0$$

首先从上面 3 个方程式中消去 i_3，再解 i_1 和 i_3，得

$$i_1=\frac{E_1(R_2+R_3)-E_2R_3}{R_1R_2+R_2R_3+R_3R_1}$$

$$i_3=\frac{E_2(R_1+R_3)-E_1R_3}{R_1R_2+R_2R_3+R_3R_1}$$

$$i_2=i_1+i_3=\frac{E_1R_2+E_2R_1}{R_1R_2+R_2R_3+R_3R_1}$$

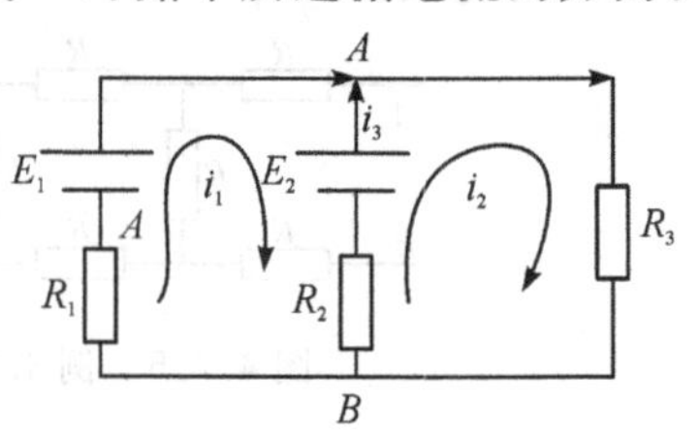

图 4.2.9 用基尔霍夫电流定律和电压定律建立电路模型

对于环路使用循环的电流来确定方程式。如图 4.2.10 所示，在此方法中，假设有一循环电流存在于每一环路中。应用基尔霍夫电压定律于电路，得方程式为：

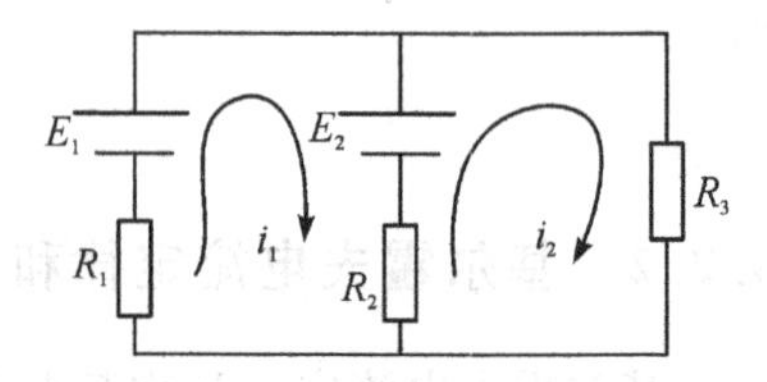

图 4.2.10 用循环电流建立电路模型

对于左环路：

$$E_1-E_2-R_2(i_1-i_2)-R_1i_1=0$$

对于右环路：

$$E_2-R_3i_2-R_2(i_2-i_1)=0$$

通过电阻 R_2 的净电流是 i_1 和 i_2 之间的差。解得 i_1、i_2 分别为

$$i_1=\frac{E_1(R_2+R_3)-E_2R_3}{R_1R_2+R_2R_3+R_3R_1},\quad i_2=\frac{E_1R_2+E_2R_1}{R_1R_2+R_2R_3+R_3R_1}$$

上解证实了 $i_3=i_2-i_1$。

4.2.3 建立数学模型和电路分析

首先介绍获得电路数学模型的节点法，即应用基尔霍夫电流定律于电路中每一个节点，写出方程式。

例 4.2.4 图 4.2.11 所示的电路，假设在 $t=0$ 时接通开关 S，这样把 $E=12$ V 作为电路的输入。求电压 $e_A(t)$ 和 $e_B(t)$，其中 e_A 和 e_B 分别是 A 点和 B 点处的电压。假设电容无初始充电。

解： 选择节点 D 作为参考点（$e_D=0$），在节点 A，有

$$i_1-i_2-i_3=0$$

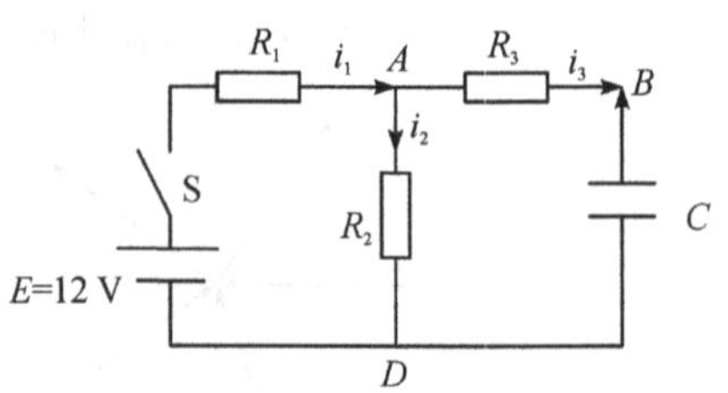

图 4.2.11 例 4.2.4 中电路模型

$$i_1=\frac{E-e_A}{R_1},\quad i_2=\frac{e_A-e_D}{R_2}=\frac{e_A}{R_2},\quad i_3=\frac{e_A-e_B}{R_3}$$

因此，

$$\frac{E-e_A}{R_1}-\frac{e_A}{R_2}-\frac{e_A-e_B}{R_3}=0$$

在点 B，i_3 等于 $C\mathrm{d}(e_B-e_D)/\mathrm{d}t=C\mathrm{d}e_B/\mathrm{d}t$。因此，

$$\frac{e_A-e_B}{R_3}=C\frac{\mathrm{d}e_B}{\mathrm{d}t}$$

电压 $e_A(t)$和 $e_B(t)$可以由以上方程式决定为时间的函数。

当 $2R_1=R_2=R_3$、$R_3C=1$ 时，可得

$$\dot{e}_B+\frac{3}{4}e_B=6$$

令 $x=e_B-8$，上式可写为

$$\dot{x}+\frac{3}{4}x=0$$

该方程式的解可用 $x=K\mathrm{e}^{\lambda t}$ 求得，将其代入方程式为

$$K\lambda\mathrm{e}^{\lambda t}+\frac{3}{4}K\mathrm{e}^{\lambda t}=0\Rightarrow\lambda=-\frac{3}{4}=-0.75$$

因此可得

$$e_B(t)=K\mathrm{e}^{-0.75t}+8$$

K 由初始条件决定。因为电容器无初始充电，则

$$e_B(t)=8(1-\mathrm{e}^{-0.75t}),\quad e_A(t)=\dot{e}_B(t)+e_B(t)=8-2\mathrm{e}^{-0.75t}$$

注意：$\mathrm{e}^{-4}=0.0183$ 和 $\mathrm{e}^{-8}=0.000335$，那么，对于 $t>8$，我们近似认为 $e_A(t)=e_B(t)=8$ V。因此，对于 $t>8$，R_3 无功率耗散。功率连续不断地由电阻 R_1 和 R_2 所耗散。

当应用环路法获得电路数学模型时，首先要标明未知电流，并任意假定电流绕环路的方向。然后应用基尔霍夫电压定律写出方程式。

例 4.2.5　假定在图 4.2.12 的电路中开关 S 在 $t<0$ 时是切断的，在 $t=0$ 时是接通的，求对于 $t\geqslant0$ 时电流 $i(t)$的数学模型。

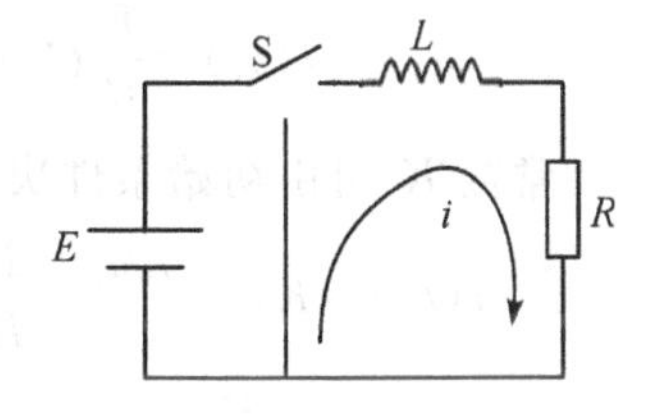

图 4.2.12　例 4.2.5 中电路模型

解：开关 S 在 $t<0$ 时是切断的，在 $t=0$ 时接通，此时这里只包含有一个环路。任意选择电流绕环路的方向，可得方程式为

$$L\frac{\mathrm{d}i}{\mathrm{d}t}+Ri=E$$

在开关 S 刚接通的瞬时，感应线圈中的电流不能瞬时由零变到有限值，因此 $i(0)=0$。

令 $x=i-E/R$，则上式简化为

$$L\frac{\mathrm{d}x}{\mathrm{d}t}+Rx=0$$

假设其有一指数解

$$x=K\mathrm{e}^{-(R/L)t}$$

那么与之对应的电流 $i(t)$ 可写为

$$i(t)=x(t)+\frac{E}{R}=K\mathrm{e}^{-(R/L)t}+\frac{E}{R}$$

K 由初始条件决定。根据 $i(0)=0$ 可得

$$i(0)=K+\frac{E}{R}=0\Rightarrow K=-\frac{E}{R}$$

因此,最终可得电流 $i(t)$ 为

$$i(t)=\frac{E}{R}(1-\mathrm{e}^{-(R/L)t})$$

图 4.2.13 表示了一种类型的 $i(t)$ 与 t 的关系曲线。

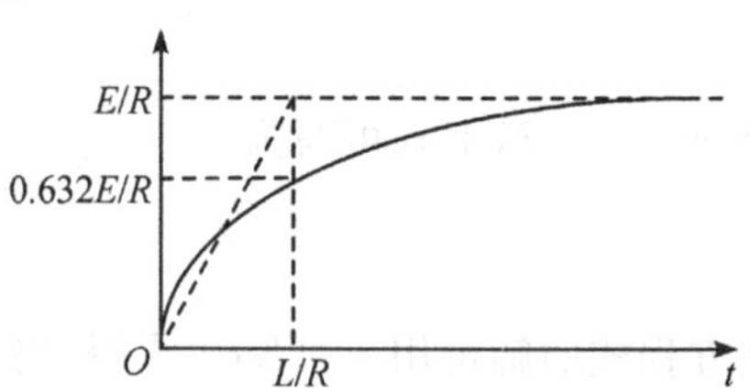

图 4.2.13 例 4.2.5 中电流随时间变化曲线

例 4.2.6 在例 4.2.5 中,假设对于 $t<0$ 开关 S 是切断的,而在 $t=0$ 时是接通的,在 $t=t_1>0$ 时又重新切断。求对于 $t\geqslant 0$ 时电流 $i(t)$ 的数学模型。

解: 当 $t_1>t\geqslant 0$ 时,该电路方程式为

$$L\frac{\mathrm{d}i}{\mathrm{d}t}+Ri=E,\ i(0)=0$$

它的解为

$$i(t)=\frac{E}{R}(1-\mathrm{e}^{-(R/L)t})\ (t_1>t\geqslant 0)$$

当 $t\geqslant t_1$ 时,开关切断,该电路方程式变为

$$L\frac{\mathrm{d}i}{\mathrm{d}t}+Ri=0$$

它的解为

$$i(t)=K\mathrm{e}^{-(R/L)t}$$

其中在 $t=t_1$ 时的初始条件为

$$i(t_1)=\frac{E}{R}(1-\mathrm{e}^{-(R/L)t_1})$$

常数 K 可由初始条件决定:

$$i(t_1)=K\mathrm{e}^{-(R/L)t_1}=\frac{E}{R}(1-\mathrm{e}^{-(R/L)t_1})\Rightarrow$$

$$K=\frac{E}{R}(1-\mathrm{e}^{-(R/L)t_1})\mathrm{e}^{(R/L)t_1}$$

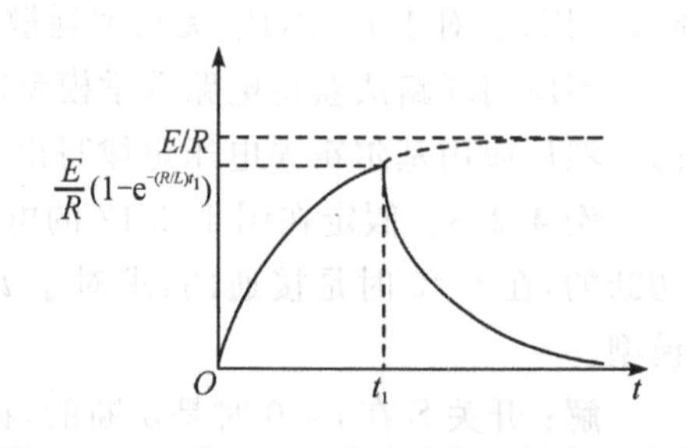

图 4.2.14 例 4.2.6 中电流随时间变化曲线

最终图 4.2.14 展示了 $i(t)$ 与 t 的关系曲线。

例 4.2.7 图 4.2.15 是由一个电容、一个电阻和一个电池组成的电路。电容被充电到 12 V,并在 $t=0$ 时开关接通电阻。求电流的时间函数 $i(t)$。

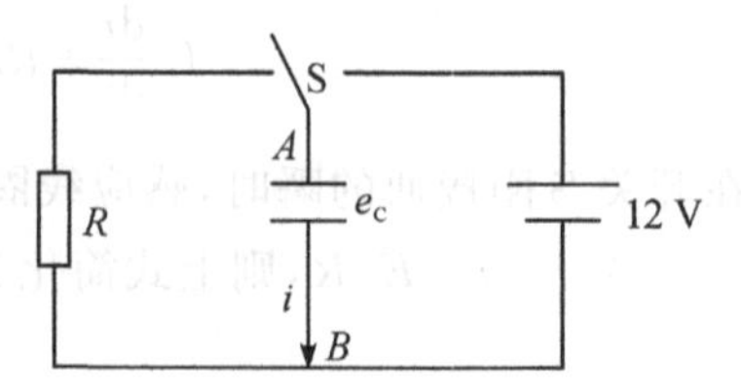

图 4.2.15 例 4.2.7 中电路模型

解: 对于 $t>0$,根据环路电压定律可得

$$\frac{1}{C}\int i\mathrm{d}t+Ri=0$$

或

$$\frac{1}{C}\int_0^t i\,\mathrm{d}t + \frac{1}{C}q(0) + Ri = 0$$

注意 $q(0)/C = e_A(0) - e_B(0) = e_C(0)$，因此，

$$\frac{1}{C}\int_0^t i\,\mathrm{d}t + Ri = -e_C(0)$$

将上式两边对时间 t 求导数，得

$$R\frac{\mathrm{d}i}{\mathrm{d}t} + \frac{1}{C}i = 0$$

它的解可以写为

$$i(t) = K\mathrm{e}^{-t/RC}$$

根据初始条件可得 $K = -12/R$。

下面通过例 4.2.8 建立电路系统中常用的惠斯通电桥的数学模型。

例 4.2.8 图 4.2.16 所示为一惠斯通电桥，它是由 4 个电阻，1 个电池(或直流低压电源)和 1 个电流计所组成。电阻 R_x 是一个未知电阻。电阻 R_1 和 R_2 是一比例桥臂，它们可以做成等大的。电池和电流计的位置可以交换。建立该惠斯通电桥的数学模型。

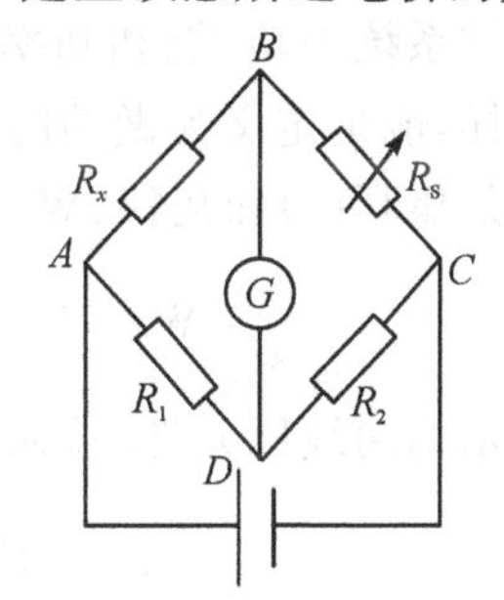

图 4.2.16 惠斯通电桥及其电路图

解：惠斯通电桥图中有 3 个环路，设每一环路的电流为 i_1、i_2、i_3。惠斯通电桥的平衡条件是通过电流计的电流为零。

如果电桥是平衡的，则根据基尔霍夫电流和电压定律有

$$\begin{cases} R_1 i_2 = R_2(i_1 - i_2) \\ R_x i_3 = R_3(i_1 - i_3) \\ i_2 = i_3 \end{cases} \Rightarrow \frac{R_1}{R_2} = \frac{R_x}{R_3}$$

下面通过例 4.2.9 建立具有互感线圈电路的数学模型。

例 4.2.9 图 4.2.17 所示的系统表示由一对互感线圈在同一磁场下耦合的两个电路的网络。假设在 $t=0$ 时接通开关 S，在电容中无初始充电，求系统数学模型。

解：假定循环电流 i_1 和 i_2 如图 4.2.17 所示。此时，对于电路 1(左环路)，有

$$E - \frac{1}{C}\int i_1\,\mathrm{d}t - L_1\frac{\mathrm{d}i_1}{\mathrm{d}t} - M\frac{\mathrm{d}i_2}{\mathrm{d}t} - R_1 i_1 = 0$$

对于电路 2(右环路)，有

$$-L_2\frac{\mathrm{d}i_2}{\mathrm{d}t}-M\frac{\mathrm{d}i_1}{\mathrm{d}t}-R_2 i_2=0$$

整理这两个方程式，并注意 $q_1(0)=0$，因此有

$$\int i_1\mathrm{d}t=\int_0^t i_1\mathrm{d}t+q_1(0)=\int_0^t i_1\mathrm{d}t$$

最终可得该系统的数学模型为

$$\begin{cases}L_1\dfrac{\mathrm{d}i_1}{\mathrm{d}t}+M\dfrac{\mathrm{d}i_2}{\mathrm{d}t}+R_1 i_1+\dfrac{1}{C}\displaystyle\int_0^t i_1\mathrm{d}t=E\\L_2\dfrac{\mathrm{d}i_2}{\mathrm{d}t}+M\dfrac{\mathrm{d}i_1}{\mathrm{d}t}+R_2 i_2=0\end{cases}$$

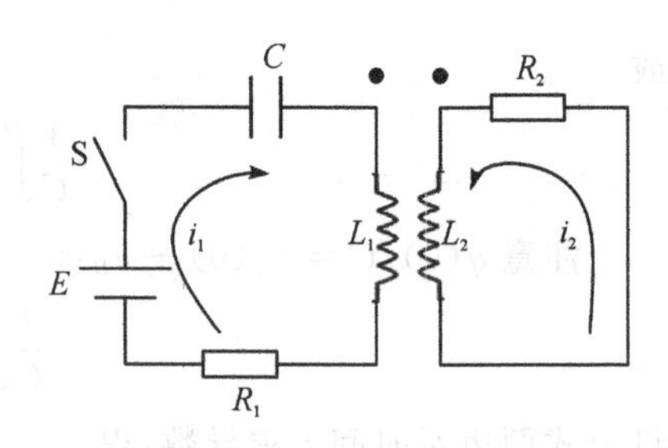

图 4.2.17　例 4.2.9 中电路模型

注意：如果一数学模型包含有积分微分方程式，我们可以微分等式两边而得到微分方程式。微分方程组的解可以表示为具有未定常数的指数函数形式，此常数可代入初始条件求得。

4.3　功率和能

上一章讨论了机械系统中功、能和功率的关系。这里我们讨论电能和功率的关系。与机械系统所讨论的一样，能量定义为做功的能力，功率定义为每单位时间的能量。SI 单位中能和功率的单位分别是焦耳(J)和瓦特(W)。则有

$$\frac{\mathrm{J}}{\mathrm{s}}=\mathrm{W}=\mathrm{V}\cdot\mathrm{A}=\frac{\mathrm{V}\cdot\mathrm{C}}{\mathrm{s}}=\frac{\mathrm{N}\cdot\mathrm{m}}{\mathrm{s}}$$

对于图 4.3.1 所示的两线段元件，输入功率是流入该元件能量的速率，即

$$P=\frac{\mathrm{d}W}{\mathrm{d}t}\tag{4.3.1}$$

式中，P 表示输入功率；$\mathrm{d}W$ 表示在 $\mathrm{d}t$(s)内输入元件的能量，单位为 J。

因为电压是每单位电量中的能量($e=\mathrm{d}W/\mathrm{d}q$)、电流是电量流动的速率($i=\mathrm{d}q/\mathrm{d}i$)，有

$$P=\frac{\mathrm{d}W}{\mathrm{d}q}\frac{\mathrm{d}q}{\mathrm{d}t}=ei\tag{4.3.2}$$

因此，在图 4.3.1 中电阻元件的消耗功率为 eiW。

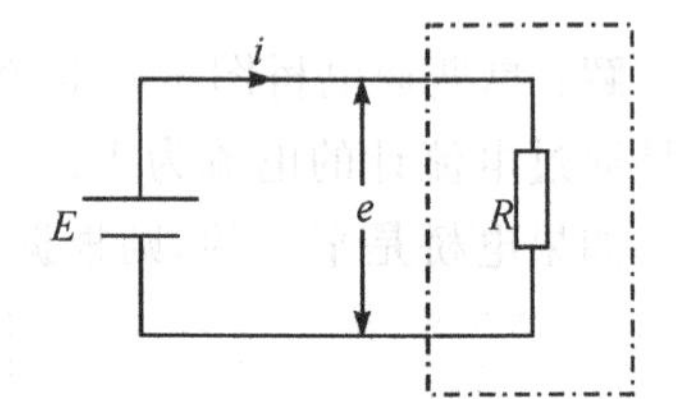

图 4.3.1　两线段元件的输入功率

如果 e 和 i 随时间而变，此时功率 P 变成时间的函数。通过时间间隔 $t_0\leqslant t\leqslant t_\mathrm{f}$ 输入到元件中的总能量值为

$$W=\int_{t_0}^{t_\mathrm{f}}P\mathrm{d}t=\int_{t_0}^{t_\mathrm{f}}ei\mathrm{d}t\tag{4.3.3}$$

1. 由电阻消耗的能量

电阻是一个元件不可逆耗散功率的能量的一种度量。单位时间内由电阻耗散或消耗的能量(耗散的能量变为热)为

$$P=ei=i^2R=\frac{e^2}{R}\tag{4.3.4}$$

2. 贮存于电容器中的能量

当有一电压作用于极板两端时，由于在电容器的极板间具有一电场，因此电容器就贮存能量。输送电荷 dq 通过一势差(电压)e 所做的功是 edq。通过时间间隔 $t_0 \leqslant t \leqslant t_f$ 贮存于电容器中的能量值为

$$\text{贮存的能量} = \int_{t_0}^{t_f} e \frac{dq}{dt} dt = \int_{t_0}^{t_f} eC \frac{de}{dt} dt = \int_{e_0}^{e_f} Ce\,de = \frac{1}{2} Ce_f^2 - \frac{1}{2} Ce_0^2 \tag{4.3.5}$$

电容是度量元件以分离电荷形式或以一电场的形式来贮存能量的能力。

3. 贮存于电感器中的能量

通过时间间隔 $t_0 \leqslant t \leqslant t_f$ 贮存于电感器中的能量值为

$$\text{贮存的能量} = \int_{t_0}^{t_f} ei\,dt = \int_{t_0}^{t_f} L \frac{di}{dt} i\,dt = L \int_{i_0}^{i_f} i\,di = \frac{1}{2} Li_f^2 - \frac{1}{2} Li_0^2 \tag{4.3.6}$$

4. 功率的产生和功率的消耗

电流通过电池从低电压点流向高电压点。(电压上升的方向和电流流动的方向是相同的，它表示产生电功率)

电流通过电阻从高电压点流向低电压点。(电压上升的方向和电流流动方向是相反的，它表示耗散电功率)

电能和热能单位的换算。电能用 J(焦耳)、W · s(瓦特秒)、kWh(千瓦时)等单位表示；热能用 J、kcal 及类似的单位表示。这些单位间有如下关系：

$$1\ \text{J} = 0.2389\ \text{cal}, \quad 1\ \text{kcal} = 4186\ \text{J}, \quad 1\ \text{W} \cdot \text{s} = 1\ \text{J}, \quad 1\ \text{kcal} = 1.163\ \text{Wh}$$

$$1\ \text{kWh} = 1000\ \text{Wh} = 1000 \times 3600\ \text{W} \cdot \text{s} = 1000 \times 3600\ \text{J} = 860\ \text{kcal}$$

4.4　相似系统

4.4.1　相似系统的定义和用途

将有相同的数学模型但在物理上是有区别的系统称为相似系统。因此相似系统可由相同的微分或积分方程组来描述。

相似系统的概念在实际中非常有用，其理由如下：

(1)描述一物理系统的方程式的解可以在任何其他场合直接应用于相似系统；

(2)由于一种类型的系统比另一种可能容易用实验处理，因此，对于所要建立和研究的机械系统(或液压系统、气动系统等)，我们可以建立和研究其电模拟系统，因为对于电系统或电子系统，一般很容易用实验方法来处理。

本节介绍机械系统和电系统之间的相似系统。相似系统的概念显然可以用到任何其他的系统，而在机械的、电的、液压的、气动的系统中的相似性是由后续章节讨论。

机械-电相似。机械系统可以通过它们的电模拟系统来研究，其模型比对应的机械系统模型更容易建立。对机械系统有两种电模拟——力-电压相似和力-电流相似。

4.4.2 力-电压相似系统和力-电流相似系统

研究图 4.4.1 所示的机械系统和图 4.4.2 所示的电系统。前者的系统方程式为

$$m\frac{\mathrm{d}^2x}{\mathrm{d}t^2}+b\frac{\mathrm{d}x}{\mathrm{d}t}+kx=p \tag{4.4.1}$$

而电系统的方程式为

$$L\frac{\mathrm{d}i}{\mathrm{d}t}+Ri+\frac{1}{C}\int i\,\mathrm{d}t=e \tag{4.4.2}$$

将式(4.4.2)以电荷 q 表示，所得方程式为

$$L\frac{\mathrm{d}^2q}{\mathrm{d}t^2}+R\frac{\mathrm{d}q}{\mathrm{d}t}+\frac{q}{C}=e \tag{4.4.3}$$

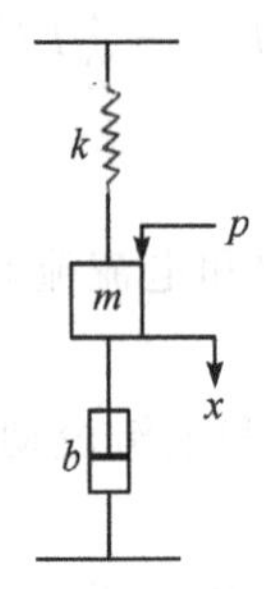

图 4.4.1 力-电压相似中的机械系统

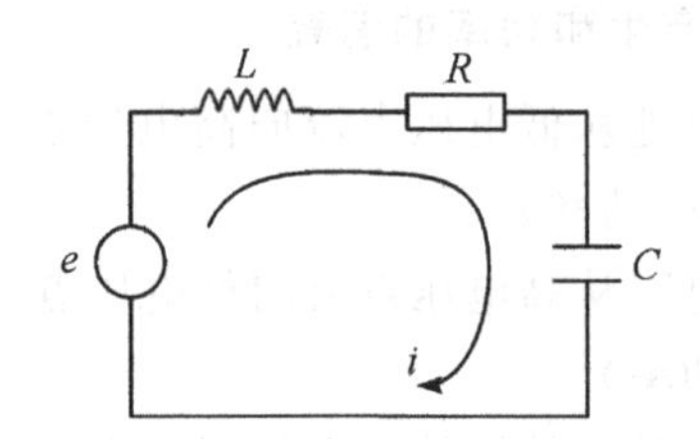

图 4.4.2 力-电压相似中的电系统

比较机械系统的方程式(4.4.1)和电系统的方程式(4.4.3)，可以看到两个系统的微分方程式具有相同的形式。因此这两个系统是相似系统。在微分方程中对应位置所占有的项称为相似量，表 4.4.1 列出了这些相似量。这种相似称为力-电压相似(或质量-电感相似)。

表 4.4.1 力-电压相似系统中的相似量

机械系统	电系统
力 F(力矩 T)	电压 e
质量 m(惯性矩 J)	电感 L
黏性摩擦系数 b	电阻 R
弹簧常数 k	电容的倒数 $1/C$
位移 x(角位移 θ)	电荷 q
速度 v(角速度 $\dot{\theta}$)	电流 i

研究图 4.4.3 所示的机械系统和图 4.4.4 所示的电系统。前者的系统方程式为

$$m\frac{\mathrm{d}^2x}{\mathrm{d}t^2}+b\frac{\mathrm{d}x}{\mathrm{d}t}+kx=p \tag{4.4.4}$$

对于电系统应用基尔霍夫电流定律，有

$$i_L+i_R+i_C=i_s \tag{4.4.5}$$

式中，$i_L=\frac{1}{L}\int e\,\mathrm{d}t$、$i_R=\frac{e}{R}$、$i_C=C\frac{\mathrm{d}e}{\mathrm{d}t}$。因此，电系统的方程式可以写为

$$\frac{1}{L}\int e\mathrm{d}t+\frac{e}{R}+C\frac{\mathrm{d}e}{\mathrm{d}t}=i_s \tag{4.4.6}$$

由于磁通量与电压的关系为

$$\frac{\mathrm{d}\Phi}{\mathrm{d}t}=e \tag{4.4.7}$$

把电系统的方程式表示为磁通量，可得

$$C\frac{\mathrm{d}^2\Phi}{\mathrm{d}t^2}+\frac{1}{R}\frac{\mathrm{d}\Phi}{\mathrm{d}t}+\frac{1}{L}\Phi=i_s \tag{4.4.8}$$

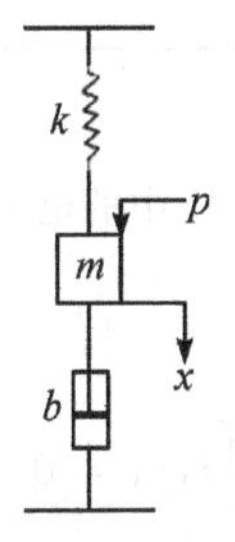

图4.4.3　力-电流相似中的机械系统

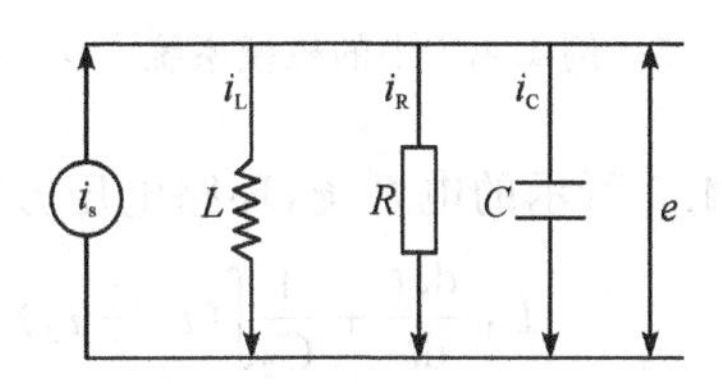

图4.4.4　力-电流相似中的电系统

比较机械系统的方程式(4.4.4)和电系统的方程式(4.4.8)，我们发现这两个系统是相似的，相似量列于表4.4.2。因此，这两个系统称为力-电流相似系统(或质量-电容相似系统)。

表4.4.2　力-电流相似系统中的相似量

机械系统	电系统
力 F(力矩 T)	电流 i
质量 m(惯性矩 J)	电容 C
黏性摩擦系数 b	电阻的倒数 $1/R$
弹簧常数 k	电感的倒数 $1/L$
位移 x(角位移 θ)	磁通量 Φ
速度 v(角速度 $\dot{\theta}$)	电压 e

例4.4.1　求图4.4.5和图4.4.6所示机械系统和电系统的数学模型，并证明它们是相似系统。

解：对于图4.4.5所示的机械系统的运动方程式为

$$\begin{cases} m_1\ddot{x}_1+b_1\dot{x}_1+k_1x_1+k_2(x_1-x_2)=0 \\ b_2\dot{x}_2+k_2(x_2-x_1)=0 \end{cases} \tag{4.4.9}$$

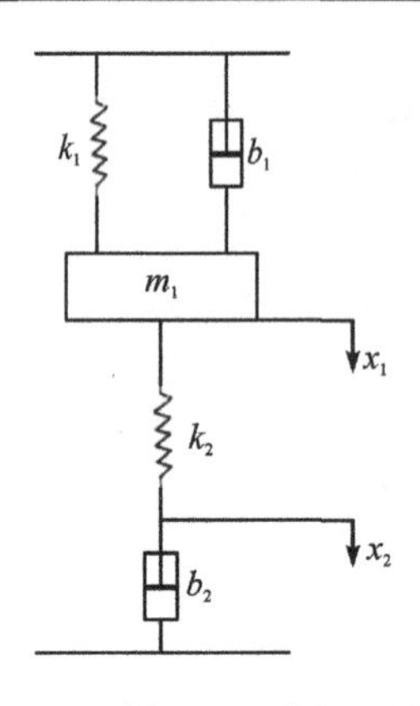

图 4.4.5 例 4.4.1 中的机械系统

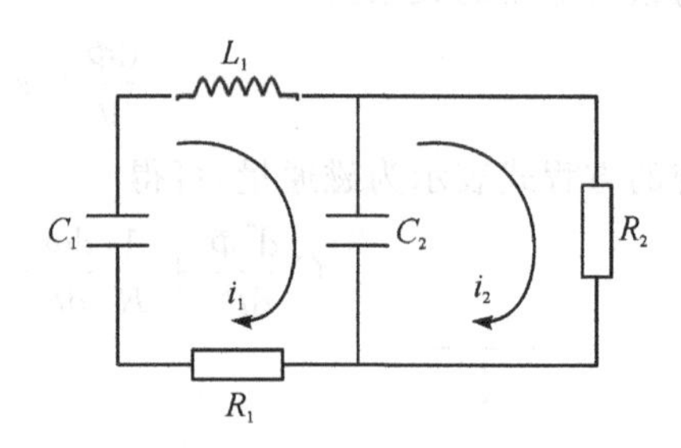

图 4.4.6 例 4.4.1 中的电系统

对于图 4.4.6 所示的电系统，环路电压方程式为

$$\begin{cases} L_1 \dfrac{\mathrm{d}i_1}{\mathrm{d}t} + \dfrac{1}{C_2}\displaystyle\int (i_1 - i_2)\mathrm{d}t + R_1 i_1 + \dfrac{1}{C_1}\int i_1 \mathrm{d}t = 0 \\ R_2 i_2 + \dfrac{1}{C_2}\displaystyle\int (i_2 - i_1)\mathrm{d}t = 0 \end{cases} \tag{4.4.10}$$

将式(4.4.10)以电荷 q_1 和 q_2 表示，式(4.4.10)中的两个方程式可以写为

$$\begin{cases} L_1 \ddot{q}_1 + R_1 \dot{q}_1 + \dfrac{1}{C_1} q_1 + \dfrac{1}{C_2}(q_1 - q_2) = 0 \\ R_2 \dot{q}_2 + \dfrac{1}{C_2}(q_2 - q_1) = 0 \end{cases} \tag{4.4.11}$$

式(4.4.11)构成了电系统的数学模型。通过比较式(4.4.9)所示的机械系统数学模型和式(4.4.11)所示的电系统数学模型，可知这两个系统是建立在力-电压相似基础上的。

例 4.4.2 分别使用力-电压相似和力-电流相似，求图 4.4.7 所示机械系统的电相似。

解： 机械系统的运动方程为

$$\begin{cases} m_1 \ddot{x}_1 + b_1 \dot{x}_1 + k_1 x_1 + b_2(\dot{x}_1 - \dot{x}_2) + k_2(x_1 - x_2) = 0 \\ m_2 \ddot{x}_2 + b_2(\dot{x}_2 - \dot{x}_1) + k_2(x_2 - x_1) = 0 \end{cases} \tag{4.4.12}$$

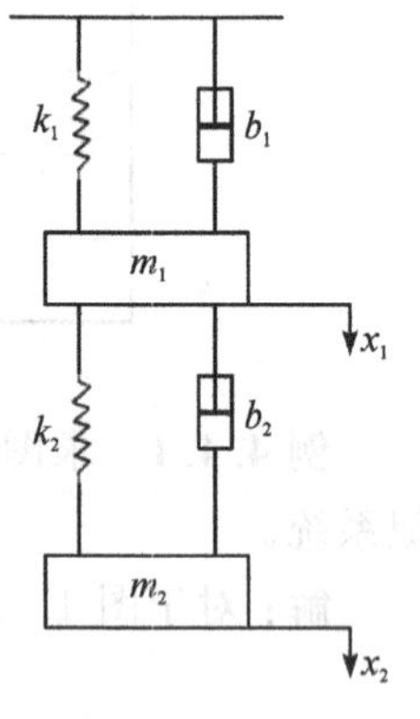

图 4.4.7 例 4.4.2 中的机械系统

采用力-电压相似，对于一个相似电系统的方程式可以写为

$$\begin{cases} L_1 \ddot{q}_1 + R_1 \dot{q}_1 + \dfrac{1}{C_1} q_1 + R_2(\dot{q}_1 - \dot{q}_2) + \dfrac{1}{C_2}(q_1 - q_2) = 0 \\ L_2 \ddot{q}_2 + R_2(\dot{q}_2 - \dot{q}_1) + \dfrac{1}{C_2}(q_2 - q_1) = 0 \end{cases} \tag{4.4.13}$$

把 $\dot{q}_1 = i_1$ 和 $\dot{q}_2 = i_2$ 代入式(4.4.13)中，得

$$\begin{cases} L_1 \dfrac{\mathrm{d}i_1}{\mathrm{d}t} + R_1 i_1 + \dfrac{1}{C_1}\displaystyle\int i_1 \mathrm{d}t + R_2(i_1 - i_2) + \dfrac{1}{C_2}\int (i_1 - i_2)\mathrm{d}t = 0 \\ L_2 \dfrac{\mathrm{d}i_2}{\mathrm{d}t} + R_2(i_2 - i_1) + \dfrac{1}{C_2}\displaystyle\int (i_2 - i_1)\mathrm{d}t = 0 \end{cases} \tag{4.4.14}$$

式(4.4.14)中的两个方程是环路电压方程式，所希望的相似电系统如图 4.4.8 所示，其中第一个方程对应该图的左半边回路，第二个方程对应该图的右半边回路。

采用力-电流相似，对于一个相似电系统的方程式可以写为

$$\begin{cases} C_1\ddot{\Phi}_1 + \dfrac{1}{R_1}\dot{\Phi}_1 + \dfrac{1}{L_1}\Phi_1 + \dfrac{1}{R_2}(\dot{\Phi}_1 - \dot{\Phi}_2) + \dfrac{1}{L_2}(\Phi_1 - \Phi_2) = 0 \\ C_2\ddot{\Phi}_2 + \dfrac{1}{R_2}(\dot{\Phi}_2 - \dot{\Phi}_1) + \dfrac{1}{L_2}(\Phi_2 - \Phi_1) = 0 \end{cases} \tag{4.4.15}$$

把 $\dot{\Phi}_1 = e_1$ 和 $\dot{\Phi}_2 = e_2$ 代入式(4.4.15)中，得

$$\begin{cases} C_1 \dfrac{\mathrm{d}e_1}{\mathrm{d}t} + \dfrac{1}{R_1}e_1 + \dfrac{1}{L_1}\displaystyle\int e_1 \mathrm{d}t + \dfrac{1}{R_2}(e_1 - e_2) + \dfrac{1}{L_2}\int (e_1 - e_2)\mathrm{d}t = 0 \\ C_2 \dfrac{\mathrm{d}e_2}{\mathrm{d}t} + \dfrac{1}{R_2}(e_2 - e_1) + \dfrac{1}{L_2}\displaystyle\int (e_2 - e_1)\mathrm{d}t = 0 \end{cases} \tag{4.4.16}$$

式(4.4.16)所示的这两个方程是节点方程式，所希望的相似电系统如图 4.4.9 所示，其中第一个方程对应该图的左半边回路，第二个方程对应该图的右半边回路。

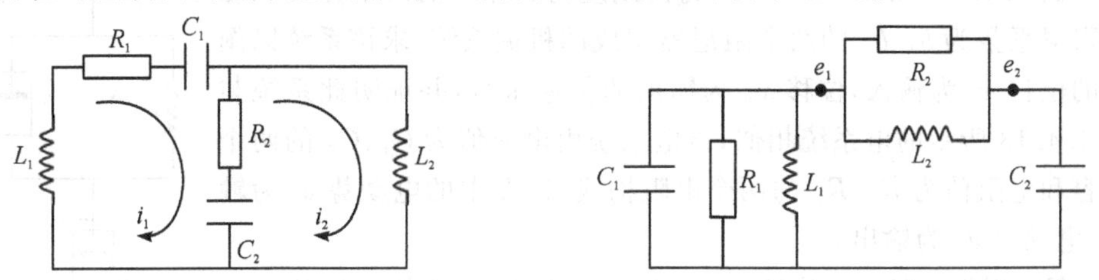

图 4.4.8　例 4.4.2 中机械系统的力-电压相似系统　图 4.4.9　例 4.4.2 中机械系统的力-电流相似系统

4.4.3　用传递函数证明相似性

以上方法均是采用微分方程模型证明两系统为相似系统。除了微分方程外，传递函数目前也是一种简明和常用的数学模型形式。具有相同传递函数的系统也是相似系统。也就是说，同样可以利用传递函数证明系统的相似性。

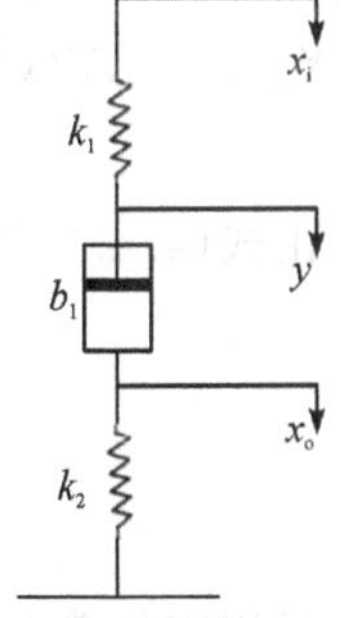

图 4.4.10　例 4.4.3 中的机械系统

例 4.4.3　图 4.4.10 所示为由刚度为 k_1、k_2 的两个弹簧和黏性阻尼系数为 b_1 的一个阻尼器串联构成的机械系统，求该系统以图中弹簧 1 的位移 x_i 为输入，弹簧 2 的位移 x_o 为输出的传递函数，并证明此系统与图 4.4.11 所示的电系统相似，该电系统由电容值为 C_1、C_2 的两个电容和电阻值为 R_1 的一个电阻构成，以图中的电动势 e_i 为输入，电动势 e_o 为输出。

解：根据牛顿第二定律，可得图 4.4.10 所示机械系统的运动方

程为(注意每一部件传递相同的力)

$$\begin{cases}k_1(x_i-y)=b_1(\dot{y}-\dot{x}_o)\\ b_1(\dot{y}-\dot{x}_o)=k_2x_o\end{cases}\tag{4.4.17}$$

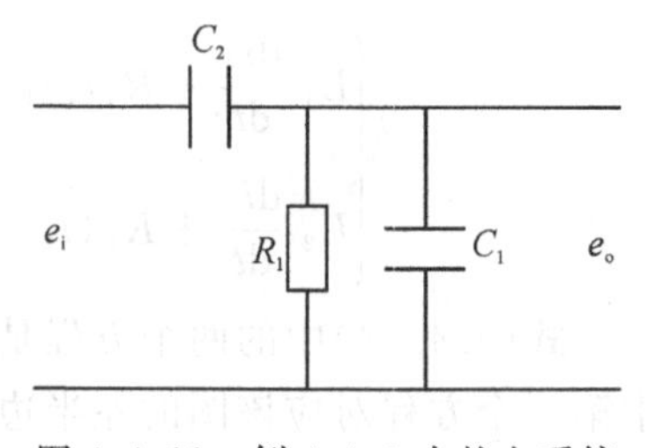

图 4.4.11 例 4.4.3 中的电系统

在零初始条件下对式(4.4.17)求拉普拉斯变换可得

$$\begin{cases}k_1[X_i(s)-Y(s)]=b_1[sY(s)-sX_o(s)]\\ b_1[sY(s)-sX_o(s)]=k_2X_o(s)\end{cases}\tag{4.4.18}$$

由式(4.4.18)中的两个方程消去 $Y(s)$,可求得该机械系统的传递函数 $G(s)$ 为

$$G(s)=\frac{X_o(s)}{X_i(s)}=\frac{\frac{b_1}{k_2}s}{b_1\left(\frac{1}{k_1}+\frac{1}{k_2}\right)s+1}\tag{4.4.19}$$

采用基尔霍夫电压定律,可得图 4.4.11 所示电系统的传递函数为

$$G(s)=\frac{E_o(s)}{E_i(s)}=\frac{R_1C_2s}{R_1(C_1+C_2)s+1}\tag{4.4.20}$$

比较式(4.4.19)所示的机械系统传递函数和式(4.4.20)所示的电系统传递函数,即可证明这两个系统是相似的。对应的相似量为:$b_1\sim R_1$、$1/k_1\sim C_1$、$1/k_2\sim C_2$。

例 4.4.4 图 4.4.12 所示为由刚度为 k_1、k_2 的两个弹簧和黏性阻尼系数为 b_1、b_2 的两个阻尼器构成的机械系统,求该系统以图中的位移 x_i 为输入,位移 x_o 为输出的传递函数,并证明此系统与图 4.4.13 所示的电系统相似,该电系统由电容值为 C_1、C_2 的两个电容和电阻值为 R_1、R_2 的两个电阻构成,以图中的电动势 e_i 为输入,电动势 e_o 为输出。

解:根据牛顿第二定律,可得图 4.4.12 所示机械系统的运动方程为

$$\begin{cases}b_1(\dot{x}_i-\dot{x}_o)+k_1(x_i-x_o)=b_2(\dot{x}_o-\dot{y})\\ b_2(\dot{x}_o-\dot{y})=k_2y\end{cases}\tag{4.4.21}$$

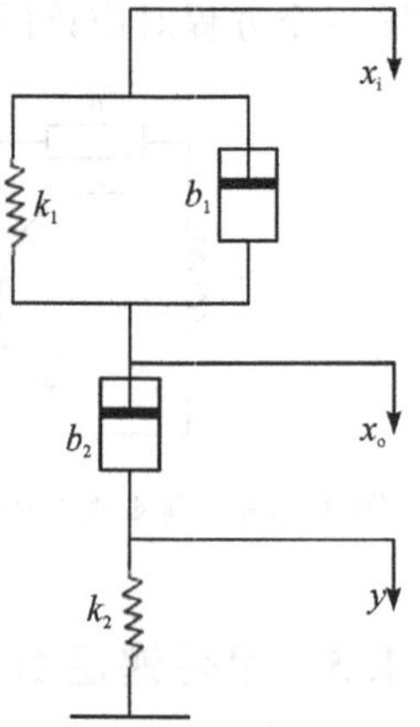

图 4.4.12 例 4.4.4 中的机械系统

在零初始条件下对式(4.4.21)求拉普拉斯变换可得

$$\begin{cases}b_1[sX_i(s)-sX_o(s)]+k_1[X_i(s)-X_o(s)]=b_2[sX_o(s)-sY(s)]\\ b_2[sX_o(s)-sY(s)]=k_2Y(s)\end{cases}\tag{4.4.22}$$

由式(4.4.22)中的两个方程消去 $Y(s)$,可求得该机械系统的传递函数 $G(s)$ 为

$$G(s)=\frac{X_o(s)}{X_i(s)}=\frac{\left(\frac{b_1}{k_1}s+1\right)\left(\frac{b_2}{k_2}s+1\right)}{\left(\frac{b_1}{k_1}s+1\right)\left(\frac{b_2}{k_2}s+1\right)+\frac{b_2}{k_1}s}\tag{4.4.23}$$

采用基尔霍夫电压定律,可得图 4.4.13 所示电系统的传递函数为

$$G(s)=\frac{E_o(s)}{E_i(s)}$$

$$=\frac{(R_1C_1s+1)(R_2C_2s+1)}{(R_1C_1s+1)(R_2C_2s+1)+R_2C_1s} \tag{4.4.24}$$

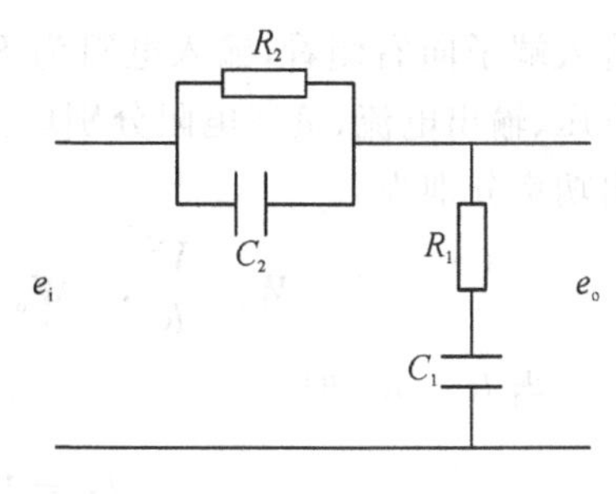

图 4.4.13　例 4.4.4 中的电系统

比较式(4.4.23)所示的机械系统传递函数和式(4.4.24)所示的电系统传递函数，即可证明这两个系统是相似的。对应的相似量为：$b_1 \sim R_1$、$b_2 \sim R_2$、$1/k_1 \sim C_1$、$1/k_2 \sim C_2$。

4.5　运算放大器

4.5.1　放大器的概念

用图 4.5.1 所示的装置来考虑放大器的概念。它是一种具有输入端子 1-1′、输出端子 2-2′、电源端子及接地端子的装置。在电源端子与接地端子之间接有直流电源。

若在输入端子 1-1′间加有微弱的电信号，从输出端子 2-2′得到比输入信号功率更大的信号时，则称此装置为放大器。

放大器的定义：利用输入信号控制直流电源的电能，用与其输入信号成比例增大的变化量作为输出的装置。注意：输入信号增大为输出信号，其能量是由直流电源供给的。

放大器与变压器的区别：如图 4.5.2 所示变压器，其可实现由输入端到输出端电压和电流的变化，但没有放大功率的作用；放大器的输入功率＜输出功率，输出功率的放大部分由直流电源能量提供。

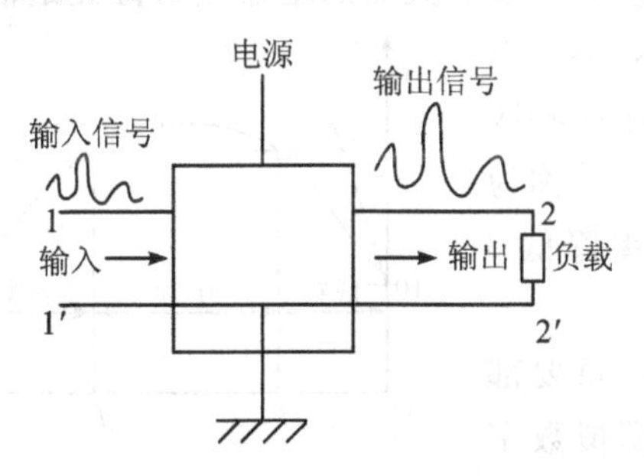

图 4.5.1　放大器示意图

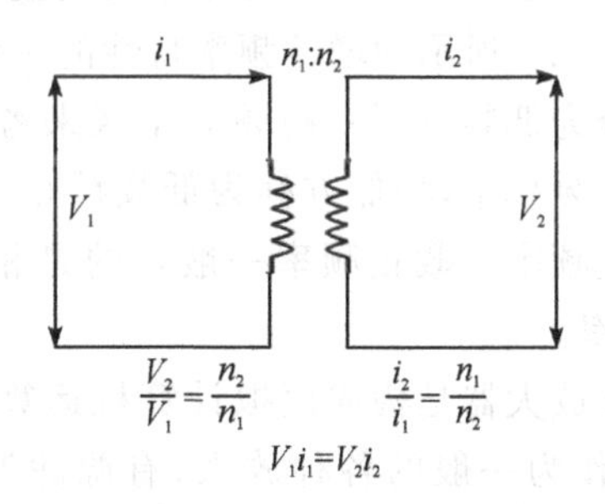

图 4.5.2　变压器示意图

放大器可分为电压放大器、电流放大器、功率放大器、运算放大器等。放大器的性能可用放大率来度量。放大率的定义是输入信号与输出信号之比。除放大率外，也常用增益表示放大器的性能，其常以分贝(dB)为单位。

分贝原来是为比较输出功率 W_o 与输入功率 W_i 而采用的单位，其定义如下：

$$G_p=10\lg\frac{W_o}{W_i}\ \text{dB}$$

在放大器方面，多采用电压增益。在图 4.5.3 所示的放大器模型中，输入电压为 V_i，从输入端子向右侧看，输入电阻为 R_i，输入电流为 I_i，输出电压、输出电流、负载电阻分别取为 V_o、I_o、R_L 时，输入输出功率分别为

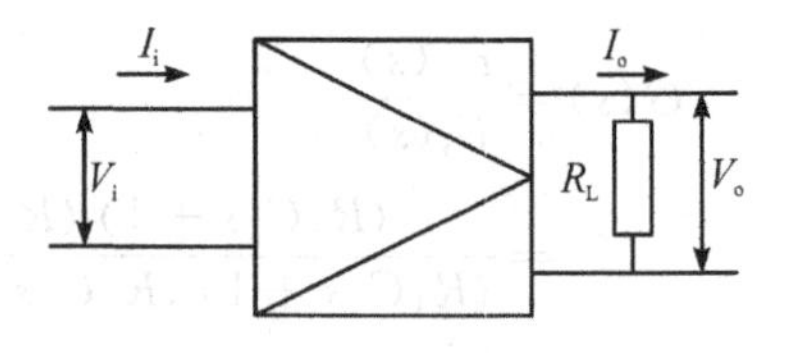

图 4.5.3　放大器的电压放大率

$$W_i=\frac{V_i^2}{R_i},\quad W_o=\frac{V_o^2}{R_L}$$

当 $R_i=R_L$ 时，

$$G_p=10\lg\frac{W_o}{W_i}=10\lg\frac{V_o^2}{V_i^2}=20\lg\frac{V_o}{V_i}\ \text{dB}$$

则电压放大率用 dB 表示为

$$G_v=20\lg\frac{V_o}{V_i}=G_p\ \text{dB}$$

用分贝(dB)表示电压增益的优点是：

(1)可将大范围的电压比用较小的数值表示；

(2)如图 4.5.4 所示，当放大器多级连接时，将各级的电压增益 dB 值相加就可求得总增益。

$$G_v=G_{v1}+G_{v2}+G_{v3}\quad \text{dB}$$

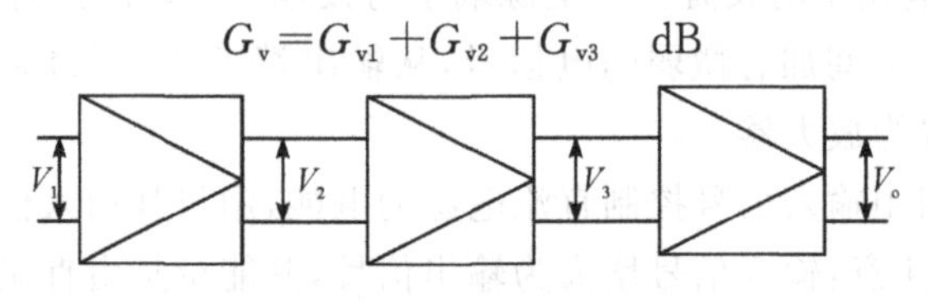

图 4.5.4　放大器多级连接

保持输入信号的振幅或者输出信号的振幅一定，将改变频率时的增益变化称为增益频率特性。理想放大器对所有频率的增益是一定的，一般放大器的增益频率特性是很复杂的。

图 4.5.5 所示为增益频率特性的一例，一般将频率特性划分为低频、中频、高频 3 个区来考虑。在这些区域边界的频率中，将低方称为低频截止频率，高方称为高频截止频率。截止频率一般指的是相对频率降低 3 dB 的频率。

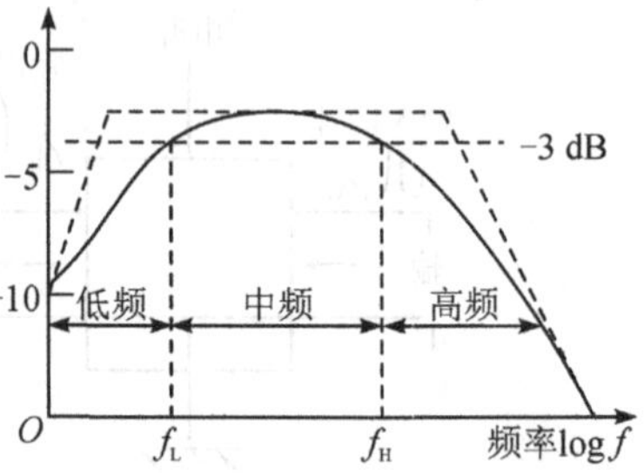

图 4.5.5　放大器增益频率特性举例

运算放大器是构成模拟计算机运算部分的重要部件，还有作为一般的各种放大、有源滤波器、模拟数字变换、调频、稳定电源等多种用途。

4.5.2　理想运算放大器的原理及其基本用法

如图 4.5.6 所示，运算放大器有 2 个输入端子及 1 个输出端，在“－”侧的输入端子加有输入信号时，获得反相形状的放大输出；在“＋”侧的输入端子加有输入信号时，获得相同形状的放大输出。

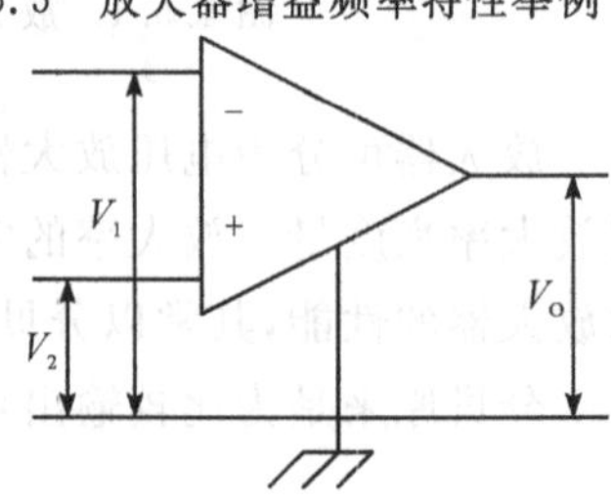

图 4.5.6　运算放大器示意图

运算放大器的定义：具有一个信号输出端口(Out)和同相、反相两个高阻抗输入端的高增益直接耦合电压放大单元。

直接利用运算放大器高增益特性的应用较少，它通常与反馈电路组合使用。

1. 运算放大器用作加法器

如图 4.5.7 所示，运算放大器的电压增益为 A_{vo}，流入放大器的电流为零，即假定输入阻抗 Z_i 为无穷大，利用基尔霍夫电流定律，有

$$i_1+i_2=i_f$$

即

$$\frac{V_1-V_i}{Z_1}+\frac{V_2-V_i}{Z_2}+\frac{V_o-V_i}{Z_f}=0 \quad (4.5.1)$$

又因为

$$A_{vo}=-\frac{V_o}{V_i} \quad (4.5.2)$$

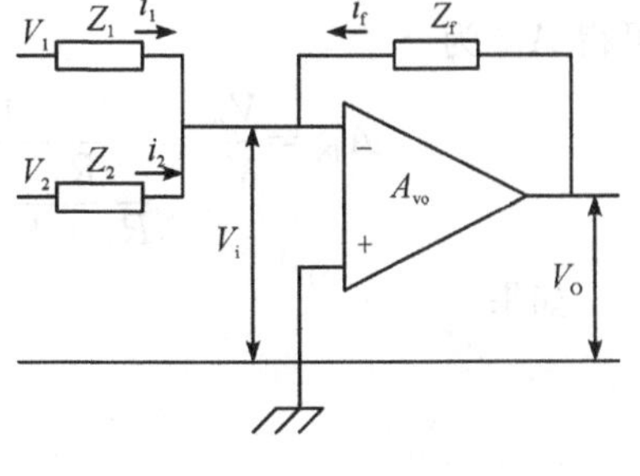

图 4.5.7　运算放大器用作加法器

将式(4.5.2)代入式(4.5.1)，消去 V_i 可得

$$Z_f\left(\frac{V_1}{Z_1}+\frac{V_2}{Z_2}\right)=-V_o+V_i\left(1+Z_f\left(\frac{1}{Z_1}+\frac{1}{Z_2}\right)\right)$$

$$=-V_o-\frac{V_o}{A_{vo}}\left(1+Z_f\left(\frac{1}{Z_1}+\frac{1}{Z_2}\right)\right)$$

所以

$$V_o=\frac{-Z_f\left(\frac{V_1}{Z_1}+\frac{V_2}{Z_2}\right)}{1+\frac{1}{A_{vo}}\left(1+\left(\frac{Z_f}{Z_1}+\frac{Z_f}{Z_2}\right)\right)}$$

如果 A_{vo} 充分大，下式成立：

$$\left|\frac{1}{A_{vo}}\left(1+\left(\frac{Z_f}{Z_1}+\frac{Z_f}{Z_2}\right)\right)\right|\ll 1$$

最终可得

$$V_o\approx-\left(\frac{Z_f}{Z_1}V_1+\frac{Z_f}{Z_2}V_2\right) \quad (4.5.3)$$

式(4.5.3)称为(加法器)运算原理，即对 2 个输入电压 V_1、V_2，输出电压 V_o 只根据与运算放大器外部连接的阻抗 Z_1、Z_2、Z_f 之比来决定。其更一般的形式为

$$V_o=-\left(\frac{Z_f}{Z_1}V_1+\frac{Z_f}{Z_2}V_2+\cdots+\frac{Z_f}{Z_n}V_n\right)=-\sum_{i=1}^{n}\frac{Z_f}{Z_i}V_i \quad (4.5.4)$$

上式当 $Z_i\to\infty$、$A_{vo}\to\infty$ 条件越接近则越正确，运算精度也越高。

2. 运算放大器用作非反相放大器

在运算放大器“+”侧输入端子输入信号，由图 4.5.8 可得

$$\frac{V_o-V_i'-V_i}{R_f}=\frac{V_i'+V_i}{R_1}\Rightarrow V_i'=\frac{R_1}{R_1+R_f}V_o-V_i \quad (4.5.5)$$

由于 $V_o=-A_{vo}V_i'$，将其代入式(4.5.5)可得

$$-\frac{V_o}{A_{vo}}=\frac{R_1}{R_f+R_1}V_o-V_i \Rightarrow V_i$$

$$=\left(\frac{R_1}{R_f+R_1}+\frac{1}{A_{vo}}\right)V_o \tag{4.5.6}$$

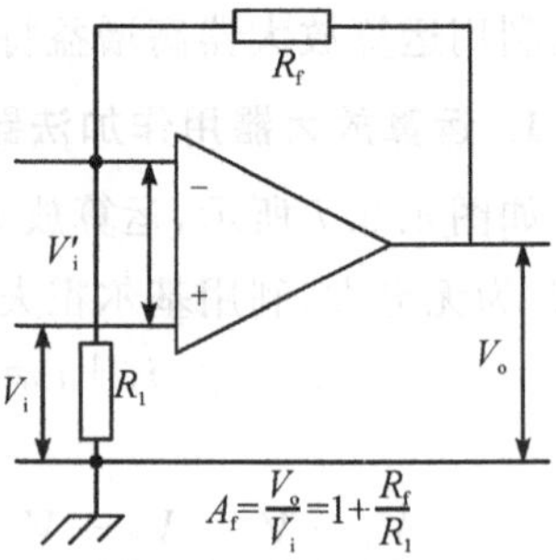

此时令运算放大器的增益为 A_{fN}，则根据式(4.5.6)可得 A_{fN} 为

$$A_{fN}=\frac{V_o}{V_i}=\frac{1}{\dfrac{R_1}{R_f+R_1}+\dfrac{1}{A_{vo}}} \tag{4.5.7}$$

图 4.5.8　运算放大器用作非反相放大器

如果

$$\frac{R_f+R_1}{R_1} \ll A_{vo}$$

则式(4.5.7)可简化为

$$A_{fN} \approx \frac{R_f+R_1}{R_1}=1+\frac{R_f}{R_1} \tag{4.5.8}$$

3. 运算放大器用作反相放大器

在运算放大器“－”侧输入端子输入信号，由图 4.5.9 可得

$$\begin{cases}\dfrac{V_o-V_i'}{R_f}+\dfrac{V_i-V_i'}{R_1}=0 \\ V_o=-A_{vo}V_i'\end{cases} \tag{4.5.9}$$

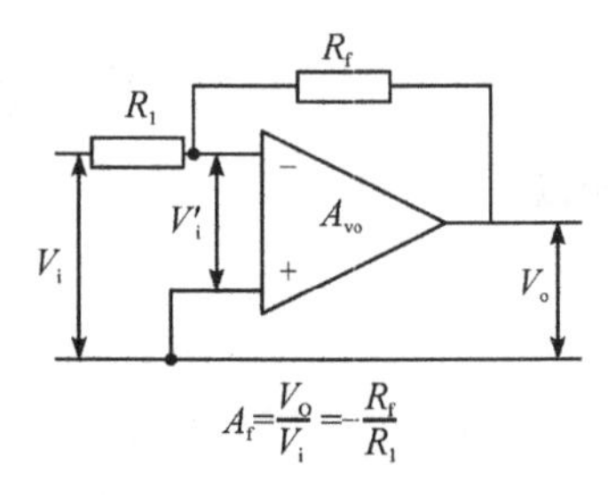

图 4.5.9　运算放大器用作反相放大器

运算放大器的增益 A_{fI} 为

$$A_{fI}=\frac{V_o}{V_i}=-\frac{A_{vo}}{1+\dfrac{R_1}{R_f}(1+A_{vo})} \tag{4.5.10}$$

当 $A_{vo} \to \infty$ 时，则式(4.5.10)可简化为

$$A_{fI} \approx -\frac{R_f}{R_1} \tag{4.5.11}$$

4. 运算放大器用作减法器

根据图 4.5.10 所示的由运算放大器和电阻构成的电路，应用基尔霍夫电压定律可得

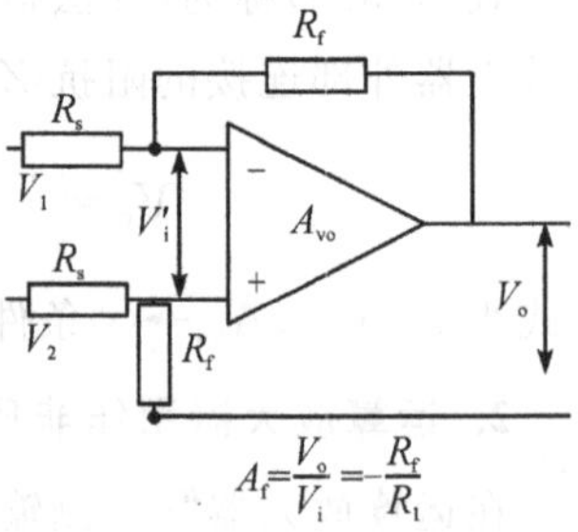

$$V_i'=V_1-\frac{R_S}{R_f+R_S}(V_1-V_o)-\frac{R_f}{R_f+R_S}V_2$$

$$=\frac{R_f}{R_f+R_S}(V_1-V_2)+\frac{R_S}{R_f+R_S}V_o \tag{4.5.12}$$

图 4.5.10　运算放大器用作减法器

因此，如果下式成立

$$V_i'=-\frac{V_o}{A_{vo}} \to 0$$

最终可将式(4.5.12)简化为

$$V_o = -\frac{R_f}{R_S}(V_1 - V_2) \tag{4.5.13}$$

式(4.5.13)即为运算放大器的减法特性，若连接两个输入端子的外部电阻不能平衡，则可能出现放大器不能正常工作。

5. 运算放大器用作微分器

如图4.5.11所示，流过电容器 C_D 的电流 i_C 为

$$i_C = C_D \frac{d}{dt}(V_i - V_i') \tag{4.5.14}$$

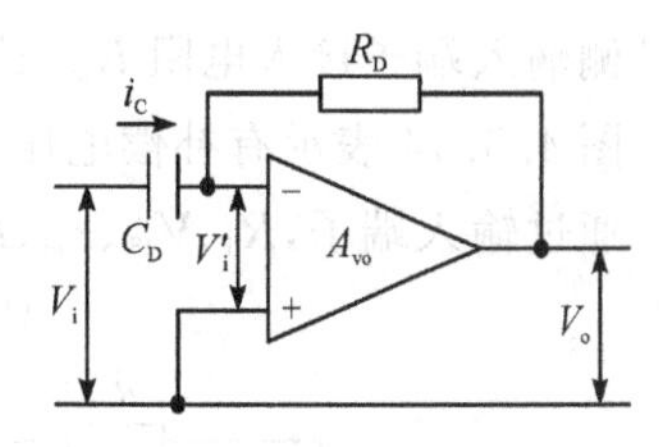

图4.5.11　运算放大器用作微分器

在运算放大器的输入电流为零的条件下，下式成立：

$$i_C + \frac{V_o - V_i'}{R_D} = 0 \tag{4.5.15}$$

因此，应用基尔霍夫电流定律，有

$$C_D \frac{d}{dt}(V_i - V_i') + \frac{V_o - V_i'}{R_D} = 0 \tag{4.5.16}$$

如果 $A_{vo} \to \infty$，则

$$V_i' = -\frac{V_o}{A_{vo}} \to 0$$

联立式(4.5.14)～式(4.5.16)，最终可得

$$C_D \frac{dV_i}{dt} + \frac{V_o}{R_D} = 0 \quad 或 \quad V_o = -C_D R_D \frac{dV_i}{dt} \tag{4.5.17}$$

由式(4.5.17)可见该系统将输入信号微分可得输出信号。

6. 运算放大器用作积分器

图4.5.12所示为由电容、电阻和运算放大器构成的电路，应用基尔霍夫电流定律，有

$$\frac{V_i - V_i'}{R_I} + C_I \frac{d}{dt}(V_o - V_i') = 0 \tag{4.5.18}$$

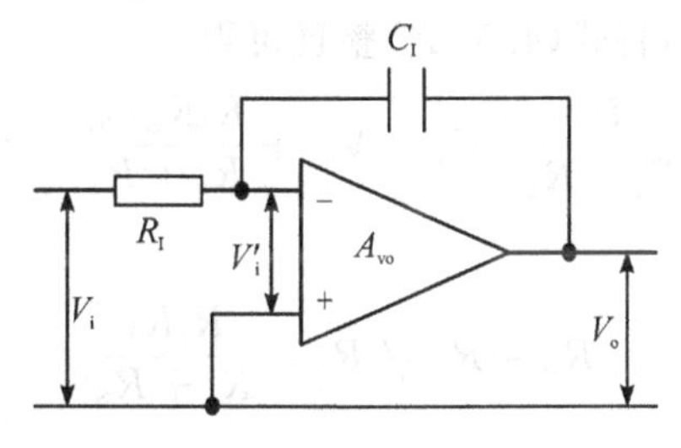

图4.5.12　运算放大器用作积分器

当 $A_{vo} \to \infty$ 时，$V_i' \to 0$，则式(4.5.18)变为

$$\frac{V_i}{R_I} = -C_I \frac{dV_o}{dt} \tag{4.5.19}$$

将式(4.5.19)对时间 t 积分，则得

$$V_o = -\frac{1}{R_I C_I}\int V_i \mathrm{d}t \tag{4.5.20}$$

4.5.3 实际运算放大器应用举例

实际的反相放大器原理必须考虑补偿(偏置)电压的影响。如图 4.5.13 所示,通常在"+"侧输入端子接入电阻 R_S',让补偿电压的效果最小来选择此电阻值。

图 4.5.14 表示有补偿电压 V_{IS} 时运算放大器的等效电路,考虑此图中 R_S' 的选择方法。

通过输入端子,R_f、V_{IS}、r_{id}、R_S' 到接地的电流通路可写为

$$V_{oS} = I_f R_f + V_{IS} + V_i' - I_{B2} R_S' \tag{4.5.21}$$

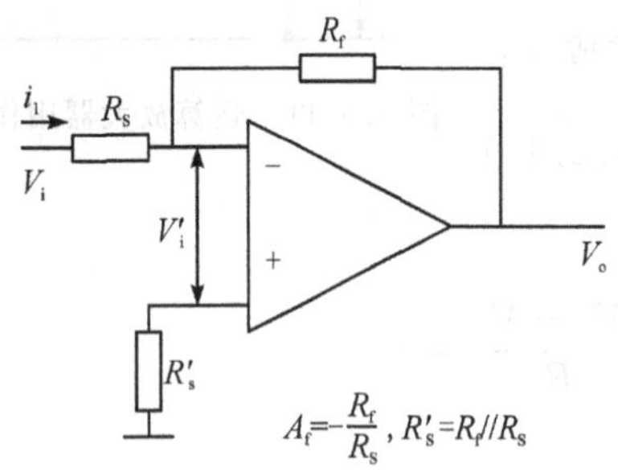

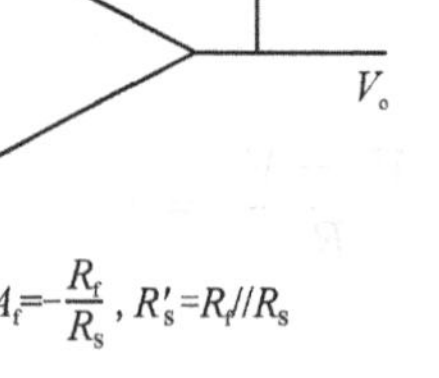

图 4.5.13 实际反相放大器

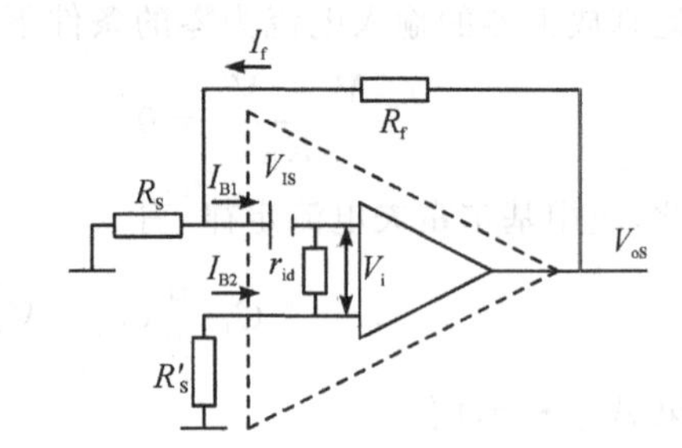

图 4.5.14 实际反相放大器的等效电路

通过输出端子,R_f、R_S 到接地的电流通路可写为

$$V_{oS} = I_f R_f - R_S (I_{B1} - I_f) \tag{4.5.22}$$

所以,

$$I_f = \frac{V_{oS} + R_S I_{B1}}{R_f + R_S} \tag{4.5.23}$$

将式(4.5.23)代入式(4.5.21),最终可得 V_{oS} 为

$$V_{oS} = \frac{R_f}{R_f + R_S}(V_{oS} + R_S I_{B1}) + V_{IS} + V_i' - I_{B2} R_S' \tag{4.5.24}$$

由于 $V_i' = -V_{oS}/A_{vo} \to 0$,将式(4.5.24)整理可得

$$\left(1 - \frac{R_f}{R_f + R_S}\right) V_{oS} = V_{IS} + \frac{R_f R_S I_{B1}}{R_f + R_S} - I_{B2} R_S' \tag{4.5.25}$$

当

$$R_S' = R_f \mathbin{/\!/} R_S = \frac{R_f R_S}{R_f + R_S} \tag{4.5.26}$$

可得下式

$$V_{oS} = \left(1 + \frac{R_f}{R_S}\right) V_{IS} + R_f (I_{B1} - I_{B2}) \approx \left(1 + \frac{R_f}{R_S}\right) V_{IS} \tag{4.5.27}$$

式(4.5.27)即可等效为理想的反相放大器的补偿电压。

同理可得实际非反相放大器和实际加法器的补偿电阻 R_S' 如图 4.5.15 和图 4.5.16 所示。

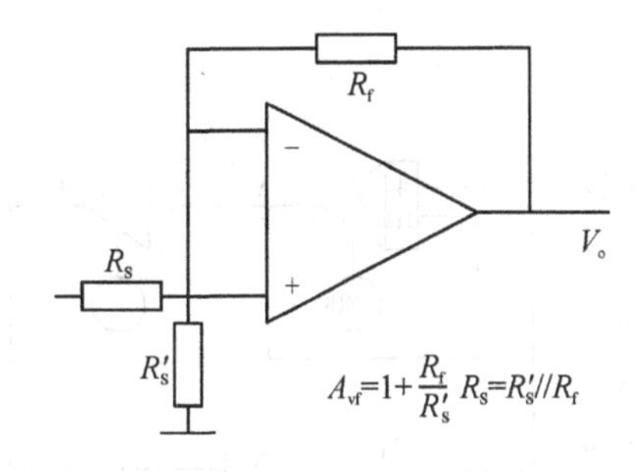

图 4.5.15 实际非反相放大器

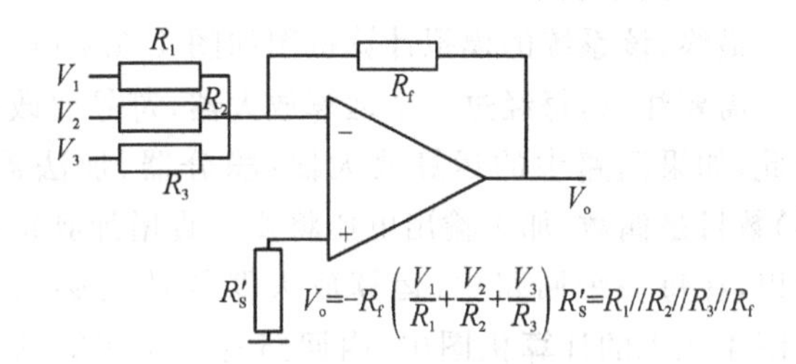

图 4.5.16 实际加法器

4.6 模拟计算机

4.6.1 模拟计算机解微分方程

实际的动态系统可以由高阶微分方程组来描述。解这些方程组一般是消耗时间的过程。模拟计算机是解微分方程的工具，对需要节省时间，特别是需要解出在各种不同参数值下的解时是很有用的。

模拟计算机的另一个作用是它能用作模拟器。事实上，物理系统的模拟是这类计算机的一种重要应用。我们可以用其模拟一个组件、几个组件甚至整个系统。作为一种实时模拟器，模拟计算机可以调定去模拟还未被建立的系统的一个组件或几个组件。使用适当的变换器，把模拟计算机与已经建立的实际系统的其余部分相连接构成一复合系统，这个复合系统可以作为一个单元来试验和对系统性能作出估计。这种方法被广泛地应用于工业中。特别地，在决定参变量对系统性能的作用时模拟计算机是十分有用的。

这里我们介绍电子模拟计算机的工作原则和为解微分方程组建立计算机图的方法及其对物理系统的模拟。(仅限于研究线性定常微分方程式)

在借助模拟计算机解微分方程时，总是对导数积分而不是对它们微分。其原因是寄生噪声总是出现在模拟计算机中。微分有加强噪声的作用，而积分消除噪声。所以模拟计算机是把积分而不是把微分作为基本运算。

用模拟计算机解微分方程一般需备有积分器、加法器、反号器、电位器和直流电源等几个部件。

例 4.6.1 建立系统微分方程为 $\ddot{x}+10\dot{x}+16x=0$ 的模拟计算机模型。初始条件为 $x(0)=0$、$\dot{x}(0)=80$。

解：首先，假定在所建立的计算机图中高阶导数是可以求得的。于是解此高阶导数的微分方程：

$$\ddot{x}=-10\dot{x}-16x$$

式中，变量 $-\dot{x}$ 可以用积分 $\ddot{x}$ 来求得；同理，变量 x 可以用积分 $-\dot{x}$ 来求得。我们使用两个积分器和一个反号器产生信号 $-10\dot{x}$ 和 $-16x$。其次，把这两个信号相加，并使其结果等于 $\ddot{x}$，于是原来假定的高阶导数项即可求得的。最后，初始条件放在积分器的输出端，并在计算机图的电路中表示出来。

最终,该系统的模拟计算机图如图 4.6.1 所示。

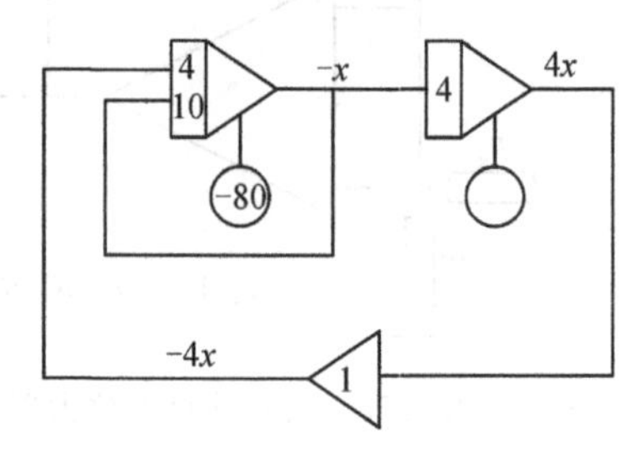

图 4.6.1　例 4.6.1 的模拟计算机图

需要注意,每经过一个运算放大器,符号要改变一次。因此,如果回路中的运算放大器(积分器、加法器和反号器)数目是偶数,那么输出电压将要一直增加到饱和为止。所以,在每一个回路中,运算放大器的数目必须是奇数。在图 4.6.1 的计算机图中,内回路有一个运算放大器,而外回路则有 3 个运算放大器。如果作计算机图时发生了错误,用这种方法可以方便地检查出来。

基于解微分方程的应用,模拟计算机还能够用于指数函数和正弦函数的产生。

例 4.6.2　利用模拟计算机产生指数函数 $x(t)=20\mathrm{e}^{-0.5t}$。

解: 为了建立模拟计算机图,首先求得对应的解是 $x(t)=20\mathrm{e}^{-0.5t}$ 的最低阶微分方程式。

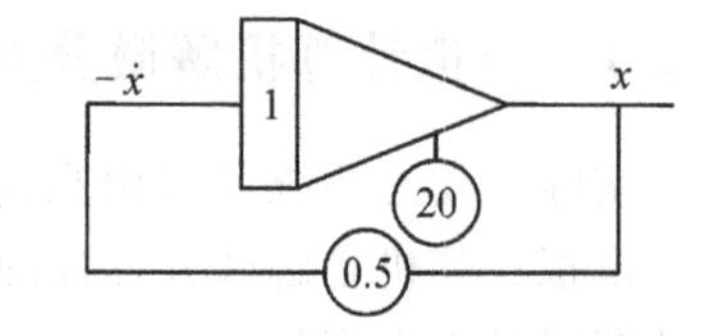

图 4.6.2　例 4.6.2 的模拟计算机图

将 $x(t)$ 对时间求导数,得 $\mathrm{d}x/\mathrm{d}t=-10\mathrm{e}^{-0.5t}$。因此,所要求的微分方程式为

$$\frac{\mathrm{d}x}{\mathrm{d}t}+0.5x=0,\quad x(0)=20$$

由此得 $\mathrm{d}x/\mathrm{d}t=-0.5x$。

假设可以利用 $-\mathrm{d}x/\mathrm{d}t$,那么可以对 $-\mathrm{d}x/\mathrm{d}t$ 积分一次求得 x。最终可得产生指数函数 $x(t)=20\mathrm{e}^{-0.5t}$ 的模拟计算机图如图 4.6.2 所示。

例 4.6.3　利用模拟计算机产生一个正弦信号 $10\sin 3t$。

解: 为了建立模拟计算机图,首先求解的是 $10\sin 3t$ 的最低阶微分方程式。设 $x(t)=10\sin 3t$,于是 $\mathrm{d}^2x/\mathrm{d}t^2=-90\sin 3t$,因此,所要求的微分方程式为

$$\frac{\mathrm{d}^2x}{\mathrm{d}t^2}+9x=0,x(0)=0,\left.\frac{\mathrm{d}x}{\mathrm{d}t}\right|_{t=0}=30$$

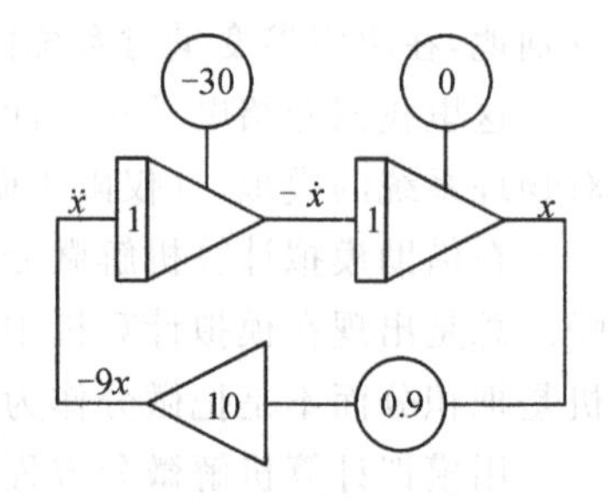

图 4.6.3　例 4.6.3 的模拟计算机图

解此微分方程式,我们求得最高阶导数项为 $\mathrm{d}^2x/\mathrm{d}t^2=-9x$。假设可以利用 $\mathrm{d}^2x/\mathrm{d}t^2$,那么对其积分两次便可求得 x。

最终可设计出系统的模拟计算机图如图 4.6.3 所示。

需要注意的是,图中第一个和第二个积分器的输出分别是在 −30 V 至 30 V 及 −10 V 至 10 V 之间变化。为了有好的精度,我们通常希望使得在任一放大器上输出电压的最大变化范围在 −90 V 至 90 V 之间。我们可采用下面介绍的变量比例尺来实现这一步。

4.6.2　时间比例尺和数量比例尺

1. 时间比例尺

在用模拟计算机解微分方程组时,由于实际解的时间可能非常快,比如爆炸过程等,以

至于测量仪器来不及记录响应；或在某些情况下，实际解可能要相当长的时间，比如化学反应、生物进化等，为避免这种时间上的不方便，在计算机模拟时，必须采用“时间比例尺”的方法对实际解的时间进行缩放。

时间比例尺是物理系统的独立变量与模拟计算机的独立变量之间的关系。如果需要，计算机可以调成与“实际时间”相比较进行得快些、慢些或相等。

设计算机时间与实际时间之间的关系为 $\tau=\lambda t$，其中，λ 是时间比例尺。如果时间比例尺选择为 0.1，那么实际时间 10 s 等于计算机时间 1 s。

例 4.6.4　已知微分方程式为

$$\frac{\mathrm{d}^2x}{\mathrm{d}t^2}+10\frac{\mathrm{d}x}{\mathrm{d}t}+100x=0,\quad x(0)=10,\quad \dot{x}(0)=15 \tag{4.6.1}$$

求系统的实际响应时间并在计算机模拟时，考虑采用时间比例尺对其进行合理缩放。

解：对此系统，有 $\omega_n=10\ \text{rad/s}$、$\zeta=0.5$，故其瞬态响应的调节时间为 $t_s=\dfrac{4}{\zeta\omega_n}=0.8\ \text{s}$。

要放慢响应，有

$$\tau=\lambda t,\quad \frac{\mathrm{d}x}{\mathrm{d}t}=\frac{\mathrm{d}x}{\mathrm{d}\tau}\frac{\mathrm{d}\tau}{\mathrm{d}t}=\lambda\frac{\mathrm{d}x}{\mathrm{d}\tau},\quad \frac{\mathrm{d}^2x}{\mathrm{d}t^2}=\lambda^2\frac{\mathrm{d}^2x}{\mathrm{d}\tau^2} \tag{4.6.2}$$

于是，系统方程式(4.6.1)变为

$$\lambda^2\frac{\mathrm{d}^2x}{\mathrm{d}\tau^2}+10\lambda\frac{\mathrm{d}x}{\mathrm{d}\tau}+100x=0,\quad x(0)=10,\quad \left.\frac{\mathrm{d}x}{\mathrm{d}\tau}\right|_{\tau=0}=\frac{1}{\lambda}\left.\frac{\mathrm{d}x}{\mathrm{d}t}\right|_{t=0}=\frac{15}{\lambda} \tag{4.6.3}$$

如果选择时间比例尺为 10，则得式(4.6.3)为

$$\frac{\mathrm{d}^2x}{\mathrm{d}\tau^2}+\frac{\mathrm{d}x}{\mathrm{d}\tau}+x=0,\quad x(0)=10,\quad \left.\frac{\mathrm{d}x}{\mathrm{d}\tau}\right|_{\tau=0}=\frac{1}{\lambda}\left.\frac{\mathrm{d}x}{\mathrm{d}t}\right|_{t=0}=1.5 \tag{4.6.4}$$

对于由式(4.6.4)所描述的系统，有

$$\omega_n=1\ \text{rad/s},\quad \zeta=0.5,\quad t_s=\frac{4}{\zeta\omega_n}=8\ \text{s} \tag{4.6.5}$$

这表明实际系统在 0.8 s 后进入稳定状态，变换后瞬态响应的调节时间延长为 8 s。

2. 数量比例尺

数量比例尺是放大器的输出电压与对应的物理量之间的关系。需要注意的是：数量比例尺应在时间比例尺之后；放大器的输出电压应在适当范围，避免饱和或超过放大器的极限，以及避免实际物理系统中将发生的变量的最大值对应的输出电压太小。

综上，由模拟计算机解微分方程式的步骤如下：

(1)根据需要确定时间比例尺和数量比例尺。

(2)从微分方程式中解出最高阶导数。由所求得的高阶导数方程式的右边决定第一个积分器的输入。

(3)积分最高阶导数求得低阶导数及变量本身。把这些低阶导数项代入对于系统方程式来说是相当的部件，因此产生高阶导数和封闭回路。

(4)根据要求得初始条件。

例 4.6.5　研究图 4.6.4 所示的机械系统。假设位移 x 是从平衡位置量起的。初始条

件给定为 $x(0)=0$ m、$\mathrm{d}x/\mathrm{d}t|_{t=0}=3$ m/s，试在模拟计算机上模拟此机械系统。

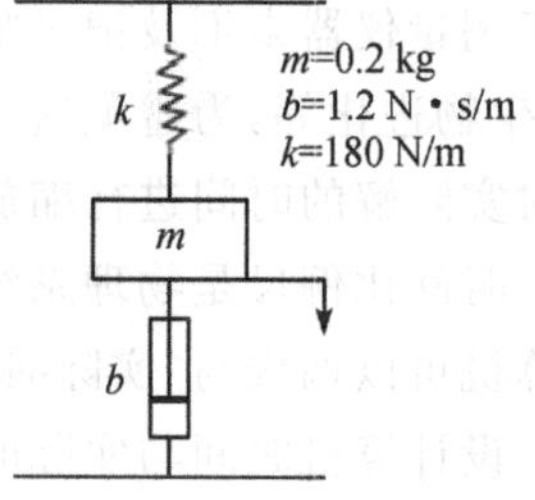

图 4.6.4 例 4.6.5 中的机械系统

解：机械系统的方程式为

$$m\frac{\mathrm{d}^2x}{\mathrm{d}t^2}+b\frac{\mathrm{d}x}{\mathrm{d}t}+kx=0 \tag{4.6.6}$$

将图中所示的 m、b、k 的数值代入，式(4.6.6)变为

$$0.2\frac{\mathrm{d}^2x}{\mathrm{d}t^2}+1.2\frac{\mathrm{d}x}{\mathrm{d}t}+180x=0 \quad 或 \quad \frac{\mathrm{d}^2x}{\mathrm{d}t^2}+6\frac{\mathrm{d}x}{\mathrm{d}t}+900x=0 \tag{4.6.7}$$

由式(4.6.7)可得该机械系统瞬态响应的调节时间是 $t_s=4/(\zeta\omega_n)=1.33$ s。即该系统仅振荡 1.33 s 便进入稳定状态。

假设我们放慢瞬态响应过程并使新的调节时间为 13.3 s。即选择时间比例尺 λ 为 10。把独立变量从 t 改变为 τ，其中 $\tau=\lambda t=10t$，则一个适当的时间比例系统方程式为

$$\frac{\mathrm{d}^2x}{\mathrm{d}\tau^2}+0.6\frac{\mathrm{d}x}{\mathrm{d}\tau}+9x=0 \tag{4.6.8}$$

式中，$x(0)=0$ m；$\mathrm{d}x/\mathrm{d}\tau|_{\tau=0}=0.3$ m/s。将上式作为决定数量比例尺的初始方程式，解式(4.6.8)的高阶导数得

$$\frac{\mathrm{d}^2x}{\mathrm{d}\tau^2}=-0.6\frac{\mathrm{d}x}{\mathrm{d}\tau}-9x \tag{4.6.9}$$

下面我们来决定数量比例尺，使其在每一个放大器中的最大变动幅度是 90 V(对应于电压表的最大测量范围)。定义 k_1 和 k_2 作为数量比例尺，k_1 是关于电压与速度(m/s)的关系，k_2 是关于电压与位移(m)的关系。

k_1 的单位为伏[特]秒每米(V・s/m)，k_2 的单位为伏[特]每米(V/m)，式(4.6.9)可重写为

$$\frac{\mathrm{d}^2x}{\mathrm{d}\tau^2}=-(0.6/k_1)k_1\frac{\mathrm{d}x}{\mathrm{d}\tau}-(9/k_2)k_2x \tag{4.6.10}$$

为减小噪声作用和保持高的精度，将使用最小数目的放大器。由于系统是二阶的，因此必须有两个积分器。

又因为每经过一个运算放大器，符号要改变一次，因此如果回路中的运算放大器(积分器、加法器和反号器)的数目是偶数，那么输出电压将要一直增加到饱和为止。所以，在每一个回路中，运算放大器的数目必须是奇数。而我们最少必须要有一个反号器，因此如图4.6.5 所示，放大器的最少数目需要是 3 个。

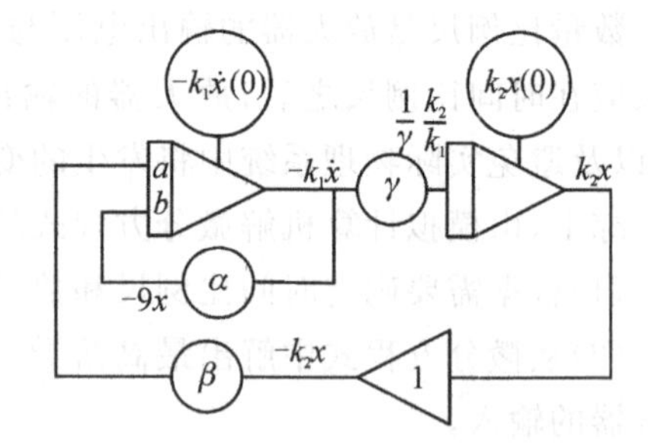

图 4.6.5 例 4.6.5 中设计的模拟计算机图初图

如图 4.6.5 所示，第一个积分器的输出电压是 $-k_1\mathrm{d}x/\mathrm{d}\tau$，第二个积分器的输出电压是 k_2x，反号器的输出电压是 $-k_2x$，这些输出电压必须限制在±90 V。

对于一个二阶系统，当没有阻尼项时具有最强烈的运动，为了得到谨慎的或过分的最大

值估计,可解如下简化方程式:

$$\frac{d^2x}{d\tau^2}+9x=0, \quad x(0)=0, \quad \left.\frac{dx}{d\tau}\right|_{\tau=0}=0.3 \tag{4.6.11}$$

此简化方程式的解为

$$x(\tau)=0.1\sin 3\tau, \quad \frac{dx}{d\tau}=0.3\cos 3\tau \tag{4.6.12}$$

从现在的解我们可以得到系统的谨慎估计为

$$|x|\text{的最大值}=|x|_{\max}=0.1, \quad \left|\frac{dx}{d\tau}\right|\text{的最大值}=\left|\frac{dx}{d\tau}\right|_{\max}=0.3 \tag{4.6.13}$$

因此决定数量比例尺为

$$k_1=\frac{90}{|dx/d\tau|_{\max}}=\frac{90}{0.3}=300\ \mathrm{V\cdot s/m}, \quad k_2=\frac{90}{|x|_{\max}}=\frac{90}{0.1}=900\ \mathrm{V/m} \tag{4.6.14}$$

注意:对于图 4.6.5,我们有

$$k_1\frac{d^2x}{d\tau^2}=a\alpha\left(-k_1\frac{dx}{d\tau}\right)+b\beta(-k_2x) \text{ 或 } \frac{d^2x}{d\tau^2}+a\alpha\frac{dx}{d\tau}+b\beta\frac{k_2}{k_1}x=0 \tag{4.6.15}$$

由于 $k_2/k_1=3$,式(4.6.15)变为

$$\frac{d^2x}{d\tau^2}+a\alpha\frac{dx}{d\tau}+3b\beta x=0 \tag{4.6.16}$$

将式(4.6.16)与前面已给出的时间比例系统方程式(4.6.8)相比较可得

$$a\alpha=0.6, \quad b\beta=3 \tag{4.6.17}$$

故我们选择 $a=1$、$\alpha=0.6$,$b=10$、$\beta=0.3$。通常第二个积分器的常数设为 1 或 10,故我们选择 $k_2/(\gamma k_1)=10$,得 $\gamma=0.3$。最终,一个合适的比例计算机图表示在图 4.6.6 中,初始条件是

$$-k_1\left.\frac{dx}{d\tau}\right|_{\tau=0}=-300\times 0.3=-90\ \mathrm{V}, \quad k_2x(0)=900\times 0=0\ \mathrm{V} \tag{4.6.18}$$

第二个积分器的输出是 $900x(\tau)$。

本例中所测量到的位移和速度都是伏特,可采用下面的关系变换到米和米每秒:1 伏特对应于(1/900)米;1 伏特对应于(1/300)米每计算机秒。因为目前状态为 10 计算机秒=1 真实秒,故 1 伏特对应于(1/30) 米每秒。最终可得系统设计图 4.6.6 所示。

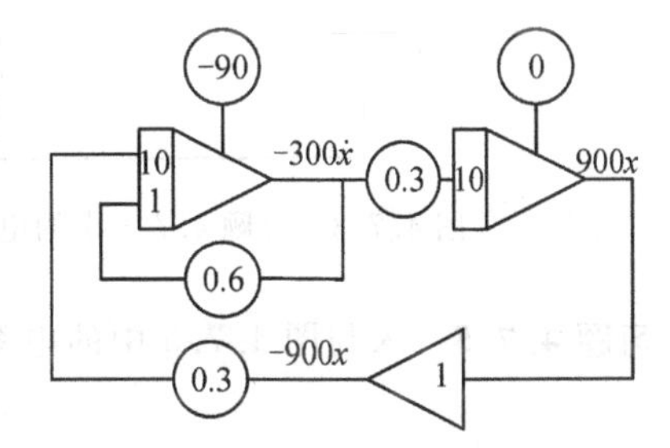

图 4.6.6 例 4.6.5 中设计的最终模拟计算机图

注意:①模拟计算机只能解决具有数值初始条件的特殊方程式,不能给出具有任意常数的一般解;②在模拟过程中可能漏掉某些重要特性,为了避免这些误差,模拟计算机可以包括真实系统的部件,但解必须在真实时间求得。

4.7 第 4 章习题

习题 4.7.1 证明图 4.7.1 所给的机械系统和电系统是相似的。假定机械系统中距离

x 是从静平衡位置量起的，质量 m 是从初始位移 $x(0)=x_0$、零初速度或 $\dot{x}(0)=0$ 释放的。再假设在电系统中电容有初始电荷 $q(0)=q_0$，开关在 $t=0$ 时接通。注意 $\dot{q}(0)=i(0)=0$。求 $x(t)$ 和 $q(t)$。

习题 4.7.2 图 4.7.2 所示的电路中，假定电容器无初始充电，并且开关在 $t=0$ 时是接通的。确定在特定的情况下：

$$2R_1=R_2=R_3, R_3C=1$$

的循环电流 $i_1(t)=i_2(t)$。并且确定在 B 点的电压 $e_B(t)$。(假设 $E=12$ V)

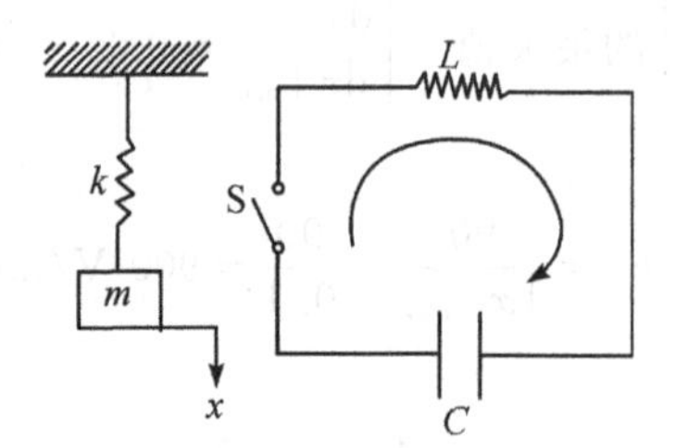

图 4.7.1 习题 4.7.1 中的机械和电系统

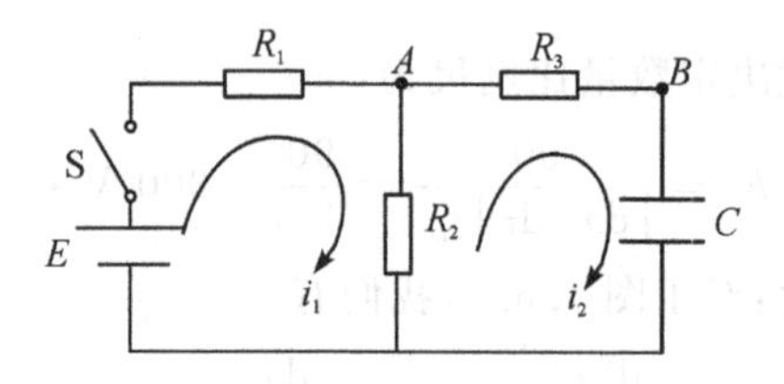

图 4.7.2 习题 4.7.2 中的电路图

习题 4.7.3 假定在 $t<0$ 时，开关 S 是切断的，而系统处在稳定状态(见图 4.7.3)。在 $t=0$ 时开关接通。求在 $t>0$ 时的电流 $i(t)$。画出 $i(t)$ 与 t 的典型关系曲线。

习题 4.7.4 确定图 4.7.4 所示的机械系统的相似电系统，其中 $p(t)$ 是作用在系统上的力。

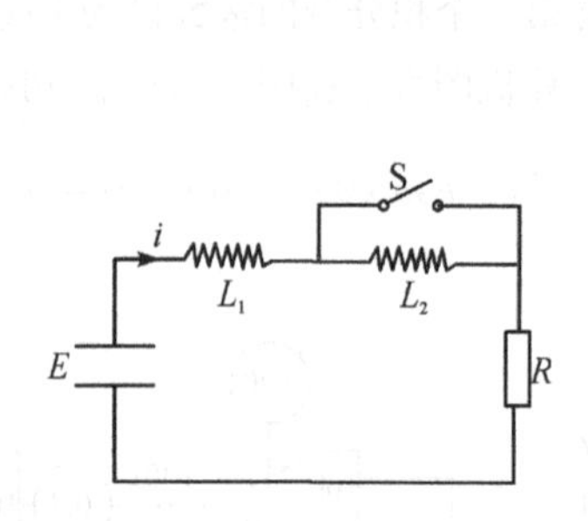

图 4.7.3 习题 4.7.3 中的电路图

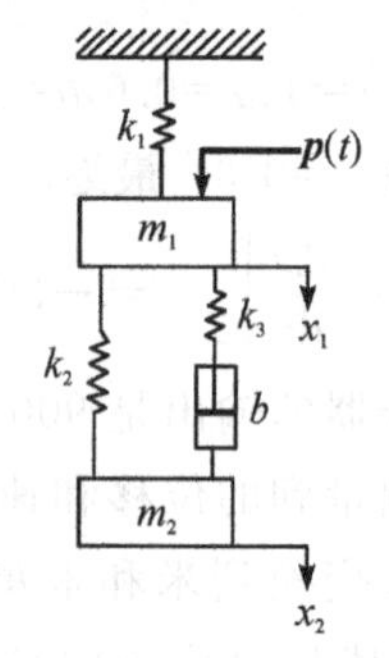

图 4.7.4 习题 4.7.4 中的机械系统

习题 4.7.5 求与图 4.7.5 中的电系统相似的机械系统。

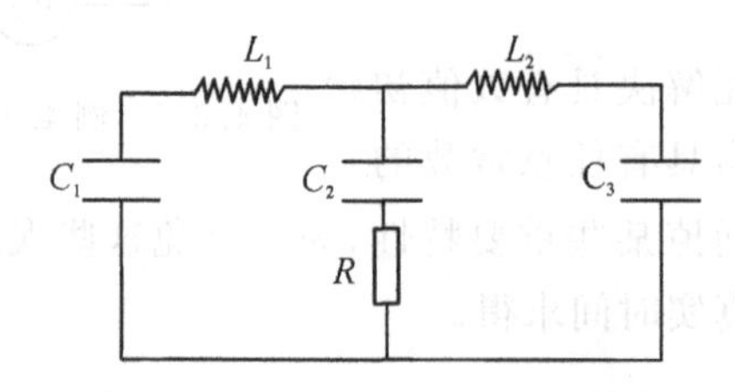

图 4.7.5 习题 4.7.5 中的电系统

习题 4.7.6　图 4.7.6 所示为由刚度为 k_1、k_2 的两个弹簧和黏性阻尼系数为 b_2 的一个阻尼器串联构成的机械系统，求该系统以图中弹簧 1 的位移 x_i 为输入，以阻尼器的位移 x_o 为输出的传递函数，并证明此系统与图 4.7.7 所示的电系统相似，该电系统由电容值为 C_1、C_2 的两个电容和电阻值为 R_2 的一个电阻构成，以图中的电动势 e_i 为输入，以电动势 e_o 为输出。

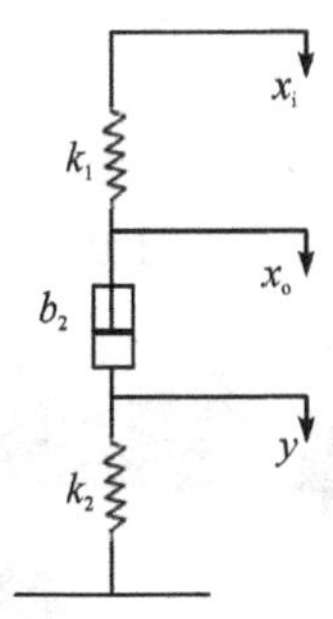

图 4.7.6　习题 4.7.6 中的机械系统

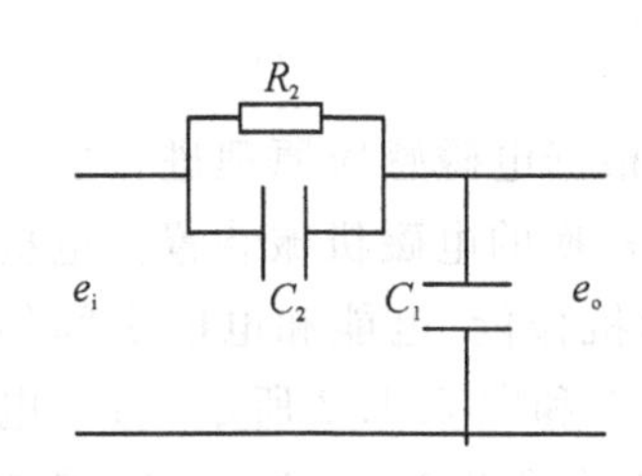

图 4.7.7　习题 4.7.6 中的电系统

习题 4.7.7　图 4.7.8 所示为由电容值为 C_1、C_2 的两个电容，电阻值为 R_1、R_2 的两个电阻及一个增益为 K 的隔离放大器构成的电系统，求该系统以图中的电动势 e_i 为输入，以电动势 e_o 为输出的传递函数，并设计与该电系统相似的机械系统。

习题 4.7.8　如图 4.7.9 所示为由电容值为 C_1、C_2 的两个电容和电阻值为 R_1、R_2 的两个电阻构成的电系统，求该系统以图中的电动势 e_i 为输入，以电动势 e_o 为输出的传递函数，并设计与该电系统相似的机械系统。

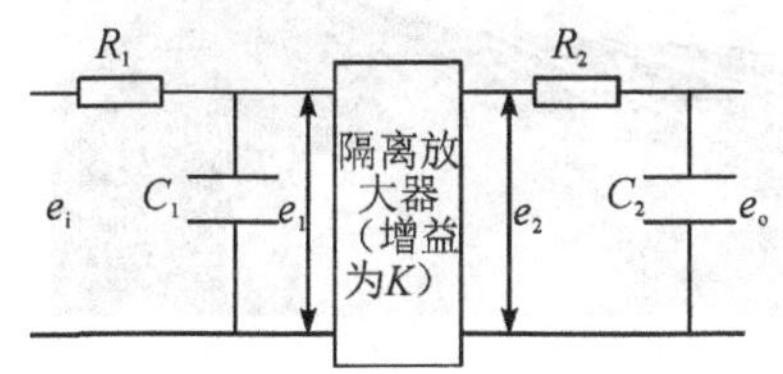

图 4.7.8　习题 4.7.7 中的电系统

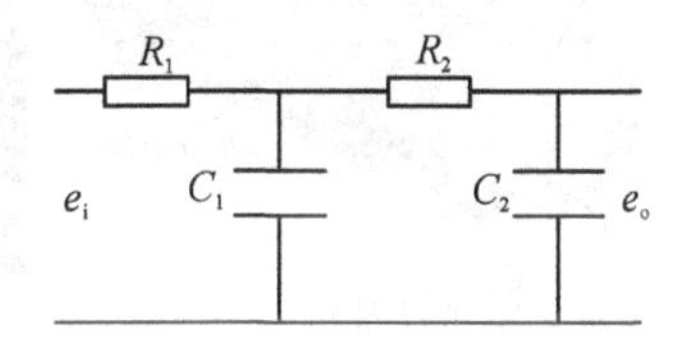

图 4.7.9　习题 4.7.8 中的电系统

习题 4.7.9　研究实际系统的微分方程式：

$$\frac{\mathrm{d}^2x}{\mathrm{d}t^2}+0.01\frac{\mathrm{d}x}{\mathrm{d}t}+0.0001x=0, x(0)=10, \left.\frac{\mathrm{d}x}{\mathrm{d}t}\right|_{t=0}=0$$

试采用模拟计算机来解它，确定时间比例尺 λ（其中 $\tau=\lambda t$），使其模拟计算机系统的稳定时间 τ_s 为 10 s。

习题 4.7.10　在系统的微分方程式

$$\ddot{x}+0.4\dot{x}+4x=40\times x(t)$$

中，方程式的右边代表激励函数，一个幅值为 40 的阶跃函数发生在 $t=0$ 时。其初始条件是 $x(0)=0$。为了求得相应的 $x(t)$，试画出一模拟计算机图，使对于每一放大器的最大输出电压的绝对值是 80 V。

第 5 章　电机系统

5.1　引言

电机是一种根据电磁感应原理进行能量传递或机电能量转换的电磁机械装置。电机可以实现电能和机械能、电能和电能之间的转换。如图 5.1.1 和图 5.1.2 所示，目前电机在电力工业、工农业生产、交通运输、国防和日常生活中得到了广泛应用。

图 5.1.1　电机应用举例 1

电机的种类多种多样，按照不同的分类准则可以将其分为以下几类。

(1) 按照能量转换方式的不同，电机可分为：

(a) 纯电动车中的直流电动机

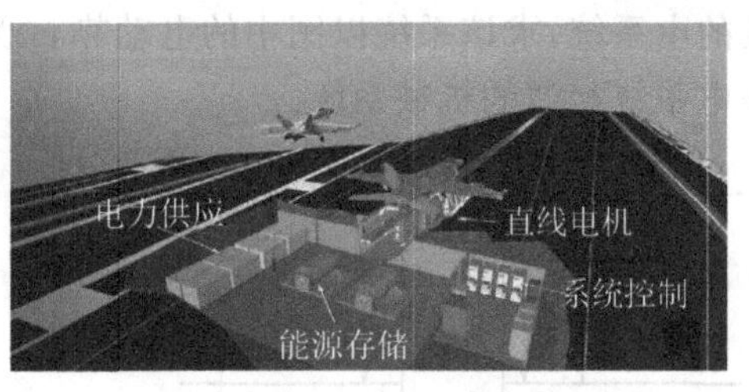

(b) 航母电磁弹射系统中的直线电机

图 5.1.2　电机应用举例 2

电动机——将电能转换为机械能；

发电机——将机械能转换为电能；

电能转换装置——将一种形式的电能转换为另一种形式的电能，包括变压器(输入和输出的电压不同，如图 5.1.3 所示)、变频机(输入和输出的频率不同)、变流机(输入和输出的波形不同，将直流变为交流)和移相器(输入和输出的相位不同)；

控制电机——不以功率转换为主要职能，在电气、机械系统中起调节、放大和控制作用。

(2) 根据运动方式的不同(即根据电机是否转动)，电机可分为：

旋转电机——产生旋转运动，例如电动机等；

静止电机——不产生运动，例如变压器等；

直线电机——产生直线运动。

(3) 根据供电电源的不同，电机可分为：

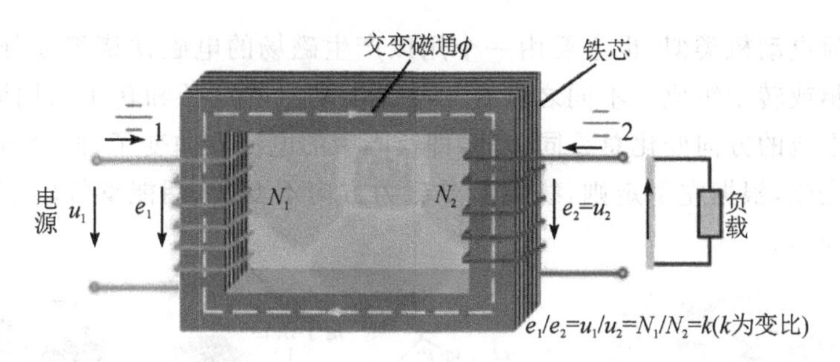

图 5.1.3　变压器工作原理示意图

直流电机——使用或产生直流电；

交流电机——使用或产生交流电。

根据供电电源相数的不同，又可将交流电机分为单相电机和三相电机等。

(4)根据同步速度的不同，电机可分为：

直流电机——没有固定同步速度的电机；

变压器——静止设备；

同步电机——转速等于同步速度的电机；

感应电机——作为电动机运行时，速度总低于同步速度，作为发电机运行时，速度大于同步速度；

交流换向器电机——速度可以从同步速度以下调至同步速度以上。

本章我们仅关注电动机。电动机作为控制系统的执行机构，是机电系统的基本要素。根据供电的类型和工作方式，电动机主要有直流电动机、交流电动机和步进电动机。

直流电动机是将直流电的电能转换为机械能的转动装置，主要由定子与转子两部分构成。如图 5.1.4 所示，直流电动机的定子包括主磁极、机座、换向极、电刷装置等，转子包括电枢铁心、电枢绕组、换向器、轴和风扇等。电动机定子提供磁场，直流电源向转子的绕组提供电流，换向器使转子电流与磁场产生的转矩方向保持不变。

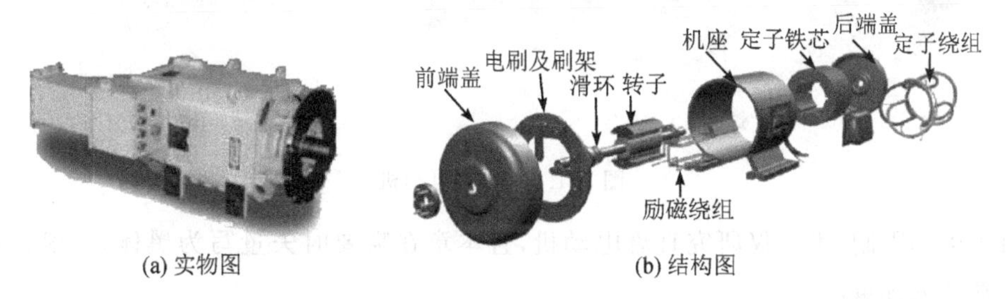

(a) 实物图　　(b) 结构图

图 5.1.4　直流电动机

直流电动机的特点主要包括：①调速性能好。所谓调速性能，是指电动机在一定负载的条件下，根据需要会人为地改变电动机的转速。直流电动机可以在重负载条件下，实现均匀、平滑地无级调速，而且调速范围较宽。②启动力矩大。

因此，凡是在重负载下启动或要求均匀调节转速的机械，例如大型可逆轧钢机、卷扬机、电力机车、电车等，都用直流电动机发动。

交流电动机是将交流电的电能转换为机械能的转动装置。如图 5.1.5 所示，交流电动机的结构与直流电动机类似，也主要由一个用以产生磁场的电磁铁绕组或分布的定子绕组和一个旋转电枢或转子组成。不同之处在于交流电动机的定子和转子采用同一电源，所以定子和转子中电流的方向变化总是同步的，即线圈中的电流方向变了，同时电磁铁中的电流方向也发生了变化，根据左手定则，线圈所受磁力方向不变，线圈能继续转下去。故交流电动机不需要换向器。

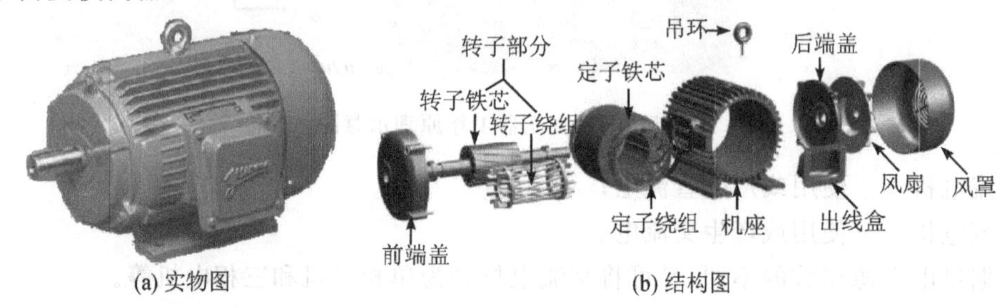

图 5.1.5　交流电动机

步进电动机是将电脉冲信号转换成相应的角位移或线位移的控制电动机，如图 5.1.6 所示。这种电动机每当输入一个电脉冲就动一步，所以又称脉冲电动机。步进电动机多用于数字计算机的外部设备，以及打印机、绘图机和磁盘等装置。它的优点是没有累积误差、结构简单、使用及维修方便、制造成本低、带动负载惯量的能力大，适用于中小型机床和速度精度要求不高的地方。缺点是效率较低、发热大，有时会“失步”。

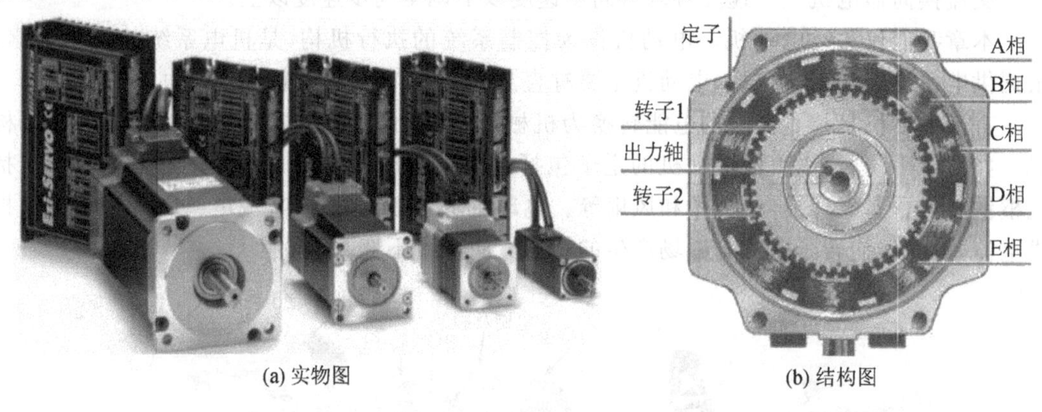

图 5.1.6　步进电动机

由于篇幅限制，本章仅研究直流电动机，且本章在需要时矢量写为黑体，一般讲解及计算时都默认为标量。

5.2　电磁学基本理论

5.2.1　磁场及与磁场有关的基本概念

1. 磁场

如图 5.2.1 所示，当一定大小的电流流过时，会产生一定的磁场。磁场是由电流(运动电荷)或永磁体在其周围空间产生的一种特殊形态的物质。磁场的强弱及磁场的方向一般用磁感应强度或磁场强度来表示。也常用磁力线来形象地表示磁场的强弱和方向。磁力线密,磁场的强度大;磁力线疏,磁场的强度小。

磁场的方向与产生这种磁场的电流方向有关,如图5.2.2所示,这种方向关系可用右手螺旋定则来描述。

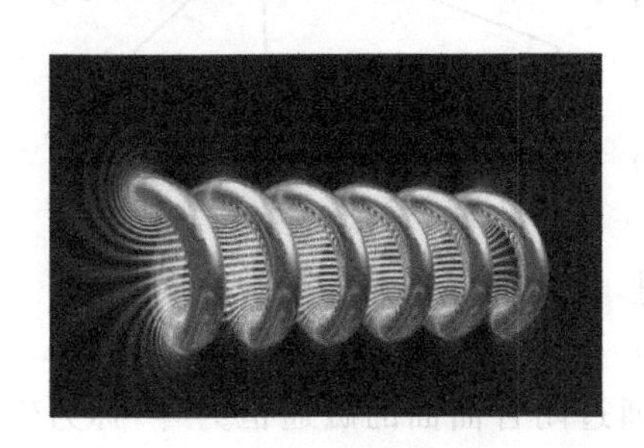

图5.2.1　磁场示意图

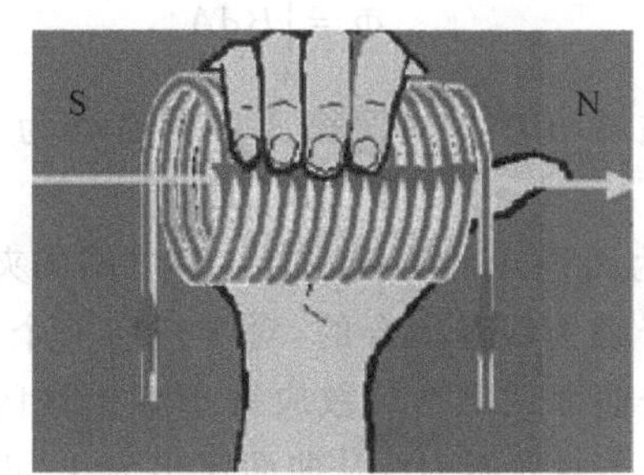

图5.2.2　右手螺旋定则示意图

(用右手握住螺线管,让四指弯向螺线管中的电流方向,则大拇指所指的那端就是螺线管的N极)

2. 磁感应强度

磁感应强度,也称为磁通密度,或简称磁密,用来描述磁场的大小和方向。磁感应强度定义为通以单位电流的单位长度导体在磁场中所受的力,是一个矢量,用 $\boldsymbol{B}$ 表示。在国际单位制中磁感应强度的单位为特[斯拉](T)。

3. 磁场强度

磁场强度是衡量磁场在单位长度导体上产生电流的大小和方向的物理量。它也是一个矢量,用 $\boldsymbol{H}$ 表示,在国际单位制中其单位是安[培]每米(A/m)。

磁场强度 $\boldsymbol{H}$ 与磁感应强度 $\boldsymbol{B}$ 之间满足

$$\boldsymbol{B}=\mu\boldsymbol{H} \tag{5.2.1}$$

式中,μ 为磁导率,取决于磁场所在点的材料特性,单位为亨每米(H/m)。

4. 磁导率

磁导率是表征磁介质磁性的物理量。它表示在空间或在磁芯空间中的线圈内流过电流后,产生磁通的阻力或是其在磁场中导通磁力线的能力,常用符号 μ 表示。

根据材料的导磁性能,可将其分为铁磁材料和非铁磁材料。铁磁材料包括铁、镍、钴及它们的合金,除铁磁材料之外的材料为非铁磁材料。

非铁磁材料的磁导率可认为与真空的磁导率 μ_0 相同,为 $4\pi\times10^{-7}$ H/m。铁磁材料的磁导率是非铁磁材料磁导率的几十倍至数千倍,其随着材料的种类和其所处位置的磁场强度的变化而变化,不是常数。

由于磁导率的变化范围很大,常采用相对磁导率 μ_r 来表征磁介质材料的导磁性能,其定义为磁导率 μ 与真空磁导率 μ_0 的比值,即

$$\mu_r=\frac{\mu}{\mu_0} \tag{5.2.2}$$

5. 磁通

磁通(或磁通量)表示在某个特定的截面内穿过这个截面的磁感应强度的通量,它是一个标量,常用符号 Φ 表示。国际单位制中磁通的单位为韦[伯](Wb)。

在图 5.2.3 中,通过磁场中某一面积 A 的磁通 Φ 为

$$\Phi = \int_A B \mathrm{d}A \tag{5.2.3}$$

若磁场均匀,穿过面积 A 的磁通 Φ 为

$$\Phi = BA\cos\theta \tag{5.2.4}$$

式中,θ 为面积 A 的法线方向与 $\boldsymbol{B}$ 之间的夹角。

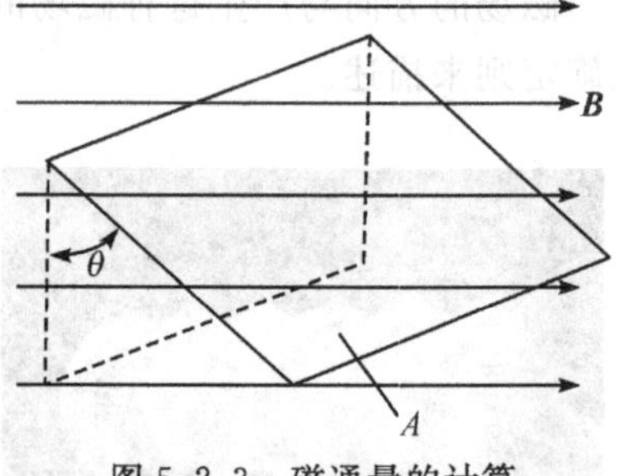

图 5.2.3　磁通量的计算

由于磁力线是闭合的,对于任何一个闭合曲面,进入该闭合曲面的磁力线数应等于穿出该闭合曲面的磁力线数。若规定磁力线从曲面穿出为正、进入为负,则通过闭合曲面的磁通恒为零,称为磁通连续性定理。

6. 安培环路定律和磁动势

磁场强度 $\boldsymbol{H}$ 沿一路径 l 的线积分定义为该路径上的磁压降,也称为磁压,用符号 U 表示,单位为安(A),即

$$U = \int_l \boldsymbol{H} \mathrm{d}l \tag{5.2.5}$$

如图 5.2.4 所示,在稳恒磁场中,磁场强度 $\boldsymbol{H}$ 沿任一闭合路径的线积分等于此闭合路径所包围的电流的代数和,即

$$\oint_l H \mathrm{d}l = \sum_{i=1}^{k} I_i \tag{5.2.6}$$

此为安培环路定律,该定律反映了稳恒磁场的磁感应线和载流导线相互套连的性质。若电流的正方向与闭合回线的方向符合右手螺旋定则条件,电流取正号,否则取负号。

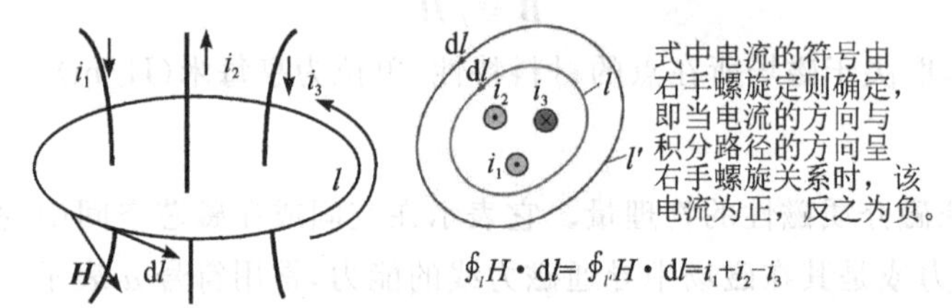

图 5.2.4　安培环路定律

由于磁场为电流所激发,式(5.2.6)中闭合路径所包围的电流数称为磁动势或磁势,用 F 表示,单位为安(A)或安匝。通常称磁路的磁压为该磁路所需的磁动势,隐去了磁压这一概念。对于由 N 匝线圈构成的螺线管的情况,有

$$Hl = Ni = F \tag{5.2.7}$$

7. 电磁感应定律

变化着的磁场也会产生电动势,如果是一个闭合回路,还会产生感生电流,这种现象就是电磁感应现象。感应电动势的大小和方向可由电磁感应定律得到,它表现在如下两个方面:

(1)导体在磁场中如果做切割磁力线的运动会产生感生电动势。如果磁场的磁力线、导体的运动方向及导体的走向三者相互正交时,所产生的感应电动势的大小为

$$e = Blv \tag{5.2.8}$$

式中,e 为感应电动势,单位为伏(V);l 为导体在磁场中的长度,单位为米(m);v 为导体与磁场之间的相对速度,单位为米每秒(m/s)。感应电动势 e 的方向可用右手定则确定,如图 5.2.5 所示。

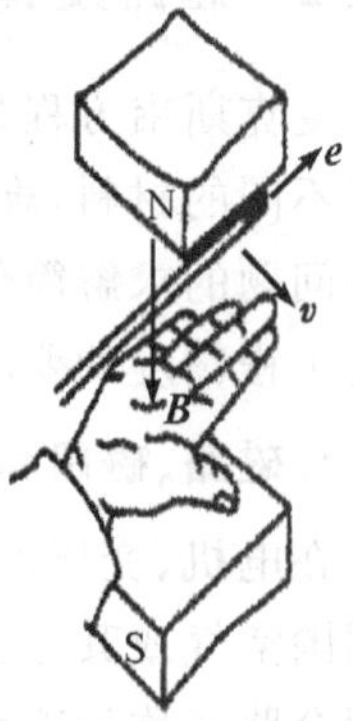

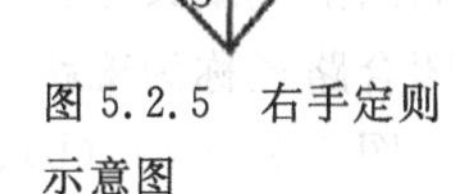

图 5.2.5　右手定则示意图

(2)在螺线管中如果磁通发生变化时在螺线管的线圈中会产生感应电动势。对于处于磁场中的一个 N 匝线圈,若其各匝通过的磁通 Φ 都相同,则经过该线圈的磁链 Ψ 为

$$\Psi = N\Phi \tag{5.2.9}$$

当线圈中的磁链 Ψ 发生变化时,线圈中将产生感应电动势。感应电动势的大小与磁链的变化率成正比:

$$e = -\frac{\mathrm{d}\Psi}{\mathrm{d}t} = -N\frac{\mathrm{d}\Phi}{\mathrm{d}t} \tag{5.2.10}$$

式中,感应电动势 e 的方向由楞次定律决定,即感应电动势的方向始终与磁通变化的方向相反。

8. 电磁力定律

如图 5.2.6 所示,当一带电的导线放在磁场中的时候,它会受到电磁力的作用,如果磁力线的方向与导线相互垂直,则导线所受电磁力的大小为

$$F = Bil \tag{5.2.11}$$

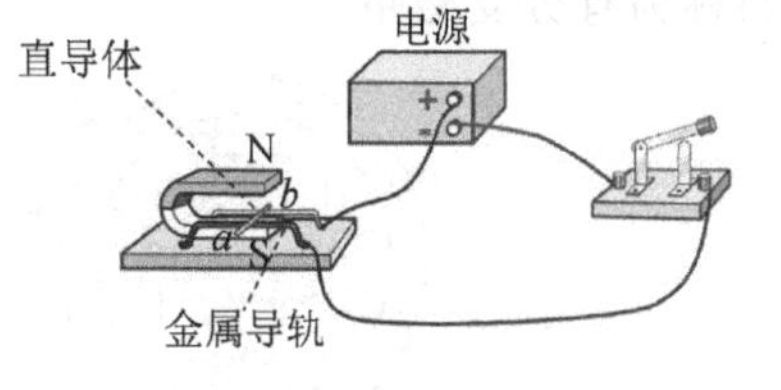

图 5.2.6　电磁力作用示意图

式中,F 为电磁力,单位为牛(N);i 为导线中通以电流的大小,单位为安(A);l 为导线在磁场中的长度,单位为米(m)。电磁力的方向可以使用图 5.2.7 所示的左手定则确定,即平伸左手,让磁力线垂直穿过手心,四指所指的方向是电流 i 的方向,则大拇指所指的方向即为电磁力 F 的方向。

如图 5.2.8 所示,在旋转电机中假设载流导体位于转子上,则其所受的电磁力乘以导体与旋转轴中心线之间的距离 r(通常为转子半径)就是电磁转矩 T,单位为牛米(N·m),即

$$T = Bilr \tag{5.2.12}$$

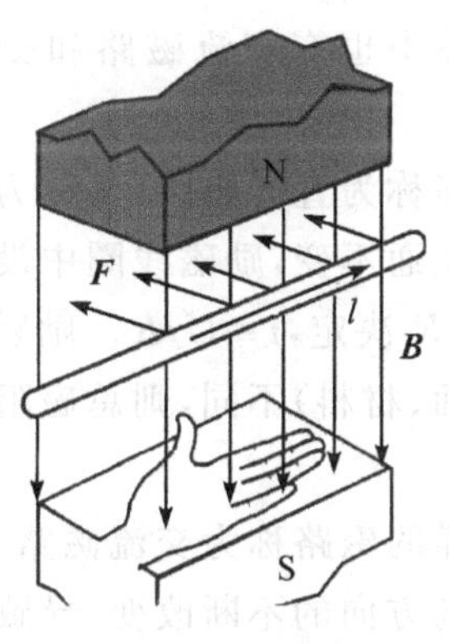

图 5.2.7　左手定则

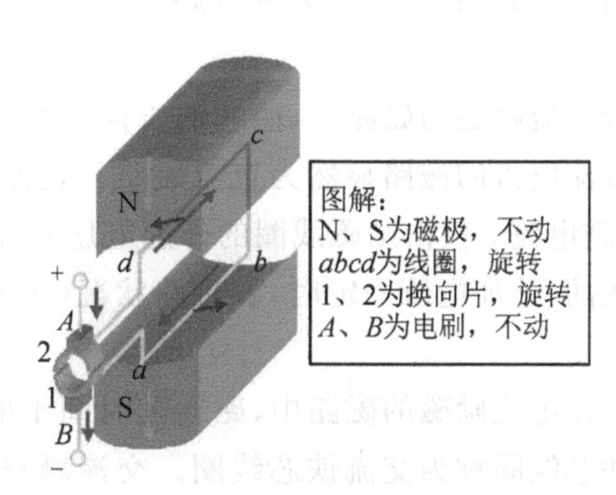

图 5.2.8　旋转直流电动机中由电磁力产生的电磁转矩

5.2.2 磁路及其基本定理

麦克斯韦方程是描述电磁现象的普遍适用方程，但由于电机结构复杂且包含多种导磁性能不同的材料，难以直接利用麦克斯韦方程得到磁场的分布。在电机中，通常把复杂三维磁场问题的求解简化为相应磁路的计算，采取这样的近似处理方法在绝大多数情况下能够满足工程精度的要求。下面介绍与磁路有关的基本概念和基本定理。

1. 磁路、磁阻和磁导

在电机、变压器及各种铁磁元件中常用磁性材料做成一定形状的铁芯。铁芯的磁导率比周围空气或其他物质的磁导率高得多，磁通的大部分经过铁芯形成闭合通路，将磁通流过的闭合路径称为**磁路**。

图 5.2.9(a)、(b)、(c)分别为四极直流电机、交流接触器和单相变压器的磁路。对于直流电机的磁路，通电导线绕制在定子铁芯上，根据右手螺旋定则，四极电机的 N 极与 S 极两两构成磁路。交流接触器和单相变压器的通电线圈产生的磁通沿着磁性材料构成磁路。显然，单相变压器的磁路只有一个，四极直流电机的磁路有四个，交流接触器的磁路有两个。将像变压器这种只有一个路径的磁路称为无分支磁路，而像电机这种由几个通路组成的磁路称为有分支磁路。

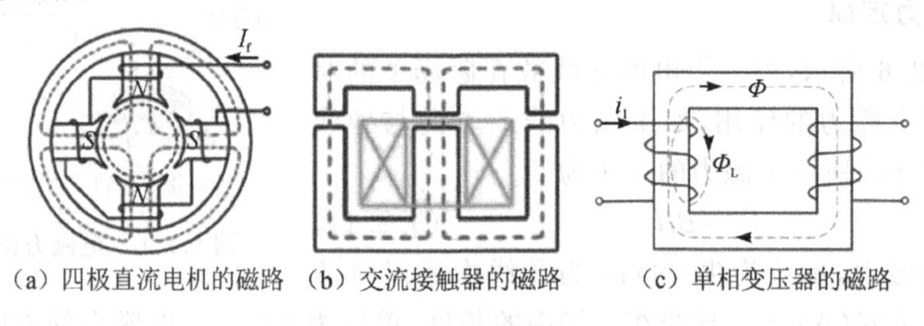

(a) 四极直流电机的磁路 (b) 交流接触器的磁路 (c) 单相变压器的磁路

图 5.2.9 磁路举例

磁路类似于电路，磁路中的磁通类似于电路中的电流。导体的电导率比绝缘体的电导率高得多，所以电流几乎全部沿着导体流动；类似地，磁性材料的磁导率比非磁性材料的磁导率高得多，显然磁通的大部分也是沿着磁性材料流动，但线圈周围的空气及其他非铁磁材料中会存在漏磁通，例如图 5.2.9(c)的单相变压器磁路中的 Φ_L 即为漏磁通。

在电路中有直流电路和交流电路之分，类似地，在磁路中也有直流磁路和交流磁路之分。

由直流电流励磁的磁路中，磁通的方向不变，这样的磁路称为直流磁路，又称为恒定磁通磁路。直流电机的磁路显然为直流磁路。直流磁路中的磁通不变，励磁线圈中没有感应电动势，励磁电流 i 仅由励磁线圈的外加电压 U 和线圈电阻 R 决定，$i=U/R$。励磁线圈的电阻是不变的，外加电压一定时，若磁路状况(中心长度、截面、材料)不同，则总磁阻和磁通也不同。

在由交流电流励磁的磁路中，磁通随时间不断交变，这样的磁路称为交流磁路，其中交流磁路的铁芯线圈称为交流铁芯线圈。交流磁路中由于磁场方向的不断改变，导致磁通不断变化，铁磁材料会产生磁滞损耗和涡流损耗。

磁路的基本组成部分是磁动势源和磁通流过的物体，磁动势源为永磁体或通电线圈。图 5.2.10(a)所示为无分支的铁芯磁路，它由铁芯和环绕其上的通电线圈组成。线圈匝数为 N、电流为 i，铁芯的截面均匀，面积为 A，铁芯内磁力线的平均长度为 L。假设磁通经过该铁芯的所有截面且在截面上均匀分布，该磁路上的磁通 Φ 和磁动势 F 分别为

$$\Phi=BA,\quad F=Ni=HL=\frac{B}{\mu}L \tag{5.2.13}$$

式中，B、H、μ 分别为磁感应强度、磁场强度和磁导率。

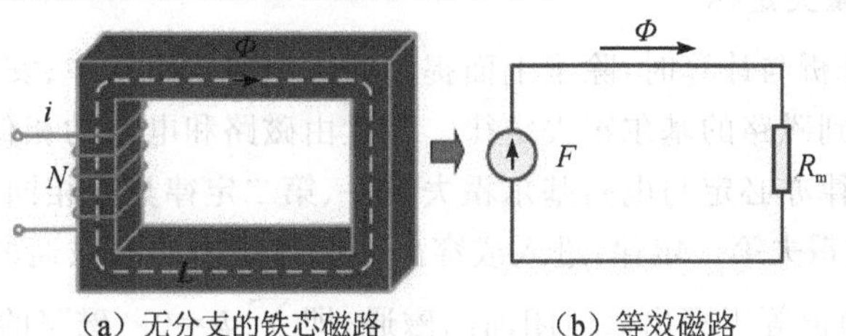

(a) 无分支的铁芯磁路　　(b) 等效磁路

图 5.2.10　无分支的铁心磁路及其等效磁路

将磁通和磁动势的关系与电路中电流和电压的关系类比，定义

$$R_m=\frac{F}{\Phi} \tag{5.2.14}$$

为该段磁路的磁阻，单位为安每韦(A/Wb)。式(5.2.14)表征了磁通、磁动势和磁阻之间的关系，称为磁路的欧姆定律。因此，可将图 5.2.10(a)的实际磁路简化为图 5.2.10(b)所示的等效磁路。

将式(5.2.13)代入式(5.2.14)可得

$$R_m=\frac{HL}{BA}=\frac{L}{\mu A} \tag{5.2.15}$$

由式(5.2.15)可以看出：磁阻与磁路长度成正比，与材料的磁导率和磁路截面积成反比。

磁阻的倒数称为磁导，用符号 Λ 表示，单位为韦每安(Wb/A)，即

$$\Lambda=\frac{\mu A}{L} \tag{5.2.16}$$

可以看出，磁路方程与电路方程在形式上非常相似，磁通与电流、磁动势与电动势、磁阻与电阻、磁导和电导保持一一对应关系。但需要指出的是，电路和磁路虽然形式上相同，但在物理上有如下本质的区别：

(1)电路中的电流是运动电荷产生的，是实际存在的，而磁路中的磁通仅仅是描述磁现象的一种手段。

(2)在处理电路时不涉及电场问题，在处理磁路时离不开磁场的概念。

(3)电路中通过电流要产生损耗，但当铁芯中的磁通不变时不产生损耗。

(4)磁路欧姆定律和电路欧姆定律只是形式上相似。在温度一定的前提下，导体的电阻率是恒定的，而导磁材料的磁导率随其中磁场的变化而变化。由于铁磁材料的磁导率通常不是一个常数，导致磁阻通常也不是常数，它随磁通密度大小的变化而有所不同，因此磁路

欧姆定律不能直接用来计算,只能用于定性分析。

(5)导体和非导体的电导率之比可达 10^{16},所以电流一般沿导体流动,其漏电流微乎其微,通常忽略不计。而常用铁磁材料的相对磁导率通常为 $10^3 \sim 10^5$,磁场不只在铁磁材料中存在,在非铁磁材料中也存在。所以在磁路里面,漏磁通往往不能忽略。

(6)在电路中,当电动势为零时电流也为零,但在磁路中由于有剩磁,当磁动势为零时磁通不为零。

2. 磁路的基尔霍夫定律

在进行磁路的分析与计算时,除了上面提到的磁路的欧姆定律、安培环路定律和磁通连续性定理外,还要用到磁路的基尔霍夫定律。并且由磁路和电路的相似性可以推断,磁路基尔霍夫第一、第二定律亦必定与电路基尔霍夫第一、第二定律具有相同形式。

(1) 磁路的基尔霍夫第一定律:进入或穿出任一封闭面的总磁通的代数和等于零,或穿入任一封闭面的磁通恒等于穿出该封闭面的磁通,即 $\sum \Phi = 0$。磁路的基尔霍夫第一定律本质上是磁通连续性定理在等效磁路中的具体体现。

图 5.2.11(a)、(b)所示为一相通电的有分支磁路及其等效磁路。对于图 5.2.11(b)中的节点 a,在其周围取一闭合面,根据磁路的基尔霍夫第一定律,流入该闭合面的磁通的代数和恒等于零。若把穿入闭合面的磁通取正号,穿出的取负号,则

$$\sum \Phi = \Phi_1 - \Phi_2 - \Phi_3 = 0 \tag{5.2.17}$$

从图 5.2.11(b)可以看出磁阻 R_{m2}、R_{m3} 上的磁压降相同,但流过的不是同一磁通,二者之间的连接方式为并联。

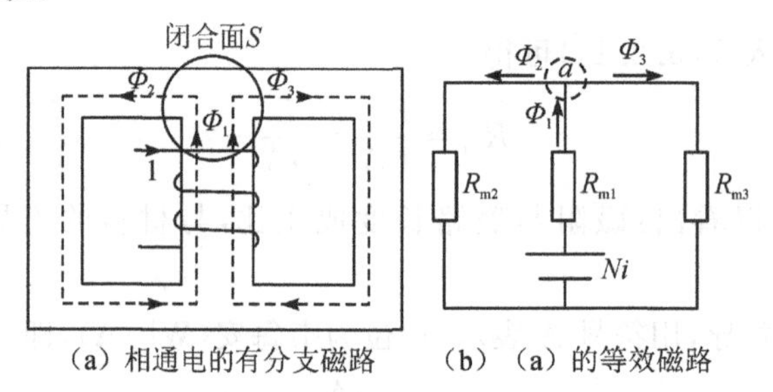

(a) 相通电的有分支磁路　　(b) (a) 的等效磁路

图 5.2.11　相通电的有分支磁路及其等效磁路

若磁路中有 n 个磁阻 $R_{m1}, R_{m2}, \cdots, R_{mn}$ 并联,如图 5.2.12(a)所示,则可将该磁路等效为图 5.2.12(b)所示的简单磁路。等效的前提是:两个磁路流过相同的磁通 Φ,且磁压降 F 保持不变。根据磁路的基尔霍夫第一定律,有

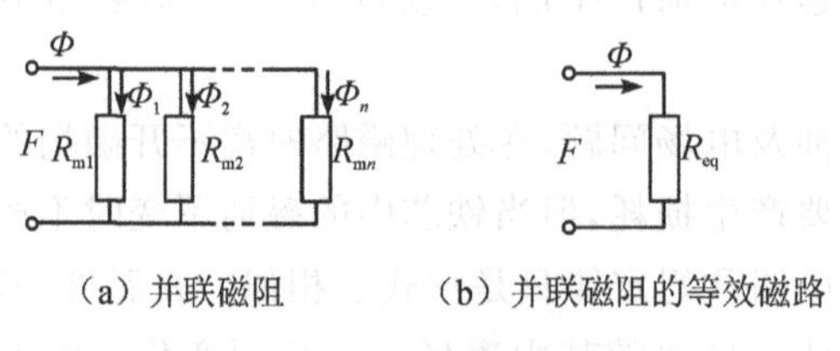

(a) 并联磁阻　　(b) 并联磁阻的等效磁路

图 5.2.12　并联磁阻的等效

$$\Phi = \frac{F}{R_{m1}} + \frac{F}{R_{m2}} + \cdots + \frac{F}{R_{mn}} = \frac{F}{R_{eq}} \tag{5.2.18}$$

则等效磁阻为

$$R_{eq} = \frac{1}{\frac{1}{R_{m1}} + \frac{1}{R_{m2}} + \cdots + \frac{1}{R_{mn}}} \tag{5.2.19}$$

(2)磁路的基尔霍夫第二定律:任一闭合磁路上总磁动势的代数和恒等于组成该磁路的各磁阻上的磁压降的代数和,即

$$\sum F = \sum Ni = \sum Hl = \sum \Phi R_m \tag{5.2.20}$$

式中,$Hl(\Phi R_m)$为磁压降,$\sum Hl$为闭合磁路上磁压降的代数和;F为磁动势,$\sum F$为闭合磁路上磁动势的代数和。规定:当考察方向l与线圈内电流方向满足右手定则时F为正;当考察方向l与磁通Φ方向一致时磁压降为正。

磁路的基尔霍夫第二定律本质上是安培环路定律在等效磁路中的具体体现。

图 5.2.13(a)所示为一带开口的无分支铁芯磁路,磁路中含有通电线圈、铁芯和气隙。线圈匝数为N、流过的电流为I,磁路由图中所示 3 段组成,长度分别为l_1、l_2、l_3,这 3 段的磁场强度分别为H_1、H_2、H_3,根据磁路的基尔霍夫第二定律,有

$$\int_l H\,\mathrm{d}l = H_1 l_1 + H_2 l_2 + H_3 l_3 = NI = F \tag{5.2.21}$$

式中,F为励磁线圈的磁动势。若铁芯l_1、铁芯l_2和气隙l_3分别用等效磁阻R_{m1}、R_{m2}和R_{m3}等效,则其等效磁路如图 5.2.13(b)所示,有

$$F = \Phi R_{m1} + \Phi R_{m2} + \Phi R_{m3} \tag{5.2.22}$$

从图 5.2.13(b)可以看出,磁阻R_{m1}、R_{m2}和R_{m3}上流过的磁通相同且顺序连接,三者之间的连接方式为串联。

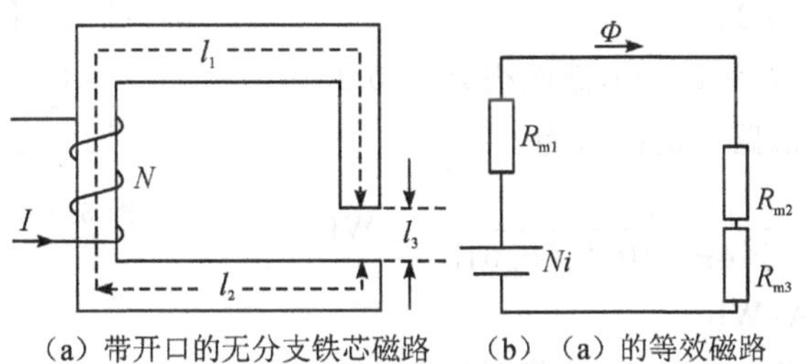

(a) 带开口的无分支铁芯磁路　(b) (a) 的等效磁路

图 5.2.13　带开口的无分支铁心磁路及其等效磁路

若磁路中有n个磁阻R_{m1}、R_{m2}、…、R_{mn}串联,如图 5.2.14(a)所示,则可将该磁路等效为图 5.2.14(b)所示的简单磁路,等效的前提与并联磁路的等效相同。对于分段均匀磁路,根据磁路的基尔霍夫第二定律,有

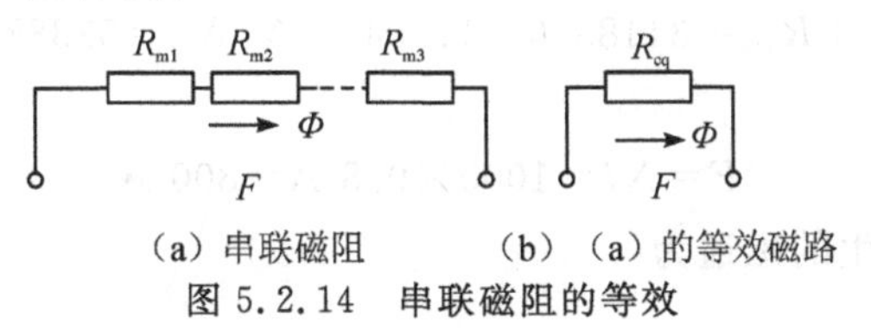

(a) 串联磁阻　(b) (a) 的等效磁路

图 5.2.14　串联磁阻的等效

$$F=\Phi(R_{m1}+R_{m2}+\cdots+R_{mn})=\Phi R_{eq} \tag{5.2.23}$$

则等效磁阻为

$$R_{eq}=R_{m1}+R_{m2}+\cdots+R_{mn} \tag{5.2.24}$$

综上，我们将磁路与电路的比较归纳在表 5.2.1 中。

表 5.2.1 磁路与电路的类比关系

磁路	电路
磁通 Φ	电流 i
磁动势 F	电动势 e
磁阻 R_m	电阻 R
磁压降 Hl	电压降 u
磁导 Λ_m	电导 G
欧姆定律 $\Phi=F/R_m$	欧姆定律 $i=u/R$
基尔霍夫第一定律 $\sum\Phi=0$	基尔霍夫第一定律 $\sum i=0$
基尔霍夫第二定律 $\sum F=\sum Hl=\sum\Phi R$	基尔霍夫第二定律 $\sum e=\sum u=\sum iR$

例 5.2.1 有一铁芯，其尺寸如图 5.2.15 所示，铁芯的厚度为 0.1 m，相对磁导率为 2000，上面绕有 1000 匝的线圈。当线圈内通以 0.8 A 的电流时能产生多大的磁通？

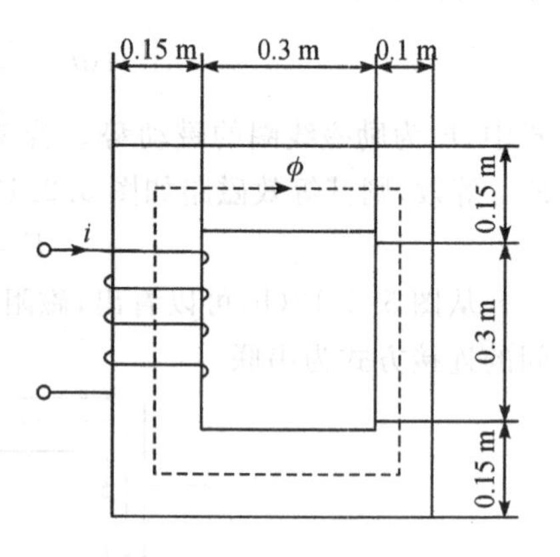

图 5.2.15 例 5.2.1 的铁芯

解：用磁路的欧姆定律求解。取通过铁芯中心线的路径为平均磁路。铁芯的上、下、左 3 边宽度相同，可取为磁路 1，右边取为磁路 2。

磁路 1 的平均长度 $l_1=1.3$ m，截面积 $A_1=0.15\ \text{m}\times0.1\ \text{m}=0.015\ \text{m}^2$，则磁路 1 的磁阻为

$$R_{m1}=\frac{l_1}{\mu A_1}=\frac{1.3}{2000\times4\pi\times10^{-7}\times0.015}\ \text{A/Wb}=34483.6\ \text{A/Wb}$$

磁路 2 的平均长度 $l_2=0.45$ m，截面积 $A_2=0.1\ \text{m}\times0.1\ \text{m}=0.01\ \text{m}^2$，则磁路 2 的磁阻为

$$R_{m2}=\frac{l_2}{\mu A_2}=\frac{0.45}{2000\times4\pi\times10^{-7}\times0.01}\ \text{A/Wb}=17904.9\ \text{A/Wb}$$

磁路的总磁阻为

$$R_m=R_{m1}+R_{m2}=34483.6+17904.9\ \text{A/Wb}=52388.5\ \text{A/Wb}$$

线圈的磁动势为

$$F=Ni=1000\times0.8\ \text{A}=800\ \text{A}$$

最终可得线圈内产生的磁通为

$$\Phi=\frac{F}{R_{\mathrm{m}}}=\frac{800}{52388.5}\mathrm{Wb}=1.53\times10^{-2}\ \mathrm{Wb}$$

5.2.3　铁磁材料的特性

电机中的磁路通常需要利用铁芯进行增磁。铁芯是用高磁导率的铁磁材料制成的，一般铁磁材料的磁导率是真空磁导率的数千倍，因此，可以在一个较小的激磁电流作用下，产生较大的磁通。由于铁芯的增磁功能，使得电机的定子、转子之间的耦合场得以增强，并可以使定子内圆表面的磁感应强度按一定规律在圆周上分布。

电机铁芯常用的铁磁材料包括铁、镍、钴及它们的合金，某些稀土元素的合金和化合物，铬和锰的一些合金等。将铁磁材料放入磁场后，磁场会显著增强。下面介绍铁磁材料的特性。

1. 铁磁材料的磁化曲线

将磁性材料的磁通密度与磁场强度之间的关系曲线 $B=f(H)$ 称为磁化曲线或 $B-H$ 曲线，它是铁磁材料最基本的特性曲线。对于非铁磁材料，其磁导率接近于真空的磁导率 μ_0，磁化曲线为一直线 $B=\mu_0 H$。对于铁磁材料，由于磁导率随磁场强度的变化而变化，且存在磁滞现象，故磁化曲线比较复杂。下面对铁磁材料的磁化曲线进行详细讨论。

1）初始磁化曲线

初始磁化曲线是指将未经磁化的铁磁材料放入磁场中，磁场强度从零开始逐渐增大而得到的 $B=f(H)$ 曲线。即如图 5.2.16 所示，当电流从 0 逐渐增加，线圈中铁磁材料内的磁场强度也随之增加，这样就可以测出若干组 B 和 H 值。以 H 为横坐标，B 为纵坐标，画出 B 随 H 的变化曲线，这条曲线称为初始磁化曲线。当 H 增大到某一值后，B 几乎不再变化，这时铁磁材料的磁化状态为磁饱和状态。此时的磁感应强度 B_s 称为饱和磁感应强度。如铁氧体的饱和磁感应强度 B_s 通常在 0.3～0.4 T 范围内，这是由铁氧体的材料特性所决定的。饱和后电感量会迅速减小，这意味着没有再产生多余感应磁场的能力了。

典型铁磁材料的初始磁化曲线如图 5.2.17 所示。图中线段 Oa 为起始段，开始磁化时，B 随 H 的增大而缓慢增加，磁导率较小。线段 ab 称为线性区，在该区域磁导率基本保持不变。在线段 bc，B 值增加变慢。线段 cd 称为饱和区。电机的通常工作点在磁化曲线开始拐弯的点（如 b 点）附近。图中虚直线为非铁磁材料的初始磁化曲线。

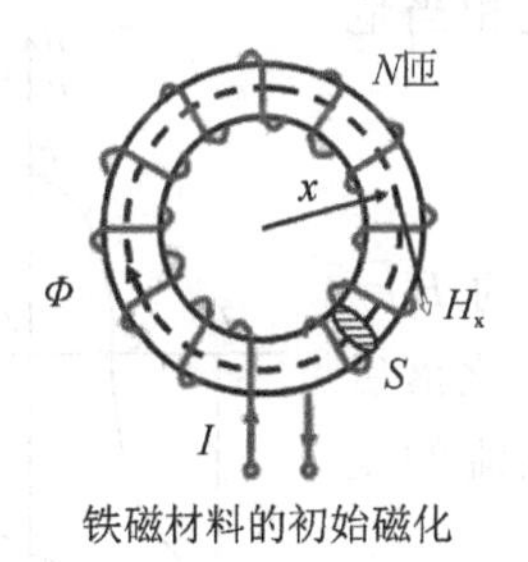

图 5.2.16　铁磁材料的初始磁化

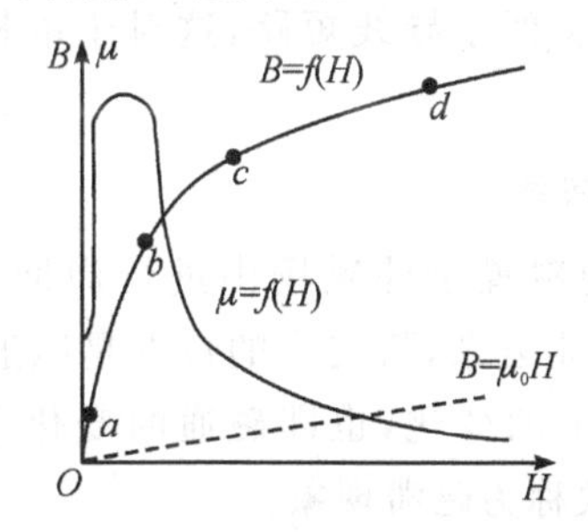

图 5.2.17　铁磁材料的初始磁化曲线

在无外加磁场时，铁磁材料就已经达到一定程度的磁化，称为自发磁化。自发磁化是分成许多小区域进行的，这些小区域称为磁畴。一个磁畴的体积大约为 10^{-15} m^3，每个磁畴内大约有 10^{15} 个原子，磁畴可用永磁体表示。

如图 5.2.18(a)所示的未被磁化的铁磁材料，当外加激励磁场 $H=0$ 时，铁磁材料的磁畴内部取向杂乱无章，磁效应相互抵消，整个材料对外并不表现磁性。当施加外磁场时，随着外加激励磁场 H 逐渐增强，首先和外加磁场方向相近的少量磁畴发生“转动”，铁磁材料表现出磁性，此时磁通密度增加不快，磁导率 μ 较小，如图 5.2.18(b)所示。如果外加磁场 H 继续加强，铁磁材料中与外加磁场方向不同的大量磁畴继续“转动”，铁磁材料表现出更强的磁性，磁畴基本都同外加磁场方向“趋于”相同，此时磁通密度增加很快，磁导率 μ 很大，如图5.2.18(c)所示。随着外加磁场 H 的进一步加强，铁磁材料的磁畴方向和外加磁场方向完全一致，铁磁材料达到最大磁通，此时磁通密度增加缓慢，磁导率 μ 逐渐减小，出现“极限磁化”，即磁芯饱和，如图 5.2.18(d)所示。此时即使外加磁场进一步加强铁磁材料的磁通也不会再增加，磁通密度达到最大值 B_s。上述过程中将磁化曲线开始弯曲的点称为“膝点”。可以看出，不但不同的材料有不同的磁导率，即使是同一种铁磁材料，其磁导率也随磁场强度的变化而变化。

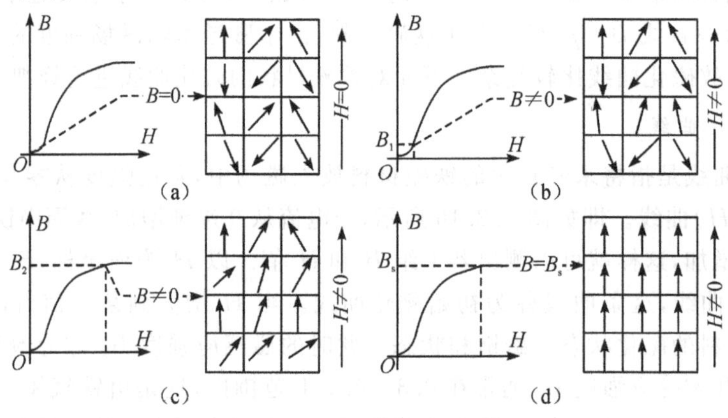

图 5.2.18 铁磁材料的磁化机理

以上就是铁磁材料的磁化机理，弄清楚该机理对理解电机或变压器中禁止出现电磁饱和有巨大帮助。这是因为一旦饱和后，没有可转动的磁畴，磁通密度达到某种铁磁材料的最大值，如果再增大外加磁场激励，电感已经没有产生更大磁通密度的能力，也就没有阻碍电流的能力了，类似于导线短路，这对于电机或变压器是相当危险的。

2) *磁滞回线*

将铁磁材料置于外磁场中进行周期性磁化，得到的 $B=f(H)$曲线非常复杂，最突出的特点是磁通密度 B 的变化落后于磁场强度 H 的变化，也即磁通的变化落后于励磁电流的变化。这种现象称为磁滞现象。

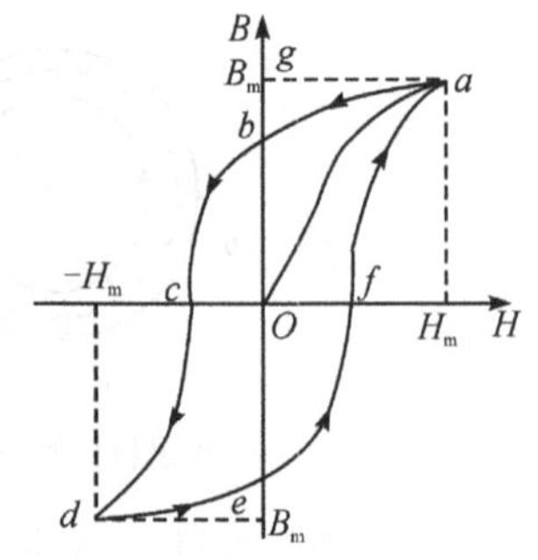

图 5.2.19 磁滞回线

如图 5.2.19 所示，将未磁化的铁磁材料置于外磁场中，当 H 从零开始增加到 H_m 时，B 相应地增加到 B_m，然后逐渐减小

到 H，B 将沿曲线 ab 下降，H 下降到零后，反方向增加 H 到 $-H_m$，B 沿 bcd 变化到 $-B_m$，再逐渐减小 H 的绝对值，B 沿着曲线 de 变化，当 H 为零后，再增加 H 到 H_m，则 B 沿 efa 增加到 B_m。如此反复磁化，就得到图中的 $B=f(H)$ 闭合曲线，称为磁滞回线。

当磁场强度 H 为零时，磁通密度不为零，而是一个较大的值，称为剩余磁感应强度或剩磁密度，简称剩磁，用 B_r 表示，单位为特[斯拉](T)。当磁通密度为零时，H 不为零，而是 H_c，H_c 称为磁感应矫顽力，简称为矫顽力，单位为安每米(A/m)。剩磁和矫顽力是铁磁材料的重要参数。

剩磁和矫顽力较小的铁磁材料称为软磁材料。反之，剩磁和矫顽力较大的铁磁材料称为硬磁材料。大部分电机的磁路均由软磁材料制成。

3）*基本磁化曲线*

由于铁磁材料磁滞回线的形状比较复杂，在工程实际中使用不便。对于铁磁材料，在不同磁场强度的外磁场中反复磁化，可得到一系列大小不同的磁滞回线，将这些磁滞回线的顶点连接起来，就得到基本磁化曲线，如图 5.2.20 中灰色实线所示。各种手册中给出的磁化曲线都是基本磁化曲线。基本磁化曲线虽然不是初始磁化曲线，但两者差别不大。图 5.2.21 所示为 50TW800 型冷轧硅钢片的基本磁化曲线。

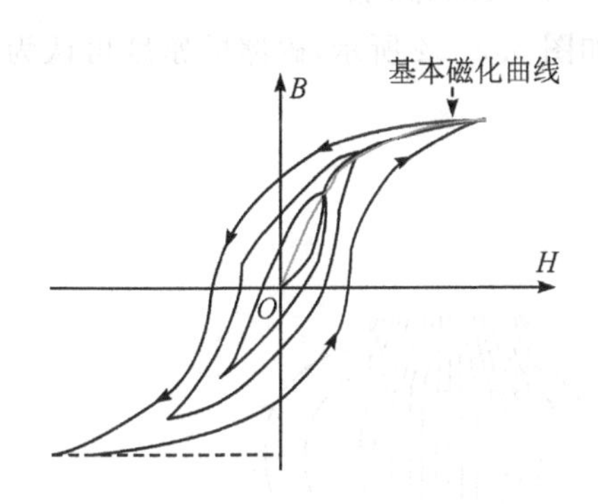

图 5.2.20　基本磁化曲线

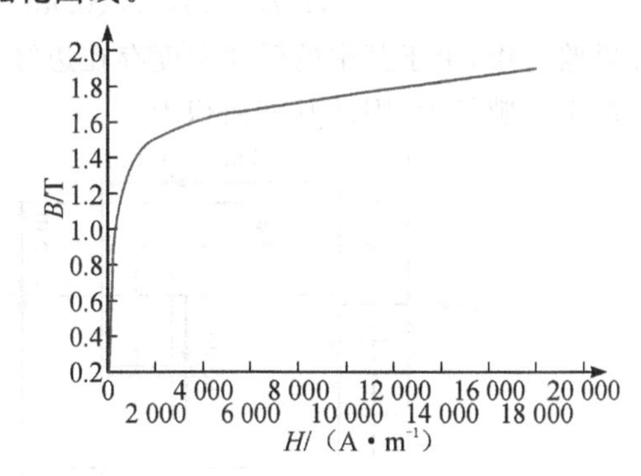

图 5.2.21　50TW800 型冷轧硅钢片的基本磁化曲线

例 5.2.2　对于例 5.2.1 中的铁芯，其磁化曲线如图 5.2.22 所示，求使铁芯内产生 1.53×10^{-2} Wb 的磁通时需要的电流。

解：对于磁路 l，流过 $\Phi=1.53\times10^{-2}$ Wb 的磁通时，磁通密度为

$$B_1=\frac{\Phi}{A_1}=\frac{1.53\times10^{-2}}{0.015}\ \text{T}=1.02\ \text{T}$$

由图 5.2.22 所示的磁化曲线，得到磁场强度 $H_1=400$ A/m，该磁路上的磁位差为

$$F_1=H_1l_1=400\times1.3\ \text{A}=520\ \text{A}$$

对于磁路 2，流过 $\Phi=1.53\times10^{-2}$ Wb 的磁通时，磁通密度为

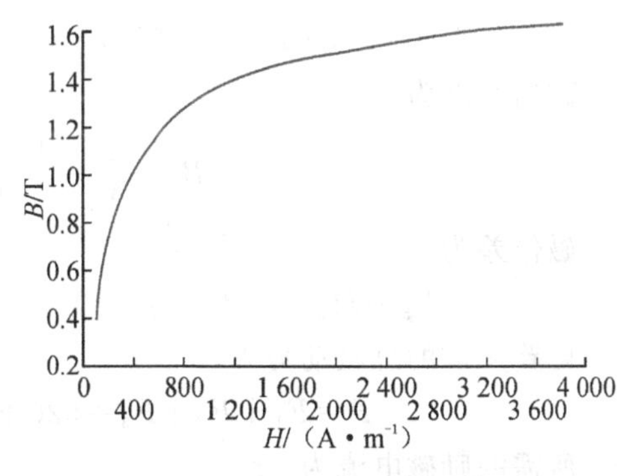

图 5.2.22　例 5.2.2 中铁芯的磁化曲线

$$B_2=\frac{\Phi}{A_2}=\frac{1.53\times10^{-2}}{0.01}\ \mathrm{T}=1.53\ \mathrm{T}$$

由图 5.2.22 所示的磁化曲线，得到磁场强度 $H_2=2370\ \mathrm{A/m}$，该磁路上的磁位差为

$$F_2=H_2l_2=2370\times0.45\ \mathrm{A}=1066.5\ \mathrm{A}$$

磁路所需总磁动势为

$$F=F_1+F_2=520+1066.5\ \mathrm{A}=1586.5\ \mathrm{A}$$

所需励磁电流为

$$i=\frac{F}{N}=\frac{1586.5}{1000}\ \mathrm{A}=1.59\ \mathrm{A}$$

例 5.2.3 对于例 5.2.2 中的铁芯，若在右边上有一气隙，气隙长度为 0.5 mm，如图 5.2.23 所示。求使铁芯内产生 1.53×10^{-2} Wb 的磁通时需要的电流。

解： 磁路分为 3 段，上、下、左 3 边为磁路 1，右边（不包括空气隙）为磁路 2，空气隙为磁路 3。

磁路 1 的计算同例 5.2.2，磁压为 520 A。磁路 2 的计算长度比例 5.2.2 中减少了 0.5 mm，其磁位差为

$$F_2=H_2l_2=2370\times(0.45-5\times10^{-4})=1065.3\ \mathrm{A}$$

在磁路 3 中，由于其中的磁通密度存在边缘效应，如图 5.2.24 所示，磁路的密度可认为扩大了两个气隙长度，因此其截面积为

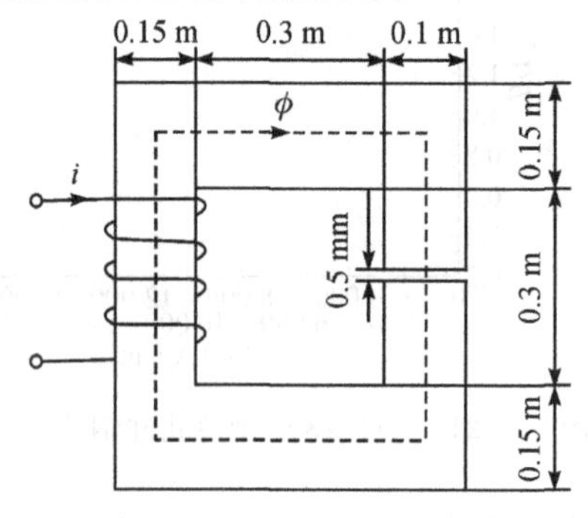

图 5.2.23 例 5.2.3 的铁芯

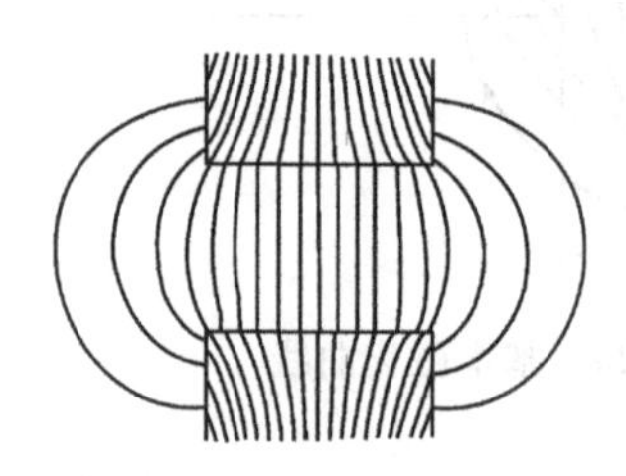

图 5.2.24 磁场的边缘效应

$$A_3=(0.1+2\times5\times10^{-4})\times(0.1+2\times5\times10^{-4})\ \mathrm{m^2}=1.02\times10^{-2}\ \mathrm{m^2}$$

磁通密度为

$$B_3=\frac{\Phi}{A_3}=\frac{1.53\times10^{-2}}{0.0102}\ \mathrm{T}=1.5\ \mathrm{T}$$

磁位差为

$$F_3=H_3l_3=B_3l_3/\mu_0=1.5\times5\times10^{-4}/(4\pi\times10^{-7})\ \mathrm{A}=596.8\ \mathrm{A}$$

磁路所需的总磁动势为

$$F=F_1+F_2+F_3=520+1065.3+596.8\ \mathrm{A}=2182.1\ \mathrm{A}$$

所需的励磁电流为

$$i=\frac{F}{N}=\frac{2182.1}{1000}\ \mathrm{A}=2.18\ \mathrm{A}$$

例 5.2.4　已知电机中的铁芯磁路有气隙。在图 5.2.25 中，曲线 1 表示无气隙铁芯磁路的磁化曲线，曲线 2 表示气隙的磁化曲线。注意此处的磁化曲线已转换为电机励磁电流 i 与电机内磁通 Φ 的关系。求电机中带气隙铁芯磁路的磁化曲线。

解：对于分段均匀的情况，磁路的总磁势等于各段磁压降（如铁芯磁压降、气隙磁压降等）之和。即

$$F=Ni=H_{\mathrm{Fe}}l+H_{\delta}\delta$$

式中，H_{Fe} 为铁芯磁路的磁场强度；l 为无气隙铁芯磁路的长度；H_{δ} 为气隙的磁场强度；δ 为气隙的长度。

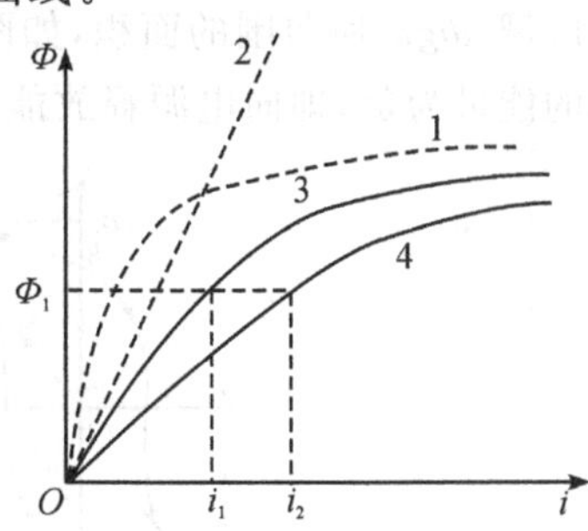

图 5.2.25　例 5.2.4 中电机的磁化曲线

将励磁电流表示为两分部分之和，即

$$i=i_{\mathrm{Fe}}+i_{\delta}$$

则有

$$Ni_{\mathrm{Fe}}=H_{\mathrm{Fe}}l=R_{\mathrm{mFe}}\Phi$$

$$Ni_{\delta}=H_{\delta}\delta=R_{\mathrm{m}\delta}\Phi$$

于是，对于磁通的不同取值只要将图 5.2.25 中曲线 1 与曲线 2 上对应的横坐标相加，即可得到电机中带气隙铁芯磁路的磁化曲线 3。

4) *铁磁材料的分类*

根据磁滞回线形状的不同，可将铁磁材料分为软磁材料和硬磁材料。

软磁材料的磁滞回线如图 5.2.26(a)所示。软磁材料磁滞回线窄、矫顽力小、容易磁化，在较弱的外磁场作用下可得到较高的磁通密度，一旦去掉外磁场，其磁性基本消失，主要用作导磁材料。电机中常用的导磁材料，如硅钢片、铸钢、铸铁等，都属于软磁材料。

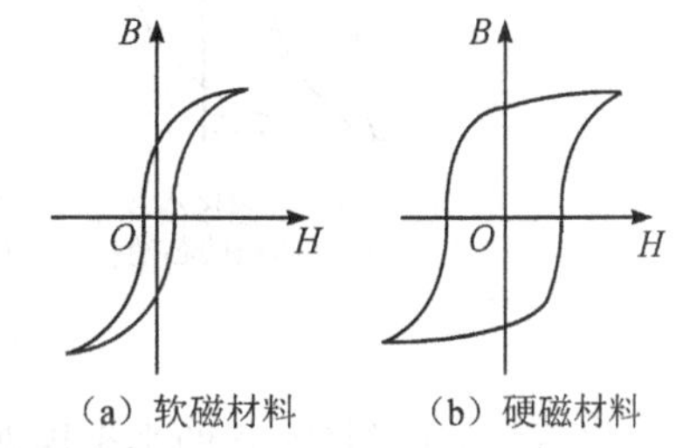

(a) 软磁材料　　(b) 硬磁材料

图 5.2.26　软磁材料和硬磁材料的磁滞回线

硬磁材料的磁滞回线如图 5.2.26(b)所示。硬磁材料磁滞回线宽、矫顽力大，其特点是不容易被磁化、也不容易退磁，当外磁场消失后，仍具有相当强而稳定的磁性，可以向外部磁路提供恒定磁场。硬磁材料包括铝镍钴、铁氧体、稀土钴和钕铁硼等，在永磁电机中应用广泛。

2. 铁耗

将铁磁材料置于变化的磁场中将产生铁芯损耗，简称铁耗，它表现为磁化过程中有一部分电磁能量不可逆地转换为热能。铁耗包括磁滞损耗和涡流损耗两种。磁场不变时不产生铁耗。

1) *磁滞损耗*

磁滞损耗是磁畴之间相互摩擦而产生的损耗。在图 5.2.27 所示的磁滞回线中，当 H 从零（e 点）增大到最大值 H_{m}（a 点）时，单位体积铁芯消耗的能量

$$W_1=\int_{-B_{\mathrm{r}}}^{B_{\mathrm{m}}}H\mathrm{d}B \tag{5.2.25}$$

为区域 $efage$ 所包围的面积，如图 5.2.27(a)中阴影部分所示。当 H 从 H_m 减小到零时，单

位体积铁芯消耗的能量

$$W_2=\int_{B_m}^{B_r} H\,\mathrm{d}B \tag{5.2.26}$$

为区域 $abga$ 所包围的面积，如图 5.2.27(b)中阴影部分所示。由于 H 为正、$\mathrm{d}B$ 为负，故消耗的能量为负，即向电源释放能量。

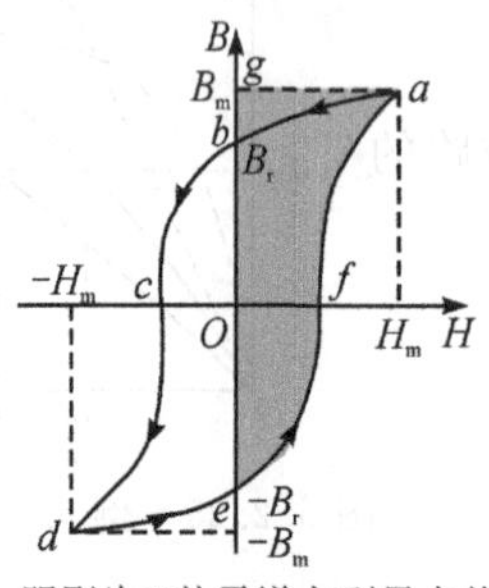

(a) 阴影为H从零增大到最大值H_m时单位体积铁芯消耗的能量

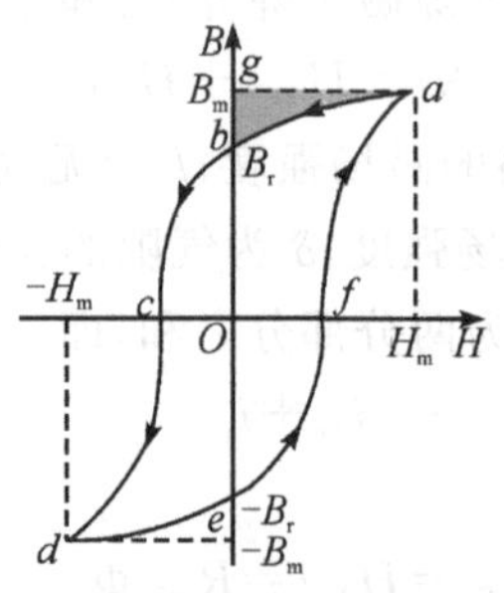

(b) 阴影为H从H_m减小到零时单位体积铁芯消耗的能量，其值为负

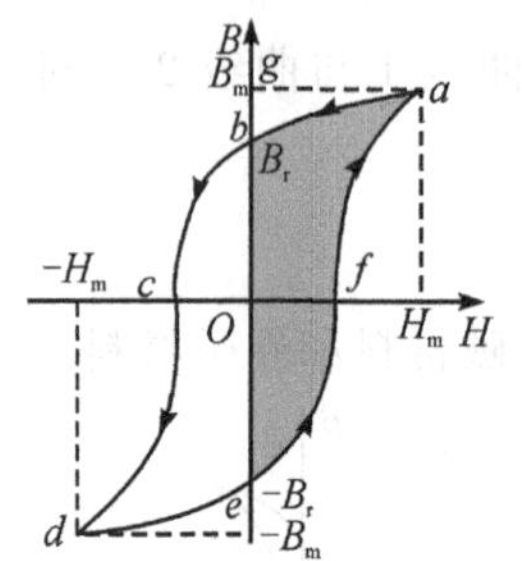

(c) 阴影为磁场变化半个周期内单位体积铁芯消耗的能量

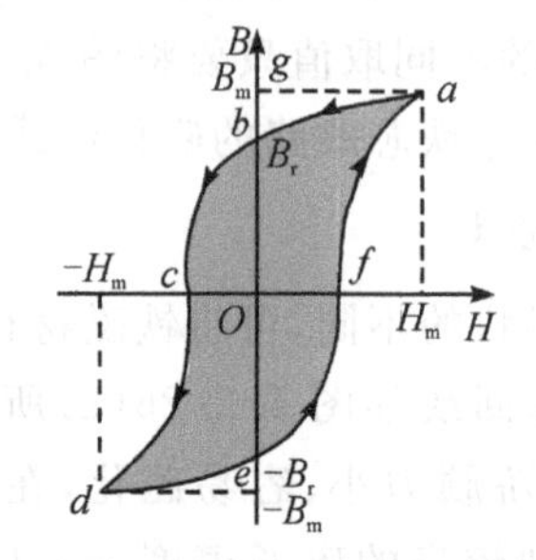

(d) 阴影为磁场变化一个周期内单位体积铁芯消耗的以量，等于磁滞回线的面积

图 5.2.27　磁滞损耗

可以看出，在磁场变化的半个周期内单位体积铁芯消耗的能量为图 5.2.27(a)、(b)所示两部分能量之和，可用区域 $efabe$ 所包围的面积表示，如图 5.2.27(c)中阴影部分所示。同理，在后半个周期内，将消耗同样多的能量。在磁场变化的一个周期内单位体积铁芯消耗的能量等于磁滞回线的面积，如图 5.2.27(d)中阴影部分所示，即

$$W=\oint H\,\mathrm{d}B \tag{5.2.27}$$

磁滞回线的面积通常可用经验公式表示为

$$\oint H\,\mathrm{d}B=C_h B_m^k \tag{5.2.28}$$

式中，C_h 为磁滞损耗系数，C_h 和 k 的值取决于铁芯的特性，对于一般电工钢片，k 为 1.6～2.3。

若磁场每秒交变 f 次，则单位体积铁芯所消耗的功率为

$$p_h=fW=f\oint H\,\mathrm{d}B=fC_h B_m^k \tag{5.2.29}$$

那么体积为 V 的铁芯所消耗的功率为

$$P_h=p_h V=VfC_h B_m^k \tag{5.2.30}$$

可以看出：磁滞损耗与磁场交变的频率、铁芯的体积及磁滞回线的面积成正比。通常减

少磁滞损耗的方法为:采用磁滞回线狭窄的软磁材料做铁芯,例如硅钢就是变压器和电机中常用的铁芯材料。

2) 涡流损耗

根据电磁感应定律,铁芯内的磁场交变时,在铁芯内产生感应电动势,由于铁芯为导电体,感应电动势在铁芯中产生电流。这些电流在铁芯内围绕磁通做旋涡状流动,故称为涡流,如图5.2.28所示。涡流在铁芯中引起的损耗称为涡流损耗。经推导可得体积为V的铁芯内产生的涡流损耗为

$$P_e = V\frac{\pi^2\Delta^2 f^2 B_m^2}{6\rho} \tag{5.2.31}$$

式中,Δ为钢片的厚度;ρ为铁芯的电阻率。

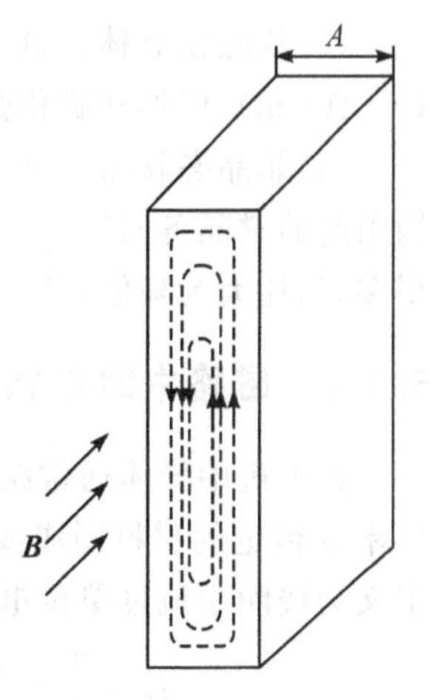

图5.2.28 涡流

可以看出,涡流损耗与钢片厚度的2次方、频率的2次方及磁通密度幅值的2次方成正比,与电阻率成反比。为减小涡流损耗,可以通过提高铁芯的电阻率来实现,即把铁芯用彼此绝缘的钢片叠成,把涡流限制在较小的截面内,如图5.2.29所示。例如,变压器和电机的铁芯通常用厚度为0.35 mm或0.5 mm的硅钢片叠加制成,目的之一就是减小涡流损耗。

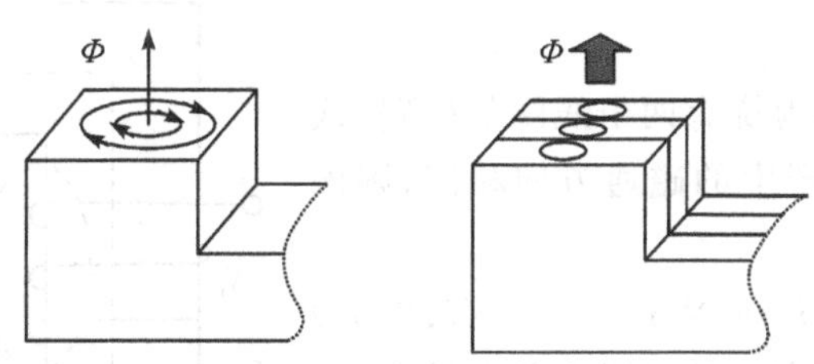

图5.2.29 利用绝缘钢片叠加的方式来减小涡流损耗

3) 铁耗

铁芯中产生的涡流损耗与磁滞损耗之和称为铁耗。式(5.2.30)和式(5.2.31)是在理想情况下得到的,但它们在工程计算中误差较大,因此通常采用以下经验公式计算铁耗:

$$p_{Fe} = C_{Fe} f^{1.3} B_m^2 G \tag{5.2.32}$$

式中,C_{Fe}为铁耗系数;G为铁芯的重量。

可以看出,铁耗与磁通密度幅值的2次方、铁芯重量及频率的1.3次方成正比。

3. 软磁材料

软磁材料种类很多,常用的有以下几类:

(1)纯铁和低碳钢。含碳量低于0.04%,包括电磁纯铁、电解铁等。其特点是饱和磁化强度高、价格低廉、加工性能好,但电阻率低,在交变磁场下涡流损耗大,只适于在静态磁场中使用。

(2)铁硅合金。含硅量为0.5% ～ 4.8% ,一般制成薄板使用,俗称硅钢片。在纯铁中加入硅后,可消除磁性材料的磁性随时间变化的现象。随着含硅量的增加,脆性增强,饱和

磁化强度下降，但电阻率和磁导率提高，矫顽力和涡流损耗减小。硅钢片在交流领域应用广泛，如制造电机、变压器、继电器、互感器等的铁芯。

(3)软磁铁氧体。软磁铁氧体为非金属亚铁磁性软磁材料，其电阻率非常高($10^{-2}\sim 10^{10}$ Ω·m)，但饱和磁化强度低、价格低廉，广泛用于高频电感和高频变压器。

(4)非晶态软磁合金。又称非晶合金，其磁导率和电阻率高，矫顽力小，不存在由晶体结构引起的磁晶各向异性，具有耐腐蚀和强度高等特点。此外，其居里温度比晶态软磁材料低得多，损耗大为降低，是一种正在开发利用的新型软磁材料。

5.2.4 磁路中的电感

在电机中导体通常绕成线圈。当线圈中流过电流时将产生磁场。当线圈所在磁路由磁导率 μ 恒定的材料制成或磁路的主要组成部分为空气，即磁路不饱和时，磁路中的电感 L 定义为线圈中流过单位电流所产生的磁链，可表示为

$$L=\frac{\Psi}{i}=\frac{NBA}{i}=\frac{N\mu HA}{i}\frac{l}{l}=\frac{N\mu AF}{il}=\frac{N^2\mu A}{l}=\frac{N^2}{R_m}=N^2\Lambda \tag{5.2.33}$$

式中，L 为电感；A、l 分别为磁路截面积和磁路长度；N 为线圈匝数；B、H 分别为磁感应强度和磁场强度；i 为励磁电流；Ψ 为所产生磁路的磁链；R_m、Λ 为磁阻和磁导。式(5.2.33)表明线圈的电感与匝数的 2 次方及磁路的磁导成正比。

1. 自感和互感

图 5.2.30 所示电感为绕有两个线圈的磁路，线圈内电流的方向使二者产生的磁通方向相同，则磁路上的总磁动势为

$$F=N_1i_1+N_2i_2 \tag{5.2.34}$$

为便于分析，认为所产生的磁通全部在铁芯内，则磁通为

$$\Phi=F\Lambda=(N_1i_1+N_2i_2)\frac{\mu A}{l} \tag{5.2.35}$$

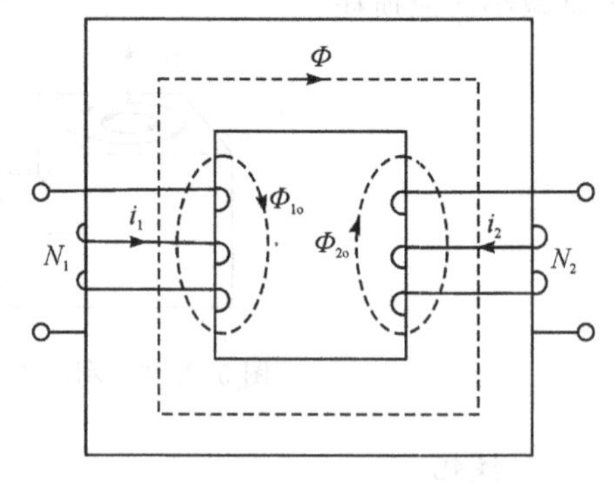

图 5.2.30 磁路中的电感

线圈 1 交链的磁链为

$$\Psi_1=N_1\Phi=N_1^2\frac{\mu A}{l}i_1+N_1N_2\frac{\mu A}{l}i_2=L_{11}i_1+L_{12}i_2 \tag{5.2.36}$$

式中，L_{11} 为线圈 1 的自感，$L_{11}=N_1^2\mu A/l$；$L_{11}i_1$ 是线圈 1 自身电流产生的磁链；L_{12} 为线圈 1 和线圈 2 之间的互感，$L_{12}=N_1N_2\mu A/l$；$L_{12}i_2$ 为线圈 2 中电流在线圈 1 中产生的磁链。

同理，线圈 2 中的磁链可表示为

$$\Psi_2=N_2\Phi=N_1N_2\frac{\mu A}{l}i_1+N_2^2\frac{\mu A}{l}i_2=L_{12}i_1+L_{22}i_2 \tag{5.2.37}$$

式中，L_{22} 为线圈 2 的自感，$L_{22}=N_2^2\mu A/l$。

由式(5.2.10)可得

$$e=-\frac{d\Psi}{dt}=-\frac{d(Li)}{dt}=-L\frac{di}{dt}-i\frac{dL}{dt} \tag{5.2.38}$$

当电感不随时间发生变化时，有

$$e = -L\frac{\mathrm{d}i}{\mathrm{d}t} \tag{5.2.39}$$

在电机旋转过程中，定子和转子之间的互感往往随时间发生变化，此时线圈中的感应电动势应包括式(5.2.38)中的两项。

2. 漏电感

上面的分析忽略了漏磁通。在图 5.2.30 中线圈 1 的电流产生的磁通 Φ_1 实际上分成两部分：一部分是在铁芯内同时交链线圈 1 和线圈 2 的磁通 Φ，称为主磁通；一部分是只交链线圈 1 的磁通 $\Phi_{1\sigma}$，称为线圈 1 的漏磁通。线圈 1 中的总磁通为

$$\Phi_1 = \Phi + \Phi_{1\sigma} \tag{5.2.40}$$

假设漏磁通经过了线圈 1 的所有匝数，则对应的磁链关系为

$$\Psi_1' = \Psi_1 + \Psi_{1\sigma} \tag{5.2.41}$$

式中，Ψ_1' 和 $\Psi_{1\sigma}$ 分别为线圈 1 所交链的总磁链和漏磁链。

与漏磁链对应的电感称为漏电感，用 $L_{1\sigma}$ 表示为

$$L_{1\sigma} = \frac{\Psi_{1\sigma}}{i_1} \tag{5.2.42}$$

在电机数学模型中，采样电感这个参数主要是为了计算电机的输出电压。那么总的电感值为自感、互感和漏感之和。根据自感、互感和漏感感应的反电动势方向决定其极性。

5.2.5　磁场储能与机电能量转换

类似于在机械系统中介绍的拉格朗日方程式法，本节我们从分析电机能量的角度来建立电机电磁力和电磁转矩与电机磁场能量间的关系。

1. 磁场储能

磁场是一种特殊形式的物质，它能够储存能量。这部分能量是在磁场建立过程中由外部电源输入的能量转化而来的，称为磁场储能或磁场能量。电机就是通过磁场储能实现能量转换的。

对于图 5.2.30 所示的电感，线圈两端的输入功率为

$$P = ui = i(Ri - e) = i\left(Ri + \frac{\mathrm{d}\Psi}{\mathrm{d}t}\right) = i\left(Ri + \frac{N\mathrm{d}\Phi}{\mathrm{d}t}\right) = i^2R + \frac{Ni\mathrm{d}\Phi}{\mathrm{d}t} \tag{5.2.43}$$

$\mathrm{d}t$ 时间内输入的能量为

$$\mathrm{d}W = P\mathrm{d}t = i^2R\mathrm{d}t + Ni\mathrm{d}\Phi = i^2R\mathrm{d}t + \mathrm{d}W_\Phi \tag{5.2.44}$$

式中，$i^2R\mathrm{d}t$ 为绕组电阻消耗的能量；$\mathrm{d}W_\Phi$ 为磁场储能，$\mathrm{d}W_\Phi = Ni\mathrm{d}\Phi = i\mathrm{d}\Psi = ei\mathrm{d}t$。

若 $t=0$ 时电流和磁链的初始值为 0，则 t 时刻以电感和电流表示的磁场储存的能量 W_Φ 为

$$W_\Phi = \int_0^t ei\mathrm{d}t = L\int_0^t i\mathrm{d}i = \frac{Li^2}{2} \tag{5.2.45}$$

下面讨论磁场储能的另一种表达形式。如果绕组所交链的磁路长度为 l、截面积为 A，磁路体积 $V=lA$，且磁通密度 B 在磁路上分布均匀，有

$$\Phi = BA,\quad H = \frac{Ni}{l} \tag{5.2.46}$$

则

$$dW_{\Phi}=i\mathrm{d}\Psi=Ni\mathrm{d}\Phi=HlA\mathrm{d}B=VH\mathrm{d}B \tag{5.2.47}$$

磁通密度为零时没有磁场储能。当磁通密度由零变化到 B 时，以磁通密度表示的磁场储能 W_{Φ} 为

$$W_{\Phi}=V\int_{0}^{B}H\mathrm{d}B \tag{5.2.48}$$

单位体积内的磁场储能就是磁场储能密度，为

$$w_{\Phi}=\frac{W_{\Phi}}{V}=\int_{0}^{B}H\mathrm{d}B \tag{5.2.49}$$

若磁路不饱和，则磁场储能密度为

$$w_{\Phi}=\int_{0}^{B}H\mathrm{d}B=\frac{1}{\mu}\int_{0}^{B}B\mathrm{d}B=\frac{B^{2}}{2\mu}=\frac{\mu H^{2}}{2}=\frac{BH}{2} \tag{5.2.50}$$

从式(5.2.50)可以看出：在磁通密度相同的前提下由于空气的磁导率远低于铁芯的磁导率，空气隙中的能量密度远高于铁芯中的能量密度，因此电机中的磁场储能主要存储在空气隙中。

从上述分析可知磁场能量还可以表示为如下形式：

$$W_{\Phi}=\int_{0}^{\Psi}i\mathrm{d}\Psi \tag{5.2.51}$$

若磁路的 $\Psi-i$ 曲线如图 5.2.31 所示，则面积 $OabO$ 就表示磁场能量。对于面积 $ObcO$ 可表示为

$$W'_{\Phi}=\int_{0}^{i}\Psi\mathrm{d}i \tag{5.2.52}$$

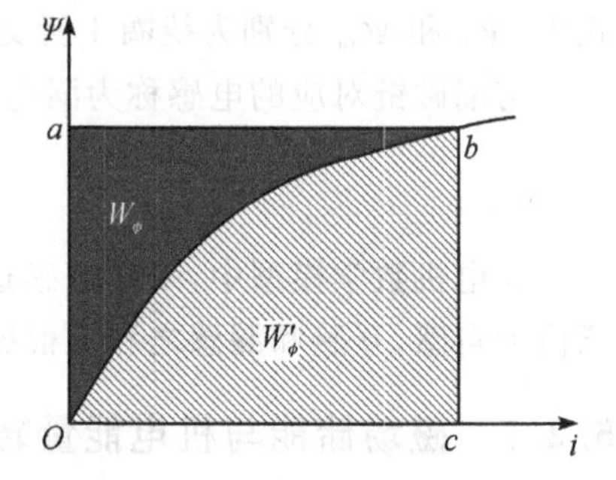

图5.2.31 磁路的 $\Psi-i$ 曲线及磁场能量与磁共能

此为磁共能。可以看出，在一般情况下，磁场能量与磁共能不相等。若磁路的 $\Psi-i$ 曲线为直线，则磁场能量等于磁共能。

2. 机电能量转换装置的基本构成与能量关系

机电能量转换装置的大小和构造差别很大，但其基本原理是相同的。机电能量转换装置都有载流导体和磁场，都有一个固定部分和一个可动部分。当可动部分发生运动时，装置内部的磁场储能发生变化，并在输入(或输出)电能的电路系统发生一定反应，实现电能和机械能之间的转换。

根据能量守恒定理，在机电能量转换装置中，恒满足以下能量关系：

输入电能 ＝ 电磁场储能的增加 ＋ 装置内部能量的损耗 ＋ 输出机械能 (5.2.53)

对于机械能向电能转换的装置，电能和机械能为负；对于电能向机械能转换的装置，电能和机械能为正。

装置内部的能量损耗包括 3 部分：装置内部电路中流过电流而产生的电阻损耗、磁路系统产生的铁耗和可动部分运动产生的机械损耗。

严格来讲，机电能量转换装置中电磁场的储能，应当包括电场储能和磁场储能两部分。由于本书研究的是低速、低频系统，可以认为电场和磁场相互独立，通常的机电能量转换装置中大多用磁场作为耦合场，电磁场的储能仅为磁场储能。下面以磁场式机电能量转换装

置作为研究对象，讨论机电能量转换的基本原理。

3. 单边励磁系统中的能量转换

图 5.2.32 所示为一单边励磁的机电能量转换装置，由固定铁芯、可动铁芯和一个绕组组成，固定铁芯和可动铁芯之间的气隙 δ 是可变的。由于绕组电感随可动部分的运动而发生变化，因此电路系统满足

$$u = Ri - e = Ri + \frac{\mathrm{d}(Li)}{\mathrm{d}t} = Ri + L\frac{\mathrm{d}i}{\mathrm{d}t} + i\frac{\mathrm{d}L}{\mathrm{d}t} \tag{5.2.54}$$

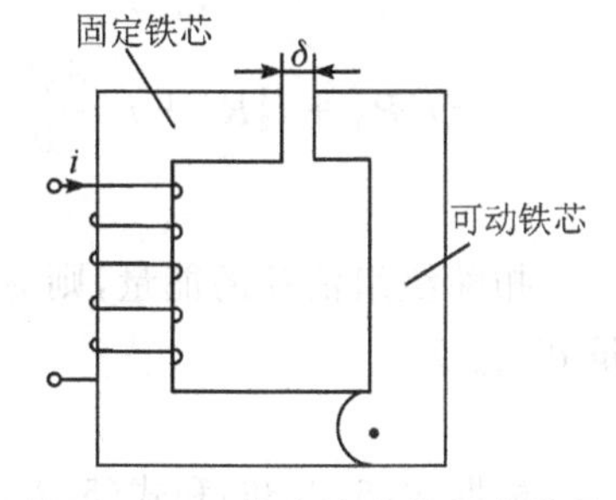

图 5.2.32　单边励磁的机电能量转换装置

忽略铁芯的损耗，装置的输入功率 P_1 为

$$P_1 = ui = Ri^2 + iL\frac{\mathrm{d}i}{\mathrm{d}t} + i^2\frac{\mathrm{d}L}{\mathrm{d}t} \tag{5.2.55}$$

时间 $\mathrm{d}t$ 内输入装置的电磁能量 $\mathrm{d}W_{\mathrm{em}}$ 为

$$\mathrm{d}W_{\mathrm{em}} = Ri^2\mathrm{d}t + iL\mathrm{d}t + i^2\mathrm{d}L \tag{5.2.56}$$

式中，$Ri^2\mathrm{d}t$ 为电路系统的电阻损耗。

由式(5.2.45)可得与磁场储能 $W_\Phi = Li^2/2$ 对应的磁场储能增量 $\mathrm{d}W_\Phi$ 为

$$\mathrm{d}W_\Phi = Li\mathrm{d}i + \frac{i^2}{2}\mathrm{d}L \tag{5.2.57}$$

将式(5.2.57)代入式(5.2.56)，得

$$\mathrm{d}W_{\mathrm{em}} = Ri^2\mathrm{d}t + \mathrm{d}W_\Phi + \frac{i^2}{2}\mathrm{d}L \tag{5.2.58}$$

式中，$i^2\mathrm{d}L/2$ 为装置产生的机械能。若该机械能对应的是力 F 和位移 $\mathrm{d}x$，则

$$F\mathrm{d}x = \frac{i^2}{2}\mathrm{d}L \tag{5.2.59}$$

所产生的力为

$$F = \frac{i^2}{2}\frac{\mathrm{d}L}{\mathrm{d}x} \tag{5.2.60}$$

若机电能量转换装置产生旋转运动，则产生的电磁转矩为

$$T_{\mathrm{e}} = Fr = \frac{i^2}{2}\frac{\mathrm{d}L}{\mathrm{d}x}r = \frac{i^2}{2}\frac{\mathrm{d}L}{r\mathrm{d}\theta}r = \frac{i^2}{2}\frac{\mathrm{d}L}{\mathrm{d}\theta} \tag{5.2.61}$$

式中，r 为力臂；$\mathrm{d}\theta$ 为位移 $\mathrm{d}x$ 所对应的角度，单位为弧度(rad)。

在单边励磁系统中，若绕组电感随位移的增大而增大，所产生的机械能为正，为电机效应；若绕组电感随位移的增大而减小，机械能为负，从系统外吸收机械能，为发电效应。

4. 双边励磁系统中的能量转换

前述单边励磁系统中，只有固定部分一侧有励磁电流。若可动部分上也有电流流过，则固定部分和可动部分都有励磁电流，称为双边励磁系统。通常电机的定转子都有绕组，是典型的双边励磁系统。

图 5.2.33 所示为一双边励磁的机电能量转换装置，定子和转子上各有一个绕组。忽略铁芯损耗，输入装置的功率为

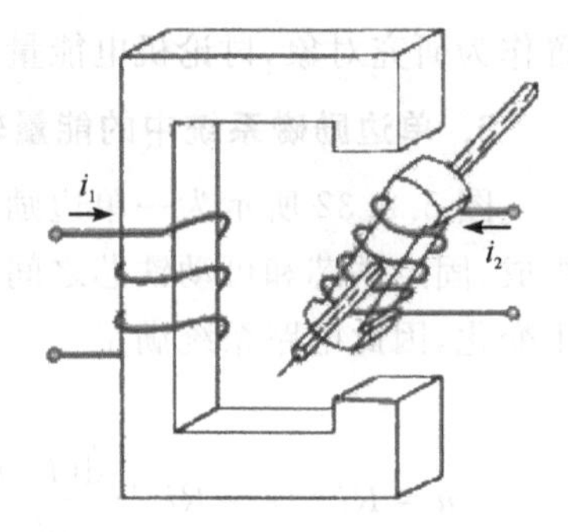

图 5.2.33　双边励磁的机电能量转换装置

$$P = u_1 i_1 + u_2 i_2 = i_1(R_1 i_1 - e_1) + i_2(R_2 i_2 - e_2)$$
$$= i_1\left(R_1 i_1 + \frac{d\Psi_1}{dt}\right) + i_2\left(R_2 i_2 + \frac{d\Psi_2}{dt}\right)$$
$$= i_1^2 R_1 + i_2^2 R_2 + i_1 \frac{d\Psi_1}{dt} + i_2 \frac{d\Psi_2}{dt} \tag{5.2.62}$$

扣除绕组消耗的能量，则时间 dt 内输入装置的电磁能量 dW_{em} 为

$$dW_{em} = i_1 d\Psi_1 + i_2 d\Psi_2 \tag{5.2.63}$$

根据式(5.2.36)和式(5.2.37)可知 $\Psi_1 = L_{11}i_1 + L_{12}i_2$、$\Psi_2 = L_{12}i_1 + L_{22}i_2$，将其代入式(5.2.63)可将 dW_{em} 重新写为

$$dW_{em} = i_1 d(L_{11}i_1 + L_{12}i_2) + i_2 d(L_{12}i_1 + L_{22}i_2)$$
$$= [L_{11}i_1 di_1 + L_{12}i_2 di_2 + L_{12}d(i_1 i_2)] + (i_1^2 dL_{11} + i_2^2 dL_{22} + 2i_1 i_2 dL_{12}) \tag{5.2.64}$$

其中包括磁路中存储的能量和转换为机械能的能量。若磁路的磁导率恒定且磁路结构不发生变化，则电感也不发生变化，不产生机械能，此时电磁能增量全部转化为磁场储能增量，即

$$dW_\Phi = dW_{em}\big|_{电感为常数} = L_{11}i_1 di_1 + L_{22}i_2 di_2 + L_{12}d(i_1 i_2) \tag{5.2.65}$$

则存储的磁场储能 W_Φ 为

$$W_\Phi = L_{11}\int_0^{i_1} i_1 di_1 + L_{22}\int_0^{i_2} i_2 di_2 + L_{12}\int_0^{i_1 i_2} d(i_1 i_2) = \frac{1}{2}(L_{11}i_1^2 + L_{22}i_2^2 + 2L_{12}i_1 i_2) \tag{5.2.66}$$

当装置中有 n 个电路时，磁场储能 W_Φ 可表示为

$$W_\Phi = \frac{1}{2}\sum_{i=1}^{n}\sum_{k=1}^{n} L_{ik} i_i i_k \tag{5.2.67}$$

当可动部分运动时，电感随时间发生变化产生机械能，此时电磁能增量等于磁场储能增量和机械能增量之和，即

$$dW_{em} = dW_\Phi + dW_{mech} \tag{5.2.68}$$

式中，dW_{mech} 为转换成的机械能增量。

对式(5.2.66)求导得磁场储能增量 dW_Φ 为

$$dW_\Phi = L_{11}i_1 di_1 + L_{22}i_2 di_2 + L_{12}d(i_1 i_2) + \frac{1}{2}i_1^2 dL_{11} + i_1 i_2 dL_{12} + \frac{1}{2}i_2^2 dL_{22} \tag{5.2.69}$$

将式(5.2.64)和式(5.2.69)代入式(5.2.68)可得机械能增量 dW_{mech} 为

$$dW_{mech} = \frac{1}{2}i_1^2 dL_{11} + \frac{1}{2}i_2^2 dL_{22} + i_1 i_2 dL_{12} \tag{5.2.70}$$

若该机械能对应的是力 F 和位移 dx，则所产生的力为

$$F=\frac{i_1^2}{2}\frac{\mathrm{d}L_{11}}{\mathrm{d}x}+\frac{i_2^2}{2}\frac{\mathrm{d}L_{22}}{\mathrm{d}x}+i_1i_2\frac{\mathrm{d}L_{12}}{\mathrm{d}x} \tag{5.2.71}$$

若机电能量转换装置产生旋转运动，则产生的电磁转矩为

$$T_e=\frac{i_1^2}{2}\frac{\mathrm{d}L_{11}}{\mathrm{d}\theta}+\frac{i_2^2}{2}\frac{\mathrm{d}L_{22}}{\mathrm{d}\theta}+i_1i_2\frac{\mathrm{d}L_{12}}{\mathrm{d}\theta} \tag{5.2.72}$$

对于有 n 个电路的系统，所产生的力和电磁转矩分别为

$$F=\frac{1}{2}\sum_{i=1}^{n}\sum_{k=1}^{n}i_ii_k\frac{\mathrm{d}L_{ik}}{\mathrm{d}x} \tag{5.2.73}$$

$$T_e=\frac{1}{2}\sum_{i=1}^{n}\sum_{k=1}^{n}i_ii_k\frac{\mathrm{d}L_{ik}}{\mathrm{d}\theta} \tag{5.2.74}$$

例 5.2.5　图 5.2.34 为一旋转电磁铁，两个定子磁极上各有线圈 2000 匝，转子半径 $R_1=20$ mm、铁芯厚度 $W=25$ mm、气隙长度 $\delta=2$ mm、θ 为定子极尖与相邻转子极尖的夹角，忽略铁芯的磁阻和磁通的边缘效应，求：

(1)线圈电感与 θ 的关系；

(2)电流为 1 A 时的最大转矩；

(3)磁路的磁阻与 θ 的关系；

(4)电流为 1 A 时磁场储能与 θ 的关系。

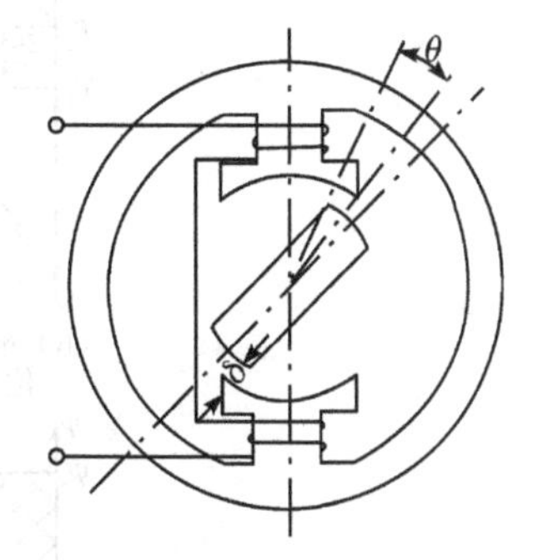

图 5.2.34　例 5.2.5 的旋转电磁铁

解：(1)线圈电感与 θ 的关系为

$$L=\frac{N^2\mu_0A}{l}=\frac{4000^2\times4\pi\times10^{-7}\times5.25\times10^{-4}\theta}{4\times10^{-3}}\ \mathrm{H}=2.64\theta\ \mathrm{H}$$

式中，

$$A=W(R_1+\delta/2)\theta=25(20+2/2)\times10^{-6}\theta\ \mathrm{m}^2=5.25\times10^{-4}\theta\ \mathrm{m}^2$$

$$l=2\delta=4\times10^{-3}\ \mathrm{m}$$

$N=4000$ 匝

(2)电流为 1 A 时的最大转矩为

$$T=\frac{i^2}{2}\frac{\mathrm{d}L}{\mathrm{d}\theta}=\frac{1^2}{2}\times2.64\ \mathrm{N\cdot m}=1.32\ \mathrm{N\cdot m}$$

(3)磁路的磁阻与 θ 的关系为

$$R_m=\frac{l}{\mu A}=\frac{4\times10^{-3}}{4\pi\times10^{-7}\times5.25\times10^{-4}\theta}\ \mathrm{A/Wb}=\frac{6.05\times10^6}{\theta}\ \mathrm{A/Wb}$$

(4)电流为 1 A 时磁场储能与 θ 的关系为

$$W_\Phi=\frac{Li^2}{2}=\frac{2.64\theta\times1^2}{2}\ \mathrm{J}=1.32\theta\ \mathrm{J}$$

5. 非线性磁路中的能量与电磁力

非线性磁路中的能量与电磁力可用图 5.2.35 解释。图 5.2.35(a)所示为电磁铁，当电磁铁绕组通电时衔铁运动。对于不同的衔铁位置磁路的磁化曲线 $\Psi-i$ 不同。假设当衔铁位于 x 位置和 $x+\Delta x$ 位置时的磁化曲线分别如图 5.2.35(b)中的曲线 Ob、Od 所示。衔铁

从 x 位置移动到 $x+\Delta x$ 位置时，系统内的能量平衡关系为

$$\Delta W_{em}=\Delta W_{\Phi}+\Delta W_{mech} \tag{5.2.75}$$

式中，ΔW_{Φ} 为磁场能量的增量；ΔW_{mech} 为输出的机械能；ΔW_{em} 为系统的输入能量。

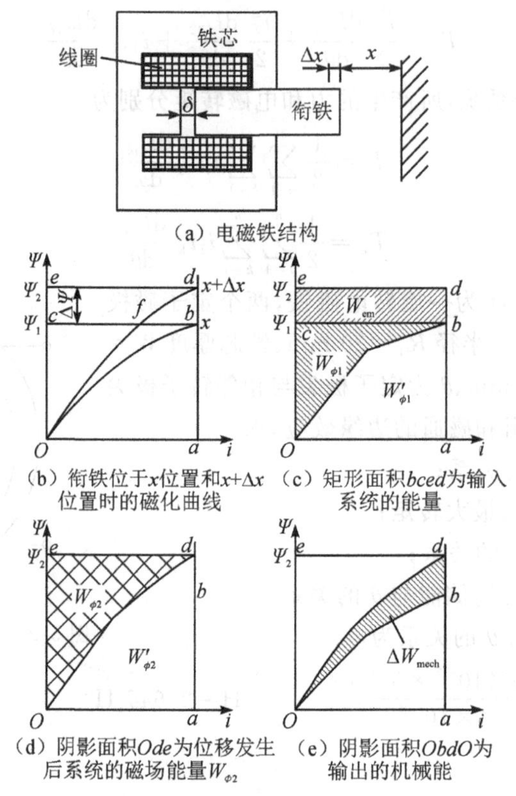

图 5.2.35　非线性磁路中的能量与电磁力

若 $W_{\Phi1}$ 和 $W_{\Phi2}$ 分别为位移 Δx 发生前后储存的磁场能量，则

$$\Delta W_{\Phi}=W_{\Phi2}-W_{\Phi1} \tag{5.2.76}$$

输出的机械能为

$$\Delta W_{mech}=\Delta W_{em}+W_{\Phi1}-W_{\Phi2} \tag{5.2.77}$$

若电磁铁绕组内的电流保持不变，为 Oa，如图 5.2.35(b)所示，则输入系统的能量

$$\Delta W_{em}=i\Delta\Psi \tag{5.2.78}$$

用图 5.2.35(c)中的矩形面积 $bced$ 表示，而 $\Delta W_{em}+W_{\Phi1}$ 用面积 $ObdecO$ 表示，图 5.2.35(d)中的面积 Ode 表示能量 $W_{\Phi2}$。根据式(5.2.77)，ΔW_{mech} 用图 5.2.35(e)中的面积 $ObdO$ 表示，这就是电流保持在 Oa 一段时输出的机械能。可以看出，当电流保持恒定时，输出的机械能等于磁场能的增加量 $\Delta W'_{\Phi}$，即

$$\Delta W_{mech}=W'_{\Phi2}-W'_{\Phi1} \tag{5.2.79}$$

采用同样的分析过程，假设位移过程中磁链保持不变，则输出的机械能用图 5.2.35(b)中的面积 $ObfO$ 表示。因此，当磁链保持不变时，输出的机械能等于磁场能量的减少量 ΔW_{Φ}。

在上述两种情况下，衔铁上的平均电磁力为

$$f_{av}=\frac{\Delta W_{mech}}{\Delta x} \tag{5.2.80}$$

当电流保持恒定时，衔铁上的平均电磁力为

$$f_{av}=\left.\frac{\Delta W'_{\Phi}}{\Delta x}\right|_{i=常数} \tag{5.2.81}$$

当磁链保持恒定时，衔铁上的平均电磁力为

$$f_{av}=-\left.\frac{\Delta W_{\Phi}}{\Delta x}\right|_{\Psi=常数} \tag{5.2.82}$$

若产生的为旋转运动，则平均转矩为

$$\left.\begin{aligned}T_{av}&=-\left.\frac{\Delta W_{\Phi}}{\Delta\theta}\right|_{\Psi=常数}\\T_{av}&=\left.\frac{\Delta W'_{\Phi}}{\Delta\theta}\right|_{i=常数}\end{aligned}\right\} \tag{5.2.83}$$

当 Δx 和 $\Delta\theta$ 趋近于0时，平均电磁力和平均转矩趋近于瞬时值，则瞬时电磁力和瞬时转矩为

$$\left.\begin{aligned}f&=\frac{\partial W'_{\Phi}(i,x)}{\partial x}=-\frac{\partial W_{\Phi}(\Psi,x)}{\partial x}\\T&=\frac{\partial W'_{\Phi}(i,\theta)}{\partial\theta}=-\frac{\partial W_{\Phi}(\Psi,\theta)}{\partial\theta}\end{aligned}\right\} \tag{5.2.84}$$

5.3 直流电动机的组成结构和工作原理

直流电动机是实现机械能与直流电能相互转换的电磁装置。直流发电机把机械能转换为直流电能，直流电动机把直流电能转换为机械能。

直流电动机的调速性能和启动性能优异，被广泛应用于电力机车、轧钢机、无轨电车等对调速性能要求高的场合。本节以直流电动机为例，介绍其结构、工作原理、电枢绕组及气隙磁场，导出电动机的感应电动势和电磁转矩表达式，进而给出直流电动机的运行特性、启动和调速，最后以四旋翼无人直升机建模为例，给出机械系统和电机系统的一个综合应用实例。直流发电机的结构与直流电动机相似，可认为它是直流电动机的逆运行状态。

5.3.1 直流电动机的工作原理

图5.3.1为直流电动机的原理模型。它有两个弧形铜制换向片，换向片之间用绝缘材料隔开，线圈 *abcd* 的两出线端分别与两个换向片相连，电刷A、B与换向片相接触且固定不动，这就是最简单的换向器。电刷A、B接至直流电源，线圈 *abcd* 中有电流流过，电流方向如图5.3.1所示。根据电磁力定律可得载流导体受到的电磁力为

$$f=Bil \tag{5.3.1}$$

式中，f 为电磁力(N)；B 为导体所在处的气隙磁通密度(T)；l 为导体的长度(m)；i 为导体中的电流(A)。

导体受力的方向用左手定则确定。在图5.3.1(b)所示瞬间，导体 *ab* 的受力方向是从

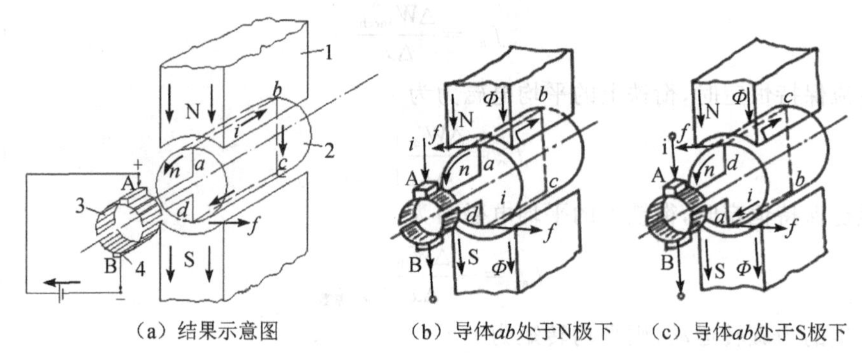

1—磁极;2—电枢;3—换向器;4—电刷。

图 5.3.1 直流电动机的原理模型

右向左,导体 cd 的受力方向是从左向右,都产生逆时针方向的转矩,使电枢沿逆时针方向转动。当电枢转过 180°时,在图 5.3.1(c)中,导体 cd 在 N 极下,导体 ab 在 S 极下,由于直流电源供给的电流方向不变,仍从电刷 A 流入,经导体 cd、ab 后,从电刷 B 流出,但线圈内电流方向发生了变化,导体 cd 受力方向变为从右向左,导体 ab 受力方向变为从左向右,产生的电磁转矩的方向仍为逆时针方向,使线圈继续沿逆时针方向旋转。

因此,由于换向器的作用,直流电流交替地由导体 ab 和 cd 流入,使处于 N 极下的线圈边中电流的方向总是由电刷 A 流入,而处于 S 极下的线圈边中电流的方向总是从电刷 B 流出,从而产生方向不变的转矩,使电动机连续旋转,这就是直流电动机的工作原理。

根据直流电动机的工作原理,可得他励直流电动机的等效电路如图 5.3.2 所示。

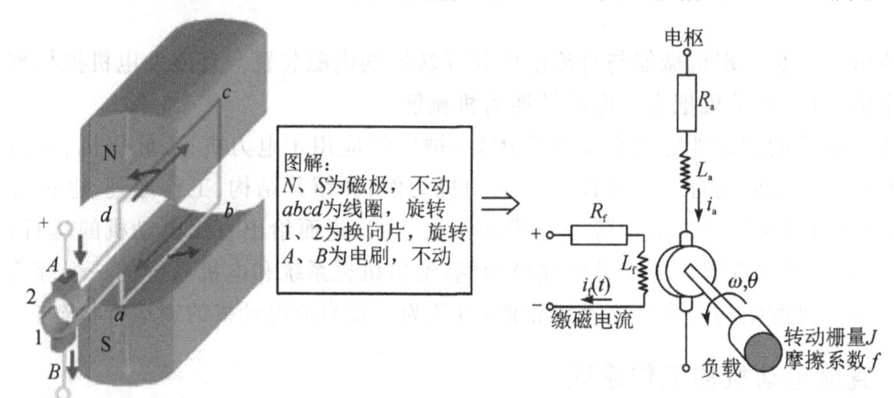

图 5.3.2 由直流电动机工作原理得到的他励直流电动机的等效电路

需要说明的是,由上节的电磁感应现象可知直流电机既可作为发电机运行,也可作为电动机运行。如用原动机拖动直流电机的电枢旋转,此时机械能从电机轴上输入,从电刷端输出直流电压,将机械能转换成电能;反之,如果在电刷端加直流电压将电能输入电机,此时从电机轴上输出机械能来拖动机械负载工作,将电能转换成机械能。同一台电机既能作发电机又能作电动机运行,将其称为电机的可逆运行。

5.3.2　直流电动机的结构

直流电动机的工作原理仅仅揭示了如何利用电磁感应定律实现机电能量转换，但要将其付诸实际应用，必须具有能满足电磁和机械两方面要求的合理的结构形式。直流电动机的结构形式多种多样，图 5.3.3 所示为常见的中小型直流电动机的结构图。

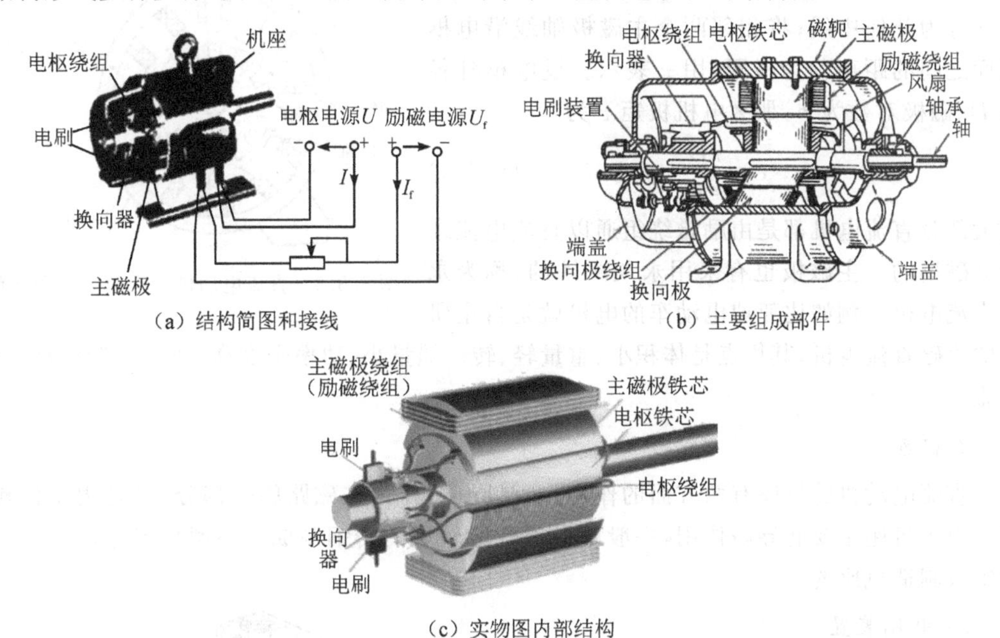

（a）结构简图和接线　　（b）主要组成部件

（c）实物图内部结构

图 5.3.3　直流动电机的结构图

直流电动机由静止的定子和转动的转子及对转子起支撑作用的端盖构成，定子、转子之间有一间隙，称为气隙。下面介绍各主要部件的结构及其用途。

1. 定子

直流电动机的定子主要由机座和固定在机座圆表面的主磁极、换向磁极、机座及电刷装置等组成。

1）*主磁极*

在直流电动机中，主磁极由磁极铁芯和励磁绕组组成，其作用是在气隙内产生气隙磁场。图 5.3.4 所示为直流电动机的主磁极，其铁芯用 1～1.5 mm 厚的低碳钢板冲片叠压紧

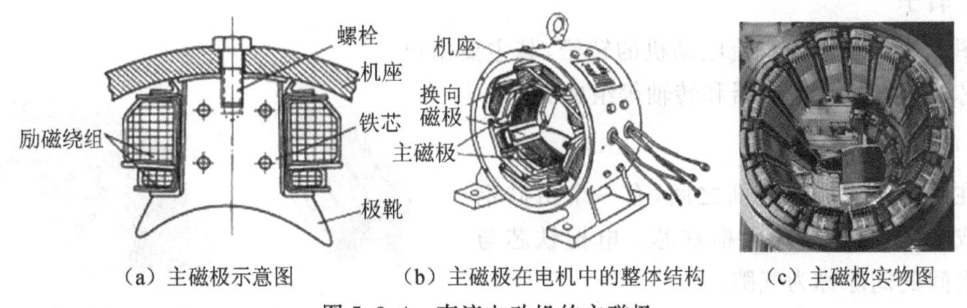

（a）主磁极示意图　　（b）主磁极在电机中的整体结构　　（c）主磁极实物图

图 5.3.4　直流电动机的主磁极

固而成。把事先绕制好的励磁绕组套在主磁极铁芯上，再把整个主磁极用螺钉固定在机座的内表面。各主磁极上励磁绕组的连接必须使励磁电流产生的磁极呈 N、S 极交替排列。为了使气隙磁通密度沿电枢圆周方向分布得更加合理，磁极铁芯下部(称为极靴)要比套绕组的部分(称为极身)宽，这样也便于励磁绕组的固定。

如图 5.3.5 所示，将相邻两个磁极极靴之间的中线称为几何中线；将相邻两个主磁极轴线沿电枢表面之间的距离称为极距，用 τ 表示。设电枢外径为 D、磁极对数为 p，那么电机极矩 τ 为

$$\tau=\frac{\pi D}{2p} \tag{5.3.2}$$

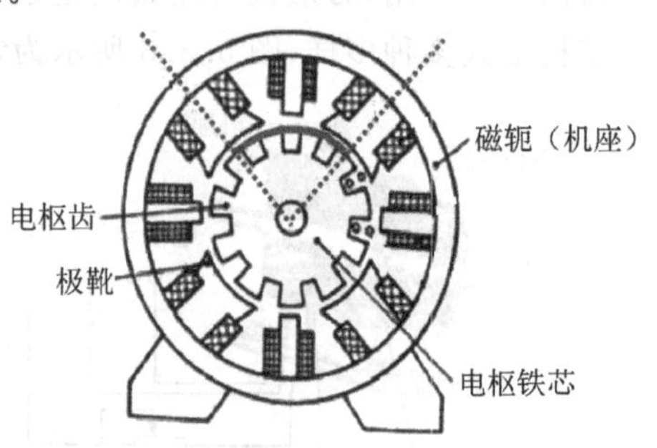

图 5.3.5　直流电动机的几何中线和极距

绝大部分直流电机都是由励磁绕组通以直流电流来建立磁场的。主磁极也有采用永久磁铁的，称为永磁直流电机。例如比亚迪电动车的电机就是自主研发的永磁直流电机，其优点是体积小、重量轻、转动惯量小、功率密度高；缺点是造价高、调节困难。

2)机座

直流电动机的机座有两方面的作用：一是导磁，作为主磁路的一部分；二是用于机械支撑。由于机座主要起导磁作用，一般用导磁性能较好的铸钢制成。小型直流电动机也有用厚钢板制造机座的。

3) 电刷装置

电刷装置是将直流电流引入或引出的装置，如图 5.3.6 所示。电刷放在刷握里，用弹簧紧压在换向器上，电刷上有铜丝辫，可以引出、引入电流。直流电动机里，常常把若干个电刷盒装在同一刷杆上，同一刷杆上的电刷并联起来，成为一组电刷。电刷组的数目可以用电刷杆数表示，电刷杆数与电机的主磁极数相等。各刷杆沿圆周方向均匀分布。正常运行时，电刷杆相对于换向器表面有一个正确的位置，如果电刷杆的位置不合理，将直接影响电机的性能。

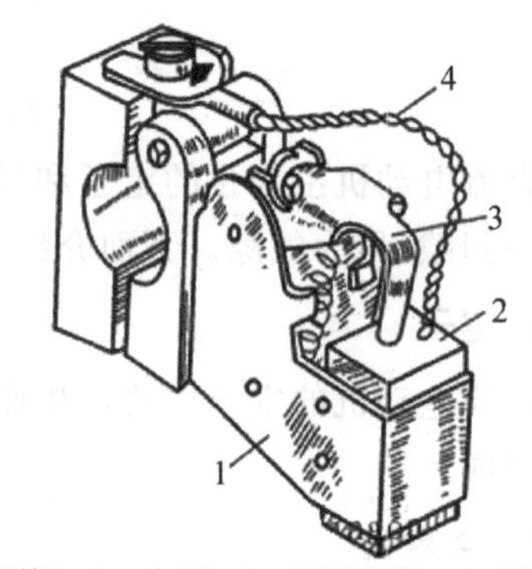

1—刷握；2—电刷；3—紧压弹簧；4—铜丝辫。

图 5.3.6　电刷装置

2. 转子

图 5.3.7 所示为直流电动机的转子，其主要由电枢铁芯、电枢绕组、换向器和转轴等组成。

1) 电枢铁芯

在两个主磁极内表面之间，有一个由硅钢片叠成的圆柱体，称为电枢铁芯。电枢铁芯与磁极之间的间隙称为气隙。

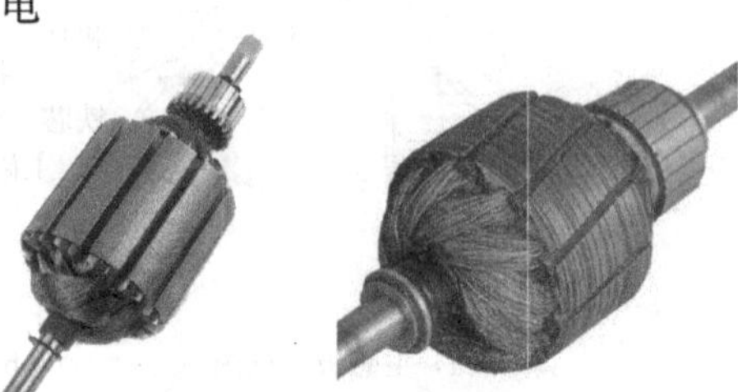
图 5.3.7　直流电动机的转子

电枢铁芯有两方面作用：一是作为主磁路

的一部分；二是用于嵌放电枢绕组。由于电枢铁芯和主磁场之间有相对运动，会在铁芯中引起铁耗。为减小铁耗，电枢铁芯通常用 0.5 mm 厚的涂有绝缘漆的硅钢片叠压而成，固定在轴上。电枢铁芯表面有均匀分布的槽，用以嵌放电枢绕组。电枢铁芯表面的槽内嵌入的每个线圈的首末端分别连接到两片相邻且相互绝缘的圆弧形铜片（即换向片）上。

2）电枢绕组

电枢绕组由许多线圈按一定规律排列和连接而成，是产生感应电动势和电磁转矩以实现机电能量转换的关键部件。线圈用绝缘圆形线或扁铜线绕制而成，也称为元件。电枢线圈嵌放在电枢铁芯的槽中，每个元件有两个出线端，与一个线圈末端相连的换向片同时与下一个线圈的首端连接，所有元件按一定规律连接，这样各线圈和换向片就构成电枢绕组。

3）换向器

各换向片固定于转轴上且与转子绝缘，这种由换向片构成的整体称为换向器。与换向器滑动接触的电刷将电枢绕组和外电路接通，实现直流电机与外部电路之间的能量传递。

换向器是直流电机的重要部件。图 5.3.8 表示的是直流电机换向器的作用：当线圈转到平衡位置时，就能自动改变线圈中电流的方向，使线圈可以不停地转动下去。

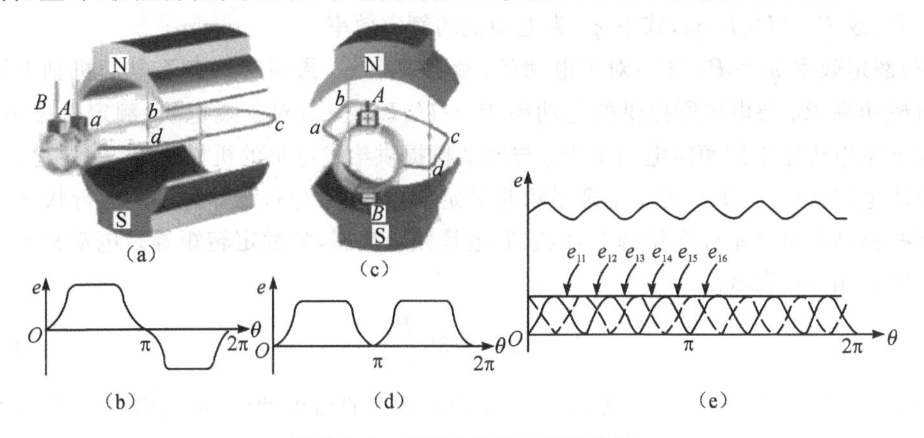

图 5.3.8　直流电机换向器的作用

在直流发电机中，换向器将绕组内的交变电动势转换为电刷两端的直流电动势；在直流电动机中，换向器将电刷上所通过的直流电流转换为绕组内的交变电流。

换向器安装在转轴上，如图 5.3.9 所示，由许多换向片组成，换向片之间用云母片进行绝缘，换向片数与元件数相等。

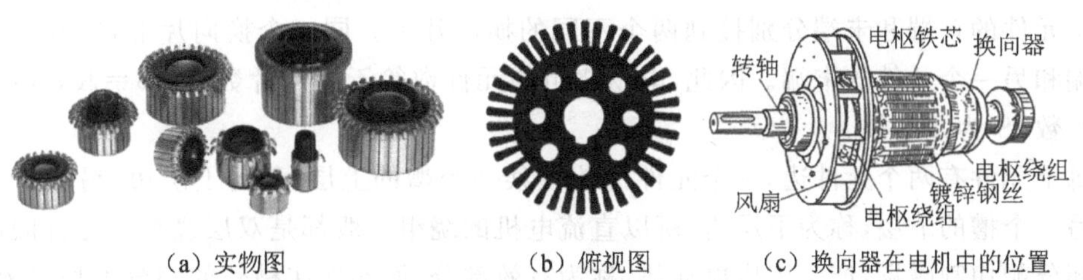

(a) 实物图　　(b) 俯视图　　(c) 换向器在电机中的位置

图 5.3.9　换向器

3. 额定值

直流电机都装有铭牌，上面标着一些称为额定值的数据，这些数据是正确选择和合理使用电机的依据。直流电机运行时，若各物理量都与额定值相同，称为额定运行状态或额定工况。在额定工况下，电机能可靠工作并具有良好的性能。

根据国家标准，直流电机的额定值包括：

(1)额定电压 U_N(V)：指额定状态下在正负电刷间测得的电枢两端的电压。

(2)额定电流 I_N(A)：指电机在额定电压下输出额定功率时的总电流。

(3)额定转速 n_N(r/min)：指输出额定功率时电机轴的转速。

(4)励磁方式：指旋转电机中产生磁场的方式，这个磁场可以由永久磁铁产生，也可以利用电磁铁在线圈中通电流来产生。电机中专门为产生磁场而设置的线圈组称为励磁绕组。

(5)额定励磁电压 U_{fN}(V)(仅对他励电机)：指额定状态下的励磁电压。

(6)额定励磁电流 I_{fN}(A)：指额定有功功率及电机无功功率处于额定值时的励磁电流。

(7)额定功率 P_N(W 或 kW)：指电机在额定状态时的输出功率。对于发电机，额定功率 P_N 是指线端输出的电功率，故 $P_N=U_N I_N$；对于电动机，额定功率 P_N 是指电机轴上输出的机械功率，故 $P_N=U_N I_N \eta_N$，式中 η_N 为电动机的额定效率。

(8)额定效率 $\eta_N=P_N/P_1$：对于电动机，额定效率 η_N 指额定状态下电动机轴上输出的额定机械功率 P_N 与电源所提供的电功率 $P_1=U_N I_N$ 之比；对于发电机，额定效率 η_N 指额定状态下发电机输出的额定电功率 P_N 与原动机提供给发电机的机械功率 P_1 之比。

直流电机运行时，如果各个物理量都是额定值，这种运行状态称为额定运行状态。

有些物理量虽然不标在铭牌上，但它们也是额定数据，如额定转矩等。电动机轴上输出的额定转矩用 T_N 表示：

$$T_N=9.55\frac{P_N}{n_N} \tag{5.3.3}$$

式中，T_N 为额定转矩(N·m)。式(5.3.3)不仅适用于直流电动机，也适用于交流电动机。

5.3.3 直流电动机的电枢绕组

1. 电枢绕组的概念

电枢绕组由许多形状完全相同的元件(也称为线圈)按一定规律排列和连接而成。元件既可以是单匝，也可以是多匝。每个元件有两个出线端，一个称为首端，另一个称为末端。同一个元件的首端和末端分别接到两个不同的换向片上。同一个换向片上，连有一个元件的首端和另一个元件的末端。因此，电枢绕组的元件数等于换向片数，即 $S=K$，其中 K 为换向片数，S 为元件数。

每个元件有两个元件边，一个元件边放在某一个槽的上层，称为上层边，另一个元件边放在另一个槽的下层，称为下层边，所以直流电机的绕组一般都是双层绕组。元件嵌放在槽内的部分能切割磁场，产生感应电动势，称为有效部分，而元件在槽外的部分不切割磁场，不会产生感应电动势，仅作连接线，称为端接。

为了改善电机性能，往往需要采用较多的元件构成电枢绕组。由于工艺和其他方面的原因，槽数不能太多，因此，在直流电动机中，常在每个槽的上、下层各放置若干个元件边。为了确切地说明每个元件边所处的具体位置，引入了“虚槽”的概念。设槽内每层有 u 个元件边，则每个实际槽包含 u 个“虚槽”，每个虚槽的上、下层各有一个元件边。若用 Q 代表槽数，Q_u 代表虚槽数，则

$$Q_u = uQ = S = K \tag{5.3.4}$$

若用虚槽数，式(5.3.2)所示的电机极矩 τ 为又可表示为

$$\tau = \frac{Q_u}{2p} \tag{5.3.5}$$

式中，p 为磁极对数。

直流电动机的电枢绕组有叠绕组、波绕组和混合绕组 3 种。叠绕组又分为单叠绕组和复叠绕组，波绕组也有单波绕组和复波绕组之分，其中单叠绕组和单波绕组是电枢绕组的基本形式。下面分别说明单叠绕组和单波绕组的连接规律。

2. 单叠绕组

单叠绕组的连接规律是：所有相邻元件依次串联，后一个元件的首端与前一个元件的末端连在一起并接到同一个换向片上，最后一个元件的末端与第一个元件的首端连在一起，构成一个闭合回路。

图 5.3.10 以 $2p=4$、$S=K=Q_u=16$、$u=1$ 为例，给出了一个瞬间的单叠电枢绕组等效电路图。可以看出该电枢绕组由 4 条并联支路组成。上层边处在同一极下的元件中的感应电动势方向相同，串联起来通过电刷构成一条支路；被电刷所短路的元件正好是 1、5、9、13，这几个元件中的电动势等于零。此时这些元件不参加组成支路。单叠绕组的并联支路对数 a 等于电机的极对数 p，即

$$a = p \tag{5.3.6}$$

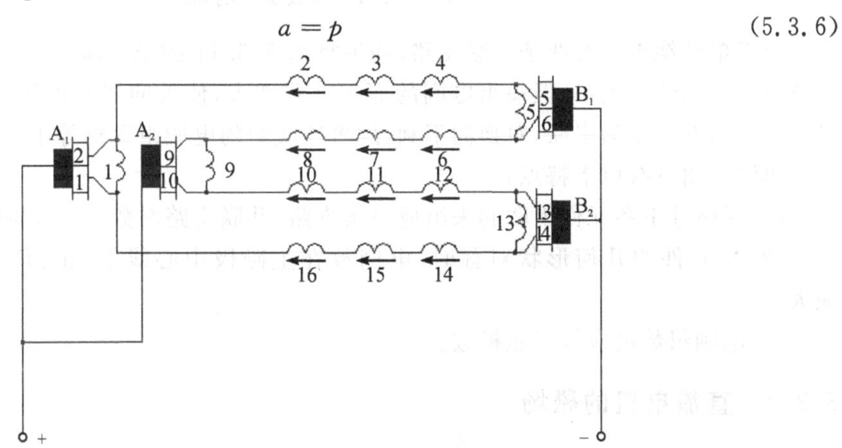

图 5.3.10　单叠绕组电路图

由于组成各支路的元件在电枢上处于对称位置，各支路电动势大小相等，故从闭合电路内部来看，各支路电动势恰巧互相抵消，不会产生环流。此外，单叠绕组的支路电动势由电刷引出，所以电刷组数必须等于支路数，也就是等于磁极数。

单叠绕组具有以下特点：

(1)位于同一极下的各元件串联起来组成了一条支路，即并联支路对数等于极对数。

(2)当元件几何形状对称时，电刷应放在主磁极中心线上，此时正、负电刷间感应电动势最大，被电刷所短路的元件内感应电动势为零。

(3)电刷组数等于磁极数。

3. 单波绕组

单波绕组的连接规律是：从某一换向片出发，把相隔约为一对极距的同极性磁极下对应位置的所有元件串联起来，沿电枢和换向器绕一周之后，恰好回到出发换向片的相邻一片上，然后从该换向片出发继续绕连，直到全部元件串联完，最后回到开始的换向片构成一个闭合回路。其特点是：元件两出线端所连换向片相隔较远，相串联的两元件也相隔较远，形状如波浪一样向前延伸，所以称为波绕组。

图 5.3.11 以 $2p=4$、$S=K=Q_u=15$、$u=1$ 为例，给出了一个瞬间的单波电枢绕组等效电路图。可以看出，单波绕组把所有上层边在 N 极下的元件串联起来构成一条支路，把所有上层边在 S 极下的元件串联起来构成另一条支路，所以单波绕组的并联支路对数与极对数无关，总是等于 1，即 $a=1$。

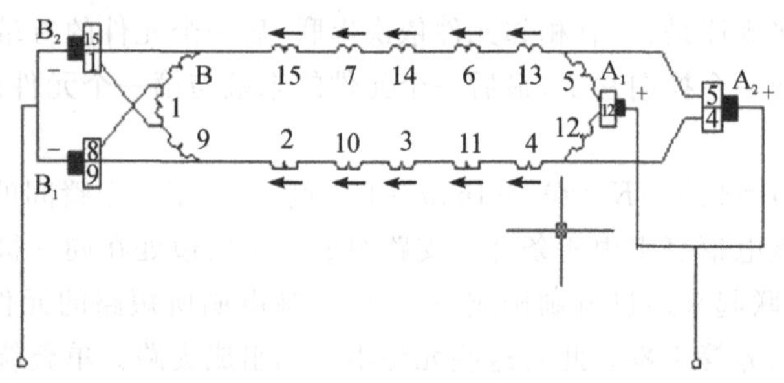

图 5.3.11　单波绕组电路图

由于单波绕组只有两条并联支路，如果将图 5.3.11 的 A_1、B_2 两个电刷去掉，不会影响支路数和电动势的大小，但每组电刷的面积需要增大，使换向器长度增加，且被电刷短路的换向元件由并联变为串联，对换向不利，故单波绕组的电刷组数仍等于磁极数。

单波绕组具有以下特点：

(1)同极性下各元件串联起来组成一条支路，并联支路对数 $a=1$，与极对数 p 无关。

(2)当元件的几何形状对称时，电刷放在主磁极中心线上，正、负电刷间感应电动势最大。

(3)电刷组数也应等于磁极数。

5.3.4　直流电机的磁场

1. 励磁方式

励磁方式是指励磁绕组的供电方式，它是研究对励磁绕组如何供电、产生励磁磁通势而建立主磁场的问题的。根据励磁方式的不同，可分为他励方式和自励方式，其中自励方式又分为并励、串励和复励。图 5.3.12 给出了直流电机的 4 类励磁方式。

1) *他励直流电机*

他励直流电机的励磁绕组与电枢绕组无连接关系，由其他直流电源对励磁绕组供电，其接线如图5.3.12(a)所示。永磁直流电机也可看作他励直流电机，因为其磁场由永磁体产生，与电枢电流无关。

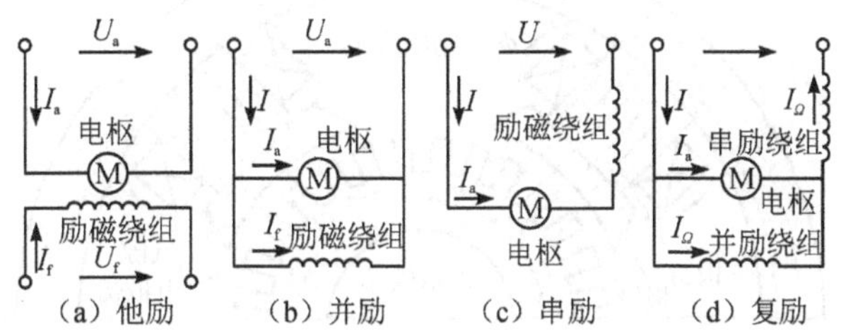

图5.3.12　直流电机的励磁方式

2) 并励直流电机

并励直流电机的励磁绕组与电枢绕组并联后加同一电压，两个绕组既有电路上的连接关系又有磁路联系，接线如图5.3.12(b)所示。对于并励发电机，电机本身的输出电压为励磁绕组供电；对于并励电动机，励磁绕组与电枢绕组用同一电源供电。并励直流电机的总电流 $I=I_a+I_f$，其中 I_a 和 I_f 分别为电枢回路和励磁回路的电流。

3) 串励直流电机

串励直流电机的励磁绕组与电枢绕组串联后加电压，励磁电流就是电枢电流，即 $I=I_a=I_f$，接线如图5.3.12(c)所示。

4) 复励直流电机

复励直流电机有并励和串励两个励磁绕组，一个与电枢并联，一个与电枢串联，接线如图5.3.12(d)所示。若串励绕组产生的磁动势与并励绕组产生的磁动势方向相同，称为积复励。若两个磁动势方向相反，则称为差复励。

直流电动机的主要励磁方式是并励、串励和复励，直流发电机的主要励磁方式是他励、并励和复励。励磁方式不同，直流电机的特性也不同。

2. 空载磁场

直流电机的空载是指电枢电流等于零或者很小，可以不计其影响的一种运行状态。直流电机空载时的气隙磁场可以认为就是主磁场，即由励磁绕组产生的磁动势(称为励磁磁动势)单独建立的磁场。

当励磁绕组通入励磁电流时，各磁极的极性依次为N极和S极，由于电机磁路结构对称，不论磁极数为多少，每对极的磁场是相同的，因此只要分析一对极下的磁场即可。

图5.3.13所示为一台4极直流电机在忽略端部效应时的空载磁场分布(一对极)示意图，此处只考虑二维分布。图中主磁极正对着电枢的部分称为极靴，在极靴下气隙小而极靴外气隙很大。

从图5.3.13中可以看出，由N极出来的磁通，大部分经过气隙进入电枢齿部，再经过电枢磁轭(即电枢铁芯)到另一极下的电枢齿，又通过气隙进入S极，再经过定子磁轭回到原来出发的N极，构成闭合磁路，在气隙中形成气隙磁场。这部分磁通同时交链励磁绕组和电枢绕组，称为主磁通，用 Φ_0 表示。此外还有一小部分磁通不进入电枢而直接经过相邻的磁极或者定子磁轭形成闭合磁路，仅与励磁绕组交链，称为漏磁通，用 Φ_σ 表示。由于主磁通经过

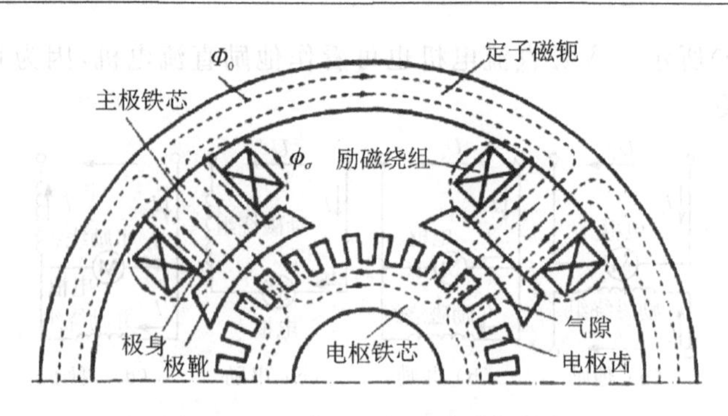

图 5.3.13 直流电机空载磁场分布

的磁路中气隙较小、磁导率较大,漏磁通经过的磁路中气隙较大、磁导率较小,而作用在这两条磁路的磁动势是相同的,所以漏磁通比主磁通小得多。

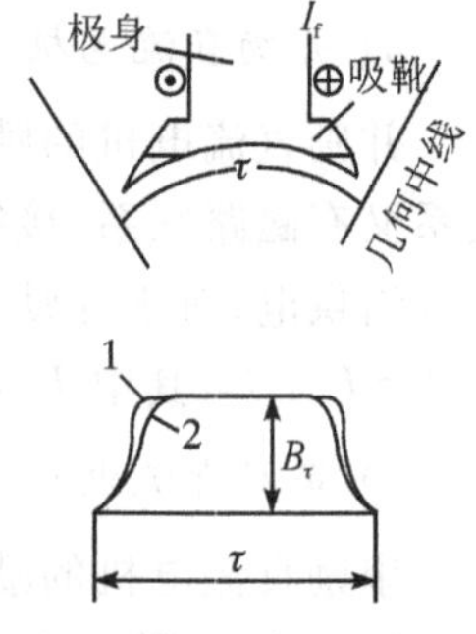

图5.3.14 一个极下的空载磁通密度分布

由于主磁极的极靴宽度总小于一个极距τ,因此气隙不均匀。如果不计铁磁材料中的磁压降,则励磁磁动势全部加在气隙中。因此,在极靴下气隙小,气隙中沿电枢表面上各点磁通密度较大,其中在磁极轴线处气隙磁通密度最大而靠近极尖处气隙磁通密度逐渐减小;在极靴范围外气隙增加很多,磁通密度显著减小,至两极间的几何中性线处磁通密度为零。不考虑齿槽影响时直流电机一个极下的空载磁通密度分布如图 5.3.14 所示。

3. 电枢磁场

当直流电机电枢绕组中有电流通过时,该电流也会产生磁场,称为电枢磁场。它与主极磁场相互作用,产生电磁转矩实现能量转换。电枢磁场对主极磁场的影响称为电枢反应,直流电机的电枢反应如图 5.3.15 所示。

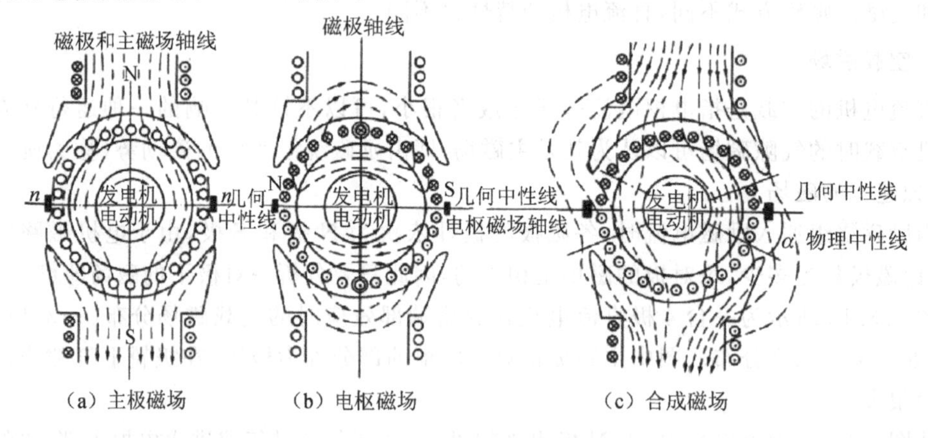

图 5.3.15 直流电机的电枢反应

图 5.3.15(a)表示由主磁极单独产生的空载磁场(主极磁场),图 5.3.15(b)表示由电枢电流单独产生的电枢磁场。图中没有考虑齿槽影响,认为转子光滑,元件均匀分布在电枢表面,电刷位于几何中性线上,几何中性线为相邻两磁极之间的中心线。根据电枢电流方向和

右手螺旋定则，可判断电枢磁动势的轴线与几何中性线重合，并与主磁极轴线正交，称为交轴电枢磁动势。与主磁极轴线正交的轴线称为交轴。图 5.3.15(c)表示经电枢反应后的合成磁场。由图可见合成磁场对主极轴线不再对称，使得物理中性线由原来与几何中性线重合的位置移动了一个角度 α。即电枢反应的结果使得主极磁场的分布发生畸变。

为了分析电枢磁动势沿电枢表面的分布，引入线负荷的概念。线负荷是指电枢表面单位长度上的安培导体数，用 A 表示。设 Z_a 为电枢绕组的总导体数，i_a 为导体内的电流，D_a 为电枢直径，则线负荷为

$$A=\frac{Z_a i_a}{\pi D_a} \tag{5.3.7}$$

将电枢外表面从几何中性线处展开，如图 5.3.16 所示，并设主磁极轴线与电枢表面的交点处为坐标原点，该点的电枢磁动势为零，在离原点 x 处做一矩形闭合回路，根据安培环路定律，当不考虑铁芯内的磁压降时，每个气隙上的磁压降为

$$f_a(x)=\frac{Z_a i_a}{\pi D_a}x=Ax \tag{5.3.8}$$

由式(5.3.8)可以看出 $f_a(x)$与 x 成正比，电枢磁动势沿电枢表面的分布为三角波。根据 $B=\mu H$ 可推出气隙磁通密度为

$$B_a(x)=\mu_0 H_a(x)=\mu_0\frac{f_a(x)}{\delta(x)}=\mu_0\frac{A}{\delta(x)}x \tag{5.3.9}$$

在磁极下气隙均匀，则 $B_a(x)\propto x$；在磁极之间处，气隙很大，$B_a(x)$很小。电枢磁通密度沿电枢表面分布为马鞍形，如图 5.3.16 所示。

4. 负载磁场

由上述分析可知，直流电机负载时的气隙磁通密度 $B_\delta(x)$应等于励磁磁通密度$B_0(x)$与电枢磁通密度 $B_a(x)$的合成，最终如图 5.3.15(c)和图 5.3.16 所示。可见电枢反应对气隙磁场产生了以下影响：

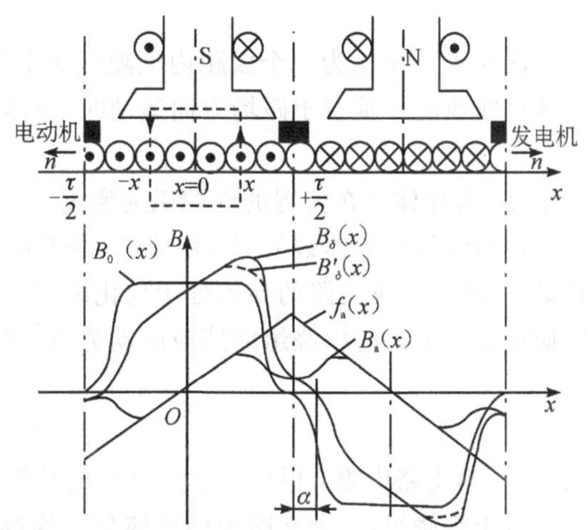

图 5.3.16　直流电机合成后的气隙磁场分布

(1)使气隙磁场发生畸变。电枢反应使气隙磁场发生畸变，对发电机而言，前极尖磁场被削弱，后极尖磁场被加强；对电动机而言，前极尖磁场被加强，后极尖磁场被削弱。

(2)使物理中性线发生偏移。通常把通过电枢表面磁通密度等于零处称为物理中性线。直流电机空载时，几何中性线与物理中性线重合；负载时物理中性线与几何中性线不再重合。对发电机，物理中性线顺电机旋转方向移过 α 角；对电动机，物理中性线逆旋转方向移过 α 角。

(3)当磁路饱和时有去磁作用。不计磁饱和时，交轴电枢磁场对主极磁场的去磁作用和增磁作用恰好相等；考虑磁饱和时，增磁边将使该部分铁芯的饱和程度提高、磁阻增大，从而使实际的气隙磁通密度比不计饱和时略低，如图 5.3.16 中虚线所示；去磁边的实际气隙磁

通密度则与不计饱和时基本一致。因此负载时每极下的磁通量将比空载时少。换言之，饱和时交轴电枢反应具有一定的去磁作用。

5.4 直流电动机的感应电动势和电磁转矩

直流电动机运行时，一方面，电枢绕组的导体在磁场中运动，会产生感应电动势；另一方面，电枢绕组导体中有电流，会受到电磁力，产生电磁转矩。

5.4.1 感应电动势

电枢感应电动势是指直流电机正负电刷之间的感应电动势。电机运行时这一感应电动势始终存在。如图 5.4.1 所示，对于电动机，这一感应电动势与电枢电流方向相反，故称为反电动势。而对于发电机，这一感应电动势与电枢电流方向相同，故称为电源电动势。

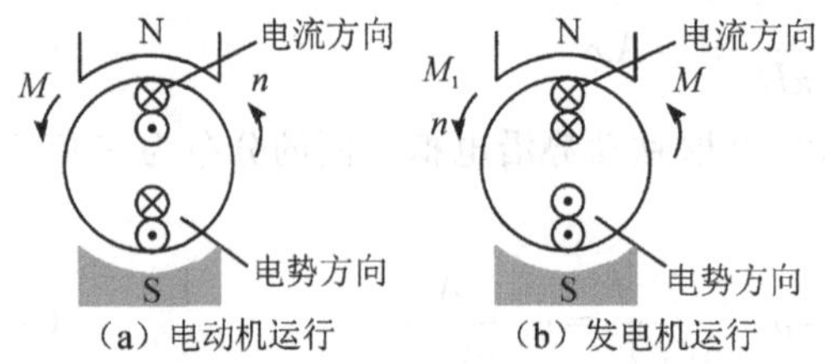

图5.4.1 电动机感应电动势和发电机电源电动势

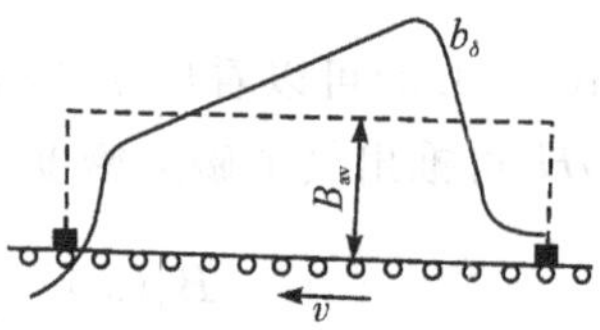

图5.4.2 一个极距内气隙磁通密度沿电枢表面的分布曲线

图 5.4.2 所示为一个极距内气隙磁通密度沿电枢表面的分布曲线。当一根长度为 l 的导体以线速度 v 垂直于磁场方向运动时，导体中的感应电动势为

$$e = b_\delta l v \tag{5.4.1}$$

式中，b_δ 为导体所在位置的气隙磁通密度。

电枢绕组总导体数为 Z_a，组成 $2a$ 条并联支路，则每支路的串联导体数为 $Z_a/2a$。电枢转动时，组成一条支路的导体处于变化中，但每条支路内串联导体数保持不变。一条支路的感应电动势就是电枢绕组的感应电动势 E_a，即

$$E_a = \sum_{i=1}^{Z_a/2a} e_i \tag{5.4.2}$$

式中，e_i 为支路中第 i 根导体中的感应电动势。

对于叠绕组，一条支路中的导体均匀连续分布于一个磁极下；对于波绕组，一条支路的导体虽分别处于不同的磁极下，但这些磁极的极性都相同。因此在计算支路感应电动势时，可以认为这 $Z_a/2a$ 根导体等效于在一个磁极下均匀连续分布。只要求出一根导体在一个极下感应电动势的平均值 e_{av}，再乘以 $Z_a/2a$ 根导体数，即得电枢绕组的总感应电动势。因此式(5.4.2)可以写成

$$E_a = \sum_{i=1}^{Z_a/2a} e_i = \frac{Z_a}{2a} e_{av} \tag{5.4.3}$$

而一根导体的平均电动势为

$$e_{av}=B_{av}lv \tag{5.4.4}$$

式中，B_{av} 是每极下的平均气隙磁通密度；l 为导体的有效长度，也是电枢铁芯的长度。

导体的线速度为 $v=2p\tau n/60$，其中 n 是转速，单位是 r/min；τ 为极距；p 为极对数。每极总磁通量(Wb)为

$$\Phi=B_{av}\tau l \tag{5.4.5}$$

式中，τl 是在电枢铁芯表面上每极对应的面积。

将式(5.4.5)和导体线速度 $v=2p\tau n/60$ 代入式(5.4.4)得每根导体的平均电动势为

$$e_{av}=2p\Phi\frac{n}{60} \tag{5.4.6}$$

式中，$2p\Phi$ 是电枢每转一周导体切割的总磁通量。

由式(5.4.6)可知导体平均电动势与气隙磁通密度分布的形状无关。将式(5.4.6)代入式(5.4.3)可得

$$E_a=\frac{Z_a}{2a}e_{av}=\frac{Z_a}{2a}2p\Phi\frac{n}{60}=\frac{pZ_a}{60a}\Phi n=C_e\Phi n \tag{5.4.7}$$

式中，Φ 为每极磁通；n 为电机转速；

$$C_e=\frac{pZ_a}{60a} \tag{5.4.8}$$

为电动势常数，其中 Z_a 是电枢绕组的全部导体数，a 为电枢绕组的并联支路对数，p 为极对数。

由式(5.4.7)可得：

(1)电枢电动势正比于每极磁通 Φ 和转速 n 的乘积；

(2)直流电动机的感应电动势与电机结构、气隙磁通和电机转速有关；

(3)当电机制造好以后，与电机结构有关的电动势常数 C_e 不再变化，因此电枢电动势仅与气隙磁通和转速有关；

(4)改变转速和磁通均可改变电枢电动势的大小。

此外，负载大小会影响每极磁通量，进而影响感应电动势的大小。计算负载感应电动势时，Φ 为负载时的每极气隙磁通。计算空载感应电动势时，Φ 为空载时的每极气隙磁通。

5.4.2 电磁转矩

对于电动机，电枢的电磁转矩与转速方向相同，表现为驱动(或拖动)作用。而对于发电机，电枢的电磁转矩与转速方向相反，表现为制动作用。

当电枢绕组中有电流 I_a 流过时，每一导体中流过的电流为 $I_a/2a$。这些载流导体在磁场中受力，并在电枢上产生转矩，称为电磁转矩，用 T_e 表示。理想化电枢的电磁转矩计算如图 5.4.3 所示。由于电枢绕组中各导体中电流的方向均与磁密的方向正交，因此，当一根长为 l 的导体中流过 $I_a/2a$ 电流时，所受的电磁力 f 为

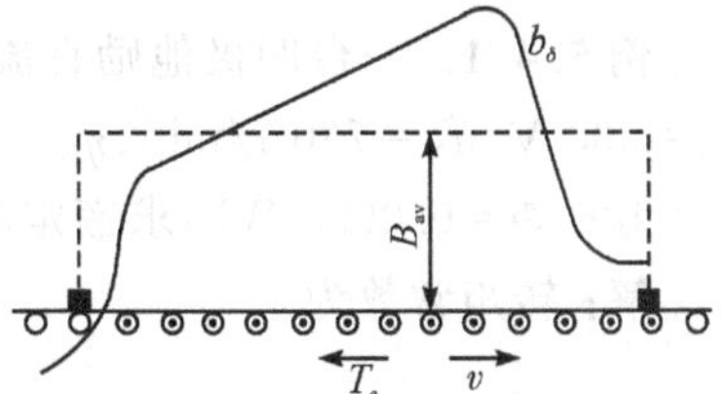

图 5.4.3　理想化电枢的电磁转矩计算

$$f=b_\delta l\frac{I_a}{2a} \tag{5.4.9}$$

式中，f 的方向由左手定则决定。导体距电枢轴心的径

向距离为 $D_a/2$，所产生的转矩为 $fD_a/2$。那么全部 Z_a 根受力导体所产生的转矩总和就是电机的电磁转矩 T_e，为

$$T_e = \sum_{i=1}^{Z_a} T_{ei} \tag{5.4.10}$$

式中，T_{ei} 是第 i 根导体所产生的转矩。

如前所述，无论是叠绕组还是波绕组，每一条支路中的 $Z_a/2a$ 根导体可以认为均匀连续分布在一个极距内。因此，式(5.4.10)同样可以用一根导体所产生的平均电磁转矩来表示，即

$$T_{av} = B_{av} l \frac{I_a}{2a} \frac{D_a}{2} \tag{5.4.11}$$

则电机的电磁转矩为

$$T_e = \sum_{i=1}^{Z_a} T_{ei} = Z_a T_{av} = Z_a B_{av} l \frac{I_a}{2a} \frac{D_a}{2} \tag{5.4.12}$$

将 $D_a = 2p\tau/\pi$ 及 $\Phi = B_{av}\tau l$ 代入式(5.4.12)可得

$$T_e = \frac{pZ_a}{2a\pi}\Phi I_a = C_T \Phi I_a \tag{5.4.13}$$

式中，Φ 为每极磁通；I_a 为电枢绕组的总电流；

$$C_T = \frac{pZ_a}{2a\pi} \tag{5.4.14}$$

为直流电机的转矩常数，其中 Z_a 是电枢绕组的全部导体数，a 为电枢绕组的并联支路对数，p 为极对数。

式(5.4.13)表明：直流电机电磁转矩的大小正比于每极磁通 Φ 和电枢电流 I_a 的乘积。

比较电动势常数和电磁转矩常数的表达式，可得

$$C_T = \frac{60}{2\pi} C_e \tag{5.4.15}$$

由感应电动势公式和电磁转矩公式可得到以下结论：

(1)电机做好后，如果磁场一定，出力的能力就一定。

(2)进一步说明了直流电机的可逆运行原理——发电机。

(3)不管是发电机还是电动机，感应电动势和电磁转矩是同时存在的。

(4)说明了能量转换之间的关系：电能-磁场能-机械能。

(5)只要有转速，就有感应电动势；只要有电流，就有电磁转矩。

(6)电磁功率是能量形态变化的基础。

例 5.4.1 一台四极他励直流电动机，电枢绕组是单波绕组，铭牌数据为 $P_N = 100$ kW、$U_N = 330$ V、$n_N = 730$ r/min、$\eta_N = 91.5\%$，电枢总导体数和额定运行时气隙每极磁通分别为 $Z_a = 186$、$\Phi = 0.0698$ Wb，求额定电磁转矩。

解： 转矩常数为

$$C_T = \frac{pZ_a}{2a\pi} = 59.21$$

额定电枢电流为

$$I_{aN}=\frac{P_N}{U_N\eta_N}=331.18\ \text{A}$$

额定电磁转矩为

$$T_{eN}=C_T\Phi I_{aN}=1368.72\ \text{N}\cdot\text{m}$$

5.5　直流电动机的基本方程和运行特性

5.5.1　基本方程

本小节以他励直流电动机为例，建立其暂态和稳态的基本运行方程，包括电压平衡方程、转矩平衡方程和功率平衡方程。要写出直流电动机运行时各物理量之间相互关系的表达式，必须先规定好这些物理量的正方向。

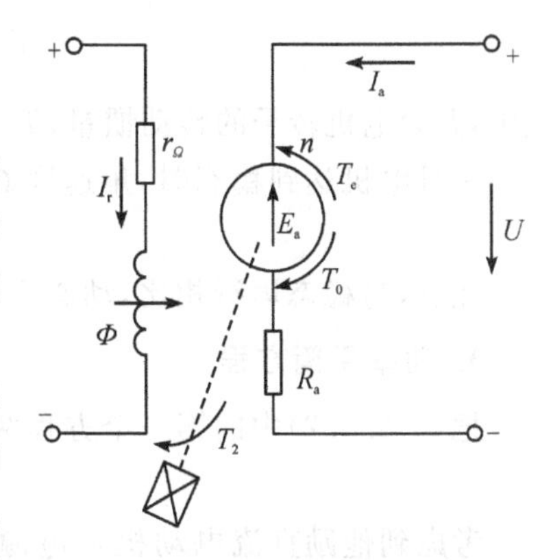

图 5.5.1　他励直流电动机等效电路

图 5.5.1 给出了他励直流电动机等效电路图。需要注意的是，直流电动机的电枢感应电动势 E_a 的正方向与电枢电流 I_a 的正方向相反，因此也称为反电动势。电动机电磁转矩 T_e 的正方向与转速 n 的方向相同，为拖动转矩；轴上的机械负载转矩 T_2 及空载转矩 T_0 均与转速 n 的方向相反，为制动转矩。

1. 电压平衡方程

从电路角度看，他励直流电机有两套独立的绕组，即励磁绕组和电枢绕组，两者之间没有电的联系。记 R_a、L_a 和 U_a 分别为电枢回路的总电阻（包括电枢绕组的电阻和电刷接触电阻）、电枢绕组等效电感和电枢回路输入端电压；R_f、L_f 和 U_f 分别为励磁回路总电阻（包括励磁绕组电阻和励磁回路调节电阻）、励磁绕组等效电感和励磁回路输入端电压。在电机达到稳态前，记 t 时刻电枢电流和励磁电流分别为 $i_a(t)$ 和 $i_f(t)$，根据图 5.5.2 所示各物理量的假定正方向（即电动机惯例），对电枢回路和励磁回路分别利用环路电压定律可得暂（动）态电压平衡方程为

$$\begin{cases}U_a=e_a(t)+R_ai_a(t)+L_a\dfrac{\mathrm{d}i_a(t)}{\mathrm{d}t}\\ U_f=R_fi_f(t)+L_f\dfrac{\mathrm{d}i_f(t)}{\mathrm{d}t}\end{cases}\tag{5.5.1}$$

式中，$e_a(t)$ 为 t 时刻电枢绕组的感应电动势。

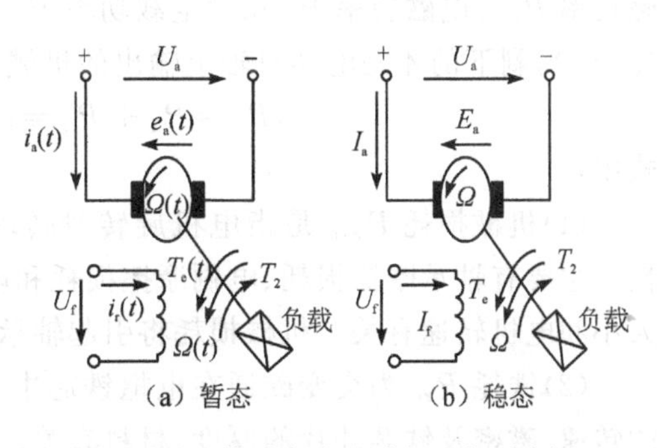

图 5.5.2　他励直流电动机运行示意图

一旦电机稳定运行，则可获得直流电动机的稳态电压平衡方程式为

$$\begin{cases}U_a=E_a+R_aI_a\\ U_f=R_fI_f\end{cases}\tag{5.5.2}$$

式中，E_a、I_a 分别为稳态时电枢绕组的感应电

动势和电流；I_f 为稳态时的励磁电流。

2. 转矩平衡方程

对于图 5.5.2 中直流电动机的机械转动部分，记 Ω 为电机转子的机械角速度，$\Omega=2\pi n/60$，n 为转速；T_e 为电机电磁转矩；T_2 为电机输出转矩。在电机达到稳态前，记 t 时刻电机转子的角速度为 $\Omega(t)$，根据图 5.5.2 所示各物理量的假定正方向(即电动机惯例)，忽略电机转子旋转阻力，对其应用牛顿第二定律可得暂(动)态转矩平衡方程，也即电机的机械运动方程为

$$T_e=T_2+T_0+J\frac{\mathrm{d}\Omega(t)}{\mathrm{d}t} \tag{5.5.3}$$

式中，J 为电机转子的转动惯量；T_0 为由机械损耗、铁芯损耗和杂散损耗引起的制动转矩。

一旦电机达到稳态时，角速度 $\Omega(t)=\Omega$ 为常数，则可获稳态运行时的转矩平衡方程为

$$T_e=T_2+T_0 \tag{5.5.4}$$

注意，与稳态运行相比，动态方程中的感应电压、电流、转矩、转速均为瞬时值。

3. 功率平衡方程

把式(5.5.2)中的第一个方程两边都乘以 I_a，可得他励直流电动机电枢回路的功率为

$$U_aI_a=E_aI_a+I_a^2R_a \tag{5.5.5}$$

考虑到他励直流电动机从电源输入的总功率 P_1 等于电枢回路和励磁回路的功率之和，即

$$P_1=U_aI_a+U_fI_f \tag{5.5.6}$$

将式(5.5.5)代入式(5.5.6)有

$$P_1=E_aI_a+I_a^2R_a+U_fI_f=P_e+P_{\mathrm{Cua}}+P_{\mathrm{Cuf}} \tag{5.5.7}$$

式中，P_{Cuf} 为励磁铜耗，也即消耗在励磁回路总电阻上的损耗，$P_{\mathrm{Cuf}}=U_fI_f$；P_{Cua} 为电枢回路的总铜耗，也即消耗在电枢回路总电阻上的损耗，$P_{\mathrm{Cua}}=I_a^2R_a$；$P_e$ 为他励直流电动机的电磁功率，其定义为电枢绕组感应电动势 E_a 与电枢电流 I_a 的乘积，即

$$P_e=E_aI_a=\frac{pZ_a}{60a}\Phi nI_a=\frac{pZ_a}{2\pi a}\Phi I_a\frac{\pi}{30}n=T_e\Omega=(T_2+T_0)\Omega=P_2+P_0 \tag{5.5.8}$$

式中，a 为电枢绕组并联支路对数；Z_a 为电枢绕组总导体数；p 为直流电动机的极对数；Φ 为每极磁通；T_e 为电磁转矩；P_2 为电动机轴上输出的机械功率；P_0 为空载功率。

从式(5.5.7)可以看出，从电源吸收的功率，除了一小部分转换为铜损耗外，大部分为电磁功率 P_e。电磁功率 P_e 扣除空载功率 P_0(P_0 包括铁芯损耗 P_{Fe}、机械损耗 P_{mec} 和杂散损耗 P_{ad})，剩下的才是电动机轴上输出的机械功率 P_2，即

$$P_e=P_2+P_0=P_2+P_{\mathrm{mec}}+P_{\mathrm{ad}}+P_{\mathrm{Fe}} \tag{5.5.9}$$

式中，

(1)机械损耗 P_{mec} 是指电机旋转时转动部分与静止部分及周围空气摩擦所引起的损耗。主要有轴承摩擦损耗、电刷摩擦损耗和电枢与周围空气的摩擦损耗以及通风损耗等，其大小和电机转速有关。机械损耗将引起轴承和换向器发热。

(2)铁耗 P_{Fe} 为交变磁通在电枢铁芯中产生的磁滞损耗和涡流损耗。铁耗大小与电机的转速、磁密及铁芯冲片的厚度、材料有关。铁耗将引起铁芯发热。

(3)杂散损耗 P_{ad} 又称附加损耗，指除了上述各种损耗之外的损耗。主要包括主磁场脉

动和畸变引起的铁耗、漏磁场在金属紧固件中产生的铁耗和换向元件内的附加损耗等，很难准确计算，通常根据电机功率的不同，估算为电机额定功率的 0.5%～1%。

综合式(5.5.7)和式(5.5.9)，可得他励直流电动机的功率平衡方程为

$$P_1 = P_2 + P_{mec} + P_{ad} + P_{Fe} + P_{Cua} + P_{Cuf} \tag{5.5.10}$$

图 5.5.3 所示为他励直流电动机的功率流程图。

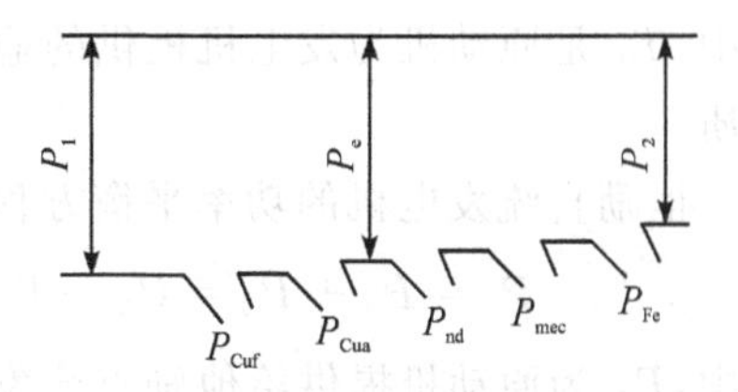

图 5.5.3　他励直流电动机的功率流程图

式(5.5.9)两边同除以机械角速度 Ω，得

$$\frac{P_e}{\Omega} = \frac{P_2}{\Omega} + \frac{P_{mec} + P_{ad} + P_{Fe}}{\Omega} \tag{5.5.11}$$

再结合稳态运行时的转矩平衡方程 $T_e = T_2 + T_0$，可得他励直流电动机电磁转矩 T_e 和电磁功率 P_e、输出转矩 T_2 和机械功率 P_2、制动转矩 T_0 和损耗功率 $P_{mec} + P_{ad} + P_{Fe}$ 间的关系分别为

$$T_e = \frac{P_e}{\Omega}, \quad T_2 = \frac{P_2}{\Omega}, \quad T_0 = \frac{P_{mec} + P_{ad} + P_{Fe}}{\Omega} \tag{5.5.12}$$

综上，在考虑各种损耗后，可将电动机的效率 η 定义为

$$\eta = \frac{P_2}{P_1} \tag{5.5.13}$$

式中，P_2 为电动机轴上输出的机械功率；P_1 为电动机从电源输入的总功率。

4. 直流电机作发电机运行

如图 5.5.4 所示，当直流电机作发电机运行时，根据图中各物理量的假定正方向(即发电机惯例)，可以看出：与直流电动机相比，直流发电机电枢电流的方向发生改变，相应电磁转矩的方向也发生改变。

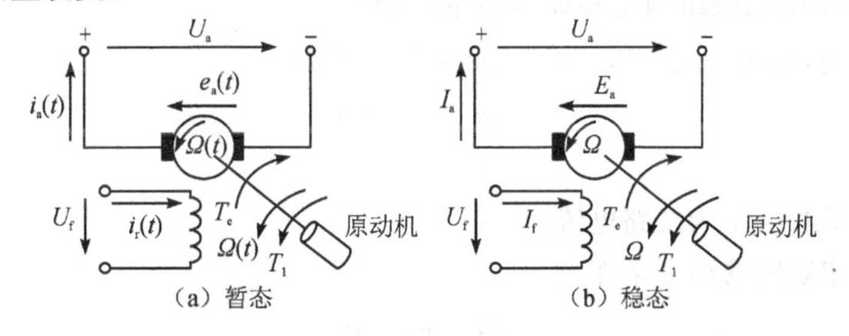

图 5.5.4　他励直流发电机运行示意图

因此可得他励直流发电机暂态电压平衡方程

$$\begin{cases} U_a = e_a(t) + R_a(-i_a(t)) + L_a \dfrac{d(-i_a(t))}{dt} \\ U_f = R_f i_f(t) + L_f \dfrac{d(i_f(t))}{dt} \end{cases} \tag{5.5.14}$$

和稳态电压平衡方程

$$\begin{cases} E_a = U_a + R_a I_a \\ U_f = R_f I_f \end{cases} \tag{5.5.15}$$

也可得他励直流发电机暂态转矩平衡方程

$$T_1 = T_e + T_0 + J\frac{\mathrm{d}\Omega(t)}{\mathrm{d}t} \tag{5.5.16}$$

和稳态转矩平衡方程

$$T_1 = T_e + T_0 \tag{5.5.17}$$

式中，T_1 是原动机为发电机提供的输入转矩，此时为拖动性质；T_e 为电磁转矩，此时为制动性质。

他励直流发电机的功率平衡方程为

$$P_1 = P_e + P_0 = P_2 + P_{mec} + P_{Fe} + P_{ad} + P_{Cuf} + P_{Cua} = P_2 + \sum P \tag{5.5.18}$$

式中，P_1 为原动机提供给他励直流发电机的机械功率。P_1 中的一部分转换为发电机的电磁功率 P_e，$P_e = P_2 + P_{Cuf} + P_{Cua}$，其中 P_2 为他励直流发电机输出的电功率，$P_{Cuf} + P_{Cua}$ 为电枢回路和励磁回路的总铜耗；P_1 中的另一部分则被用于平衡转子转动和实现能量转换所必然产生的损耗 P_0，$P_0 = P_{mec} + P_{Fe} + P_{ad}$ 被称为空载损耗；将 $\sum P = P_{Cu} + P_0 = P_{Cuf} + P_{Cua} + P_{mec} + P_{Fe} + P_{ad}$ 称为他励直流发电机的总损耗。

图 5.5.5 所示为他励直流发电机的功率流程图。

发电机的效率公式与电动机的相同，也为

$$\eta = \frac{P_2}{P_1} \tag{5.5.19}$$

式中需要注意的是，此时 P_2 为发电机输出的电功率，P_1 为原动机提供给发电机的机械功率。

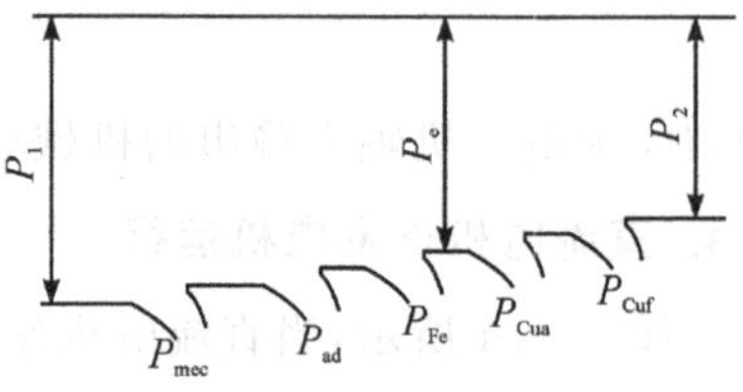

图 5.5.5　他励直流发电机的功率流程图

并励直流电机的电压方程和转矩方程均与他励时相同，但由于励磁绕组与电枢绕组并联，故电枢电压、电流之间，励磁绕组电压、电流之间有如下约束：

$$\begin{cases} u_a = u_f = u \\ i = i_a + i_f \end{cases} \tag{5.5.20}$$

式中，u 为电机端电压，i 为线路电流。

与之类似，串励时的约束条件为

$$\begin{cases} u = u_a + u_f \\ i = i_a = i_f \end{cases} \tag{5.5.21}$$

5.5.2　运行特性

电动机用于拖动生产机械，运行时转速、电磁转矩和效率与负载的关系曲线称为运行特性。直流电动机的运行特性主要包括转速特性、转矩特性、效率特性、转速-转矩特性（即机械特性），它们与励磁方式直接相关。

因为在直流电动机实际运行时，电枢电流 I_a 可直接测量，且电枢电流与电动机轴上输出的机械功率 P_2 变化趋势相差不多，所以可将工作时的运行特性表示为

$$(n, T_e, \eta) = f(I_a) \tag{5.5.22}$$

式中，n 为电动机转速，T_e 为电动机的电磁转矩，η 为电动机效率。

1. 他励直流电动机的运行特性

本小节以图 5.5.6 所示他励直流电动机为例介绍其运行特性。

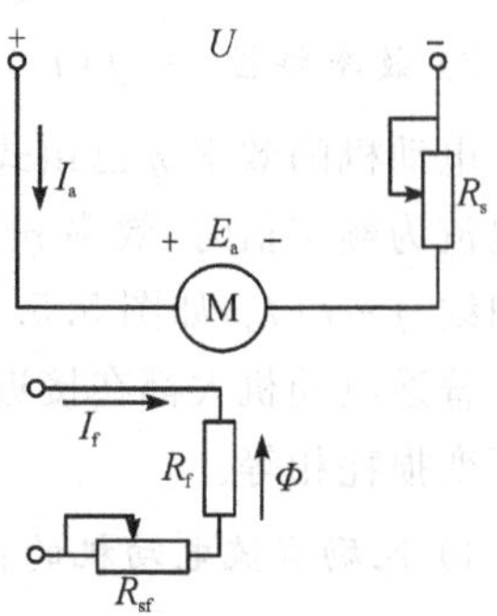

图 5.5.6　他励直流电动机原理图

1）转速特性 $n=f(I_a)$

他励直流电动机的转速特性是指外加电压和励磁电流为额定值时，电动机的转速 n 与电枢电流 I_a 之间的关系，$n=f(I_a)$。

若不计电枢反应的去磁作用，则每极气隙磁通 Φ 是与电枢电流 I_a 无关的常数。由式(5.4.7)所示的电枢感应电动势方程和式(5.4.17)所示的电枢电压平衡方程可得转速 n 为

$$n=\frac{U-I_aR_a}{C_e\Phi}=n_0-\beta' I_a,\quad \beta'=\frac{R_a}{C_e\Phi} \tag{5.5.23}$$

式中，U 为电枢回路两端的电压；R_a 为电枢回路总电阻；I_a 为电枢回路总电流；C_e 为电动势常数，Φ 为每极气隙磁通；

$$n_0=\frac{U}{C_e\Phi} \tag{5.5.24}$$

为理想空载转速。

当电枢电流 I_a 增加时，若气隙磁通 Φ 不变，则转速 n 将随 I_a 的增加而线性下降。由于电枢绕组电阻压降很小，因此转速下降不多。如果考虑电枢反应的去磁作用，Φ 随电枢电流的增大而略有减小，转速下降会更小些，甚至会上升。为保证他励直流电动机稳定运行，通常将电动机设计为图 5.5.7 所示的稍微下降的转速特性。

需要指出的是，他励直流电动机在运行中励磁回路绝对不能断开。当励磁回路断开时，气隙磁通骤然下降到剩磁磁通，感应电动势很小，由于机械惯性的作用，转速不能突然改变。电枢电流急剧增大，会出现下面两种情况：

(1)电动机重载，所产生的电磁转矩小于负载转矩，转速下降，电动机减速直至停转。停转时，电枢电流为起动电流，引起绕组过热将电动机烧毁。

(2)电动机轻载，所产生的电磁转矩远大于负载转矩，使电动机迅速加速，造成“飞车”。

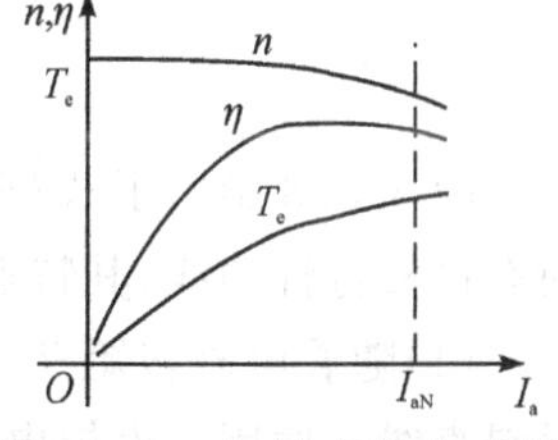

图5.5.7　他励直流电动机的转速特性、转矩特性和效率特性

这两种情况都是非常危险的。

2）转矩特性 $T_e=f(I_a)$

他励直流电动机的转矩特性是指外加电压和励磁电流为额定值时，电磁转矩 T_e 与电枢电流 I_a 之间的关系 $T_e=f(I_a)$。

根据他励直流电动机的电磁转矩表达式 $T_e=C_T\Phi I_a$ 可知，磁路不饱和时，若气隙磁通 Φ 不变，电磁转矩 T_e 与电枢电流 I_a 成正比，转矩特性为一条直线；当磁路饱和时，气隙磁通

Φ 随电枢电流 I_a 的增加而略有减小，转矩特性略微向下弯曲，如图 5.5.7 所示。

3) 效率特性 $\eta=f(I_a)$

电动机的效率 η 已由式(5.5.13)定义。他励直流电动机的效率特性是指外加电压和励磁电流为额定值时，效率 η 与电枢电流 I_a 之间的关系 $\eta=f(I_a)$。他励直流电动机的效率特性曲线 $\eta=f(I_a)$ 如图 5.5.7 中所示。

普通电动机大都在接近额定功率前效率取最大值，此时电动机中的可变损耗在理论上与不变损耗相等。

4) 他励直流电动机的机械特性 $n=f(T_e)$

他励直流电动机的机械特性是指当电动机加上一定的电压 U 和一定的励磁电流 I_f 时，转速与电磁转矩之间的关系，即 $n=f(T_e)$。这是电动机的一个重要特性。

若在电枢回路中串入另一电阻 R，由式(5.4.7)所示的电枢感应电动势方程和式(5.4.17)所示的电枢电压平衡方程可得转速 n 为

$$n=\frac{U-I_a(R_a+R)}{C_e\Phi}=\frac{U}{C_e\Phi}-\frac{R_a+R}{C_eC_T\Phi^2}T_e=n_0-\beta T_e \tag{5.5.25}$$

式中，$n_0=U/(C_e\Phi)$ 为理想空载转速，也即 $T_e=0$ 时的转速；β 为机械特性的斜率，$\beta=(R_a+R)/(C_eC_T\Phi^2)$。式(5.5.25)就是他励直流电动机机械特性的一般表达式。

转速的变化可用转速调整率表征，其定义为

$$\Delta n=\frac{n_0-n_N}{n_N}\times 100\% \tag{5.5.26}$$

式中，n_N 为额定转速。他励直流电动机的转速变化很小，通常转速调整率为 3%～8%，基本上为恒速电动机。

当 $U=U_N$、$\Phi=\Phi_N$，$R=0$ 时的机械特性称为固有机械特性。其表达式为

$$n=\frac{U_N}{C_e\Phi_N}-\frac{R_a}{C_eC_T\Phi_N^2}T_e \tag{5.5.27}$$

图 5.5.8 给出了式(5.5.27)所描述的他励直流电动机的固有机械特性曲线，其特点如下：

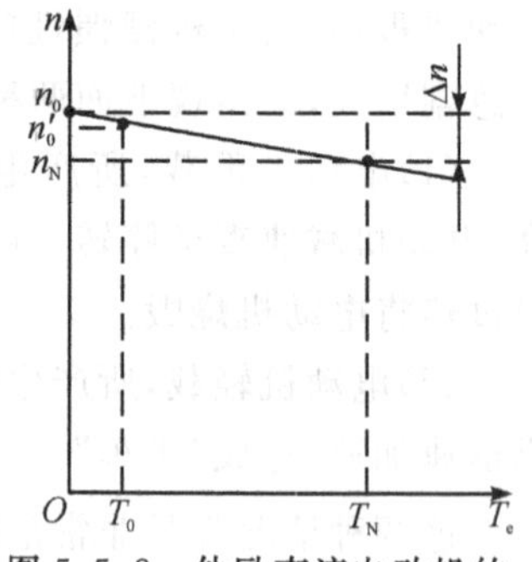

图 5.5.8　他励直流电动机的固有机械特性

(1)随着电磁转矩 T_e 的增大，转速 n 降低，其特性是一条下斜直线。原因是电枢电流 I_a 与 T_e 成正比关系，T_e 增大，I_a 也增大；电枢电动势 $E_a=C_e\Phi n=U_N-I_aR_a$ 则减小，转速 n 则降低。

(2)当 $T_e=0$ 时，$n=n_0=U_N/(C_e\Phi_N)$ 为理想空载转速，即图 5.5.8 中机械特性与纵坐标的交点。此时 $I_a=0$、$E_a=U_N$。

(3)固有机械特性的斜率为 $\beta=R_a/(C_eC_T\Phi_N^2)$，若其值很小时，习惯上称之为硬特性，此时负载转矩变化时直流电动机转速变化较小。反之，若斜率 β 较大时的特性则称为软特性。

(4)$\Delta n=\beta T_e$ 为电机负载后的转速降。当 $T_e=T_N$ 为额定值时，$n=n_N$ 为额定转速。此时转速降 $\Delta n_N=n_0-n_N=\beta T_N$ 为额定转速降。一般 n_N 约为 $95\%n_0$，即转速降 $\Delta n_N=$

$n_0-n_N=5\%n_0$，这是硬特性的典型数量体现。

(5)T_0 为无负载时的空载转矩，它所对应的转速 n_0' 称为实际空载转速，也即 $T_e=T_0$ 时的转速，故 $n_0'=n_0-\beta T_0$，显然 n_0' 要比 n_0 小一些。

(6)$n=0$，即电动机启动时，电枢绕组的感应电动势 $E_a=C_e\Phi_N n=0$，此时电枢电流 $I_a=U_N/R_a=I_{start}$ 称为起动电流，电磁转矩 $T=C_T\Phi_N I_{start}=T_{start}$ 称为起动转矩。由于电枢电阻 R_a 很小，I_{start} 与 T_{start} 都比额定值大很多。例如，若额定转速降 $\Delta n_N=0.05n_0$，则

$$\Delta n_N=\frac{R_a}{C_eC_T\Phi_N^2}T_N=\frac{R_a}{C_e\Phi_N}I_N=0.05\frac{U_N}{C_e\Phi_N}$$

即 $R_aI_N=0.05U_N$、$I_N=0.05U_N/R_a$，那么可得起动电流 $I_{start}=20I_N$，起动转矩 $T_{start}=20T_N$。这样大的起动电流会烧坏换向器。

以上6点分析是固有机械特性在图5.5.9所示的电动机四象限工作状态图中第Ⅰ象限的情况。在第Ⅰ象限中电磁转矩 $0<T_e<T_{start}$，转速 $n_0>n>0$，电枢感应电动势 $U_N>E_a>0$，电动机为电动状态，也称为电动机正向工作状态。由于 T_e 与 n 同方向，故 T_e 为拖动性转矩。

此外，如图5.5.9所示，电动机还有电动机反向工作状态(第Ⅲ象限)、正向发电工作状态(第Ⅱ象限)和反向发电工作状态(第Ⅳ象限，也称堵转状态)。

将电磁转矩 $T_e<0$，转速 $n<0$ 时的状态称为电动机反向工作状态。如图5.5.10所示，此时电动机在第Ⅲ象限运行，电动机电源电压为负值，T_e 与 n 仍然同方向，T_e 仍然为拖动性转矩。

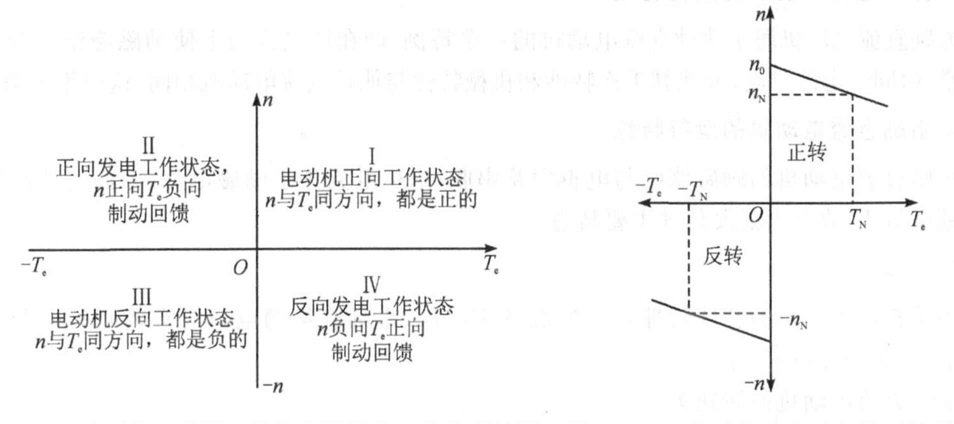

图5.5.9　电动机四象限工作状态及转速 n 和电磁转矩 T_e 的方向

图5.5.10　他励直流电动机的正转(第Ⅰ象限)和反转(第Ⅲ象限)的机械特性

当电动机在第Ⅰ、Ⅲ象限运行时统称为电动或拖动运行状态，此时转速和电磁转矩的乘积为正，故电动机功率为正，即电动机输入电能并转换为机械能带动负载做功，电动机工作于电动状态，两象限内电动机的旋转方向相反。

将电磁转矩 $T_e<0$、转速 $n>n_0$ 时的状态称为电动机的正向发电工作状态。这种情况下电磁转矩实际方向与转速相反了，由电动性转矩变为制动性转矩，这时电枢电流 $I_a<0$。因此，感应电动势 $E_a=U_N-R_aI_a>U_N$，转速 $n>n_0$，固有机械特性在第Ⅱ象限。实际上这时他励直流电动机的励磁功率 $P_M=E_aI_a=T\Omega<0$，输入功率为 $P_1=U_NI_a<0$，表明电动机处于发电机运行状态。由于 T_e 与 n 反方向，故 T_e 为制动性转矩。

将电磁转矩 $T_e>T_{start}$、转速 $n<0$ 时的状态称为直流电动机的反向发电工作状态或堵

转状态。由于电磁转矩 $T_e > T_{start}$，则电枢电流 $I_a > I_{start}$，即

$$I_a = \frac{U_N - E_a}{R_a} > I_{start} = \frac{U_N}{R_a}, \quad U_N - E_a > U_N$$

所以感应电动势 $E_a < 0$，也就是转速 $n < 0$，因此如图 5.5.9 所示，此时他励直流电动机的固有机械特性在第Ⅳ象限，为堵转状态。T_e 与 n 仍然反方向，T_e 仍然为制动性转矩。

注意：直流电动机一般不允许堵转，因为电动机在堵转状态不会产生反电动势，此时电动机的输入电压全部作用在电枢电阻上。由于电枢电阻很小，因此电枢电流将会变得很大，电枢会因此而发热烧毁。

当电动机在第Ⅱ、Ⅳ象限运行时统称为制动运行状态，转速和电磁转矩的乘积为负，故电动机功率为负，即电动机吸收机械能并转换为电能输出，电动机工作于发电状态，因而其能量传递关系与发电机相似，两象限内电动机的旋转方向相反。

固有机械特性只表征电动机电磁转矩和转速之间的函数关系，是电动机本身的固有能力。至于电动机具体运行状态，还要看拖动什么样的负载。

固有机械特性是电动机最重要的特性，在它的基础上很容易得到电动机的人为机械特性。人为机械特性是指他励直流电动机的参数如电压、励磁电流和电枢回路电阻大小等改变后的机械特性，它通常被用于电动机的起动和调速。

2. 并励直流电动机的运行特性

并励直流电动机属于他励直流电动机的一个特例，即在连接方法上使励磁绕组与电枢回路并联，由同一电源供电，因此其工作特性和机械特性与他励直流电动机相同，这里不再赘述。

3. 串励直流电动机的运行特性

串励直流电动机的励磁绕组与电枢回路串联，电枢电流等于励磁电流，因而气隙磁通 Φ 随电枢电流 I_a 的变化很大是其主要特点。

1）转速特性

串励直流电动机的转速特性是指外加额定电压、串励绕组的电阻为常数时转速和电枢电流 I_a 之间的关系 $n = f(I_a)$。

串励直流电动机的转速为

$$n = \frac{U - I_a(R_a + R_s)}{C_e \Phi} = \frac{U - I_a(R_a + R_s)}{C_e K_s I_s} = \frac{U}{C_e K_s}\frac{1}{I_a} - \frac{R_a + R_s}{C_e K_s} \tag{5.5.28}$$

式中，$K_s = \Phi / I_s$；R_s 为电枢回路的调节电阻；I_s 为串励直流电动机的励磁电流，显然 $I_s = I_a$。

可见串励直流电动机的转速特性为双曲线，转速与电枢电流成反比。当负载增大时，电枢电流和励磁电流都增大，导致电阻压降增大、气隙磁通增大，转速迅速下降。串励直流电动机的转速特性如图 5.5.11 所示。

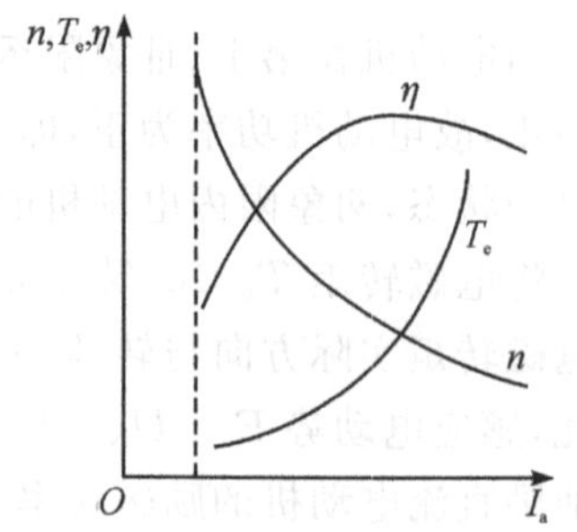

图5.5.11 串励直流电动机的转速特性、转矩特性和效率特性

串励直流电动机不允许空载运行，所以转速调整率定义为

$$\Delta n=\frac{n_{1/4}-n_{N}}{n_{N}}\times 100\% \qquad (5.5.29)$$

式中，$n_{1/4}$ 为 1/4 额定负载时的转速。

2）转矩特性

串励直流电动机的转矩特性是指外加额定电压、串励绕组的电阻为常数时，电磁转矩和电枢电流 I_a 之间的关系 $T_e=f(I_a)$。

当串励直流电动机轻载时，励磁电流很小，磁路不饱和，电磁转矩为

$$T_e=C_T\Phi I_a=C_T K_s I_a^2=C'_T I_a^2 \qquad (5.5.30)$$

随着负载的增加，励磁电流逐渐增大，磁路饱和，磁通不再与励磁电流成正比。当磁路非常饱和时，磁通可认为是常数，电磁转矩为

$$T_e\approx C''_T I_a \qquad (5.5.31)$$

串励直流电动机的转矩特性如图 5.5.11 中所示。

3）效率特性 $\eta=f(I_a)$

串励直流电动机的效率特性是指外加额定电压、串励绕组的电阻为常数时，效率 η 与电枢电流 I_a 之间的关系 $\eta=f(I_a)$。串励直流电动机的效率特性曲线 $\eta=f(I_a)$ 如图 5.5.11 所示。

4）机械特性

串励直流电动机的机械特性是指外加额定电压、串励绕组的电阻为常数时，转速和电磁转矩之间的关系 $n=f(T_e)$。

整理式(5.5.28)得

$$n=\frac{1}{C_e K_s}\left[U\sqrt{\frac{C_T K_s}{T_e}}-(R_a+R_s)\right] \qquad (5.5.32)$$

图 5.5.12 画出了串励直流电动机(在第Ⅰ象限)的机械特性。串励直流电动机的机械特性是软特性。随着电磁转矩的增大，转速下降很快。当电磁转矩较小时，由于气隙磁通的减小，转速迅速增大。电磁转矩为零时理想空载转速为无穷大。因此串励直流电动机不允许空载运行，也不能带很轻的负载运行。

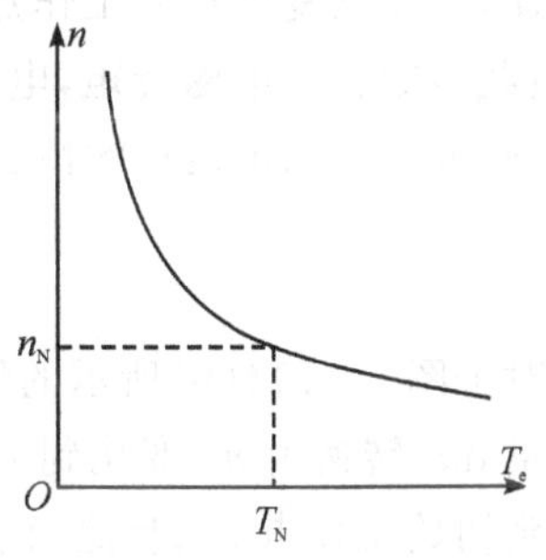

图 5.5.12　串励直流电动机的机械特性

为安全起见，串励电动机不能用于带动带式传动负载，因为如果传动带不慎脱落，可能导致电动机转速过高。因此串励直流电动机和所驱动的机械负载必须直接耦合。

4. 复励直流电动机的运行特性

并励直流电动机的机械特性很硬，串励直流电动机的机械特性很软且不能空载运行，复励直流电动机则可折中两者的特性。如果串励绕组的磁动势与并励绕组的磁动势方向相同，称为积复励直流电动机；方向相反时，称为差复励直流电动机。后者使用时，容易发生不稳定现象，通常不用。

图 5.5.13 给出了 4 种不同复励直流电动机(在第Ⅰ象限)的机械特性。在该图中,曲线 1 是电枢反应较强的并励直流电动机的机械特性;为了得到下降的机械特性,加上一个串励绕组(稳定绕组)以补偿电枢反应的去磁作用,其机械特性如图中曲线 2 所示;曲线 3 是以串励为主、并励为辅时的机械特性;曲线 4 是纯串励时的机械特性。

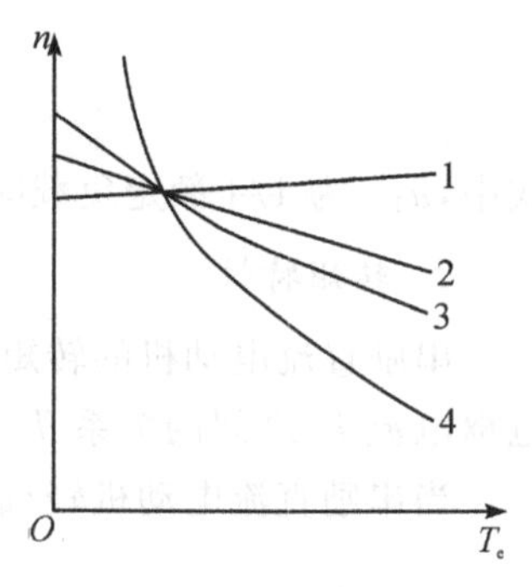

图5.5.13 不同复励直流电动机的机械特性

5.5.3 直流电动机稳定运行条件

直流电动机工作过程中,能否稳定运行与其机械特性和负载特性密切相关。

直流电动机的机械特性用 $T_e(n)$ 曲线表示,负载的机械特性用 $T_L(n)$ 曲线表示,两者的交点就是运行工作点。直流电动机稳定运行的条件如图 5.5.14 所示。

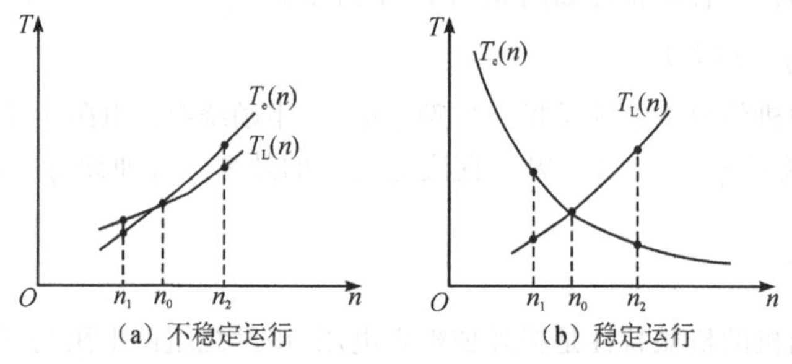

图 5.5.14 直流电动机稳定运行的条件

对于图 5.5.14(a)所示的情况,设初始工作点为 n_0,由于某种扰动,直流电动机转速有一增量 dn,转速由 n_0 变化到 n_2,由于负载转矩小于电磁转矩,即使扰动消失,电动机也将继续加速,不能恢复到初始工作点 n_0;反之,由于某种原因,电动机转速降低,转速由 n_0 变化到 n_1,负载转矩大于电磁转矩,电动机继续减速,也不能恢复到初始工作点 n_0。因此,图 5.5.14(a)所示为不稳定运行的情况。不稳定运行的条件是

$$\frac{dT_e}{dn} > \frac{dT_L}{dn} \tag{5.5.33}$$

对于图 5.5.14(b)所示的情况,设初始工作点为 n_0,由于某种扰动,直流电动机转速有一增量 dn,转速由 n_0 变化到 n_2,此时负载转矩大于电磁转矩。扰动消失时电动机将减速,恢复到初始工作点 n_0;反之,由于某种原因,电动机转速降低,转速由 n_0 变化到 n_1,负载转矩小于电磁转矩,电动机加速,也能恢复到稳定工作点 n_0。因此,图 5.5.14(b)所示为稳定运行的情况。稳定运行的条件是

$$\frac{dT_e}{dn} < \frac{dT_L}{dn} \tag{5.5.34}$$

若负载为恒转矩负载,则负载转矩不随转速变化,式(5.5.34)变为

$$\frac{dT_e}{dn} < 0 \tag{5.5.35}$$

即直流电动机稳定运行的条件是其机械特性必须是下降的。

5.6　直流电动机的起动、反转、调速和负载转矩特性

5.6.1　直流电动机的起动

直流电动机由静止状态接通电源，转速从零加速至稳定的工作转速，称为起动。直流电动机起动时必须满足以下两个要求：①有足够的起动转矩；②应把起动电流限定在安全范围内；③起动设备要简单、经济、可靠。常用的起动方法有直接起动、电枢串电阻起动和降压起动，下面分别进行介绍。

1. 直接起动

所谓直接起动就是直接在直流电动机上施加额定电压，且电枢回路不串电阻进行起动。图5.6.1为他励直流电动机的全压起动示意图。起动时先合 Q_1 建立磁场，然后合 Q_2 全压起动。此时转速 $n=0$，电枢感应电动势 $E_a=0$，起动电流 I_{start} 和起动转矩 T_{start} 分别为

$$\begin{cases} I_{start}=U_N/R_a \gg I_N \\ T_{start}=C_T\Phi_N I_{start} \gg T_N \end{cases} \tag{5.6.1}$$

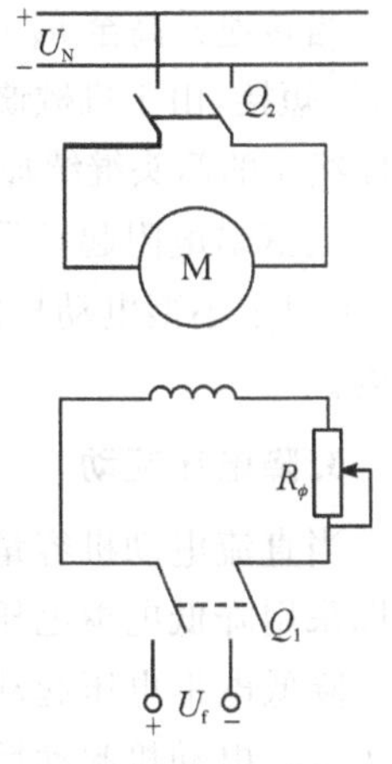

图5.6.1　他励直流电动机的全压起动示意图

这种方法无限流措施，起动电流很大，可达额定电流的几十倍，对直流电动机的换向、温升及机械可靠性都很不利。另外由于转矩太大还会造成所拖动机械的撞击，这些都是不允许的。因此除了微型直流电机由于其电枢电阻 R_a 大可以直接起动外，一般直流电机都不允许直接起动。

如果是并励直流电动机，由于励磁回路电感较大，在直接起动时必须先把励磁绕组接入电源，然后再给电枢回路通电。

2. 电枢回路串电阻起动

直流电动机常用的启动方法有两种，即电枢回路串电阻起动和降电压起动。

电枢回路串电阻起动即起动时在电枢回路串入电阻以减小起动电流 I_{start}，电动机起动后再逐渐切除电阻，以保证足够的起动转矩。图5.6.2为他励直流电动机三级电阻起动控制接线和起动工作特性示意图。电动机起动前应使励磁回路附加电阻为零，以使磁通达到最大值，能产生较大的起动转矩。

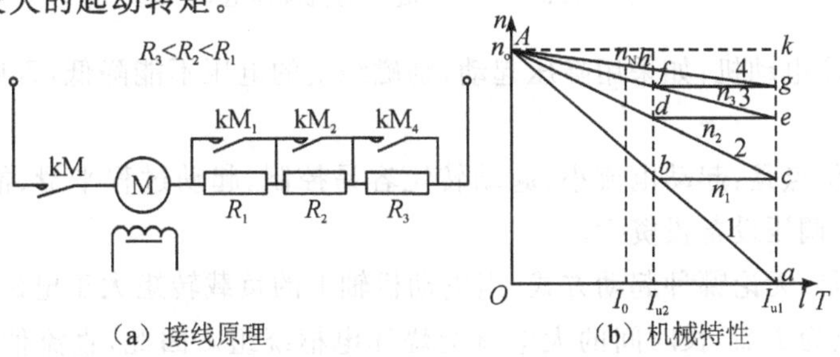

(a) 接线原理　　　(b) 机械特性

图5.6.2　他励直流电动机串电阻起动

起动开始瞬间，电枢电路中接入全部起动电阻，起动电流 $I_{start}=U_N/(R_a+R_1+R_2+R_3)$ 达到最大值。随着电动机转速 n 的不断增加，电枢电流和电磁转矩将逐渐减小，电动机沿着曲线 1 的箭头所指的方向变化。

当转速升高至 n_1，电流降至 I_{start2}（图 5.6.2(b)中 b 点）时，接触器 KM_1 触头闭合，将电阻 R_1 短接，由于机械惯性转速不能突变，电动机将瞬间过渡到特性曲线 2 上的 c 点（c 点的位置可由所串电阻的大小控制），电动机又沿曲线 2 的箭头继续加速。

当转速升高至 n_2 电流又降至 I_{start2}（图 5.6.2(b)中 d 点）时，接触器 KM_2 触头闭合，将电阻 R_2 短接，由于机械惯性转速不能突变，电动机将瞬间过渡到特性曲线 3 上的 e 点，电动机又沿曲线 3 的箭头继续加速。

当转速升高至 n_3 电流又降至 I_{start2}（图 5.6.2(b)中 f 点）时，接触器 KM_3 触头闭合，将电阻 R_3 短接，由于机械惯性转速不能突变，电动机将瞬间过渡到特性曲线 4 上的 g 点，电动机又沿曲线 4 的箭头继续加速，最后稳定运行在固有机械特性曲线上的 h 点，起动过程结束。

电枢串电阻起动设备简单、操作方便，但能耗较大，它不宜用于频繁起动的大、中型电动机，可用于小型电动机的起动。一般直流电动机的起动电流限制在 2～2.5 倍额定电流范围内。

3. 降电压起动

当直流电动机容量较大而又起动比较频繁时，电枢回路串电阻起动就很不经济。这时可以采用降低电枢电压的办法起动。

降低电枢电压起动，即起动前将施加在电动机电枢两端的电源电压降低，以减小起动电流 I_{start}。电动机起动后，再逐渐提高电源电压，使起动电磁转矩维持在一定数值，保证电动机按需要的加速度升速，其接线原理和起动工作特性如图 5.6.3 所示。用专用发电机或可控整流器可实现电压调节。

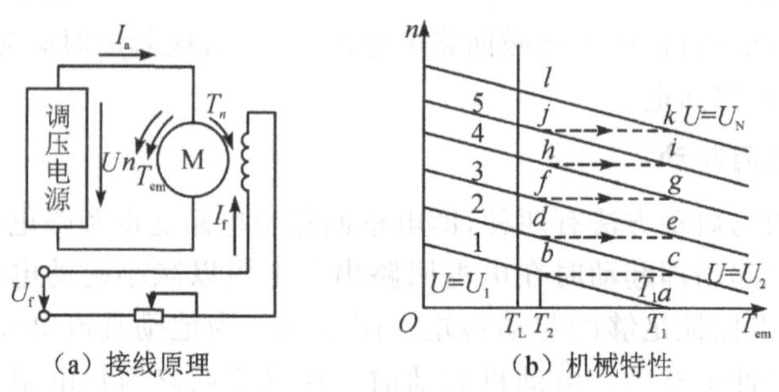

(a) 接线原理　　(b) 机械特性

图 5.6.3　他励直流电动机降压起动

对于并励直流电动机，如采用降压起动，励磁绕组的电压不能降低，否则起动转矩减小，对起动不利。

降压起动的优点是：起动电流小、起动转矩容易控制、起动过程平滑、能量消耗少；缺点是需要专用电源、调压设备投资大。

需要强调的是，无论哪种起动方式，当电动机轴上的负载转矩大于电磁转矩时电动机不能起动，电枢电流为 I_{start}，长时间的大电流会烧坏电枢绕组。因此，直流他励电动机起动前必须先加励磁电流，在运转过程中决不允许励磁电路断开或励磁电流为零。为此，直流他励电动机在使用中一般都设有“失磁”保护。

5.6.2　直流电动机的反转

要使电动机反转，必须改变电磁转矩的方向。而电磁转矩的方向由磁通方向和电枢电流的方向决定。所以只要将磁通 Φ 或任意一个参数改变方向，电磁转矩即可改变方向。通常在控制时直流电动机的反转实现方法有两种：

(1)改变励磁电流方向：保持电枢两端电压极性不变，将励磁绕组反接使励磁电流反向，磁通即改变方向。

(2)改变电枢电压极性：保持励磁绕组两端的电压极性不变，将电枢绕组反接，电枢电流即改变方向。

由于他励直流电动机的励磁绕组匝数多、电感大，励磁电流从正向额定值变到反向额定值的时间长，反向过程缓慢，而且在励磁绕组反接断开瞬间，绕组中将产生很大的自感电动势，可能造成绝缘击穿。所以实际应用中大多采用改变电枢电压极性的方法来实现电动机的反转。

但在电动机容量很大，对反转速度变化要求不高的场合，为了减小控制电器的容量，可采用改变励磁绕组极性的方法实现电动机的反转。

5.6.3　直流电动机的调速

电动机是用以驱动某种生产机械的，所以需要根据工艺要求调节其转速。电动机的调速过程不但要求速度调节范围广、精度高、过程平滑，而且要求调节方法简单、经济、可靠。

直流电动机通常具有良好的调速性能，能够很好地满足调速范围宽广、转速连续可调、经济性好等要求。

他励直流电动机的稳态转速是由稳定工作点$\{T_L(=T_e),n\}$决定的。工作点改变了，电动机的转速也就改变了。通过人为改变电动机机械特性而使其与负载特性的交点随之变动，可以达到调速的目的。

由直流电动机的转速表达式为

$$n=\frac{U-I_aR_a}{C_e\Phi} \tag{5.6.2}$$

可以看出直流电动机的调速方法有3种：

(1)电枢回路串电阻调速。其特点是：若把电动机固有机械特性上的转速称为基速，调速只能从基速向下调节；串入电阻时损耗很大；难实现无级调速；由于机械特性变软，低速运行时转速的稳定性较差。

(2)降低电源电压调速(即调节电枢端电压)。其特点是：调速是从基速向下调节；电动机的机械特性的硬度不变，转速稳定性较好；容易实现转速的无级、平滑地调节。

(3)弱磁调速(即调节每极磁通)。弱磁调速是非线性的性质关系。其特点是：由于励磁线圈发热和电动机磁饱和的限制，电动机的励磁电流和它对应的磁通只能在低于其额定值的范围内调节。但是当磁通过分削弱后：①如果负载转矩不变，将使电动机电流大大增加而严重过载；②当磁通 $\Phi=0$ 时，从理论上说空载时电动机速度趋近∞，通常称为“飞车”。

注意:在运行过程中,励磁回路绝不可断开,即绝不可失磁。因为如果失磁,由于剩磁的作用,电机的转速将迅速升高,有可能引发严重的事故。

1. 电枢回路串电阻调速

他励直流电动机电枢回路串电阻调速如图 5.6.4 所示。图中曲线 1 是他励直流电动机的固有机械特性曲线。在此基础上,分别改变式(5.6.2)中的电枢回路电阻、气隙磁通 Φ 及端电压 U 的大小,观察电动机的机械特性如何变化。为了简便起见,忽略了电枢反应的影响。

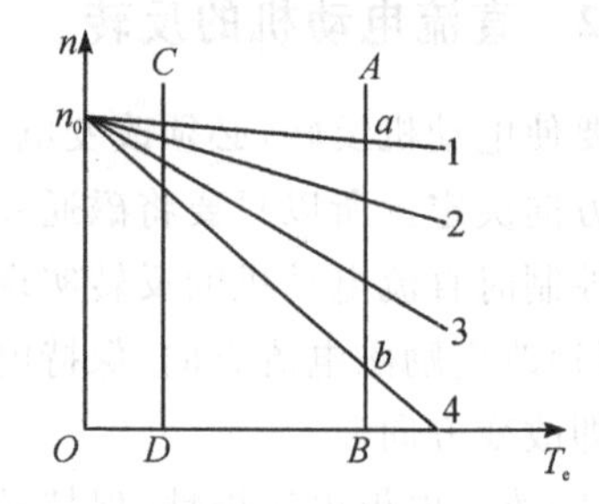

图5.6.4 他励直流电动机电枢回路串电阻调速

在外加电压 U 和每极磁通 Φ 不变的条件下,在电枢回路中串入电阻 R_s,理想空载转速 n_0 不受影响,仍为 $n_0=U/(C_e\Phi)$,而机械特性的斜率增大。当 $R_{s4}>R_{s3}>R_{s2}>R_{s1}(R_{s1}=0)$ 时,对应的机械特性曲线分别如图 5.6.4 中的曲线 4、3、2、1 所示。如果他励直流电动机带恒转矩负载,其机械特性如图 5.6.4 中的 AB 线所示。如果希望工作转速由高速的 a 点变为低速的 b 点,只要在电枢回路里串入电阻 R_{s4} 即可。

这种调速方法只能使转速往下调。如果所串电阻 R_s 能够连续变化,电动机转速能平滑调节。至于调速范围,从图 5.6.4 可以看出当负载转矩较小时,例如 CD 线,调速范围很小。可见在串联同样电阻的情况下,电动机的调速范围随负载转矩的大小而变化。

电枢回路串联电阻调速方法最主要的缺点是调速时电动机的效率低。对于 AB 线所示的负载特性,调速前后电枢电流 I_a 不变,电磁转矩 T_e 不变,从电源输入的电功率 $P_1=UI$ 也不变。由于转速降低,电磁功率成正比降低,因此效率降低了,能量大多消耗在所串联的电阻上。而且要求电阻箱能长时间运行,但其体积是巨大的,不可能做到连续调节。在大容量直流电动机中一般不用该方法调速。

2. 改变电枢端电压调速

当励磁电流和电枢回路总电阻都保持不变、仅改变电枢端电压 U 时,他励直流电动机的机械特性曲线是一组与固有机械特性平行的直线,如图 5.6.5 所示。

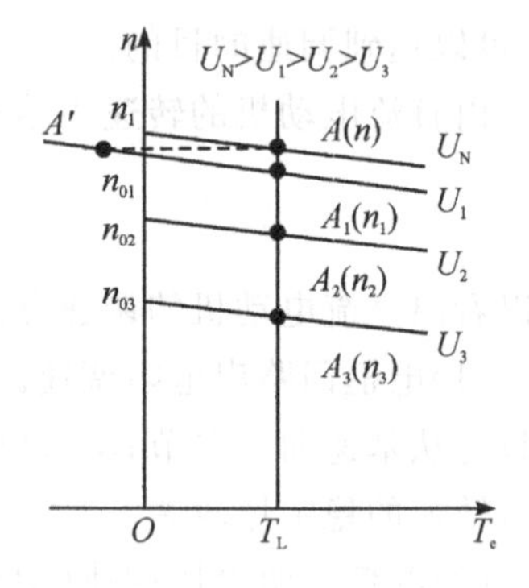

图5.6.5 他励直流电动机改变电枢端电压调速

改变电枢端电压 U 调速时,输入功率为 $P_1=UI$,与电压成正比,电磁功率与转速成正比,而电枢感应电动势 E_a 差不多等于端电压 U 并且正比于转速 n,所以调速时效率基本不变。

3. 减小气隙磁通调速

当电枢端电压和电枢回路电阻都保持不变时,改变气隙磁通 Φ 也能调节他励直流电动机的转速。由于在额定励磁电流时磁路已经较饱和,再增大气隙磁通 Φ 比较困难,所以通常是减小气隙磁通。从式(5.6.2)可以看出,气隙磁通 Φ 减小将导致理想空载转速 n_0 和机械特性斜率的增大,机械特性变软。

他励直流电动机改变磁通调速如图5.6.6所示。图中给出了减小气隙磁通时的机械特性。曲线1是固有机械特性，曲线2、3、4对应的磁通逐次减小。

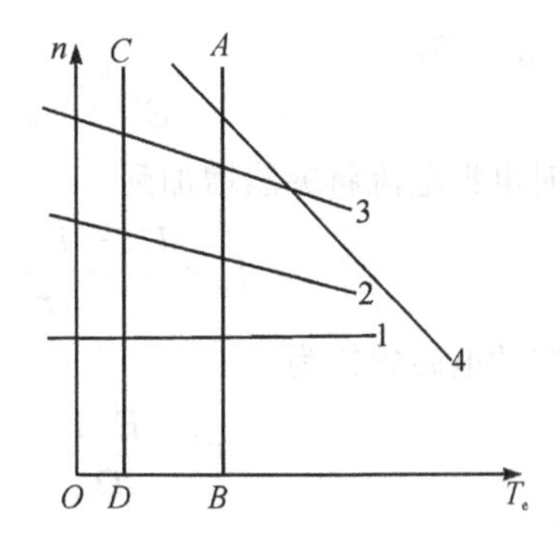

图5.6.6 他励直流电动机改变磁通调速

这种调速方法是通过在励磁回路中串入电阻实现的，控制功率小、设备简单，比电枢回路串电阻调速要方便得多。调速时磁通减小，为保证转矩恒定，需要电枢电流 I_a 增大、励磁电流 I_f 减小得少、输入功率 $P_1=U(I_a+I_f)$ 增大，但电磁功率及输出机械功率因转速增高也增大了，所以效率并不降低，这是它的优点。受换向及机械强度的限制，调速比不能太大，约为1∶2。

例5.6.1 有一台并励直流电动机，其数据如下：$P_N=2.6$ kW、$U_N=110$ V、$I_N=28$ A（线路电流）、$n_N=1470$ r/min、$r_a=0.15$ Ω、$r_f=138$ Ω、一对电刷接触压降 $2\Delta U_s=2$ V。额定负载下，在电枢回路中串入0.5 Ω的电阻，若不计电枢电感的影响，并略去电枢反应，试计算：

(1)接入电阻瞬间的感应电动势、电枢电流和电磁转矩；

(2)若负载转矩不变，求稳态时电动机的转速。

解：(1)额定负载时电枢电流为

$$I_{aN}=I_N-I_{fN}=I_N-U_N/r_f=(28-110/138)\ \text{A}=27.20\ \text{A}$$

接入电枢电阻瞬间，由于存在惯性，电动机的转速来不及变化，故感应电动势不变，即

$$E'_{aN}=U_N-I_{aN}r_a-2\Delta U_s=(110-27.2\times0.15-2)\ \text{V}=103.9\ \text{V}$$

所以接入电阻瞬间电枢电流将突变为

$$I'_a=\frac{U_N-E'_{aN}-2\Delta U_s}{r_a+R_\Omega}=\frac{110-103.9-2}{0.15+0.5}\ \text{A}=6.308\ \text{A}$$

相应的电磁转矩为

$$T'_e=\frac{E'_{aN}I'_a}{\Omega_N}=\frac{103.9\times6.308}{2\pi\times\dfrac{1470}{60}}\ \text{N·m}=4.258\ \text{N·m}$$

(2)因为负载转矩不变，故调速前后的电磁转矩应保持不变。若忽略电枢反应，可认为磁通保持不变。由 $T_e=C_T\Phi I_a$ 可知调速前后电枢电流的稳态值不变。从 $E_a=C_e\Phi n$ 可知

$$\frac{n''}{n_N}=\frac{E''_a}{E_{aN}}$$

所以调速后电动机的稳态转速为

$$n''=n_N\frac{U_N-I_{aN}(r_a+R_\Omega)-2\Delta U_s}{E_{aN}}$$

$$=1470\times\frac{110-27.2\times0.65-2}{103.9}\ \text{r/min}=1278\ \text{r/min}$$

例5.6.2 上例中若在励磁绕组接入电阻进行调速，设在额定负载下把磁通量突然减少15%，试重求例5.6.1中各项。

解：(1)在磁通量减少15%的瞬间，由于惯性使转速没来得及变化，故感应电动势也减

少15%,则

$$E'_a=0.85E_{aN}=0.85\times103.9\ \text{V}=88.32\ \text{V}$$

此时电枢电流将突然增加到

$$I'_a=\frac{U_N-E'_a-2\Delta U}{r_a}=\frac{110-88.32-2}{0.15}\ \text{A}=131.2\ \text{A}$$

相应的电磁转矩为

$$T'_e=\frac{E'_aI'_a}{\Omega_N}=\frac{88.32\times131.2}{2\pi\times\dfrac{1470}{60}}\ \text{N}\cdot\text{m}=75.27\ \text{N}\cdot\text{m}$$

(2)因负载转矩不变,故调速前后电磁转矩的稳态值不变。由 $T_e=C_T\Phi I_a$ 可知电枢电流的稳态值与磁通成反比,即

$$\frac{I''_a}{I_{aN}}=\frac{\Phi_N}{\Phi''},\quad I''=I_{aN}\frac{\Phi_N}{\Phi''}=27.2\times\frac{1}{0.85}\ \text{A}=32\ \text{A}$$

调速后转速的稳态值为

$$n''=n\frac{E''_a}{E_{aN}}\frac{\Phi_N}{\Phi''}=1470\times\frac{110-32\times0.15-2}{103.9}\times\frac{1}{0.8}\ \text{r/min}=1718\ \text{r/min}$$

例 5.6.3 一台并励直流电动机,$P_N=17$ kW、$U_N=220$ V、$n_N=3000$ r/min、$I_N=88.9$ A、电枢回路总电阻 $R_a=0.114\ \Omega$,励磁回路电阻 $R_f=181.5\ \Omega$,忽略电枢反应的影响,求:

(1)电动机的额定输出转矩;

(2)额定负载时的电磁转矩;

(3)额定负载时的效率;

(4)在理想空载时($I_a=0$)的转速;

(5)当电枢回路中串入一电阻 $R=0.15\ \Omega$ 时,在额定转矩下的转速。

解:(1)额定输出转矩为

$$T_N=9550P_N/n_N=54.1\ \text{N}\cdot\text{m}$$

(2)为了求额定负载时的电磁转矩,首先求得额定电压时的励磁电流和电枢电流为:

励磁电流:$I_f=U_N/R_f=1.21$ A

电枢电流:$I_a=I_N-I_f=87.7$ A

再求电动势常数和额定每极磁通的乘积 $C_e\Phi_N$ 为

$$C_e\Phi_N=(U_N-I_aR_a)/n_N=0.07$$

最终可得额定负载时电磁转矩为

$$T_{eN}=C_T\Phi_NI_a=9.55C_e\Phi_NI_a=58.63\ \text{N}\cdot\text{m}$$

(3)额定负载时的效率为

$$\eta=P_N/P_1=P_N/(U_NI_N)=0.869$$

(4)理想空载时($I_a=0$)的转速为

$$n_0=U_N/(C_e\Phi_N)=3143\ \text{r/min}$$

(5)当电枢回路中串入一电阻 $R=0.15\ \Omega$ 时,在额定转矩下的转速为

$$n=[U_N-I_a(R_a+R)]/(C_e\Phi_N)=2812\ \text{r/min}$$

例 5.6.4 一台并励直流电动机,额定功率 $P_N=7.2$ kW、额定电压 $U_N=110$ V、额定转

速n_N=900 r/min、额定效率η_N=85%、电枢绕组的电阻R_a=0.08 Ω(包括电刷接触电阻)，额定励磁绕组电流I_{fN}=2 A。若总制动转矩不变，在电枢回路中串入一电阻R_L使转速n降低到450 r/min。假设空载功率P_0正比于转速n，即$P_0 \propto n$，求：

(1)串入电阻R_L的数值；

(2)串入电阻R_L后电动机的输出功率P_2；

(3)串入电阻R_L后电动机的效率η。

解：(1)首先求得该并励电动机的总额定电流I_N为

$$I_N=\frac{P_N}{U_N\eta_N}=\frac{7.2\times10^3}{110\times0.85}=77\ \text{A}$$

故电枢额定电流为

$$I_{aN}=I_N-I_{fN}=77-2=75\ \text{A}$$

额定电压下的电枢反电动势E_{aN}为

$$E_{aN}=U_N-I_{aN}R_a=110-75\times0.08\ \text{V}=104\ \text{V}$$

电动势常数和每极磁通的乘积$C_e\Phi$为

$$C_e\Phi=E_{aN}/n_N=104/900=0.1156$$

由于总制动转矩T_e不变，根据转矩公式$T_e=C_T\Phi I_a$可知尽管电枢回路串入电阻R_L，但达到稳定后电枢电流I_a不变，故$I_a=I_{aN}$=75 A。

由于电枢回路串入电阻R_L后电动机转速n降低到450 r/min，根据电动势公式可得电枢感应电动势E_a变为

$$E_a=C_e\Phi n=0.1156\times450\ \text{V}=52\ \text{V}$$

而串入电阻R_L后电枢感应电动势E_a又可由公式$E_a=U-I_a(R_a+R_L)$计算得到，因此可得串入电枢回路的电阻R_L的数值为

$$R_L=\frac{U-E_a}{I_a}-R_a=\frac{U_N-E_a}{I_{aN}}-R_a=\frac{110-52}{75}-0.08\ \Omega=0.693\ \Omega$$

(2)该电动机输入功率P_1为

$$P_1=UI=U_NI_N=110\times77\ \text{W}=8470\ \text{W}$$

当输出功率$P_2=P_N$时(即额定工作状态下)，总损耗为

$$\sum P=P_1-P_2=8470-7200\ \text{W}=1270\ \text{W}$$

额定情况下的损耗包括电枢回路的损耗和励磁回路的损耗，二者分别为

$$P_{wa}+P_{wb}=I_{aN}^2R_a=75^2\times0.08\ \text{W}=450\ \text{W}$$

$$P_{wf}=U_fI_f=U_NI_{fN}=110\times2\ \text{W}=220\ \text{W}$$

故当$P_2=P_N$时的空载损耗为总损耗减去电枢回路和励磁回路的损耗之和，有

$$P_{0N}=\sum P_N-(P_{wa}+P_{wb})-P_{wf}=1270-450-220\ \text{W}=600\ \text{W}$$

又因为已假设$P_0\propto n$，则当n=450 r/min时其损耗为

$$P_0=\frac{n}{n_N}P_{0N}=\frac{450}{900}\times600\ \text{W}=300\ \text{W}$$

由于电枢回路串入电阻R_L，此时电枢回路的损耗变为

$$P_{wa}+P_{wb}=I_{aN}^2(R_a+R_L)=75^2\times(0.08+0.693)\ \text{W}=4348\ \text{W}$$

励磁回路的损耗 P_{wf} 保持不变，$P_{wf}=220$ W。

故在转速 $n=450$ r/min 时的总损耗为

$$\sum P = 300 + 4348 + 220 \text{ W} = 4868 \text{ W}$$

最终可得串入电阻 R_L 后电动机的输出功率 P_2 为

$$P_2 = P_1 - \sum P = 8470 - 4868 \text{ W} = 3602 \text{ W}$$

(3)串入电阻 R_L 后电动机的效率 η 为

$$\eta=\frac{P_2}{P_1}\times 100\%=\frac{3602}{8470}\times 100\%=42.5\%$$

例 5.6.5 一台并励直流电动机，额定功率 $P_N=5.5$ kW、额定电压 $U_N=110$ V、额定电流 $I_N=58$ A、额定转速 $n_N=1470$ r/min、励磁绕组的电阻 $R_f=138\ \Omega$、电枢绕组的电阻 $R_a=0.15\ \Omega$(包括电刷接触电阻)。在额定负载时突然在电枢回路中串入 $R_L=0.5\ \Omega$ 的电阻，由于机械惯性的作用，此时电动机转速 n 不会马上改变。若不计电枢回路中的电感和略去电枢反应的影响，试计算此瞬间的下列项目：

(1)电枢反电动势 E_a；

(2)电枢电流 I_a；

(3)电磁转矩 T_e；

(4)若总制动转矩不变，试求达到稳定状态后的电动机转速 n。

解： 额定励磁电流 I_{fN} 为

$$I_{fN}=\frac{U_N}{R_f}=\frac{110}{138} \text{ A}=0.8 \text{ A}$$

由于该电动机并励，故额定电枢电流 I_{aN} 为

$$I_{aN}=I_N-I_{fN}=58-0.8 \text{ A}=57.2 \text{ A}$$

额定电枢反电动势 E_{aN} 为

$$E_{aN}=U_N-I_{aN}R_a=110-57.2\times 0.15 \text{ V}=101.42 \text{ V}$$

电动势常数和每极磁通的乘积 $C_e\Phi$ 为

$$C_e\Phi=E_{aN}/n_N=101.42/1470=0.069$$

(1)突然在电枢回路中串入 $R_L=0.5\ \Omega$ 电阻的瞬间，由于机械惯性的作用，此时电动机转速 n 不会马上改变，因此此时电枢感应电动势 $E_a=E_{aN}=101.42$ V。

(2)电枢感应电动势 E_a 又可由公式 $E_a=U-I_a(R_a+R_L)$ 计算得到，因此可得电枢回路串入 $R_L=0.5\ \Omega$ 电阻的瞬时，电枢电流 I_a 变为

$$I_a=\frac{U_N-E_{aN}}{R_a+R_L}=\frac{110-101.42}{0.15+0.5} \text{ A}=13.2 \text{ A}$$

(3)电枢回路串入 $R_L=0.5\ \Omega$ 电阻的瞬间，此时电磁功率 P_e 为

$$P_e=E_aI_a=E_{aN}I_a=101.42\times 13.2 \text{ W}=1338.744 \text{ W}$$

由于该瞬时电动机转速 n 不会马上改变，仍为 $n=n_N=1470$ r/min，故该瞬时电枢电磁转矩 T_e 为

$$T_e=\frac{P_e}{\Omega}=P_e/\left(\frac{2\pi n_N}{60}\right)=1338.744/\left(\frac{2\pi\times 1470}{60}\right) \text{ N}\cdot\text{m}=8.7 \text{ N}\cdot\text{m}$$

(4)由于总制动转矩不变,根据转矩公式 $T_e=C_T\Phi I_a$ 可知当电枢回路串入 $R_L=0.5\ \Omega$ 电阻后,经过一段时间当电动机达到稳定状态时,电枢电流 I_a 不变,故 $I_a=I_{aN}=57.2$ A。那么达到稳定状态时电枢感应电动势 E_a 为

$$E_a=U_N-I_a(R_a+R_L)=110-57.2\times(0.15+0.5)\ \text{V}=72.82\ \text{V}$$

该稳态时电动机的转速 n 为

$$n=\frac{E_a}{C_e\Phi}=72.82/0.069\ \text{r/min}=1055.5\ \text{r/min}$$

5.6.4 电动机的负载转矩特性

通常将生产机械工作机构的负载转矩与转速之间的关系称为负载的转矩特性。电动机的负载转矩特性通常可分为恒转矩负载、泵类负载和恒功率负载三大类。

1. 恒转矩负载的转矩特性

恒转矩负载的转矩特性又可分为反抗性恒转矩负载和位能性恒转矩负载两类。

1) 反抗性恒转矩负载

将转速 $n>0$ 时负载转矩 $T_L>0$、转速 $n<0$ 时负载转矩 $T_L<0$ 且负载转矩 T_L 的绝对值不(随转速)发生变化时的负载转矩特性称为反抗性恒转矩负载特性。该负载特性表明在任何转速下负载转矩 T_L 总保持恒定或基本恒定,而与转速无关。如皮带运输机、机床的刀架平移及行走机构等由摩擦力产生转矩的机械,都是反抗性恒转矩负载。

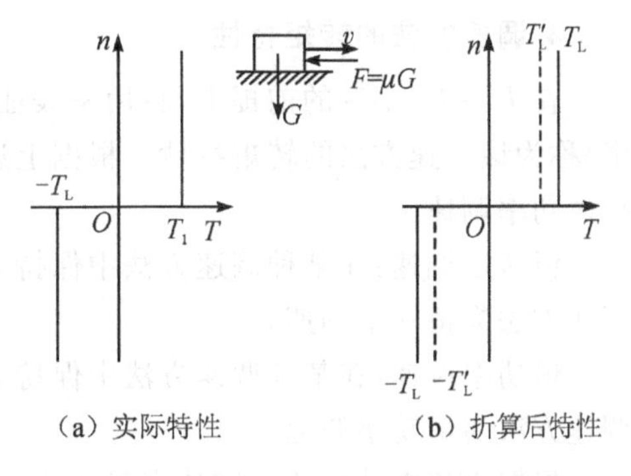

图 5.6.7 反抗性恒转矩负载的转矩特性

反抗性恒转矩负载的转矩特性如图 5.6.7(a)所示,位于第1、3象限内。考虑到传动机构自身损耗的转矩后,折算到电动机轴上的负载转矩特性如图 5.6.7(b)所示。

2) 位能性恒转矩负载

位能性恒转矩负载的特点是:工作机构的转矩绝对值是恒定的,而且方向不变。当转速 $n<0$ 时,负载转矩 $T_L>0$,其表现为阻碍运动的制动性转矩;当转速 $n>0$ 时,负载转矩 $T_L>0$,其表现为帮助运动的拖动性转矩。如起重机提升、下放重物就属于这个类型。

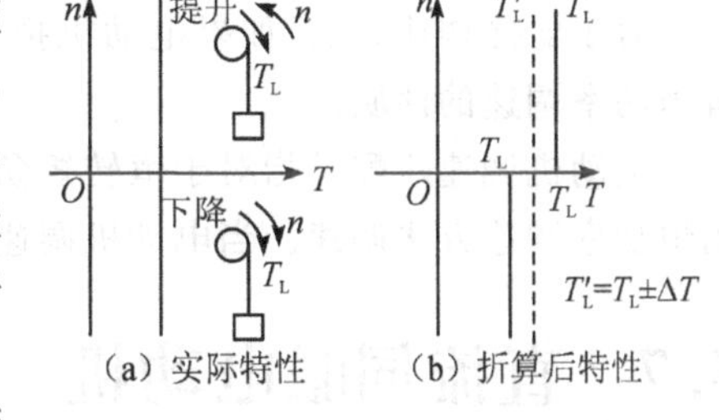

图 5.6.8 位能性恒转矩负载的转矩特性

位能性恒转矩负载的转矩特性如图 5.6.8(a)所示,位于第1、4象限内。考虑到传动机构自身损耗的转矩后,折算到电动机轴上的负载转矩特性如图 5.6.8(b)所示。

2. 泵类负载的转矩特性

泵类负载的转矩特性是负载转矩 T_L 的大小与转速 n 的平方成正比,即 $T_L\propto n^2$。如水

泵、油泵、通风机和螺旋桨等产生的负载转矩都属于这个类型。

泵类负载的转矩特性如图 5.6.9 所示。

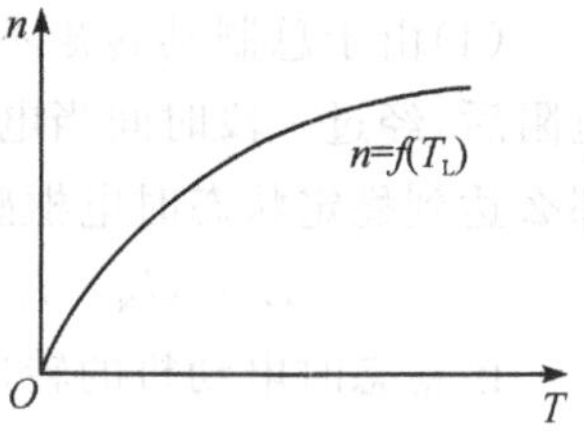

图 5.6.9　泵类负载的转矩特性

3. 恒功率负载的转矩特性

恒功率负载的转矩特性体现为负载的转速与转矩之积为常数,即所需要的机械功率为常数,可用公式描述为

$$P = T_{\mathrm{L}}\Omega = T_{\mathrm{L}}\frac{2\pi n}{60} = \text{常数} \tag{5.6.3}$$

恒功率负载在日常生活中的一个常见例子为:由于汽车发动机的输出功率一定,因此当爬坡时需要低速运行以提供较大的转矩;而在平路上所需要的转矩较小,则可高速行驶。

恒功率负载的转矩特性如图 5.6.10 所示。

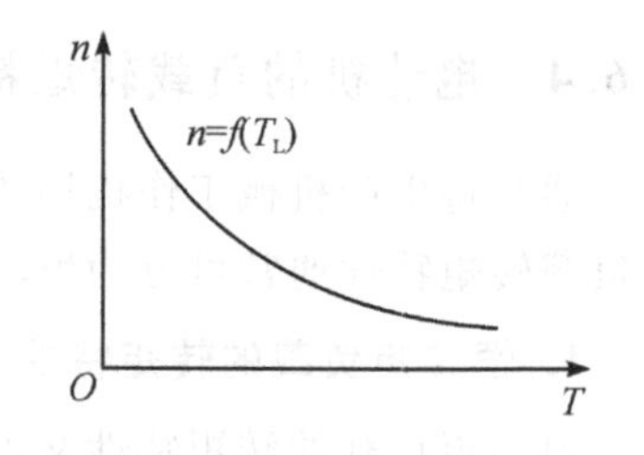

图 5.6.10　恒功率负载的转矩特性

注意:实际的负载可能是以上述某种典型负载为主或几种典型负载的结合,只是运行时后者数值较小而已。

4. 调速方法的转矩特性

在 $I_{\mathrm{a}}=I_{\mathrm{N}}$ 不变的前提下,将用来表征电动机采用某种调速方法时的负载能力(转矩、功率)称为该调速方法的转矩特性。根据上述不同的转矩特性,可将调速过程分为恒转矩调速和恒功率调速。

恒转矩调速:在某种调速方法中保持 $I_{\mathrm{a}}=I_{\mathrm{N}}$ 不变,若电机电磁转矩恒定不变,则称这种调速方法为恒转矩调速。

恒功率调速:在某种调速方法中保持 $I_{\mathrm{a}}=I_{\mathrm{N}}$ 不变,若电机电磁功率恒定不变,则称这种调速方法为恒功率调速。

根据直流电动机的电磁功率表达式

$$P_{\mathrm{M}} = E_{\mathrm{a}}I_{\mathrm{a}} = T_{\mathrm{e}}\Omega = C_{\mathrm{T}}\Phi I_{\mathrm{a}}\Omega \tag{5.6.4}$$

可知:

对于电枢串电阻调速和降压调速方法,如果是恒转矩负载,即 T_{L} 为常数,那么它们具有恒转矩调速的性质。

对于弱磁调速方法,如果电动机拖动的是恒功率负载($T_{\mathrm{L}}\Omega$ 为常数),那么弱磁调速具有恒功率调速的性质。

电动机调速匹配是指对于恒转矩负载,采用恒转矩调速方法调速;对于恒功率负载,采用恒功率调速方法调速。当电动机调速匹配时,电动机能够得到充分的利用。

5.7　直流伺服电动机

直流伺服电动机是一种将输入电信号转换为转轴上的角位移或角速度来执行控制任务的直流电动机,其转速和转向随输入信号的变化而变化,并具有一定的负载能力,在各类自动控制系统中广泛用作执行元件。

自动控制系统对直流伺服电动机的基本要求是:

(1)可控性好。转速和转向完全由控制电压的大小和极性决定,并以线性控制特性为最佳。

(2)运行稳定。在宽调速范围内具有下降的机械特性,最好为线性机械特性。

(3)伺服性好。能敏捷地跟随控制信号的变化而变化,起、停迅速。

为满足上述要求,直流伺服电动机大都采用他励或永磁励磁方式,并在设计中力求磁路不饱和、电枢反应影响小、起动转矩大、转动惯量小。

直流伺服电动机的功率一般很小,约在几瓦至几百瓦之间,在运行中采用电枢控制或磁场控制方式,下面分别介绍。

1. 电枢控制方式

采用电枢控制方式时直流伺服电动机的接线如图 5.7.1 所示。励磁绕组由恒定电压源(U_f=常数)供电,用以产生恒定磁通 Φ_0。电枢绕组(即控制绕组)加控制电压 U_{k0}。

电枢控制式直流伺服电动机的控制思路如下:当控制电压 $U_{k0}=0$ 时控制电流 $I_{k0}=0$,电磁转矩 $T_e=C_T\Phi_0 I_{k0}=0$,转子静止;当控制电压 $U_{k0}\neq 0$ 时控制电流 $I_{k0}\neq 0$,电磁转矩 $T_e=C_T\Phi_0 I_{k0}\neq 0$,转子转动;控制电压 U_{k0} 极性变化时控制电流 I_{k0} 改变方向,电磁转矩 T_e 随之反向,转子转向发生变化。

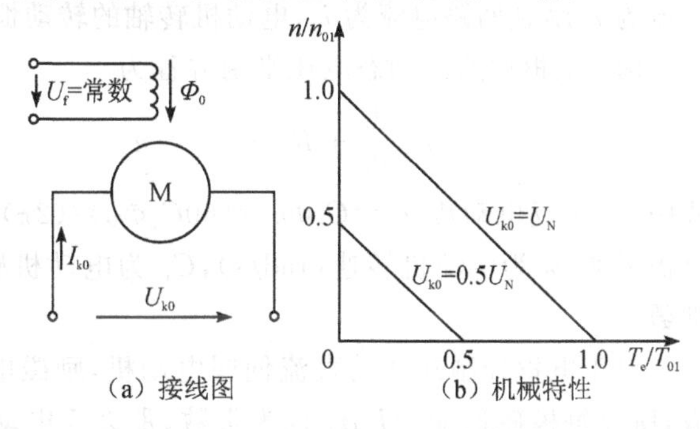

图 5.7.1 电枢控制式直流伺服电动机接线图及机械特性

直流伺服电动机的机械特性设计为线性。当控制电压 U_{k0} 改变时相当于改变电枢电压调速,因此对应于不同控制电压 U_{k0} 的机械特性为一簇平行直线,如图 5.7.1 所示。图中转速和转矩均用标幺值表示,转速基值 n_{01} 取为控制电压 $U_{k0}=U_N$ 时的空载转速,转矩基值 T_{01} 取为控制电压 $U_{k0}=U_N$ 时的起动转矩。

由图 5.7.1 中直流伺服电动机在不同控制电压下的机械特性曲线可得:在一定负载转矩下,当磁通不变时,如果升高电枢电压,电机的转速就升高;反之,降低电枢电压,转速就下降;当电枢电压等于零时,电动机停转。要使电动机反转,可改变电枢电压的极性。电枢控制式直流电动机的机械特性较硬。

永磁励磁方式的直流伺服电动机与电枢控制式的直流伺服电动机的工作原理一致,这是目前用得最多的结构形式,其突出优点是体积可以减小、控制电路可以简化、可靠性可以提高。

2. 磁场控制方式

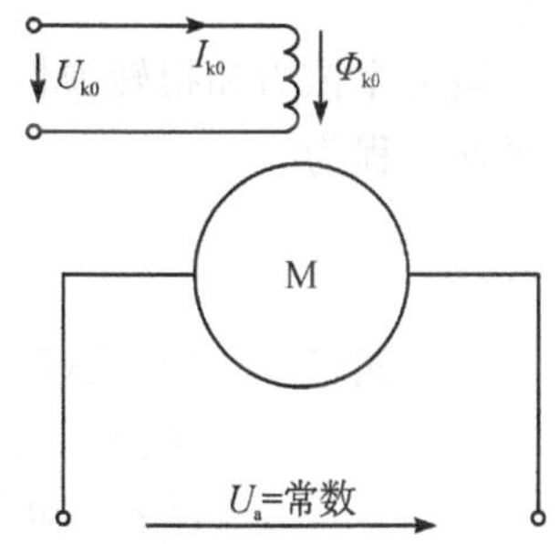

图5.7.2 磁场控制式直流伺服电动机接线图

采用磁场控制方式的直流伺服电动机的接线如图 5.7.2 所示,其在不同控制电压下的机械特性曲线与图 5.6.6 所示的他励直流电动机改变磁通调速的机械特性曲线类似。此时电枢绕组由恒定电压源(U_a=常数)供电,励磁绕组为控制绕组,

接控制电压 U_{k0}。

磁场控制式直流伺服电动机的控制思路如下：不计剩磁，当控制电压 $U_{k0}=0$、控制电流 $I_{k0}=0$ 时，励磁磁通 $\Phi_{k0}=0$、电磁转矩 $T_e=0$，转子静止；当控制电压 $U_{k0}\neq 0$ 时，电磁转矩 $T_e\neq 0$，转子随即转动。改变控制电压 U_{k0} 的极性，励磁磁通 Φ_{k0} 的方向改变，电磁转矩 T_e 反向，转子反向旋转。控制电压 U_{k0} 的大小影响励磁磁通 Φ_{k0} 的大小，进而导致电磁转矩 T_e 的大小发生变化，转子转速 n 相应发生变化。

因励磁绕组电感较大，磁场控制式直流伺服电动机电磁惯性较大，响应较慢，故磁场控制方式的伺服性能较差，只在某些小功率场合采用。直流伺服电动机主要采用电枢控制方式。

例 5.7.1 对于图 5.7.3 所示的电枢控制式他励直流伺服电动机原理图，以电枢控制电压 u_a 和等效到电动机转轴上的负载转矩 m_c 为输入，电动机转速 ω 为输出，建立其动态过程的数学模型。记电枢回路的电阻和等效电感分别为 R_a 和 L_a、电枢反电动势为 e_a、电枢回路电流为 i、励磁回路电流为 i_f、电动机转轴的转动惯量为 J。

解： 电枢回路的动态电压平衡方程为

$$L_a\frac{\mathrm{d}i}{\mathrm{d}t}+R_ai+e_a=u_a \tag{5.7.1}$$

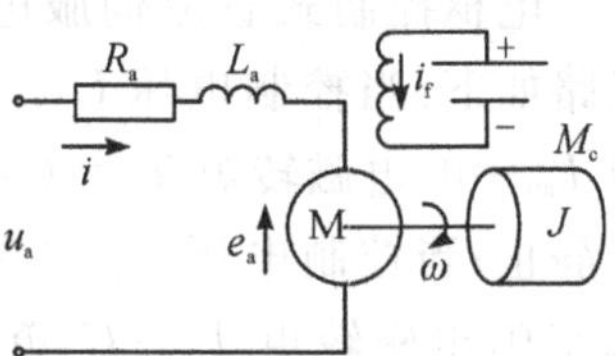

图5.7.3 例 5.7.1 中的电枢控制式他励直流伺服电动机原理图

式中，e_a 为反电动势，$e_a=C_e\Phi n=(60C_e\Phi\omega)/(2\pi)$，其中 Φ 为每极磁通，ω 为电动机转速(rad/s)，C_e 为电动机感应电动势常数。

对于电枢控制式他励直流伺服电动机，励磁电流 i_f 为常数，所以每极磁通 $\Phi=K_fi_f$ 也为常数，那么反电动势 e_a 又可写为

$$e_a=\frac{60}{2\pi}C_eK_fi_f\omega=\widetilde{C}_e\omega \tag{5.7.2}$$

式中，对于电枢控制式他励直流伺服电机，$\widetilde{C}_e=\frac{60}{2\pi}C_eK_fi_f$ 也为常数。

电动机通电后产生的电磁转矩 m 为

$$m=C_T\Phi i=C_TK_fi_fi=\widetilde{C}_Ti \tag{5.7.3}$$

式中，C_T 为电动机电磁转矩常数，对于电枢控制式他励直流伺服电机 $\widetilde{C}_T=C_TK_fi_f$ 也为常数。

略去摩擦力和扭转弹性力，再根据牛顿运动定律可得该伺服电动机机械转动部分的转矩平衡方程为

$$J\frac{\mathrm{d}\omega}{\mathrm{d}t}=m-m_c \tag{5.7.4}$$

联立式(5.7.1)～式(5.7.4)，整理可得

$$\frac{L_aJ}{\widetilde{C}_e\widetilde{C}_T}\frac{\mathrm{d}^2\omega}{\mathrm{d}t^2}+\frac{R_aJ}{\widetilde{C}_e\widetilde{C}_T}\frac{\mathrm{d}\omega}{\mathrm{d}t}+\omega=\frac{u_a}{\widetilde{C}_e}-\frac{L_a}{\widetilde{C}_e\widetilde{C}_T}\frac{\mathrm{d}m_c}{\mathrm{d}t}-\frac{R_am_c}{\widetilde{C}_e\widetilde{C}_T} \tag{5.7.5}$$

也可写为

$$T_aT_m\frac{\mathrm{d}^2\omega}{\mathrm{d}t^2}+T_m\frac{\mathrm{d}\omega}{\mathrm{d}t}+\omega=K_uu_a-K_m\left(T_a\frac{\mathrm{d}m_c}{\mathrm{d}t}+m_c\right) \tag{5.7.6}$$

式中，$T_a = L_a/R_a$ 和 $T_m = (R_a J)/(\tilde{C}_e \tilde{C}_T)$ 分别称为电磁时间常数及机电时间常数，$K_u = 1/\tilde{C}_e$ 和 $K_m = R_a/(\tilde{C}_e \tilde{C}_T)$ 分别称为转速与电压传递系数及转速与负载传递系数。

式(5.7.6)是一个线性定常二阶微分方程(两个输入)。从数学的角度可以分别考虑单独输入的影响。如当负载转矩 $m_c = 0$ 时，该方程变为

$$T_a T_m \frac{d^2\omega}{dt^2} + T_m \frac{d\omega}{dt} + \omega = K_u u_a \tag{5.7.7}$$

该方程称为空载模型。若再假设电枢电感很小($L_a = 0$)，则电磁时间常数 $T_a = 0$，那么式(5.7.7)又可简化为

$$T_m \frac{d\omega}{dt} + \omega = K_u u_a \tag{5.7.8}$$

这是一个一阶微分方程。若电枢回路的电阻 R_a 和电动机转轴的转动惯量 J 都可忽略，则机电时间常数 $T_m = 0$，于是式(5.7.8)又可简化为

$$\omega = K_u u_a \tag{5.7.9}$$

式(5.7.9)表明电动机转速 ω 与电枢电压 u_a 成正比，当不考虑电枢电阻和电感时，电枢电压将与反电势表达式相同。这时反电势表达式就是测速发电机的方程。

式(5.7.6)中若电动机处于平衡状态，各变量的各阶导数为零，则

$$\omega = K_u u_a - K_m m_c \tag{5.7.10}$$

这表示该伺服电动机处于平衡状态下输入量 u_a、m_c 和输出量 ω 之间的关系，称为静态模型。在该静态模型中：

(1)当电枢电压 u_a = 常数时称为机械特性，反映了负载转矩 m_c 与转速 ω 之间的关系，图5.7.4中3条下倾斜线表示了电枢电压为 u_{a1}、u_{a2} 和 u_{a3} 时该伺服直流电动机的机械特性。

(2)当负载转矩 m_c = 常数时称为控制特性，反映了电枢电压 u_a 与转速 ω 之间的关系，图5.7.4中铅锤直线表示当电枢电压由 u_{a1} 变到 u_{a2} 再到 u_{a3} 后，经过一段时间，转速将从 ω_1 变到 ω_2 再到 ω_3。

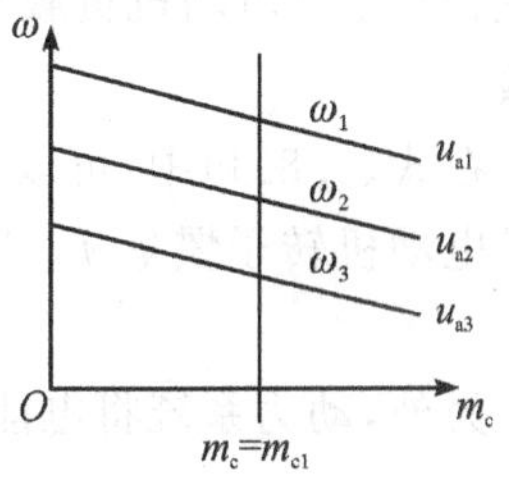

图5.7.4　电枢控制式他励直流伺服电动机的静态模型

若用 u_{a0}、m_{c0} 和 ω_0 表示平衡状态下 u_a、m_c 和 ω 的数值，则式(5.7.10)又可写为

$$\omega_0 = K_u u_{a0} - K_m m_{c0} \tag{5.7.11}$$

令 $u_a = u_{a0} + \Delta u_a$、$m_c = m_{c0} + \Delta m_c$、$\omega = \omega_0 + \Delta\omega$，代入式(5.7.6)可得

$$T_a T_m \frac{d^2\Delta\omega}{dt^2} + T_m \frac{d\Delta\omega}{dt} + \omega_0 + \Delta\omega = K_u(u_{a0} + \Delta u_a) - K_m\left(T_a \frac{d\Delta m_c}{dt} + m_{c0} + \Delta m_c\right) \tag{5.7.12}$$

考虑到 $\omega_0 = K_u u_{a0} - K_m m_{c0}$，可得

$$T_a T_m \frac{d^2\Delta\omega}{dt^2} + T_m \frac{d\Delta\omega}{dt} + \Delta\omega = K_u \Delta u_a - K_m\left(T_a \frac{d\Delta m_c}{dt} + \Delta m_c\right) \tag{5.7.13}$$

式(5.7.13)称为增量化方程。设 m_c = 常数，即 $\Delta m_c = 0$，则式(5.7.13)可简化为

$$T_a T_m \frac{d^2\Delta\omega}{dt^2} + T_m \frac{d\Delta\omega}{dt} + \Delta\omega = K_u \Delta u_a \tag{5.7.14}$$

设 u_a=常数,即 $\Delta u_a=0$,则式(5.7.13)可简化为

$$T_a T_m \frac{d^2\Delta\omega}{dt^2}+T_m\frac{d\Delta\omega}{dt}+\Delta\omega=-K_m\left(T_a\frac{d\Delta m_c}{dt}+\Delta m_c\right) \tag{5.7.15}$$

5.8 直流电动机应用实例

5.8.1 四旋翼无人直升机的数学模型

四旋翼无人直升机是一种外型新颖、性能卓越的垂直起降无人机,具有重要的军事和民用价值。本节我们以四旋翼无人直升机为例,利用机械系统和本章直流电动机的知识建立该无人机四个螺旋桨的电动机输入电压(即控制电压)与运动状态(包括位置、速度、姿态)间的数学模型。

四旋翼无人直升机的动力系统主要包括:直流伺服电动机、减速箱和旋翼三部分。根据电动机轴上的动量定理和电枢回路中的电压平衡方程,建立动力系统的模型如下:

$$J_{\text{total}}\dot{\omega}_{\text{motor}}=K_M I-M_{\text{drag}} \tag{5.8.1}$$

$$V=IR+K_E\omega_{\text{motor}} \tag{5.8.2}$$

式中,J_{total} 是整个动力系统绕电动机轴的转动惯量;ω_{motor} 是电动机转速;K_M 为电动机转矩常数;M_{drag} 是电动机负载转矩;V 是电动机输入电压;I 为电枢电流;K_E 则是电枢反电动势常数。

在式(5.8.1)中,可以认为整个动力系统绕电动机轴的转动惯量 J_{total} 由两部分组成,分别是电动机转子惯量 J_R 和减速箱、旋翼绕电动机轴的转动惯量 $J_{\text{motor}\to\text{motor}}$,即

$$J_{\text{total}}=J_R+J_{\text{motor}\to\text{motor}} \tag{5.8.3}$$

另外,动力系统将电能转化为机械能,根据能量守恒有

$$J_{\text{rotor}}\omega_{\text{rotor}}^2=\eta J_{\text{rotor}\to\text{motor}}\omega_{\text{motor}}^2 \tag{5.8.4}$$

式中,η 为动力系统的传动效率;J_{rotor} 为旋翼的转动惯量。

根据式(5.8.3)和式(5.8.4)可得动力系统绕电动机轴的转动惯量为

$$J_{\text{total}}=J_R+\frac{J_{\text{rotor}}}{\eta\tau^2} \tag{5.8.5}$$

式中,$\tau=\omega_{\text{motor}}/\omega_{\text{rotor}}$ 为减速箱的减速比,其中 ω_{motor} 和 ω_{rotor} 分别为电动机转速和旋翼转速。减速箱类似于机械系统中的齿轮传动装置。

电动机轴上输出的机械能绝大部分转化为旋翼与空气摩擦所产生的热能,另外还有一小部分转化为机械零件摩擦所消耗的热能。根据能量守恒有

$$\eta M_{\text{drag}}\theta_{\text{motor}}=M_{\text{rotor}}\theta_{\text{rotor}}\Rightarrow M_{\text{darg}}=\frac{M_{\text{rotor}}\theta_{\text{rotor}}}{\eta\theta_{\text{motor}}}=\frac{M_{\text{rotor}}}{\eta\tau} \tag{5.8.6}$$

式中,θ_{motor} 和 θ_{rotor} 分别为电动机和旋翼的角位移,M_{rotor} 是旋翼受到的反扭力矩,根据空气动力学的知识,可认为它与旋翼转速 ω_{rotor} 的平方成正比。为了便于推导,这里假设比例系数为 k_d,则式(5.8.6)可进一步简化为

$$M_{\text{drag}}=\frac{k_d\omega_{\text{rotor}}^2}{\eta\tau}=\frac{k_d\omega_{\text{motor}}^2}{\eta\tau^3} \tag{5.8.7}$$

将式(5.8.7)和式(5.8.2)代入式(5.8.1)，可获得该四旋翼无人直升机动力系统的动力学方程为

$$J_{\text{total}}\dot{\omega}_{\text{motor}}=K_{\text{M}}\left(\frac{V-K_{\text{E}}\omega_{\text{motor}}}{R}\right)-\frac{k_{\text{d}}\omega_{\text{motor}}^{2}}{\eta\tau^{3}} \tag{5.8.8}$$

也可以表示为

$$\dot{\omega}_{\text{rotor}}=-\frac{k_{\text{d}}}{J_{\text{total}}\eta\tau^{2}}\omega_{\text{rotor}}^{2}-\frac{K_{\text{M}}K_{\text{E}}}{J_{\text{total}}R}\omega_{\text{rotor}}+\frac{K_{\text{M}}}{J_{\text{total}}R\tau}V \tag{5.8.9}$$

在忽略弹性振动及形变的情况下，四旋翼无人直升机的运动可以看成是 6 个自由度的刚体运动，即包含绕 3 个轴的转动(偏航、俯仰和滚动)和重心沿 3 个轴的线运动(进退、左右侧飞和升降)。

选用体坐标系描述机体的运动，其定义如图 5.8.1 所示，坐标原点与机体重心重合，并规定机体俯仰抬头时为正。按照旋转方向，四个旋翼可分为逆时针(1、3)和顺时针(2、4)两组。

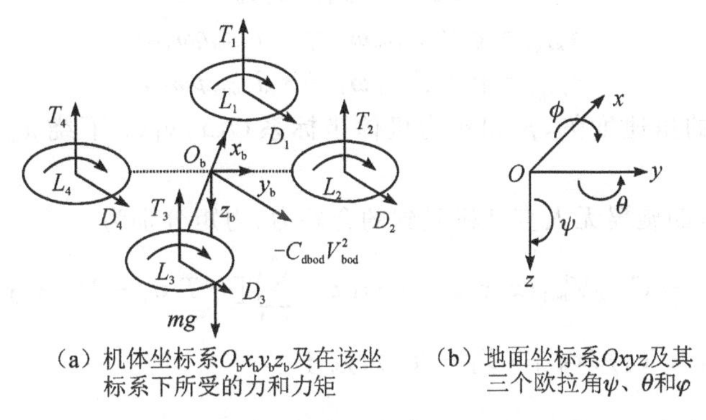

(a) 机体坐标系$O_bx_by_bz_b$及在该坐标系下所受的力和力矩　　(b) 地面坐标系$Oxyz$及其三个欧拉角ψ、θ和φ

图 5.8.1　四旋翼无人直升机的空气动力和力矩

根据质心运动定理和欧拉动力学方程(此处所用到的关于坐标系和飞机六自由度方程的具体知识请参考第 3 章机械系统(下：动力学建模)中第 3.10 节介绍的综合实例)，建立四旋翼无人直升机机体坐标系下三轴的力平衡方程和绕三轴的力矩平衡方程如下：

$$m\left(\frac{\mathrm{d}u}{\mathrm{d}t}+wq-vr\right)=\sum F_{x_{\text{b}}} \tag{5.8.10}$$

$$m\left(\frac{\mathrm{d}v}{\mathrm{d}t}+ur-wq\right)=\sum F_{y_{\text{b}}} \tag{5.8.11}$$

$$m\left(\frac{\mathrm{d}w}{\mathrm{d}t}+vp-uq\right)=\sum F_{z_{\text{b}}} \tag{5.8.12}$$

$$I_{x_{\text{b}}}\frac{\mathrm{d}p}{\mathrm{d}t}-(I_{y_{\text{b}}}-I_{z_{\text{b}}})qr=\sum M_{x_{\text{b}}} \tag{5.8.13}$$

$$I_{y_{\text{b}}}\frac{\mathrm{d}q}{\mathrm{d}t}-(I_{z_{\text{b}}}-I_{x_{\text{b}}})rp=\sum M_{y_{\text{b}}} \tag{5.8.14}$$

$$I_{z_{\text{b}}}\frac{\mathrm{d}r}{\mathrm{d}t}-(I_{x_{\text{b}}}-I_{y_{v}\text{b}})pq=\sum M_{z_{\text{b}}} \tag{5.8.15}$$

式中，$\sum F_{x_{\text{b}}}$、$\sum F_{y_{\text{b}}}$、$\sum F_{z_{\text{b}}}$ 为机体坐标系中沿 3 个轴向的合外力；$\sum M_{x_{\text{b}}}$、$\sum M_{y_{\text{b}}}$、

$\sum M_{z_b}$ 为机体坐标系中绕 3 个轴向的合外力矩；u、v、w 为机体坐标系下沿 3 个轴向的线速度；p、q、r 为机体坐标系下绕 3 个轴向的转动角速率。

记 Ψ、θ 和 ϕ 是机体坐标系 $O_b x_b y_b z_b$ 相对地面坐标系 $Oxyz$ 的 3 个欧拉角，即偏航、俯仰和滚动角。I_x、I_y、I_z 为轴向惯性主矩，近似认为四旋翼无人直升机相对 $O_b x_b z_b$ 平面和 $O_b y_b z_b$ 平面对称，故惯量积

$$I_{x_b y_b} = I_{y_b z_b} = I_{z_b x_b} = 0 \tag{5.8.16}$$

因此式(5.8.13)～式(5.8.15)中不含 $I_{x_b y_b}$、$I_{y_b z_b}$ 和 $I_{z_b x_b}$。

作用于四旋翼无人直升机上的空气动力、力矩如图 5.8.1 所示，图中采用的是机体坐标系 $O_b x_b y_b z_b$。除此之外还应考虑旋翼的转动惯量矩和陀螺效应，下面以旋翼 1 为例进行分析(旋翼 2、3 和 4 的情况与之类似)。

旋翼 1 的旋转方向为逆时针，因此其所受到的力矩在机体坐标系 $O_b x_b y_b z_b$ 的 x_b 轴、y_b 轴和 z_b 轴方向上的分量 $\boldsymbol{\tau}_{gx_b1}$、$\boldsymbol{\tau}_{gy_b1}$ 和 $\boldsymbol{M}_{m1}$ 分别为

$$\boldsymbol{M}_{m1} = -J_{\text{rotor}} \dot{\omega}_1 \boldsymbol{z}_b \tag{5.8.17}$$

$$\boldsymbol{\tau}_{gx_b1} = \boldsymbol{q} \times J_{\text{rotor}} \boldsymbol{\omega}_1 = -J_{\text{rotor}} q \omega_1 \boldsymbol{x}_b \tag{5.8.18}$$

$$\boldsymbol{\tau}_{gy_b1} = \boldsymbol{p} \times J_{\text{rotor}} \boldsymbol{\omega}_1 = -J_{\text{rotor}} p \omega_1 \boldsymbol{y}_b \tag{5.8.19}$$

式中，$\boldsymbol{\omega}_1$ 为旋翼 1 的角速度矢，$\boldsymbol{p}$ 和 $\boldsymbol{q}$ 为机体坐标系 $O_b x_b y_b z_b$ 下绕 x_b 轴和 y_b 轴的角速度矢。

根据以上分析，四旋翼无人直升机受到的合外力、力矩分别为

$$\boldsymbol{F}_{\text{total}} = -C_{\text{dbod}} V_{\text{bod}}^2 (\boldsymbol{x}_v \boldsymbol{y}_v \boldsymbol{z}_v) + mg\boldsymbol{z} + \sum_{i=1}^{4} [-T_i \boldsymbol{z}_b - D_i (\boldsymbol{x}_v \boldsymbol{y}_v)] \tag{5.8.20}$$

$$\begin{aligned}\boldsymbol{M}_{\text{total}} = {} & (T_4 - T_2) l \boldsymbol{x}_b + (T_1 - T_3) l \boldsymbol{y}_b + \\ & \sum_{i=1}^{4} [Q_i \boldsymbol{z}_b + L_i (\boldsymbol{x}_v \boldsymbol{y}_v) + D_i h (-\boldsymbol{y}_v \boldsymbol{x}_v) + \tau_{gx_b i} \boldsymbol{x}_b + \tau_{gy_b i} \boldsymbol{y}_b + M_{mi} \boldsymbol{z}_b]\end{aligned} \tag{5.8.21}$$

式中，T_i、Q_i、D_i 和 L_i 分别为旋翼 $i(i=1、2、3、4)$受到沿旋转轴的升力、扭矩、阻力和侧向力矩大小；l 与 h 分别是旋翼中心到机体重心的纵向距离和垂直距离；$(\boldsymbol{x}_v \boldsymbol{y}_v \boldsymbol{z}_v)$表示机体坐标系下的飞行速度方向；$V_{\text{bod}}$ 表示机体坐标系下飞行速度的大小；$(\boldsymbol{x}_v \boldsymbol{y}_v)$表示 $O_b x_b y_b$ 平面内的飞行速度方向；$\boldsymbol{z}$ 为地面坐标系下重力的方向；$\boldsymbol{x}_b$、$\boldsymbol{y}_b$ 和 $\boldsymbol{z}_b$ 分别表示机体坐标系 3 个轴的方向；C_{dbod} 为机体与空气的摩擦阻力系数。

欧拉角与机体坐标系下角速度之间有如下关系：

$$\begin{bmatrix} p \\ q \\ r \end{bmatrix} = \begin{bmatrix} 1 & 0 & -\sin\theta \\ 0 & \cos\phi & \sin\phi\cos\theta \\ 0 & -\sin\phi & \cos\phi\cos\theta \end{bmatrix} \begin{bmatrix} \dot{\phi} \\ \dot{\theta} \\ \dot{\Psi} \end{bmatrix} \tag{5.8.22}$$

也可以写成

$$\begin{cases} \dot{\phi} = p + p\sin\phi\tan\theta + r\cos\phi\tan\theta \\ \dot{\theta} = q\cos\phi - r\sin\phi \\ \dot{\psi} = q\sin\phi\sec\theta + r\cos\phi\sec\theta \end{cases} \tag{5.8.23}$$

另外机体坐标系到地面坐标系的旋转矩阵为

$$
\boldsymbol{R}=\begin{bmatrix}\cos\Psi\cos\theta & -\sin\Psi\cos\phi+\cos\Psi\sin\theta\sin\phi & \sin\Psi\sin\phi+\cos\Psi\sin\theta\cos\phi \\ \sin\Psi\cos\theta & \cos\Psi\cos\phi+\sin\Psi\sin\theta\sin\phi & -\cos\Psi\sin\phi+\sin\Psi\sin\theta\cos\phi \\ -\sin\theta & \cos\theta\sin\phi & \cos\theta\cos\phi\end{bmatrix} \tag{5.8.24}
$$

综合式(5.8.5)～式(5.8.11)及式(5.8.17)～式(5.8.24)，得到四旋翼无人直升机的全状态非线性方程如下：

$$
\begin{bmatrix}\ddot{x} \\ \ddot{y} \\ \ddot{z}\end{bmatrix}=\frac{1}{m}\begin{bmatrix}R_{11}F_{\text{total}x_\text{b}}+R_{12}F_{\text{total}y_\text{b}}+R_{13}F_{\text{total}z_\text{b}} \\ R_{21}F_{\text{total}x_\text{b}}+R_{22}F_{\text{total}y_\text{b}}+R_{23}F_{\text{total}z_\text{b}} \\ R_{31}F_{\text{total}x_\text{b}}+R_{32}F_{\text{total}y_\text{b}}+R_{33}F_{\text{total}z_\text{b}}\end{bmatrix} \tag{5.8.25}
$$

式中，R_{ij} 是旋转矩阵$\boldsymbol{R}$ 的元素；$F_{\text{total}x_\text{b}}$、$F_{\text{total}y_\text{b}}$ 和 $F_{\text{total}z_\text{b}}$ 是机体坐标系下的合外力 F_{total} 沿机体坐标系 3 个坐标轴方向的分量，$[\ddot{x}\quad\ddot{y}\quad\ddot{z}]^{\text{T}}$ 为地面坐标系中的加速度向量。

$$
\begin{bmatrix}\dot{\phi} \\ \dot{\theta} \\ \dot{\Psi}\end{bmatrix}=\begin{bmatrix}(p\cos\theta+q\sin\theta\sin\phi+r\cos\phi\sin\theta)/\cos\theta \\ q\cos\phi+r\sin\phi \\ (q\sin\phi+r\cos\phi)/\cos\theta\end{bmatrix} \tag{5.8.26}
$$

$$
\begin{bmatrix}\dot{p} \\ \dot{q} \\ \dot{r}\end{bmatrix}=\begin{bmatrix}[M_{\text{total}x_\text{b}}+(I_y-I_z)qr]/I_x \\ [M_{\text{total}y_\text{b}}+(I_z-I_x)rp]/I_y \\ [M_{\text{total}z_\text{b}}+(I_x-I_y)pq]/I_z\end{bmatrix} \tag{5.8.27}
$$

式中，$M_{\text{total}x_\text{b}}$、$M_{\text{total}y_\text{b}}$ 和 $M_{\text{total}z_\text{b}}$ 分别是机体坐标系中三轴方向的合力矩。

$$
\begin{bmatrix}\dot{\Omega}_1 \\ \dot{\Omega}_2 \\ \dot{\Omega}_3 \\ \dot{\Omega}_4\end{bmatrix}=\begin{bmatrix}-\dfrac{k_{\text{d1}}}{J_{\text{total1}}\eta\tau^2}\Omega_1^2-\dfrac{K_{\text{M1}}K_{\text{E1}}}{J_{\text{total1}}R_1}\Omega_1+\dfrac{K_{m1}}{J_{\text{total1}}R_1\tau_1}V_1 \\ -\dfrac{k_{\text{d2}}}{J_{\text{total2}}\eta\tau^2}\Omega_2^2-\dfrac{K_{\text{M2}}K_{\text{E2}}}{J_{\text{total2}}R_2}\Omega_2+\dfrac{K_{m2}}{J_{\text{total3}}R_2\tau_2}V_2 \\ -\dfrac{k_{\text{d3}}}{J_{\text{total3}}\eta\tau^2}\Omega_3^2-\dfrac{K_{\text{M3}}K_{\text{E3}}}{J_{\text{total3}}R_3}\Omega_3+\dfrac{K_{m1}}{J_{\text{total3}}R_3\tau_3}V_3 \\ -\dfrac{k_{\text{d4}}}{J_{\text{total4}}\eta\tau^2}\Omega_4^2-\dfrac{K_{\text{M4}}K_{\text{E4}}}{J_{\text{total4}}R_4}\Omega_4+\dfrac{K_{m4}}{J_{\text{total4}}R_4\tau_4}V_4\end{bmatrix} \tag{5.8.28}
$$

式中，Ω_i 为第 i 只旋翼的转速；V_i 为第 i 只电动机的输入电压。

式(5.8.25)～式(5.8.28)组成了四旋翼无人直升机的全状态非线性状态方程，其状态向量为

$$
\boldsymbol{x}=[x\quad y\quad z\quad \dot{x}\quad \dot{y}\quad \dot{z}\quad \phi\quad \theta\quad \Psi\quad p\quad q\quad r\quad \Omega_1\quad \Omega_2\quad \Omega_3\quad \Omega_4]^{\text{T}} \tag{5.8.29}
$$

系统输入为

$$
\boldsymbol{u}=[V_1\quad V_2\quad V_3\quad V_4]^{\text{T}} \tag{5.8.30}
$$

则四旋翼无人直升机的全状态非线性方程可表示为如下仿射非线性形式：

$$\dot{\boldsymbol{x}}=f(\boldsymbol{x})+\sum_{i=1}^{4}g_i(\boldsymbol{x})u_i \tag{5.8.31}$$

式中，

$$f(\boldsymbol{x})=\begin{bmatrix} \dot{x} \\ \dot{y} \\ \dot{z} \\ \frac{1}{m}(R_{11}F_{\text{total}x_b}+R_{12}F_{\text{total}y_b}+R_{13}F_{\text{total}z_b}) \\ \frac{1}{m}(R_{21}F_{\text{total}x_b}+R_{22}F_{\text{total}y_b}+R_{23}F_{\text{total}z_b}) \\ \frac{1}{m}(R_{31}F_{\text{total}x_b}+R_{32}F_{\text{total}y_b}+R_{33}F_{\text{total}z_b}) \\ \frac{1}{\cos\theta}(p\cos\theta+q\sin\theta\sin\phi+r\cos\phi\sin\theta) \\ q\cos\phi+r\sin\phi \\ \frac{1}{\cos\theta}(q\sin\phi+r\cos\phi) \\ \frac{1}{I_x}[M_{\text{total}x_b}+(I_y-I_z)qr] \\ \frac{1}{I_y}[M_{\text{total}y_b}+(I_z-I_x)rp] \\ \frac{1}{I_z}[M_{\text{total}z_b}+(I_x-I_y)pq] \\ -\frac{k_{d1}}{J_{\text{total1}}\eta\tau^2}\Omega_1^2-\frac{K_{M1}K_{E1}}{J_{\text{total1}}R_1}\Omega_1 \\ -\frac{k_{d2}}{J_{\text{total2}}\eta\tau^2}\Omega_2^2-\frac{K_{M2}K_{E2}}{J_{\text{total2}}R_2}\Omega_2 \\ -\frac{k_{d3}}{J_{\text{total3}}\eta\tau^2}\Omega_3^2-\frac{K_{M3}K_{E3}}{J_{\text{total3}}R_3}\Omega_3 \\ -\frac{k_{d4}}{J_{\text{total4}}\eta\tau^2}\Omega_4^2-\frac{K_{M4}K_{E4}}{J_{\text{total4}}R_4}\Omega_4 \end{bmatrix} \tag{5.8.32}$$

$$\boldsymbol{g}(\boldsymbol{x})=[g_1(\boldsymbol{x})\quad g_2(\boldsymbol{x})\quad g_3(\boldsymbol{x})\quad g_4(\boldsymbol{x})]=\frac{K_{Mi}}{J_{\text{total}i}R_i\tau_i}\begin{bmatrix} 0 & 0 & 0 & 0 \\ \vdots & \vdots & \vdots & \vdots \\ 1 & 0 & 0 & 0 \\ 0 & 1 & 0 & 0 \\ 0 & 0 & 1 & 0 \\ 0 & 0 & 0 & 1 \end{bmatrix} \tag{5.8.33}$$

5.8.2　实验验证

本节对所建立的四旋翼无人直升机的数学模型进行实验验证。所采用的原型样机如图5.8.2所示。该原型机总重约750 g，最大长度约70 cm，可依靠旋翼升力离地起飞；机身由两支等长空心铝竿正交安装构成；动力设备采用Draganflyer Ⅲ旋翼、瑞士Maxon电机（RE-max 21）及自行设计的齿轮减速装置（减速比为6∶1）。Draganflyer Ⅲ旋翼具有固定攻角，直径28 cm、重6 g。旋翼的升力系数k_{l}、阻力矩系数k_{d}和转动惯量J_{rotor}及原型机的其他主要参数如表5.8.1所示。

图5.8.2　用于实验验证的四旋翼无人直升机的原型样机

表5.8.1　原型机主要参数

项目	m	l	k_{l}	k_{d}	I_x	I_y	I_z	J_{rotor}
单位	kg	m	$\mathrm{N\cdot s^2}$	$\mathrm{N\cdot ms^2}$	$\mathrm{kgm^2}$	$\mathrm{kgm^2}$	$\mathrm{kgm^2}$	$\mathrm{kgm^2}$
量值	0.75	0.25	$3.13e^{-5}$	$7.5e^{-7}$	$19.688e^{-3}$	$19.681e^{-3}$	$3.938e^{-2}$	$6e^{-5}$

从图5.8.2可以看到，四只旋翼分别安装于正方形机体的四个顶点位置，分为顺时针和逆时针两组，位于同一折线上的两只旋翼同组。每个旋翼由一台电机配合一台减速器独立进行控制。由于旋翼攻角固定，只能通过控制电机的输入电压以对旋翼的转速进行调速，最终实现飞行器的飞行控制。

悬停时四只旋翼的转速相等，以相互抵消反扭力矩，同时等量地增大/减小四只旋翼的转速，会引起上升/下降运动。增大某一只旋翼转速的同时等量地减小同组另一只旋翼的转速，则可以产生俯仰/横滚转动；增大某一组旋翼的转速而等量减小另一组旋翼的转速，将产生偏航运动。

此处采用Backstepping控制器对上一小节所建立的四旋翼无人直升机模型进行控制。下面将通过定点悬停和轨迹跟踪两个实验分析所建立模型的有效性和控制器的性能。我们仅考虑四旋翼无人直升机在无风条件下飞行的情况，没有进行阵风干扰实验。

1. 定点悬停

设置飞行器初始三维位置、速度、欧拉角和角速率分别为0 m、0.5 m/s、30°和40(°)/s；控制目标是让飞行器从原点飞至并悬停于$[1\quad 1\quad 1]^{\mathrm{T}}$（数字单位为m）位置，且要调整并保持航向与$x$一致，即偏航角$\psi$为0。仿真结果如图5.8.3所示。

由图5.8.3可以看出，四旋翼无人直升机的位置和航向都能很好地跟踪输入指令。由于初始俯仰和横滚角均为正，采用图5.8.1中的坐标系定义，飞行器具有沿x轴负向和y轴正向的初始加速度。飞行器最终悬停于目标位置，3个姿态角均调整为0。

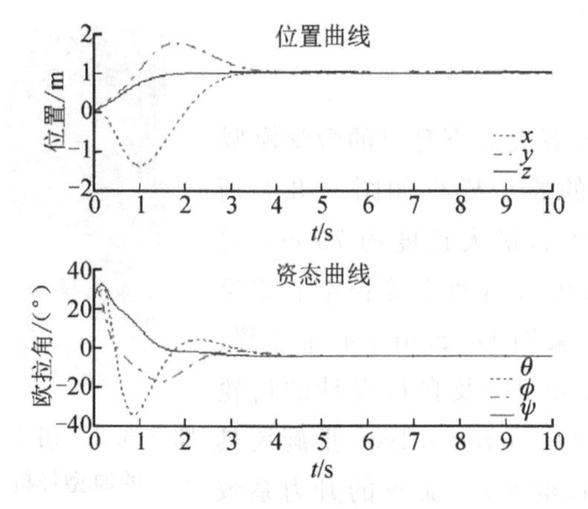

图 5.8.3 定点悬停实验曲线

2. 轨迹跟踪

当飞行器初始状态全为 0,选取控制器参数为 2,分别令飞行器沿 x 轴向的运动轨迹为周期为 20 s 和 40 s 的正弦曲线,仿真结果如图 5.8.4 所示。

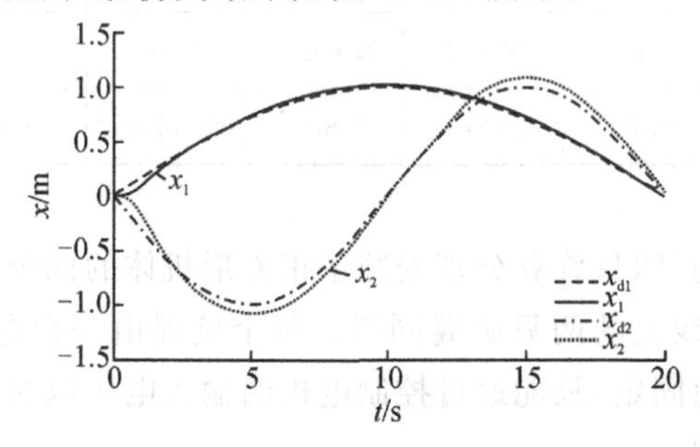

图 5.8.4 x 轴正弦轨迹跟踪曲线

由图 5.8.4 可以看出,系统能够很好地跟踪周期为 40 s 的正弦曲线,基本无相位延迟和超调;而跟踪周期为 20 s 的正弦曲线时,出现了较小的延迟和超调。

5.9 第 5 章习题

习题 5.9.1 一台直流发电机,其额定功率 $P_N=17$ kW、额定电压 $U_N=230$ V、额定转速 $n_N=1500$ r/min、极对数 $p=2$、电枢总导体数 $Z_a=468$ 匝、单波绕组(并联支路对数 $a=1$)、气隙每极磁通 $\Phi=1.03\times10^{-2}$ Wb,求:

(1)电枢电动势 E_a;

(2)额定电流 I_N。

习题 5.9.2 一台单叠绕组,并联支路对数 $a=2$ 的直流电机,极数 $2p=4$、电枢总导体数 $Z_a=420$ 匝、额定电流 $I_N=30$ A、气隙每极磁通 $\Phi=0.028$ Wb、额定转速 $n_N=1245$ r/min,求额定运行时:

(1)电枢电动势 E_{aN};

(2)电磁转矩 T_{eN};

(3)电磁功率 P_{eN}。

习题 5.9.3　一台额定功率 $P_N=6$ kW、额定电压 $U_N=110$ V、额定转速 $n_N=1440$ r/min、额定电流 $I_N=70$ A、电枢回路总电阻 $R_a=0.08$ Ω、励磁回路总电阻 $R_f=220$ Ω 的并励直流电动机，求额定运行时：

(1)电枢电流 I_{aN} 及电枢电动势 E_{aN}；

(2)电磁功率 P_{eN}、电磁转矩 T_{eN} 及电机效率 η。

习题 5.9.4　一台直流电机的极对数 $p=3$、单叠绕组、并联支路对数 $2a=6$、电枢总导体数 $N=398$ 匝、气隙每极磁通 $\Phi=2.1\times10^{-2}$ Wb，当转速 n 分别为 1500 r/min 和 500 r/min 时，求电枢感应电动势 E_a 的大小。若电枢电流 $I_a=10$ A，磁通 Φ 不变，电磁转矩 T_e 是多大？

习题 5.9.5　一台他励直流电动机的额定数据如下：额定功率 $P_N=6$ kW、额定电压 $U_N=220$ V、额定转速 $n_N=1000$ r/min、电枢回路的总铜耗 $P_{Cua}=500$ W、励磁铜耗 $P_{Cuf}=100$ W、空载损耗 $P_0=395$ W。计算额定运行时电动机的：

(1)空载转矩 T_{0N}；

(2)电磁转矩 T_{eN}；

(3)电磁功率 P_{eN}；

(4)电动机效率 η_N。

习题 5.9.6　一台额定功率 $P_N=5.5$ kW、额定电压 $U_N=110$ V 的并励直流电动机，额定电流 $I_N=80$ A、额定转速 $n_N=1470$ r/min、电枢回路总电阻 $R_a=0.15$ Ω(包括电刷接触电阻)、励磁回路总电阻 $R_f=138$ Ω，设在额定负载下突然在电枢回路中串入 $R_L=0.4$ Ω 的电阻，若不计电枢回路电感，并略去电枢反应，试计算：

(1)串入电阻瞬间的电枢电动势 E_a、电枢电流 I_a 及电磁转矩 T_e；

(2)电枢电流 I_a 的稳态值；

(3)进入稳态后电动机的转速 n。

习题 5.9.7　一台额定功率 $P_N=96$ kW 的并励直流电动机，额定电压 $U_N=440$ V、额定电流 $I_N=255$ A、额定励磁电流 $I_{fN}=5$ A、额定转速 $n_N=500$ r/min、电枢回路总电阻 $R_a=0.078$ Ω(包括电刷接触电阻)，不计电枢反应，试求：

(1)电动机的额定输出转矩 T_{2N}；

(2)额定电流时的电磁转矩 T_{eN}；

(3)电动机的空载转速 n_0。

习题 5.9.8　某他励直流电动机的额定数据如下：额定功率 $P_N=7.5$ kW、额定电压 $U_N=220$ V、额定电流 $I_N=40$ A、额定转速 $n_N=1000$ r/min、电枢回路总电阻 $R_a=0.5$ Ω。问拖动 $T_L=0.5T_N$ 恒转矩负载运行时的：

(1)电动机转速 n；

(2)电枢电流 I_a。

习题 5.9.9　两台完全相同的并励直流电动机同轴连在一起旋转，并联于 230 V 的电网上，轴上不带其他负载，在转速 $n=1000$ r/min 时空载特性数据如表 5.9.1 所示。电机 A 的励磁电流为 1.4 A，电机 B 的励磁电流为 1.3 A，两台电机电枢电路总电阻均为 0.1 Ω，转速均为 1200 r/min，若忽略电枢反应，求：

(1)各台电机的运行状态；

(2)各台电机的电枢电流及电磁功率。

表 5.9.1 习题 5.9.9 的空载特性数据

U_0/V	186.67	195.83
I_f/A	1.3	1.4
电机台号	B台	A台

习题 5.9.10 一台他励直流电动机，额定功率 $P_N=10$ kW、电枢额定电压 $U_{aN}=220$ V，电枢额定电流 $I_{aN}=210$ A、额定转速 $n_N=750$ r/min，求：

(1)固有特性；

(2)固有特性的斜率。

习题 5.9.11 一台他励直流电动机，额定功率 $P_N=4$ kW、电枢额定电压 $U_{aN}=160$ V、电枢额定电流 $I_{aN}=34.4$ A、额定转速 $n_N=1450$ r/min，用它拖动通风机负载运行。现采用改变电枢电路电阻调速。试问要使转速降低至 1200 r/min，需在电枢电路串联多大的电阻 R_L？

习题 5.9.12 习题 5.9.11 中的他励直流电动机，拖动恒转矩负载运行，$T_L=T_N$。现采用改变电枢电压调速。试问要使转速降低至 1000 r/min，电枢电压应降低到多少？

习题 5.9.13 习题 5.9.11 中的他励直流电动机，拖动恒功率负载运行，现采用改变励磁电流调速。试问要使转速增加至 1800 r/min，电动势常数和每极磁通的乘积 $C_e\Phi$ 应等于多少？

第 6 章 液压系统

6.1 引言

工业中广泛采用流体(液体或气体)作为传递信号和功率的通用介质。由于液体具有自由表面,而气体能够自由扩散并充满整个容器,因此可以通过二者的不同性质对其加以区分。在工程中,液压系统是指以液体作为工作介质进行能量转换、传递和控制的流体系统。

因为液压系统具有独特的优越性,使其得到了非常广泛的应用,现已成为工业、农业、国防和科学技术现代化进程中不可替代的一类重要系统。与微电子技术、传感检测技术、计算机技术及自动控制理论的融合,也极大地推动了液压系统的迅速发展,使其成为包括传动、控制及检测在内的一整套技术系统,且具有显著的机、电、液一体化特征,其应用和发展水平被普遍认为是衡量一个国家现代化水平的重要标志。

在进行具体介绍之前,我们先定义压力、表压力、绝对压力及压力的单位。

压力单位:流体系统中的压力通常定义为单位面积上的力,在 SI 单位制中压力的单位为 N/m^2,也称为帕斯卡(缩写为 Pa):

$$1\ Pa = 1\ N/m^2$$

一般使用千帕(10^3 Pa=1 kPa)和兆帕(10^6 Pa=1 MPa)来表示液压的压力。

表压力和绝对压力:标准气压计在海平面处,0 ℃时的读数是大气压力,即 760 mmHg。表压力是一种以大气压力作为基准所表示的压力,它是压力中在大气压力以上的用表来指示的压力。而绝对压力则是表压力与大气压力二者之和。需要注意的是,工程测量中一般使用的是表压力,而在理论计算中必须使用绝对压力。

$$760\ mmHg = 1.0133 \times 10^5\ N/m^2$$

由于液压系统具有工作可靠、准确,柔性,高功率-重量比,停止和启动快,换向平稳而准确,以及操作简单等优点,被普遍应用于机床、航空控制系统及类似的系统中。一般情况下,液压系统的工作压力在 10～35 MPa 范围内,在一些特殊应用中,工作压力有可能上升到 70 MPa。

图 6.1.1～图 6.1.4 给出了几个液压系统在实际应用中的常见例子。图 6.1.1 为数控机床液压站。图 6.1.2 为应用于航空系统的液压调节器,它具有超高压、大流量的特性,可适用于多种恶劣环境。图 6.1.3 为液压闸门及其工作原理框图。图 6.1.4 为西屋公司设计制造的 A4W 型压水堆,动力可达 26 万马力,目前用于美军尼米兹级航母。

图 6.1.1　数控机床液压站

图 6.1.2　航空系统液压调节器

(a) 实物图

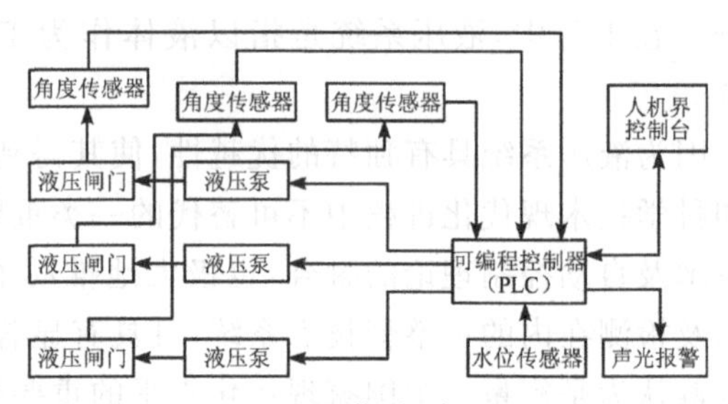

(b) 工作原理框图

图 6.1.3　液压闸门

(a) 实物图

(b) A4W型压水堆适配的尼米兹级航母

图 6.1.4　西屋公司 A4W 型压水堆

6.2　液压系统结构及工作原理

本节介绍液压系统的一般结构，分别对液压回路、液压泵、动力部件液压马达、液压阀和其他液压元件及其工作原理作简要介绍。

6.2.1　液压回路结构

液压回路是能够产生许多不同运动和力的组合的回路结构。它包含四个基本部分，即一个储油的油箱；给液压系统输油的一个或多个泵；控制流体压力和流量的阀；把液压能转换成机械能而做功的一个或多个液压马达。图 6.2.1 是包含一个油箱、一个泵、几个阀和一个液压缸等的简单液压回路。

油箱的作用是作为一液压流体源，它储存比系统所需要最大流体体积还要多的流体，以供整个液压系统使用。为了保持油液清洁，油箱通常制成完全封闭的。过滤器、滤油器及磁铁芯用以从液压流体中去掉外来的颗粒或杂质，以保证系统寿命。磁铁芯常安放在油箱中，便于从流经的液压流体中吸出铁或钢的颗粒。液压泵将机械能转化为液压能，输出具有液压能的流体。具有液压能的流体流入液压马达，将液压能转换为机械能，带动负载做功。单向阀、压力控制阀、方向控制阀等液压阀用于控制流体的流量、方向、速度和压力等参数。

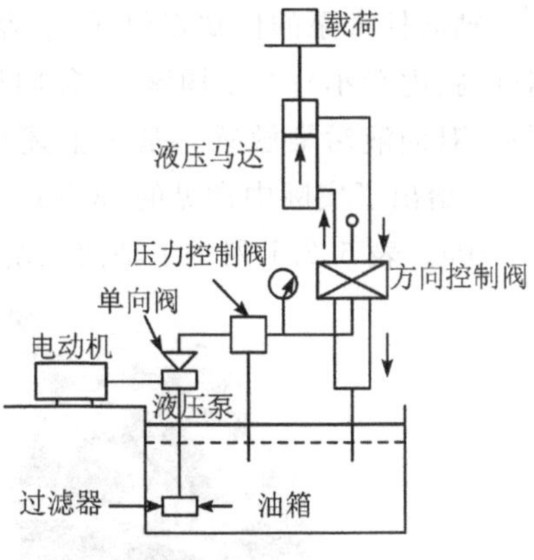

图 6.2.1　液压回路简图

6.2.2　液压泵

用于转换机械能为液压能的液压泵可以分为容积式泵和非容积式泵，图 6.2.2 为容积式泵的原理简图。容积式泵的一个特征是其输出流量不会受到系统中压力变化的影响，这是因为它有可靠的内部密封来阻止泄漏。而由于缺少内部密封，非容积式泵的输出流量会随着压力而改变。容积式泵又可分为定量式和变量式两种。

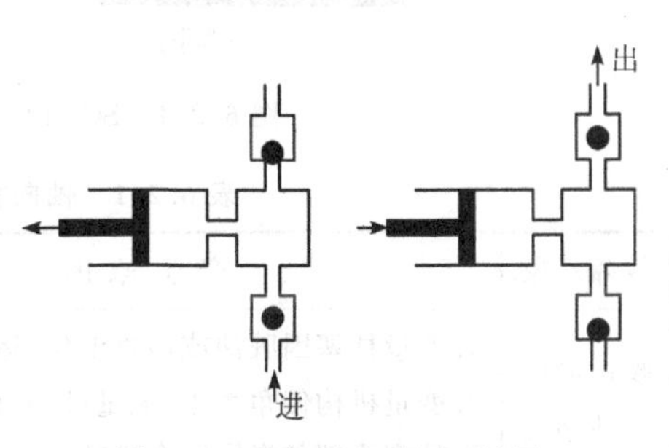

图 6.2.2　容积式泵原理简图

在动力液压系统中，所有的泵几乎都是容积式的。常见的容积式泵有轴向柱塞泵、径向柱塞泵、叶片泵和齿轮泵 4 种基本类型。由于机械结构上的类似，液压泵也可作为液压马达来使用。下面，我们对这 4 类液压泵的具体结构和工作原理进行分析。

1. 轴向柱塞泵

图 6.2.3 是一种轴向柱塞泵的结构简图。旋转缸体内装有能在其缸孔内自由进出运动的柱塞。缸体和传动轴呈某一角度，驱动轴旋转的同时带动柱塞和缸体以相同速度旋转。单个柱塞在缸体旋转一周的过程中，在缸体内沿轴向做进和出的移动，其行程长度为 $2R\tan\delta$，排量为 $2zAR\tan\delta$。其中，R 是柱塞分布圆的半径，δ 是斜盘的倾斜角，z 是柱塞数，A 是柱塞横截面积。当柱塞向外移动时，液压流体通过阀被吸入；当柱塞向内移动时，液压

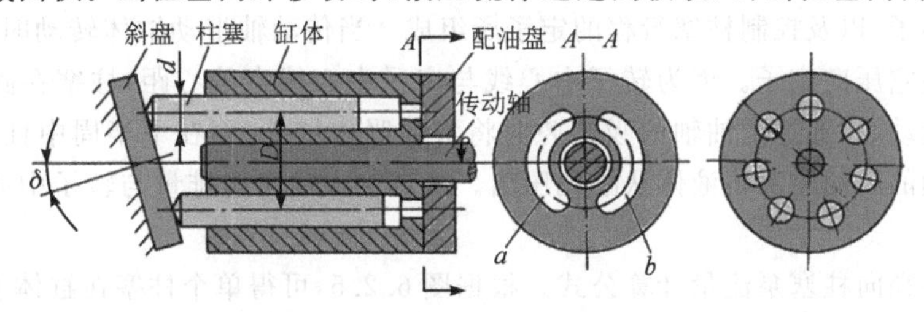

图 6.2.3　轴向柱塞泵结构简图

流体在压力下通过阀被压出。

轴向柱塞泵的优缺点包括：①容积效率高、压力高(柱塞和缸体均为圆柱表面，易加工、精度高、内泄小)；②结构紧凑、径向尺寸小，转动惯量小；③易于实现变量；④构造复杂、成本高；⑤对油液污染敏感。基于上述特点，轴向柱塞泵通常应用于高压、高转速的场合。图6.2.4给出了实际中常见的SCY14－1型轴向柱塞泵实物图和结构图，其工作压力为$p=32$ MPa。表6.2.1列举了轴向柱塞泵的常见故障及排除方法。

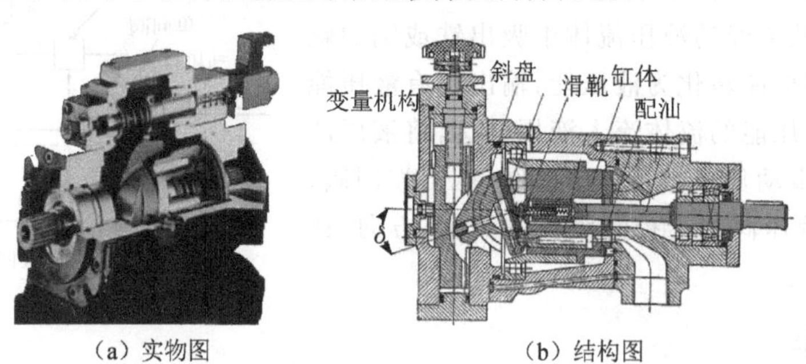

(a) 实物图　　(b) 结构图

图6.2.4　SCY14－1型轴向柱塞泵实物图和结构图

表6.2.1　轴向柱塞泵的常见故障及排除方法

故障现象	产 生 原 因	排 除 方 法
噪声或压力波动大	1. 变量柱塞因脏油或污物卡住，运动不灵活； 2. 变量机构偏角太小、流量过小、内泄漏增大； 3. 柱塞头部与滑履配合松动	1. 清洗或拆下配研、更换； 2. 加大变量机构偏角，消除内泄漏； 3. 可适当铆紧
容积效率低或压力提升不高	1. 泵轴中心弹簧折断，使柱塞回程不够或不能回程，缸体与配流盘间密封不良； 2. 配油盘与缸体间接合面不平或有污物卡住以及拉毛； 3. 柱塞与缸体孔间磨损或拉伤； 4. 变量机构失灵； 5. 系统泄漏及其他元件故障	1. 更换中心弹簧； 2. 清洗或研磨、抛光配油盘与缸体结合面； 3. 研磨或更换有关零件，保证其配合间隙； 4. 检查变量机构，纠正其调整误差； 5. 逐个检查，逐一排除

2. 径向柱塞泵

图6.2.5是一种径向柱塞泵，它是由具有进油腔和压油腔的配油轴，围绕配油轴旋转的装有柱塞的转子，以及控制柱塞行程的定子所组成。当传动轴带动缸体转动时，离心力把柱塞向外推并使它压向定子。因为转子中心线与定子中心线有偏心距，柱塞在缸体旋转的上半周中向外运动，在通过配油轴的吸油腔时将液体吸入缸孔；而在下半周中柱塞向内运动，在通过配油轴的压油腔时将液体从缸孔压出。液体输入输出的排量与转子中心线的偏心距e有关。

下面推导径向柱塞泵流量计算公式。根据图6.2.5，可得单个柱塞在缸体旋转一周的过程中，其行程长度为$h=2e$，故排量为

$$\Delta V=Ah=\frac{\pi d^2}{4}2e=\frac{\pi d^2}{2}e$$

式中，A 是柱塞横截面积；d 为柱塞内直径；e 为偏心距。若柱塞数为 z，那么该径向柱塞泵的流量为

$$V=\Delta Vz=\frac{\pi d^2}{2}ez$$

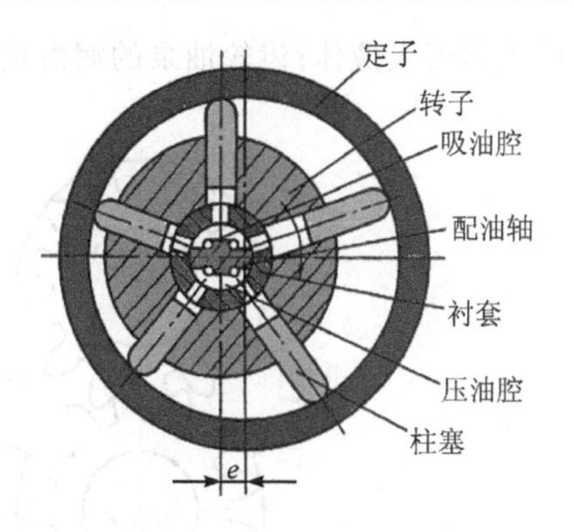

图 6.2.5　径向柱塞泵结构简图

3. 叶片泵

图 6.2.6 是一种叶片泵的结构简图。在叶片泵的径向槽中，一个带有可移动叶片的圆柱转子在一圆形壳体内旋转，定子和转子间有偏心距。由于转子旋转，离心力迫使叶片向外，导致叶片总是与壳体的内表面接触。叶片把转子与壳体之间的面积分为两个工作腔。当转子按图示的方向回转时，在图的右部，叶片逐渐伸出，叶片间的工作空间逐渐增大，从吸油口吸油，这是吸油腔。在图的左部，叶片被定子内壁逐渐压进槽内，工作空间逐渐缩小，将油液从压油口压出，这是压油腔。在吸油腔和压油腔之间，有一段封油区，把吸油腔和压油腔隔开。

下面推导叶片泵流量计算公式。如图 6.2.7 所示，R 为定子的内径；e 为转子与定子之间的偏心矩；单个叶片在缸体旋转一周的过程中，其工作腔体积变化为

$$V'=V_1-V_2=\frac{1}{2}B\beta((R+e)^2-(R-e)^2)=\frac{4\pi}{z}RBe$$

式中，R 是定子的内径；B 是定子的宽度；e 是转子与定子之间的偏心矩；β 为相邻两个叶片间的夹角，$\beta=2\pi/z$；z 为叶片的个数。因此最终可得单作用叶片泵的排量为

$$V=zV'=4\pi RBe$$

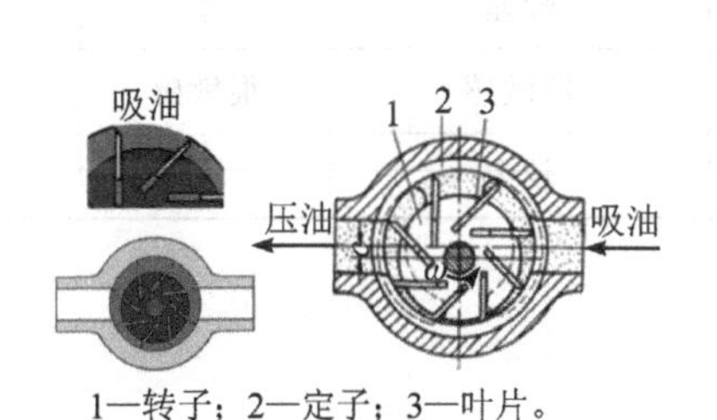

1—转子；2—定子；3—叶片。

图 6.2.6　叶片泵结构简图

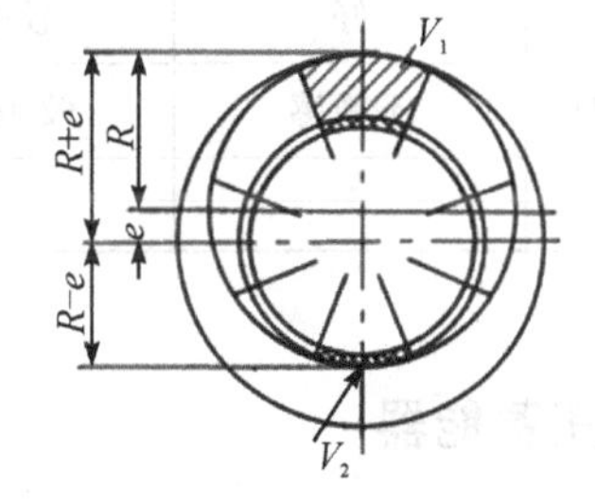

图 6.2.7　叶片泵流量计算示意图

4. 齿轮泵

图 6.2.8 是一种齿轮泵的结构简图。齿轮泵用两个齿轮互啮转动来工作，其中一个是主动轮，另一个是从动轮。通过两个齿轮的相互啮合，泵内的整个工作腔被分为两个独立的部分，A 为吸入腔，B 为排出腔。齿轮泵在运转时，主动轮带动从动轮旋转，当齿轮从啮合到脱开时在吸入侧 A 就形成局部真空，液体被吸入。被吸入的液体充满齿轮的各个齿谷，随着齿轮旋转被带到排出侧 B，齿轮相互啮合时齿谷内的液体被挤出，形成高压液体并经排出口压至泵外。

齿轮泵主要具有以下特点：结构紧凑，使用和保养方便；具有良好的自吸性，故每次开泵

前无须灌入液体;齿轮油泵的润滑是靠输送的液体而自动达到的,故日常工作时无须另加润滑油。

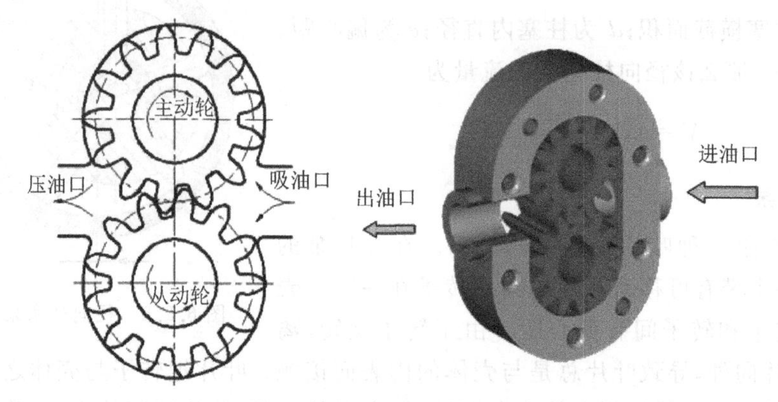

图 6.2.8 齿轮泵结构简图

综上介绍的几种液压泵,表 6.2.2 给出了液压系统常用液压泵的性能比较。

表 6.2.2 液压系统常用液压泵的性能比较

性 能	外啮合齿轮泵	双作用叶片泵	限压式变量叶片泵	径向柱塞泵	轴向柱塞泵
输出压力	低压	中压	中压	高压	高压
流量调节	不能	不能	能	能	能
效率	低	较高	较高	高	高
输出流量脉动	很大	很小	一般	一般	一般
自吸特性	好	较差	较差	差	差
油污染敏感性	不敏感	较敏感	较敏感	很敏感	很敏感
噪声	大	小	较大	大	大

6.2.3 液压蓄能器

蓄能器是一种能量储蓄装置。它在适当的时机将系统中的能量转变为压缩能或位能储存起来,当系统需要时,又将压缩能或位能转变为液压或气压等能而释放出来,重新补供给系统。当系统瞬间压力增大时,它可以吸收这部分的能量,以保证整个系统压力正常。

液压蓄能器储存自液压泵流出的压力流体,经常用于液压回路中以提供所要求的压力油,以及消除流量脉动,如图 6.2.9 所示。在蓄能器中,储存的能量以压缩气体、压缩弹簧或提升的载荷形式储存,施力于相对不可压缩的流体。目前最常用的液压蓄能器是气动-液动型式的。气体的作用类似于缓冲弹簧,它和流体共同作用;气体被活塞、薄隔膜或气囊所分离。

液压蓄能器的工作原理:液体在压力作用下,体积的变化(在温度不变的情况下)非常的微小,所以如果没有动力源(也就是高压液体的补充),液体的压力会迅速降低。而气体的弹性则要大得多，因为气体是可压缩的，在有较大的体积变化情况下，气体仍然有可能保持相对高的压力。那么，如图 6.2.10 所示，预充压力的气体(为防止氧化，通常为氮气)被装在蓄能器的气囊中，与液压油隔开。当往蓄能器中充液压油时，随着液压油的冲入，气囊被压缩，气体压力增大，液压油的压力随之增大，直到液压油充到设定的压力。

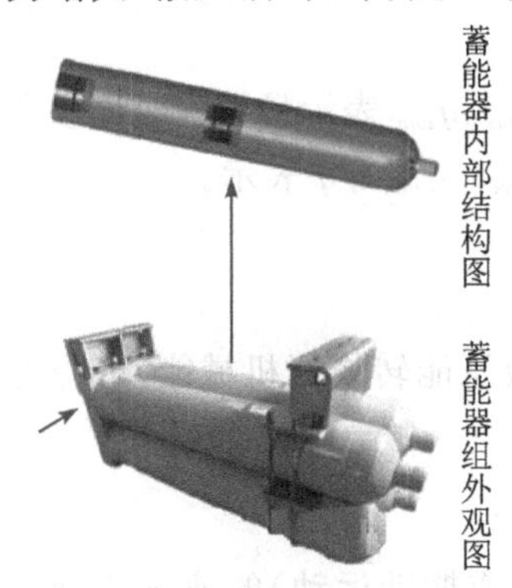

图 6.2.9　液压蓄能器实物图

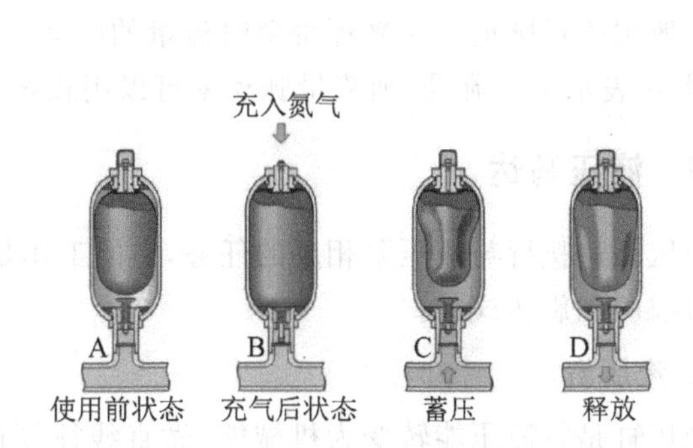

图 6.2.10　液压蓄能器工作原理图

如图 6.2.11 所示，实际中常用的液压蓄能器按结构形式可分为如下 3 类：

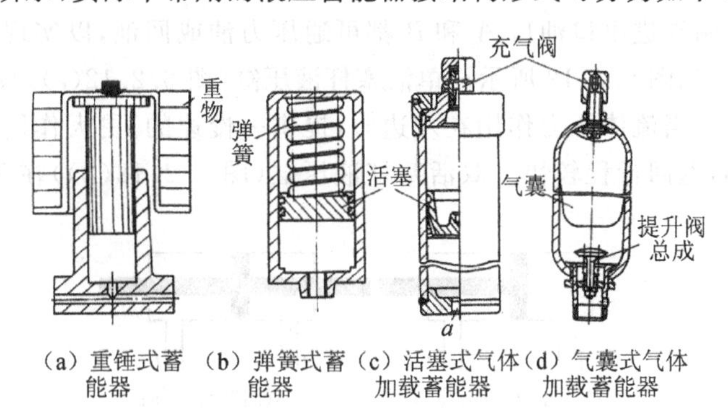

图 6.2.11　液压蓄能器的结构形式

(1)重锤式蓄能器。图 6.2.11(a)所示为重锤式蓄能器。其结构类似于柱塞缸，重物的重力作用在柱塞上。当蓄能器充油时，压力油通过柱塞将重物顶起，当蓄能器与液动机接通时，液压油在重物的作用下排出蓄能器，去液动机做功。这种蓄能器结构简单、压力稳定，但体积大、笨重、运动惯性大、有摩擦损失，一般在大型固定设备中采用。

(2)弹簧式蓄能器。图 6.2.11(b)所示为弹簧式蓄能器。弹簧力作用在活塞上，蓄能器充油时，弹簧被压缩，弹力增大，油压升高。当蓄能器与液压马达相连时，活塞在弹簧的作用下下移，将油液排出蓄能器，去液压马达做功。这种蓄能器结构简单、反应灵敏，但容积小，且不易用于高压。另外，因弹簧易振动，故此种蓄能器也不适用于工作循环频率高的场合。

(3)气体加载蓄能器。图 6.2.11(c)和(d)都是气体加载蓄能器，加载用气体一般都为氮气。图 6.2.11(c)为活塞式，其中的气体和油液由活塞隔开，a 为液压油口。其特点是工作可靠、寿命长，但动作不够灵敏、容积小、缸体与活塞的配合面加工要求高。图 6.2.11(d)为气囊式，气体储存在气囊里，其特点是结构紧凑、反应灵敏，但气囊及壳体制造都较困难。

目前，液压蓄能器已广泛应用在输配电、无人机弹射、汽车等众多领域。

部分液压系统在工作过程中会产生流量脉动，例如齿轮泵。其原因在于齿轮在啮合过程中，啮合点位置瞬时变化，且工作腔容积变化率不是常数，因此其产生的瞬时流量是脉动的。

一般用流量脉动率 σ 来评价瞬时流量的脉动。设 q_{max}、q_{min} 表示最大瞬时流量和最小瞬时流量，q 表示平均流量，则流量脉动率可以用式 $\sigma=(q_{max}-q_{min})/q$ 表示。

6.2.4　液压马达

液压马达执行与液压泵相反的任务，它的工作是把液压能转换回机械能，可分为直线式的（液压缸）和旋转式的。

1. 液压缸

液压缸是将液压能转变为机械能，做直线往复运动（或摆动运动）的液压执行元件。根据常用液压缸的结构形式，可将其分为 4 种类型。

1）活塞式液压缸

活塞式液压缸两端进出口油口 A 和 B 都可通压力油或回油，以实现活塞的双向运动，故又称为双作用缸，如图 6.2.12 所示。单活塞杆液压缸（图 6.2.12(a)）只有一端有活塞杆，活塞左边面积较大。当流体压力作用在左边时，提供一慢速的，更大作用力的工作行程；而活塞右边面积较小，返回行程较快。双活塞杆液压缸（图 6.2.12(b)）在两个方向上具有相等的作用力。

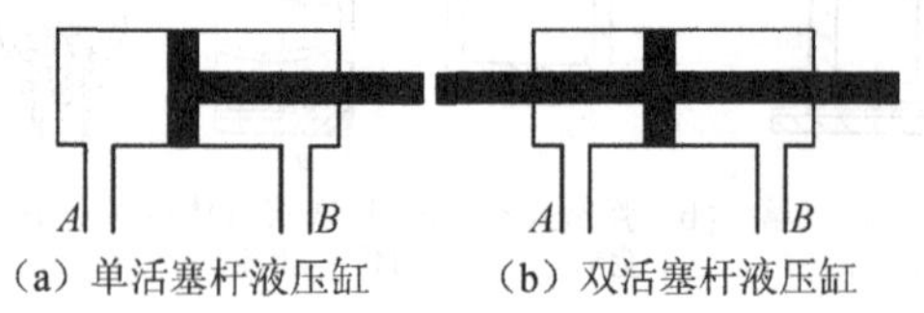

（a）单活塞杆液压缸　　（b）双活塞杆液压缸

图 6.2.12　活塞式液压缸

2）柱塞式液压缸

柱塞式液压缸是一种单作用式液压缸，如图 6.2.13 所示。它靠液压力只能实现一个方向的运动，柱塞回程需要借助柱塞的自重或弹簧等其他外力来完成。如果要使其具备双向运动的能力，可以将两个液压式柱塞缸成对使用。

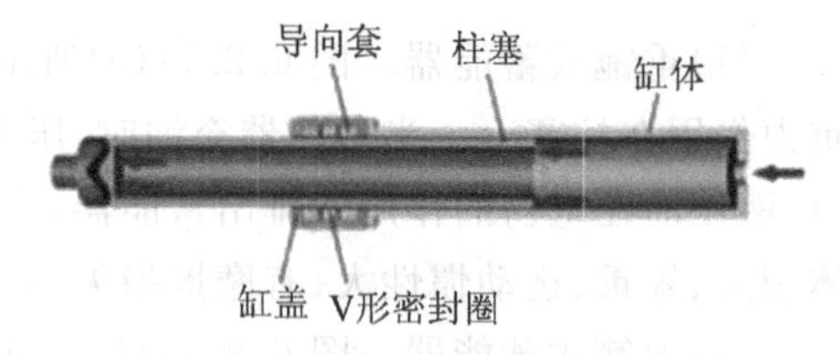

图 6.2.13　柱塞式液压缸

3）伸缩式液压缸

如图 6.2.14 所示，伸缩式液压缸具有二级或多级活塞，伸缩式液压缸中活塞伸出的顺序是从大到小，而空载缩回的顺序则一般是从小到大。伸缩缸可实现较长的行程，而缩回时长度较短，结构较为紧凑。此种液压缸常用于工程机械和农业机械上。

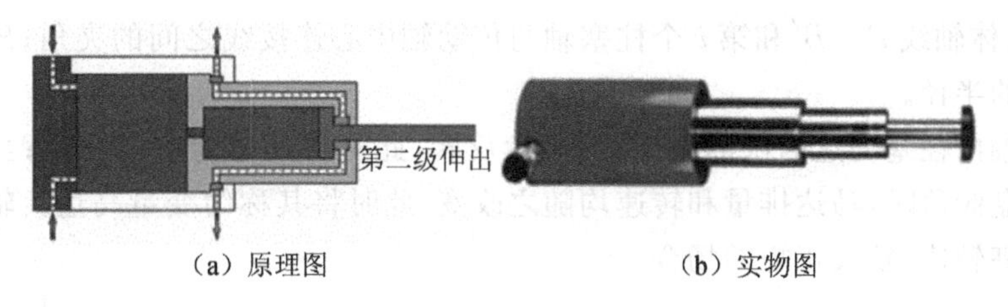

图 6.2.14　伸缩式液压缸

4) 摆动式液压缸

摆动式液压缸是输出扭矩并实现往复运动的执行元件，也称摆动式液压马达。有单叶片和双叶片两种形式。其定子块固定在缸体上，而叶片和转子连接在一起。根据进油方向，叶片将带动转子做往复摆动，如图 6.2.15 所示。

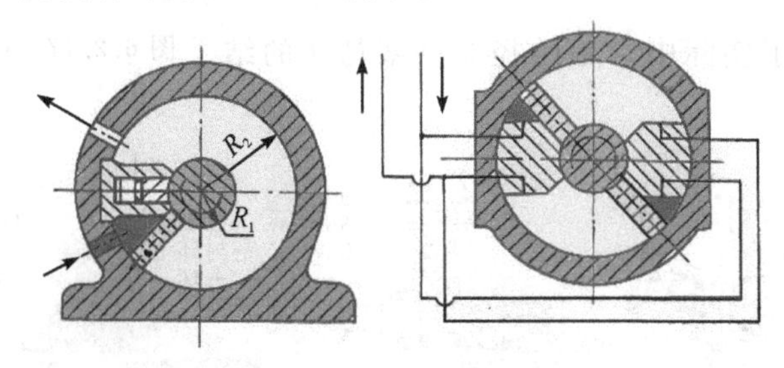

图 6.2.15　摆动式液压缸

2. 旋转式液压马达

旋转式液压马达包括柱塞马达、叶片马达和齿轮马达。许多液压泵只要做小量的改变或根本不需要改变就可以用作马达。

1) 轴向柱塞马达

如图 6.2.16 所示，输入的高压油通过柱塞作用在斜盘上。斜盘给柱塞的反作用力的径向分力使缸体产生转矩，通过输出轴带动负载做功。柱塞在高压侧时具有推动力 Ap，其中 A 是柱塞面积，p 是流体压力。此推力可分解为垂直于驱动盘的力和平行于驱动盘的力。对于每个柱塞，平行于圆盘的力是 $Ap\sin\alpha$。所以作用在轴上的扭矩是

$$T = \sum_i Ap\sin\alpha \cdot R\sin\theta_i$$

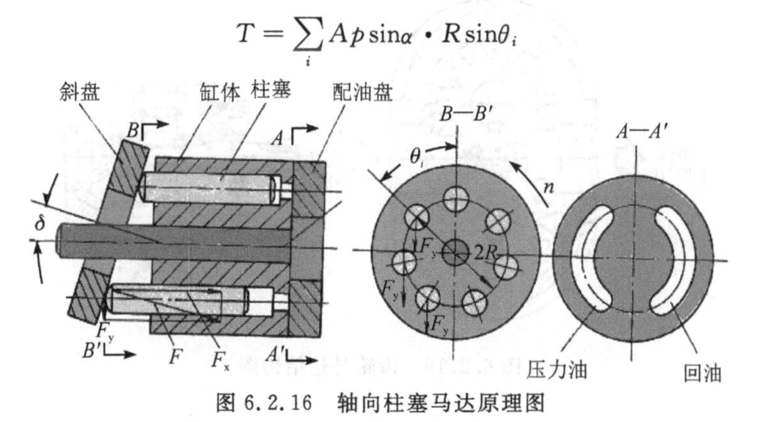

图 6.2.16　轴向柱塞马达原理图

式中，θ_i 是缸体轴线 $B—B'$ 和第 i 个柱塞轴与传动轴中心连接线之间的夹角；R 为各柱塞中心点所在圆的半径。

当改变轴向柱塞马达的供油方向时，马达反转，此时将其称为双向马达；当改变轴向柱塞马达的斜盘倾角时，马达排量和转速均随之改变，此时将其称为变量马达。轴向柱塞马达通常应用于高转速、较大扭矩的场合。

2）径向柱塞马达

如图 6.2.17 所示，在径向柱塞马达中，压力液体进入缸体中的一半，沿液压缸体的轴线推动每个柱塞。这些柱塞的径向移动带动转子旋转，一直旋转至定子轮廓距配油轴最远的点为止。这样，径向推动柱塞而产生缸体和柱塞旋转。

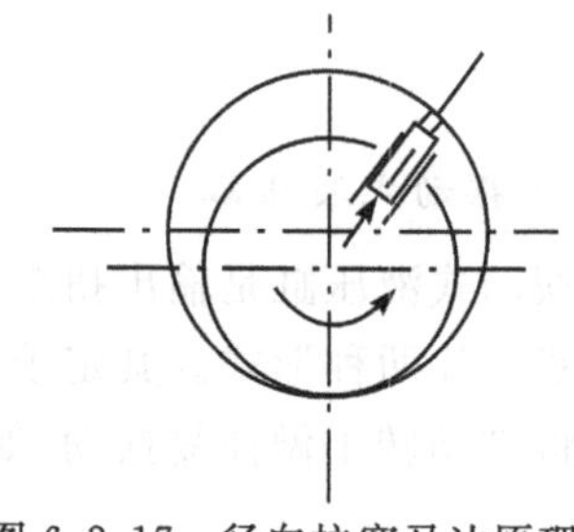

图 6.2.17　径向柱塞马达原理图

图 6.2.18 展示了实际中常用的径向柱塞马达的结构图。

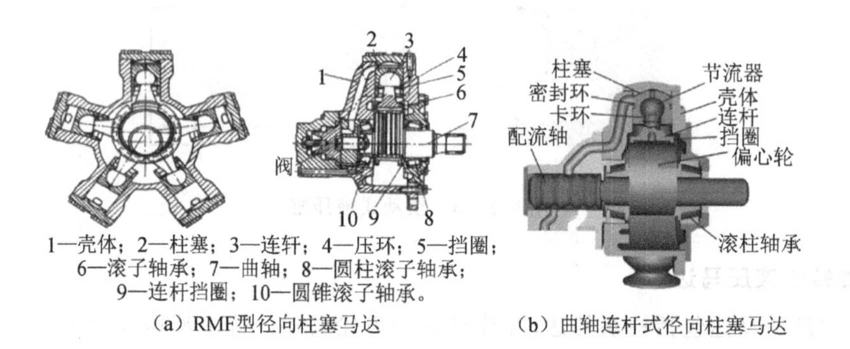

（a）RMF型径向柱塞马达　（b）曲轴连杆式径向柱塞马达

图 6.2.18　实际中常用的径向柱塞马达结构图

3）齿轮马达

如图 6.2.19 所示，齿轮马达的工作原理与齿轮泵正好相反，两个齿轮都是被动的，但只有一个是与输出轴相连接的。液压流体从泵进入工作腔 A，并在两个方向上沿壳体内表面流到工作腔 B，迫使齿轮旋转。通过这种旋转运动，马达可以对输出轴做功。

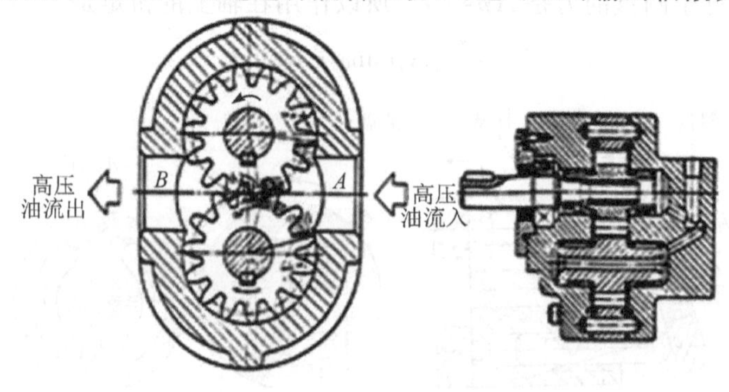

图 6.2.19　齿轮马达结构图

综上，我们将液压系统所包含的泵和马达的分类汇总在图 6.2.20 中。

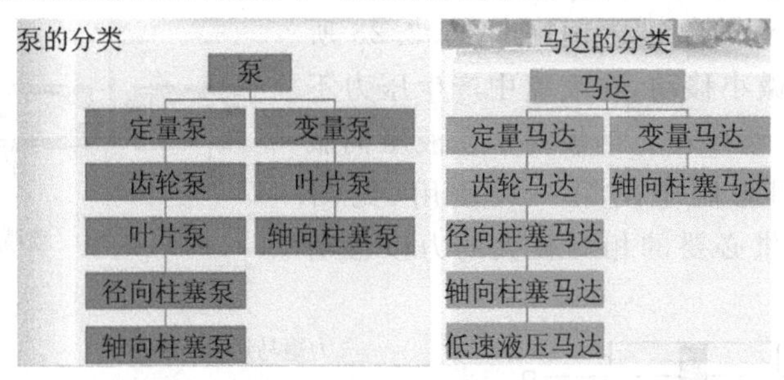

图 6.2.20　液压泵和液压马达的分类

6.2.5　液压控制阀

液压控制阀是用机械运动来控制液压马达液流的方向、流量、压力、速度等参数的元件。它可分为如下 6 种类型。

(1)滑阀。滑阀一般根据流入和流出此阀的通道数来分类。如图 6.2.21 所示的四通柱塞滑阀，其阀芯可以在两个方向上移动。如果阀芯移动到右边，*B* 口与压力口 *P* 接通，*A* 口与回油口接通，动力(马达)活塞移向左。如果阀芯移动到左边，*A* 口与压力口 *P* 接通，*B* 口与回油口接通，动力(马达)活塞移向右。三通柱塞滑阀则是通过移动阀芯，改变作用在不等面积动力活塞一边的压力，从而达到改变活塞运动方向的目的，如图 6.2.22 所示。

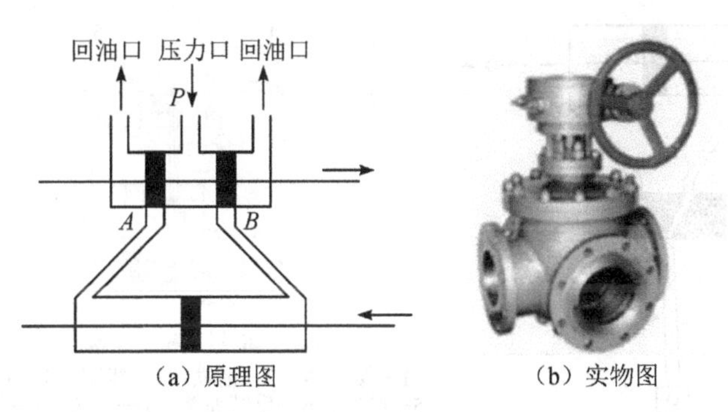

(a) 原理图　　(b) 实物图

图 6.2.21　四通柱塞滑阀

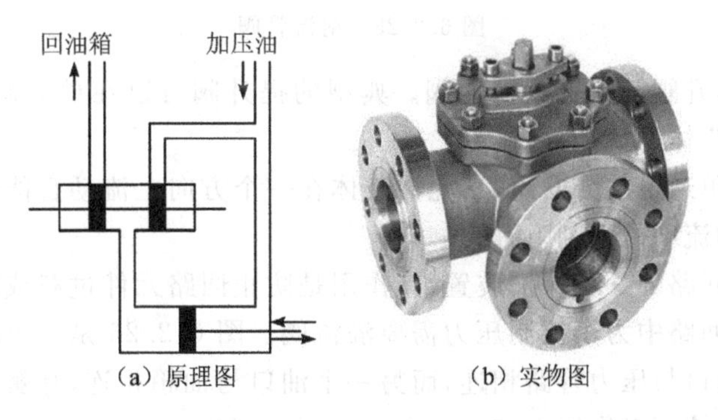

(a) 原理图　　(b) 实物图

图 6.2.22　三通柱塞滑阀

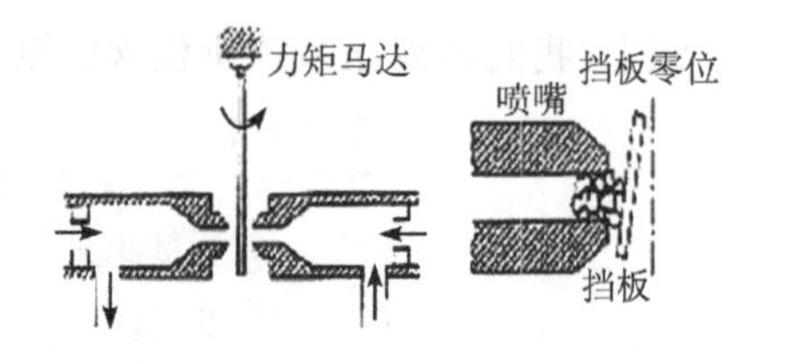

图 6.2.23　喷嘴-挡板阀原理图

(2)挡板阀。挡板阀也称为喷嘴-挡板阀,即一个挡板放在两个相对的喷嘴之间,如图6.2.23所示。如果挡板向右微小移动,在喷嘴中产生压力不平衡,于是动力活塞移向左。挡板阀常在液压伺服系统中作为两级伺服阀中的第一级使用(见图6.2.24),目的是提供必要的相对较大的力以移动第二级滑阀。

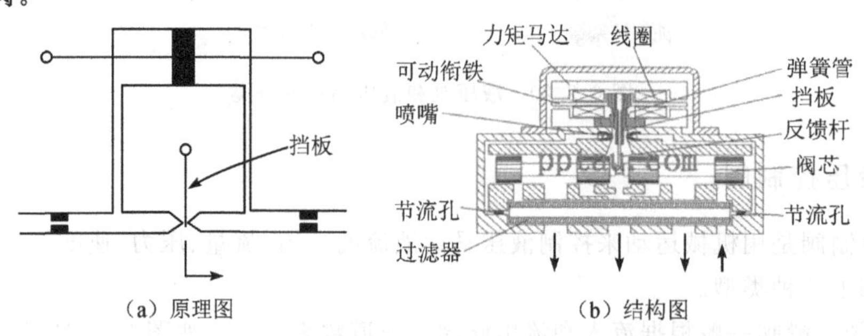

图 6.2.24　由喷嘴-挡板阀和滑阀构成的两级伺服阀

(3)射流管阀。图6.2.25表示一个射流管阀连接在动力液压缸上,液压流体自射流管喷射出来,如果射流管自中间位置移动到右边,动力活塞移向左。射流管阀由于零位泄漏量大、响应慢和特性无法预测,因此不如挡板阀用得多,其主要优点是对受污染流体不敏感。

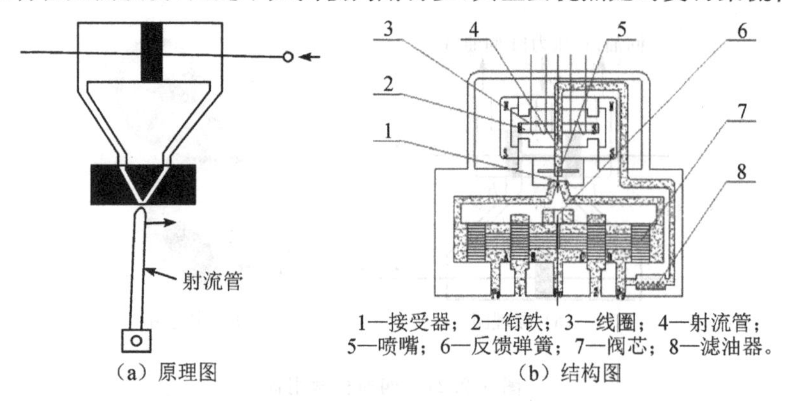

图 6.2.25　射流管阀

(4)提升阀。提升阀基本上是二通阀。典型的提升阀可以在单向阀和溢流阀中找到。这些阀不改变液压流体的流动方向。

单向阀是一个单通道的方向阀,它允许液体在一个方向上流动且能控制液体流量的大小,而在反方向上的流动是受到阻碍的。

溢流阀是液压回路的一种保护装置,其作用是防止回路元件过载或限制液压马达的作用力。在很多液压回路中为了控制压力需要溢流阀。图6.2.26是一个简单的溢流阀结构示意图,其中一个油口与压力管路相连,而另一个油口与油箱相连,弹簧力可将阀保持在阀座上,调节螺钉用来控制工作压力。

溢流阀工作原理如下:当进口压力超过弹簧力时,溢流阀被推离阀座,流体从压力管道

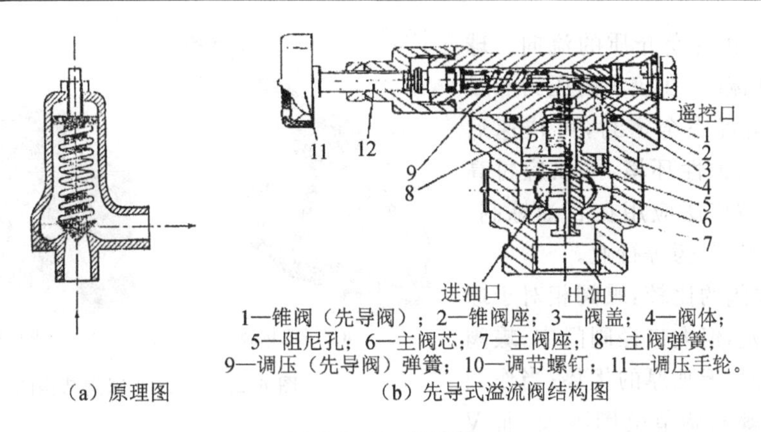

1—锥阀（先导阀）；2—锥阀座；3—阀盖；4—阀体；
5—阻尼孔；6—主阀芯；7—主阀座；8—主阀弹簧；
9—调压（先导阀）弹簧；10—调节螺钉；11—调压手轮。

（a）原理图　　（b）先导式溢流阀结构图

图 6.2.26　溢流阀

通过阀而流回油箱；当压力下降到低于弹簧力时，溢流阀恢复原位，流动停止。当阀受迫离开阀座，并且流体开始流动时的压力称为开启压力。全流量时的压力比开启压力大。压力增大导致通过溢流阀的流量增大，称此为压力增量。

常用的溢流阀主要有直通式和先导式两种。直通式溢流阀结构简单，类似于图 6.2.26(a)所示。先导式溢流阀结构较复杂，图 6.2.26(b)给出了实际中广泛使用的 YF 型三节同心先导溢流阀的结构图。

(5)蝶阀。蝶阀又叫作翻板阀，是一种结构简单的调节阀，用于低压管道介质的开关控制。如图 6.2.27 所示，蝶阀的关闭件叫作阀板或蝶板，形状为圆盘状。工作时阀杆转动带动蝶板转动，蝶板绕着轴线旋转，旋转角度在 0～90 度范围内。当蝶板旋转到 90 度时，阀门是全开状态。

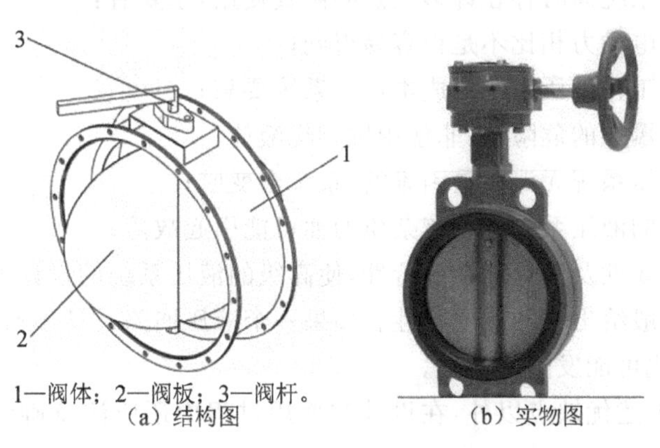

1—阀体；2—阀板；3—阀杆。

（a）结构图　　（b）实物图

图 6.2.27　蝶阀

蝶阀具有结构简单、体积小、重量轻、操作简单的特点。蝶阀完全开启时，蝶板厚度是介质流经阀体的唯一阻力，此时流体通过阀门产生的阻力非常小，所以蝶阀能较好地控制介质的流量。蝶阀的结构原理对于大口径阀门非常适用，现已经广泛应用在石油、煤气、化工、水处理等一般工业上，还常应用于热电站的冷却水系统。

(6)球阀。如图 6.2.28 所示，球阀通过阀杆转动带动球体绕轴线旋转来截断或接通介质，也可用于流体的调节与控制，V 型球阀能够比较精确地调节和控制流量，而三通球阀则用于分配介质和改变介质的流向。球阀的特点是低流阻，在较大的压力和较高温度下可实现完全密封，可快速启闭，比较适合腐蚀性环境，可以应付高压工况，因此被广泛应用在石油炼制、长输管线、化工、制药等行业。

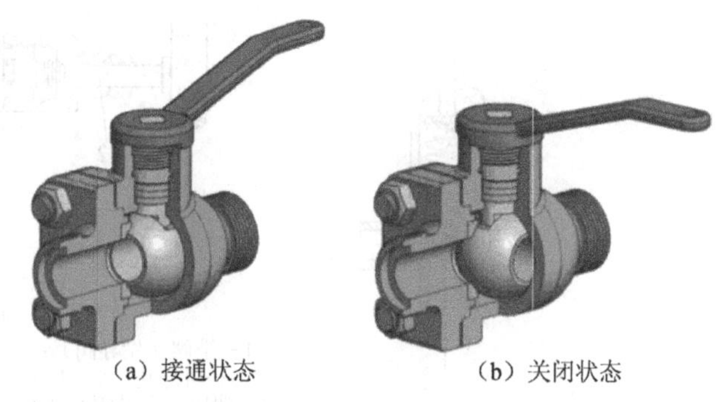

(a) 接通状态　　(b) 关闭状态

图 6.2.28　二通球阀结构图

球阀和蝶阀的比较：蝶阀相对于球阀，密封性稍差，但大口径阀门中，蝶阀比球阀更具有得天独厚的优势；当作调节流量用时，蝶阀调节范围不大，而 V 型调节球阀调节得更精确。另外在高压管路中，球阀要比蝶阀具有优势。

6.2.6　液压系统特点

液压系统与其他系统相比具有一定的优点和缺点。其主要优点如下所述：

(1)液压流体具有润滑剂的作用，还能够进行热量传递；

(2)尺寸较小的液压马达能够产生较大的力或力矩；

(3)液压马达对于启动、停止和转速转换具有较高的速度响应；

(4)液压马达可在连续的、间断的、倒转和停车的情况下操作而不致损坏；

(5)直线和旋转式液压马达可以设计成柔性的；

(6)液压马达泄漏小，载荷作用时的速度降落小。

另一方面，液压系统同时存在许多缺点限制其使用，主要有：

(1)液压动力与电动力相比不是很容易得到；

(2)完成同样的工作液压系统的成本比电系统要高；

(3)存在燃烧和爆炸的危险，除非使用抗燃烧液体；

(4)由于保持液压系统无泄漏是困难的，系统会变脏；

(5)在正常运转的液压系统中含有杂质的油可能引起故障；

(6)由于存在非线性及其他复杂的特性，使高级的液压系统的设计十分困难；

(7)液压回路一般给出弱的阻尼特性。如果一个液压回路设计不恰当，某些不稳定现象随着工作条件的变化可能发生或消失。

液压系统除了上述优缺点以外，在设计和使用过程中还应注意避免出现下面两种对系统有害的现象。

油击现象。由于瞬时关闭管路一端的阀，而使油或水在管路中的流动突然停止，由此可能引起一间断的压力脉冲，从而引起一系列的冲击，其声音好像是锤击一样。这种现象称为油击或水击，它与流体介质有关。

例如家中的自来水管系统，水由于动量要保持其运动，当龙头很快关断或洗衣机自动关闭时，水由于受到剧烈压缩而猛击管道内壁，可能发生锤击声音，即产生水击现象。为了避免水击现象产生的剧烈压力波和锤击噪声，在长管路中使用慢关闭阀或使用安全阀装置或反锤击装置，以对压力脉冲进行消振。

空穴现象。在流体快速流动的过程中，当流动速度局部增大或压力减少到饱和蒸汽压力区域时，流体将汽化并产生气泡，气泡由流体带到高压区域并突然破灭。当气泡破灭时，由流体冲击破灭气泡所产生的空穴，形成了非常高的局部压力，伴随着噪声和振动。这种流体快速流动中汽化和气泡随即破灭的过程称为空穴现象。它会产生噪声和振动，降低效率，损坏流道等。

例如离心式泵中，由于吸入腔压力下降而引起空穴现象，产生明显噪音和振动，更进一步，泵可能被损坏。因此，液压系统通常设计用消除局部低压区或用专门的抗气蚀材料等方法来避免空穴现象发生。

6.3　液压流体的性质

液压流体的性质对液压系统特性起重要作用。因此，为了讨论液压系统的特性并对其建立数学模型，我们首先需要了解液压流体的物理性质。

密度。物质的质量密度 ρ 是指单位体积的质量。一般使用的单位包括 kg/m^3、lb/ft^3、$slug/ft^3$ 等。

比容。比容 v' 是密度 ρ 的倒数，即 $v'=1/\rho$，它是流体单位质量所占的容积。

比重和比重力。物质的比重力 γ 是其单位体积的重量，使用的 SI 单位是 N/m^3。比重力和质量密度的关系是：$\gamma=\rho g$，式中 g 是重力加速度。物质的比重则是它的重量与在标准大气压力和温度下相等体积的水的重量之比。

流体的密度是压力和温度的函数。它可以写成：

$$\rho=\rho_0[1+a(p-p_0)-b(\theta-\theta_0)] \tag{6.3.1}$$

式中，ρ、p 和 θ 分别是密度、压力和温度。假定当压力是 p_0、温度是 θ_0 时的流体密度是 ρ_0。由于 a 和 b 的值都是正的，因此流体质量密度随压力增大而增大，随温度增大而减小。系数 a 和 b 分别称为可压缩性模量和体积的膨胀系数。

可压缩性模量和体积模量　流体的可压缩性是由其体积模量来表示的。流体的体积模量和可压缩性模量是互为倒数的。如果体积为 V 的流体增加压力 dp，它将引起体积下降 dV，其体积模量的定义为

$$K=\frac{dp}{-dV/V} \tag{6.3.2}$$

注意 dV 是负的，所以 $-dV$ 是正的。由于所有液压流体都与空气在一定的范围内混合，所以用实验测定体积模量时，任何给定流体的体积模量值都是与流体中所含有的空气量有关的。

黏度。黏度是液压流体最重要的性质，是对流体在流动中的内摩擦或阻力的一种度量。黏度的物理本质是分子间的引力和分子热运动、碰撞。低黏度表示泄漏损失增大，而高黏度则意味着低灵敏度的操作。在液压系统中可容许的黏度是由泵、马达、阀、周围的及操作温度的工作特性所限制。流体的黏度随温度升高而减小。

黏度是用观察一定体积的流体在一定的水头下通过具有相同孔径的短管所需要的时间来测定的，例如图 6.3.1 所示的用毛细管式黏度计测定流体的黏度。

由流体中的各部分相对运动而产生的阻力称为动力黏度或绝对黏度。它是流体的剪切

应力与剪切变形之比。如图 6.3.2 所示，动力黏度或绝对黏度系数 μ 定义为流体薄层沿平行于薄层方向运动，对另一距它为单位距离的流体薄层，具有单位相对速度时所产生的阻力，即

$$\mu=\frac{\tau}{\mathrm{d}v/\mathrm{d}y} \tag{6.3.3}$$

式中，τ 为液压流体单位面积上的内摩擦阻力，又称切应力；$\mathrm{d}v/\mathrm{d}y$ 为速度梯度，又称切变速率。切应力和切变速率是表征体系流变性质的两个基本参数。实际上，该公式就是液压流体中的牛顿公式。反之，我们将符合该牛顿公式的流体称为牛顿流体。

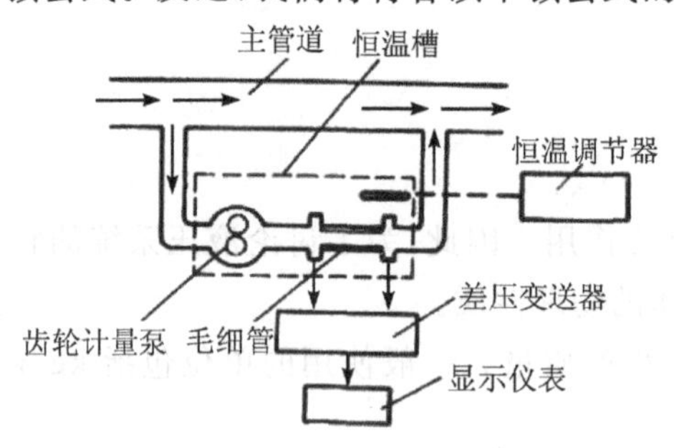

图 6.3.1　用毛细管式黏度计测定流体的黏度

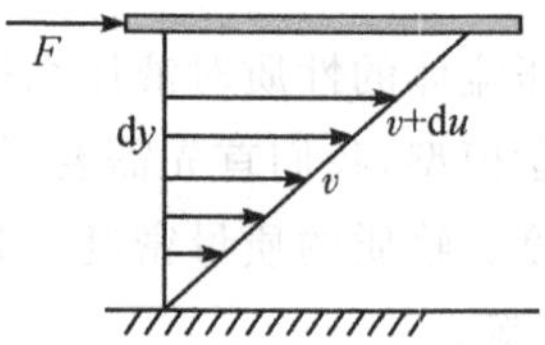

图 6.3.2　动力黏度或绝对黏度系数

根据流体的牛顿公式，可得黏度的定义为：将两块面积为 1 平方米的板浸于液体中，两板距离为 1 米，若加 1 牛的切应力，使两板之间的相对速率为 1 米每秒，则此液体的黏度为 1 帕秒(Pa・s)。

动力黏度的 SI 单位是 $\mathrm{N\cdot s/m^2}$ 或 $\mathrm{kg/m\cdot s}$。

运动黏度是动力黏度除以质量密度，即

$$\nu=\frac{\mu}{\rho} \tag{6.3.4}$$

式中，ρ 是流体的质量密度。

运动黏度的 SI 单位是 $\mathrm{m^2/s}$。对于在标准工作条件下的液压油，运动黏度大约是从 $5\times10^{-6}\ \mathrm{m^2/s}$ 到 $100\times10^{-6}\ \mathrm{m^2/s}$。石油基油类随温度升高而变薄，随温度降低而变厚。如果液压系统是在很宽的温度范围内工作，必须使用黏度相对于温度不敏感的流体。

关于液压流体的 4 个要点：

(1)水、天然油和植物或动物油不用作液压流体，因为它们缺乏适当的润滑和抗氧化能力，并会引起腐蚀、起泡沫等问题。

(2)液压流体的工作寿命与它的抗氧化能力有关。由于任何流体都与空气有一定量的混合，当工作温度在 70 ℃以上时，氧化会加速，因此流体工作温度必须保持在 30 ℃到 60 ℃之间。而高质量的流体一般含有抗氧化剂以减缓氧化。

(3)当在高温工作时，流体重要的性质是润滑性、黏性、热稳定性、重量、体积模量。注意，这些不是相互独立的变量。

(4)对于安排在接近高温源的液压系统，应使用耐火的流体。

6.4　流体流动的基本定律

我们将在本小节导出用于描述流体流动的基本方程，其中包括连续性方程、欧拉方程和伯努利方程。我们首先给出雷诺数、层流和紊流的定义，以及其他必要的专用名词，随后推导相关数学模型。

6.4.1　流体流动特性

1. 雷诺数

作用在流动流体上的力包括重力、浮力、流体惯性力、黏性力、表面张力及其他因素所产生的力。在多数的流动情况中，由流体惯性和黏性所引起的力最为重要，它们基本支配了流体的流动。

惯性力与黏性力的无量纲之比称为雷诺数。因此，大的雷诺数表示流体流动由惯性力支配，而小的雷诺数则表示流体流动由黏性力所支配。雷诺数 Re 由下式给出：

$$Re=\frac{\rho vD}{\mu} \tag{6.4.1}$$

式中，ρ 是流体的质量密度；μ 是动力黏度或动力黏度系数；v 是流动的平均速度；D 是特征长度。对于在管中的流动，特征长度即为管的内径。管中的平均流动速度是

$$v=\frac{Q}{A}=\frac{4Q}{\pi D^2} \tag{6.4.2}$$

式中，Q 是流体的体积流量；A 是管截面积；D 是管的内径。最终，在管中流动的雷诺数由下式给出：

$$Re=\frac{\rho vD}{\mu}=\frac{4\rho Q}{\pi\mu D} \tag{6.4.3}$$

雷诺数是表征流体黏滞性的一个重要参数。雷诺数越大，该流体的黏滞性就越小，黏滞性越小的流体就越容易流动。没有黏滞性的流体就是所谓的超流(它的雷诺数趋于无穷大)。例如当液氦(指 4He)的温度降到 2.17 K 时，将从原来的正常流体突然转变为“超流体”，如图 6.4.1 所示。

图 6.4.1　液氦超流体

2. 层流和紊流

由黏性力决定的流体流动称为**层流**，其特征是光滑、平行的流体直线运动。由惯性力支配的流体流动称为**紊流**(或湍流)，其特征是不规则的类似漩涡的流体运动。层流和紊流如图 6.4.2 所示。当雷诺数低于 2000 即 $Re<2000$ 时，流动总是层流；当雷诺数在 4000 以上即 $Re>4000$ 时，流动除特殊情况外一般是紊流。

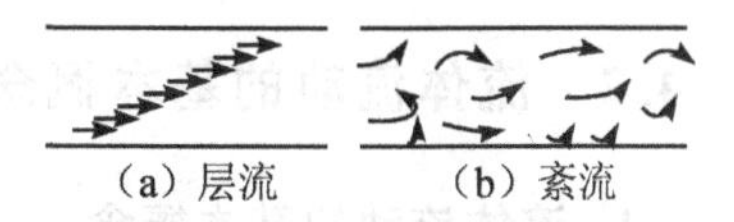

图 6.4.2　流体流动形式示意图

在毛细管中，流动是层流。一般，如果管的横截面积比

较大和(或)管道长度比较长,则流动是层流。否则,就会产生紊流。需要指出的是层流对温度是敏感的,因为它与流体的黏性有关。

本质上,层流是流体的缓慢流动,流体质点做有条不紊的平行的线状运动,彼此不相掺混。对于层流,在管中速度分布为抛物线形。而紊流则是流体充满了漩涡的急湍流动,流体质点的运动轨迹极不规则,其流速大小和流动方向随时间而变化,彼此互相掺混。通常情况下,紊流的搬运能力要强于层流,并且紊流还有漩涡扬举作用,这是可使沉积物呈悬浮搬运的主要因素。

3. 牛顿流体和非牛顿流体

从流体力学的性质来说,凡服从牛顿内摩擦定律的流体称作牛顿流体,否则称作非牛顿流体。牵引流就属于牛顿流体,沉积物重力流属于非牛顿流体。牛顿流体和非牛顿流体对碎屑物质搬运和沉积作用的机制是不同的。

一切真实流体中,由于分子的扩散或分子间相互吸引的影响,使不同流速的流体之间有动量交换发生。因此,在流体内部两流层的接触面上产生内摩擦力。这种力与作用面平行,故又称流动切应力,或黏性力。黏性力的方向:对流速大的流体层而言,它与流速方向相反,是阻碍流动的力;相应地,对流速小的流体层而言则是促使其加速的力。黏性力的大小可由牛顿内摩擦定律确定。牛顿内摩擦定律(又称牛顿黏性定律)通过式 6.4.4 和图 6.4.3 表示为

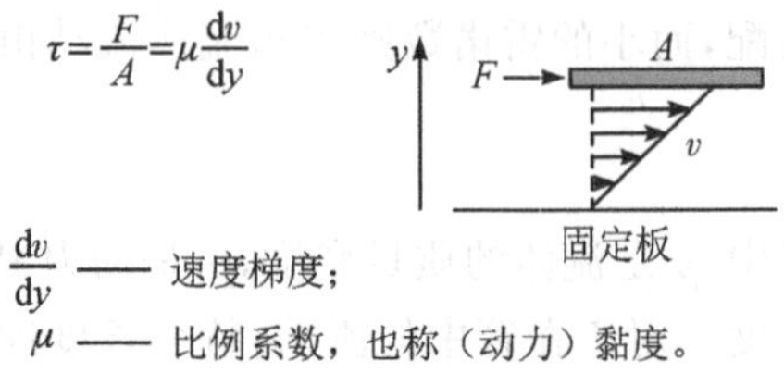

$\tau=\frac{F}{A}=\mu\frac{dv}{dy}$ y F A v 固定板

$\frac{dv}{dy}$ —— 速度梯度;

μ —— 比例系数,也称(动力)黏度。

图 6.4.3 牛顿内摩擦定律示意图

$$F=A\tau=\mu A\frac{dv}{dy} \qquad (6.4.4)$$

式中,F 是相邻平行流体层间的内摩擦力;A 是流体层接触面积;τ 为切应力;μ 是动力黏度;dv/dy 是流体速度梯度。该定律说明流体在流动过程中,流体层间所产生的剪应力与法向速度梯度成正比,与压力无关。需要注意的是,流体的这一内摩擦定律与固体表面的摩擦力规律有所不同。

流体以层流形式在管中流动时,由于受牛顿内摩擦力的作用,流体的速度分布呈抛物线形。除此以外,液压控制系统中存在着许多通过小孔或狭小的通道,例如在滑阀和孔之间及活塞和缸体之间的流动。这类流体通过狭小通道流动的性质是与具体每一种情况下的雷诺数相关的。

根据切应力 τ 和流体速度梯度 dv/dy 之间的关系,液压系统中的流体可分为图 6.4.4 中的 4 类。

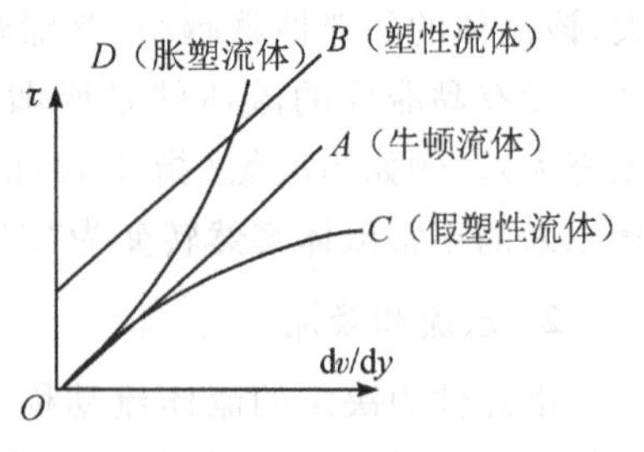

图 6.4.4 液压系统中流体的分类

6.4.2 流体流动的基本概念及三大方程

1. 流体流动的基本概念

流线,流体流过所划下的连续线。如图 6.4.5 所示,由于其上各点具有速度矢量的方

向，因此在垂直于流线的方向上无流动。

流管，是所有通过封闭曲线的流线所构成的管子。如图6.4.6所示，由于速度向量在垂直于管表面上无分量，因此没有穿过流管壁的流动。

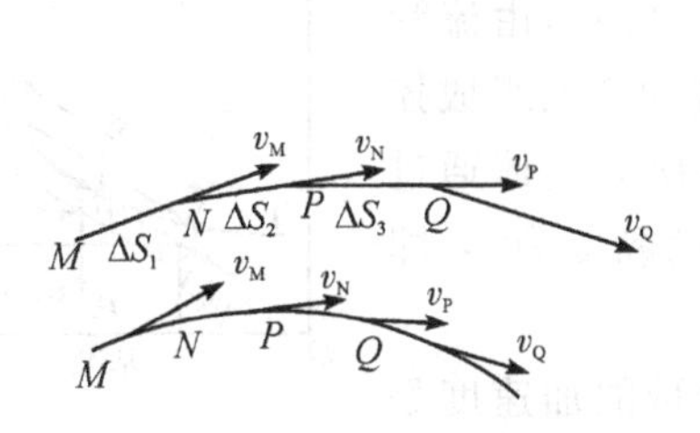

图6.4.5 流线示意图

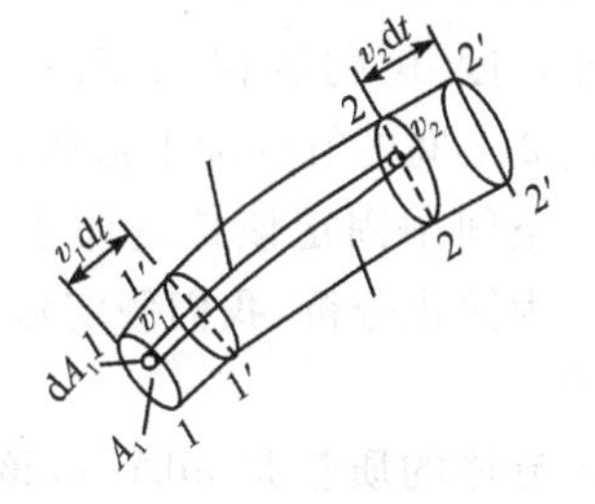

图6.4.6 流管示意图

稳定流动。如果流体中的压力、速度、密度、温度及类似的因素在任何点都与时间无关，此流动称为稳定流动。在稳定流动条件下，空间中任意点的状态保持为常数，可表示为

$$\frac{\partial p}{\partial t}=0,\quad \frac{\partial v}{\partial t}=0,\quad \frac{\partial \rho}{\partial t}=0,\quad \frac{\partial T}{\partial t}=0 \tag{6.4.5}$$

其中，p、v、ρ 和 T 分别是任意点处流体的压力、速度、密度和温度。如果每一点的流体状态是随时间而变的，此流动为不稳定的。

控制体积，是指在空间中的某个范围。控制体积的大小和形状一般是人为选择的，以便对流体在空间流进和流出的情况进行分析。

2. 流体流动的连续性方程

连续性方程是将质量守恒原理应用于流动中而求得的。此原理说明，系统中的质量相对于时间而言保持为常数。

控制体积的连续性方程说明控制体积内单位时间的质量增大率等于纯流入控制体积中的质量流率。对于图6.4.6所示的流管，根据质量守恒定律，我们可以得到应用在稳定流动中沿流管两截面的连续性方程为

$$\rho_1 v_1 \mathrm{d}A_1=\rho_2 v_2 \mathrm{d}A_2 \tag{6.4.6}$$

式中，ρ_1、v_1 和 ρ_2、v_2 分别为流体在截面微元 $\mathrm{d}A_1$ 和 $\mathrm{d}A_2$ 处的瞬时质量密度和速度。

如果在横截面 A_1 和 A_2 上的平均密度分别是 ρ_1 和 ρ_2，平均速度分别是 V_1 和 V_2，于是有

$$\rho_1 V_1 A_1=\rho_2 V_2 A_2 \tag{6.4.7}$$

式中，

$$V_1=\frac{1}{A_1}\int_{A_1} v_1 \mathrm{d}A_1,\quad V_2=\frac{1}{A_2}\int_{A_2} v_2 \mathrm{d}A_2$$

定义两横截面的体积流量 Q_1 和 Q_2 分别为

$$Q_1=A_1V_1,\quad Q_2=A_2V_2 \tag{6.4.8}$$

将式(6.4.8)代入式(6.4.7)，可以把连续性方程写为

$$\rho_1 Q_1=\rho_2 Q_2 \tag{6.4.9}$$

对于不可压稳定流动，有 $\rho_1=\rho_2$，因此

$$Q_1=Q_2 \quad 或 \quad A_1V_1=A_2V_2 \tag{6.4.10}$$

式(6.4.10)表示流体在管中的体积流量在任何横截面上均保持为常数。

3. 流体流动的欧拉运动方程

研究无限小长度 ds 的流管，如图 6.4.7 所示，由流管在截面 1 和截面 2 之间的管壁加上流管两端的截面组成控制体积。我们在空间中固定该控制体积，以研究流体通过它的流动情况。为简化分析，我们假定流体的黏度为零，即流体是无摩擦的。

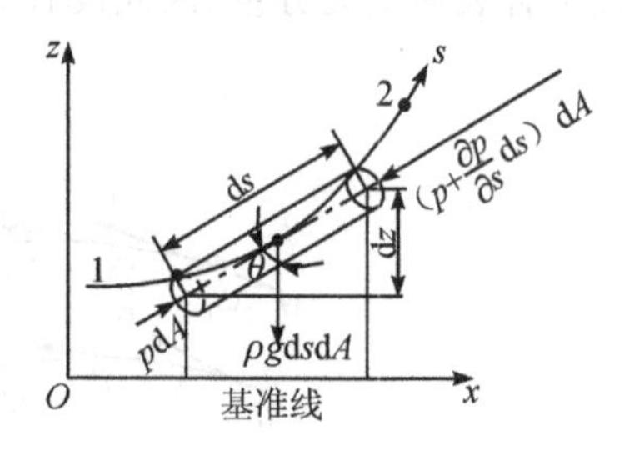

图 6.4.7　无限小长度 ds 的流管

控制体积内流体的质量是 $\rho dA ds$，该质量的加速度是 dv/dt。作用在截面 1 上沿 s 正方向的压力是 $p dA$，而作用在截面 2 上沿 s 负方向的压力是 $[p+(\partial p/\partial s)ds]dA$。重力是 $\rho g dA ds$。由于作用在控制体边上的其他力垂直于 s，因此这些力在方程中不出现。应用牛顿第二定律，我们得到控制体积内的流体运动方程

$$m\frac{dv}{dt}=p dA-\left(p+\frac{\partial p}{\partial s}ds\right)dA-\rho g dA ds\cos\theta \tag{6.4.11}$$

式中，$m=\rho dA ds$。所以

$$\rho dA ds\frac{dv}{dt}=-\frac{\partial p}{\partial s}ds dA-\rho g dA ds\cos\theta \tag{6.4.12}$$

即

$$\frac{dv}{dt}=-\frac{1}{\rho}\frac{\partial p}{\partial s}-g\cos\theta \tag{6.4.13}$$

一般，速度 v 与 s 和 t 有关，即 $v=v(s,t)$。因此

$$\frac{dv}{dt}=\frac{\partial v}{\partial s}\frac{ds}{dt}+\frac{\partial v}{\partial t}=v\frac{\partial v}{\partial s}+\frac{\partial v}{\partial t} \tag{6.4.14}$$

将式(6.4.13)代入式(6.4.14)可得

$$v\frac{\partial v}{\partial s}+\frac{\partial v}{\partial t}=-\frac{1}{\rho}\frac{\partial p}{\partial s}-g\cos\theta \tag{6.4.15}$$

由于 $\cos\theta=\partial z/\partial s$，其中 z 是垂直方向的位移，最终可得

$$v\frac{\partial v}{\partial s}+\frac{\partial v}{\partial t}+\frac{1}{\rho}\frac{\partial p}{\partial s}+g\frac{\partial z}{\partial s}=0 \tag{6.4.16}$$

式(6.4.16)就是流体流动的欧拉运动方程的一般形式。

对于稳定流动，由于控制体积空间内任意处有 $\partial v/\partial t=0$，且 v 只是 s 的函数，故式(6.4.16)可简化为

$$v\frac{dv}{ds}+\frac{1}{\rho}\frac{dp}{ds}+g\frac{dz}{ds}=0 \tag{6.4.17}$$

即

$$v dv+\frac{dp}{\rho}+g dz=0 \tag{6.4.18}$$

式(6.4.18)就是流体稳定流动的欧拉运动方程。

4. 流体流动的伯努利方程

对于稳定、无摩擦(即流体的黏性可以忽略)、不可压缩流动，通过对式(6.4.18)所示的稳定流动的欧拉运动方程积分可得

$$\frac{v^2}{2}+\frac{p}{\rho}+gz=\text{常数} \tag{6.4.19}$$

式(6.4.19)是流体稳定流动通过控制体积的能量方程。方程两边同时除以 g，可得

$$\frac{v^2}{2g}+\frac{p}{\gamma}+z=\text{常数} \tag{6.4.20}$$

式中，$\gamma=\rho g$。

式(6.4.20)称为流体稳定流动的伯努利方程，其中的每一项都有长度量纲。伯努利方程指出，流体沿一流管流动时的速度能头 $v^2/(2g)$、压力能头 p/γ 和势能头 z 之和为常数，如图 6.4.8 所示。如果流体在一截面处的速度增加，则该处的压力能头和势能头必然相应减少，即流体在任意截面上的总能头为常数。

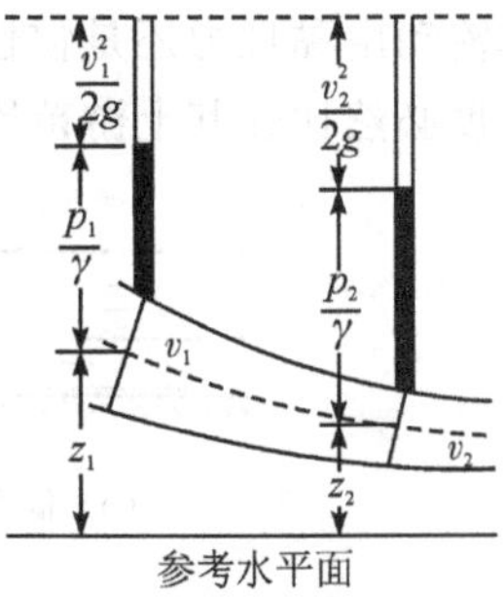

图6.4.8　速度能头、压力能头和势能头

对于不稳定流动，欧拉方程可重新写为

$$\frac{\partial v}{\partial t}+\frac{\partial}{\partial s}\left(\frac{v^2}{2}+\frac{p}{\rho}+gz\right)=0 \tag{6.4.21}$$

将式(6.4.21)沿流管积分可得

$$\int_0^s\frac{\partial v}{\partial t}\mathrm{d}s+\frac{v^2}{2}+\frac{p}{\rho}+gz=\text{常数} \tag{6.4.22}$$

最终，在截面 1 和截面 2 处，我们可得

$$\int_0^{s_1}\frac{\partial v}{\partial t}\mathrm{d}s+\frac{v_1^2}{2}+\frac{p_1}{\rho}+gz_1=\int_0^{s_2}\frac{\partial v}{\partial t}\mathrm{d}s+\frac{v_2^2}{2}+\frac{p_2}{\rho}+gz_2 \tag{6.4.23}$$

即

$$\left(\frac{v_1^2}{2}+\frac{p_1}{\rho}+gz_1\right)-\left(\frac{v_2^2}{2}+\frac{p_2}{\rho}+gz_2\right)=\int_{s_1}^{s_2}\frac{\partial v}{\partial t}\mathrm{d}s \tag{6.4.24}$$

式(6.4.24)为流体通过控制体积的不稳定流动能量方程。

说明：以上流体流动的三大方程均假设流体为无黏性流体，即忽略了流体黏性的影响。当考虑黏性时流体的流动模型将变得非常复杂，具体内容请参见流体力学相关教材。对于液压系统或液压回路，只需考虑黏性对于流体通过小孔后下游流动形式的影响。

6.4.3　通过小孔的流动

在液压系统的管路中，装有使截面突然收缩的装置，称为节流装置(节流阀)。突然收缩处的流动叫节流，一般均采用各种形式的孔口(小孔)来实现节流，即节流口。液体流经孔口时可分为 3 种情况进行分析。记 l 为小孔的通流长度，d 为小孔的孔径，那么

(1)$l/d\leqslant 0.5$ 时称为薄壁小孔，一般孔口边缘做成刃口形式，如图 6.4.9 所示。

当流体流经薄壁小孔时，由于流体的惯性作用，使通过小孔后的流体形成一个收缩截面，然后再扩大，这一收缩和扩大的过程便产生了局部能量损失。当管道直径与小孔直径之

比大于 7 时，流体的收缩作用不受孔前管道内壁的影响，这时称流体完全收缩；当管道直径与小孔直径之比小于 7 时，孔前管道内壁对流体进入小孔有导向作用，这时称流体不完全收缩。

(2)$l/d>4$ 时称为细长小孔。液体流经细长小孔时，一般都是层流状态。

(3)$0.5<l/d\leqslant 4$ 时称为短孔。短孔加工比薄壁小孔容易，因此特别适合于作固定节流器使用。

本书中我们主要研究流体通过薄壁小孔且完全收缩的流动，下文如未特别说明，小孔均指薄壁小孔，通过小孔的流体均完全收缩。

小孔是一种流道长度很短的突然节流。通过小孔的流动状况存在两种形式，其具体与流体流动由黏性力还是惯性力支配有关，如图 6.4.9 所示。根据连续性定律，流过孔隙的流动速度必然比在其上游范围内的速度更大。

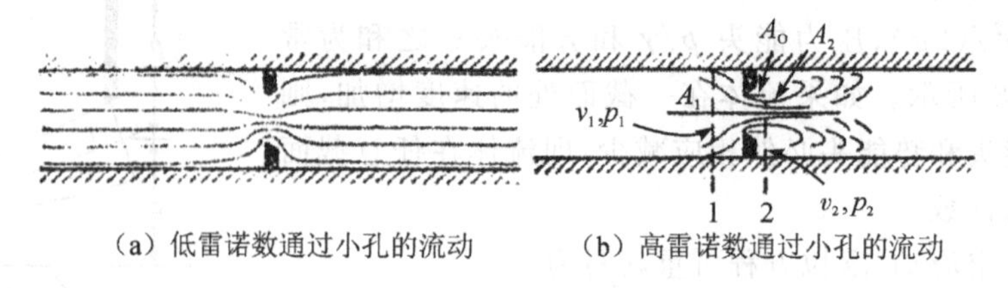

(a) 低雷诺数通过小孔的流动　　(b) 高雷诺数通过小孔的流动

图 6.4.9　流体通过小孔的流动形式

当雷诺数较低时，如图 6.4.9(a)所示，通过小孔的下游流动为层流。由于黏性所产生的内剪切力影响，流体的压力下降。

当雷诺数较高时，如图 6.4.9(b)所示，通过小孔的下游流动为紊流。由于流体从上游速度加速到较高的射流速度，通过小孔时流体的压力下降。大量的小孔流动现象属于后一种情况。

参考图 6.4.9(b)，流体速度在截面 1 和截面 2 之间增加到射流速度。射流的流出面积要小于小孔面积。沿射流方向的射流面积变为最小之处称为收缩断面，各截面如图 6.4.10 所示。在收缩断面处的射流面积 A_2 与小孔面积 A_0 之比称为收缩系数 C_e，即

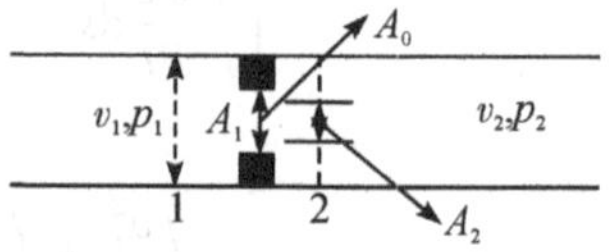

$$A_2=C_eA_0 \tag{6.4.25}$$

图6.4.10　管道上游截面 A_1、小孔截面 A_0、收缩断面 A_2 比较图

因为流体在截面 1 和截面 2 之间是沿流线流动的，所以根据伯努利方程，可得

$$\frac{v_1^2}{2g}+\frac{p_1}{\gamma}+z_1=\frac{v_2^2}{2g}+\frac{p_2}{\gamma}+z_2 \tag{6.4.26}$$

如果假定 $z_1=z_2$，则式(6.4.26)可变为

$$v_2^2-v_1^2=\frac{2g}{\gamma}(p_1-p_2) \tag{6.4.27}$$

根据连续性方程，我们有

$$v_1A_1=v_2A_2 \tag{6.4.28}$$

式中，A_1 和 A_2 分别是流束在截面 1 和截面 2 处的面积。根据式(6.4.27)和式(6.4.28)可得

$$v_2 = \frac{1}{\sqrt{1-(A_2/A_1)^2}} \sqrt{\frac{2g}{\gamma}(p_1 - p_2)} \tag{6.4.29}$$

于是，收缩断面处的体积流量是

$$v_2 A_2 = \frac{A_2}{\sqrt{1-(A_2/A_1)^2}} \sqrt{\frac{2g}{\gamma}(p_1 - p_2)} = \frac{C_e A_0}{\sqrt{1-(C_e^2 A_0^2/A_1^2)}} \sqrt{\frac{2g}{\gamma}(p_1 - p_2)} \tag{6.4.30}$$

式(6.4.30)给出了通过小孔的流量。由于忽略黏性摩擦，可以通过引进一个被称为速度系数的实验因素 C_v 来给出流量 Q：

$$Q = C_v v_2 A_2 \tag{6.4.31}$$

即

$$Q = \frac{C_v C_e A_0}{\sqrt{1-(C_e^2 A_0^2/A_1^2)}} \sqrt{\frac{2g}{\gamma}(p_1 - p_2)} = c A_0 \sqrt{\frac{2g}{\gamma}(p_1 - p_2)} \tag{6.4.32}$$

式中，c 是流量系数，它等于

$$c = \frac{C_v C_e}{\sqrt{1-(C_e^2 A_0^2/A_1^2)}} \tag{6.4.33}$$

流量系数 c 的值一般通过实验求得。在液流完全收缩的情况下，液流在小孔处呈紊流状态，雷诺数较大，流量系数 c 为 0.6～0.63。对于液流不完全收缩时，流量系数可增大至 0.7～0.8。当小孔不是刃口形式而是带棱边或小倒角的孔时，流量系数 c 的值将更大。

在用液压阀调节节流面积以控制压力和流量的情况下，流量 Q 的方程式是作为基本方程式来使用的。

短孔的流量公式与薄壁小孔的流量公式形式相同，但其流量系数 c 不同。当雷诺数大于 2000 时，短孔的流量系数 c 基本保持在 0.8 左右。

液体流经细长小孔时，一般都是层流状态，可应用直管流量公式来计算，当孔口的几何截面积为 $A_0 = \pi d^2/4$ 时，它的流量为

$$Q = \frac{\mathrm{d}^2}{32\mu l} A_0 \Delta p \tag{6.4.34}$$

式中，μ 为流体的黏度；l、d 和 Δp 为细长小孔的通流长度、孔径和上下游压力差。

当流体流过液压管路时，流层之间及流体与管路的摩擦会导致部分能量转换为热能而损失掉。因此在设计液压管路时，原则上要排除可能产生过大摩擦的设计方案，例如过长的管路，过多的弯头、接头和阀，尺寸过小的管道等所引起的过高的流速，以及过大的流体黏性等。

需要说明的是，无论是液压还是气动系统，节流阀的节流口通常采用薄壁小孔而非细长小孔，这是由于：

在系统中，当节流阀的通流几何截面 A_0 调定后，常要求流量 Q 保持稳定不变，也就是希望流量 Q 仅随节流口通流几何面积 A_0 的变化而变化，当面积 A_0 不变时，流量也不变，这样执行机构的运动速度也会稳定。但是在节流口不变的情况下，由于负载的变化会引起节流阀前后压力差 Δp 的变化，从而引起阀的流量变化。

由薄壁小孔的流量公式可知流经薄壁小孔的流量 Q 与小孔前后压力差 Δp 的平方根以及小孔几何面积 A_0 成正比，而与黏度 μ 无关。这样，薄壁小孔就具有沿程压力差对流量影响小，通过小孔的流量对工作介质温度变化不敏感等特性，所以常被用作节流阀的节流口以调节流量。并且相比细长小孔，薄壁小孔不容易被流体中的杂质堵塞。正因为如此，在液压与气动系统中，常采用一些与薄壁小孔流动特性相近的阀口作为可调节孔口，如滑阀、喷嘴挡板阀、锥阀等。

6.5 建立液压系统的数学模型

工业生产中经常包含有由小孔、阀或其他流动阻力装置的管道所连接而成的充满流体的容器组成的液压系统。这些系统的特性可以用已经给出的流体流动的基本定律来进行分析。本节主要讨论如何建立这些液压系统的数学模型。

第 2 章、第 3 章和第 4 章已经提到过机械系统和电系统都存在 3 种基本元件：对于机械系统，它们分别是惯性元件、弹簧元件和阻尼元件；对于电系统，它们分别是电感元件、电容元件和电阻元件。类似于机械系统和电系统，液压系统也存在上述 3 种基本元件，它们是液感元件、液容元件和液阻元件。

本节我们首先讨论流体从容器壁上的小孔流出的建模方法，接着定义液压系统的液阻、液容和液感。随后，我们得到用液阻和液容表示的液压系统的数学模型，并对液面系统的简单响应进行分析。

6.5.1 容器壁上小孔流出

根据图 6.5.1 所示的液面系统，假设有较小或可忽略黏性的流体从容器壁上的小孔流出，并且该流动属于紊流。由上一节内容可知，射流的横截面积小于小孔的面积，小孔下游最大的截面是收缩断面，射流通过此断面处的流线是平行的，且此处的压力是大气压。

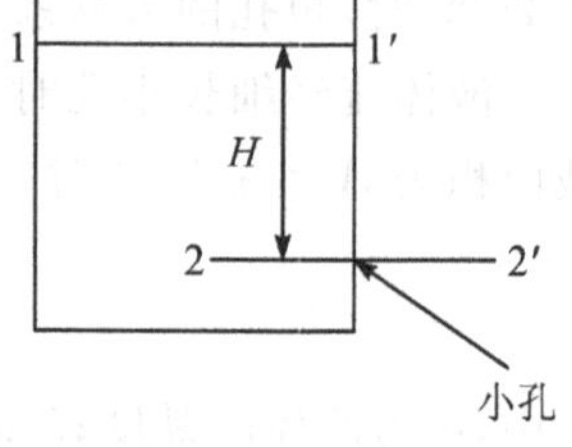

图 6.5.1 液面系统

我们可以通过测量得到小孔液面的水头高度 H，该水头是从小孔中心到流体自由表面的距离。假定流体流出过程中该水头保持为常数。如果将自由表面（水平面 1—1′）和收缩断面中心（水平面 2—2′）作为控制体积的两个截面，应用伯努力方程，于是可以得到

$$\frac{v_1^2}{2g}+\frac{p_1}{\gamma}+z_1=\frac{v_2^2}{2g}+\frac{p_2}{\gamma}+z_2 \tag{6.5.1}$$

选择大气压作为压力基准，水平面 2—2′作为标高水头基准。把 $v_1=0$、$p_1=0$、$z_1=H$、$p_2=0$ 和 $z_2=0$ 代入式(6.5.1)，可得

$$H=\frac{v_2^2}{2g}\Rightarrow v_2=\sqrt{2gH} \tag{6.5.2}$$

考虑小孔中的流体摩擦等因素，流体实际速度比该方程给出的速度小 1%～2%。为了计算摩擦损失，我们引入速度系数 C_v。从小孔流出的实际流量 Q 是实际速度与收缩断面处

射流面积的乘积。射流面积的收缩程度用收缩系数 C_c 表示：

$$C_c = \frac{A_2}{A_0} \tag{6.5.3}$$

式中，A_0 是小孔面积；A_2 是收缩断面处的射流面积。实际流量 Q 为

$$Q = C_v C_c A_0 \sqrt{2gH} = cA_0 \sqrt{2gH} \tag{6.5.4}$$

式中，$c = C_v C_c$ 是流量系数。

用于测量或调整的标准小孔是刃形小孔或薄壁小孔，这些小孔的流量系数的值大约是 0.61。

6.5.2　液阻

阻量。物理元件的阻量可以定义为使速度、电流或流量产生单位变化所需要的势能变化，即

$$\text{阻量} = \frac{\text{势能变化}}{\text{速度、电流或流量的变化}}$$

在液压系统中，液体与管壁之间的相互摩擦和碰撞会产生阻力，这种阻碍流体流动的阻力称为液阻。液阻消耗液压能，将其转化为热能。

对于在管中、小孔、阀或其他节流装置的流体流动，势能可以用压力差(N/m^2)(节流装置前后之间的压力差)或水头差(m)表示，流量可以用流体的体积变化率表示。根据上述一般的流体流动定义，可得液阻的定义为

$$\text{液阻 } R = \frac{\text{压力差的变化}}{\text{流量的变化}} \quad \frac{\text{N/m}^2}{\text{m}^3/\text{s}} \text{ 或 } \frac{\text{N}\cdot\text{s}}{\text{m}^5} \tag{6.5.5}$$

或

$$\text{液阻 } R = \frac{\text{水头差的变化}}{\text{流量的变化}} \quad \frac{\text{m}}{\text{m}^3/\text{s}} \text{ 或 } \frac{\text{s}}{\text{m}^2} \tag{6.5.6}$$

对于图 6.5.2 所示的液压系统，图 6.5.2(a)是用连接管中的小孔节流，图 6.5.2(b)是用连接管中的阀来节流，这些系统的动态特性与节流装置的物理结构无关，两者均表示液压系统中的液阻。因此这两个系统可以看作是相似的。

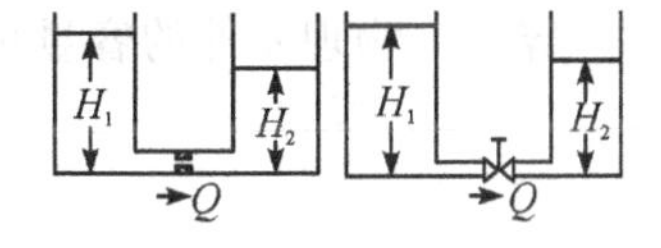

图 6.5.2　液阻的两种形式

流体流动的液阻与流动条件(即层流和紊流)有关。我们首先研究层流液阻。

对于层流，流量 Q(m^3/s)与水头差($H_1 - H_2$)(m)是成正比的，即

$$Q = K_l(H_1 - H_2) \tag{6.5.7}$$

式中，K_l 是比例常数。因此，层流液阻 R_l 为

$$R_l = \frac{\mathrm{d}(H_1 - H_2)}{\mathrm{d}Q} = \frac{H_1 - H_2}{Q} = \frac{1}{K_l} \quad \text{s/m}^2 \tag{6.5.8}$$

注意，层流液阻 R_l 是常数。

研究通过圆柱管的层流，水头差 h($h = H_1 - H_2$)(m)和流量 Q(m^3/s)之间的关系是由哈根-泊肃叶方程给出，

$$h = \frac{128\nu L}{g\pi D^4} Q \tag{6.5.9}$$

式中，ν 为运动黏度(m^2/s)；L 为管的长度(m)；D 为管的直径(m)。因此对于流体通过圆柱管的层流液阻 R_l 由下式给出：

$$R_l=\frac{dh}{dQ}=\frac{128\nu L}{g\pi D^4}\quad s/m^2 \tag{6.5.10}$$

从式(6.5.10)可见，一旦圆柱管的长度、直径和流体运动黏度确定，其层流液阻为常数。事实上，流体以层流形式在管中流动的情况在工业生产过程中很少发生。

对于紊流，通过节流孔或节流阀的流量为

$$Q=K_t\sqrt{H_1-H_2} \tag{6.5.11}$$

式中，K_t 是常数。由于紊流的流量 Q 与水头差(H_1-H_2)由非线性方程联系，因此紊流液阻 R_t 不再是常数。根据式(6.5.11)，我们有

$$dQ=\frac{1}{2}K_t\frac{1}{\sqrt{H_1-H_2}}d(H_1-H_2)=\frac{1}{2}\frac{Q}{H_1-H_2}d(H_1-H_2) \tag{6.5.12}$$

从而可以得到

$$\frac{d(H_1-H_2)}{dQ}=\frac{2(H_1-H_2)}{Q} \tag{6.5.13}$$

因此，紊流液阻 R_t 为

$$R_t=\frac{d(H_1-H_2)}{dQ}=\frac{2(H_1-H_2)}{Q}\quad s/m^2 \tag{6.5.14}$$

需要注意的是，紊流的液阻不是常量，而是依赖于流量 Q 和水头差(H_1-H_2)的。它是在一定的工作条件下决定的(一定的流量和水头差)，而且是仅仅在这种工作条件附近才采用这个液阻值。

6.5.3 液容

容量。物理元件的容量可以定义为产生单位势能变化所需要的质量或位移的变化，即

$$容量=\frac{质量或位移的变化}{势能的变化}$$

对于充满流体的容器系统，质量可以是流体的体积(m^3)，而势能可以是压力(N/m^2)或水头(m)。如果我们将上述一般容量的定义应用于充满流体的容器系统，可得液容的定义是

$$液容\ C=\frac{流体量的变化}{压力的变化}\quad \frac{m^3}{N/m^2}\ 或\frac{m^5}{N} \tag{6.5.15}$$

或

$$液容\ C=\frac{流体量的变化}{水头的变化}\quad \frac{m^3}{m}\ 或\ m^2 \tag{6.5.16}$$

在推导液面系统的数学模型时，一般选择水头作为势能的度量较为方便，因为这样能使充满流体容器的液容与容器横截面积的量纲保持一致。如果容器的横截面积是常数，那么任何水头对应的液容也是常数。

本质上，液容是由流体的可压缩性引起的，表示流体存储能量的大小，类似于机械系统中的弹簧，或电系统中的电容。根据式(6.5.15)所示的液容 C 的定义和式(6.3.2)所示的流

体体积模量 K 的定义，可得液容和体积模量的关系为

$$K=\frac{\mathrm{d}p}{-\mathrm{d}V/V}\Rightarrow C=\frac{-\mathrm{d}V}{\mathrm{d}p}=\frac{V}{K} \tag{6.5.17}$$

式中，V 为流体被压缩前的体积；$\mathrm{d}p$ 为压力的变化；$-\mathrm{d}V$ 为流体被压缩后体积的变化。

通常，对于无外部泄漏的液压系统，当储液容积较小，或假设液压流体不可压缩时，液压系统的液容可以忽略不计。

6.5.4 液感

惯量。物理元件的惯量定义为使流量、速度或电流产生单位变化率所需要的势能变化，即

$$\text{惯量}=\frac{\text{势能的变化}}{\text{流量(速度、电流)每秒的变化}}$$

对于流体在管道、通路及类似装置中流动的惯性作用，势能可以用压力($\mathrm{N/m^2}$)或水头(m)表示，而流量每秒的变化率可以用流体体积的流动加速度($\mathrm{m^3/s^2}$)表示。将前述的一般惯量、惯性或电感的定义应用于流体流动，可得液感的定义为

$$\text{液感 } I=\frac{\text{压力的变化}}{\text{流量每秒的变化}}\ \frac{\mathrm{N/m^2}}{\mathrm{m^3/s^2}}\text{ 或}\frac{\mathrm{N\cdot s^2}}{\mathrm{m^5}} \tag{6.5.18}$$

或

$$\text{液感 } I=\frac{\text{水头的变化}}{\text{流量每秒的变化}}\ \frac{\mathrm{m}}{\mathrm{m^3/s^2}}\text{ 或}\frac{\mathrm{s^2}}{\mathrm{m^2}} \tag{6.5.19}$$

本质上，液感是由流体的速度变化产生的动压引起的，其表示单位流量变化所产生的压力变化，类似于机械系统中的质量和惯性矩，或电系统中的电感。因此，当流体流速在规定的范围内时，系统的液感可以忽略不计。

例 6.5.1　求流体在管道中流动时的液感。假设管道的横截面积是常数 A $\mathrm{m^2}$、管道两截面之间的长度是 L m、流体的质量密度是 ρ $\mathrm{kg/m^3}$。

解： 流体流动的惯量(即液感)是在两截面之间的流量产生单位变化率(单位体积流体流动的加速度)所需要的势能差(或压力差或水头差)。假设长度为 L 的管道中两截面之间的压力差是 Δp $\mathrm{N/m^2}$。于是，力 $A\Delta p$ 将对两截面之间的流体加速，即

$$M\frac{\mathrm{d}v}{\mathrm{d}t}=A\Delta p \tag{6.5.20}$$

式中，M 是管道两截面之间流体的质量(kg)；v 是流体流动的速度(m/s)。由于质量 M 等于 ρAL，其中 ρ 是密度($\mathrm{kg/m^3}$)，L 是两截面之间的距离(m)。因此有

$$\rho AL\frac{\mathrm{d}v}{\mathrm{d}t}=A\Delta p \tag{6.5.21}$$

由于 $Q=Av$ 为体积流量($\mathrm{m^3/s}$)，式(6.5.21)可以重写为

$$\frac{\rho L}{A}\frac{\mathrm{d}Q}{\mathrm{d}t}=\Delta p \tag{6.5.22}$$

如果选择压力($\mathrm{N/m^2}$)作为势能的度量，则流体流动的液感 I 为

$$I=\frac{\Delta p}{\mathrm{d}Q/\mathrm{d}t}=\frac{\rho L}{A}\ \frac{\mathrm{N\cdot s^2}}{\mathrm{m^5}} \tag{6.5.23}$$

如果选择水头(m)作为势能的度量，由于 $\Delta p=\Delta h\rho g$，其中 Δh 是水头差，g 为重力加速度，因此有

$$\frac{\rho L}{A}\frac{\mathrm{d}Q}{\mathrm{d}t}=\Delta h\rho g\Rightarrow\frac{L}{Ag}\frac{\mathrm{d}Q}{\mathrm{d}t}=\Delta h \tag{6.5.24}$$

于是，有

$$I=\frac{\Delta h}{\mathrm{d}Q/\mathrm{d}t}=\frac{L}{Ag}\ \frac{\mathrm{s}^2}{\mathrm{m}^2} \tag{6.5.25}$$

关于液阻、液容和液感的 3 点说明：

(1)液阻、液容和液感是液压系统普遍存在的影响系统静、动态特性的重要因素。在把液压系统表示成为液阻、液容和液感的数学模型时，这些方程应当表示成相容的单位，以使数学模型保持相同。

(2)流体液容和流体流动液感分别由于压力和流动的结果而储存能量，流体流动液阻消耗能量。

(3)在描述流体流动的数学模型中，液阻和液容一般占据支配地位，液感往往是可以忽略的。只有在某些特殊情况下，液感在流体流动中才是重要的。例如，通过水传递振动的时候，液感就起主要作用。另外，水击现象就是因为管中水流同时受到惯性作用、弹性或液容作用而引起的。这种振动或波的传播是由于液压回路的液感-液容作用产生的。该现象可以与机械系统中质量-弹簧的自由振动，以及电系统中电感-电容的自由振荡相类比。

6.5.5 利用液阻和液容建立液面系统的数学模型

我们对图 6.5.3(a)所示的液面系统的数学模型进行求解。如果工作条件、水头和体积流量在所研究的时间间隔内变化很小，则液阻和液容的数学模型很容易找到。在目前的分析中，我们假定流体从阀中流出是紊流。我们还另外做出如下定义：

$\bar{H}$ 表示稳定水头(在任何变化发生前)，m；

h 表示水头稳态值的微小变化，m；

$\bar{Q}$ 表示稳态流量(在任何变化发生前)，$\mathrm{m^3/s}$；

q_i 表示进口体积流量从其稳态值的微小偏差，$\mathrm{m^3/s}$；

q_o 表示出口体积流量从其稳态值的微小偏差，$\mathrm{m^3/s}$。

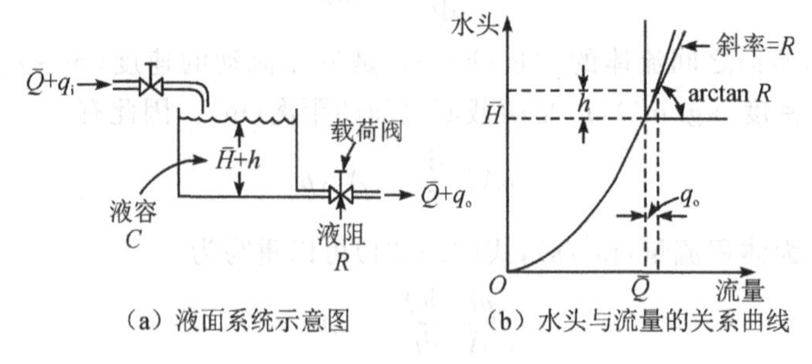

(a) 液面系统示意图　　(b) 水头与流量的关系曲线

图 6.5.3 液面系统建模

储存于容器中的流体经过 $\mathrm{d}t$ 秒后的变化量等于在同一时间间隔 $\mathrm{d}t$ 秒内容器中的净流

入量,因此

$$C\mathrm{d}h=(q_{\mathrm{i}}-q_{\mathrm{o}})\mathrm{d}t \tag{6.5.26}$$

式中,C 是容器的液容。

流体流经阀的液阻 R 由下式定义:

$$R=\frac{\mathrm{d}H}{\mathrm{d}Q} \tag{6.5.27}$$

其中,对于紊流,流量 Q 与水头 H 的关系是

$$Q=K\sqrt{H} \tag{6.5.28}$$

由于流量正比于水头 H 的平方根,因此液阻 R 的值不是常数。通常可用水头 H 和流量 Q 的实验关系曲线求液阻 R 的值,如图 6.5.3(b)所示。在工作点 $\bar{H}$、$\bar{Q}$ 上液阻 R 等于曲线在该点上的斜率,即 $2\bar{H}/\bar{Q}$。注意,如果工作条件微小变化,液阻的值在整个工作期间可以近似看作是常数,并且可以采用系统线性化得到的平均液阻值。

在目前这个系统中,我们定义 h 和 q_{o} 分别是自稳态水头和稳态流量偏移后产生的微小偏差。因此,有

$$\mathrm{d}H=h,\quad \mathrm{d}Q=q_{\mathrm{o}} \tag{6.5.29}$$

而平均液阻 R 可以写成

$$R=\frac{\mathrm{d}H}{\mathrm{d}Q}\approx\frac{h}{q_{\mathrm{o}}} \tag{6.5.30}$$

把式(6.5.30)代入式(6.5.26),可求得

$$C\frac{\mathrm{d}h}{\mathrm{d}t}=q_{\mathrm{i}}-\frac{h}{R}\Rightarrow RC\frac{\mathrm{d}h}{\mathrm{d}t}+h=Rq_{\mathrm{i}} \tag{6.5.31}$$

注意,RC 有时间的量纲,并且是系统的时间常数。该式就是以 h 为系统输出时,系统的线性化数学模型。只要水头和流量自稳态值的变化是微小的,那么该线性化数学模型就能够完全成立。

如果以 q_{o} 为系统的输出,则可以得到系统另一种形式的数学模型。只要把 $h=Rq_{\mathrm{o}}$ 代入式(6.5.31),即可得

$$RC\frac{\mathrm{d}q_{\mathrm{o}}}{\mathrm{d}t}+q_{\mathrm{o}}=q_{\mathrm{i}} \tag{6.5.32}$$

式(6.5.32)同样是系统的另一种线性化数学模型。

注意,图 6.5.4 给出了此液面系统的其中一种电相似系统,相应的数学模型为

$$RC\frac{\mathrm{d}e_{\mathrm{o}}}{\mathrm{d}t}+e_{\mathrm{o}}=e_{\mathrm{i}} \tag{6.5.33}$$

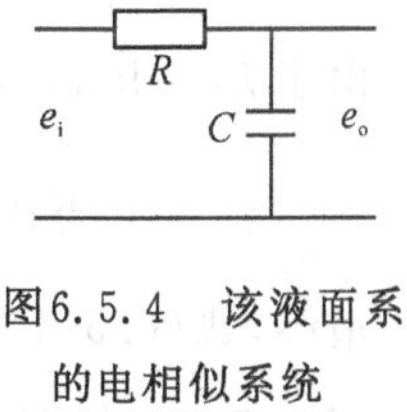

式中,e_{i} 和 e_{o} 分别为输入电压和输出电压;R 和 C 分别为电阻和电容。

图6.5.4　该液面系统的电相似系统

例 6.5.2　如图 6.5.5 所示的液面系统,通过容器的稳态流量是 $\bar{Q}(\mathrm{m}^3/\mathrm{s})$,稳定状态下容器 1 和容器 2 的水头分别是 $\bar{H}_1$ 和 $\bar{H}_2$(m)。在 $t=0$ 时流入量从 $\bar{Q}$ 变化到 $\bar{Q}+q$,其中

$q(\mathrm{m^3/s})$是流入量的微小变化。对应的水头变化 h_1 和 $h_2(\mathrm{m})$及体积流量变化 q_1 和 $q_2(\mathrm{m^3/s})$假定都很小。容器 1 和容器 2 的液容分别是 C_1 和 C_2。两个容器之间阀的液阻是 R_1、流出阀的液阻是 R_2。假定 $q(\mathrm{m^3/s})$是输入、$q_2(\mathrm{m^3/s})$是输出，利用液阻和液容推导该液面系统的数学模型。

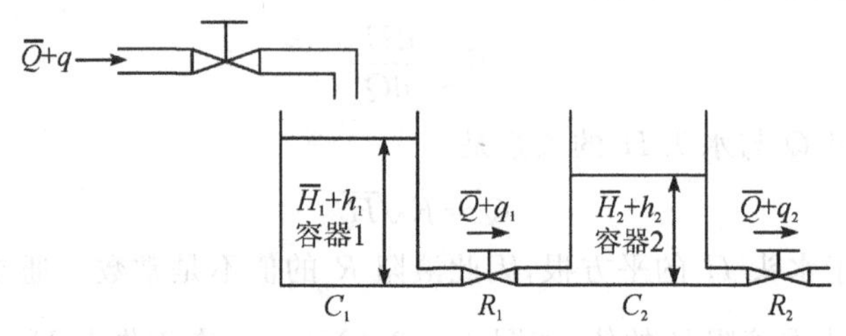

图 6.5.5　例 6.5.2 中的液面系统

解：对于容器 1，有

$$C_1 \mathrm{d}h_1 = (q - q_1)\mathrm{d}t \tag{6.5.34}$$

式中，

$$q_1 = \frac{h_1 - h_2}{R_1} \tag{6.5.35}$$

因此有

$$C_1 \frac{\mathrm{d}h_1}{\mathrm{d}t} + \frac{h_1}{R_1} = q + \frac{h_2}{R_1} \tag{6.5.36}$$

对于容器 2，有

$$C_2 \mathrm{d}h_2 = (q_1 - q_2)\mathrm{d}t \tag{6.5.37}$$

式中，

$$q_2 = \frac{h_2}{R_2} \tag{6.5.38}$$

因此有

$$C_2 \frac{\mathrm{d}h_2}{\mathrm{d}t} + \frac{h_2}{R_1} + \frac{h_2}{R_2} = \frac{h_1}{R_1} \tag{6.5.39}$$

将式(6.5.39)代入式(6.5.36)中以消去 h_1，结果得

$$R_1C_1R_2C_2 \frac{\mathrm{d}^2 h_2}{\mathrm{d}t^2} + (R_1C_1 + R_2C_2 + R_2C_1)\frac{\mathrm{d}h_2}{\mathrm{d}t} + h_2 = R_2 q \tag{6.5.40}$$

由于 $h_2 = R_2 q_2$，将其代入式(6.5.40)，因此有

$$R_1C_1R_2C_2 \frac{\mathrm{d}^2 q_2}{\mathrm{d}t^2} + (R_1C_1 + R_2C_2 + R_2C_1)\frac{\mathrm{d}q_2}{\mathrm{d}t} + q_2 = q \tag{6.5.41}$$

最终，式(6.5.41)就是所要求的液面系统数学模型。

例 6.5.3　如图 6.5.6 所示的液面系统，在稳定状态时流入量和流出量是 $\bar{Q}(\mathrm{m^3/s})$，容器之间的流量是零，容器 1 和容器 2 的水头都是 $\bar{H}(\mathrm{m})$。在 $t=0$ 时流入量从 $\bar{Q}$ 变化到 $\bar{Q}+q$，其中 q 是流入量的微小变化。水头 h_1 和 $h_2(\mathrm{m})$及体积流量 q_1 和 $q_2(\mathrm{m^3/s})$的最终变化量假定都很小。容器 1 和容器 2 的液容分别是 C_1 和 C_2。两个容器之间阀的液阻是 R_1、流

出阀的液阻是 R_2。当

(1)q($\mathrm{m^3/s}$)是输入,h_2(m)是输出,

(2)q($\mathrm{m^3/s}$)是输入,q_2($\mathrm{m^3/s}$)是输出,

(3)q($\mathrm{m^3/s}$)是输入,h_1(m)是输出

时,利用液阻和液容分别求该液面系统的数学模型。

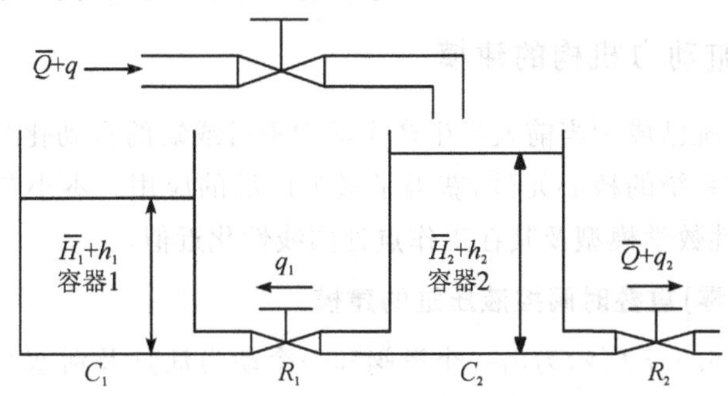

图 6.5.6　例 6.5.3 中的液面系统

解:对于容器 1,有

$$C_1 \mathrm{d}h_1 = q_1 \mathrm{d}t \tag{6.5.42}$$

式中,

$$q_1 = \frac{h_2 - h_1}{R_1} \tag{6.5.43}$$

因此有

$$R_1 C_1 \frac{\mathrm{d}h_1}{\mathrm{d}t} + h_1 = h_2 \tag{6.5.44}$$

对于容器 2,有

$$C_2 \mathrm{d}h_2 = (q - q_1 - q_2)\,\mathrm{d}t \tag{6.5.45}$$

式中,

$$q_2 = \frac{h_2}{R_2} \tag{6.5.46}$$

因此有

$$R_2 C_2 \frac{\mathrm{d}h_2}{\mathrm{d}t} + \frac{R_2}{R_1} h_2 + h_2 = R_2 q + \frac{R_2}{R_1} h_1 \tag{6.5.47}$$

(1)联立式(6.5.44)和式(6.5.47)以消去 h_1,结果得

$$R_1 C_1 R_2 C_2 \frac{\mathrm{d}^2 h_2}{\mathrm{d}t^2} + (R_1 C_1 + R_2 C_2 + R_2 C_1) \frac{\mathrm{d}h_2}{\mathrm{d}t} + h_2 = R_1 R_2 C_1 \frac{\mathrm{d}q}{\mathrm{d}t} + R_2 q \tag{6.5.48}$$

式(6.5.48)就是当 q 是输入,h_2 是输出时的系统数学模型。

(2)把 $h_2 = R_2 q_2$ 代入式(6.5.48),因此有

$$R_1 C_1 R_2 C_2 \frac{\mathrm{d}^2 q_2}{\mathrm{d}t^2} + (R_1 C_1 + R_2 C_2 + R_2 C_1) \frac{\mathrm{d}q_2}{\mathrm{d}t} + q_2 = R_1 C_1 \frac{\mathrm{d}q}{\mathrm{d}t} + q \tag{6.5.49}$$

式(6.5.49)就是当 q 是输入,q_2 是输出时的系统数学模型。

(3)联立式(6.5.44)和式(6.5.47)以消去 h_2,结果得

$$R_1C_1R_2C_2\frac{\mathrm{d}^2h_1}{\mathrm{d}t^2}+(R_1C_1+R_2C_2+R_2C_1)\frac{\mathrm{d}h_1}{\mathrm{d}t}+h_1=R_2q \tag{6.5.50}$$

式(6.5.50)就是当 q 是输入,h_1 是输出时的系统数学模型。

6.5.6 阀控液压缸动力机构的建模

液压伺服控制系统已成为当前人类生产生活中不可或缺的自动化装置。而阀控液压缸动力机构是液压伺服系统的核心元件,获得了最为广泛的应用。本小节以滑阀活塞式液压缸为例,推导其非线性数学模型及其在工作点处的线性化近似。

1. 滑阀阀芯无(零)重叠时阀控液压缸的建模

例 6.5.4 如图 6.5.7 所示为由一个滑阀和一个动力油缸及活塞组成的阀控液压缸动力机构,它通常被用作液压伺服系统的执行元件。假定滑阀是对称的并且无(零)重叠(即滑阀阀芯刚好能够覆盖住滑阀节流口)。滑阀的节流面积正比于滑阀阀芯位移 x(m),其中阀芯位移 x 通常又称为阀的开度。流量系数 c 和通过节流口的压力下降都是常数,并且与阀的位置无关。另外,我们作出如下假设:供油压力是 p_s(Pa);回油压力 p_0(Pa)很小,可以忽略;液压流体是不可压缩的;动力活塞的惯性力和载荷的反作用力与动力活塞所产生的液压力相比较,都是可以忽略的。我们忽略从供油压力边到回油压力边滑阀阀芯周围的内泄漏。推导该零重叠阀控液压缸动力机构在零位附近的线性化数学模型(即液压缸输入质量流量 q_1(kg/s)与滑阀阀芯位移 x(m)之间的关系)。

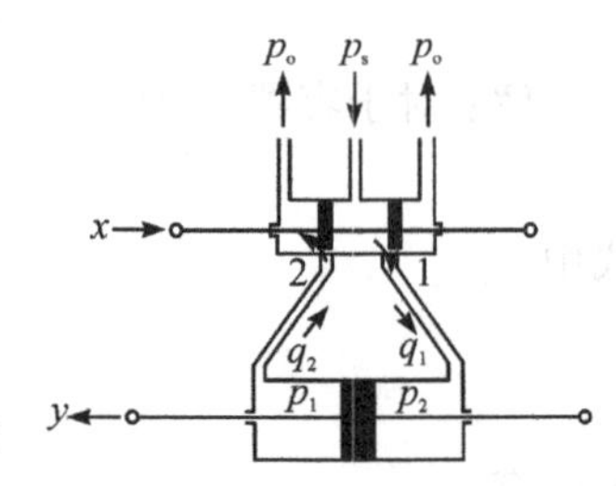

图6.5.7 例 6.5.4 中的零重叠阀控液压缸动力机构

解:我们设孔口 1 和孔口 2 的节流面积分别是 A_1 和 A_2(m^2)。于是有

$$A_1=A_2=kx \tag{6.5.51}$$

其中,k 是常数;x(m)为滑阀阀芯位移。

由 6.4.3 节中的式(6.4.32)可得通过滑阀节流口 1 和 2 的质量流量 q_1 和 q_2(kg/s)分别为

$$q_1=cA_1\rho\sqrt{\frac{2g}{\gamma}(p_s-p_1)}=C\sqrt{p_s-p_1}\,x \tag{6.5.52}$$

$$q_2=cA_2\rho\sqrt{\frac{2g}{\gamma}(p_2-p_0)}=C\sqrt{p_2-p_0}\,x=C\sqrt{p_2}\,x \tag{6.5.53}$$

式中,$C=ck\rho\sqrt{2g/\gamma}=ck\sqrt{2\rho}$;$\gamma=\rho g$;$\rho$(kg/m^3)为油液密度。

说明:式(6.5.52)和式(6.5.53)分别反映了孔口 1 和孔口 2 的液阻。即若采用压力差的变化来定义液阻,那么根据上式(6.5.52)和式(6.5.53)可得孔口 1 和孔口 2 的液阻分别为 $R_1=2(p_s-p_1)/q_1$ 和 $R_2=p_s/q_2$。

由于假定阀芯周围无内泄漏，因此有 $q_1=q_2$，以及 $p_s-p_1=p_2$。设液压缸动力活塞两边的压力差为 $\Delta p=p_1-p_2$。因此，p_1 和 p_2 可以重写为

$$p_1=\frac{p_s+\Delta p}{2},\quad p_2=\frac{p_s-\Delta p}{2} \tag{6.5.54}$$

故液压缸动力活塞右边的质量流量为

$$q_1=C\sqrt{p_s-p_1}\,x=C\sqrt{\frac{p_s-\Delta p}{2}}\,x=f(x,\Delta p) \tag{6.5.55}$$

为了求解其线性化数学模型，我们有必要先介绍线性化的数学基础。线性化是将非线性函数在工作点附近展开成泰勒级数，并且是在只保留线性项的基础上进行的。由于线性化过程忽略了高阶项，因此所描述的系统只能工作在与给定的工作点有微小偏差的一定范围之内。系统模型在工作点 $x=\bar{x}$ 附近的泰勒级数展开式如下：

$$z=f(x)=f(\bar{x})+\frac{\mathrm{d}f}{\mathrm{d}x}\bigg|_{x=\bar{x}}(x-\bar{x})+\frac{1}{2!}\frac{\mathrm{d}^2 f}{\mathrm{d}x^2}\bigg|_{x=\bar{x}}(x-\bar{x})^2+\cdots \tag{6.5.56}$$

基于此，在工作点 $x=\bar{x}$、$\Delta p=\Delta\bar{p}$、$q_1=\bar{q}_1$ 附近该系统的一阶线性化方程为

$$q_1-\bar{q}_1=a(x-\bar{x})+b(\Delta p-\Delta\bar{p}) \tag{6.5.57}$$

式中，系数 a 和 b 称为滑阀系数，且

$$\bar{q}_1=f(\bar{x},\Delta\bar{p}) \tag{6.5.58}$$

$$a=\frac{\partial f}{\partial x}\bigg|_{x=\bar{x},\Delta p=\Delta\bar{p},q_1=\bar{q}_1}=C\sqrt{\frac{p_s-\Delta\bar{p}}{2}} \tag{6.5.59}$$

$$b=\frac{\partial f}{\partial \Delta p}\bigg|_{x=\bar{x},\Delta p=\Delta\bar{p},q_1=\bar{q}_1}=-\frac{C}{2\sqrt{2}\sqrt{p_s-\Delta\bar{p}}}\bar{x}\leqslant 0 \tag{6.5.60}$$

因此，在零位 $\bar{x}=0$、$\Delta\bar{p}=0$、$\bar{q}_1=0$ 附近，系统的线性化方程式(6.5.57)变为

$$q_1=K_1x+K_2\Delta p \tag{6.5.61}$$

式中，

$$K_1=\frac{\partial f}{\partial x}\bigg|_{\bar{x}=0,\Delta\bar{p}=0,\bar{q}_1=0}=C\sqrt{\frac{p_s}{2}} \tag{6.5.62}$$

$$K_2=\frac{\partial f}{\partial \Delta p}\bigg|_{\bar{x}=0,\Delta\bar{p}=0,\bar{q}_1=0}=-\frac{C}{2\sqrt{2}\sqrt{p_s-\Delta\bar{p}}}\bar{x}=0 \tag{6.5.63}$$

因此，最终可得液压缸输入质量流量 q_1(kg/s)与滑阀阀芯位移 x(m)之间的关系为

$$q_1=K_1x \tag{6.5.64}$$

式(6.5.64)就是图 6.5.7 所示的零重叠阀控液压缸动力机构在零位附近的线性化数学模型。

注意，由于滑阀伺服系统通常无外部泄漏，并且该例已假定液压流体是不可压缩的，故该系统的液容可以忽略。因而，在上述模型推导过程中始终没有反映出液容的影响。

例 6.5.5　再研究图 6.5.7 所示的零重叠阀控液压缸动力机构。假定该系统的输入是滑阀阀芯的位移 x(m)，输出是动力活塞的位移 y(m)。x 和 y 的正方向如图 6.5.7 所示。假定液压流体是不可压缩的，动力活塞的惯性力和载荷的反作用力与动力活塞所产生的液

压力相比较，都是可以忽略的。推导在零位附近当位移 x 很小时，该零重叠阀控液压缸动力机构用滑阀阀芯位移 x(m)和动力活塞位移 y(m)表示的系统数学模型。

解： 由于液压流体是不可压缩的，我们有

$$A\rho \mathrm{d}y = q_1 \mathrm{d}t \tag{6.5.65}$$

上式即为液压缸流量连续性方程，其中 A(m^2)是液压缸动力活塞的横截面积；ρ($\mathrm{kg/m^3}$)是流体的质量密度；$\mathrm{d}y$ 是液压缸动力活塞经过 $\mathrm{d}t$ 时间发生的位移；q_1($\mathrm{kg/s}$)是液压流体流到动力活塞右边的质量流量。在零位附近对于很小的 x，由式(6.5.61)所示的滑阀阀芯的线性化模型可得

$$q_1 = K_1 x \tag{6.5.66}$$

将式(6.5.66)代入式(6.5.65)可得

$$\frac{\mathrm{d}y}{\mathrm{d}t} = \frac{K_1}{A\rho}x = Kx \tag{6.5.67}$$

式中，$K = K_1/(A\rho)$。将式(6.5.67)两边同时对时间 t 积分，可得

$$y = K\int x \mathrm{d}t \tag{6.5.68}$$

式(6.5.68)就是该零重叠阀控液压缸动力机构在零位附近用滑阀阀芯位移 x(m)和液压缸活塞位移 y(m)表示的系统数学模型。从该模型可知，液压缸活塞输出位移 y 正比于滑阀阀芯输入位移 x 的积分，即该零重叠阀控液压缸动力机构在零位附近为一个纯积分环节。

2. 滑阀阀芯负重叠时阀控液压缸的建模

在对上面的阀控液压缸动力机构进行建模分析时，我们认为滑阀阀芯的节流面积与节流口的面积是相等的，即阀芯刚好能够覆盖住节流口，我们将这种阀芯称为无(零)重叠阀芯。实际液压系统中使用的阀芯由于制造公差的影响，一般都是正重叠或负重叠的，即阀芯的节流面积大于或小于节流口面积，如图 6.5.8 所示。

对于正重叠阀芯(见图 6.5.8(a))，在 $-x_0/2$ 到 $x_0/2$ 之间，即当 $-x_0/2<x<x_0/2$ 时，存在一段“死区”。由于阀芯在该“死区”范围内移动时，通过节流口的流体流量始终为零，故在此情况下，我们无法通过移动滑阀对系统进行有效的控制或调节。因此，正重叠阀不适合作为控制阀来使用。

对于负重叠阀芯(见图 6.5.8(b))，当阀芯处于负重叠区域之内时，即当 $-x_0/2<x<x_0/2$ 时，节流口出口面积 A 与阀芯位移 x 形成的关系曲线有较高的斜率。这意味着通过节流口的流体流量对该范围内滑阀的移动具有高度的敏感性。因此，负重叠阀芯多作为控制阀来使用。

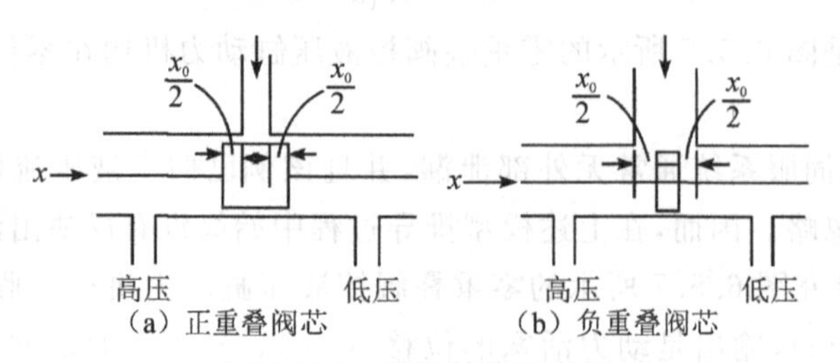

(a) 正重叠阀芯　　(b) 负重叠阀芯

图 6.5.8　阀芯结构示意图

综上，图 6.5.9 给出了滑阀的预开口型式划分，从左到右依次为阀芯正重叠(负开口)、阀芯零重叠(零开口)和阀芯负重叠(正开口)。图 6.5.10 给出了不同开口型式的质量流量 q 随阀芯位移 x_v 的变化曲线。

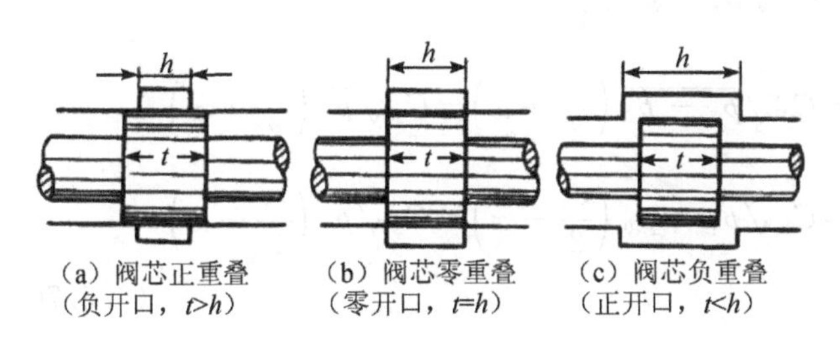

图 6.5.9　滑阀的预开口型式

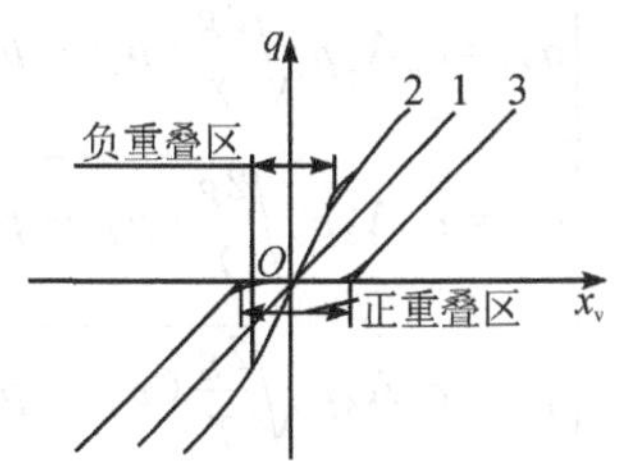

1—零开口;2—正开口;3—负开口。

图6.5.10　不同开口型式的流量 q 随阀芯位移 x_v 的变化曲线

例 6.5.6　图 6.5.11 所示为由一个滑阀和一个动力油缸及活塞组成的阀控液压缸动力机构。假定滑阀是对称的并且是负重叠的(即滑阀的节流面积是正比于阀芯位移 x(m)的)，流量系数和通过节流口的压力下降都是常数，并且与阀的位置无关。另外，我们作出如下假设：供油压力是 p_s(Pa)；回油压力 p_0(Pa)很小，可以忽略；液压流体是不可压缩的；动力活塞的惯性力和载荷的反作用力与动力活塞所产生的液压力相比较，都是可以忽略的。我们忽略从供油压力边到回油压力边滑阀阀芯周围的泄漏。推导该负重叠阀控液压缸动力机构在零位附近的线性化数学模型(即液压缸输入质量流量 q(kg/s)与滑阀阀芯位移 x(m)之间的关系)。

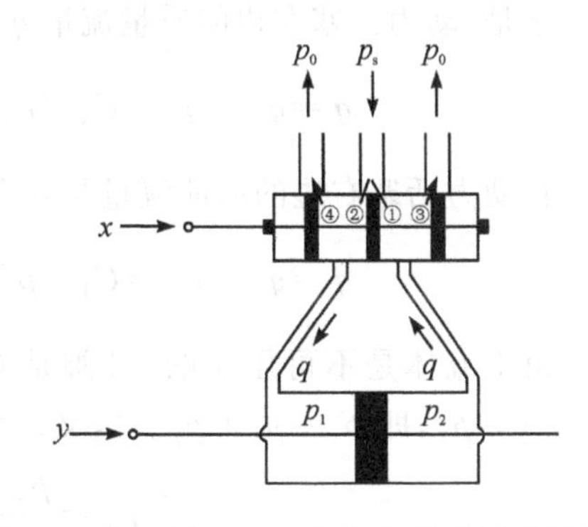

图6.5.11　例 6.5.6 中的负重叠阀控液压缸动力机构(带负重叠阀芯)

解：定义油口①、②、③、④的阀节流面积分别为 A_1、A_2、A_3、A_4(m^2)，通过油口 1、2、3、4 的质量流量分别是 q_1、q_2、q_3、q_4(kg/s)。由于阀是对称的，所以有 $A_1=A_3$ 和 $A_2=A_4$。假定位移 x 很小，可得

$$A_1=A_3=k\left(\frac{x_0}{2}+x\right),\quad A_2=A_4=k\left(\frac{x_0}{2}-x\right) \tag{6.5.69}$$

式中，k 是常数；x(m)为滑阀阀芯位移。图 6.5.12 给出了负重叠阀芯与节流口面积之间的关系。

由于回油压力 p_0 很小可以忽略，于是参照图 6.5.11，通过阀节流口①、②、③、④的质量流量 q_1、q_2、q_3、q_4(kg/s)分别是

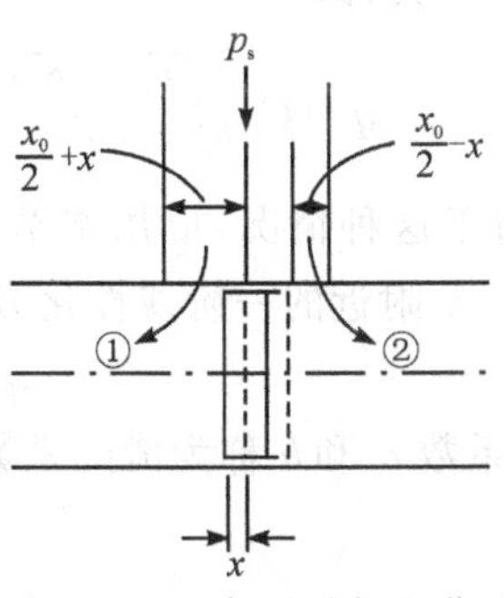

图6.5.12　负重叠阀芯位移与节流口面积关系示意图

$$\begin{cases} q_1 = c_1 A_1 \rho \sqrt{\dfrac{2g}{\gamma}(p_s - p_1)} = C_1 \sqrt{p_s - p_1}\left(\dfrac{x_0}{2} + x\right) \\ q_2 = c_2 A_2 \rho \sqrt{\dfrac{2g}{\gamma}(p_s - p_2)} = C_2 \sqrt{p_s - p_2}\left(\dfrac{x_0}{2} - x\right) \\ q_3 = c_1 A_3 \rho \sqrt{\dfrac{2g}{\gamma}(p_2 - p_0)} = C_1 \sqrt{p_2 - p_0}\left(\dfrac{x_0}{2} + x\right) = C_1 \sqrt{p_2}\left(\dfrac{x_0}{2} + x\right) \\ q_4 = c_2 A_4 \rho \sqrt{\dfrac{2g}{\gamma}(p_1 - p_0)} = C_2 \sqrt{p_1 - p_0}\left(\dfrac{x_0}{2} - x\right) = C_2 \sqrt{p_1}\left(\dfrac{x_0}{2} - x\right) \end{cases} \tag{6.5.70}$$

式中，

$$C_1 = c_1 k \rho \sqrt{\frac{2g}{\gamma}} = c_1 k \sqrt{2\rho}, \quad C_2 = c_2 k \rho \sqrt{\frac{2g}{\gamma}} = c_2 k \sqrt{2\rho} \tag{6.5.71}$$

于是，动力活塞左边的质量流量 q(kg/s)为

$$q = q_1 - q_4 = C_1 \sqrt{p_s - p_1}\left(\frac{x_0}{2} + x\right) - C_2 \sqrt{p_1}\left(\frac{x_0}{2} - x\right) \tag{6.5.72}$$

自动力活塞右边的回油流量与 q(kg/s)相同，由下式给出：

$$q = q_3 - q_2 = C_1 \sqrt{p_2}\left(\frac{x_0}{2} + x\right) - C_2 \sqrt{p_s - p_2}\left(\frac{x_0}{2} - x\right) \tag{6.5.73}$$

由于流体是不可压缩的，且阀是对称的，因此有 $q_1 = q_3$ 和 $q_2 = q_4$。根据 $q_1 = q_3$，有 $p_s - p_1 = p_2$，即 $p_s = p_1 + p_2$。定义动力活塞两边的压力差是 Δp，即 $\Delta p = p_1 - p_2$，于是

$$p_1 = \frac{p_s + \Delta p}{2}, \quad p_2 = \frac{p_s - \Delta p}{2} \tag{6.5.74}$$

对于图 6.5.11 所示的对称阀，当无载荷作用时，即 $\Delta p = 0$ 时，动力活塞每一边的压力都是 $p_s/2$。由于滑阀是移动的，在一个方向上压力增加的值与在另一个方向上压力减小的值相同。式(6.5.72)给出的质量流量 q(kg/s)可通过 p_s 和 Δp(Pa)表示为

$$q = q_1 - q_4 = C_1 \sqrt{\frac{p_s - \Delta p}{2}}\left(\frac{x_0}{2} + x\right) - C_2 \sqrt{\frac{p_s + \Delta p}{2}}\left(\frac{x_0}{2} - x\right) \tag{6.5.75}$$

由于供给压力 p_s 是常数，质量流量 q(kg/s)可以写为滑阀阀芯位移 $x(m)$和压力差 Δp(Pa)的函数，即

$$q = C_1 \sqrt{\frac{p_s - \Delta p}{2}}\left(\frac{x_0}{2} + x\right) - C_2 \sqrt{\frac{p_s + \Delta p}{2}}\left(\frac{x_0}{2} - x\right) = f(x, \Delta p) \tag{6.5.76}$$

对于这种情况，应用本节已介绍过的线性化方法，式(6.5.76)在工作点 $x = \bar{x}$、$\Delta p = \Delta \bar{p}$、$q = \bar{q}$ 附近的一阶线性化方程为

$$q - \bar{q} = a(x - \bar{x}) + b(\Delta p - \Delta \bar{p}) \tag{6.5.77}$$

式中，系数 a 和 b 称为滑阀系数，有

$$\bar{q} = f(\bar{x}, \Delta \bar{p}) \tag{6.5.78}$$

$$a = \left.\frac{\partial f}{\partial x}\right|_{x=\bar{x}, \Delta p = \Delta \bar{p}, q = \bar{q}} = C_1 \sqrt{\frac{p_s - \Delta \bar{p}}{2}} + C_2 \sqrt{\frac{p_s + \Delta \bar{p}}{2}} \tag{6.5.79}$$

$$b = \frac{\partial f}{\partial \Delta p}\bigg|_{x=\bar{x},\Delta p=\Delta\bar{p},q=\bar{q}} = -\left[\frac{C_1}{2\sqrt{2}\sqrt{p_s-\Delta\bar{p}}}\left(\frac{x_0}{2}+\bar{x}\right)+\frac{C_2}{2\sqrt{2}\sqrt{p_s+\Delta\bar{p}}}\left(\frac{x_0}{2}-\bar{x}\right)\right]<0 \tag{6.5.80}$$

式(6.5.77)是四通负重叠滑阀在工作点 $x=\bar{x}$、$\Delta p=\Delta\bar{p}$、$q=\bar{q}$ 附近的一阶线性化数学模型。滑阀系数 a 和 b 的值是随工作点而变的。注意由于$\partial f/\partial \Delta p$ 是负的,因此 b 也是负的。

由于该负重叠滑阀经常工作在零位($\bar{x}=0$、$\Delta\bar{p}=0$、$\bar{q}=0$)附近,在此附近式(6.5.77)所示的一阶线性化模型变为

$$q=K_1x-K_2\Delta p \tag{6.5.81}$$

式中,

$$K_1=(C_1+C_2)\sqrt{\frac{p_s}{2}}>0 \tag{6.5.82}$$

$$K_2=(C_1+C_2)\frac{x_0}{4\sqrt{2}\sqrt{p_s}}>0 \tag{6.5.83}$$

注意,当 $x=0$、$\Delta p=0$ 时,$C_1=C_2$。式(6.5.81)是四通负重叠滑阀在原点($\bar{x}=0$、$\Delta\bar{p}=0$、$\bar{q}=0$)附近的线性化数学模型。注意原点附近的区域是最重要的,因为系统一般工作在这个工作点附近。这一线性化数学模型在分析液压控制阀的性能时是非常有用的。

3. 考虑内泄漏和可压缩性时负重叠阀控液压缸的建模

例 6.5.7　如图 6.5.13 所示的阀控液压缸动力机构由四通滑阀、动力缸体和活塞及载荷元件(质量、黏性摩擦和弹簧元件)组成。假定载荷的反作用力是不可忽略的,并假定动力活塞的质量是计算在载荷质量 m(kg)之内的。记弹簧刚度为 k(N/m),阻尼器的黏性阻尼系数为 b(N·s/m),F_L(N)表示作用在载荷上的任意外负载力或干扰力。再假定滑阀是对称的并且是负重叠的,滑阀的节流口开口几何面积正比于阀位移 x。推导该负重叠阀控液压缸动力机构的数学模型(即液压缸活塞位移 y(m)与滑阀阀芯位移 x(m)之间的关系)。

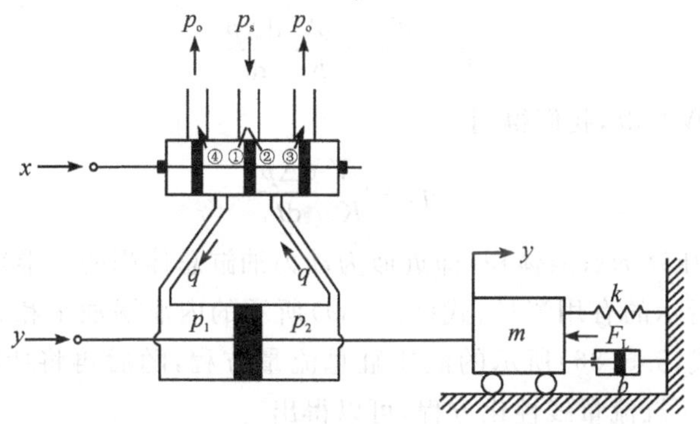

图 6.5.13　例 6.5.7 中的负重叠阀控液压缸动力机构(带负载载荷)

解: 当载荷的反作用力不可忽略时,其作用可以看作是通过节流口的压力下降,必须考虑阀圆周和活塞圆周液压油的内泄漏及油的可压缩性。

通过节流口的压力下降是供油压力 p_s 和压力差 $\Delta p=p_1-p_2$ 的函数。因此负重叠液

压缸流量 q 是滑阀阀芯位移 x 和压力差 Δp 的非线性方程，即

$$q=f(x,\Delta p) \tag{6.5.84}$$

在原点 $x=0$、$\Delta p=0$、$q=0$ 上把该非线性方程线性化，参照线性化方程式(6.5.81)可以得到

$$q=K_1x-K_2\Delta p \tag{6.5.85}$$

当考虑内泄漏及油的可压缩性时，液压缸流量 q(kg/s)由 3 部分组成：

$$q=q_0+q_L+q_e \tag{6.5.86}$$

式中，q_0 表示流入动力油缸的有用流量(kg/s)，它使动力活塞运动；q_L 表示泄漏流量(kg/s)；q_e 表示等价的可压缩流量(kg/s)。现在我们分别求 q_0、q_L 和 q_e。

流量 $q_0\mathrm{d}t$ 流入动力活塞左边，推动活塞向右移动 $\mathrm{d}y$。因此我们有

$$A\rho\mathrm{d}y=q_0\mathrm{d}t \tag{6.5.87}$$

式中，$A(\mathrm{m}^2)$是动力活塞的面积；$\rho(\mathrm{kg/m^3})$是液压油的密度；$\mathrm{d}y$ 是动力活塞的位移。于是

$$q_0=A\rho\frac{\mathrm{d}y}{\mathrm{d}t} \tag{6.5.88}$$

内泄漏分量 q_L 可以写成

$$q_L=L\Delta p \tag{6.5.89}$$

式中，L 是系统的泄漏系数。

等价可压缩流量 q_e 可以表示为油的有效体积模量 K 的表达式(包括混入空气的影响、管子的扩张等)，其中

$$K=\frac{\mathrm{d}\Delta p}{-\mathrm{d}V/V} \tag{6.5.90}$$

这里 $\mathrm{d}V$ 是负的，因此 $-\mathrm{d}V$ 是正的。重新写出方程，可得

$$-\mathrm{d}V=\frac{V}{K}\mathrm{d}\Delta p \tag{6.5.91}$$

即

$$\rho\frac{-\mathrm{d}V}{\mathrm{d}t}=\frac{\rho V}{K}\frac{\mathrm{d}\Delta p}{\mathrm{d}t} \tag{6.5.92}$$

由于 $q_e=\rho(-\mathrm{d}V)/\mathrm{d}t$，我们得到

$$q_e=\frac{\rho V}{K}\frac{\mathrm{d}\Delta p}{\mathrm{d}t} \tag{6.5.93}$$

式中，V 是液压油可压缩的有效体积(即近似为动力油缸总体积的一半)。

将式(6.5.88)所示的有用流量、式(6.5.89)所示的内泄漏油量和式(6.5.93)所示的等价可压缩流量代入式(6.5.86)所示的液压缸总流量方程，随后再将所得结果代入式(6.5.85)所示的负重叠液压缸流量线性化方程，可以得出

$$q=K_1x-K_2\Delta p=A\rho\frac{\mathrm{d}y}{\mathrm{d}t}+\frac{\rho V}{K}\frac{\mathrm{d}\Delta p}{\mathrm{d}t}+L\Delta p \tag{6.5.94}$$

即

$$A\rho\frac{\mathrm{d}y}{\mathrm{d}t}+\frac{\rho V}{K}\frac{\mathrm{d}\Delta p}{\mathrm{d}t}+(L+K_2)\Delta p=K_1x \tag{6.5.95}$$

由动力活塞产生的力是 $A\Delta p$，该力是作用在载荷元件上的。因此

$$m\frac{\mathrm{d}^2y}{\mathrm{d}t^2}+b\frac{\mathrm{d}y}{\mathrm{d}t}+ky+F_{\mathrm{L}}=A\Delta p \tag{6.5.96}$$

联立式(6.5.95)和式(6.5.96)以消去 Δp，结果可得

$$\frac{\rho Vm}{KA}\frac{\mathrm{d}^3y}{\mathrm{d}t^3}+\left[\frac{\rho Vb}{KA}+\frac{(L+K_2)m}{A}\right]\frac{\mathrm{d}^2y}{\mathrm{d}t^2}+\left[A\rho+\frac{\rho Vk}{KA}+\frac{(L+K_2)b}{A}\right]\frac{\mathrm{d}y}{\mathrm{d}t}+\frac{(L+K_2)k}{A}y+\frac{L+K_2}{A}F_{\mathrm{L}}=K_1x \tag{6.5.97}$$

式(6.5.97)就是当载荷的反作用力与动力活塞的惯性力都不可忽略时，通过滑阀阀芯位移 x 和液压缸动力活塞位移 y 表示的负重叠阀控液压缸动力机构的线性微分方程模型，显然其为一个三阶模型。

需要注意的是，由于该例考虑了油的可压缩性，因此液容不可忽略。实际上在上述的模型推导过程中，液容 $C=V/K$，其中 V 是液压油可压缩的有效体积，K 为油的有效体积模量。

下面我们基于式(6.5.97)所示线性化微分方程模型，推导该阀控液压缸的传递函数模型，其中以液压缸的活塞位移 y 作为系统输出，分别以滑阀阀芯位移 x 和液压缸外负载力 F_{L} 作为系统输入。

首先将式(6.5.85)、式(6.5.94)和式(6.5.96)进行拉普拉斯变换得到

$$\begin{cases}Q(s)=K_1X(s)-K_2\cdot\Delta P(s)\\ Q(s)=A\rho Y(s)s+\dfrac{\rho V}{K}\cdot\Delta P(s)s+L\Delta P(s)\\ A\Delta P(s)=mY(s)s^2+bY(s)s+kY(s)+F_{\mathrm{L}}(s)\end{cases} \tag{6.5.98}$$

由式(6.5.98)可以画出该负重叠阀控液压缸的方框图如图 6.5.14 所示。

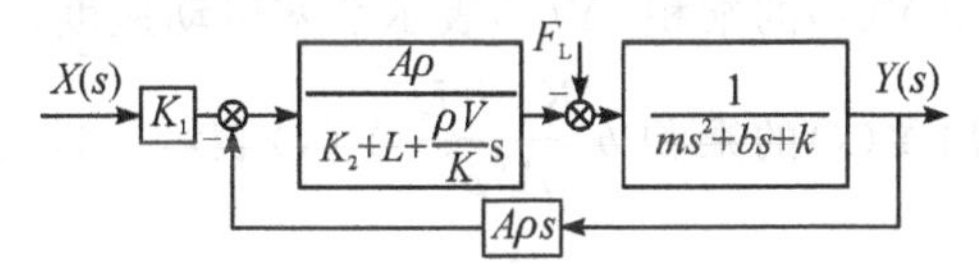

图 6.5.14　负重叠阀控液压缸方框图

图 6.5.14 中阀芯位移是指令信号，外负载力是干扰信号。由阀控液压缸方框图 6.5.14 可以得到液压缸滑阀阀芯位移 x(m)到活塞位移 y(m)的传递函数为

$$G(s)=\frac{Y(s)}{X(s)}=\frac{\dfrac{K_1}{A\rho}}{m\dfrac{V}{KA^2\rho}s^3+\left(m\dfrac{K_2+L}{A^2\rho^2}+b\dfrac{V}{KA^2\rho}\right)s^2+\left(1+b\dfrac{K_2+L}{A^2\rho^2}+k\dfrac{V}{KA^2\rho}\right)s+k\dfrac{K_2+L}{A^2\rho^2}} \tag{6.5.99}$$

液压缸外负载力 F_{L} 到活塞位移 y(m)的传递函数为

$$G_N(s)=\frac{Y(s)}{F_L(s)}$$

$$=\frac{-\frac{K_2+L}{A^2\rho^2}\left(\frac{\rho V}{K(K_2+L)}s+1\right)}{m\frac{V}{KA^2\rho}s^3+\left(m\frac{K_2+L}{A^2\rho^2}+b\frac{V}{KA^2\rho}\right)s^2+\left(1+b\frac{K_2+L}{A^2\rho^2}+k\frac{V}{KA^2\rho}\right)s+k\frac{K_2+L}{A^2\rho^2}} \tag{6.5.100}$$

式(6.5.99)、式(6.5.100)中，分母(即特征多项式)相同且均为三阶模型，并且各项的物理意义如下：

(1)式(6.5.99)的分子与输入 $X(s)$ 的乘积 $\frac{K_1}{A\rho}X(s)$ 表示液压缸活塞的空载速度；

(2)式(6.5.100)的分子与载荷 $F_L(s)$ 的乘积 $-\frac{K_2+L}{A^2\rho^2}\left(\frac{\rho V}{K(K_2+L)}s+1\right)F_L(s)$ 表示液压缸活塞外负载作用力引起的速度降低；

(3)分母第1项与输出 $Y(s)$ 的乘积 $m\frac{V}{KA^2\rho}s^3Y(s)$ 表示惯性力变化引起的压缩流量所产生的活塞速度；

(4)分母第2项与输出 $Y(s)$ 的乘积 $m\frac{K_2+L}{A^2\rho^2}s^2Y(s)$ 表示惯性力引起的泄漏流量所产生的活塞速度；

(5)分母第3项与输出 $Y(s)$ 的乘积 $b\frac{V}{KA^2\rho}s^2Y(s)$ 表示黏性力变化引起的压缩流量所产生的活塞速度；

(6)分母第4项与输出 $Y(s)$ 的乘积 $sY(s)$ 表示活塞运动速度；

(7)分母第5项与输出 $Y(s)$ 的乘积 $b\frac{K_2+L}{A^2\rho^2}sY(s)$ 表示黏性力引起的泄漏流量所产生的活塞速度；

(8)分母第6项与载荷 $Y(s)$ 的乘积 $k\frac{V}{KA^2\rho}sY(s)$ 表示弹性力变化引起的压缩流量所产生的活塞速度；

(9)分母第7项与载荷 $Y(s)$ 的乘积 $k\frac{K_2+L}{A^2\rho^2}Y(s)$ 表示弹性力引起的泄漏流量所产生的活塞速度。

在式(6.5.99)和式(6.5.100)所示的传递函数中，充分考虑了惯性负载、阻尼和弹性负载，还考虑了油的可压缩性和液压缸的泄漏等因素，但实际应用中往往不用考虑得这么复杂，可以在特定情况下忽略一些因素，进一步简化传递函数。例如，最常见的电液伺服控制系统的负载通常情况下为惯性负载，没有弹性负载或弹性负载相对很小，可以忽略，即 $k=0$。除此以外，黏性阻尼系数 b 一般很小，由黏性力引起的泄漏流量所产生的活塞速度与活塞的运动速度相比要小得多，所以 $(K_2+L)b/A^2\rho^2$ 与1相比可以忽略。因此，在没有弹性

负载的情况下，这两个传递函数可以简化为

$$G(s)=\frac{Y(s)}{X(s)}\approx\frac{\dfrac{K_1}{A\rho}}{s\left(\dfrac{s^2}{\omega_h^2}+\dfrac{2\xi_h}{\omega_h}s+1\right)} \tag{6.5.101}$$

$$G_N(s)=\frac{Y(s)}{F_L(s)}\approx\frac{-\dfrac{K_2+L}{A^2\rho^2}\left(\dfrac{\rho V}{K(K_2+L)}s+1\right)}{s\left(\dfrac{s^2}{\omega_h^2}+\dfrac{2\xi_h}{\omega_h}s+1\right)} \tag{6.5.102}$$

式中，ω_h 为液压缸固有频率；ξ_h 为液压缸阻尼比。

$$\omega_h=A\sqrt{\frac{K\rho}{Vm}};\quad \xi_h=\frac{K_2+L}{A\rho}\sqrt{\frac{Km}{4\rho V}}+\frac{b}{4A\rho}\sqrt{\frac{4\rho V}{Km}} \tag{6.5.103}$$

式(6.5.103)中由于 b 较小，ξ_h 可近似写为

$$\xi_h\approx\frac{K_2+L}{A\rho}\sqrt{\frac{Km}{4\rho V}} \tag{6.5.104}$$

最终，可将该负重叠阀控液压缸的传递函数模型转化为图 6.5.15 的形式：

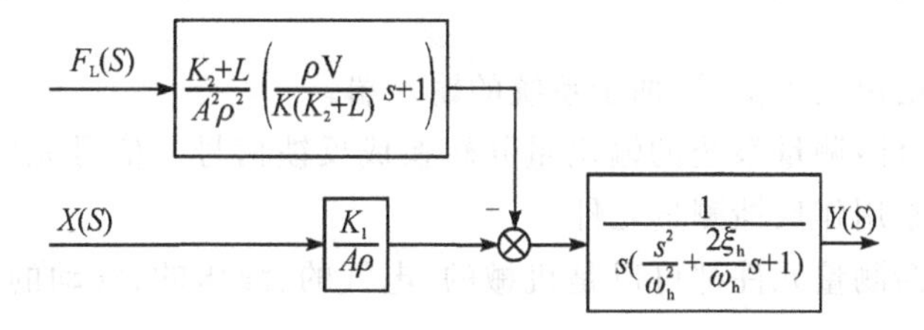

图 6.5.15　负重叠阀控液压缸的传递函数模型图

6.6　液压系统应用实例

液压系统及其相关技术与现代社会中人们的日常生活，工农业生产，科学研究活动产生着日益密切的关系，已成为现代机械设备和装置中的基本技术构成，现代控制工程的基本技术要素和工业及国防自动化的重要手段，并在国民经济各行业及几乎所有技术领域中日益广泛应用。应用液压技术的程度已成为衡量一个国家工业化水平的重要标志。尤其在近年来，液压技术与控制技术紧密结合而产生的液压伺服系统、液压传动系统等，已在众多前沿和热点领域取得了广泛深入的应用。

下面，在 6.6.1 节我们首先介绍实际中应用最为普遍的液压伺服系统，包括它的定义、工作原理、分类、特点、组成，并简要介绍几个液压伺服系统的典型应用实例。在 6.6.2 节，我们重点讲解液压系统的另一个综合应用实例，即航空母舰上液压阻拦系统的建模和基本工作原理，该系统是当前我国和以美国为首的西方发达国家重点关注的军事前沿科技。

6.6.1 液压伺服系统

1. 液压伺服系统的定义和结构

液压伺服系统是使系统的输出量,如位移、速度或力等,能自动地、快速而准确地跟随输入量的变化而变化的系统,与此同时,输出功率被大幅度地放大。液压伺服控制是复杂的液压控制方式。图 6.6.1 给出了一个数控机床中常用的液压伺服系统装置。

液压伺服系统通常是一种闭环液压控制系统。图 6.6.2 给出了一个典型的液压伺服系统的结构组成图。如图所示,该闭环系统主要包括以下元件:

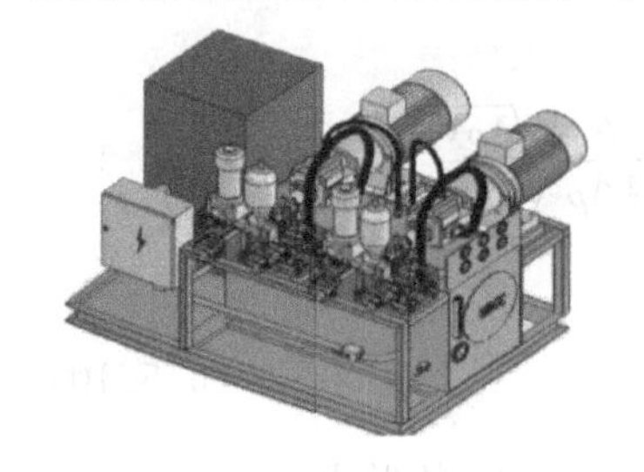

图 6.6.1 液压伺服系统图例

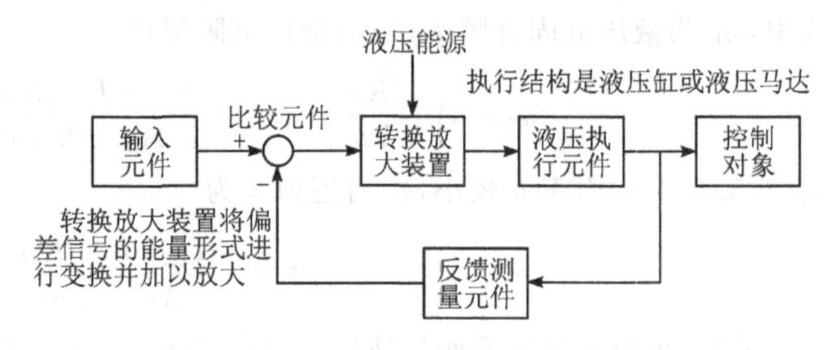

图 6.6.2 液压伺服系统的结构组成

(1)输入元件:给出输入信号,加于系统的输入端。

(2)反馈测量元件:测量系统的输出量并转换成反馈信号。信号元件也是多种形式的,各种类型的传感器常用作反馈测量元件。

输入元件和反馈测量元件都可以是机械的、电气的、液压的、气动的或者是它们的组合形式。

(3)比较元件:将反馈信号与输入信号进行比较,产生偏差信号加于放大装置,该元件一般不单独存在。

(4)放大器及能量转换元件:将误差信号放大,并将各种形式的信号转换成大功率的液压能量。电器伺服放大器及各种类型的机液、电器伺服阀均属于此类常用元件。

(5)执行元件:将产生的调节动作加于控制对象上。如液压缸或液压马达等。

(6)控制对象:通常指具有待控物理量的各种各样的生产设备。

2. 液压伺服系统工作原理

图 6.6.3 为一个简单的液压伺服系统原理图,图中 X_i 为阀芯位移,它为系统的输入量;X_p 为缸体位移,它为系统的输出量。液压泵 4 是系统的能源,它以恒定的压力向系统供油,供油压力由溢流阀 3 调定。四通滑阀 1 是一个转换放大元件(伺服阀),把输入的机械信号(位移或速度)转换成液压信号(流量或压力)并放大输出至液压缸 2。液压缸作为执行元件,输入压力油的流量,输出位移(或运动速度),从而带动负载移动。四通滑阀和液压缸形成一个整体,构成了反馈连接。

当滑阀处于中间位置时,阀的四个窗口均关闭,阀没有流量输出,液压缸 2 不动,系统处于静止状态。给滑阀一个向右的输入位移 X_i,则窗口 a、b 便有一个相应的开口量 $X_v = X_i$,液压油经窗口 a 进入液压缸右腔,左腔油液经窗口 b 排出,缸体右移 X_p,由于缸体和阀体是

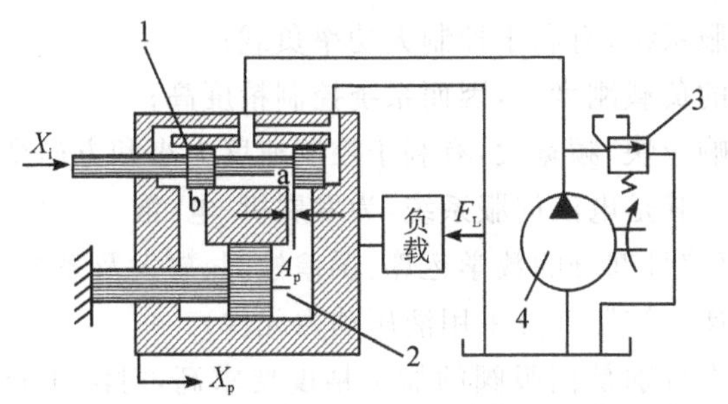

1—四通滑阀；2—液压缸；3—溢流阀；4—液压泵。

图 6.6.3　液压伺服系统原理示意图

一体的，因此阀体也右移 X_p。因滑阀受输入端制约，则阀的开口量减小，直到 $X_p = X_i$，即 $X_v = 0$，阀的输出流量等于零，缸体才停止运动，处于一个新的平衡位置上，从而完成了液压缸输出位移对滑阀输入位移的跟随运动。如果滑阀反向运动，液压缸也反向跟随运动。

在该系统中，输出位移 X_p 之所以能够精确地复现输入位移 X_i 的变化，是因为缸体和阀体是一个整体，构成了闭环控制系统。在控制过程中，液压缸的输出位移能够连接不断地回输到阀体上，与滑阀的输入位移相比较，得出二者之间的位置偏差，即滑阀的开口量。因此，压力油就要进入并驱动液压缸运动，使阀的开口量(偏差)减小，直至输出位移与输入位移相一致时为止。液压伺服系统的工作原理可用如图 6.6.4 所示的文字方框图来表示：

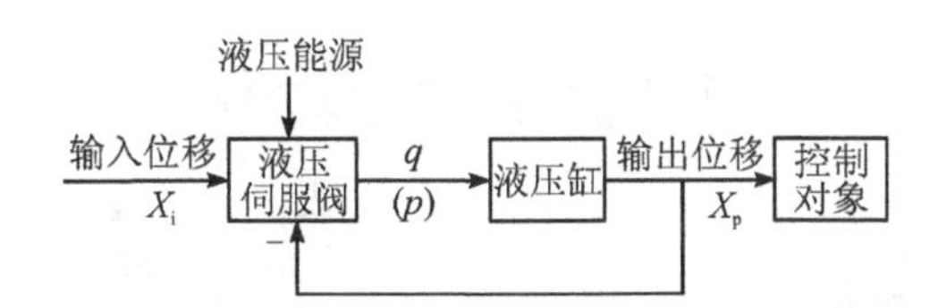

图 6.6.4　液压伺服系统工作原理文字方框图

综上可得，液压伺服系统的基本工作原理就是利用液压流体动力的闭环控制，即利用反馈连接得到偏差信号，再利用偏差信号去控制液压能源输入到系统的能量，使系统向着减小偏差的方向变化，从而使系统的实际输出与希望值相符。

在该液压伺服系统中，输出位移能够精确地复现输入位移的变化，同时它将输入的机械量转换成很大的输出力，带动负载做功，因此该系统也可被视为一个功率放大装置。

3. 液压伺服系统的分类和特点

按照不同的分类标准，液压伺服系统有如下 3 种常用的分类形式：

(1)按系统中误差信号产生和传递的物质形式不同，可分为机液伺服系统、电液伺服系统和气液伺服系统；

(2)按液压控制元件的形式，可分为阀控伺服系统和泵控伺服系统；

(3)按不同的被控物理量，可分为位置伺服系统、速度伺服系统、加速度伺服系统、力伺服系统和其他物理量伺服系统。

液压伺服系统与其他类型的伺服系统比较，具有以下特点：

(1)液压元件的功率重量比大、力矩惯量比(或质量比)大。因此，可以组成体积小、重量轻、加速度性能好的伺服系统，有利于控制大功率负载；

(2)液压伺服系统的负载刚度大，因而系统控制精度高；

(3)液压伺服系统响应快、频宽大，有利于控制速度大小和方向变化频繁的控制对象；

(4)液压伺服系统尤其是电液伺服系统，为发展机-电-液一体化的高技术装置提供了广阔的前景；(即在小功率信号部分的数学运算、误差检测、放大及系统特性补偿采用电子装置或计算机，在大功率传递和控制部分采用液压动力元件)

(5)液压伺服系统中特别是伺服阀的加工精度要求高，对液压介质的清洁度要求也高，价格贵；

(6) 液压伺服元件在液压介质中具有自润滑性，可进行柔性传动，能量储存比较方便等。

4. 机液伺服系统应用举例

如果液压伺服系统中的比较反馈元件由机械元件充当，则称为机液伺服系统，以区别于电反馈系统。机液伺服系统被广泛地应用于飞机舵面控制、火炮瞄准机构操纵、车辆转向控制、仿形机床及伺服变量泵等处。

例 6.6.1 在图 6.6.5 中，飞机舵机采用机液位置伺服系统来操纵飞机舵面转动，以调整飞行过程中飞机受到的升力和阻力，使飞机保持稳定飞行。如图 6.6.6 所示，该机液位置伺服系统采用杠杆作为比较反馈元件，那么，滑阀的开口位移 X_v、输入的指令位移 X_i 和液压缸输出的舵机位移 X_p 三者之间的关系为

$$X_v = \frac{a}{a+b}X_i - \frac{b}{a+b}X_p \tag{6.6.1}$$

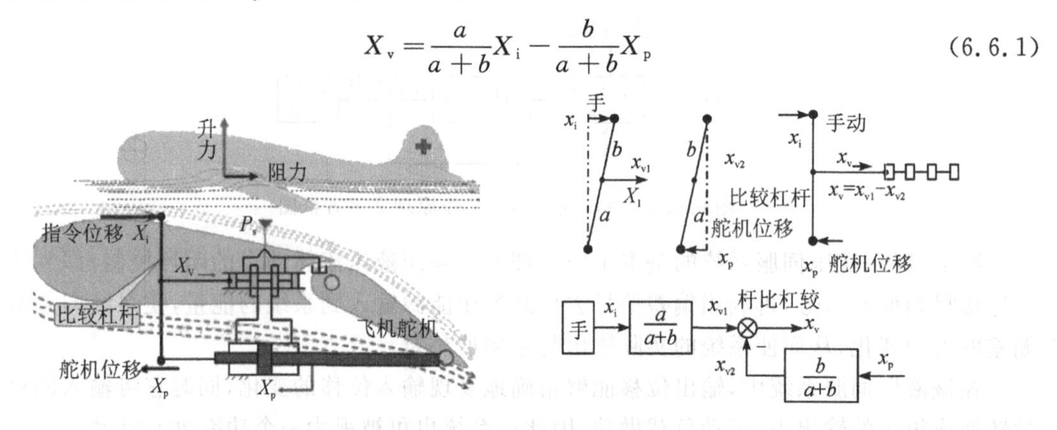

图 6.6.5 飞机舵机机液控制系统　　图 6.6.6 飞机舵机机液控制系统的比较反馈原理

结合前述液压伺服系统的工作原理，我们首先在图 6.6.7 中给出了该飞机舵机机液位置伺服系统的文字方框图。之后，将图中的伺服阀、液压缸及扰动对飞机舵机的影响这 3 部分的数学模型代入，可得飞机舵机机液位置伺服系统的正式方框图模型如图 6.6.8 所示。需要注意的是，在方框图中，各个元件的数学模型均采用传递函数而非微分方程，传递函数可通过对微分方程进行拉普拉斯变换，并假定初始条件为零获得。

最终，根据图 6.6.8 中的正式方框图，可得到该飞机舵机机液位置伺服系统的闭环传递函数。基于该闭环传递函数，可以对系统进行瞬态、稳态特性分析，以及后续的控制系统设计等。

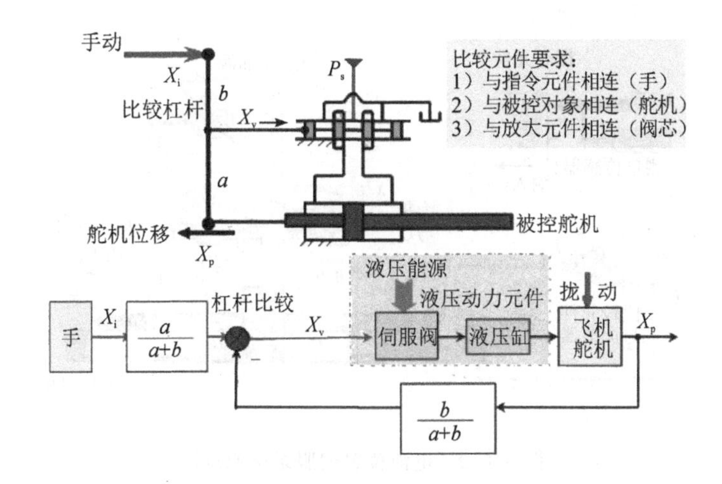

图 6.6.7　飞机舵机机液控制系统文字方框图

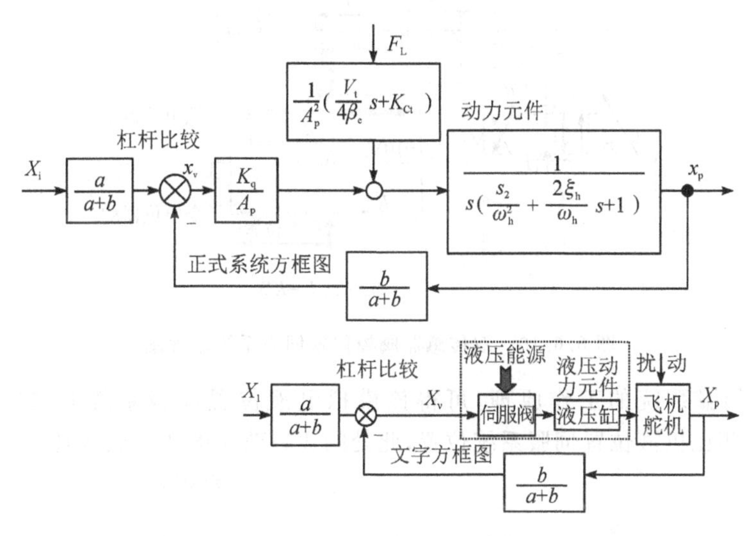

图 6.6.8　飞机舵机机液控制系统正式方框图

5. 电液伺服系统应用举例

电液伺服系统只指采用电子元件作为比较器的液压伺服系统。其中，比较反馈以电子元件作为比较器，并采用电反馈将输出量转化为电量（电压）比较。电液伺服系统又可分为模拟电液伺服系统和数字电液伺服系统，前者以运放等器件作为比较器，采用模拟比较方式；后者以计算机作为比较器，采用数字比较方式。

图 6.6.9 是一个典型的模拟电液位置伺服系统原理图。该系统也可抽象为如图 6.6.10 所示的双传感器阀控位置伺服系统。图中反馈电位器与指令电位器接成桥式电路。反馈电位器滑臂与控制对象相连，其作用是把控制对象位置的变化转换成电压的变化。反馈电位器与指令电位器滑臂间的电位差（反映控制对象位置与指令位置的偏差）经放大器放大后，加于电液伺服阀转换为液压信号，以推动液压缸活塞，驱动控制对象向消除偏差方向运动。当偏差为零时，停止驱动，因而使控制对象的位置总是按指令电位器给定的规律变化。

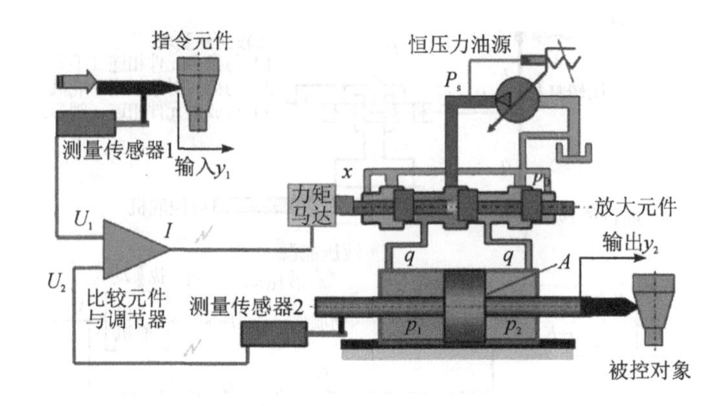

图 6.6.9 电液位置伺服系统原理图

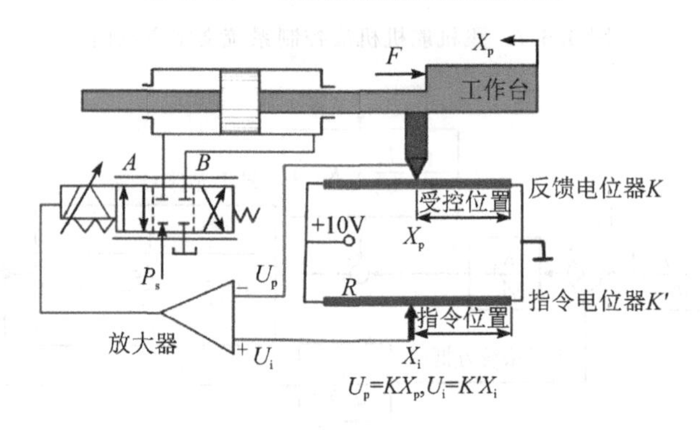

图 6.6.10 双传感器阀控位置伺服系统原理图

根据电液伺服系统的工作原理，可得该模拟电液位置伺服系统的文字方框图如图 6.6.11 所示。相比机液位置伺服系统位置，此处的比较改用电压比较代替。

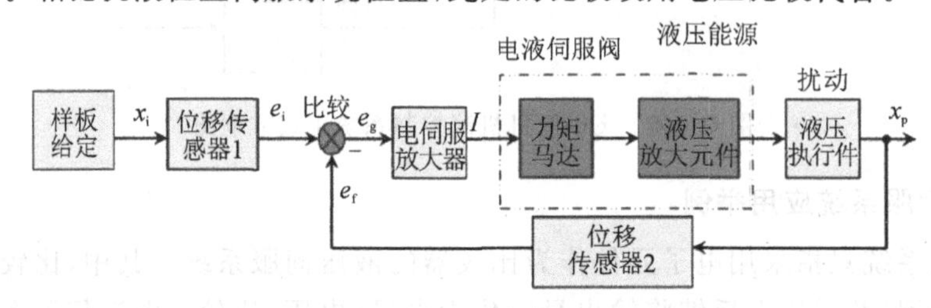

图 6.6.11 电液位置伺服系统文字方框图

电液伺服系统中常用的位置检测元件有自整角机、旋转变压器、感应同步器和差动变压器等。伺服放大器为伺服阀提供所需要的驱动电流。电液伺服阀的作用是将小功率的电信号转换为阀的运动，以控制流向液压动力机构的流量和压力。因此，电液伺服阀既是电液转换元件又是功率放大元件，它的性能对系统的特性影响很大，是电液伺服系统中的关键元件。液压动力机构由液压控制元件、执行机构和控制对象组成。液压控制元件常采用液压控制阀或伺服变量泵。常用的液压执行机构有液压缸和液压马达。液压动力机构的动态特性在很大程度上决定了电液伺服系统的性能。

例 6.6.2　图 6.6.12 为模拟电液位置伺服器在导弹发射方位角控制系统中的应用。

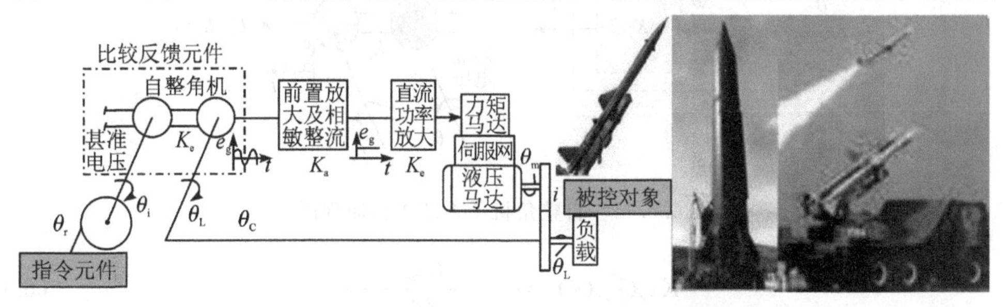

图 6.6.12　导弹发射方位角控制系统

图 6.6.13 和图 6.6.14 给出了该系统的工作原理。图中自整角机的输出为

$$U_e = K_e \sin(\theta_r - \theta_c) \approx K_e(\theta_r - \theta_c) = K_e \Delta\theta \tag{6.6.2}$$

式中，θ_r 为自整角机发送器转子轴的转角，即系统的输入信号；K_e 为自整角机的增益，$K_e = U_e/(\theta_r - \theta_c)$。自整角机的工作原理如图 6.6.15 所示，它将角位移信号转化为电压信号。

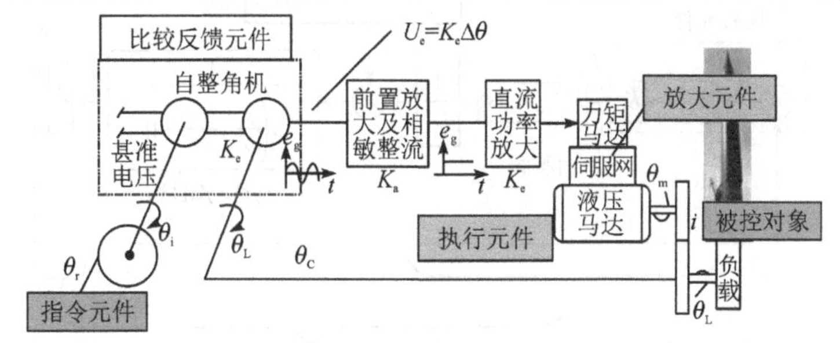

图 6.6.13　导弹发射方位角控制系统原理图 1

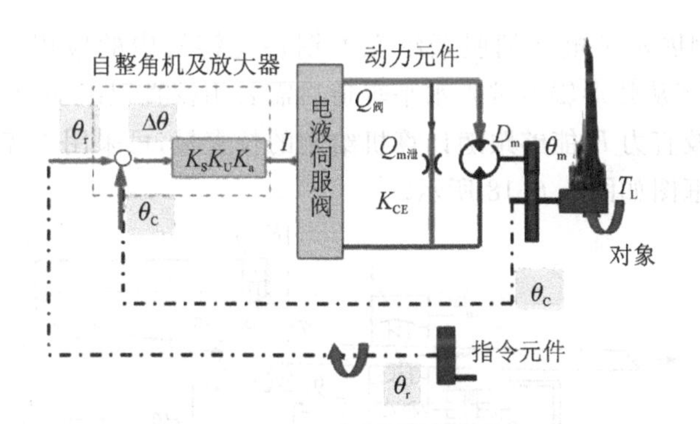

图 6.6.14　导弹发射方位角控制系统原理图 2

系统中伺服阀的输出为

$$Q_0 = K_{Sv} G_{Sv}(s) \cdot \Delta I = \frac{K_{Sv}}{\dfrac{s^2}{w_{Sv}^2} + \dfrac{2\zeta_{Sv}}{w_{Sv}} s + 1} \cdot \Delta I \tag{6.6.3}$$

根据式(6.6.3)可得伺服阀的传递函数为

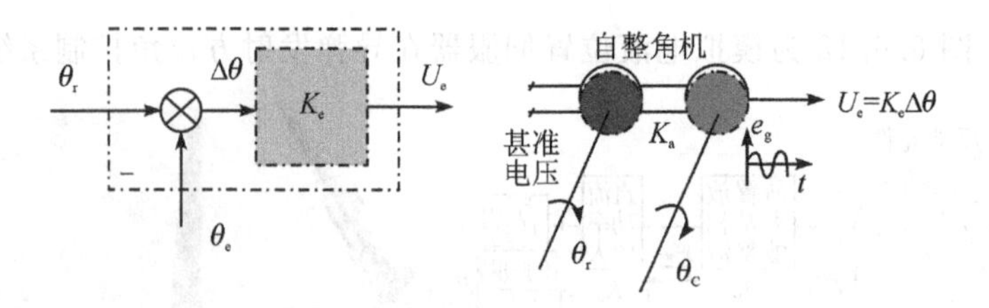

图 6.6.15　自整角机子系统工作原理图

$$K_{Sv}G_{Sv}(s)=\frac{K_{Sv}}{\dfrac{s^2}{w_{Sv}^2}+\dfrac{2\zeta_{Sv}}{w_{Sv}}s+1} \tag{6.6.4}$$

最终可得该导弹发射方位角控制系统的正式方框图如图 6.6.16 所示。

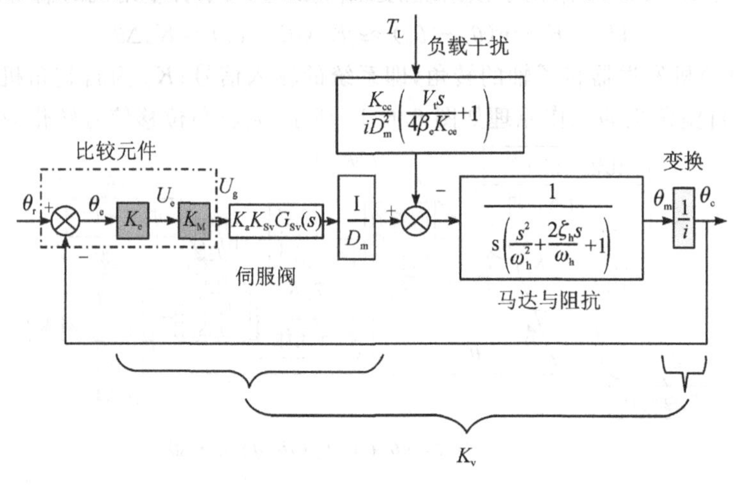

图 6.6.16　导弹发射方位角控制系统方框图

例 6.6.3　该例展示了电液伺服系统在方钢坯连铸机中的应用。系统工作过程如图 6.6.17 所示。方钢坯从弧形辊道进入水平辊道后需要用校直辊组加力 F 进行校直,并用剪切机切断。为了使校直力 F 能够跟随计算机给定的校直量,可采用力控制电液伺服系统,该系统模型的文字方框图如图 6.6.18 所示。

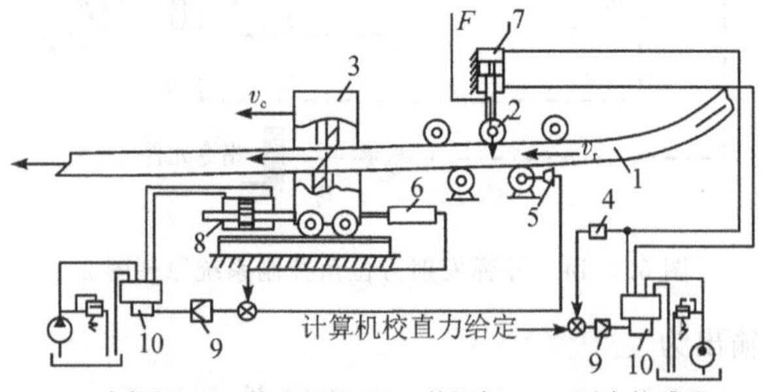

1—方钢坯；2—校直辊组；3—剪切机；4—压力传感器；
5—钢坯速度传感器；6—剪切机速度传感器；7—校直力加压缸；
8—剪切机驱动缸；9—放大器；10—电流伺服阀。

图 6.6.17　方钢坯连铸机工作示意图

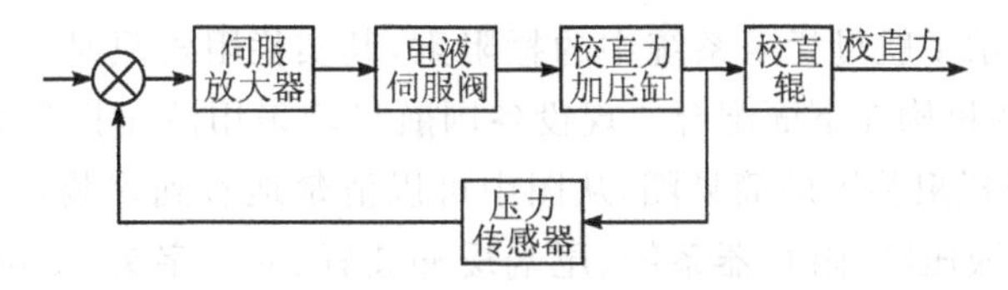

图 6.6.18　方钢坯连铸机中力控制电液伺服系统方框图

同时，为了使剪切机的水平运动在剪切过程中能与铸坯同步，可采用速度控制电液伺服系统。速度传感器通过压紧轮，感受钢坯的实际水平移动速度 v_r 作为系统的速度给定。剪切机水平移动速度 v_c 由速度传感器感受。当 v_r 与 v_c 出现偏差时，电液伺服系统对剪切机移动速度进行调整，以保证钢坯在剪切过程中与剪切机同步，因而不受阻力或推力。该系统模型的文字方框图如图 6.6.19 所示。

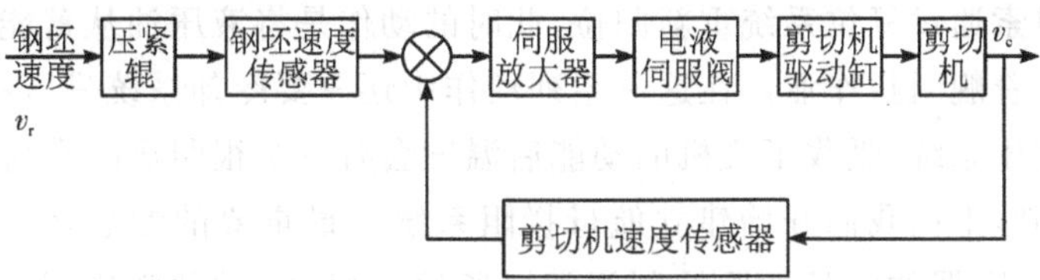

图 6.6.19　方钢坯连铸机中速度控制电液伺服系统方框图

6.6.2　航母液压阻拦系统的建模

1. 航母液压拦阻系统结构和工作原理

现代喷气式航母舰载机的着陆速度，一般为 200～300 km/h，如果不经过拦阻，舰载机需要滑行 1000 m 以上才能停稳，而航空母舰飞行甲板的长度只有 200 多米。并且舰载机在着舰时，为了保证在尾钩没挂住拦阻索的情况下也能安全复飞，舰载机的油门都处于最大位置，所以降落重量都在二十多吨以上，速度在 200 km/h 以上。为了让舰载机在 3 s 内停稳，现代航空母舰必须配备结实耐用的拦阻系统(见图 6.6.20)。由于该拦阻系统需要承受比飞机冲击更大的力量，所以其技术要求非常高。

(a) 甲板拦阻索

(b) 甲板下方的液压阻拦器

图 6.6.20　航母液压阻拦系统

利用拦阻索拦阻着舰是现代航空母舰舰载机着舰的主要方式，航母拦阻系统的拦阻能力是航母与舰载机重要的适配条件之一。拦阻系统随着航母的诞生便已出现，通过设计巧妙的控制机构，实现了不同重量、速度的舰载机等距离拦阻，使得航母可以满足不同类型飞机的服役要求，提高了航母综合作战能力。很多自己拥有拦阻装置技术的国家，都把这当成最核心机密，概不外传。

图 6.6.20 仅展示了航母拦阻系统中的拦阻索,其实拦阻索只是一个能看见的“表面”,实际上还有更庞大的机构在下面配合。现役各国航母均采用液压拦阻系统。图 6.6.21(a)为美国 MK7 型液压拦阻装置的简易图,从图中可以清楚地看到该装置除了拦阻索之外,还有滑轮缓冲装置、主液压缸、阻拦器系统、尾端缓冲装置、动十字头、复位系统、冷却系统等。其中拦阻器系统又由主液压缸、蓄能器、定滑轮组、膨胀气瓶等组成。

高速着舰的舰载机在短时间内做到速度停止,其动能急速下降至 0。按照能量守恒定律,这些动能必须要转化成其他形式的能量,不可能无缘无故地消失。当舰载机着舰时,尾钩会钩住拦阻锁使其急速向前运动,此时拦阻索通过滑轮组带动柱塞对液压缸进行压缩,压缩的过程中将液压油压入蓄能器中,液压系统在短时间内吸收了飞机的动能,这个时候就进行了能量的转换。所以飞机才能这么快地消耗完自身巨大的动能,实现超短距减速。当舰载机停止时,拦阻索通过复位系统重新归位,此时的动作是将液压油从蓄能器再返回到液压缸内,等待下一次着舰阻拦作业。在这一系列动作中还需要冷却系统进行冷却,因为整套拦阻系统(特别是液压系统)吸收了飞机的动能后温度会有一个很明显的升高。

有了以上基础,下面我们开始建立航母拦阻系统中最重要的参数之一——拦阻索的拦阻力 F_H 与液压拦阻器的定长冲跑控制阀阀口通油面积 A_v 的数学模型。之后根据该模型在 MATLAB 环境下利用 SIMULINK 工具箱建立拦阻动力学仿真模型,以对舰载机在不同重量和速度状态下的着舰拦阻过程进行模拟。

首先,结合图 6.6.21(b),将航母液压式拦阻系统的具体工作过程介绍如下:

通常每艘航母装有四组拦阻索,当舰载机尾钩挂上任意一根拦阻索后会拉动滑轮索。拦阻索经过滑轮缓冲系统和一系列动滑轮组带动主液压缸的柱塞运动,将主液压缸里的油液经定长冲跑控制系统挤压进蓄能器,压缩空气产生阻尼力并吸收能量,使飞机逐渐减速。当飞机被拦停且拦阻索与飞机尾钩脱离后,复位阀打开,蓄能器中的高压油液经冷却器回流到主液压缸,再反向带动动滑轮组,最终实现拦阻索复位。其中滑轮缓冲器主要的目的是减缓拦阻过程中钢索张力峰值。定长冲跑控制系统是液压拦阻器的控制元件,它可根据不同飞机重量,通过重量选择器调节控制阀(通常为节流阀)阀口的初始开口面积,以实现在基本相同距离上拦阻不同重量的飞机。在拦阻过程中,凸轮调节装置根据主液压缸柱塞的运动

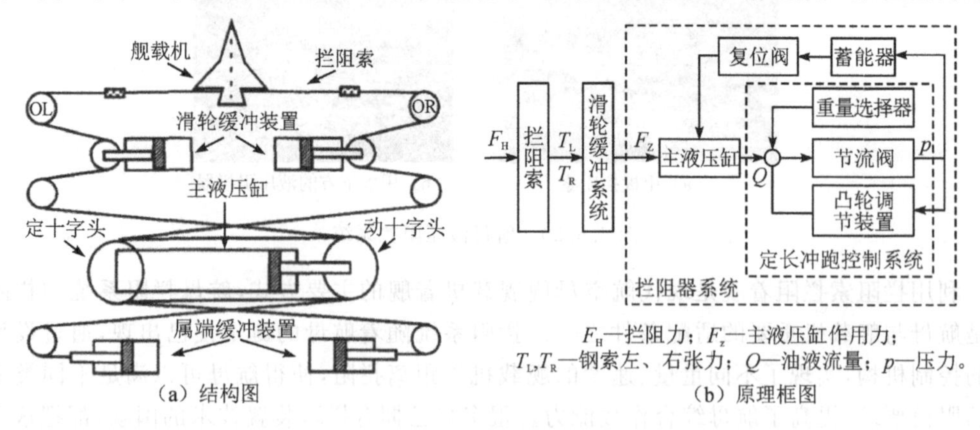

图 6.6.21　航母液压阻拦系统示意图

规律调节凸轮以改变控制阀开口面积，控制油液流量，从而控制拦阻力的恒稳。

由图 6.6.21(b)所示的工作原理可以得知要想求解拦阻力 F_H，得先求解拦阻器系统的主液压缸作用力 F_z，而后和滑轮缓冲系统及拦阻索动力学方程联立求解即可得到 F_H。因此必须先对拦阻器系统进行建模以确定 F_z。

2. 拦阻器系统方程

拦阻器系统是产生拦阻力、吸收能量的主要部件，是航母液压拦阻装置的核心。其产生液压阻尼力的主要工作元件由主液压缸、定长冲跑控制系统、蓄能(压)器组成，下面需要对其每个元件建立运动方程。

1) 主液压缸柱塞运动速度 v_r 的方程

柱塞是拦阻力通过滑轮缓冲系统带动一组动滑轮组挤压主液压缸产生运动，根据图 6.6.22 所示的受力分析，应用牛顿第二定律可得柱塞动力学方程为

$$\frac{\mathrm{d}v_r}{\mathrm{d}t}=(F_z-\mu v_r-A_r p_1)\frac{1}{m_r} \tag{6.6.5}$$

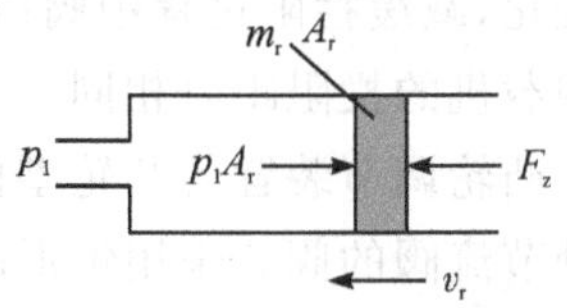

$m_r A_r$　p_1　$p_1 A_r$　F_z　v_r

图6.6.22　主液压缸柱塞受力分析图

式中，F_z 为主液压缸作用力；v_r 为主液压缸柱塞运动速度，由钢索的运动通过滑轮组传递给柱塞；m_r 为柱塞(包括动滑轮组)的质量；A_r 为主液压缸柱塞截面积；μ 为油液黏性阻尼系数；p_1 为主液压缸的油液压力，可由定长冲跑控制系统的流量方程求出。

2) 液压系统节流阀油液流量 Q 的方程

液压系统油液的流量规律决定了与蓄能器相连的膨胀气瓶中空气的压缩量，即决定了产生的阻尼力。油液流量由定长冲跑控制阀控制，定长冲跑控制阀为节流阀。通过节流阀的体积流量 Q 主要取决于阀口通流面积和阀口前后压差。这里节流阀的阀芯选择锥形阀，那么根据 6.4.3 节中的式(6.4.32)可得该体积流量 Q 的计算公式为

$$Q=K_v A_v\sqrt{\frac{2}{\rho}(p_1-p_2)} \tag{6.6.6}$$

式中，A_v 为控制阀阀口通油面积；K_v 为油液流量系数；ρ 为油液密度；p_2 为控制阀阀口后压力；p_1 为控制阀阀口前压力，即主液压缸的油液压力。

3) 蓄能器活塞运动方程

控制阀阀口后油液压力 p_2 由蓄能器活塞运动方程确定，其中蓄能器结构如图 6.2.11(c)所示，有

$$m_p\frac{\mathrm{d}v_p}{\mathrm{d}t}=(p_2-P_f)A_p \tag{6.6.7}$$

式中，m_p、A_p、v_p 分别为蓄能器活塞的质量、有效截面积和运动速度；P_f 为蓄能器气瓶中空气压强，由空气压缩量决定。由于拦阻过程时间很短，蓄能器气瓶空气压缩过程可看作绝热过程，则有

$$P_f=\frac{P_{f0}V_{f0}^{1.4}}{\left(V_{f0}-\int_0^t A_p v_p\mathrm{d}t\right)^{1.4}}=\frac{P_{f0}V_{f0}^{1.4}}{\left(V_{f0}-\int_0^t Q\mathrm{d}t\right)^{1.4}} \tag{6.6.8}$$

式中，$A_p v_p$ 表示由主液压缸压进蓄能器的油液体积流量，它显然等于式(6.6.6)所示的主液压缸通过节流阀的流出体积流量 Q，$Q=A_p v_p$；P_{f0} 为气瓶初始压强；V_{f0} 为气瓶初始体积。

4) 控制阀阀口通油面积 A_v 的确定

控制阀由阀芯、阀套、凸轮调节装置组成。凸轮运动带动阀套、阀芯运动，改变通油孔的面积，以达到控制拦阻力的目的。凸轮由柱塞驱动，因此，控制阀通油面积 A_v 是柱塞运动行程的函数，即

$$A_v = A_{v0} - \Delta A = A_{v0} - A(s) \tag{6.6.9}$$

式中，A_{v0} 为控制阀的初始开口面积，通过人工由重量选择器来调节，以拦阻不同重量飞机，飞机越重，初始阀口面积应越小；s 为柱塞作动器行程，函数 $A(s)$ 的具体形式取决于凸轮轮廓线和 s 的变化及节流阀口的形状。选择合适的凸轮轮廓线，就能控制拦阻过程阀口流量的变化，减缓拦阻过程中阀口面积的变化，使得流过控制阀的油液总流量相同，从而保证不同舰载机的拦阻距离相同。

凸轮调节装置的凸轮型面的设计根据节流阀的阀口形状和具体的拦阻指标进行设计，此处节流阀的阀芯采用锥形阀，半锥角为 α。为了简化控制关系，凸轮曲线可设计成阿基米德螺线，可使节流阀阀门杆的向下位移 y 是凸轮转角的线形函数，即 $y=k_\theta \theta$，其中 θ 为凸轮的转角，它由柱塞驱动且满足关系式 $\theta=k_s s$，k_s 由液压作动筒的最大长度和凸轮最大转角的比值确定。k_θ 值由凸轮产生的最大位移与最大位移时的凸轮转角的比值决定。

因此阀门通油面积的变化量 $A(s)=\pi d_1 y \sin\alpha$，其中 d_1 为节流阀座口的直径。将其代入式(6.6.9)可得 A_v 关于 s 的函数关系为 $A_v=A_{v0}-(\pi d_1 k_\theta k_s \sin\alpha)\cdot s$。

5) 主液压缸作用力 F_z 的方程

忽略油液的弹性变形，如图 6.6.22 所示，根据液压缸连续性方程可得主液压缸通过节流阀的流出体积流量 Q 又可表示为

$$Q = A_r v_r \tag{6.6.10}$$

式中，A_r 和 v_r 分别为主液压缸柱塞截面积和运动速度。

将式(6.6.6)～式(6.6.10)联立可得 p_1 与 v_r 的对应关系为

$$p_1 = \frac{A_r^2 v_r^2 \rho}{2K_v^2 A_v^2} + \frac{m_p A_r}{A_p^2}\frac{\mathrm{d}v_r}{\mathrm{d}t} + \frac{P_{f0} V_{f0}^{1.4}}{\left(V_{f0} - A_r \int_0^t v_r \mathrm{d}t\right)^{1.4}} \tag{6.6.11}$$

将式(6.6.11)代入式(6.6.5)得到主液压缸作用力 F_z 关于主液压缸柱塞运动速度 v_r 的表达式为

$$F_z = m_r \frac{\mathrm{d}v_r}{\mathrm{d}t} + \mu v_r + \frac{A_r^3 v_r^2 \rho}{2K_v^2 A_v^2} + \frac{m_p A_r^2}{A_p^2}\frac{\mathrm{d}v_r}{\mathrm{d}t} + \frac{A_r P_{f0} V_{f0}^{1.4}}{\left(V_{f0} - A_r \int_0^t v_r \mathrm{d}t\right)^{1.4}} \tag{6.6.12}$$

3. 滑轮缓冲系统方程

滑轮缓冲系统为一个小型液压缓冲系统，位于舰面下，左右各一个，由动滑轮、液压筒、活塞、阀门和蓄能器组成。钢索绕过滑轮，滑轮与活塞相连，当钢索张力大于液压筒压力时，活塞被拉出减缓钢索拉出速度 $v_{cb}=v'_{cb}-v_{hp}$，其中 v_{cb} 为滑轮缓冲系统后钢索拉出速度，和 v_r 满足 $v_r=v_{cb}/k$，k 为拦阻器系统的动滑轮组的数目；v'_{cb} 为滑轮缓冲系统前钢索拉出速

度，由拦阻索几何关系及飞机速度确定；v_{hp} 为滑轮缓冲系统活塞运动速度，满足下式：

$$m_{hp}\frac{dv_{hp}}{dt}=2T-P_hA_{hp} \tag{6.6.13}$$

$$P_h\left(V_0-A_{hp}\int_0^t v_{hp}dt\right)^{1.4}=P_{h0}V_0^{1.4} \tag{6.6.14}$$

式中，m_{hp}、A_{hp} 分别为缓冲系统活塞质量和有效面积；T 为左(或右)钢索张力；P_h 为油液压强，由于忽略油液压缩和蓄能器活塞质量，P_h 与蓄能器空气压强相同；P_{h0}、V_0 分别为空气初始压强与体积。

4. 拦阻索动力学方程

忽略拦阻索与滑轮组索的弹性变形。参照图 6.6.21(a)，拦阻器系统主液压缸作用力 F_z 与图 6.6.23 中拦阻索左段张力 T_L、右段张力 T_R 之间的关系为

$$T_L+T_R=F_z/(4N) \tag{6.6.15}$$

式中，N 为拦阻器系统动滑轮个数。根据图 6.6.23，舰载机尾钩受到的阻拦力 F_H 与 T_L 及 T_R 满足如下关系：

$$-F_H\sin\varepsilon_H=T_R\sin\varepsilon_C-T_L\sin\varepsilon_C \tag{6.6.16}$$

$$F_H\cos\varepsilon_H=T_R\cos\varepsilon_C+T_L\cos\varepsilon_C \tag{6.6.17}$$

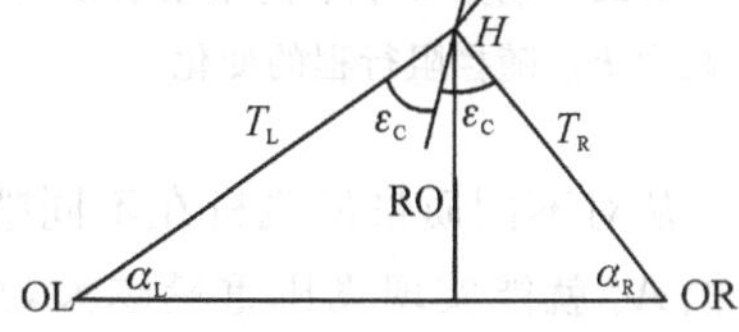

图 6.6.23　拦阻索受力简图

式中，各参数的含义见图 6.6.23 所示，且均由飞机相对甲板的运动速度、位移，姿态决定。因此在已知飞机的运动参数后由式(6.6.13)～式(6.6.17)迭代求解最终可得拦阻索的拦阻力 F_H。

5. 仿真算例

根据上述各方程，在 MATLAB 环境下利用 SIMULINK 工具箱建立拦阻动力学的仿真模型。

场景 1：计算某型飞机以重量 14 t、速度 56.58 m/s(相对航母的速度，下同)着舰，并与实验值进行比较，如图 6.6.24 所示。

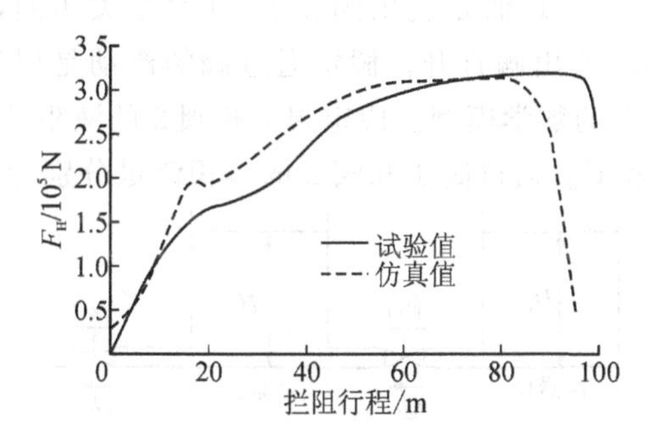

图 6.6.24　场景 1 中拦阻索拦阻力 F_H 的仿真值与试验值的比较

从仿真值与实验值比较可见，拦阻力的仿真值和实验值趋势一致，拦阻力的峰值基本接近，滑轮缓冲系统能有效地减小拦阻索张力，如图 6.6.24 所示在 20 m 左右拦阻力有变缓的趋势。

场景 2：计算某型飞机在不同重量和速度状态下的着舰拦阻过程。(1)重量 14 t、着舰

速度 56.58 m/s;(2)重量 18 t、着舰速度 63.5 m/s;(3)重量 22 t、着舰速度 69.25 m/s。不考虑航母摇荡运动。对比在相同拦阻距离情况下拦阻系统的拦阻特性。仿真曲线见图 6.6.25 和图 6.6.26。

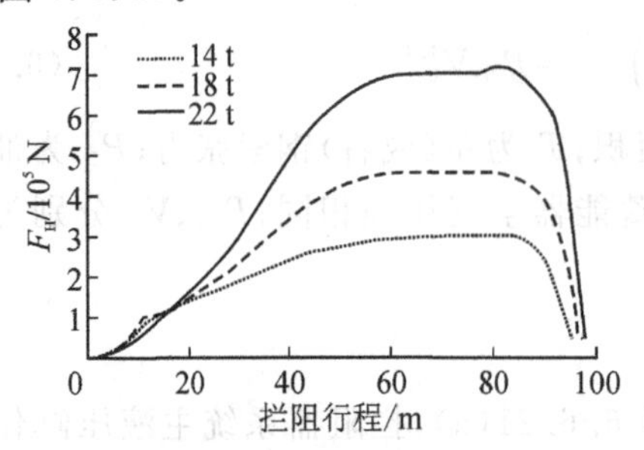

图6.6.25 场景 2 中不同重量着舰情况下拦阻索拦阻力 F_H 随拦阻行程的变化

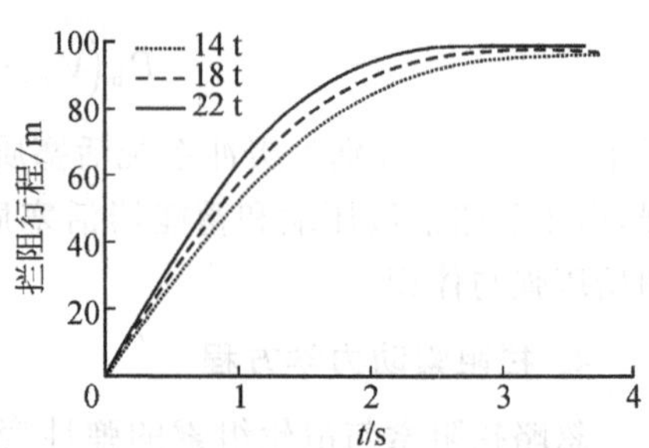

图 6.6.26 场景 2 中不同重量着舰情况下拦阻行程随时间的变化

从对不同质量的飞机在不同啮合速度的拦阻结果可知,只需要改变控制阀阀口的通油面积 A_v 就能实现飞机重量越大,拦阻力越大,不同重量的飞机均能在 100 m 左右的距离上被安全拦阻。因此所建立的拦阻力模型在液压系统理论上是合理的。

后续实验表明,曲线在整个过程中的仿真数值与实测值存在一定量的误差,分析原因,一是由于忽略了初始时刻拦阻钢索弹性变形的动载荷,以及在整个过程中油液弹性压缩和膨胀造成的油液压力变化;二是由于控制阀的阀口通油面积与阀芯形状和凸轮曲线形状不是很准确。此外,仿真所使用的拦阻系统部分参数与真实参数有差别,也导致了曲线的差别。因此,在下一步的研究中,需要考虑到拦阻索和油液弹性的变形及定长冲跑控制系统的凸轮控制阀与节流阀的控制关系,以得到更加精确的仿真数据。

6.7 第 6 章习题

习题 6.7.1 参照图 6.7.1,假定流出阀在 $t<0$ 时是关闭的,而两容器的水头是相等的,或 $H_1=H_2$。在 $t=0$ 时流出阀打开。假定通过阀的流动是层流,利用液阻和液容推导容器 2 的水头与时间 t 关系的数学模型。假定阀 1 和阀 2 的液阻分别为 R_1 和 R_2,容器 1 和容器 2 的液容分别为 C_1 和 C_2,通过阀 1 和阀 2 的体积流量分别为 Q_1 和 Q_2。

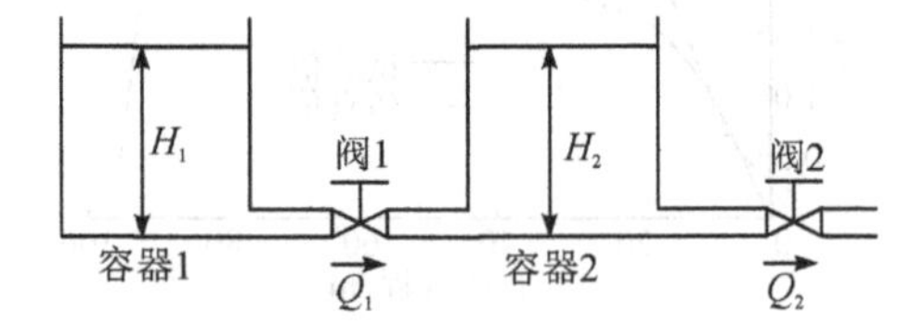

图 6.7.1 习题 6.7.1 中的液面系统

习题 6.7.2 图 6.7.2 所示的液面系统,在稳定状态时通过的体积流量是 $\bar{Q}$,容器 1 和容器 2 的水头分别是 $\bar{H}_1$ 和 $\bar{H}_2$。在 $t=0$ 时流入量从 $\bar{Q}$ 变化到 $\bar{Q}+q$,其中 q 是流入体积流量的微小变化。假定所引起的水头变化 h_1 和 h_2 及体积流量变化 q_1 和 q_2 是很小的。容器

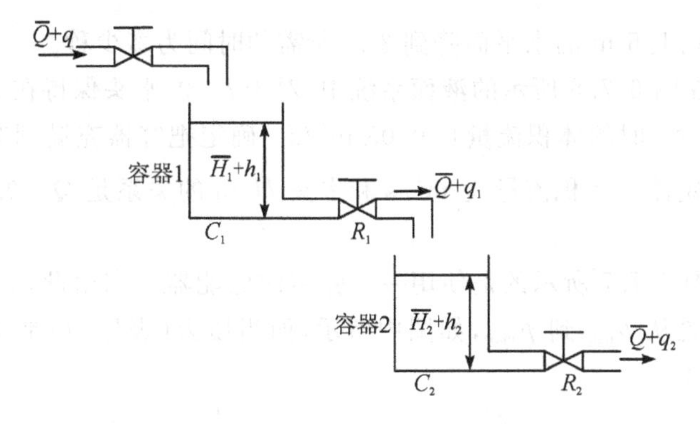

图 6.7.2　习题 6.7.2 中的液面系统

1 和容器 2 的液容分别是 C_1 和 C_2。容器 1 的出流阀液阻是 R_1、容器 2 的出流阀液阻是 R_2。利用液阻和液容推导当 q 是输入、q_2 是输出时系统的数学模型。

习题 6.7.3　求图 6.7.2 所示的液面系统的电相似系统。

习题 6.7.4　对于图 6.7.3 所示的液面系统，利用液阻和液容推导当 q 是输入和 q_2 是输出时系统的数学模型，并求其电相似系统。

习题 6.7.5　研究图 6.7.4 所示的液压系统，假定活塞位移 x 是输入，液压刚体位移 y 是输出，利用液阻和液容推导系统的数学模型。假定活塞截面积为 A、阀的液阻为 R、弹簧刚度为 k、通过阀的体积流量为 q。

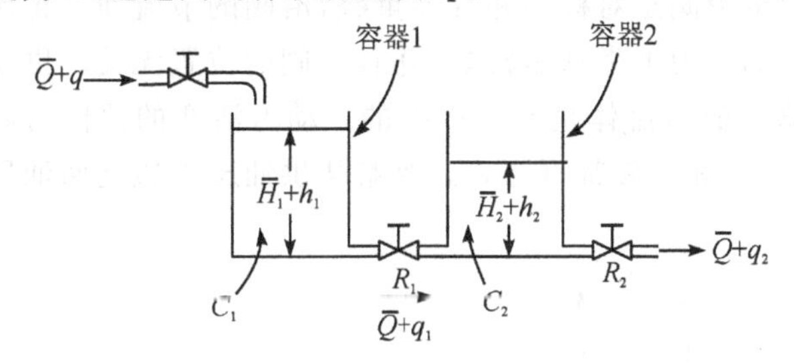

图 6.7.3　习题 6.7.4 中的液面系统

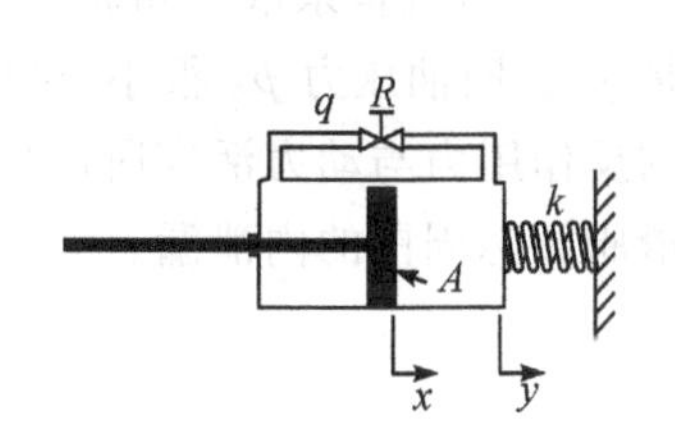

图 6.7.4　习题 6.7.5 中的液压系统

习题 6.7.6　对于图 6.7.5 所示的液面系统，假定在 $t=0$ 时，在小孔以上的水头是 5 m。求在 $t=0$ 时水流通过小孔的速度。如果在 $t=0$ 时的流量是 0.04 m^3/s，要多长时间才能使水头下降到距小孔为 3 m？假定容器的液容是 20 m^2。

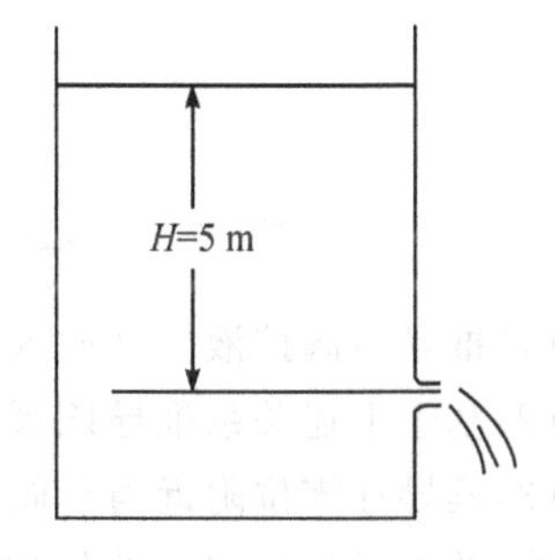

图 6.7.5　习题 6.7.6 中的液面系统

习题 6.7.7　研究一个液面系统，其中容器在小孔水平面上的横截面积是 4 m^2。其水平横截面积是线性变化的，在距小孔中心 5 m 的水平面上是 2 m^2。假定小孔的体积流量是

$$Q=cA_0\sqrt{2gH}=K\sqrt{H}$$

式中，$c=0.62$；$A_0=0.01\ m^2$；$g=9.81\ m/s^2$；H 为距小孔中心的水平面高度(m)；$K=$

$cA_0\sqrt{2g}$。求在小孔上 5 m 的水平面降到 3 m 所需的时间为多少秒。

习题 6.7.8 在图 6.7.6 所示的液面系统中，对于 $t\leqslant 0$，水头保持在 1 m。在 $t=0$ 时使流入阀打开，而在 $t\geqslant 0$ 时的体积流量是 0.05 m^3/s。确定把容器充满到 2.5 m 水平高度时所需要的时间。假定流出体积流量 Q m^3/s 和水头 H m 的关系是 $Q=0.02\sqrt{H}$，容器的液容是 2 m^2。

习题 6.7.9 图 6.7.7 所示的是使用一个弹簧的储能器。求由此储能器储存的最大能量。假定压力范围是从 p_{min} 到 p_{max}，如图中所示，而当压力（表压力）是 p_{max}（p_{min}）时，弹簧的位移是 x_{max}（x_{min}）。

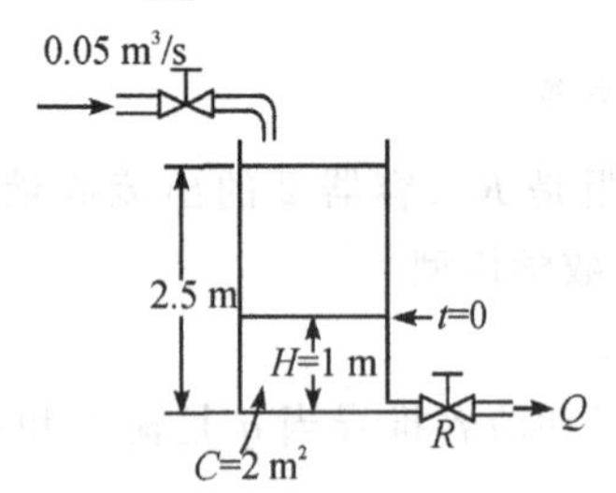

图 6.7.6 习题 6.7.8 中的液面系统

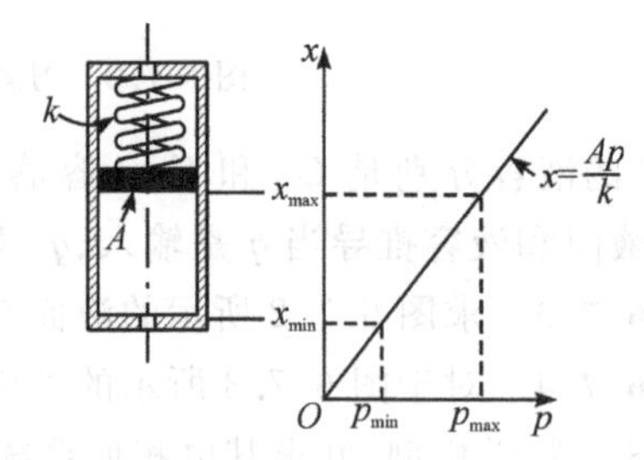

图 6.7.7 习题 6.7.9 中储能器和它的位移与压力的关系曲线

习题 6.7.10 图 6.7.8 为一个阀控液压缸。滑阀阀芯位移为 x，液压缸动力活塞位移为 y，x 和 y 的正方向如图中所示。假定滑阀是对称的并且零重叠，滑阀的节流面积正比于阀芯位移 x，流量系数 c 和通过节流口的压力下降都是常数，并且与阀的位置无关。供油压力是 p_s。回油压力 p_0 很小，可以忽略。液压流体是不可压缩的。动力活塞的惯性力和载荷的反作用力与动力活塞所产生的液压力相比较都可忽略。忽略从供油压力边到回油压力边滑阀阀芯周围的内泄漏。

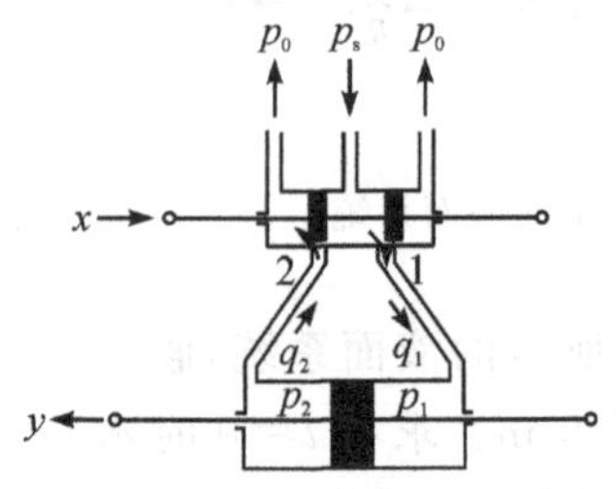

图 6.7.8 习题 6.7.10 中的零重叠阀控液压缸（滑阀阀芯零重叠）

(1)推导该阀控液压缸输入质量流量 q_1 与滑阀阀芯位移 x 之间的关系；

(2)基于上述关系推导该阀控液压缸在零位附近的线性化数学模型；

(3)推导在零位附近当滑阀阀芯位移 x 很小时，该零重叠阀控液压缸以滑阀阀芯位移 x 为输入，动力活塞位移 y 为输出的系统数学模型。

习题 6.7.11 如图 6.7.9 所示的阀控液压缸由四通滑阀、动力缸体和活塞及载荷元件（质量、黏性摩擦和弹簧元件）组成。滑阀阀芯位移为 x，液压缸动力活塞位移为 y，x 和 y 的正方向如图中所示。流量系数 c 和通过节流口的压力下降都是常数，并且与阀的位置无关。供油压力是 p_s。回油压力 p_0 很小，可以忽略。假定载荷的反作用力是不可忽略的，并假定动力活塞的质量是计算在载荷质量 m 之内的。记弹簧刚度为 k，阻尼器的黏性阻尼系数为 b，F_L 表示作用在载荷上的任意外负载力或干扰力。再假定滑阀是对称的并且是负重叠的，滑阀的节流口开口几何面积正比于阀位移 x。

(1)推导该阀控液压缸输入质量流量 q 与滑阀阀芯位移 x 之间的关系；

(2)基于上述关系推导该阀控液压缸在零位附近的线性化数学模型；

(3)推导在零位附近当滑阀阀芯位移 x 很小时，该负重叠阀控液压缸以滑阀阀芯位移 x 为输入，以动力活塞位移 y 为输出的系统数学模型。

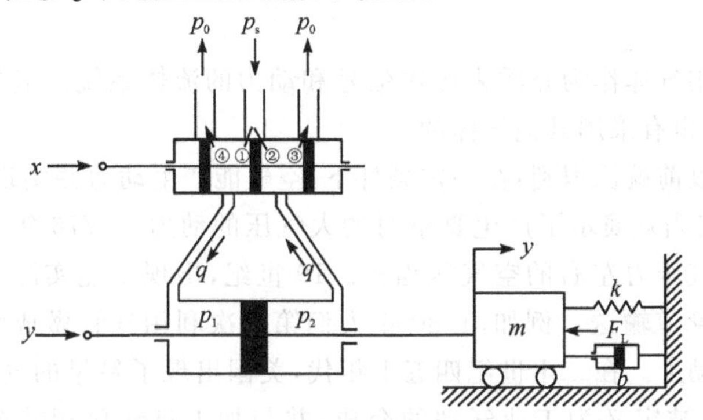

图 6.7.9　习题 6.7.11 中的负重叠阀控液压缸

(滑阀阀芯负重叠，液压缸带负载载荷)

第7章　气动系统

7.1　引言

气动系统是采用气体作为介质来传送信号和动力的流体系统。显然，在这种系统中最一般的流体是空气，也有采用其他气体的。

人类在两千年以前就认识到：在一定条件下，空气能产生动力并实现动作，如风车、风箱等。17世纪，伽利略当众演示了产生真空时的大气压的动力。1776年，约翰·威尔金森发明了能产生一个大气压力左右的空气压缩机。19世纪，出现了能实际应用的气动机器，用于铁路行业和气动管道输送。例如，1880年人们第一次利用气缸做成气动刹车装置，将它成功应用到火车制动上。在二十世纪四五十年代，美国出现了最早的气缸、气阀工厂，60年代后，“压缩空气”才被定义为工业气动的介质，并与加工自动化相结合，形成了现代气动技术。

我国的气动行业起步较晚，1956年左右才有工厂小规模地生产气动元件，1975年国家开始有领导地组织起来进行气动产品设计，经过“七五”“八五”技术改造和近些年的发展，大大缩短了与国外气动技术的差距。

近几十年来，气动系统已广泛地用于机器制造的自动装置和各种控制器方面。例如，气动回路把压缩空气的能量转换为具有广泛用途的机械能，以及在工业中能找到各种型式的气动控制器。此外，由于早在1960年气动装置就被称为射流装置以判定元件或逻辑回路的形式，故其又被应用于自动洗衣机、程序设计和类似的工作中。

目前，常见的气动系统应用有：在机床中用于送料、夹紧、定位、翻转、进给等工序；在工程机械上用于混凝土搅拌、建筑机械；在塑料机械上用于真空成型、吹瓶等；在冶金工业被用于各种恶劣环境中；在轻工机械中用于各种生产线上；在家用电器装配生产线上用于抓起、升降、搬运等各种动作中；在食品、医药、包装、印刷、焊接等行业也有相应的应用。

特别是从20世纪90年代至今，气动技术突破传递死区，经历着奔腾的发展。人们克服了阀的物理尺寸局限，各种高精度模块化气动装置相继问世，产生了智能气动这一概念。例如，布鲁塞尔皇家军事学院综合技术部研制成功的电子气动机器人“阿基里斯”六脚勘探员，就是气动技术、可编程逻辑控制技术和传感器技术的完美结合。由于气动系统在工业和信息产业中的广泛应用，工程师们需要像对液压系统一样，熟练掌握气动元件和气动系统的基本原理。

图7.1.1到图7.1.3展示了利用空气的3个具体例子。图7.1.1(a)表示一个空气提升泵的原理简图，它常被用于采矿设备中(见图7.1.1(b))。空气提升泵将来自空气压缩机的压缩空气经输气管和喷嘴输入扬水管，于是，在扬水管中形成了空气和水的水气乳状液，沿扬水管上涌，流入气水分离箱进行分离。

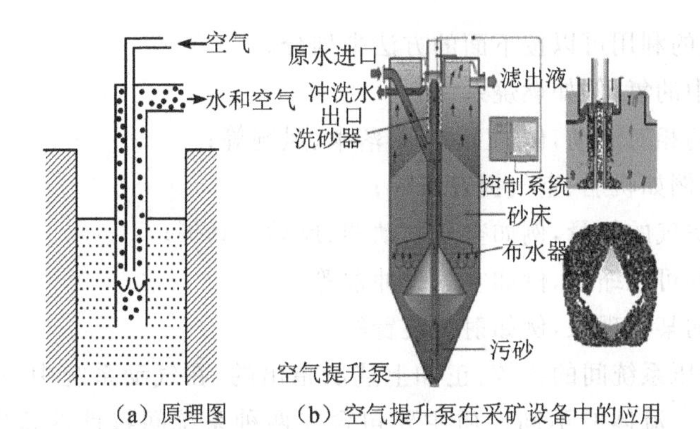

(a) 原理图　(b) 空气提升泵在采矿设备中的应用

图 7.1.1　空气提升泵

图 7.1.2 表示在一车轮系统中的空气缓冲器，它被用于对车辆进行减震和隔振。空气缓冲器的下端通过可伸缩的空气波纹管和车轴连接，上端和车体连接，利用水平阀进行放气和吸气。空气缓冲器的作用效果类似于机械系统中的动力消振器，但不同之处在于，空气缓冲器将车轮动能转换为压缩空气的能量和热能后，能够有效地缓解或延长速度变化的进程，这样就能使运行中的机械减少外力的冲击。

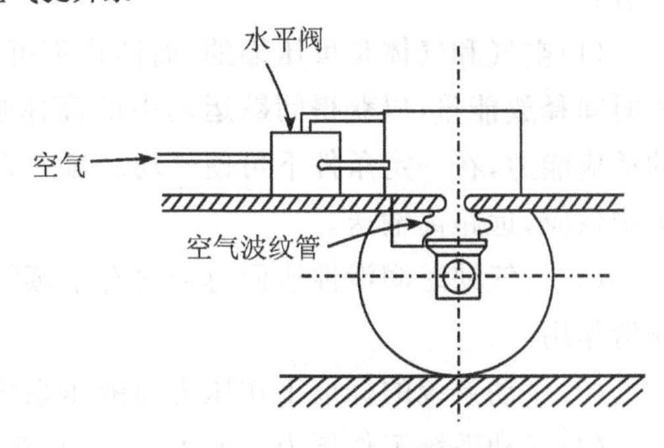

图 7.1.2　车轮系统中的空气缓冲器结构与原理图

图 7.1.3(a)和(b)分别是一个气动机械手的原理简图和实物图，其中 A 和 B 是连杆，而 C 连接在气动气缸的活塞杆上。当高温高压空气进入气动气缸，推动活塞杆向下运动，机械手将释放工件。反之，当低温低压空气由气缸排出，活塞杆向上运动，机械手将抓取工件。为了实现机械手臂的精确定位，需要采用气动伺服系统进行控制。图 7.1.4 展示了某汽车生产基地内的气动机械手的冲压和装配线，整个系统按照工业 4.0 标准建设，拥有上千台智能气动伺服机器手(机器人)。

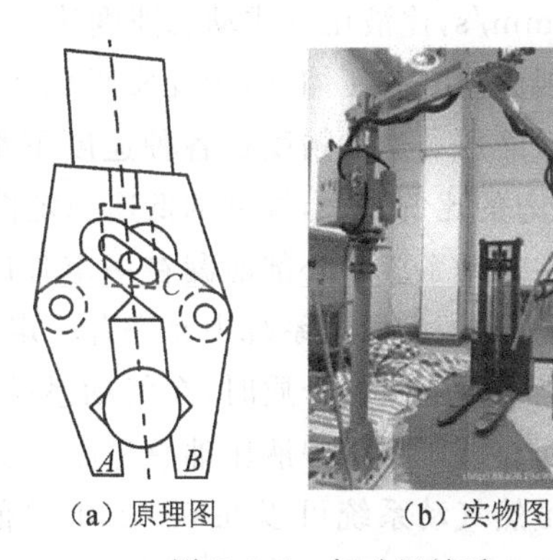

(a) 原理图　(b) 实物图

图 7.1.3　气动机械手

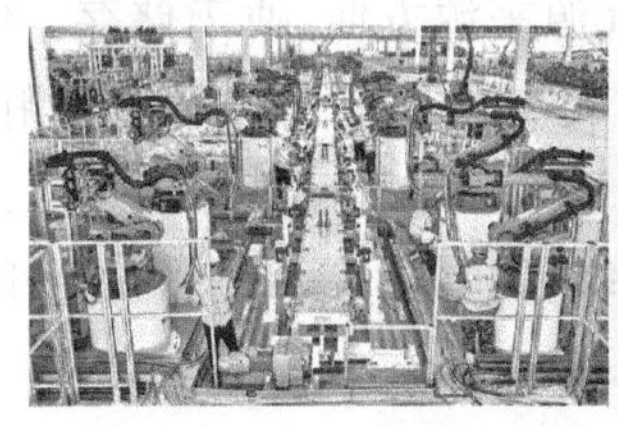

图 7.1.4　汽车生产基地内的气动机械手的冲压和装配线

在工业中空气的利用可以按下面的方法来划分。

(1)利用空气中的氧,例如燃烧系统;

(2)利用空气的相对流动,例如飞机、降落伞、风洞等;

(3)利用风力,例如帆船、空气提升泵等;

(4)利用压缩空气的能量,例如空气制动器、风动工具等;

(5)利用空气的可压缩性,例如空气缓冲器等;

(6)利用气流的某些现象,例如射流装置等。

气动系统和液压系统间的比较:正如上述所指出的,在气动系统中一般的流体是空气;在液压系统中是油。流体的不同性质主要包含在两种系统间特性的差别上。这些差别主要有:

(1)空气和气体是可压缩的,而油是不可压缩的。利用空气的可压缩性,可储存能量;可短时间释放能量,以获得间歇运动中的高速响应;可实现缓冲,对冲击负载和过负载有较强的适应能力,在一定条件下可使气动装置有自保持能力。由于空气流动损失小,压缩空气可集中供应,远距离输送。

(2)空气缺乏润滑性质而总包含有水蒸气。油的作用不仅是作为液压流体,而且还具有润滑作用。

(3)气动系统的标准工作压力与液压系统相比是非常低的。

(4)气动系统工作压力一般为 0.4～0.6 MPa,故输出力和力矩不大,输出功率和工作效率明显比液压系统低。但输出力及工作速度的调节非常容易,例如,气缸动态速度一般为 50～500 mm/s,比液压方式动态速度快。

(5)因为空气有压缩性,因此实现精密控制非常困难。例如,气动马达的精度在低速范围很差,而液压马达的精度在各种速度下都能满足要求。此外,气缸在低速运动时,由于摩擦力占推力的比例较大,气缸的低速稳定性不如液压缸。

(6)在气动系统中外部泄漏在一定程度上是许可的,但内部泄漏必须避免,因为有效压力差是很小的。在液压系统中允许有一定程度的内部泄漏,但必须避免外部泄漏。

(7)当采用空气做介质时,在气动系统中不需要返回管路,排气处理简单,不污染环境,成本低;而在液压系统中液压油总是需要返回管路。

(8)虽然气动系统可以在 0～200 ℃范围内工作,但气动系统的标准工作温度是 5～60 ℃。气动系统与液压系统相比较,对温度变化是不太敏感的,液压系统中由于黏性而产生的流体摩擦在很大程度上与温度有关。液压系统的标准工作温度是 20～70 ℃。

(9)气动系统结构简单、紧凑、易于制造,气源来源方便,便于储存。气动系统在易燃、易爆、高温、强磁、粉尘大、潮湿等恶劣场合,工作安全可靠。气动元件使用寿命长、可靠性高,有效动作次数一般约为百万次,有些公司气动元件产品寿命可达 2 亿次。

综上,表 7.1.1 汇总了气动系统与机械系统、电气系统、液压系统等的比较。

表 7.1.1 气动系统与机械系统、电气系统、液压系统等的比较

项目	机械传动	电气传动	液压传动	气压传动
系统结构	稍复杂	复杂	复杂	简单
系统体积	大	电子式最小	大	与储电器控制相当
使用维护	简单	需专门技术	比气动复杂	简单
能量贮存	较难	较难(设蓄电池)	笨重复杂	简单
寿命	长	电器低于气动,电子最长	较长	长
控制精度	一般	一般	高	较差
防爆性	好	应采取措施	不好	好
防尘性	不好	有影响	不好	好
停电对策	稍困难	困难	可	可
价格	一般	电器便宜电子贵	较贵	便宜

7.2 气动系统结构和工作原理

7.2.1 气动回路结构

在气动升降机、气动工具、机械手和类似装置中气压力完成各种功能,例如洗衣、牵引和制动等。在本节我们介绍某些元件,如产生压缩空气的压缩机;把气动的能量转换为机械能,完成有用的机械工作的气动马达和用以控制压力和(或)流量的气动阀。

图 7.2.1 和图 7.2.2 分别为一个简单气动回路的组成结构图和工作原理图,其中主要元件包括压缩机、过滤器、润滑器、阀和马达这 5 大类。图 7.2.3 列举出了各大类气动元件所包括的具体气动装置。如图 7.2.2 所示,气动回路在工作时,首先通过压缩机将机械能转化为压缩气体的能量(即气压能)储存在储存箱中,再通过干燥机和过滤器滤除气体中的水

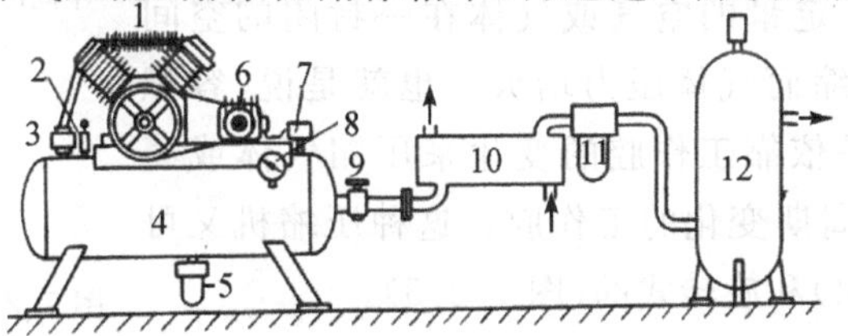

1—空气压缩机;2—安全阀;3—单向阀;4—小气罐;
5—自动排水器;6—电动机;7—压力开关;8—压力表;
9—截止阀;10—后冷却器;11—油水分离器;12—气罐。

图 7.2.1 简单气动回路组成结构图

分和杂质，然后通过减压阀将气体压力控制在工作范围内，再通过润滑器对气体进行润滑，再通过控制阀控制气体的流量和流动方向，最终高温高压气体进入气动马达带动负载做功，将气压能转化为机械能。

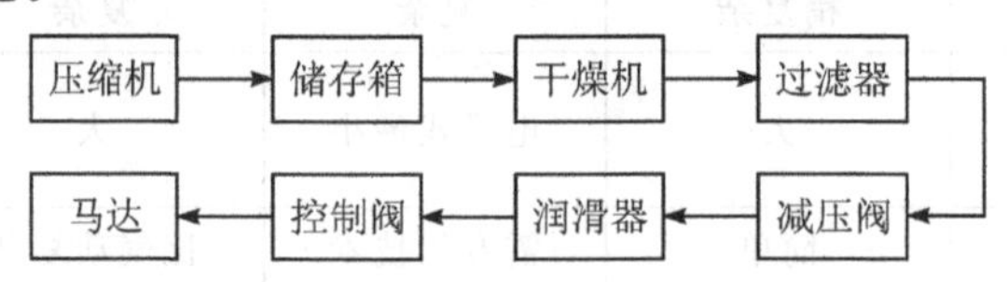

图 7.2.2　简单气动回路工作原理图

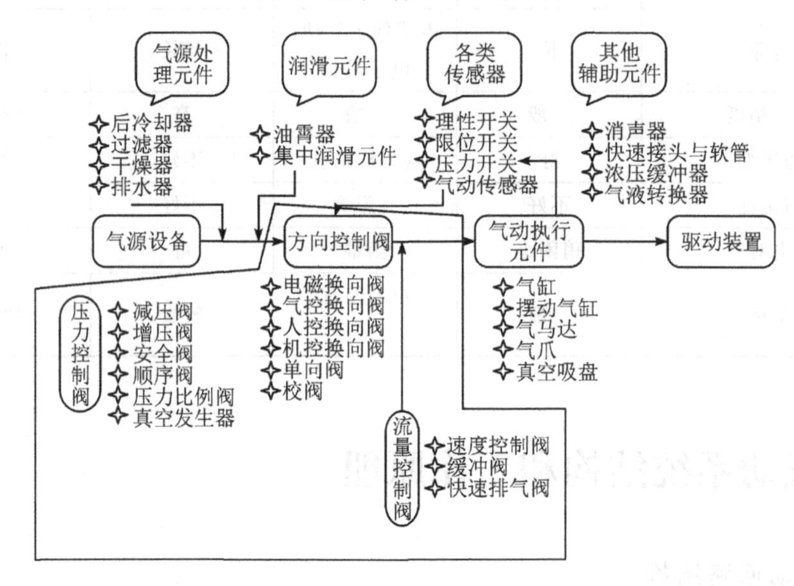

图 7.2.3　各类气动元件所包含的具体气动装置

下面我们对气动系统中主要元件的结构和工作原理进行逐一讲解。

7.2.2　压缩机

顾名思义，压缩机是压缩空气或气体的机器，它将机械能转化为气压能。压缩机可以分为两种形式：容积式和离心式。下面分别进行介绍。

容积式压缩机以一定量的空气或气体在一封闭的空间中工作，其体积受到压缩而气体压力增大。也就是说，容积式压缩机的工作原理是依靠工作腔的变化来压缩气体或蒸汽，因而它具有容积可周期变化的工作腔。这种压缩机又可分为往复式的(图 7.2.4)和旋转式的(图 7.2.5)。

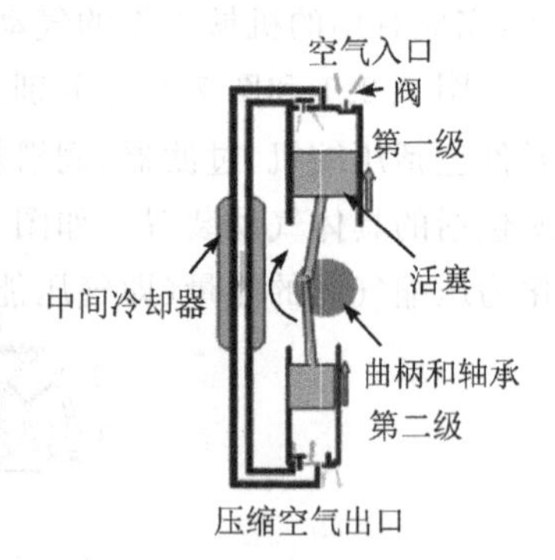

图 7.2.4　往复式压缩机结构图

离心式压缩机(见图 7.2.6)的工作原理是由叶轮带动气体做高速旋转，使气体产生离心力。由于气体在叶轮里的扩压流动，从而使气体通过叶轮后的流速和压力得到提高，连续地产生出压缩空气。离心式压缩机又可分为径向离心式的和轴向离心式的。

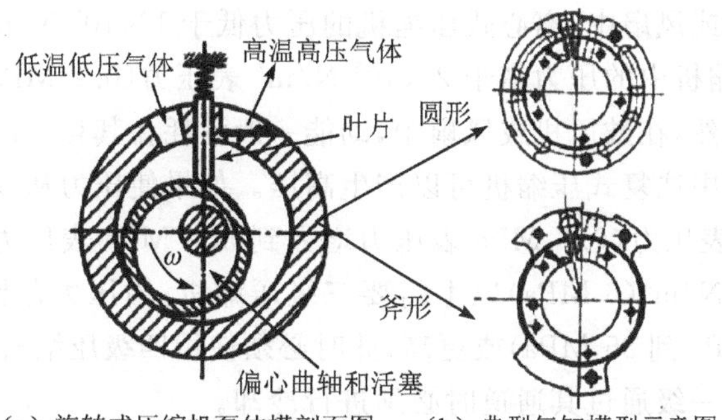

（a）旋转式压缩机泵体横剖面图　（b）典型气缸模型示意图

图 7.2.5　旋转式压缩机结构图

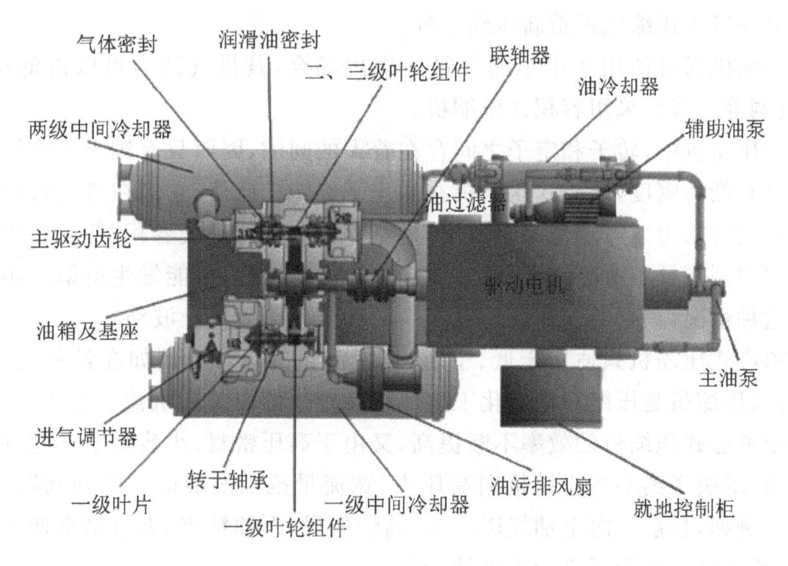

图 7.2.6　离心式压缩机结构图

最终，上述这些形式的压缩机分类和简图表示汇总在表 7.2.1 中。

表 7.2.1　压缩机分类和简图表示

容积式	往复式的压缩机	
	旋转式的压缩机	
离心式	轴向式压缩机	
	径向式压缩机	

在一般的鼓风机或风扇中，离心式压缩机的压力低于 1×10^5 N/m² 表压力(0.1 MPa 表压力)。当离心式压缩机中的压力高于 2×10^5 N/m² 表压力(0.2 MPa 表压力)时，动能一般以压力形式表现。显然，在鼓风机或风扇中，动能一般消耗在其自身的漩涡运动中。

我们知道压缩机中往复式压缩机可以产生高压。如果使压力从 5×10^5 N/m² 表压力增大到 35×10^5 N/m² 表压力(0.5 MPa 表压力增大到 3.5 MPa 表压力)，则需采用两级压缩机；而压力在 8×10^6 N/m²(6 MPa)以上需要三级压缩机；当压力范围从 15×10^6 N/m² 到 35×10^6 N/m²(15 MPa 到 35 MPa)或更高，此时必须使用四级压缩机。为了求得高压力，空气或气体从一级到另一级通过其通道时必须进行冷却。

因为往复式压缩机是在与压缩空气的要求无关的常速下工作，为了经济而采用各种形式的卸载器。当超过预定的压力时，卸载器可防止进一步压缩空气，直到压力下降到一个预定的值。在另一级中压缩机再重新压缩空气。

容积式压缩机通常使用于中小输气量的应用场合，其排气压力可以由低压至超高压。家用冰箱、空调等一般均采用容积式压缩机。

在离心式压缩机中，转子和定子之间存在着大的间隙，因而只有轴承是摩擦部分。由于空气和气体具有低的密度，离心式压缩机在高速下旋转。此外，它们在进气容积充裕的区域内保持十分恒定的压力。对于每一个速度，显然存在一定的进气容积，低于此进气容积工作将变为不稳定的。在低负荷时，由于空气或气体的可压缩性，可能发生所谓冲击压力或脉动的现象。在这种情况，只要对工作条件做很小的调节就可以停止波动。

早期的离心式压缩机只适用于低、中压力，大流量的场合。例如在各种大型化工厂、炼油厂中，离心式压缩机是压缩和输送化工生产中各种气体的关键机器。近年来，气体动力学的研究成果使离心式压缩机的效率不断提高，又由于高压密封、小流量窄叶轮加工等关键技术的研制成功，解决了离心式压缩机向高压力、宽流量范围发展的一系列问题，大大扩展了其应用范围。例如，目前在海上油气田注气、高炉鼓风、石油精炼、大容量空调系统等的设备中，离心式压缩机已经成为了极为关键的设备。

7.2.3 空气过滤器和润滑器

在气动系统中最大的问题是保持气体清洁，以及如何在常压力下供给干燥的空气。供给空气中的湿气、腐蚀性液体或外来微粒等均将导致气动系统产生故障。因为在压缩时，温度上升而相对湿度变低。但当压缩空气由压缩机的二次冷却器冷却时相对湿度又会变高，湿气将在储存箱中冷凝。在空气中大量的湿气被冷凝成水而从储存箱中除去。任何遗留的湿气和外来的微粒都可以用空气过滤器除去。为保证通过过滤而引起的压力下降是小的，空气过滤器应该有足够大的容量。

对于气动控制和射流装置，供给的空气不应该含有油。然而在其他应用方面，供给的空气应该包含有被雾化的油以达到润滑气动马达的目的。润滑器是把雾化的油渗入到流动的空气中，以达到润滑气动马达的一种装置。空气过滤器、压力控制阀和润滑器组成一个单元，称为空气压力控制单元，如图 7.2.7 所示。

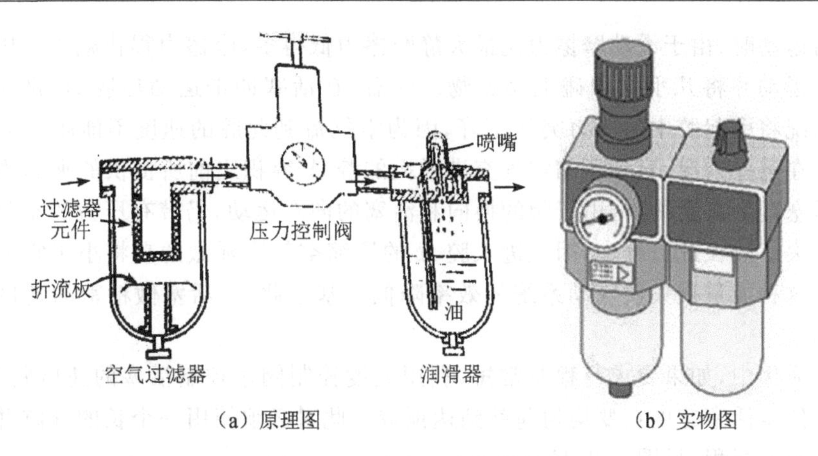

(a) 原理图　　(b) 实物图

图 7.2.7 空气压力控制单元

7.2.4 气动制动器

气动制动器把气压能转换为机械能,它可以分为两种形式:气动气缸(直线运动)和气动马达(连续的旋转运动)。最广泛应用的气动制动器是气缸组。各种非直线运动(例如有限的角旋转运动)可以由具有直线运动的气缸式制动器所组成的适当机构来得到。

1. 气动气缸

气动气缸可以分为活塞式、柱塞或滑块式和薄膜式。每一种形式的简图如图 7.2.8 所示。薄膜式气缸没有摩擦部分,但气缸必须直径要大,行程要短。

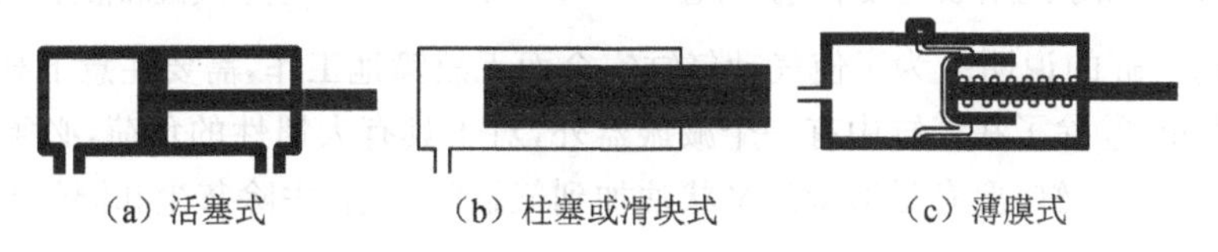

(a) 活塞式　　(b) 柱塞或滑块式　　(c) 薄膜式

图 7.2.8 气动气缸示意图

活塞式气缸可以假设有各种方案,如图 7.2.9 所示。

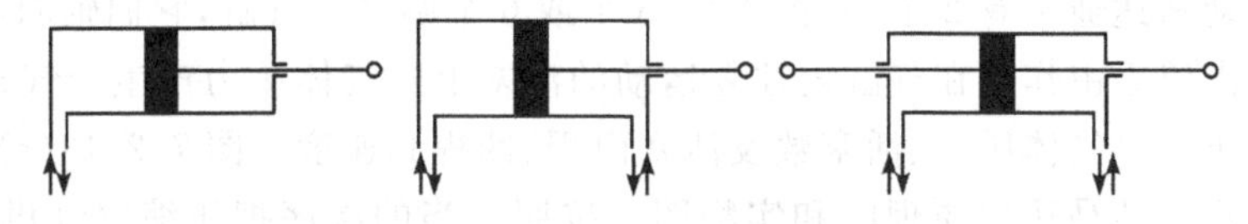

图 7.2.9 活塞式气缸 3 种设计方案

当使用空气作为传送动力的介质,最重要的是识别可压缩性作用对于系统性能的影响。研究图 7.2.10 所示的气动系统。当压缩空气由气口 1 进入,在腔 A 中的压力升高直到压力超过气缸和活塞表面间的最大静摩擦力。此压力升高是很快的,因为腔 A 的容积是很小

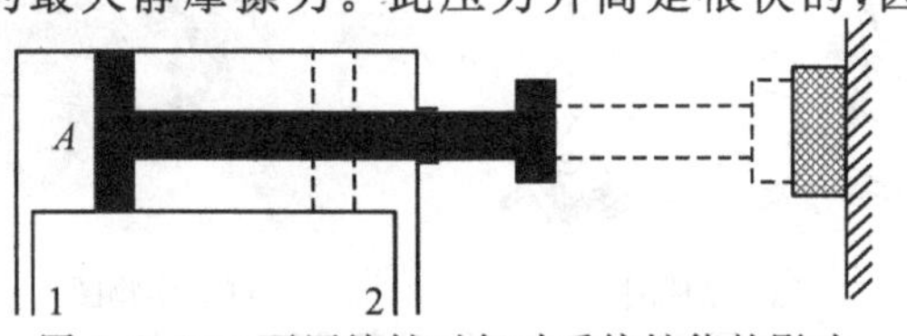

图 7.2.10 可压缩性对气动系统性能的影响

的。当开始运动时，由于滑动摩擦力比最大静摩擦力低得多，摩擦力很快减小。因此活塞将表现出冲击运动并将几乎立即碰上夹紧物。注意，在活塞冲击运动后腔 A 的容积很快增大。这种情况将引起腔中的压力突然下降，因为空气流到此腔的速度不能跟上此腔容积增大的速度。在某些情况，直到压缩空气充满增大的腔 A 容积之前所提供的夹紧力可能是不足的。当活塞碰上夹紧物后，由于阀的换向和活塞的向左运动，仍带有压力的空气不久即被排到大气中去。故在此过程中，因此进入腔 A 的压缩空气实际做的功将小于它能够做的有用功。由于这种能量损失使气动系统的效率降低。基于此，对活塞做精密的速度控制几乎是不可能的。

在某些应用中，如果要求行程非常短，利用速度控制阀来控制活塞的速度将是无效的，因为短行程使得活塞速度在变均匀前就到达顶端。此时必须使用一个长的气缸并采用一个连杆机构来减小行程，见图 7.2.11。

对于大量的活塞式气缸，活塞在低速运动时的精确控制是困难的。为了得到这种控制，气动气缸可以与液压缸组合在一起使用，如图 7.2.12 所示。在每一图中，流量阀控制液压缸体的液压流体流动。因为液压缸和气动缸中的两个活塞是机械连接的，因此两活塞的速度是同时被控制的。

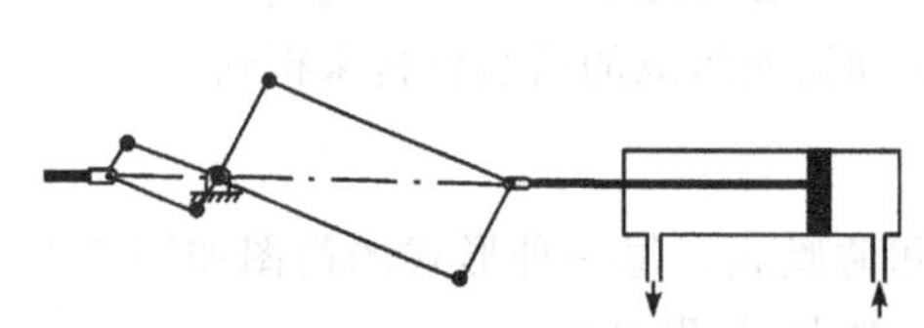

图 7.2.11　采用连杆机构减小气缸行程

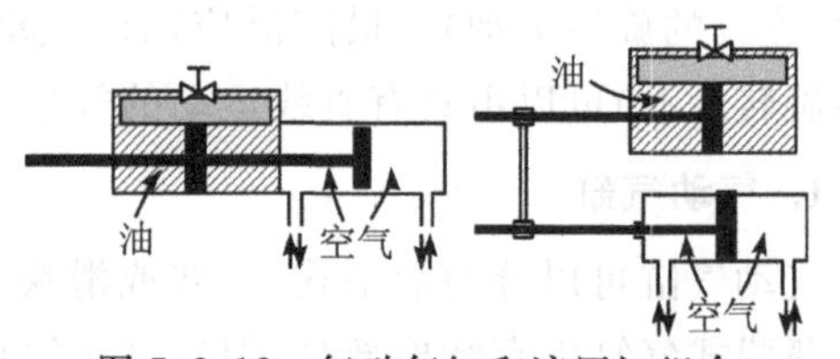

图 7.2.12　气动气缸和液压缸组合

关于气动气缸的说明。为了使气动气缸安全而无故障地工作，需要注意下列事项：①活塞应避免弯曲力矩；②除了在气缸中有一个减振器外，对于具有大惯性的负荷，必须要有制动器；③如果是最后一个气缸，要有足够量的雾状油加到气缸的清洁(去除灰尘和湿气)空气中去。

2. 气动马达

气动马达有两种形式：活塞式和叶片式。下面分别进行介绍。

活塞式气动马达通常有 2 个、3 个、4 个、5 个或 6 个圆柱体气缸，它们轴向或径向地布置在壳体内。输出扭矩由作用在气缸内往复运动的活塞上的气体压力产生。气动活塞马达产生的动力取决于入口气体压力、活塞数及活塞面积、冲程和速度。图 7.2.13(a)和(b)展示了一个三缸活塞式气动马达的原理图和实物图。按照适当的次序把压缩空气供给 3 个气缸，

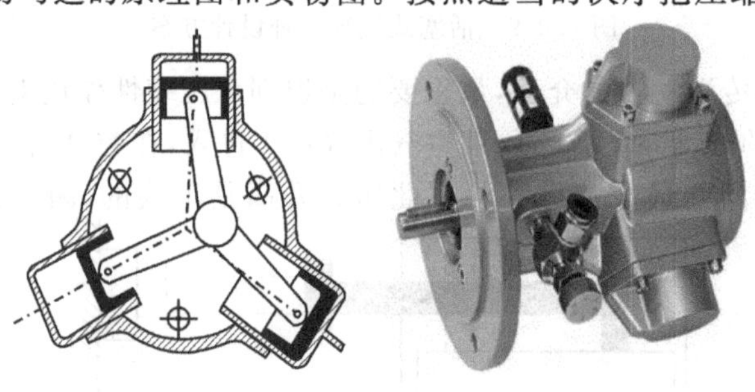

(a) 原理图　　(b) 实物图

图 7.2.13　三缸活塞式气动马达

曲柄按所要求的方向旋转。这种活塞式气动马达在低速下旋转,但具有大的输出扭矩。故活塞式气动马达通常被用于需要高功率、高启动转矩和低速下精确速度控制的场合中。但它有一个局限性:必须保证内部润滑,因此需要定期检查和补充润滑油。

叶片式气动马达使用轴向叶片工作,该叶片可装入整个马达长度范围内的插槽中。根据叶片式马达的类型,这些叶片通过弹簧、凸轮或气压密封内部腔室来工作。图7.2.14(a)和(b)分别为一种叶片式气动马达的原理图和实物图。当压缩空气供给到叶片封闭腔里,转子由于作用在叶片上的力不平衡而旋转,压缩空气在各个腔室之间移动。这种形式的转子是高速旋转的,但是输出功率是有限的。因此,叶片式气动马达相比活塞式气动马达转速更高,结构更为简单,维护也更方便。

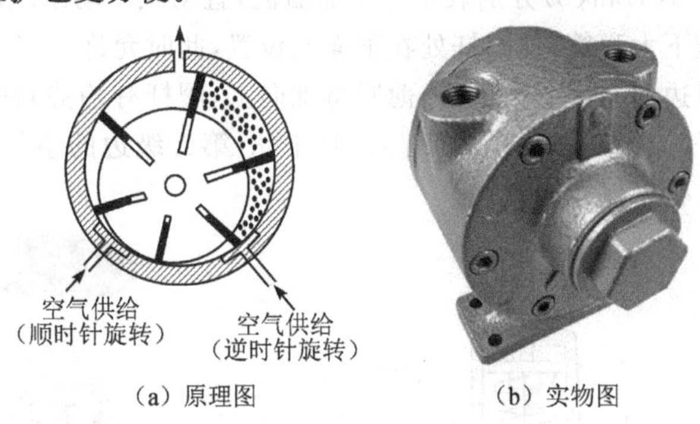

(a) 原理图　　(b) 实物图

图7.2.14　叶片式气动马达

气动马达在很多装置中已得到广泛应用,例如气动钻头和气动磨轮及许多采矿机械。相比液压马达或电动马达,其具有以下优点:①如果气动马达超载,空气的压力和载荷力彼此平衡,马达就会简单停止下来而不致损坏;②具有防火和防爆的性能;③起动扭矩较大;④能够做到快速起动和停止;⑤转换旋转方向很容易;⑥与相同输出能力的电动机相比重量较轻。

例7.2.1　图7.2.15是气动三滑轮起重机,假设气动马达的活塞面积 A 是 $96.77\times10^{-4}\ \mathrm{m}^2$,而供给空气的压力是 $48.26\times10^4\ \mathrm{N/m}^2$ 表压力。求能够举起的最大重力的质量 m。

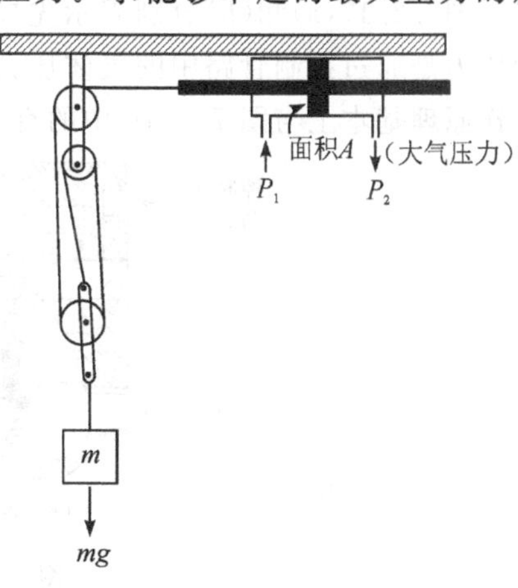

图7.2.15　例7.2.1中的气动三滑轮起重机

解:因为绳中的拉力 F 在其整个长度中是相同的,而3根绳子支撑重力 mg,得 $3F=mg$,其中举力等于拉力 F。因此

$$A(p_1-p_2)=F=\frac{mg}{3}$$

式中,活塞两端的压力差是 $p_1-p_2=48.26\times10^4\ \mathrm{N/m}^2$。

显然,

$$\begin{aligned}mg&=3A(p_1-p_2)\\&=3\times96.77\times10^{-4}\times48.26\times10^4\ \mathrm{N}\\&=1.401\times10^4\ \mathrm{N}\end{aligned}$$

那么可以举起最大重力的质量 m 是

$$m=\frac{1.401\times10^4}{9.81}\ \mathrm{kg}=1428\ \mathrm{kg}$$

7.2.5 气动阀

1. 压力控制阀

在气动系统中有一定量的压缩空气储存在储气箱中。当需要时，从储气箱中取出压缩空气并用压力控制阀减小到所要求的值，以保证气动装置正常工作。压力控制阀可以分为减压阀和溢流阀(安全阀)。

减压阀：图 7.2.16(a)和(b)分别表示一个非溢流，直动式气动减压阀的工作原理图和实物图。当旋转手柄压下大弹簧，使阀杆处在下面的位置，此时允许空气从第一级边流到第二级边。如果在第二级边的空气压力上升，薄膜将推向上，阀杆有趋势封闭空气通口。若通口变小，第二级边的空气流量和压力随之下降。基于此，第二级边的空气流量得到控制，并且第二级边的空气压力也可保持为常数。

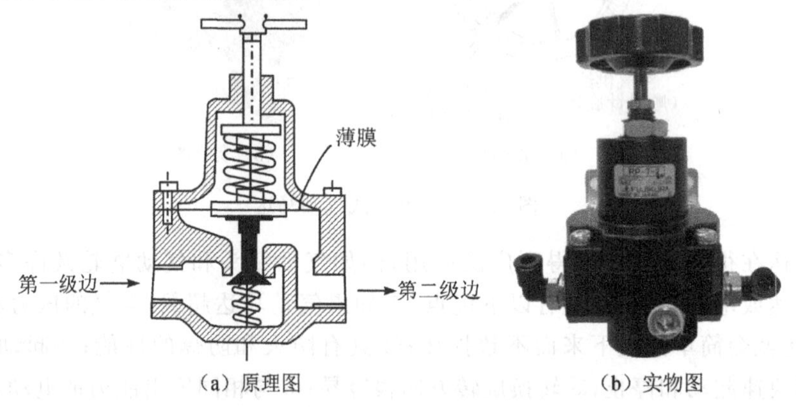

(a) 原理图　　(b) 实物图

图 7.2.16　非溢流，直动式气动减压阀

先导式气动减压阀是一种利用介质能量，以较小的输入压力控制大口径阀门开闭的方法。图7.2.17(a)和(b)分别表示先导式气动减压阀的工作原理图和实物图，其中第二级边的压力是通过控制管路中的气体压力来控制的，而不是像直动式减压阀由弹簧来控制。其工作原理基本上与图 7.2.16 中的直动式气动减压阀相同。

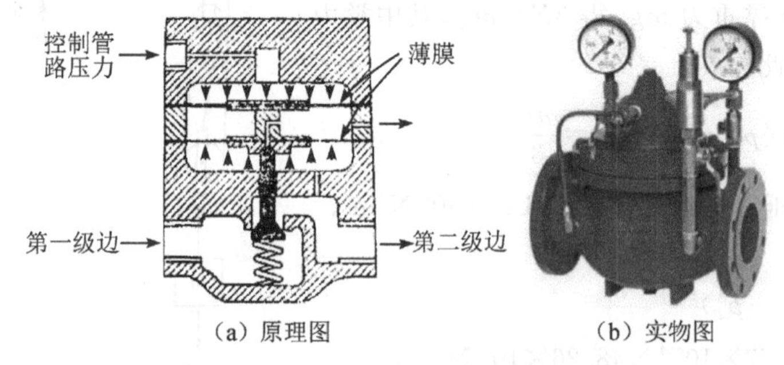

(a) 原理图　　(b) 实物图

图 7.2.17　先导式气动减压阀

相比直动式气动减压阀(直动式阀)，先导式气动减压阀(先导式阀)的优点如下：①先导

式阀的流量特性优于其他的直动式阀；②采用先导式阀容易得到大的空气流量的压力控制；③先导式阀可遥控，而这在直动式阀中是不可能的。

溢流阀：在气动回路中，管道中的空气压力是用减压阀来控制的。回路中的空气压力，显然由于某些回路元件的多重作用而可能上升到超过标准。在这种情况下，溢流阀是用来使多余的空气流到大气中去的。溢流阀有直动式和先导式两种类型。

图 7.2.18 所示为直动式气动溢流阀的一个例子。它利用系统中的气体压力直接作用在阀芯上与弹簧力相平衡来控制阀芯的启闭，从而进一步控制进气口处的气体压力。这种直动式溢流阀安装在大的空气储存箱上。

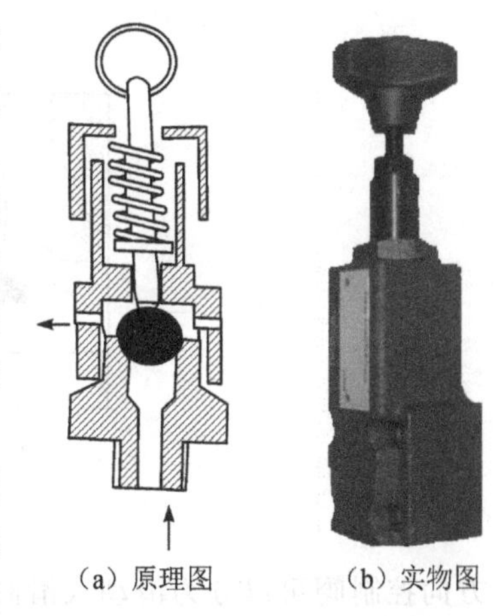

(a) 原理图　(b) 实物图

图 7.2.18　直动式气动溢流阀

图 7.2.19(a)和(b)分别表示一先导式气动溢流阀的工作原理图和实物图。当在回路中的压力上升到超过预定值时，辅阀打开，于是主阀的背压力下降。因而，主阀后退允许空气逸散到大气中。这种先导式溢流阀适用于开启压力为 10^6 N/m(1 MPa)的表压力或更高。

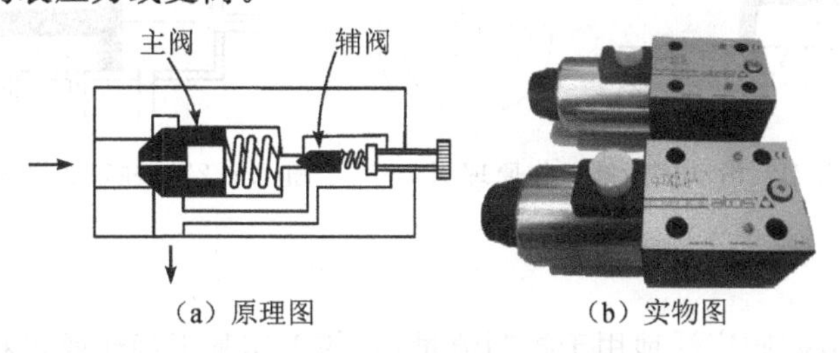

(a) 原理图　(b) 实物图

图 7.2.19　先导式气动溢流阀

需要注意的是，无论是在气动系统还是液压系统中，溢流阀和减压阀的区别如下：

(1)溢流阀可防止系统超载，保证系统安全运行。减压阀是在保证系统不过载的前提下，降低系统压力。可以说溢流阀是被动工作的，而减压阀是主动工作的。

(2)减压阀保持出口处压力不变，而溢流阀保持进口处压力不变。

(3)在不工作时，减压阀进出口互通，而溢流阀进出口不通。也即，在非工作状态时，减压阀的阀口是敞开的，而溢流阀是常闭的。

(4)溢流阀是压力控制阀，主要控制系统压力，还起到卸荷的作用。而减压阀是一种使阀出口压力低于进口压力的压力调节阀。

2. 流量控制阀

流量可以由流量控制阀来控制。它们通常制成提升阀、针状阀等形式。图 7.2.20(a)和(b)分别表示一个气动提升阀的工作原理图和实物图。当垂直轴下移量达到通口直径的1/4左右时，阀完全打开。一般，这种形式的阀具有很好的流量特性。

3. 方向控制阀

控制流动方向的阀称为方向控制阀。例如，必须用这种阀转换动力活塞的运动方向。

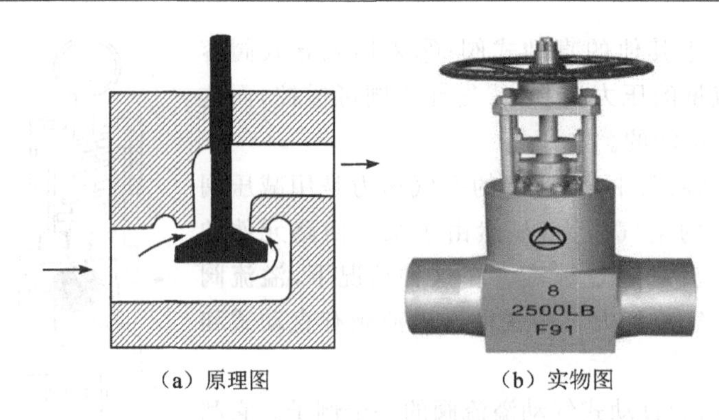

(a) 原理图　　(b) 实物图

图 7.2.20　气动提升阀

方向控制阀可以分为滑动式滑阀和柱塞式滑阀。

图 7.2.21 是滑动式滑阀的例子。这种型式的阀寿命长并且可以做成小尺寸,但是它需要相当大的操作力。图 7.2.22 表示柱塞式滑阀,它是一种平衡阀,只需要小的操作力。由于方向控制阀套筒和柱塞两者做得非常精密,故在供给的空气中有任何灰尘将使正常操作遇到困难。

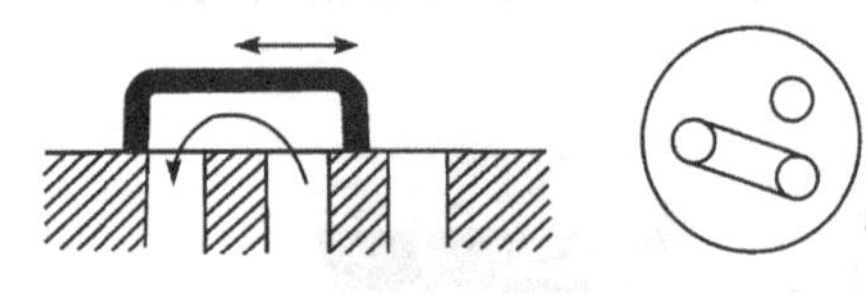

图 7.2.21　滑动式滑阀工作原理图

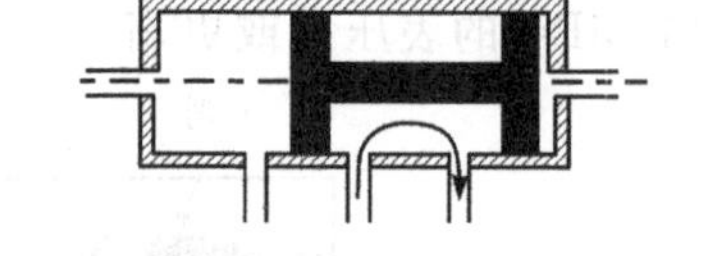

图 7.2.22　柱塞式滑阀工作原理图

4. 电磁阀

在气动系统中电磁阀广泛地用于控制流量,它的工作基于接通或切断(开或关)的原理。

图 7.2.23 所示为一个二位二通直动式电磁阀,其中电磁铁在切断位置(图(a))时,阀处在关的位置。图 7.2.23(b)表示电磁铁在接通的位置时,阀在开的位置。阀的位置用接通线圈来控制。二位二通电磁阀是一进一出式结构,一个通道与气源毗连,另一个通道与执行机构的进气口毗连。

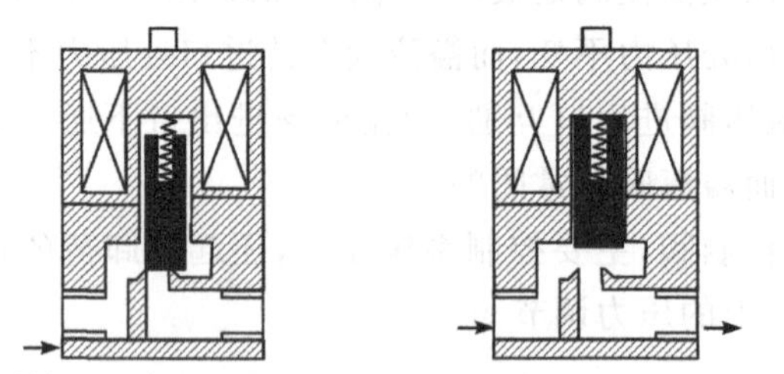

(a) 阀关闭(切断电磁铁)位置　(b) 阀开启(接通电磁铁)位置

图 7.2.23　二位二通直动式电磁阀示意图

一个二位三通直动式电磁阀的切断和接通电磁铁分别表示在图 7.2.24(a)和(b)中。二位三通电磁阀控制气体是一进一出一排气(位置有二个),一个通道与气源毗连,另两个通道中,一个与执行机构的进气口毗连,一个与执行机构的排气口毗连。

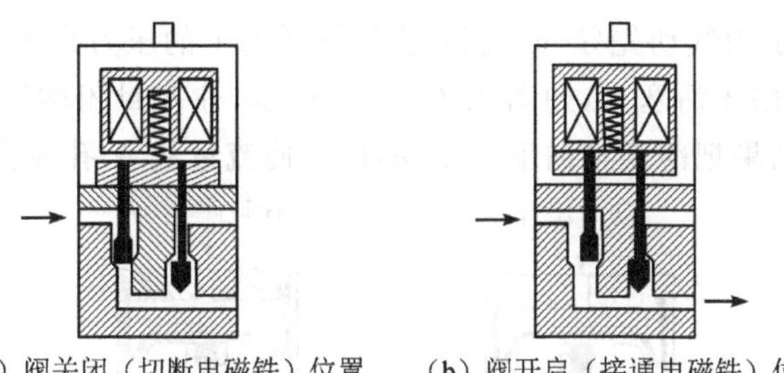

（a）阀关闭（切断电磁铁）位置　（b）阀开启（接通电磁铁）位置

图 7.2.24　二位三通直动式电磁阀示意图

此外，直动式电磁阀还有二位四通式、三位五通式、二位五通双电控式，等等。图 7.2.25 展示了一种常见的二位五通电磁阀。这些电磁阀被用于顺序控制，高压、低压开关和类似的工作。对于大容量阀的控制动作，先导式阀一般比直动式阀优越。

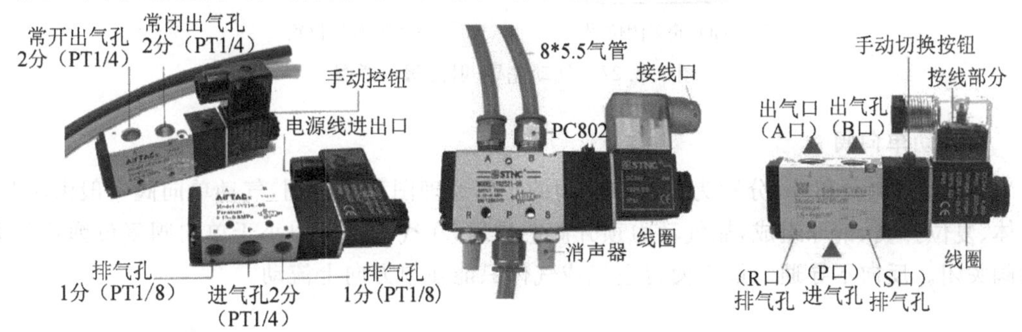

图 7.2.25　二位五通电磁阀实物图及结构说明

5. 三通气动先导式阀

图 7.2.26 所示为一个三通气动先导式阀，其用于通断流动通道。图 7.2.26(a)对应于关闭位置，而图 7.2.26(b)对应于开启位置。区别于电磁阀，这种类型的阀不用电，因此能方便地用于当温度或湿度非常高或有爆炸性气体时的操作。

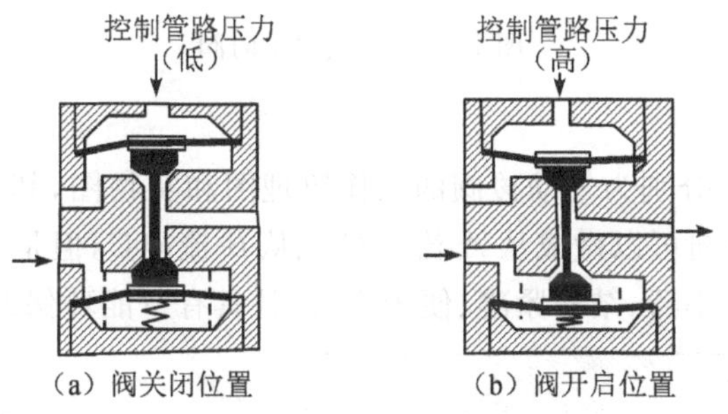

（a）阀关闭位置　（b）阀开启位置

图 7.2.26　三通气动先导式阀示意图

6. 气动先导-射流阀

随着射流装置的出现，控制管路的压力变得越来越低。射流装置的输出压力是 1×10^4 N/m 表压力级。将气动先导式阀与射流装置相连接，可构成气动先导-射流阀。气动先导-射流阀的控制管路压力一般非常低，大约在 $7\times10^2\sim1\times10$ N/m^2 表压力。

图 7.2.27(a)所示为气动先导-射流阀，作用在活塞上的压力是大气压，而主阀处于关闭位置。当控制压力作用于活塞上，如图 7.2.27(b)所示，柱塞封闭增压封口。这样使得薄膜Ⅰ的上腔压力增高，结果把薄膜推向下使主阀打开，使流量从 A 孔流向 B 孔。

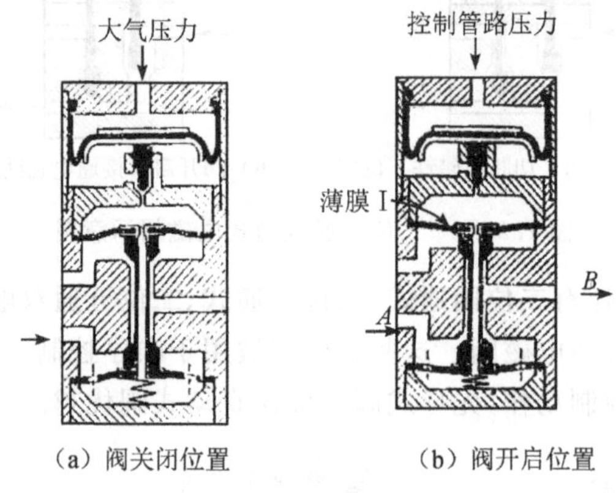

(a) 阀关闭位置　(b) 阀开启位置

图 7.2.27　气动先导-射流阀示意图

7. 气动单向阀

图 7.2.28(a)和(b)分别为气动单向阀的工作原理图和实物图，气动单向阀一般由阀芯、阀体、复位弹簧、钢球组成，靠气动力顶开阀芯导通，在气动力推力小于单向阀复位弹簧弹力时阀关闭。反向不导通。最终使得空气或气体只能在单方向上流动。

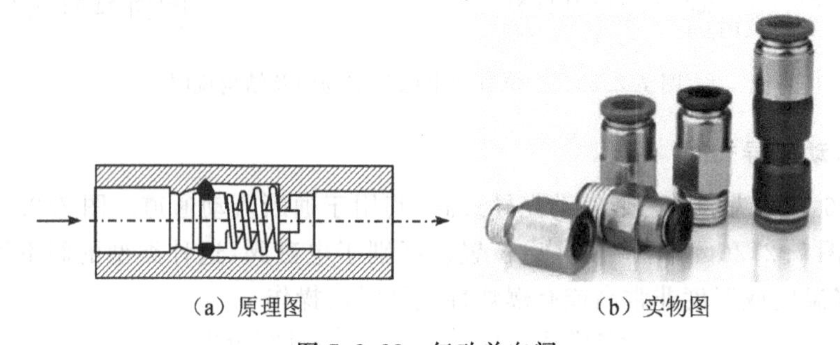

(a) 原理图　(b) 实物图

图 7.2.28　气动单向阀

8. 气动梭阀

图 7.2.29(a)和(b)分别为气动梭阀的工作原理图和实物图，其实质上是两个单向阀组合的一种装置。流动方向可以做成从 A 流向 C 或从 B 流向 C，但是不能从 A 流向 B 或从 B 流向 A。气动梭阀外观小巧、结构紧凑、便于维修，且具有节能环保的优良性能。

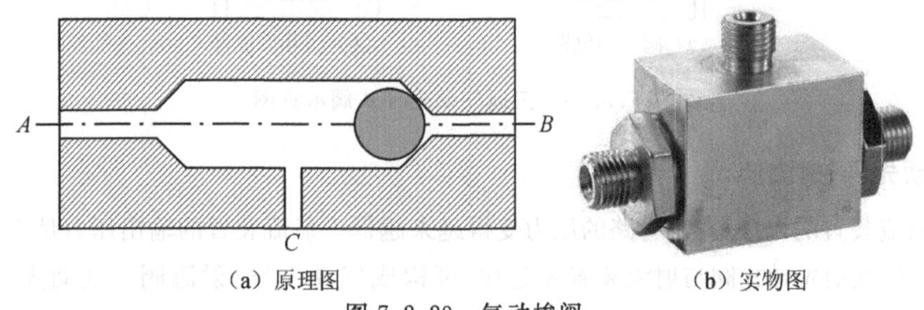

(a) 原理图　(b) 实物图

图 7.2.29　气动梭阀

7.2.6　气动系统小结

在工业中广泛地采用气动系统或其与液压、电系统的组合系统。特别是气动和电系统的组合经常用于顺序控制设备。这种组合的系统可以利用气动与电或液压系统的优点而弥补其单个系统的缺点。

气动系统优于其他系统的综述如下：

(1)输出功率可以很容易控制；

(2)变换速度可以非常宽，不过精确的速度控制是很难达到的；

(3)超负荷将不损害气动系统；

(4)因为压缩空气能储存在储存箱内，即使系统采用小规格的空气压缩机，气动系统也能够适应偶然重载的要求；

(5)气动系统可以在宽的温度范围内工作，并且能防火和防爆。

一般气动系统的缺点如下：

(1)空气不能润滑运动部件；

(2)空气中的湿气和外来微粒可能使气动系统难以正常工作；

(3)气动系统的效率一般较低(20%～30%)；

(4)存在由于空气的可压缩性而引起响应的滞后。

7.3　气体的物理和热力学性质

在本节我们首先复习空气的性质，随后主要讨论气体的热力学性质。

空气的物理性质：不包含湿气的空气称为干燥空气。在海平面上干燥空气的容积成分近似为 N_2 占 78%，O_2 占 21%，Ar、CO_2 等占 1%。

标准压力 p 和温度 t 定义为 $p=1.0133\times10^5\ \mathrm{N/m^2}$ 绝对压力，$t=0\ ℃=273\ \mathrm{K}$。在标准压力和温度下空气和其他气体的物理性质见表 7.3.1。在标准压力和温度下空气的密度 ρ、比容 ν 和比重 γ 分别是 $\rho=1.293\ \mathrm{kg/m^3}$、$\nu=0.7733\ \mathrm{m^3/kg}$、$\gamma=12.68\ \mathrm{N/m^3}$。

表 7.3.1　气体的性质

气　体	相对分子量	气体常数		比热 /(J·(kg·k)$^{-1}$)		比热比 c_p/c_V
		N·m·(kg·K)$^{-1}$	ft·lbf·(lb·°R)	c_p	c_V	
空气	29.0	287	53.3	1004.2	715.5	1.40
氢(H_2)	2.02	4121	766	14225.6	10125.3	1.41
氮(N_2)	28.0	297	55.2	1037.6	740.6	1.40
氧(O_2)	32.0	260	48.3	912.1	652.7	1.40
水蒸气(H_2O)	18.0	462	85.8	1857.7	1397.5	1.33

热量的单位:热量是由于温差而从一个物体传到另一个物体的能量。热量的 SI 单位是焦耳(J)。在工程计算中普遍采用的其他单位是千卡(kcal)。

$$1\ \mathrm{J}=1\ \mathrm{N}\cdot\mathrm{m}=2.389\times10^{-4}\ \mathrm{kcal}$$

根据工程的观点,1 kcal 可以看成是把 1 kg 水的温度从 14.5 ℃上升到 15.5 ℃所需要的能量。

理想气体定律:对于一定量的理想气体,不管发生什么物理变化,pV/T 将是常数,即

$$\frac{pV}{T}=\text{常数} \tag{7.3.1}$$

式中,$p(\mathrm{N/m^2})$、$V(\mathrm{m^3})$和 $T(\mathrm{K})$分别表示气体的绝对压力、体积和绝对温度。

在低压力和足够高的温度时,所有气体接近这样的条件:

$$pV=mRT \tag{7.3.2}$$

式中,m(kg)是气体的质量;$R(\mathrm{N\cdot m/(kg\cdot K)})$是与气体有关的常数。

对于所有的气体,如果气体的量都对应于 1 mol,则气体常数是相同的。所以如果我们定义 1 mol 气体所占的容积为 $\bar{v}(\mathrm{m^3/(kg\cdot mol)})$,理想气体定律变为

$$p\bar{v}=\bar{R}T \tag{7.3.3}$$

式中,$\bar{R}$ 称为气体的普适常数,$\bar{R}=8314\ \mathrm{N\cdot m/(kg\cdot mol\cdot K)}$。满足上式的气体定义为理想气体。低于临界压力和高于临界温度的实际气体近似遵守理想气体定律。

例 7.3.1 求空气气体常数 $R_{空气}$的值。

解:由理想气体定律可得

$$R=\frac{pV}{mT}=\frac{p\nu}{T}$$

式中,比容 $\nu=V/m$。空气在标准压力和温度下的比容 $\nu=0.7733\ \mathrm{m^3/kg}$。标准压力和温度是 $p=1.0133\times10^5\mathrm{N/m^2}$ 绝对压力、$T=273$ K。于是求得

$$R_{空气}=\frac{1.0133\times10^5}{1.293\times273}=287\ \mathrm{N\cdot m/(kg\cdot K)}$$

气体的热力学性质:如果气体从周围获得热量,一部分能量用于增加内能(如温度上升),而其余部分用于外部做功(如体积膨胀)。因此热可以转换成功等其他形式。

虽然能量可从一种形式转换成另一种形式,但是它既不能创造也不能消灭。这称为热力学第一定律。在机械功 $L(\mathrm{N\cdot m})$和热能 $Q(\mathrm{kcal})$之间,存在着下面的关系:

$$L=JQ \quad \text{或} \quad Q=AL \tag{7.3.4}$$

式中,

$$J=\text{热功当量}=4186\ \mathrm{N\cdot m/kcal},\qquad A=\text{热功当量的倒数}=\frac{1}{J} \tag{7.3.5}$$

注意,如果热量 Q 是从系统之外的周围获得的,则热量的一部分加到系统的内能上使温度上升,而其余部分用于外部做功,所以

$$Q=U_2-U_1+AL \tag{7.3.6}$$

式中,U_1 和 U_2 分别为初始和终了状态时气体的内能;AL 为转换成机械功的热量。

比热:气体的比热定义为单位质量的气体上升 1 摄氏度所需要的热量与在相同温度采

用相同单位制下单位质量的水上升1摄氏度所需要的热量之比。气体一般采用两种比热描述，即定压比热(c_p)和定容比热(c_V)，前者表示热交换过程在容积不变的条件下进行，后者表示热交换过程在压力不变的条件下进行，并且有

$$R=c_p-c_V \quad \text{或} \quad k=c_p/c_V \tag{7.3.7}$$

式中，R 为气体常数；k 为绝热指数。根据上式有

$$\frac{c_V}{R}=\frac{1}{k-1}, \quad \frac{c_p}{R}=\frac{k}{k-1} \tag{7.3.8}$$

内能：气体的内能用 U 表示，单位为焦耳(J)。1 kg 气体的内能称为比内能，用 u 表示，单位为J/kg。气体的热力状态一定时，其比内能也有一定的值，u 也是气体的状态参数。理想气体的内能是温度的函数，且有

$$u=c_V T \tag{7.3.9}$$

式中，T 为气体的绝对温度，(K)。

焓：焓是一个热力学系统中的能量参数，用符号 H 表示，其定义为

$$H=U+pV \tag{7.3.10}$$

式中，U、p 和 V 分别为系统的内能、压强和体积。焓具有能量的量纲。根据焓的定义，在流动过程中焓代表物质向前方传递的内能和流动功之和。

由热力学第一定律可以导出：若一个封闭的热力学体系经历一个等压过程，而且在此过程中系统只有因体积变化而由压力做的功(即体积功)，则该过程中体系吸收或放出的热量 Q 就等于在此过程中该系统的焓变 ΔH，即

$$\Delta H=Q \tag{7.3.11}$$

1 kg 气体的焓称为比焓，用 h 表示，则

$$h=u+RT=(c_V+R)T=c_p T \tag{7.3.12}$$

焓的单位为焦耳(J)，比焓的单位为J/kg，比焓也是气体的一个状态参数。

理想气体的状态变化：如果系统和周围二者可以恢复到它们的原始状态，则此过程称为可逆过程；否则就称为不可逆过程。所有的实际过程都是不可逆过程。

我们现在简短讨论理想气体的状态变化。图7.3.1所示为一种理想气体的压力-体积曲线。在下面的分析中，①和②分别表示初始和终止状态。

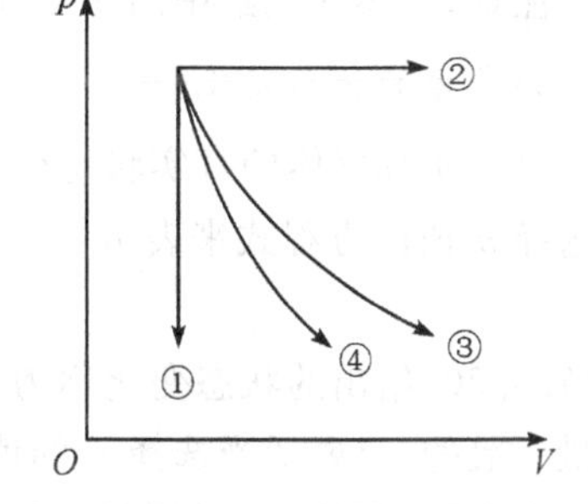

图7.3.1 理想气体的压力-体积曲线

1)体积不变时的状态变化($p_2/p_1=T_2/T_1$)

这对应于当体积保持为常数时状态的变化，如图7.3.1中的曲线①所示。从周围把热量 Q 加于质量为 m 的气体系统中，其全部转变为内能，这是因为体积保持为常数，故气体不对外做功。因此

$$L=0, \quad U_2-U_1=Q_V=mc_V(T_2-T_1) \tag{7.3.13}$$

2)压力不变时的状态变化($V_2/V_1=T_2/T_1$)

这对应于压力保持为常数时状态的变化，如图7.3.1中曲线②所示。如果热量 Q_p 从周围加于质量为 m 的气体系统中，其中部分用于使体积膨胀，而其余部分加于系统的内能。

参照方程式理想气体定律，有

$$L = p(V_2 - V_1) = mR(T_2 - T_1) \tag{7.3.14}$$

$$U_2 - U_1 = Q_p - AL = mc_p(T_2 - T_1) - AmR(T_2 - T_1) = m(c_p - AR)(T_2 - T_1) \tag{7.3.15}$$

3)温度是常数时的状态变化(等温的)($p_2/p_1 = V_1/V_2$)

此情况对应于当温度保持为常数时状态的变化，如图 7.3.1 中的曲线③所示。此时热量 Q_T 从周围加入系统中用于对外做功。由于温度不变故内能不增加。因此 $U_2 - U_1 = 0$，而所做的功为

$$L = \int_{V_1}^{V_2} p\,\mathrm{d}V = mRT\ln\frac{V_2}{V_1} \quad 和 \quad AL = Q_T \tag{7.3.16}$$

4)可逆的绝热状态变化(等熵的)($p_1V_1^k = p_2V_2^k$)

绝热的状态变化表示既没有热量传入系统也没有热量从系统传出的状态。可逆的绝热(无摩擦绝热)状态变化称为等熵的状态变化。在图 7.3.1 中绝热变化用曲线④表示。在压力 p 和体积 V 之间的关系为

$$pV^k = 常数 \tag{7.3.17}$$

式中，k 为绝热指数。对于理想气体，其 c_p/c_V 是相同的，或

$$k = \frac{c_p}{c_V} = 1.40 \tag{7.3.18}$$

在绝热状态变化中，从系统中传入或传出的热量 Q 是零。因此气体所做的功等于内能的变化，或

$$AL = U_1 - U_2 = mc_V(T_1 - T_2) = \frac{c_V}{R}(p_1V_1 - p_2V_2) \tag{7.3.19}$$

注意，气体在气缸中的压缩或膨胀是近似于绝热的。

5)多方的状态变化($p_1V_1^n = p_2V_2^n$)

对于实际气体的真实状态变化，不是完全正好处于上面所说的 4 种状态。它可以由适当选择 n 值的方程式来表示：

$$pV^n = 常数 \tag{7.3.20}$$

式(7.3.20)给出的状态变化称为多方的状态变化，指数 n 称为多方指数。多方的状态变化是最一般的，只要适当选择 n 的值，它可以包括上面所述的 4 种状态变化。事实上，只要给出多方指数不同的值，前述的变化就可以看成是多方状态变化的特殊情况，例如，$n=1$、$n=0$、$n=\infty$和 $n=k$ 分别对应于等温的、定压的、定容的和绝热的状态变化。

7.4 气体通过小孔的流动

因为气体是可压缩的，气体通过管道和小孔的流动比液体的流动更复杂。本节分析气体通过一个小孔的流动。由于在工业气动压力系统中很少发生层流，因此本节仅考虑通过管道、小孔和阀的紊流。

7.4.1 理想气体通过小孔的流动

如果摩擦作用和热传导是可以忽略的，则实际气体通过小孔和喷嘴的流动可以近似为等熵流动（无摩擦绝热）。

我们研究理想气体通过小孔的稳定流动，如图7.4.1所示。横截面1取在小孔的上游。收缩断面的横截面（此处射流喷出面积变得最小）用横截面2表示。在收缩断面处射流喷出的流束面积 A_2 比小孔面积 A_0 小。A_2 和 A_0 之比是收缩系数 C_c，或 $A_2=C_cA_0$。

参照图7.4.1，在截面1处气体的状态是 p_1、ν_1、T_1，而在截面2处是 p_2、ν_2、T_2，注意此处 ν 表示比容。在截面1和2处的速度分别用 v_1 和 v_2 表示。压力 p_1 和 p_2 是绝对压力。

对于绝热状态变化，有

$$p_1\nu_1^k=p_2\nu_2^k=常数 \tag{7.4.1}$$

上式中由于比容 ν 是密度的倒数，$\nu=1/\rho$，因此

$$p_1=\rho_1^k p_2\rho_2^{-k} \tag{7.4.2}$$

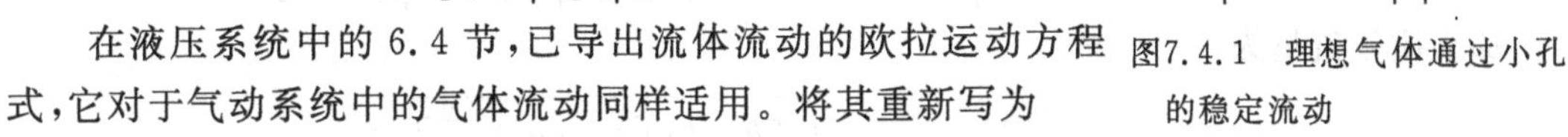

图7.4.1 理想气体通过小孔的稳定流动

在液压系统中的6.4节，已导出流体流动的欧拉运动方程式，它对于气动系统中的气体流动同样适用。将其重新写为

$$v\mathrm{d}v+\frac{\mathrm{d}p}{\rho}+g\,\mathrm{d}z=0 \tag{7.4.3}$$

式中，w 表示气体流动速度。忽略扬程变化，欧拉运动方程式变为

$$v\mathrm{d}v+\frac{\mathrm{d}p}{\rho}=0 \tag{7.4.4}$$

将式(7.4.2)对 ρ_1 微分，并注意 $p_2\rho_2^{-k}=$常数，有

$$\mathrm{d}p_1=k\rho_1^{k-1}\mathrm{d}\rho_1 p_2\rho_2^{-k} \tag{7.4.5}$$

忽略扬程变化后截面1处的欧拉运动方程式为

$$v_1\mathrm{d}v_1+\frac{\mathrm{d}p_1}{\rho_1}=0 \tag{7.4.6}$$

把式(7.4.5)代入式(7.4.6)，得

$$v_1\mathrm{d}v_1+p_2\rho_2^{-k}k\rho_1^{k-2}\mathrm{d}\rho_1=0 \tag{7.4.7}$$

再注意到 $p_2\rho_2^{-k}=p_1\rho_1^{-k}=$常数，并积分式(7.4.7)，得到

$$\frac{v_1^2}{2}+p_2\rho_2^{-k}k\,\frac{\rho_1^{k-1}}{k-1}=常数 \quad 或 \quad \frac{v_1^2}{2}+\frac{k}{k-1}\,\frac{p_1}{\rho_1}=常数 \tag{7.4.8}$$

因此，得到

$$\frac{v_1^2}{2}+\frac{k}{k-1}\,\frac{p_1}{\rho_1}=\frac{v_2^2}{2}+\frac{k}{k-1}\,\frac{p_2}{\rho_2} \tag{7.4.9}$$

根据6.4节给出的流体流动的连续性方程

$$\rho_1v_1A_1=\rho_2v_2A_2 \tag{7.4.10}$$

可得出

$$v_1=\frac{\rho_2A_2}{\rho_1A_1}v_2=\left(\frac{p_2}{p_1}\right)^{\frac{1}{k}}\frac{A_2}{A_1}v_2 \tag{7.4.11}$$

把式(7.4.11)代入式(7.4.9)并简化,结果为

$$\frac{v_2^2}{2}=\frac{\frac{k}{k-1}\left(\frac{p_1}{\rho_1}-\frac{p_2}{\rho_2}\right)}{1-\left(\frac{p_2}{p_1}\right)^{\frac{2}{k}}\left(\frac{A_2}{A_1}\right)^2} \tag{7.4.12}$$

若面积 A_2 与面积 A_1 相比足够小,同时注意 $p_2/p_1<1$,故可假设

$$1-\left(\frac{p_2}{p_1}\right)^{\frac{2}{k}}\left(\frac{A_2}{A_1}\right)^2\approx 1 \tag{7.4.13}$$

根据这些假设,式(7.4.12)可简化为

$$\frac{v_2^2}{2}=\frac{k}{k-1}\left(\frac{p_1}{\rho_1}-\frac{p_2}{\rho_2}\right) \tag{7.4.14}$$

把 $\rho_2=(p_2/p_1)^{1/k}\rho_1$ 代入式(7.4.14)可得

$$\frac{v_2^2}{2}=\frac{k}{k-1}\frac{p_1}{\rho_1}\left[1-\left(\frac{p_2}{\rho_1}\right)^{\frac{k-1}{k}}\right]\Rightarrow v_2=\sqrt{\frac{2k}{k-1}\frac{p_1}{\rho_1}\left[1-\left(\frac{p_2}{\rho_1}\right)^{\frac{k-1}{k}}\right]} \tag{7.4.15}$$

那么质量流量为

$$G=\rho_2 v_2 A_2=\rho_2 A_2\sqrt{\frac{2k}{k-1}\frac{p_1}{\rho_1}\left[1-\left(\frac{p_2}{\rho_1}\right)^{\frac{k-1}{k}}\right]} \tag{7.4.16}$$

因为 $\rho_2=(p_2/p_1)^{1/k}\rho_1$ 和 $A_2=C_cA_0$,式(7.4.16)又可以写为

$$G=C_cA_0\sqrt{\frac{2k}{k-1}p_1\rho_1\left[\left(\frac{p_2}{p_1}\right)^{\frac{2}{k}}-\left(\frac{p_2}{p_1}\right)^{\frac{k+1}{k}}\right]} \tag{7.4.17}$$

在上述推导中,没有考虑由于气体黏性而引起的摩擦作用。把所忽略的摩擦作用和收缩系数二者合在一起,可以引入一个流量系数 c(其精确值可用实验决定)将质量流量重新写为

$$G=cA_0\sqrt{\frac{2k}{k-1}p_1\rho_1\left[\left(\frac{p_2}{p_1}\right)^{\frac{2}{k}}-\left(\frac{p_2}{p_1}\right)^{\frac{k+1}{k}}\right]} \tag{7.4.18}$$

注意 $p_1=\rho_1RT_1$,式(7.4.18)可以简化成下面的形式:

$$G=cA_0\rho_1\sqrt{\frac{2k}{k-1}RT_1\left[\left(\frac{p_2}{p_1}\right)^{\frac{2}{k}}-\left(\frac{p_2}{p_1}\right)^{\frac{k+1}{k}}\right]}=cA_0\frac{p_1}{\sqrt{T_1}}\sqrt{\frac{2k}{k-1}\frac{1}{R}\left[\left(\frac{p_2}{p_1}\right)^{\frac{2}{k}}-\left(\frac{p_2}{p_1}\right)^{\frac{k+1}{k}}\right]} \tag{7.4.19}$$

7.4.2 临界压力、最大质量流量和临界速度

对于给定的 p_1、ρ_1、A_0 和 c 值,质量流量 G 变成只是 p_2 的函数。一个关于 G 与 p_2 的曲线表示在图 7.4.2 中。质量流量在 B 点变成最大。对应于 B 点的压力 p_2 的特殊值可根据下式求得:

$$\frac{\partial G}{\partial p_2}=0 \tag{7.4.20}$$

参照式(7.4.19),此条件可以改写为

$$\frac{\partial\left[\left(\frac{p_2}{p_1}\right)^{\frac{2}{k}}-\left(\frac{p_2}{p_1}\right)^{\frac{k+1}{k}}\right]}{\partial p_2}=0 \tag{7.4.21}$$

其结果为

$$\frac{2}{k}\left(\frac{p_2}{p_1}\right)^{\frac{2}{k}-1}\left(\frac{1}{p_1}\right)-\frac{k+1}{k}\left(\frac{p_2}{p_1}\right)^{\frac{1}{k}}\left(\frac{1}{p_1}\right)=0 \tag{7.4.22}$$

把此 p_2 的特殊值表示为 p_c，我们有

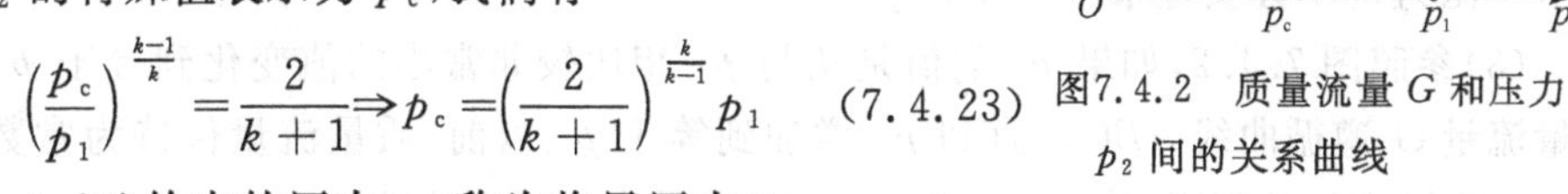

$$\left(\frac{p_c}{p_1}\right)^{\frac{k-1}{k}}=\frac{2}{k+1}\Rightarrow p_c=\left(\frac{2}{k+1}\right)^{\frac{k}{k-1}}p_1 \tag{7.4.23}$$

图7.4.2　质量流量 G 和压力 p_2 间的关系曲线

由式(7.4.23)给出的压力 p_c 称为临界压力。

下面由临界压力 p_c 计算气体通过小孔流动的最大质量流量 G_{max}。

最大质量流量 G_{max} 发生在 $p_2=p_c$ 时，故把 $p_2=p_c$ 代入式(7.4.18)可求得 G_{max} 为

$$\begin{aligned}G_{max}&=cA_0\sqrt{\frac{2k}{k-1}p_1\rho_1\left[\left(\frac{p_2}{p_1}\right)^{\frac{2}{k}}-\left(\frac{p_c}{p_1}\right)^{\frac{k+1}{k}}\right]}\\&=cA_0\sqrt{\frac{2k}{k-1}p_1\rho_1\left[\left(\frac{2}{k+1}\right)^{\frac{2}{k-1}}-\left(\frac{2}{k+1}\right)^{\frac{k+1}{k-1}}\right]}\\&=cA_0\sqrt{\frac{2k}{k+1}\left(\frac{2}{k+1}\right)^{\frac{2}{k-1}}p_1\rho_1}\end{aligned} \tag{7.4.24}$$

上式中，由于 cA_0 的值是常数，对于一种给定的气体，k 值也是一个常数，因此最大质量流量 G_{max} 仅与截面1的条件有关。

下面由临界压力 p_c 计算气体通过小孔流动的临界速度 w_c。

把 $p_2=p_c$ 代入式(7.4.15)可得临界速度 w_c 为

$$w_c=\sqrt{\frac{2k}{k-1}\frac{p_1}{\rho_1}\left[1-\left(\frac{p_c}{p_1}\right)^{\frac{k-1}{k}}\right]}=\sqrt{\frac{2k}{k-1}\frac{p_1}{\rho_1}\left(1-\frac{2}{k+1}\right)}=\sqrt{\frac{2k}{k+1}\frac{p_1}{\rho_1}} \tag{7.4.25}$$

注意，对于绝热状态变化，有

$$\frac{p_1}{\rho_1^k}=\frac{p_c}{\rho_c^k} \tag{7.4.26}$$

由式(7.4.23)有

$$p_1=p_c\left(\frac{2}{k+1}\right)^{\frac{-k}{k+1}} \tag{7.4.27}$$

因此，根据式(7.4.26)和式(7.4.27)，得到

$$\frac{p_1^k}{\rho_1^k}=\frac{p_1}{\rho_1^k}p_1^{\,k-1}=\frac{p_c}{\rho_c^k}p_c^{\,k-1}\left(\frac{2}{k+1}\right)^{-k}=\frac{p_c^k}{\rho_c^k}\left(\frac{2}{k+1}\right)^{-k}\Rightarrow\frac{p_1}{\rho_1}=\left(\frac{2}{k+1}\right)^{-1}\frac{p_c}{\rho_c} \tag{7.4.28}$$

把式(7.4.28)代入式(7.4.25)，最终可得临界速度为

$$w_c=\sqrt{\frac{2k}{k+1}\left(\frac{2k}{k+1}\right)^{-1}\frac{p_c}{\rho_c}}=\sqrt{k\frac{p_c}{\rho_c}}=\sqrt{kRT_c} \tag{7.4.29}$$

注意，$c=\sqrt{kRT}$ 是声速，因此速度 w_c 等于声速。在气体中的声速与气体的性质和其绝对温度有关。

气流通过一个小孔的小结：

(1)因为有声速和亚声速两种不同类型的流动条件，故通过小孔的质量流量和压力下降之间的关系不能由单个方程式来表示。

(2)在声速流动条件下压力 p_2 在收缩断面上保持为临界压力，与在下游的压力无关。而下游压力也不会反过来影响压力 p_2。

(3)参照图 7.4.2，如果 p_2 的值是从与 p_1 相比较非常小的值变化到等于 p_1 的值，于是质量流量 G 遵循曲线 ABC。直到 p_2 增加到等于 p_c 以前，质量流量保持为常数 $G_{\max}$，再增大 p_2，质量流量就下降，当 p_2 接近于 p_1 时质量流量最后变为零。

(4)气流在点 A 和点 B 之间是以声速流动的，而在点 B 和点 C 之间是以亚声速流动的。

7.4.3 质量流量方程式的变换形式

亚声速条件下的质量流量由式(7.4.18)或式(7.4.19)给出。我们引入膨胀系数 $\dot{o}$，其定义如下：

$$\dot{o}=\sqrt{\frac{k}{k-1}\frac{p_1^2}{p_2(p_1-p_2)}\left[\left(\frac{p_2}{p_1}\right)^{\frac{2}{k}}-\left(\frac{p_2}{p_1}\right)^{\frac{k+1}{k}}\right]} \tag{7.4.30}$$

上式可以重新写为

$$\dot{o}=\sqrt{\frac{k}{k-1}\frac{1}{(p_1/p_2)-1}\left(\frac{p_1}{p_2}\right)^{\frac{k-1}{k}}\left[\left(\frac{p_1}{p_2}\right)^{\frac{k-1}{k}}-1\right]} \tag{7.4.31}$$

膨胀系数 $\dot{o}$ 的值与 k 和 p_2/p_1 的值有关。显然，对于 $p_1\geqslant p_2\geqslant p_c$，其接近为常数。利用此膨胀系数，式(7.4.19)可重新写为

$$G=cA_0\dot{o}\sqrt{\frac{2}{RT_1}}\sqrt{p_2(p_1-p_2)} \tag{7.4.32}$$

引入膨胀系数 $\dot{o}$ 的优点是对于 $A_2^2\ll A_1^2$，其中面积 A_1 和 A_2 是由图 7.4.1 定义的，质量流量的精确方程式可用简化的表示式来近似，其所产生的误差仅为百分之几。

声速流动条件的质量流量由式(7.4.24)给出。把 $p_1=\rho_1 RT_1$ 或 $\rho_1=p_1/(RT_1)$ 代入式(7.4.24)可得它的两种变换式表示为

$$G_{\max}=cA_0\rho_1\left(\frac{2}{k+1}\right)^{\frac{1}{k-1}}\sqrt{\frac{2kRT_1}{k+1}} \quad 或 \quad G_{\max}=cA_0\frac{p_1}{\sqrt{RT_1}}\sqrt{k\left(\frac{2}{k+1}\right)^{\frac{k+1}{k-1}}} \tag{7.4.33}$$

式(7.4.32)和式(7.4.33)为计算气流通过小孔质量流量的基本方程式。

7.4.4 通过小孔的空气流

前面的分析可以应用于气动控制器中空气流的分析，空气流通过方向控制阀供给动力气缸，等等。在下面的内容中我们用绝热指数 k 和气体常数 R 的近似常数值代入式(7.4.32)和式(7.4.33)来导出空气质量流量方程式。

研究通过小孔的空气流。参照图 7.4.1，由式(7.4.26)和式(7.4.27)可得

$$\frac{\rho_c}{\rho_1}=\left(\frac{2}{k+1}\right)^{\frac{1}{k-1}} \tag{7.4.34}$$

而且

$$\frac{T_c}{T_1}=\frac{p_c}{p_1}\cdot\frac{\rho_1}{\rho_c}=\frac{2}{k+1} \tag{7.4.35}$$

对于空气，绝热指数 $k=1.40$。再应用式(7.4.23)、式(7.4.34)和式(7.4.35)可得

$$\frac{p_c}{p_1}=\left(\frac{2}{k+1}\right)^{\frac{k}{k-1}}=0.528,\quad \frac{\rho_c}{\rho_1}=\left(\frac{2}{k+1}\right)^{\frac{1}{k-1}}=0.634,\quad \frac{T_c}{T_1}=\frac{2}{k+1}=0.833 \tag{7.4.36}$$

上式指出空气流的临界压力是截面 1 处压力的 52.8%，密度相比截面 1 处减小 37%，而绝对温度从截面 1 到截面 2 下降 17%。

1. 当 $p_2>0.528p_1$ 时空气的质量流量方程式

当通过小孔的横截面的压力条件为 $p_2>0.528p_1$ 时，空气流过小孔的速度为亚声速，其质量流量 $G_{空气}$ 可通过把 $R=R_{空气}$ 代入式(7.4.32)求得：

$$G_{空气}=cA_0\dot{o}\sqrt{\frac{2}{R_{空气}T_1}}\sqrt{p_2(p_1-p_2)} \tag{7.4.37}$$

假定 A_0 用 m^2 度量，p_1 和 p_2 用 N/m^2 绝对压力度量，T_1 用 K 度量，并把 $R_{空气}=287\ N\cdot m/(kg\cdot K)$ 代入式(7.4.37)，有

$$G_{空气}=0.0835cA_0\dot{o}\frac{1}{\sqrt{T_1}}\sqrt{p_2(p_1-p_2)}\quad kg/s \tag{7.4.38}$$

式中，膨胀系数 $\dot{o}$ 的值由式(7.4.30)给出，对于 $k=1.40$ 和 $1\geqslant p_2/p_1\geqslant 0.528$，$\dot{o}$ 可以由线性方程来近似，即

$$\dot{o}=0.97+0.0636\left(\frac{p_2}{p_1}-0.528\right)\quad \left(1\geqslant\frac{p_2}{p_1}\geqslant 0.528\right) \tag{7.4.39}$$

从式(7.4.39)可见 $\dot{o}$ 的值从 $p_2/p_1=1$ 时的 $\dot{o}=1$ 到 $p_2/p_1=0.528$ 时的 $\dot{o}=0.97$ 是线性变化的。

因为 $\dot{o}$ 的值对于 $1\geqslant p_2/p_1\geqslant 0.528$ 时接近为常数，故可对 $\dot{o}$ 采用平均值 0.985，那么质量流量 $G_{空气}$ 变为

$$G_{空气}=0.0822cA_0\frac{1}{\sqrt{T_1}}\sqrt{p_2(p_1-p_2)}\quad kg/s\quad \left(1\geqslant\frac{p_2}{p_1}\geqslant 0.528\right) \tag{7.4.40}$$

这是当 $p_2>0.528p_1$ 和 $A_2^2\ll A_1^2$ 时空气流通过小孔时质量流量的近似方程式。质量流量 $G_{空气}$ 与流量系数 c、小孔物理面积 A_0、上游温度 T_1、上游绝对压力 p_1 和下游绝对压力 p_2 的数值有关。只要 $p_2>0.528p_1$，空气流动速度为亚声速，式(7.4.40)便可给出其质量流量。

2. 当 $p_2\leqslant 0.528p_1$ 时空气的质量流量方程式

当小孔横截面处的压力条件为 $p_2\leqslant 0.528p_1$ 时，空气流以声速通过小孔，并且质量流量不

受小孔背后压力的影响。在此条件下的质量流量可通过把 $k=1.40$ 和 $R_{空气}=287\text{N}\cdot\text{m}/(\text{kg}\cdot\text{K})$ 代入式(7.4.33)求得：

$$G_{空气,\max}=0.0404cA_0\frac{p_1}{\sqrt{T_1}}\quad \text{kg/s}\quad \left(\frac{p_2}{p_1}\leqslant 0.528\right) \tag{7.4.41}$$

式中，A_0 用 m^2 度量；p_1 用 N/m^2 绝对压力度量；T_1 用 K 度量。空气最大质量流量 $G_{空气,\max}$ 与流量系数 c、小孔物理面积 A_0、上游温度 T_1、上游绝对压力 p_1 的数值有关，但是它与下游绝对压力 p_2 无关。故对于 $p_2\leqslant 0.528p_1$，空气流速为声速，质量流量保持常值 $G_{空气,\max}$，由式(7.4.41)给出。

注意，当 $p_2=0.528p_1$ 时式(7.4.38)和式(7.4.41)给出相同的质量流量。为验证此结论，首先注意当 $p_2/p_1=0.528$ 时由式(7.4.39)得到 $\dot{o}=0.97$。于是把 $\dot{o}=0.97$ 和 $p_2=0.528p_1$ 代入式(7.4.38)得

$$G_{空气}=0.0835\times 0.97cA_0\frac{1}{\sqrt{T_1}}\sqrt{0.528p_1(1-0.528)p_1}=0.0404cA_0\frac{p_1}{\sqrt{T_1}}\quad \text{kg/s} \tag{7.4.42}$$

这与式(7.4.41)是相同的。

例 7.4.1　参照图 7.4.1，假定小孔物理面积 $A_0=3\times 10^{-4}\ \text{m}^2$、流量系数 $c=0.68$、上游压力 $p_1=2.5\times 10^5\ \text{N/m}^2$ 绝对压力、上游温度 $T_1=273\ \text{K}$。再假设空气是流动的，试计算在下述两种情况下的质量流量。

(1)下游压力 $p_2=2\times 10^5\ \text{N/m}^2$ 绝对压力，并且流动条件是亚声速的。

(2)流动条件是声速的——$p_2\leqslant 0.528p_1$，其中 p_1 和 p_2 是绝对压力。

解： 对于亚声速流动条件，应用式(7.4.40)；对于声速流动条件，可应用式(7.4.41)。

(1)亚声速流动时的空气质量流量可通过把给定的数值代入式(7.4.40)求得：

$$G_{空气}=0.0822\times 0.68\times 3\times 10^{-4}\times\frac{1}{\sqrt{273}}\times\sqrt{2\times 10^5(2.5\times 10^5-2\times 10^5)}=0.101\quad \text{kg/s}$$

(2)把给定的数值代入式(7.4.41)可求得声速流动时的空气质量流量为

$$G_{空气,\max}=0.0404\times 0.68\times 3\times 10^{-4}\frac{2.5\times 10^5}{\sqrt{273}}=0.125\quad \text{kg/s}$$

例 7.4.2　研究图 7.4.3 所示的气压系统，假定在 $t<0$ 时，系统中空气的绝对压力是 $\bar{P}$。在 $t=0$ 时，在小孔(节流孔)左边的压力从 $\bar{P}$ 变化到 $\bar{P}+p_i$，其中 p_i 可以是正或负。在目前的分析中，我们假定 p_i 是正的。如果 p_i 是负的，流动方向要反过来。于是容器中的空气压力将从 $\bar{P}$ 变化到 $\bar{P}+p_o$。假定 p_i 和 p_o 二者压力的变化与绝对力 $\bar{P}$ 相比足够小。再假定系统的温度保持为常数，证明质量流量 q 近似地正比于压力差 $\Delta p=p_i-p_o$ 的平方根。画出典型的 Δp 与 q 的关系曲线。

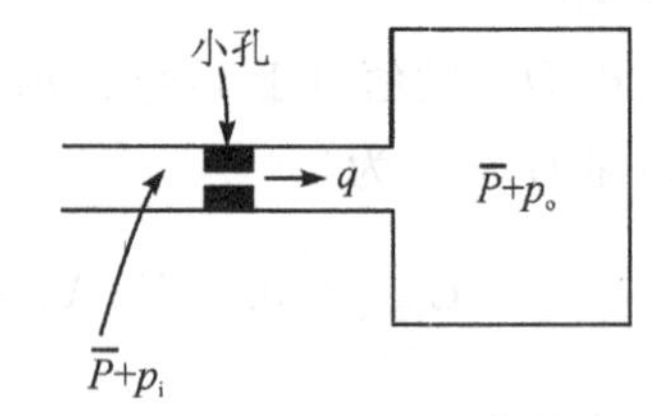

图 7.4.3　例 7.4.2 中的气压系统

解： 因 p_i 和 p_o 二者与 $\bar{P}$ 相比足够小，则有 $\bar{P}+p_o>0.528(\bar{P}+p_i)$，因此流动条件是

亚声速的，式(7.4.37)适用于此情况。把 $p_1=\bar{P}+p_i$ 和 $p_2=\bar{P}+p_o$ 代入式(7.4.37)，有

$$q=G_{空气}=cA_0\dot{o}\sqrt{\frac{2}{R_{空气}T_1}}\sqrt{(\bar{P}+p_o)(p_i-p_o)}=cA_0\dot{o}\sqrt{\frac{2\bar{P}}{R_{空气}T_1}}\sqrt{1+\frac{p_o}{\bar{P}}}\sqrt{p_i-p_o} \quad (7.4.43)$$

由于假定 p_o 与 $\bar{P}$ 相比较足够小，作为第一级近似我们有

$$\sqrt{1+\frac{p_o}{\bar{P}}}\approx 1+\frac{1}{2}\frac{p_o}{\bar{P}}\approx 1$$

于是式(7.4.43)可以简化为

$$q=K\sqrt{p_i-p_o}=K\sqrt{\Delta p} \quad (7.4.44)$$

式中

$$K=cA_0\dot{o}\sqrt{\frac{2\bar{P}}{R_{空气}T_1}}=0.985cA_0\sqrt{\frac{2\bar{P}}{R_{空气}T_1}}=常数，\Delta p=p_i-p_o$$

因此，如果 p_o 与 $\bar{P}$ 相比较足够小，其中 $\bar{P}$ 是空气在稳态的绝对压力，则质量流量 q 正比于压力差 $\Delta p=p_i-p_o$ 的平方根。根据式(7.4.44)，图 7.4.4 画出了典型的 Δp 与 q 的关系曲线。

注意到如果图 7.4.3 中的气压系统的质量流量 q 由实验测得，将压力差 Δp 对照质量流量 q 来绘制曲线，就可得到类似于图 7.4.4 的非线性曲线。该曲线在确定图 7.4.3 的气压系统的数学模型中起重要作用。

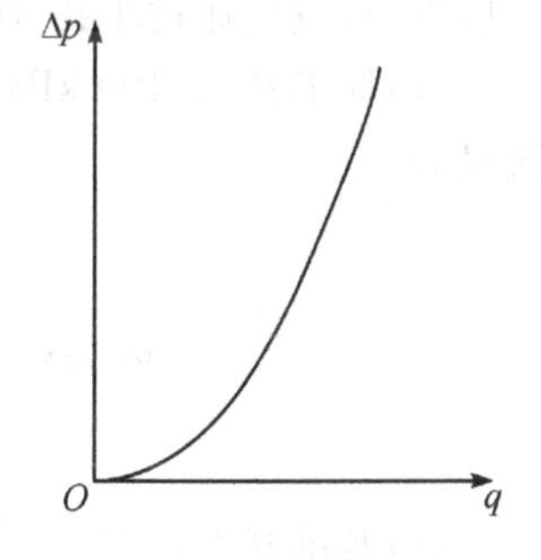

图7.4.4　压力差与质量流量关系曲线

3. 气动元件的有效横截面积

在推导式(7.4.40)和式(7.4.41)中，假定空气流过一个小孔。显然，如果把通过包含有阀或其他流动阻力装置的气动元件的流动看成是等价于通过小孔的流动，则这两个方程式可以作为气动回路中计算空气流通过阀或其他流动阻力装置的质量流量的基本方程式。

虽然对于阀或其他流动阻力装置面积 A_0 无法决定，但对于一个包含有相同装置的气动元件有可能按一等价的小孔面积计算。此等价小孔面积可以采用如下方法决定：气动元件在进口处的压力用 p_1 表示，在出口处的压力用 p_2 表示。对于一个给定的进口压力 p_1，如果我们测量出进口处空气的温度 T_1、质量流量 G 和出口处的压力 p_2，于是等价小孔面积 cA_0 可以用式(7.4.40)或式(7.4.41)来估算，其中压力 p_1 和 p_2 是用 N/m^2 绝对压力度量，温度 T_1 用 K 度量。

这类等价小孔面积 cA_0 常称为气动元件的有效横截面积，记为 S，$S=cA_0$。有效横截面积 S 的概念在计算气动元件的质量流量时非常有用。

如前所述，小孔的气流缩流处的截面积为小孔的有效横截面积 S，而电磁阀、节流阀等非小孔形状流路的气动元件，由于实际气体流动中的缩流面积无法把握，所以通常将其声速流的流量代入式(7.4.41)计算得出的 S 值作为其有效横截面积。

气动元件的有效横截面积 S 一般需要通过实验方法测得。为了利用式(7.4.41)计算阀或其他气动阻力装置的有效横截面积 S,首先需要测量气体通过该气动元件的流量。而常用的流量计中,如孔板流量计(见图 7.4.5)、涡轮流量计、涡街流量计、电磁流量计(见图 7.4.6)、转子流量计、超声波流量计和椭圆齿轮流量计等,流量测量值均为流体的体积流量。因此我们需要将式(7.4.40)或式(7.4.41)所示的质量流量 G 换算成标准状态或基准状态下的体积流量 q_V。

图 7.4.5 孔板流量计

图 7.4.6 电磁流量计

体积流量 q_V 和质量流量 G 的关系为 $q_V=G/\rho$,其中 ρ 为某一状态下的气体密度。在实际应用中,空气通过小孔、阀或其他气动阻力装置的体积流量通常采用以下两种计算公式:

(1)标准状态(100 kPa、20 ℃、相对湿度 65%,此时空气密度 $\rho=1.185\ \mathrm{kg/m^3}$)下的体积流量为

$$q_{V,\mathrm{ANR}}=\begin{cases}120Sp_1\sqrt{\dfrac{293}{T_1}}, & \dfrac{p_2}{p_1}\leqslant 0.528\\ 240S\sqrt{\dfrac{293}{T_1}}\sqrt{p_2(p_1-p_2)}, & \dfrac{p_2}{p_1}>0.528\end{cases} \tag{7.4.45}$$

(2)基准状态(101.3 kPa,0 ℃,相对湿度 0%,此时空气密度 $\rho=1.293\ \mathrm{kg/m^3}$)下的体积流量为

$$q_{V,\mathrm{NIP}}=\begin{cases}113.5Sp_1\sqrt{\dfrac{273}{T_1}}, & \dfrac{p_2}{p_1}\leqslant 0.528\\ 227S\sqrt{\dfrac{273}{T_1}}\sqrt{p_2(p_1-p_2)}, & \dfrac{p_2}{p_1}>0.528\end{cases} \tag{7.4.46}$$

由上式可知,若在标准状态下使空气通过阀为声速流动,保持上游温度 T_1(K)和绝对压力 p_1(kPa)为恒值,则通过阀的体积流量 $q_{V,\mathrm{ANR}}$(L/min)与阀的有效横截面积 $S(\mathrm{mm^2})$成正比,且有效横截面积 $S(\mathrm{mm^2})$可按下式计算:

$$S=\frac{q_{V,\mathrm{ANR}}}{0.12p_1}\sqrt{\frac{T_1}{293}} \tag{7.4.47}$$

上式即为实际中常用的阀或其他气动阻力装置有效横截面积 S 的实验测定公式。

4. 在气动回路中空气流通过阀小结

如果阀在气动回路中是开着的,刚开始时压力比 p_2/p_1(其中 p_1 和 p_2 是阀的上游和下游的绝对压力)可能很小($p_2/p_1 \leqslant 0.528$),因此通过阀的空气流是声速流动的,其质量流量可以由式(7.4.41)给出,其中阀的有效横截面积采用 $S=cA_0$ 计算。

随着时间的流逝,压力比 p_2/p_1 增大而变成 $p_2/p_1>0.528$,此时通过阀的空气流变为亚声速流动,其质量流量由式(7.4.40)决定,其中阀的有效横截面积采用 $S=cA_0$ 计算。

7.5　建立气动系统的数学模型

与机械系统、电系统和液压系统一样,气动系统也有3类基本元件——气阻、气容和气感。本节我们基于6.5节中介绍的一般阻量、容量和惯量的定义导出气动系统的基本元件,接着推导由阀和具有小孔的管道组成的气动系统的数学模型。

7.5.1　气阻

空气流在管道、节流孔、阀和其他流动阻力装置中的气阻可以由使质量流量(kg/s)发生单位变化所需要的在流动阻力装置上游和下游之间的压力差($\mathrm{N/m^2}$)定义:

$$\text{气阻}\ R=\frac{\text{压力差的变化}}{\text{质量流量的变化}}\quad \frac{\mathrm{N/m^2}}{\mathrm{kg/s}}\text{或}\frac{\mathrm{N\cdot s}}{\mathrm{kg\cdot m}}$$

因此气阻可用公式表示为

$$R=\frac{\mathrm{d}(\Delta p)}{\mathrm{d}q}\quad \frac{\mathrm{N/m^2}}{\mathrm{kg/s}} \tag{7.5.1}$$

式中,$\mathrm{d}(\Delta p)$是气体压力差的变化;$\mathrm{d}q$ 是气体质量流量的变化。

对于稳定流动,其中 $\Delta p=$常数$=\Delta\bar{p}$、$q=$常数$=\bar{q}$,如果关于 Δp 和 q 关系的实验曲线是已有的,则气阻 R 在此工作条件下很容易求得。参照图7.5.1研究在工作条件 $\Delta\bar{p}$ 附近的一个小的变化 $\mathrm{d}(\Delta p)$。对应的关于工作条件 $\bar{q}$ 下的微小变化 $\mathrm{d}q$ 可以从 Δp 与 q 的曲线中找到。气阻 R 此时是 $\mathrm{d}(\Delta p)/\mathrm{d}q$,近似等于曲线在工作条件点 $\Delta p=\Delta\bar{p}$、$q=\bar{q}$ 附近切线的斜率,如图中所示。注意空气流气阻 R 的数值不是常数而是随工作条件的改变而变化的。

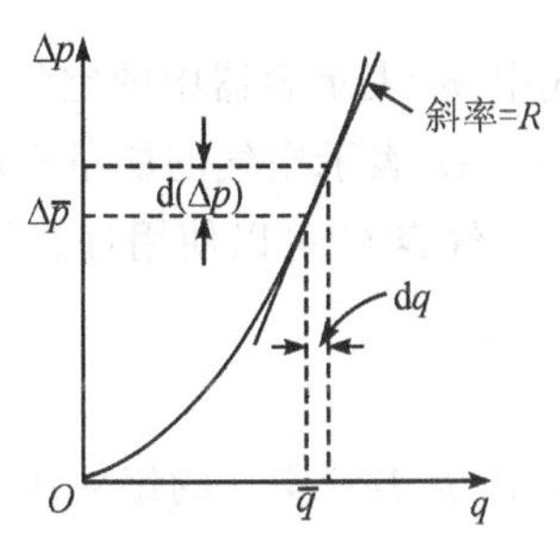

图7.5.1　气阻 R 为压力差与质量流量关系曲线在工作点处的斜率

例7.5.1　研究通过一个阀的空气流,假定上游的绝对压力为 p_1,下游的绝对压力为 p_2。再假定压力差 $\Delta p=p_1-p_2$ 与 p_1 相比较足够小,以及通过阀的质量流量为 q。计算阀的气阻 R。

解:当在一流动阻力装置(例如节流孔和阀)中压力下降足够小时,参照式(7.4.44)可知质量流量 q 正比于压力降 $\Delta p=p_1-p_2$ 的平方根:

$$q=K\sqrt{\Delta p} \tag{7.5.2}$$

式中,K 是一常数。根据式(7.5.1),在任何工作点 $\Delta p=\Delta\bar{p}$、$q=\bar{q}$ 上的气阻为

$$R=\frac{\mathrm{d}(\Delta p)}{\mathrm{d}q}\Big|_{\Delta p=\Delta\bar{p},q=\bar{q}}=\frac{2\Delta p}{q}\Big|_{\Delta p=\Delta\bar{p},q=\bar{q}}=\frac{2\Delta\bar{p}}{\bar{q}} \tag{7.5.3}$$

注意,式(7.5.3)是近似方程式,因为它建立在式(7.5.2)之上,且只有当 Δp 与绝对压

力 p_1 相比较足够小时它才正确。

气动系统可以在通过阀的平均或稳态流量是零这样的条件下工作。即，标准工作条件是 $\Delta\bar{p}=0$、$\bar{q}=0$。如果标准工作条件是 $\Delta\bar{p}=0$、$\bar{q}=0$，并且 Δp 和 q 的范围分别是 $-\Delta p_1<\Delta p<\Delta p_1$ 和 $-q_1<q<q_1$，于是对于实际应用，平均气阻 R 可以由连接点 $\Delta p=\Delta p_1$、$q=q_1$ 和点 $\Delta p=-\Delta p_1$、$q=-q_1$ 的直线斜率来近似，如图 7.5.2 所示。

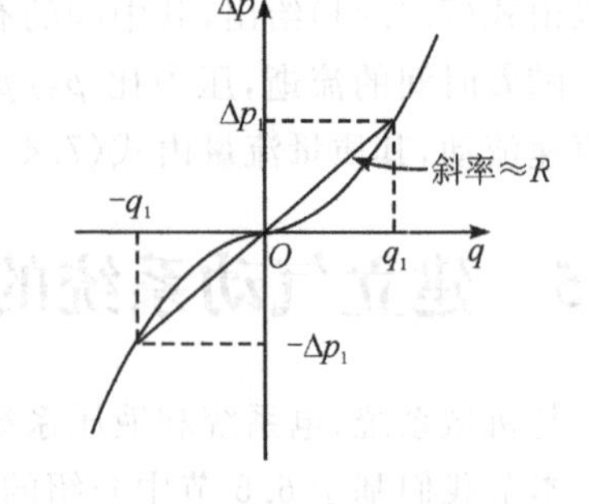

图 7.5.2 用图解法表示平均气阻 R

在用数学方法建立气动系统的模型中，经常希望存在整个工作范围内反映气体压力差 Δp 和质量流量 q 关系的实验曲线，这样便有可能用图解法在合理的精度内决定气阻 R。

7.5.2 气容

对于一个气动压力容器，气容可定义为使压力(N/m²)发生单位变化所需要的在容器中空气质量(kg)的变化：

$$气容\ C=\frac{空气质量的变化}{压力的变化} \quad \frac{\mathrm{kg}}{\mathrm{N/m^2}}\ 或\ \frac{\mathrm{kg\cdot m^2}}{\mathrm{N}}$$

因此气容可用公式表示为

$$C=\frac{\mathrm{d}m}{\mathrm{d}p}=V\frac{\mathrm{d}\rho}{\mathrm{d}p} \quad \frac{\mathrm{kg}}{\mathrm{N/m^2}} \tag{7.5.4}$$

式中，m 表示容器中的空气质量(kg)；p 表示空气的绝对压力(N/m²)；V 表示容器的容积(m²)；ρ 表示空气的质量密度(kg/m²)。

气容 C 可以使用理想气体定律来计算。如在 7.3 节中给出的，对于空气我们有

$$p\nu=\frac{p}{\rho}=\frac{\bar{R}}{M}T=R_{空气}\ T \tag{7.5.5}$$

式中，p 表示空气的绝对压力(N/m²)；ν 表示空气的比容(m³/ kg)；M 表示空气每摩尔的分子重量(kg/(kg·mol))；$\bar{R}$ 表示普适气体常数(N·m/(kg·mol·K))；$R_{空气}$ 表示空气的气体常数(N·m/(kg·K))；T 表示空气的绝对温度(K)。

如果空气的状态变化是在绝热的和等温的之间，于是膨胀过程可以表示为多方的，并由下式给定：

$$\frac{p}{\rho^n}=常数 \tag{7.5.6}$$

式中，n 表示多方指数。因此 $\mathrm{d}\rho/\mathrm{d}p$ 可由式(7.5.6)求得为

$$\frac{\mathrm{d}\rho}{\mathrm{d}p}=\frac{\rho}{np} \tag{7.5.7}$$

把式(7.5.7)代入式(7.5.5)可得

$$\frac{\mathrm{d}\rho}{\mathrm{d}p}=\frac{1}{nR_{空气}\ T} \tag{7.5.8}$$

于是压力容器中气体的气容 C 可由式(7.5.4)和式(7.5.8)求得为

$$C=\frac{V}{nR_{空气}T} \quad \frac{kg}{N/m^2} \tag{7.5.9}$$

注意,如果盛于压力容器中的是其他气体而不是空气,气容 C 由下式给出:

$$C=\frac{V}{nR_{气体}T} \quad \frac{kg}{N/m^2} \tag{7.5.10}$$

式中,$R_{气体}$是所包含的实际气体的气体常数。

从上面的分析可以清楚地看到:压力容器中的气容 C 不是常数,而是与所包含的膨胀过程、气体的种类(空气、N_2、H_2 等)及气体在容器中的温度有关。对于在无绝热材料容器中的气体,多方指数 n 的数值近似为常数($n=1.0\sim1.2$)。

例 7.5.2 一个 2 m^3 压力容器中盛有 50 ℃空气,求其气容 C。假定空气的膨胀和压缩过程缓慢发生,并且从容器传出和传到容器内的热交换有充分时间,因此膨胀过程可以看成是等温的,或 $n=1$。

解: 把 $V=2\ m^3$、$R_{空气}=287\ N\cdot m/kg\cdot K$、$T=273+50=323\ K$ 和 $n=1$ 代入式(7.5.9),求得气容 C 如下:

$$C=\frac{V}{nR_{空气}T}=\frac{2}{1\times287\times323}\ kg\cdot m^2/N=2.16\times10^{-5}\ kg\cdot m^2/N$$

例 7.5.3 参照例 7.5.2,如果是氢气(H_2)而不是空气盛于相同的压力容器中,气容 C 为多少?假定气体温度是 50 ℃,并且膨胀过程是等温的,或 $n=1$。

解: 氢气的气体常数是

$$R_{H_2}=4121\ N\cdot m/kg\cdot K$$

把 $V=2\ m^3$、$R_{H_2}=4121\ N\cdot m/kg\cdot K$,$T=273+50=323\ K$ 和 $n=1$ 代入式(7.5.10),得

$$C=\frac{V}{nR_{H_2}T}=\frac{2}{1\times4121\times323}\ kg\cdot m^2/N=1.50\times10^{-6}\ kg\cdot m^2/N$$

7.5.3 气感

气动系统中的气感定义为使质量流量的单位变化率(即,质量流量每秒的变化)所需要的压力(N/m^2)变化:

$$气感\ I=\frac{压力变化}{质量流量每秒的变化} \quad \frac{N/m^2}{kg/s^2}\ 或\ \frac{1}{m}$$

因此气感可用公式表示为

$$I=\frac{\Delta p}{dQ/dt} \quad \frac{N/m^2}{kg/s^2} \tag{7.5.11}$$

式中,Q 表示气体的质量流量。

在管道中的空气或气体可以出现持续的振动(声学共振),这是因为空气或气体具有惯性,而且也具有弹性。注意,在气动系统中一个气感-气容的组合相当于在机械系统中的一个质量-弹簧的组合,因此会引起振动。

例 7.5.4 研究空气流在管道中的流动,并导出空气流的气感。假设管道的横截面积是常数 $A\ m^2$、管道两截面之间的长度是 L m、气体的质量密度是 $\rho\ kg/m^3$。

解：空气流的气感可以由管道中两截面间的质量流量产生单位变化率所需要的压力差来求得。其类似于在例 6.5.1 中介绍的液感。

已知管道的横截面积是常数且等于 $A\ \text{m}^2$，假定在管道中两截面间的压力差是 $\Delta p\text{N/m}^2$。根据牛顿第二定律，力 $A\cdot\Delta p$ 将加速两截面间的空气或有

$$M\frac{\mathrm{d}v}{\mathrm{d}t}=A\Delta p \tag{7.5.12}$$

式中，M kg 是管中两截面间空气的质量；v m/s 是空气速度，注意

$$M=\rho AL \tag{7.5.13}$$

式中，$\rho\ \text{kg/m}^3$ 是空气的密度；L m 是管道两截面间的距离。于是式(7.5.12)可重新写为

$$\rho AL\frac{\mathrm{d}v}{\mathrm{d}t}=A\Delta p \tag{7.5.14}$$

将式(7.5.14)表示为空气质量流量 $Q=\rho Av$ kg/s，其又可写为

$$L\frac{\mathrm{d}Q}{\mathrm{d}t}=A\Delta p \tag{7.5.15}$$

于是空气流的气感可求得为

$$\text{气感}\ I=\frac{\Delta p}{\mathrm{d}Q/\mathrm{d}t}=\frac{L}{A}\quad \frac{\text{N/m}^2}{\text{kg/s}^2}\ \text{或}\frac{1}{\text{m}} \tag{7.5.16}$$

7.5.4 气压系统的数学模型

图 7.5.3(a)表示由压力容器和管道及阀相连接的气压系统。在图中 $\bar{P}$ 表示系统稳态的压力，N/m^2；p_i 表示流入压力的微小变化，N/m^2；p_o 表示容器中空气压力的微小变化，N/m^2；V 表示容器的容积，m^3；m 表示容器中空气质量，kg；q 表示质量流量，kg/s。

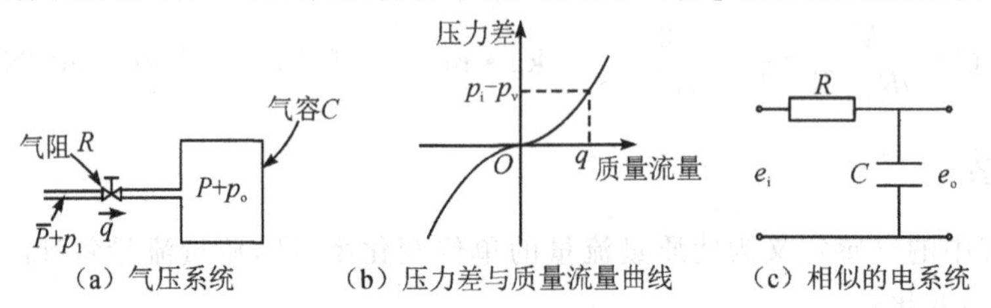

图 7.5.3 压力容器和管道及阀相连接的气压系统

现在我们来求此气压系统的数学模型。假定系统是在这样的方式中工作：通过阀的平均流量是零，或对应于 $p_i-p_o=0$、$q=0$ 的标准工作条件，流量条件对整个工作范围是亚声速的。

参照图 7.5.3(b)，阀的平均气阻可以写为

$$R=\frac{p_i-p_o}{q}$$

根据式(7.5.4)，压力容器的气容 C 可以写为

$$C=\frac{\mathrm{d}m}{\mathrm{d}p_o}\quad\text{或}\quad C\mathrm{d}p_o=\mathrm{d}m$$

上式说明气容 C 乘以压力差 $\mathrm{d}p_o$(通过 $\mathrm{d}t$ 秒的时间)等于在容器中空气质量的变化 $\mathrm{d}m$

(通过 dt 秒的时间)。质量的变化 dm 等于在 dt 秒内的流量,或 $q\mathrm{d}t$。因此

$$C\mathrm{d}p_o = q\mathrm{d}t$$

把 $q=(p_i - p_o)/R$ 代入上式,有

$$C\mathrm{d}p_o = \frac{p_i - p_o}{R}\mathrm{d}t$$

整理后可写为

$$RC\frac{\mathrm{d}p_o}{\mathrm{d}t} + p_o = p_i \tag{7.5.17}$$

式(7.5.17)是图 7.5.3(a)所示气压系统的数学模型。注意,图 7.5.3(c)所示是把气压系统模拟成电系统,其数学模型为

$$RC\frac{\mathrm{d}e_o}{\mathrm{d}t} + e_o = e_i$$

在这两系统的数学模型中,RC 有时间的量纲,是各对应系统的时间常数。

例 7.5.5　参考图 7.5.3(a)中的气动压力(气压)系统,假定对于 $t<0$ 系统为稳态,而在稳态系统的压力 $\bar{P}=5\times10^5\ \mathrm{N/m^2}$ 绝对压力。在 $t=0$ 时,输入压力突然从 $\bar{P}$ 改变到 $\bar{P}+p_i$,其中 p_i 是具有 $2\times10^4\ \mathrm{N/m^2}$ 幅值的阶跃变化。此阶跃变化是由于空气流进容器直到容器中压力相等为止。假定初始流量是 $q(0)=1\times10^{-4}\ \mathrm{kg/s}$。当空气流入容器,在容器中空气的压力从 $\bar{P}$ 变到 $\bar{P}+p_o$。确定 p_o 作为时间的函数。假定膨胀过程是等温的($n=1$),整个系统的温度是常数,为 $T=293\ \mathrm{K}$,并且容器具有 $0.1\ \mathrm{m^2}$ 的容积。

解: 阀的平均阻力是

$$R=\frac{\Delta p}{q}=\frac{2\times10^4}{1\times10^{-4}}\ \mathrm{N\cdot s/(kg\cdot m^2)} = 2\times10^8\ \mathrm{N\cdot s/(kg\cdot m^2)} \tag{7.5.18}$$

容器的气容是

$$C=\frac{V}{nR_{空气}T}=\frac{0.1}{1\times287\times293}\ \mathrm{kg\cdot m^2/N} = 1.19\times10^{-6}\ \mathrm{kg\cdot m^2/N} \tag{7.5.19}$$

对于此系统的数学模型求得为

$$C\mathrm{d}p_o = q\mathrm{d}t$$

式中,

$$q=\frac{\Delta p}{R}=\frac{p_i - p_o}{R}$$

因此

$$RC\frac{\mathrm{d}p_o}{\mathrm{d}t} + p_o = p_i$$

把 R、C 和 p_i 的值代入此方程式,我们得

$$2\times10^8\times1.19\times10^{-6}\frac{\mathrm{d}p_o}{\mathrm{d}t} + p_o = 2\times10^4$$

或

$$238\frac{\mathrm{d}p_o}{\mathrm{d}t} + p_o = 2\times10^4 (7.5.18)$$

我们定义

$$x(t)=p_o(t)-2\times10^4(7.5.19)$$

把式(7.5.19)代入式(7.5.18),我们得到 x 的微分方程式如下:

$$238\frac{\mathrm{d}x}{\mathrm{d}t}+x=0 \tag{7.5.20}$$

注意 $p_o(0)=0$,对于 $x(t)$ 的初始条件是

$$x(0)=p_o(0)-2\times10^4=-2\times10^4$$

假设解为指数解 $x=K\mathrm{e}^{\lambda t}$,并代入式(7.5.20),可得特征方程式为

$$238\lambda+1=0$$

由此可得

$$\lambda=-0.0042$$

因此,$x(t)$ 可以重写为

$$x(t)=K\mathrm{e}^{-0.0042t}$$

式中,K 是常数,它是由初始条件决定。

$$x(0)=K=-2\times10^4$$

因此

$$x(t)=-2\times10^4\mathrm{e}^{-0.0042t}$$

把上式代入式(7.5.19)得

$$p_o(t)=x(t)+2\times10^4=2\times10^4(1-\mathrm{e}^{-0.0042t})$$

因为系统的时间常数是 $RC=238$ s。系统在 950 s 之后,响应稳定地位于总变化的 2% 之内。

7.5.5 阀控气缸动力机构的建模

类似 6.5 节介绍的阀控液压缸动力机构,阀控气缸动力机构是气动位置伺服系统最为关键的元件。本小节以图 7.5.4 所示的三通比例流量阀控摆动气缸为例,推导其非线性数学模型及其在工作点处的线性化近似。

1. 阀控气缸结构

图 7.5.4 为一个三通比例流量阀控摆动气缸结构原理示意图。规定角位移原点在摆动气缸的左端位,顺时针旋转方向为正。用下标“1”表示与摆动气缸腔 1 有关的参数,用下标“2”表示与摆动气缸腔 2 有关的参数。摆动气缸垂直放置,由它带动负载转台旋转,控制阀采用两个三通比例流量阀,通过调节这两个比例阀开口有效面积以控制摆动气缸两腔的空气流量和压力,最终控制摆动气缸对负载的输出角位移和转速等。

为了简化系统的数学模型,做如下假设:①气体为理想气体;②气体流经阀口的流动为等熵流动;③同一容腔内气体压力和温度处处相等;④气缸的内外泄漏均可忽略不计;⑤在动作过程中,气缸腔室内气体与外界无热交换,腔室内气体的热力过程为绝热过程;⑥腔室内气体的热力过程为准平衡过程;⑦气源压力和温度恒定,且温度与环境温度相同。

2. 摆动气缸运动方程

如图 7.5.4 所示,此时气源压力气体进入摆动气缸的腔 1,气体压力作用在叶片上,通过

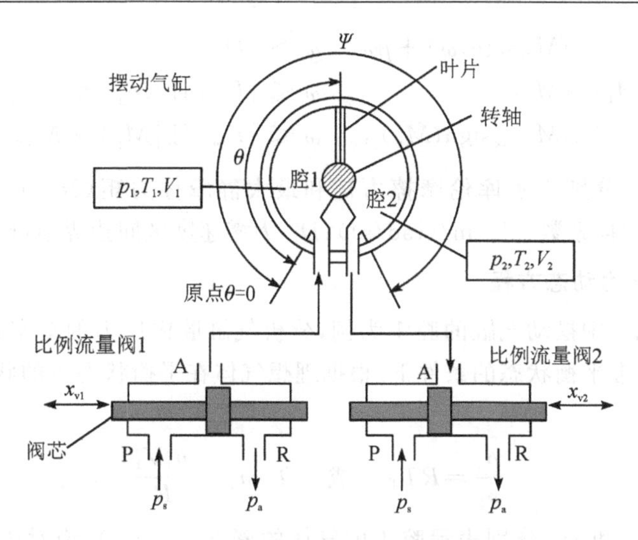

图 7.5.4　三通比例流量阀控摆动气缸结构原理示意图

转轴带动负载旋转做功，输出力矩 M_p。此外，摆动气缸还受到摩擦力矩 M_f 的作用。记摆动气缸的负载转动惯量为 J、输出角位移为 θ，应用牛顿第二定律可得摆动气缸的运动方程为

$$J\ddot{\theta}=M_p-M_f \tag{7.5.21}$$

其中，M_p 为摆动气缸两腔压力产生的驱动力矩(N·m)；M_f 为摆动气缸所受的摩擦力矩(N·m)。

$$M_p=Z(p_1-p_2) \tag{7.5.22}$$

$$Z=\frac{b(D-d)}{2}\cdot\frac{D+d}{4}=\frac{b(D^2-d^2)}{8} \tag{7.5.23}$$

式中，p_1 和 p_2 为摆动气缸腔 1 和腔 2 的绝对压力(Pa)；Z 是与摆动气缸尺寸有关的常数(m^3)；b、D 和 d 为摆动气缸的长度、缸径和轴径(m)；$b(D-d)/2$ 表示摆动气缸的叶片面积(m^2)；$(D+d)/4$ 表示摆动气缸腔室的平均半径(m)。

需要说明的是，气动执行元件的摩擦力相对驱动力通常较大，对系统性能有显著影响，因此不可忽略。由于气体的压缩性、腔内气体热力过程的多变性，以及受斯特里贝克(Stribeck)效应、滑前位移现象、滞环现象等影响，气动执行元件的摩擦力呈现复杂的非线性特性，并且很难用一个统一的模型描述所有特征。已有研究表明，气缸或摆动气缸的摩擦力与供气压力、两腔压力及压力差、运行速度等有关，并且是随时间变化的。本节从简单实用的观点出发，采用带零速度区间的静摩擦＋库伦摩擦＋黏性摩擦模型来描述气动执行元件的摩擦力。最终可得摆动气缸摩擦力矩 M_f 的模型如图 7.5.5 所示。

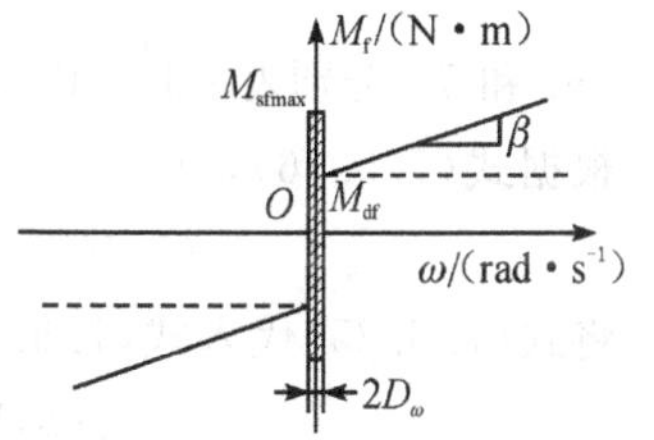

图 7.5.5　摆动气缸摩擦力矩模型

根据图 7.5.5 所示，摆动气缸摩擦力矩可以描述为

$$M_f=\begin{cases}M_{df}\mathrm{sign}(\omega)+\beta\omega, & \omega>|D_\omega| \\ M_p, & \omega\leqslant|D_\omega| \text{ 且 } |M_p|<M_{sfmax} \\ M_{sfmax}\mathrm{sign}(M_p), & \omega\leqslant|D_\omega| \text{ 且 } |M_p|\geqslant M_{sfmax}\end{cases} \tag{7.5.24}$$

式中，M_{df} 和 M_{sfmax} 分别表示库伦摩擦力矩和最大静摩擦力矩(N・m)；$\omega=\dot{\theta}$ 为角速度(rad/s)；β 为黏性摩擦系数(N・m/(rad/s))；D_ω 为零速度区间边界值(rad/s)。

3. 气缸两腔压力动态方程

首先以图 7.5.4 中摆动气缸的腔 1 为例，分析气缸腔内压力的动态过程。在假设气体为理想气体且处于准平衡状态的条件下，根据理想气体在平衡状态下的状态方程(即理想气体定律)可得

$$\frac{p_1}{\rho_1}=RT_1 \quad \text{或} \quad T_1m_1=\frac{p_1V_1}{R} \tag{7.5.25}$$

式中，ρ_1、p_1、T_1、V_1 和 m_1 分别表示腔 1 内气体的密度(kg/m³)、绝对压力(Pa)、绝对温度(K)、体积(m³)和质量(kg)；R 为气体常数(N・m/(kg・K))。

气缸两腔均为变质量系统，既有从气源向腔室充气，同时又有气体从腔室排出。根据热力学第一定律，摆动气缸腔 1 的能量方程为

$$\mathrm{d}Q_1+h_s\mathrm{d}m_{s1}=\mathrm{d}U_1+\mathrm{d}W_1+h_1\mathrm{d}m_{o1} \tag{7.5.26}$$

式中，h_s 和 h_1 分别表示从气源流进腔室 1 或从腔室 1 流出 1 kg 气体所带进或带出的能量，即气源气体或腔 1 气体的比焓(见 7.3 节)(J/kg)；$\mathrm{d}m_{s1}$ 和 $\mathrm{d}m_{o1}$ 分别表示从气源流进腔 1 或同一时间从腔 1 流出的气体质量(kg)；$\mathrm{d}U_1$、$\mathrm{d}W_1$ 和 $\mathrm{d}Q_1$ 分别表示腔 1 内气体的内能变量、所做的膨胀功和通过容器壁与外界交换的热量(J)。

首先分析摆动气缸腔 1 排气的热力过程。对于腔 1 的绝热排气过程，与外界交换的热量 $\mathrm{d}Q_1=0$，带入的气体质量 $\mathrm{d}m_{s1}=0$，从腔 1 流出的气体质量等于腔 1 气体质量的减少，即 $\mathrm{d}m_{o1}=-\mathrm{d}m_1$。那么，内能变化 $\mathrm{d}U_1$、容积变化功 $\mathrm{d}W_1$、带出的能量 $h_1\mathrm{d}m_{o1}$ 分别为

$$\begin{cases}\mathrm{d}U_1=\mathrm{d}(u_1m_1)=C_V\mathrm{d}(T_1m_1) \\ \mathrm{d}W_1=p_1\mathrm{d}V_1 \\ h_1\mathrm{d}m_{o1}=-(C_V+R)T_1\mathrm{d}m_1\end{cases} \tag{7.5.27}$$

式中，m_1 和 T_1 分别表示腔 1 内气体的质量(kg)和绝热温度(K)；C_V 为定容比热(N・m/(kg・K))。

根据式(7.5.26)，有

$$C_V\mathrm{d}(T_1m_1)+p_1\mathrm{d}V_1-(C_V+R)T_1\mathrm{d}m_1=0 \tag{7.5.28}$$

将式(7.5.25)代入式(7.5.28)的第一项，得

$$C_V\mathrm{d}\left(\frac{p_1V_1}{R}\right)+p_1\mathrm{d}V_1-(C_V+R)T_1\mathrm{d}m_1=0 \tag{7.5.29}$$

整理得

$$\frac{C_V}{R}V_1\mathrm{d}p_1+\left(\frac{C_V}{R}+1\right)p_1\mathrm{d}V_1-R\left(\frac{C_V}{R}+1\right)T_1\mathrm{d}m_1=0 \tag{7.5.30}$$

将式(7.3.8)代入式(7.5.30)，整理可得腔 1 绝热排气过程的能量方程为

$$kRT_1\mathrm{d}m_1=V_1\mathrm{d}p_1+kp_1\mathrm{d}V_1 \tag{7.5.31}$$

式中，k 表示气体的绝热指数。

再分析腔1充气的热力过程。与外界交换的热量 $dQ_1=0$，带出的气体质量 $dm_{o1}=0$，从气源流入腔1的气体质量等于腔1气体质量的增加，即 $dm_{s1}=dm_1$，内能变化 dU_1、容积变化功 dW_1、带出的能量 $h_1 dm_{o1}$ 分别为

$$\begin{cases} dU_1 = d(u_1 m_1) = C_V d(T_1 m_1) \\ dW_1 = p_1 dV_1 \\ h_s dm_{o1} = C_p T_0 dm_1 \end{cases} \tag{7.5.32}$$

式中，T_0(K)表示气源温度；C_p(N·m/(kg·K))为定压比热。

根据式(7.5.26)，有

$$C_p T_0 dm_1 = C_V d(T_1 m_1) + p_1 dV_1 \tag{7.5.33}$$

将式(7.5.25)代入式(7.5.33)，整理得

$$C_p T_0 dm_1 = \frac{C_V}{R} V_1 dp_1 + \left(\frac{C_V}{R}+1\right) p_1 dV_1 \tag{7.5.34}$$

将式(7.3.8)代入式(7.5.34)，整理可得腔1充气过程的能量方程为

$$kRT_0 dm_1 = V_1 dp_1 + kp_1 dV_1 \tag{7.5.35}$$

式中，k 表示气体的绝热指数。

由于 T_0 和 T_1 的不同，同一腔室充气和排气过程的能量方程表达式不统一。在摆动气缸位置伺服系统中，摆动气缸的任何一腔都既有充气又有放气过程。由于描述这两种过程的腔内气体能量方程不相同，使得描述摆动气缸腔内压力的动态方程比较复杂。实际上，根据实验研究结果，气缸腔内的温度变化不大，通常在±15 ℃范围内。为了简化模型，认为气缸腔内气体温度为常数，且与环境温度、气源温度相同，用 T_0 表示。这样，腔1气体充气过程和排气过程的能量方程统一由式(7.5.35)表示。

由式(7.5.35)得到摆动气缸腔1的质量流量方程为

$$q_{m_1} = \frac{dm_1}{dt} = \frac{V_1}{kRT_0}\cdot\frac{dp_1}{dt} + \frac{p_1}{RT_0}\cdot\frac{dV_1}{dt} \tag{7.5.36}$$

式中，q_{m_1}(kg/s)为流入或流出腔1气体的质量流量。

同理可得摆动气缸腔2的质量流量方程为

$$q_{m_2} = \frac{dm_2}{dt} = \frac{V_2}{kRT_0}\cdot\frac{dp_2}{dt} + \frac{p_2}{RT_0}\cdot\frac{dV_2}{dt} \tag{7.5.37}$$

式中，q_{m_2} 为流入或流出腔2气体的质量流量(kg/s)；p_2、V_2 和 m_2 分别为腔2内气体的绝对压力(Pa)、容积(m^3)和质量(kg)。

由摆动气缸两腔质量流量方程式(7.5.36)和式(7.5.37)，可得两腔气体的压力动态方程为

$$\begin{cases} \dfrac{dp_1}{dt} = \dfrac{kRT_0}{V_1} q_{m_1} - \dfrac{kp_1}{V_1}\cdot\dfrac{dV_1}{dt} \\ \dfrac{dp_2}{dt} = \dfrac{kRT_0}{V_2} q_{m_2} - \dfrac{kp_2}{V_2}\cdot\dfrac{dV_2}{dt} \end{cases} \tag{7.5.38}$$

在图7.5.4所示的坐标下，两腔容积可表示为

$$\begin{cases}V_1=V_{10}+Z\theta=Z(\theta_{10}+\theta)\\ V_2=V_{20}+Z(\Psi-\theta)=Z(\theta_{20}+\Psi-\theta)\end{cases} \tag{7.5.39}$$

式中，Z 是由式(7.5.23)给出的与摆动气缸尺寸有关的常数(m^3)；θ 为摆动气缸的输出角位移(rad)。

将式(7.5.39)代入式(7.5.38)，得

$$\begin{cases}\dfrac{dp_1}{dt}=\dfrac{kRT_0}{Z(\theta_{10}+\theta)}q_{m_1}-\dfrac{kp_1}{\theta_{10}+\theta}\cdot\dfrac{d\theta}{dt}\\ \dfrac{dp_2}{dt}=\dfrac{kRT_0}{Z(\theta_{20}+\Psi-\theta)}q_{m_2}+\dfrac{kp_2}{\theta_{20}+\Psi-\theta}\cdot\dfrac{d\theta}{dt}\end{cases} \tag{7.5.40}$$

式中，V_{10} 和 V_{20} 表示摆动气缸两腔起始容积(m^3)，等于容腔死区体积与腔体至比例阀间连接管道容积之和；θ_{10} 和 θ_{20} 表示两腔余隙角(rad)，为起始容积的等效转角；Ψ 表示摆动气缸最大摆动角度(rad)；T_0 表示环境温度(K)。

4. 比例流量阀模型

1) 比例流量阀的工作原理

假设图 7.5.4 中所采用的两个三通比例流量控制阀均为电磁铁型直动式电气比例流量阀，其结构如图 7.5.6 所示，由比例电磁铁和一个二位三通圆柱滑阀组成。工作原理为：比例电磁铁的电磁线圈中无电流时，在弹簧力作用下，阀芯处于左端，P→A 口封闭，A→R 口全通，图 7.5.6 中比例流量阀即处于该状态；当电磁线圈中的电流产生的电磁力足以克服摩擦力及弹簧预紧力时，铁芯便运动并推动阀芯运动，同时弹簧压缩，直到电磁力和弹簧力相平衡时，滑阀阀芯停在某一位置不动，阀开口面积成定值。

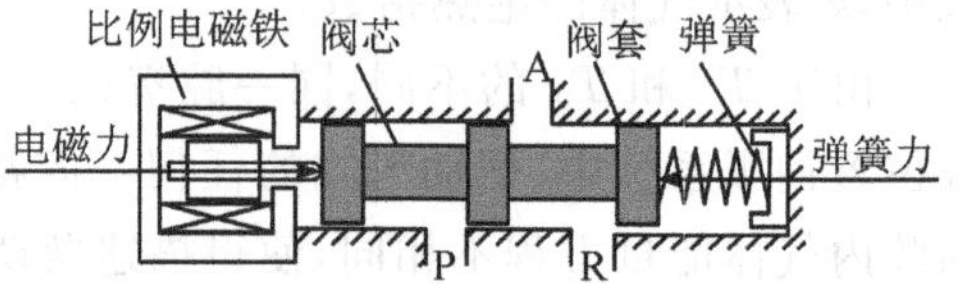

图 7.5.6 三通比例流量阀 VEF3121 结构原理图

由于比例电磁铁的电磁力与输入电流大小成比例关系，因此比例阀的阀芯位移与输入电流大小成比例关系，即比例阀几何开口面积 A 由输入电流 i 的大小来调节和确定，从而控制气体流量的大小。由于比例流量阀的输入电流 i 与输入电压 u 成正比，故实际中通常将输入电压 u 作为其控制量。

如果对这两个比例阀分别进行控制，则系统为双输入单输出系统，控制比较复杂。为了控制方便，采用如下控制方式：

$$u_1=u_{01}+u \quad 且 \quad u_2=u_{02}-u \tag{7.5.41}$$

式中，u_{01} 和 u_{02} 分别为两个比例流量阀处于零位时的控制电压；u_1 和 u_2 表示两个比例流量阀的控制电压；u 为控制器输出的控制量。这样，两个比例阀由一个控制量 u 来控制，系统变为单输入单输出系统。在该控制方式下，两个比例流量阀如果其中一个阀的进气口开启，则另一个阀的排气口开启，且二者的通口几何截面积相等，均可记为 A。

2) 比例阀开口几何面积 A 与阀芯位移 x_v 的关系

假设图 7.5.4 中的比例阀为零开口三通比例流量阀，在阀芯处于零位时，理论上 A 口应该完全封闭。但由于加工精度及倒角的存在，在零位附近阀的特性与正开口阀相似。因此，

阀芯与阀套相对位置可用如图7.5.7所示的三种状态表示：ⓐP→A口和A→R口都通；ⓑP→A口封闭，A→R口通；ⓒP→A口通，A→R口封闭。图7.5.7中，阀套上的圆形通口A的直径为$2r$，阀芯上的台肩宽度为$2a$，a略小于r。

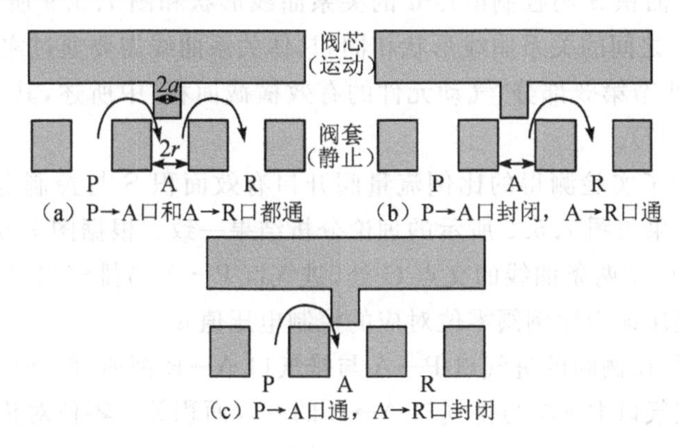

图7.5.7　比例流量阀阀芯与阀套相对位置示意图

图7.5.8为比例流量阀通口A与阀芯台肩之间的相对位置示意图。x_v表示阀芯相对于阀套的位移，图中的O点为坐标原点。

根据图7.5.8和图7.5.7，P→A口和A→R口的几何面积A_{PA}、A_{AR}可表示为

$$A_{PA}=\begin{cases}0, & x_v\leqslant -r+a\\ 2r^2\arctan\left(\sqrt{\dfrac{r-a+x_v}{r+a-x_v}}\right)-(a-x_v)\sqrt{r^2-(a-x_v)^2}, & -r+a<x_v<r+a\\ \pi r^2, & x_v\geqslant r+a\end{cases}\tag{7.5.42}$$

$$A_{AR}=\begin{cases}\pi r^2, & x_v\leqslant -a-r\\ 2r^2\arctan\left(\sqrt{\dfrac{r-a-x_v}{r+a+x_v}}\right)-(a+x_v)\sqrt{r^2-(a+x_v)^2}, & -r-a<x_v<r-a\\ 0, & x_v\geqslant r-a\end{cases}\tag{7.5.43}$$

根据式(7.5.42)和式(7.5.43)，可得比例流量阀的开口几何面积A与阀芯位移x_v之间的关系曲线示意图，如图7.5.9所示。

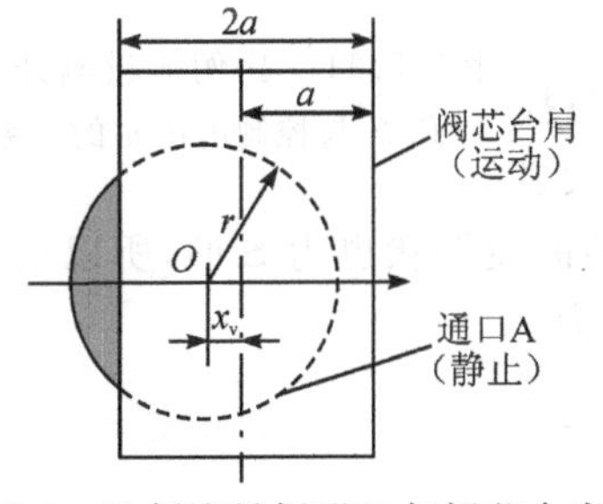

图7.5.8　比例流量阀通口与阀芯台肩相对位置示意图

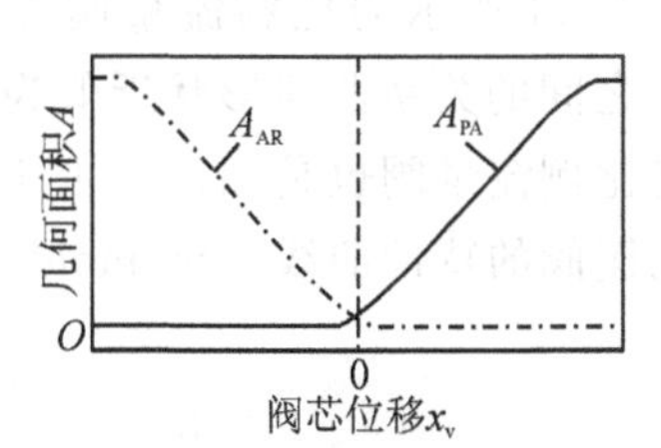

图7.5.9　比例流量阀开口几何面积与阀芯位移关系曲线示意图

3）比例阀开口有效面积 S 与控制电压 u 的关系

由于阀芯位移 x_v 与控制电压 u 为线性关系，阀开口有效面积 S 与其几何面积 A 成正比，因此阀开口有效面积 S 与控制电压 u 的关系曲线形状和图 7.5.9 所示的阀几何开口面积 A 与阀芯位移 x_v 之间的关系曲线形状相同，具体关系曲线需要通过实验测试绘制。实验方法可参见 7.4.4 小节第 3 部分“气动元件的有效横截面积”中所述，其中有效面积 S 的计算公式采用式(7.4.47)。

图 7.5.10 展示了实验测得的比例流量阀开口有效面积 S 与控制电压 u 的关系曲线。可以看出，该测试结果与图 7.5.9 所示的理论分析结果一致。根据图 7.5.10 可以得出：

(1)图 7.5.10(b)中两条曲线的交点 O 处，进气口 P→A 与排气口 A→R 的有效面积相等，O 对应的控制电压即为比例阀零位对应的控制电压值 u_0；

(2)在零位附近，比例阀的进气口 P→A 与排气口 A→R 都通，但开口有效面积很小；

(3)比例阀的进气口 P→A 与排气口 A→R 的有效面积关于零位对称。

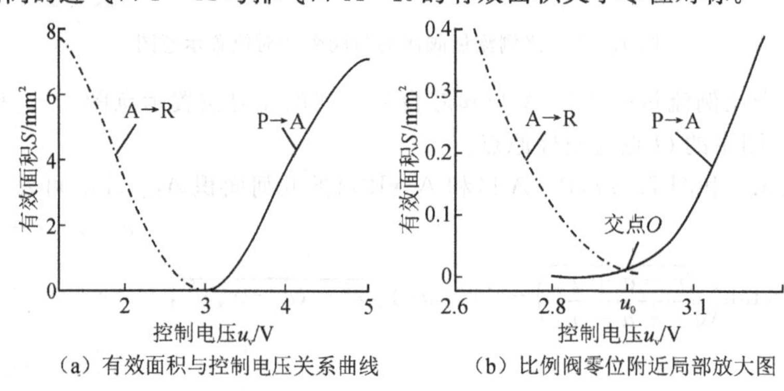

(a) 有效面积与控制电压关系曲线　　(b) 比例阀零位附近局部放大图

图 7.5.10　比例流量阀开口有效面积与控制电压关系实测曲线

由图 7.5.10 最终可得图 7.5.4 中两个比例阀四个通口的有效面积 S_{1PA}、S_{1AR}、S_{2PA} 及 S_{2AR} 与控制电压 u 的关系曲线如图 7.5.11 所示。

由图 7.5.11 可以看出，比例流量阀开口有效面积与控制电压为非线性关系。在控制电压 $|u|<1.13$ V 的范围内，$S_{1PA}\approx S_{2AR}$、$S_{2PA}\approx S_{1AR}$。在比例流量阀控制的摆动气缸位置伺服系统中，为了便于控制，希望在同一控制电压下，两个阀的开口有效面积相等。因此，研究中使比例阀工作在 $|u|<1.13$ V 的范围内。

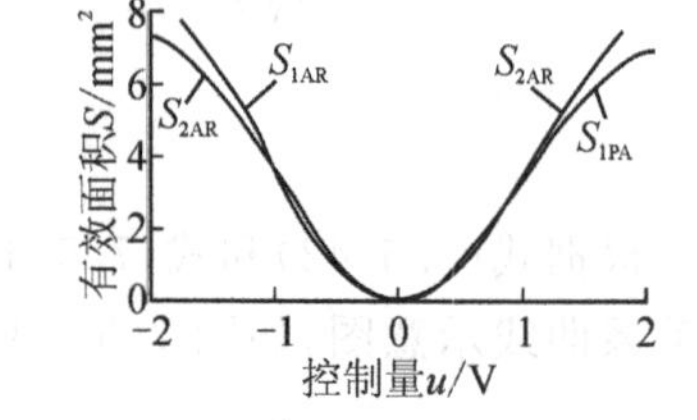

图7.5.11　比例流量阀开口有效面积 S 与控制电压 u 的关系曲线

图 7.5.11 所示的比例流量阀开口有效面积 S 与控制电压 u 之间的关系曲线形状近似为 S 形，实际上绝大多数的电气比例流量阀也是如此。由于 Sigmoid 函数的曲线形状也为 S 形，所以通常采用它来拟合比例阀的特性曲线。Sigmoid 函数的一般形式为

$$f(x)=\frac{b}{1+\mathrm{e}^{-a(x-c)}} \tag{7.5.44}$$

式中，通过调节 a、b、c 3 个参数即可拟合不同的比例阀特性。对于图 7.5.11 所示的比例阀特性曲线，各开口有效面积的 Sigmoid 函数拟合表达式为

$$S_{1PA}(u)=S_{2AR}(u)=\frac{8}{1+e^{-6.8u+4.5}},\quad S_{1AR}(u)=S_{2PA}(u)=\frac{8}{1+e^{6.8u+4.5}} \tag{7.5.45}$$

需要注意的是,式(7.5.45)为比例流量阀开口有效面积 S 与控制电压 u(输入电压)之间的非线性静态关系。但在系统动态特性分析和控制策略研究时,需要由二者的静态关系得到动态特性。系统静态特性和动态特性的区别在于:前者是指在稳定状态或平衡状态下系统输入信号和输出信号的关系;后者是指在状态变动的过渡过程中系统输入信号和输出信号的关系。

通常电-气比例流量阀的动态特性可用二阶线性振荡环节近似表示为

$$\frac{d^2S}{dt^2}+2\xi\omega_n\frac{dS}{dt}+\omega_n^2S=k_u\omega_n^2u$$

其对应的拉普拉斯变换为

$$\frac{S(s)}{U(s)}=\frac{k_u\omega_n^2}{s^2+2\xi\omega_n s+\omega_n^2} \tag{7.5.46}$$

式中,u 为输入指令电压信号(V);k_u 为阀开口有效面积 S 对指令电压 u 的增益(m^2/V);ω_n 为阀的固有频率(rad/s);ξ 为阀的阻尼比。

由于气动系统固有频率低,当比例流量阀的频率 ω_n 远大于气动系统固有频率时,可以将阀开口有效面积 S 进一步近似为输入电压 u 的比例函数:

$$S=S(u)=k_uu \tag{7.5.47}$$

5. 气缸两腔质量流量方程

在图 7.5.4 中,摆动气缸两腔流量由两个比例流量阀来控制,首先分析气体通过阀口的质量流量。计算气体流量时,各种阀类元件可看作是与流通阀截面面积扩大段相间的串联的,以任意形式收缩的一串喷嘴(或节流孔口)群。下面首先讨论气体通过单个收缩喷嘴或节流小孔的流动问题。

通过 7.4 节,我们已知气体经过喷嘴时具有声速流动和亚声速流动两种流态。设喷嘴的上游绝对压力为 p_u 且保持恒定,下游绝对压力为 p_d,令

$$\sigma=\frac{p_d}{p_u} \tag{7.5.48}$$

表示气体的下游和上游压力比。

7.4.4 小节已给出:空气的临界压力比为 $\sigma^*=0.528$。当 $\sigma^*<\sigma\leqslant 1$ 时,通过阀口的空气流动状态为亚声速流动,通过阀口的空气质量流量不仅取决于阀口结构、开度,而且还取决于阀口的上下游压力比。当 $\sigma<\sigma^*$ 时,空气通过阀口的质量流量达到最大值,即空气以声速流动,此时下游压力的降低不会使质量流量有所增加,出现所谓的"壅塞"现象。通过阀口的空气质量流量仅与阀口的结构、开度有关。

设喷嘴的几何面积为 A,有效面积为 $S=cA$,c 为流量系数,上游绝对温度为 T_u。假设气体为理想气体,喷嘴中的流动为绝热(等熵)流动,那么通过喷嘴的气体质量流量 q_m 的计算公式由式(7.4.19)、式(7.4.23)和式(7.4.33)给出。此处利用压力比 $\sigma=p_d/p_u$ 将这 3 个公式重新整理为如下形式:

$$q_m=q_m^*\omega_n(\sigma,\sigma^*) \tag{7.5.49}$$

$$q_{\mathrm{m}}^{*}=Sp_{\mathrm{u}}\sqrt{\frac{k}{RT_{\mathrm{u}}}\left(\frac{2}{k+1}\right)^{\frac{k+1}{k-1}}} \tag{7.5.50}$$

$$\omega_{\mathrm{n}}(\sigma,\sigma^{*})=\begin{cases}1, & \sigma\leqslant\sigma^{*}\\ \sqrt{\frac{2}{k-1}\left(\frac{k+1}{2}\right)^{\frac{k+1}{k-1}}\left(\sigma^{\frac{2}{k}}-\sigma^{\frac{k+1}{k}}\right)}, & \sigma^{*}<\sigma\leqslant1\end{cases} \tag{7.5.51}$$

$$\sigma^{*}=\left(\frac{2}{k+1}\right)^{\frac{k}{k-1}} \tag{7.5.52}$$

式中,σ^* 表示临界压力比;q_{m}^* 表示流经喷嘴的气体最大质量流量(壅塞流量)(kg/s);q_{m} 表示流经喷嘴的气体质量流量(kg/s)。对于空气,$k=1.40$,临界压力比为 $\sigma^*=0.528$。

已有研究指出,对于工程实际中的气动元件,式(7.5.51)所示的 $\omega_{\mathrm{n}}(\sigma)$ 函数可用 1/4 椭圆方程近似,即

$$\omega_{\mathrm{n}}(\sigma,\sigma^{*})\approx\varphi(\sigma,\sigma^{*})=\begin{cases}1, & \sigma\leqslant\sigma^{*}\\ \sqrt{1-\left(\frac{\sigma-\sigma^{*}}{1-\sigma^{*}}\right)^{2}}, & \sigma^{*}<\sigma\leqslant1\end{cases} \tag{7.5.53}$$

综合式(7.5.49)~式(7.5.53),可以看出通过阀口的质量流量与上下游压力、阀口有效面积、上游温度、阀的结构等有关。设上游温度保持为环境温度 T_0,阀口有效面为 S,采用 1/4 椭圆近似流量公式,气体通过阀口的质量流量为

$$q_{\mathrm{m}}=S\varphi(p_{\mathrm{u}},p_{\mathrm{d}}) \tag{7.5.54}$$

其中,

$$\varphi(p_{\mathrm{u}},p_{\mathrm{d}})=\begin{cases}p_{\mathrm{u}}\sqrt{\frac{k}{RT_{0}}\left(\frac{2}{k+1}\right)^{\frac{k+1}{k-1}}}, & p_{\mathrm{d}}/p_{\mathrm{u}}\leqslant\sigma^{*}\\ p_{\mathrm{u}}\sqrt{\frac{k}{RT_{0}}\left(\frac{2}{k+1}\right)^{\frac{k+1}{k-1}}}\sqrt{1-\left(\frac{p_{\mathrm{d}}/p_{\mathrm{u}}-\sigma^{*}}{1-\sigma^{*}}\right)^{2}}, & p_{\mathrm{d}}/p_{\mathrm{u}}>\sigma^{*}\end{cases} \tag{7.5.55}$$

在比例流量阀控制的气缸系统中,气缸两腔处于进气状态还是排气状态,由比例流量阀的开口决定。为了统一表达,充气流量用正数表示,排气流量用负数表示。对于图 7.5.4 所示的三通比例流量阀控摆动气缸系统,在假设气缸腔内气体温度为常数,且与环境温度、气源温度相同的条件下,采用阀口流量计算公式(7.5.54)计算,根据前述比例流量阀开口有效面积 S 的分析结果,可将摆动气缸两腔的质量流量 q_{m_1} 和 q_{m_2} 表示为

$$\begin{cases}q_{\mathrm{m}_1}=\varphi(p_1,p_{\mathrm{s}})S_{\mathrm{1PA}}-\varphi(p_{\mathrm{a}},p_1)S_{\mathrm{1AR}}\\ q_{\mathrm{m}_2}=\varphi(p_2,p_{\mathrm{s}})S_{\mathrm{2PA}}-\varphi(p_{\mathrm{a}},p_2)S_{\mathrm{2AR}}\end{cases} \tag{7.5.56}$$

式中,S_{1PA} 和 S_{2PA} 为比例流量阀 1 和阀 2 的进气口 P→A 的有效面积(m^2);S_{1AR} 和 S_{2AR} 为比例流量阀 1 和阀 2 的排气口 A→R 的有效面积(m^2);p_{s} 和 p_{a} 为气源供气绝对压力和大气压力(Pa)。

6. 阀控气缸动力系统数学模型

式(7.5.21)、式(7.5.24)、式(7.5.49)、式(7.5.55)和式(7.5.56)描述了比例流量阀控摆动气缸动力机构的动态特性,它可用如下的微分方程组描述:

$$\begin{cases}\ddot{\theta}=[Z(p_1-p_2)-\beta\dot{\theta}-M_f]/J \\ \dot{p}_1=\dfrac{kRT_0}{Z(\theta_{10}+\theta)}[S_{1PA}(u)\varphi(p_1,p_s)-S_{1AR}(u)\varphi(p_a,p_1)]-\dfrac{kp_1}{\theta_{10}+\theta}\dot{\theta} \\ \dot{p}_2=\dfrac{kRT_0}{Z(\theta_{20}+\psi-\theta)}[S_{2PA}(u)\varphi(p_2,p_s)-S_{2AR}(u)\varphi(p_a,p_2)]+\dfrac{kp_2}{\theta_{20}+\psi-\theta}\dot{\theta}\end{cases} \tag{7.5.57}$$

式(7.5.57)即为比例流量阀控摆动气缸的非线性微分方程组模型。在该微分方程组模型中，通常以比例流量阀的控制电压(输入电压)u 作为系统输入。而根据应用需求，摆动气缸的角位移 θ、角速度 $\dot{\theta}$、两腔压力 p_1 和 p_2 均可作为系统输出。例如，对于气动位置伺服系统，就以摆动气缸的角位移 θ 作为系统输出；而对于气动速度伺服系统，则以摆动气缸的角速度 $\dot{\theta}$ 作为系统的最终输出。

由式(7.5.57)可知，由于摩擦力矩 M_f 的非线性，比例流量阀有效截面与控制量的非线性，流量计算公式的非线性，空气的压缩性等因素的影响，比例流量阀控摆动气缸系统是一个强非线性系统。

为了分析系统的稳态特性，需要确定系统的线性化模型，工作点线性化是常用的非线性系统线性化方法。下面以比例流量阀控制摆动气缸为例，介绍工作点线性化模型的推导过程。

设平衡工作点为：$\theta=\theta_0$、$\dot{\theta}=0$、$p_1=p_2=p_0$、$u=0$。由比例流量阀的压力特性可知，p_0 介于大气压力 p_a 与气源供气压力 p_s 之间。

在对系统模型线性化之前，先分析系统在工作点的一些特征参数值。由比例流量阀开口有效面积与控制电压的关系曲线图 7.5.11 可知，在平衡工作点，有

$$\begin{cases}S_{1PA}=S_{1AR}=S_{2PA}=S_{2AR}=S_0\neq 0 \\ \dfrac{dS_{1PA}}{du}=-\dfrac{dS_{1AR}}{du}=-\dfrac{dS_{2PA}}{du}=\dfrac{dS_{2AR}}{du}=S_{d0}\neq 0\end{cases} \tag{7.5.58}$$

且在稳态工作点，摆动气缸两腔流量为零，即

$$\begin{cases}\varphi(p_1,p_s)S_{1PA}-\varphi(p_a,p_1)S_{1AR}=0 \\ \varphi(p_2,p_s)S_{2PA}-\varphi(p_a,p_2)S_{2AR}=0\end{cases} \tag{7.5.59}$$

式中，S_0、S_{d0} 为常数。

由式(7.5.58)和式(7.5.59)可得

$$\varphi(p_0,p_s)=\varphi(p_a,p_0)\neq 0 \tag{7.5.60}$$

由式(7.5.57)可知，压力微分方程可表示为

$$\begin{cases}\dfrac{dp_1}{dt}=f_1(\theta,\dot{\theta},p_1,u) \\ \dfrac{dp_2}{dt}=f_2(\theta,\dot{\theta},p_2,u)\end{cases} \tag{7.5.61}$$

将式(7.5.61)在平衡工作点附近线性化，并以平衡工作点为原点，得

$$\begin{cases}\dfrac{\mathrm{d}p_1}{\mathrm{d}t}=k_{\theta_1}\theta+k_{\omega_1}\dot{\theta}-k_{p_1}p_1+k_{u_1}u\\ \dfrac{\mathrm{d}p_2}{\mathrm{d}t}=k_{\theta_2}\theta+k_{\omega_2}\dot{\theta}-k_{p_2}p_2+k_{u_2}u\end{cases}\tag{7.5.62}$$

式中，

$$k_{\theta_1}=\frac{\partial f_1}{\partial\theta}\bigg|_0=0$$

$$k_{\omega_1}=\frac{\partial f_1}{\partial\dot{\theta}}\bigg|_0=-\frac{kp_0}{\theta_{10}+\theta_0}$$

$$k_{p_1}=-\frac{\partial f_1}{\partial p_1}\bigg|_0=-\frac{kRT_0S_0}{Z(\theta_{10}+\theta_0)}\left[\frac{\mathrm{d}\varphi(p_1,p_s)}{\mathrm{d}p_1}-\frac{\mathrm{d}\varphi(p_a,p_1)}{\mathrm{d}p_1}\right]\bigg|_0=\frac{g_1}{(\theta_{10}+\theta_0)}$$

$$k_{u_1}=\frac{\partial f_1}{\partial u}\bigg|_0=\frac{2kRT_0S_{d0}}{Z(\theta_{10}+\theta_0)}\varphi(p_0,p_s)=\frac{g_2}{(\theta_{10}+\theta_0)}$$

$$k_{\theta_2}=\frac{\partial f_2}{\partial\theta}\bigg|_0=0$$

$$k_{\omega_2}=\frac{\partial f_2}{\partial\dot{\theta}}\bigg|_0=\frac{kp_0}{\theta_{20}+\psi-\theta_0}$$

$$k_{p_2}=-\frac{\partial f_2}{\partial p_2}\bigg|_0=-\frac{kRT_0S_0}{Z(\theta_{20}+\psi-\theta_0)}\left[\frac{\mathrm{d}\varphi(p_2,p_s)}{\mathrm{d}p_2}-\frac{\mathrm{d}\varphi(p_a,p_2)}{\mathrm{d}p_2}\right]\bigg|_0=\frac{g_1}{(\theta_{20}+\psi-\theta_0)}$$

$$k_{u_2}=\frac{\partial f_2}{\partial u}\bigg|_0=-\frac{2kRT_0S_{d0}}{Z(\theta_{20}+\psi-\theta_0)}\varphi(p_0,p_s)=-\frac{g_2}{(\theta_{20}+\psi-\theta_0)}$$

其中，

$$g_1=\frac{kRT_0S_0}{Z}\left[\frac{\mathrm{d}\varphi(p_a,p)}{\mathrm{d}p}-\frac{\mathrm{d}\varphi(p,p_s)}{\mathrm{d}p}\right]\bigg|_{p=p_0}$$

$$g_2=\frac{2kRT_0S_{d0}}{Z}\varphi(p_0,p_s)\neq 0$$

将式(7.5.62)与式(7.5.21)所示的气缸运动方程联合，即为电-气比例流量阀控气缸在平衡工作点的线性化微分方程组模型。下面我们基于此线性化微分方程组模型，推导电-气比例流量阀控气缸的传递函数模型，其中以摆动气缸的角位移 θ 作为系统输出，分别以比例流量阀的控制电压(输入电压)u 和摩擦力矩干扰 M_f 作为系统输入。

首先联立式(7.5.62)与式(7.5.21)，经拉普拉斯变换可得控制量 u 到系统输出 θ 的传递函数为

$$G(s)=\frac{\Theta(s)}{U(s)}=\frac{Z[k_{u_1}(s+k_{p_2})-k_{u_2}(s+k_{p_1})]}{s[(Js+\beta)(s+k_{p_1})(s+k_{p_2})-Zk_{\omega_1}(s+k_{p_2})+Zk_{\omega_2}(s+k_{p_1})]}\tag{7.5.63}$$

式中，β 为黏性摩擦系数($\mathrm{N\cdot m/(rad/s)}$)；$Z$ 是与摆动气缸尺寸有关的常数($\mathrm{m^3}$)；J 为摆动气缸的负载转动惯量($\mathrm{kg\cdot m^2}$)。

将各参数代入式(7.5.63)并化简得

$$G(s)=\frac{k_0(s+b_1)}{s(s^3+a_1s^2+a_2s+a_3)} \tag{7.5.64}$$

式中，

$$a_1=\frac{Jk_{p_1}+Jk_{p_2}+\beta}{J}=\frac{g_1(\theta_{10}+\theta_{20}+\psi)}{(\theta_{10}+\theta_0)(\theta_{20}+\psi-\theta_0)}+\frac{\beta}{J} \tag{7.5.65}$$

$$\begin{aligned}a_2&=\frac{Jk_{p_1}k_{p_2}+\beta(k_{p1}+k_{p_2})+Z(k_{\omega_2}-k_{\omega_1})}{J}\\&=\frac{g_1^2+g_1\beta(\theta_{10}+\theta_{20}+\Psi)/J+Zkp_0(\theta_{10}+\theta_{20}+\Psi)/J}{(\theta_{10}+\theta_0)(\theta_{20}+\Psi-\theta_0)}\end{aligned} \tag{7.5.66}$$

$$a_3=\frac{\beta k_{p_1}k_{p_2}+Z(k_{\omega_2}k_{p_1}-k_{\omega_1}k_{p_2})}{J}=\frac{\beta g_1^2+2Zkp_0g_1}{J(\theta_{10}+\theta_0)(\theta_{20}+\Psi-\theta_0)} \tag{7.5.67}$$

$$b_1=\frac{k_{p_2}k_{u_1}-k_{p_1}k_{u_2}}{k_{u_1}-k_{u_2}}=\frac{g_1}{(\theta_{10}+\theta_{20}+\Psi)} \tag{7.5.68}$$

$$k_0=\frac{Z(k_{u_1}-k_{u_2})}{J}=\frac{Zg_2(\theta_{10}+\theta_{20}+\Psi)}{J(\theta_{10}+\theta_0)(\theta_{20}+\Psi-\theta_0)} \tag{7.5.69}$$

由式(7.5.65)到式(7.5.69)可知，传递函数中各系数与负载转动惯量 J 及工作点位置 θ_0 有关，即系统特性与负载转动惯量及工作点位置有关。进一步观察可以看出，各系数与 θ_0 的函数 $1/[(\theta_{10}+\theta_0)(\theta_{20}+\Psi-\theta_0)]$ 的值有关。只要 $1/[(\theta_{10}+\theta_0)(\theta_{20}+\Psi-\theta_0)]$ 的值相同，各系数值就保持不变。而当 $\theta_{10}=\theta_{20}$ 时，函数 $1/[(\theta_{10}+\theta_0)(\theta_{20}+\Psi-\theta_0)]$ 关于中位 $\Psi/2$ 对称。

摩擦力矩干扰 M_f 到系统输出 θ 的传递函数为

$$G_N(s)=-\frac{\Theta(s)}{M_f(s)}=\frac{(s+k_{p_1})(s+k_{p_2})}{Js(s^3+a_1s^2+a_2s+a_3)} \tag{7.5.70}$$

最终可得电-气比例流量阀控气缸的传递函数模型简图如图 7.5.12 所示，其中 $G(s)$ 为控制压力 u 到系统输出 θ 的传递函数，由式(7.5.64)给出；$G_N(s)$ 为摩擦力矩干扰 $M_f(s)$ 到系统输出 θ 的传递函数，由式(7.5.70)给出。将式(7.5.64)和式(7.5.70)代入图 7.5.12 中并进行转换，最终可得电-气比例流量阀控气缸的传递函数图如图 7.5.13 所示。

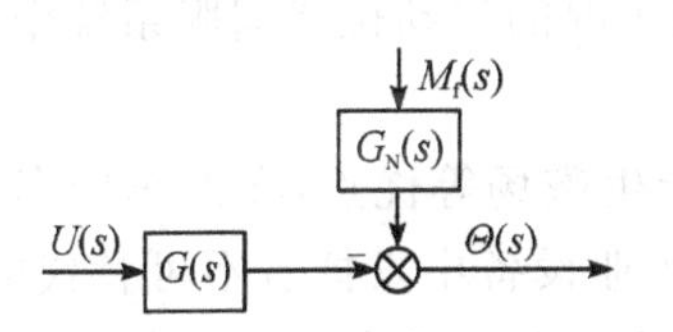

图 7.5.12 电-气比例流量阀控气缸传递函数模型简图

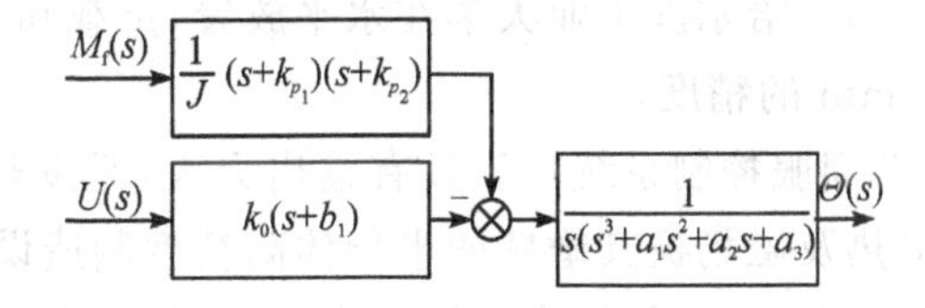

图 7.5.13 电-气比例流量阀控气缸传递函数的转换图

需要注意电-气比例流量阀控气缸和 6.5 节的阀控液压缸模型间的区别，前者为四阶模型，后者为三阶模型。

7.6 气动系统应用实例

本节以工业生产中已广泛应用的气动伺服系统为例来介绍气动系统在实际生产和日常生活中的应用。7.6.1小节首先介绍气动伺服系统的发展及其与先进控制理论相结合的研究现状;随后,7.6.2小节介绍气动伺服系统的组成、分类和特点;最后,7.6.3小节以气动喷涂机器人为例,介绍气动伺服系统在串联式气动机器手建模及其轨迹控制中的应用。

7.6.1 气动伺服系统的发展

气动伺服系统的研究始于20世纪50年代后期,当时美国的谢拉尔(Sherarer)等人首次利用航天飞行器、导弹推进器所排出的高温、高压气体(20～30 MPa,500 ℃)作为工作介质,开发了气动伺服控制系统,并成功应用于航天飞行器及导弹的姿态和飞行稳定控制。但是,在一般的工业应用中,气动系统的工作压力较低(低于1 MPa)。这样,气动伺服系统明显地暴露出固有频率低、阻尼小、严重非线性及刚度差的缺点,采用传统的古典控制方法和模拟调节器很难达到理想的控制效果。因此,气压伺服系统的研究和应用受到了很大的限制。由于建立模型困难和缺乏有力的分析工具,早期的研究工作基本上借用液压伺服系统的研究成果,将系统视为一个三阶系统,并在此基础上进行系统分析与综合,研究工作基本没有进展。

计算机技术、微电子技术及控制理论的发展为气动伺服系统带来了新的生机。20世纪70年代后期,随着微电子技术的迅速发展,各种性能优良的电-气控制元件不断被推出,国外著名的气动元件公司,如德国的FESTO、BOSCH,日本的SMC、小金井等公司均研制成功了电-气伺服阀、电-气比例阀和高速开关阀等性能良好的气动控制元件。

在改善控制元件性能的同时,研究者试图从控制策略上来解决气动伺服系统的控制问题。从20世纪80年代初期开始,特别是近十几年来,各国学者积极开展这方面的研究工作,改进PID控制、状态反馈控制、自适应控制、最优控制、鲁棒控制、滑模变结构控制、智能控制等各种控制理论都在气动伺服系统中进行了应用研究,取得了一定的成果。

目前市场上可得到的气动伺服控制器有FESTO公司的CPX-CMAX,其定位精度达±0.2 mm或者±0.2 ℃。英国利物浦大学开发的用于食品包装的气压位置控制系统精度达±1 mm。哈尔滨工业大学在水平放置、重载和大摩擦工况的气动位置伺服系统中获得了±0.02 mm的精度。

气动伺服控制系统由于具有输出力大、无发热、不产生磁场等优点,在汽车的车身点焊设备、对热及磁场极其敏感的半导体高精度制造设备等工业设备中发挥着不可替代的作用。例如,如图7.6.1所示,在国际光刻机巨头ASML公司的核心技术之一——芯片光刻对准系统中,就采用了全气动轴承设计专利技术,有效避免了轴承机械摩擦所带来的工艺误差。另外,高速列车的气压减震系统、承载精密光学设备的空气弹簧式主动隔振台等也应用了气动伺服控制系统。由于不需要传动机构,气动伺服控制系统在需要直线运动的机械设备和自动化生产线中广泛被应用,如装配生产线、材料装卸和搬运机械手、材料加工机械、包装机械、机床设备等。近些年,由于重量轻、低成本、检测气缸两腔压力可推定外力等特点,气动伺服控制系统开始被尝试研究应用于机器人手臂、灵巧手、远程手术主从操作系统等。图

7.6.2 所示为 NeuroArm 手术机器人系统的应用，它的手术机器臂采用气动伺服系统控制。该机器人可将主刀医生的动作精准同步到机器臂上，没有丝毫延时，并主动过滤人手不自觉的颤抖。此外，相比电机驱动的手术机器人，气动手术机器人具有磁共振兼容性好、功率-质量比大、清洁、结构简单、易维护等优点。

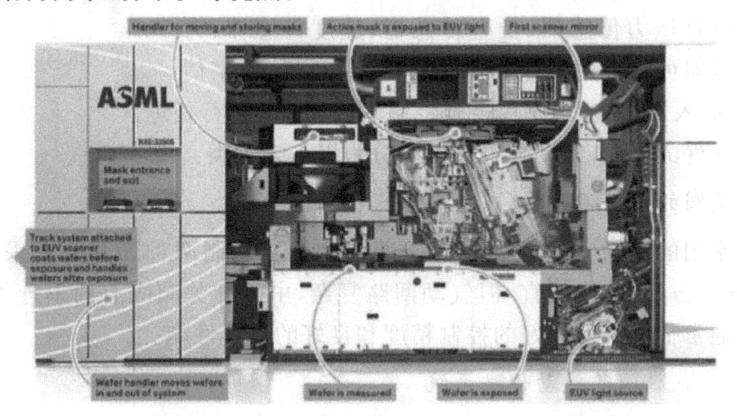

图 7.6.1　ASML 光刻机，其中对准系统和主动隔振台均采用气动伺服系统

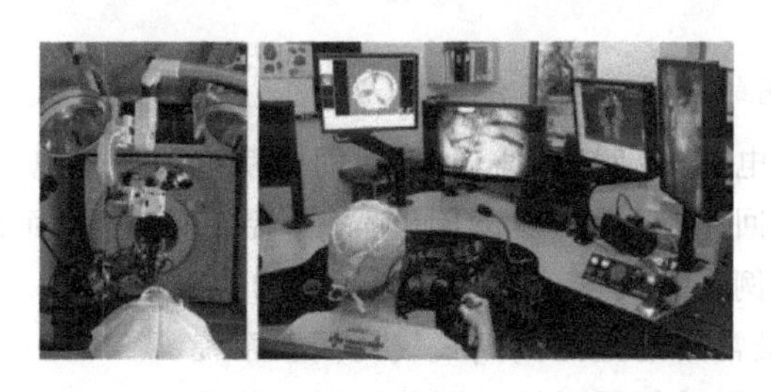

图 7.6.2　医生通过 NeuroArm 气动手术机器人系统在核磁共振成像环境下进行脑部穿刺

7.6.2　气动伺服系统的组成、分类和特点

气动伺服系统的组成如图 7.6.3 所示。气动伺服系统主要由控制器、气动控制阀、气动执行元件、传感器等组成。控制器根据给定输入与系统输出，按照一定的控制策略计算得出控制阀的输入信号，由气动控制阀控制气动执行元件的流量和压力，从而控制其运行速度、位置、输出力等。

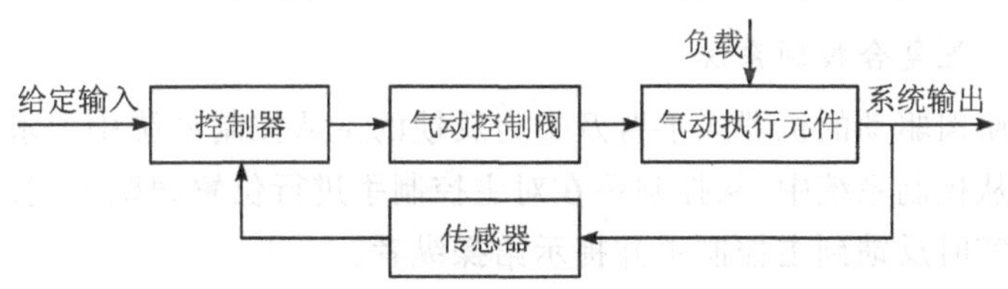

图 7.6.3　气动伺服系统组成框图

气动执行元件有直线气缸、摆动气缸、气爪、气动马达和气动人工肌肉等。其中，气缸、气爪和气动马达前文均已讲解，此处简单介绍气动人工肌肉。如图 7.6.4 所示，气动人工肌肉由外部提供的压缩空气驱动，做推拉动作，其过程就像人体的肌肉运动。它可以提供很大

的力量，而重量却比较小，最小的气动人工肌肉重量只有10 g。气动人工肌肉会在达到推拉极限时自动制动，不会突破预定的范围。

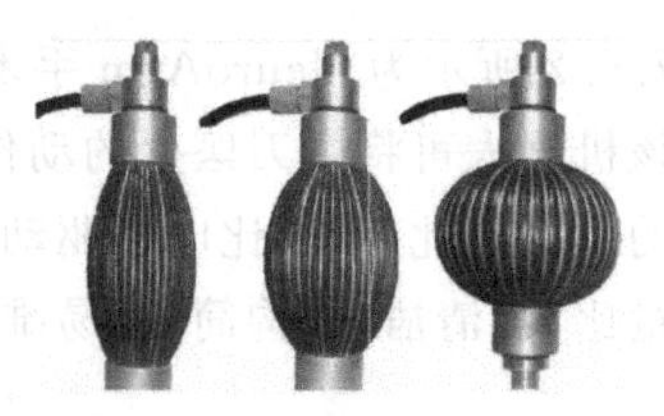
图 7.6.4　气动人工肌肉

气动控制阀可以选择高速开关阀或阀组、伺服阀和比例阀。传感器可以是压力传感器、位置传感器、速度传感器、力传感器等。控制器可以采用工业控制计算机、单片机、数字信号处理(DSP)、嵌入式系统、可编程逻辑控制器(PLC)等进行处理。

根据控制元件的不同，气动伺服系统可分为以下 3 大类：

1)基于开关阀的气动伺服系统

此类系统常用的控制方式主要有脉码调制和脉宽调制两种。开关阀采用数字信号控制，与计算机连接方便、价格便宜，但气动回路复杂，由于开关阀固有的不连续性，此类气动位置伺服系统通常很难获得较好的控制精度和良好的重复性能。

2)基于电-气伺服阀的气动伺服系统

此类系统控制精度高，控制性能好，但伺服阀价格昂贵，使用条件苛刻，一般应用场合难以接受。

3)基于电-气比例阀的气动伺服系统

此类系统包括基于电-气比例压力阀的气动伺服系统和基于电-气比例流量阀的气动伺服系统。该类系统气动回路元件少，气动回路简单，控制精度高，而比例阀比伺服阀价格要便宜得多。刚度低是比例压力阀气动位置伺服系统的缺点。

这 3 大类系统中，最常用的是比例阀式气动伺服系统。

根据被控量的不同，气动伺服系统又可分为以下几类：

1)气动力伺服控制系统

力伺服控制系统控制气缸的输出力，使其保持稳定并随工艺要求而变化，在印刷机的纸张、卷箔机的铝箔等的张力控制及负载模拟器等中被广泛采用。

2)气动位置伺服控制系统

位置伺服控制系统包括点-点定位控制和轨迹跟踪控制。在工业生产线的工件搬运等生产流程中广泛采用点-点定位控制，气动机械手关节常采用轨迹跟踪控制。

3)气动力和位置复合控制系统

在气动人工肌肉驱动的机器人手臂及带力反馈的主从控制系统中要求同时进行力与位置的控制。在主从控制系统中，从控制手在对主控制手进行位置跟踪的同时，还需将从控制手前端接触的力实时反馈到主控制手并提示给操纵者。

4)气动速度伺服控制系统

此类系统与电动机马达一样，使用气动马达的时候要求进行速度控制。气动马达由于不易控制、能量效率低等缺点，适用领域极其有限，现只限用于有防爆要求的矿井及高速旋转的牙医治疗工具等少数场合。

其中，气动位置伺服控制系统在工业生产中应用最广，但受空气的压缩性、非线性摩擦力等的影响，其在技术上还存在许多难题，提高气动位置伺服系统的控制性能是这一技术领域长期追求的目标。按照气动执行元件运动形式的不同，气动位置伺服系统可分为直线位置伺服系统（以直线气缸、气动人工肌肉为执行元件）和旋转位置伺服系统（以摆动气缸为执行元件）。摆动气缸能在较低的转速下产生较大的驱动转矩（与电气驱动中的直接驱动电机的转矩相当），不需要中间减速装置，可以直接驱动负载。直线气缸为直线运动的直接驱动器，摆动气缸和直线气缸在工业自动化和机器人领域都被大量应用。

以气动角位置伺服控制系统为例，其闭环传递函数方框图通常如图 7.6.5 所示。其中 $G(s)$ 表示控制电压 u 到系统输出角位移 θ 的传递函数；$G_N(s)$ 表示摩擦力矩干扰 $M_f(s)$ 到系统输出角位移 θ 的传递函数；$G_c(s)$ 表示控制器的传递函数。

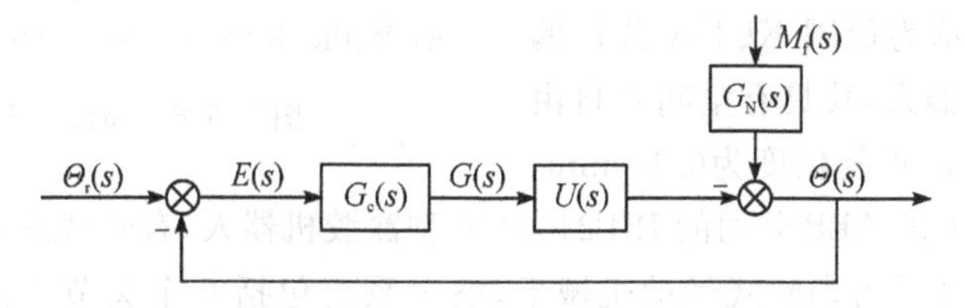

图 7.6.5　气动角位置伺服控制系统闭环传递函数方框图

与液压伺服系统相比，气动伺服系统具有以下特点：

（1）固有频率低。气体压缩性大，气弹簧的刚度和气体压力有关，而工业应用中的压缩空气压力通常都很低（0.3～0.8 MPa），因此系统固有频率低，通常在 10 Hz 以下。

（2）系统阻尼小。空气的黏性小，意味着系统阻尼小，易引起系统响应的振荡。由于阻尼小，系统的增益不可能高，系统的稳定性易受外部干扰和系统参数变化的影响。

（3）气体通过阀口的流动比液体的流动复杂。气体通过阀口的流动与阀口上下游的压力有关，而不仅与压差有关。根据上下游压力比，气体的流动分声速流动和亚声速流动，亚声速流与压力比的曲线为椭圆曲线。

（4）气体热力学过程复杂。气动系统中，能量的传递和转化是通过气体工质的一系列状态变化过程来实现的，在变化过程中不仅状态参数在变化而且比热也随温度变化，这些过程很复杂。

（5）直线气缸或摆动气缸的摩擦力与驱动力之比大。在位置伺服系统中，相对较大的非线性摩擦力不仅会使稳态定位精度低，而且和气体的压缩性相互作用，造成黏滑振荡特性。

综合上述特点，气动伺服系统是一个强非线性系统，引起非线性的因素包括空气的压缩性，腔内气体复杂的热力学过程，比例流量阀有效截面积与控制电压的非线性关系、阀口流量的非线性及相对驱动力较大的非线性摩擦力等。由于气动伺服系统的强非线性、控制压力低、压力响应慢等原因，对其实现高精度的有效控制一直是个难题。

7.6.3　串联式气动机器手建模及其控制

1. 串联式喷涂气动机器手结构

在汽车制造行业，风挡玻璃的密封性能是衡量汽车质量的重要指标。在过去的生产过程中，这项工作一直采用人工作业方式，存在劳动强度大、涂敷均匀性和一致性差、且涂胶位置误差超标等问题，因此成品质量低劣。随着工业技术的发展，机器人技术得到了越来越广泛的应用，各种形式的喷涂机器人也应运而生。由于胶水的易燃性，通常采用的液压驱动和伺服电机驱动方式均需做好防爆设计，这势必会增加生产成本，而且液压系统油液的泄漏很容易造成污染。而气压传动系统具有防火、防爆等特点，并且成本低、结构简单、无污染，已广泛应用于工业自动化的各个领域，其设计和应用技术已经比较成熟。因此将气动系统应用于涂胶机器人具有重要意义。

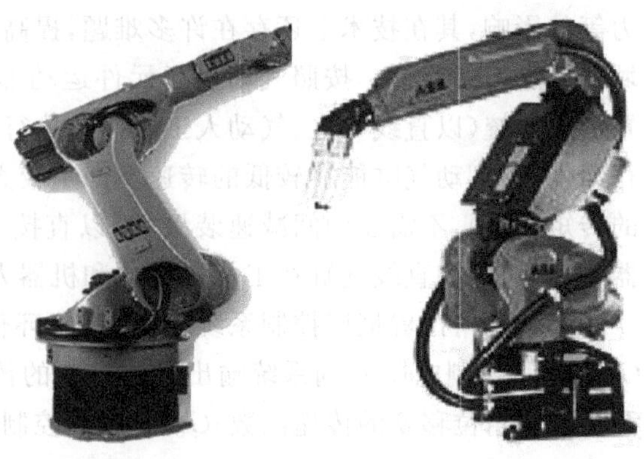

(a) 德国KUKA公司产品　(b) 美国ABB公司产品

图 7.6.6　喷涂机器人实物

图 7.6.6(a)所示为德国 KUKA 公司的 KR 30－3 型涂胶机器人，其具有空间六自由度，有效载荷为 30 kg、重复精度为0.15 mm。图 7.6.6(b)所示为美国 ABB 公司的 IRB2400/16 型涂胶机器人，有效载荷为 10 kg。

本节研究的机械手为串联式气动机械手，整个系统包括 6 个关节自由度，如图7.6.7 所示。其中腰部回转关节、大臂俯仰关节、小臂俯仰关节 3 个关节决定机械手末端的位置，对末端轨迹控制的精度起主要作用，决定了主要的负载特性。而肩部回转关节、腕部俯仰关节和腕部回转关节主要决定机械手末端的姿态，对末端轨迹控制起微调的作用，对负载特性影响不大，且相对比较独立。因此本节的气动伺服系统只对腰部、大臂和小臂 3 个关节建模。

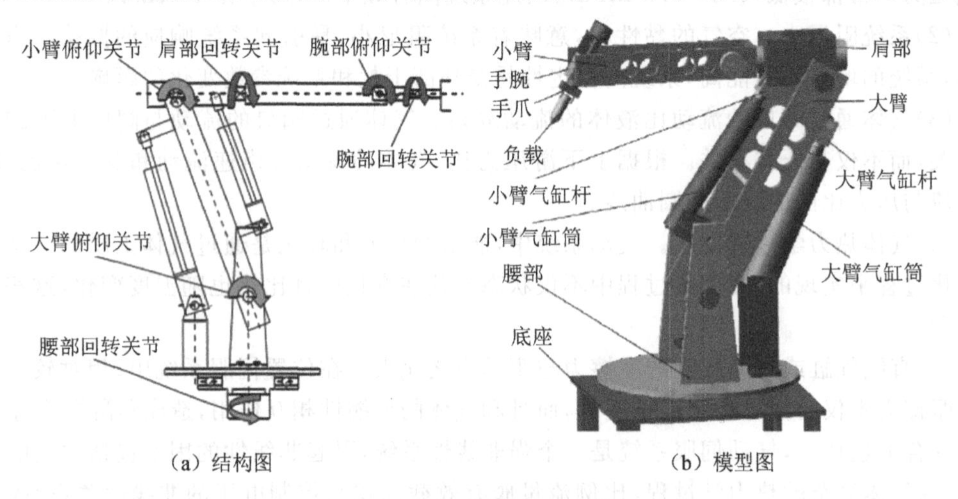

(a) 结构图　(b) 模型图

图 7.6.7　机械手气动系统

3 个位置关节中，腰部回转关节通过比例流量阀控制摆动气缸，实现对转角位移的控制，大、小臂俯仰关节分别通过比例流量阀控制非对称直线气缸，从而实现对俯仰角度的控制。

2. 比例流量阀控气缸模型的建立

1) 阀控非对称直线气缸结构

比例流量阀控非对称直线气缸的结构如图 7.6.8 所示。

图 7.6.8 中 1 为进气口；2、4 为接负载口；3、5 为排气口。p_1 和 p_2 分别为气缸左、右腔

的压力；V_1 和 V_2 为气缸左、右腔及相连气路的有效容积；A_1 和 A_2 分别为气缸左右腔的活塞有效面积（对于对称气缸 $A_1=A_2$）；c 为阀芯台阶与阀套的配合间隙；x 为气缸活塞杆位移。图中气缸负载为所熟悉的质量、阻尼和力负载，故未画出。

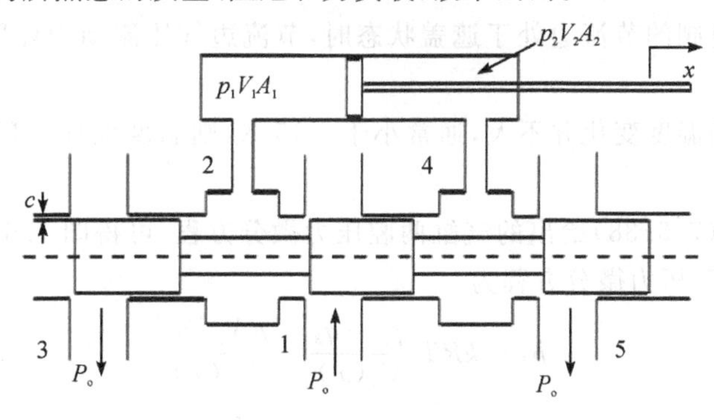

图 7.6.8　比例流量阀控气缸示意图

2）阀的有效开口面积

此处的控制阀仍采用电-气比例流量阀，即通过输入电压控制阀芯位移最终产生一定的有效开口面积。由 7.5 节可知比例流量阀的有效开口面积 S 和输入电压 u 的非线性静态关系曲线通常为 Sigmoid 函数形式。由于气动系统的固有频率低，当比例流量阀的固有频率远大于气动系统固有频率时，可以将阀开口有效面积 S 看作输入电压 u 的比例函数。此处比例流量阀有 4 个节流边，设 S_1、S_2、S_3、S_4 分别为 1→2、1→4、2→3 和 4→5 的节流口有效面积，则：

$$S_i=S_i(u)=K_{ui}u,\ i=1,2,3,4 \tag{7.6.1}$$

式中，K_{ui} 为阀开口有效面积 S_i 对指令电压 u 的增益（$\mathrm{m^2/V}$）。

3）阀质量流量方程

设 q_1、q_2、q_3 和 q_4 分别为 1→2、1→4、2→3 和 4→5 的质量流量，根据 7.5 节式(7.5.49)～式(7.5.53)给出的比例阀质量流量方程，q_1、q_2、q_3、q_4 可描述为

$$\begin{cases} q_1=S_1p_s\sqrt{\dfrac{k}{RT_s}\left(\dfrac{2}{k+1}\right)^{\frac{k+1}{k-1}}}\varphi(\sigma,\sigma^*), \quad q_2=S_2p_s\sqrt{\dfrac{k}{RT_s}\left(\dfrac{2}{k+1}\right)^{\frac{k+1}{k-1}}}\varphi(\sigma,\sigma^*) \\ q_3=S_3p_1\sqrt{\dfrac{k}{RT_1}\left(\dfrac{2}{k+1}\right)^{\frac{k+1}{k-1}}}\varphi(\sigma,\sigma^*), \quad q_4=S_4p_2\sqrt{\dfrac{k}{RT_2}\left(\dfrac{2}{k+1}\right)^{\frac{k+1}{k-1}}}\varphi(\sigma,\sigma^*) \end{cases} \tag{7.6.2}$$

式中，σ^* 为临界压力比，如式(7.5.52)所示；$\varphi(\sigma,\sigma^*)$ 为 1/4 椭圆函数，如式(7.5.53)所示；R 为气体常数（$\mathrm{N\cdot m/(kg\cdot K)}$）；$S$ 为阀的有效开口面积（$\mathrm{m^2}$）；σ 为下游压力与上游压力比；T_s、T_1、T_2 和 p_s、p_1、p_2 分别为气源、气缸腔 1、气缸腔 2 的气体温度（K）和压力（Pa）；k 为绝热系数。

4）气缸两腔压力微分方程

为了得到气缸两腔压力微分方程，对本系统作如下假设：

(1)缸内热力过程为绝热过程，绝热指数 $k=1.4$；

(2)忽略连接管路的阻力及管道动态,缸内压力即为阀出口压力;

(3)比例流量阀为理想零开口五通滑阀,4个节流边是对称的;

(4)忽略气缸的内外泄漏;

(5)当比例流量阀的节流边处于遮盖状态时,节流边气体流动为环形气隙流动,流量很小,忽略不计;

(6)气缸腔内的温度变化并不大,通常小于±15 K,则温度项均以环境温度 T 代入,即 $T_1=T_2=T$。

根据7.5节式(7.5.38)给出的气缸两腔压力微分方程,可得图7.6.7中非对称直线气缸的进气腔和排气腔压力微分方程为

$$\dot{p}_1=kRT\frac{q_1-q_3}{V_1(x)}-\frac{kA_1\dot{x}p_1}{V_1(x)} \tag{7.6.3}$$

$$\dot{p}_2=kRT\frac{q_2-q_4}{V_2(x)}+\frac{kA_2\dot{x}p_2}{V_2(x)} \tag{7.6.4}$$

$$V_1(x)=V_{10}+A_1x \tag{7.6.5}$$

$$V_2(x)=V_{20}+A_2(s-x) \tag{7.6.6}$$

式中,x 为气缸活塞位移(m);V_{10} 为气缸左腔(腔1)的初始体积(m^3);V_{20} 为气缸右腔(腔2)的初始体积(m^3);s 为气缸行程(m);A_1 和 A_2 分别为气缸左右腔的活塞有效面积。

5)气缸运动方程

以图7.6.7所示非对称直线气缸为例,可列出力平衡方程如下:

$$p_1A_1-p_2A_2=m\ddot{x}+\mu\dot{x}+F_c+F_L \tag{7.6.7}$$

式中,$\mu\dot{x}$ 表示黏性摩擦力,它表现于活塞运动时,方向始终与活塞运动方向相反,一般认为它随速度的增大而线性增大;μ 为黏性摩擦系数(N·m/s);F_c 为气缸库仑摩擦力(N);F_L 为负载力(N)。

需要说明的是,上式为通用的直线气缸力平衡过程,而本节所研究的机械手模型各关节气缸(包括腰部的摆动气缸和大、小臂的直线气缸),最终输出的均为角度,因此还需要建立气缸位移与最终转角之间的关系式,详见7.6.3小节。

3. 机械手系统线性模型的建立

本小节将确定3个位置关节(腰部、大臂和小臂)的线性化数学模型,三关节的气动回路原理图如图7.6.9所示,腰部关节通过比例流量阀控制摆动气缸,大、小臂分别通过比例流

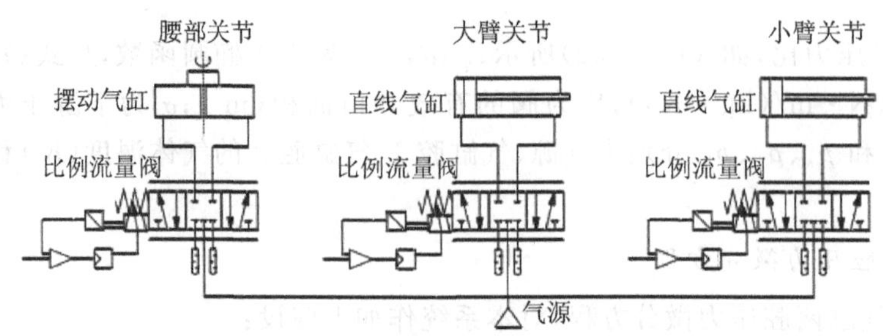

图7.6.9 机械手气动系统结构图

量阀控制非对称直线气缸，与上节通用的比例阀控缸建模相比，只有运动方程不同，其他建模过程类似。因此下面首先建立3个关节的气缸力平衡方程，然后确定其线性化数学模型。

1）腰部关节线性模型的建立

腰部关节为比例阀控摆动气缸，结构如图7.6.10所示，输出的是转角，因此在进行系统建模时主要的惯性负载为整个手臂绕齿轮转轴的转动惯量和活塞及齿条部分的质量，此外还应该考虑黏性摩擦力和库仑摩擦力。由此可以得到腰部关节力平衡方程如下：

$$A_w(p_1-p_2)=m_w\ddot{x}_w+\frac{J_w}{r}\ddot{\theta}_w+\mu\dot{x}_w+F_{c,w} \tag{7.6.8}$$

$$x_w=r\theta_w \tag{7.6.9}$$

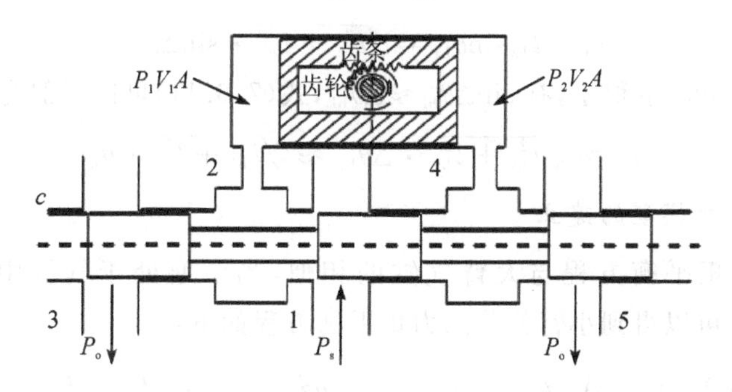

图7.6.10　比例阀控摆动气缸示意图

式中，J_w 为腰部负载的转动惯量（$kg\cdot m^2$）；A_w 为摆动气缸活塞面积（m^2）；m_w 为活塞及齿条部分质量（kg）；r 为腰部摆动气缸齿轮节圆半径（m）；x_w 为腰部摆动气缸的活塞位移（m）；θ_w 为腰部摆动气缸输出转角（rad）；$\mu\dot{x}_w$ 和 $F_{c,w}$ 为腰部摆动气缸活塞的黏性摩擦力和库仑摩擦力（N），其中 μ 为黏性摩擦系数（$N\cdot m/s$）；p_1 和 p_2 为腰部摆动气缸腔1和腔2的气体压力（Pa）。

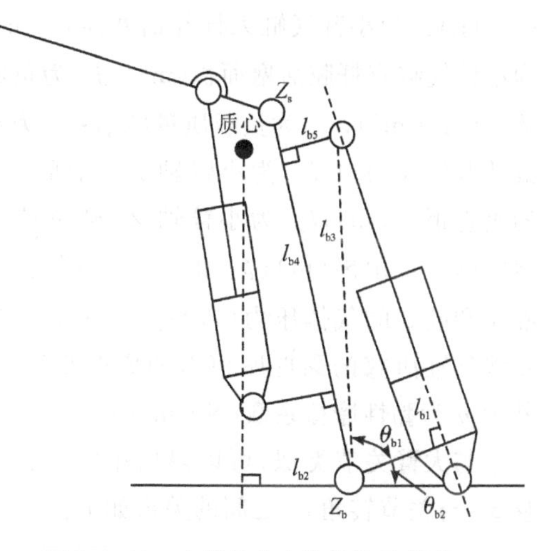

图7.6.11　大臂关节中位结构示意图

2）大臂关节线性模型的建立

大臂关节为比例流量阀控制非对称直线气缸，如图7.6.11所示。选择气缸处于中位时为平衡位置进行建模，建模时主要的惯性负载为大、小臂绕大臂转轴的转动惯量和大、小臂的质量，此外还应该考虑黏性摩擦力和库仑摩擦力。大臂关节处于中位时的结构如图7.6.11所示，由此可以得到它的力矩平衡方程如下：

$$(A_{b1}p_1-A_{b2}p_2)l_{b1}=J_b\ddot{\theta}_b+\mu\dot{x}_bl_{b1}-m_bgl_{b2}+F_{c,b}l_{b1} \tag{7.6.10}$$

式中，θ_b 为大臂关节绕大臂轴 Z_b 的转角位移(rad)；A_{b1} 为大臂气缸无杆腔活塞面积(m^2)；A_{b2} 为大臂气缸有杆腔活塞面积(m^2)；J_b 为负载转动惯量($kg \cdot m^2$)；m_b 为负载质量(kg)；x_b 为大臂气缸活塞位移(m)；l_{b1} 为大臂轴 Z_b 到活塞中心线的垂直距离(m)；l_{b2} 为大臂轴 Z_b 到负载质心铅锤线的垂直距离(m)；p_1 和 p_2 为大臂直线气缸腔 1 和腔 2 的气体压力(Pa)；$\mu\dot{x}_b$ 和 $F_{c,b}$ 为大臂直线气缸活塞的黏性摩擦力和库仑摩擦力(N)，其中 μ 为黏性摩擦系数(N・m/s)。

由图 7.6.11 可以看出，大臂关节绕大臂轴 Z_b 的转角位移 θ_b 等于 $\theta_{b1}+\theta_{b2}$ 角度的变化量，而当气缸活塞在中位附近做微量运动时，θ_{b2} 的变化很小，这样 θ_b 主要取决于 θ_{b1} 的变化，即 $\theta_b \approx \Delta\theta_{b1}$，而活塞位移 x_b 与 $\Delta\theta_{b1}$ 有如下关系：

$$x_b = l_{b3}\sin\theta_{b1} = \sqrt{l_{b4}^2 + l_{b5}^2} \cdot \sin\Delta\theta_{b1} \tag{7.6.11}$$

当 x_b 很小时，$\Delta\theta_{b1}$ 也很小，有 $\sin\Delta\theta_{b1} \approx \Delta\theta_{b1}$，式(7.6.11)可以近似为

$$x_b \approx \sqrt{l_{b4}^2 + l_{b5}^2} \cdot \Delta\theta_{b1} \approx \sqrt{l_{b4}^2 + l_{b5}^2} \cdot \theta_b \tag{7.6.12}$$

3) 小臂关节线性模型的建立

小臂气缸的力矩平衡方程与大臂气缸的相似，当活塞处于气缸中位时的结构如图 7.6.12 所示。由此可以得到小臂关节的力矩平衡方程如下：

$$(A_{s1}p_1 - A_{s2}p_2)l_{s1} = J_s\ddot{\theta}_s + \mu\dot{x}_s l_{s1} + m_s g l_{s2} + F_{c,s}l_{s1} \tag{7.6.13}$$

式中，θ_s 为小臂关节绕小臂轴 Z_s 的转角位移(rad)；A_{s1} 为小臂气缸无杆腔活塞面积(m^2)；A_{s2} 为小臂气缸有杆腔活塞面积(m^2)；J_s 为负载转动惯量($kg \cdot m^2$)；m_s 为负载质量(kg)；x_s 为小臂气缸活塞位移(m)；l_{s1} 为小臂轴 Z_s 到活塞中心线的垂直距离(m)；l_{s2} 为小臂轴 Z_s 到负载质心铅锤线的垂直距离(m)；p_1 和 p_2 为小臂直线气缸腔 1 和腔 2 的气体压力(Pa)；$\mu\dot{x}_s$ 和 $F_{c,s}$ 为小臂直线气缸活塞的黏性摩擦力和库仑摩擦力(N)，其中 μ 为黏性摩擦系数(N・m/s)。

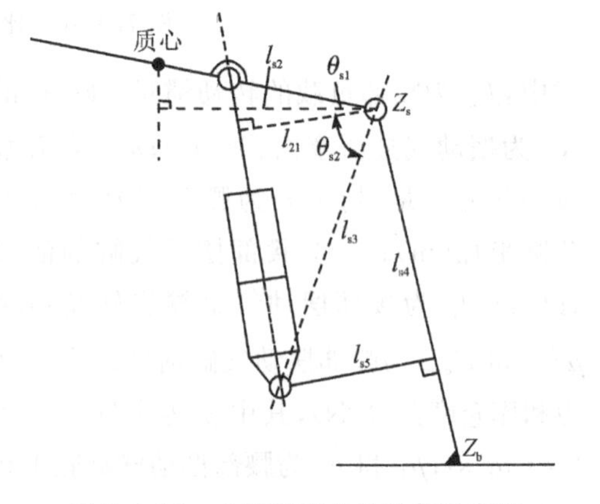

图 7.6.12 小臂关节中位结构示意图

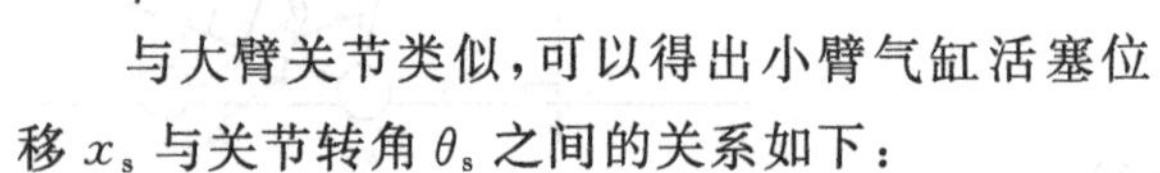

与大臂关节类似，可以得出小臂气缸活塞位移 x_s 与关节转角 θ_s 之间的关系如下：

$$x_s \approx \sqrt{l_{s4}^2 + l_{s5}^2} \cdot \Delta\theta_{s1} \approx \sqrt{l_{s4}^2 + l_{s5}^2} \cdot \theta_s \tag{7.6.14}$$

4. 气动机械手实验系统

本气动机械手属于关节串联式机器人，主要构成部分包括：执行元件（非对称直线气缸、摆动气缸），比例流量阀，旋转编码器，压力传感器，数据采集卡及其端子板、上位机、下位机。实验时，计算机通过数据采集卡输出电压控制比例阀的流量，进而控制执行元件的位移，实现关节转角的控制。编码器将测量所得转角位移通过编码器卡反馈到计算机，实现系统的闭环控制，实验系统结构原理如图 7.6.13 所示。

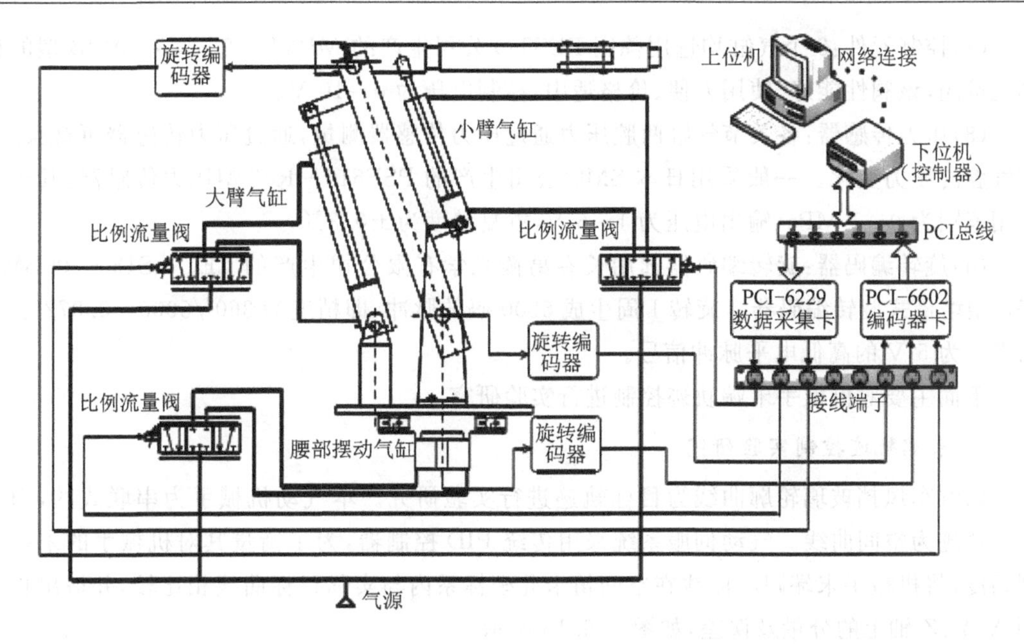

图 7.6.13　气动机械手系统结构原理图

1) 实验台硬件结构

本机械手实验系统由腰部、大臂、小臂 3 个关节组成。

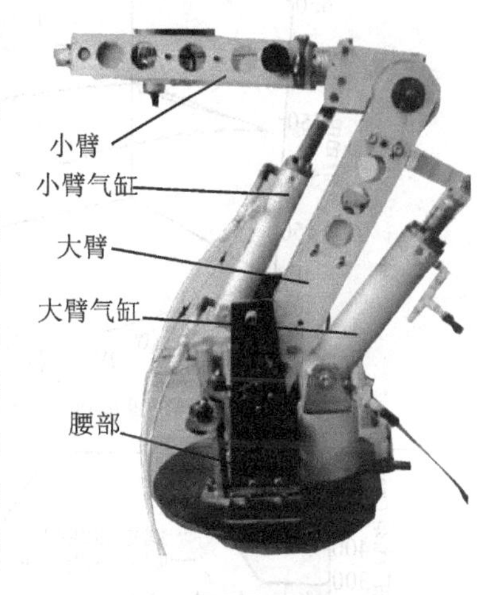

图 7.6.14　气动机械手实验台

腰部关节为旋转运动，由比例流量阀驱动摆动气缸来实现，旋转编码器通过 1∶4 的同步带轮与腰部转动轴相连，以检测角度信号；大臂和小臂关节均为俯仰运动，由比例流量阀驱动单出杆双作用气缸来实现，旋转编码器通过 1∶4 的同步带轮与对应的大、小臂关节俯仰运动轴相连，检测角度信号。此外还在各个气缸的进气口和排气口安装了压力传感器，用于检测实验过程中的压力变化。实验台照片如图 7.6.14 所示，各部分元件的型号及主要技术参数详细介绍如下。

(1)执行元件：腰部和大、小臂分别选用日本 SMC 公司的摆动气缸和单出杆双作用直线气缸，型号及主要技术参数如表 7.6.1 所示。

表 7.6.1　执行元件技术参数

气缸名	型号	缸径/mm	摆角或行程 /((°)或 mm)	无杆腔面积 /m^2	有杆腔面积 /m^2
腰部气缸	CRA1BW80 - 180	80	0～180°	5.03×10^{-3}	5.03×10^{-3}
大臂气缸	CG1BN63 - 175	63	175	3.12×10^{-3}	2.88×10^{-3}
小臂气缸	CG1BN40 - 175	40	175	1.31×10^{-3}	1.31×10^{-3}

(2)控制元件:3 个气缸均选用德国 FESTO 公司生产的 MPYE - 5 - M5 - 010B 型的比例流量阀,该阀性能好、使用方便、价格适中,控制电压为 0～10 V。

(3)压力传感器:各关节气缸两腔压力通过压力传感器测量,通过压力传感器可观察进、排气腔的压力变化。一般采用日本 SMC 公司生产的 PSE510 - R06 型压力传感器,其压力使用范围为 0～1 MPa,输出电压为 1～5 V,重复精度为±0.3%。

(4)旋转编码器:旋转编码器选用长春禹衡光学有限公司生产的 LEC - S15 - 500BM - 05E 型增量式旋转编码器。旋转 1 周生成 5000 码的脉冲,即精度为 360°/5000＝0.072°。输出形式为 5 V 的高低电平脉冲信号。

下面主要对机械手末端轨迹控制进行实验研究。

2) 末端轨迹控制实验研究

以汽车风挡玻璃轮廓曲线为目标轨迹进行实验研究。本气动机械手为串联式的,而且末端轨迹为空间曲线。气动伺服系统采用传统 PID 控制器,为了衡量其对机械手的末端控制精度,将机械手末端跟踪曲线在空间笛卡儿坐标系内与实际目标曲线相比较,并得出投影到 X、Y、Z 轴上的分量及误差,如图 7.6.15 所示。

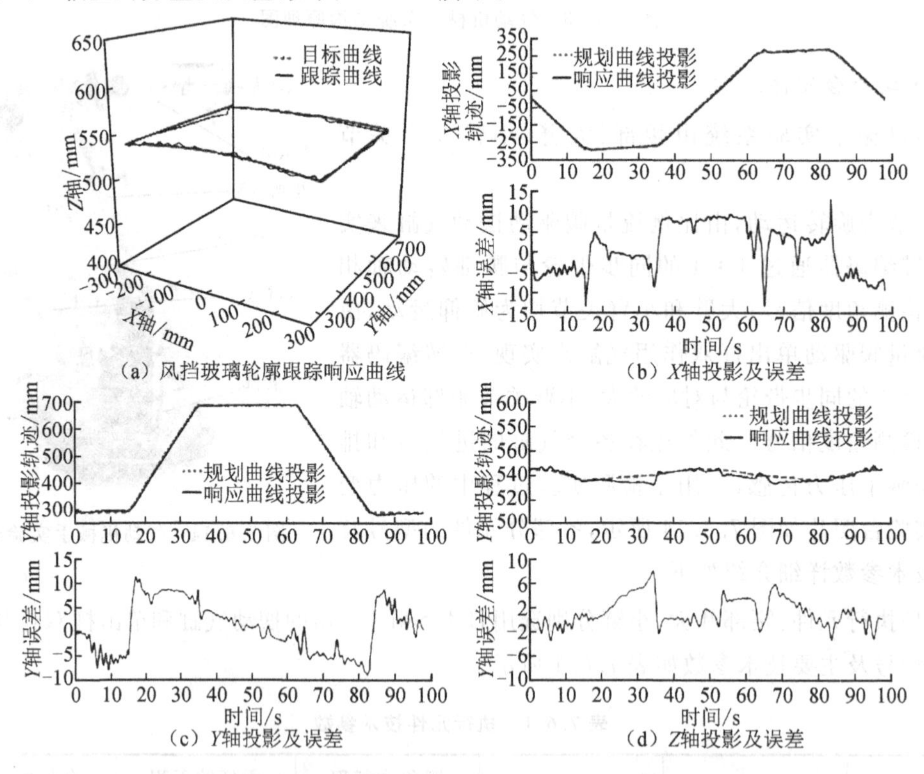

图 7.6.15 机械手风挡玻璃轮廓跟踪实验响应及坐标轴分量曲线

以上对风挡玻璃轮廓曲线的跟踪控制进行了实验研究,从图 7.6.15 所示气动机械手末端轨迹的跟踪曲线可以得出,其在 X、Y、Z3 个坐标轴内的误差在 10 mm 左右,在直线段和圆弧段这样的平滑轨迹部分,跟踪效果较好,误差基本能保持在 8 mm 以内,在运动方向发生变化的拐角处，误差就会有较大跃变，可达 10 mm 以上。

7.7　第 7 章习题

习题 7.7.1　研究图 7.7.1 所示的气动系统。其载荷由一个质量 m 和其摩擦所组成。摩擦力假定为 $\mu N=\mu mg$。如果 $m=1000$ kg、$\mu=0.3$ 及 $p_1-p_2=5\times10^5$ N/m^2，求如果要移动载荷，所需要的活塞最小面积 A 应是多大？

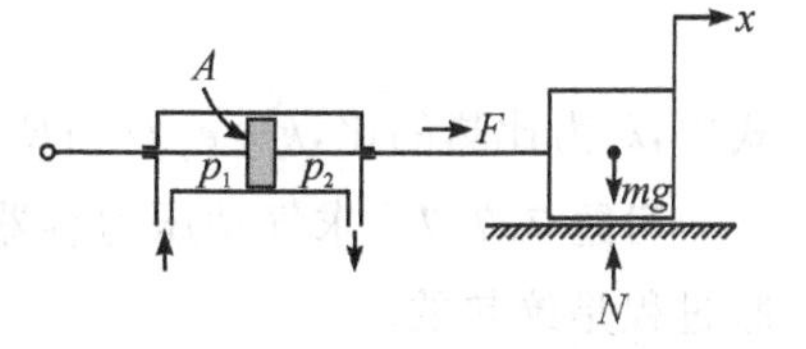

图 7.7.1　习题 7.7.1 中的气动系统

习题 7.7.2　在图 7.7.2 所示的系统中假定作用在质量上的摩擦力是 μN。求移动载荷 m 所必需的压力差 $\Delta p=p_1-p_2$。活塞的面积是 A。

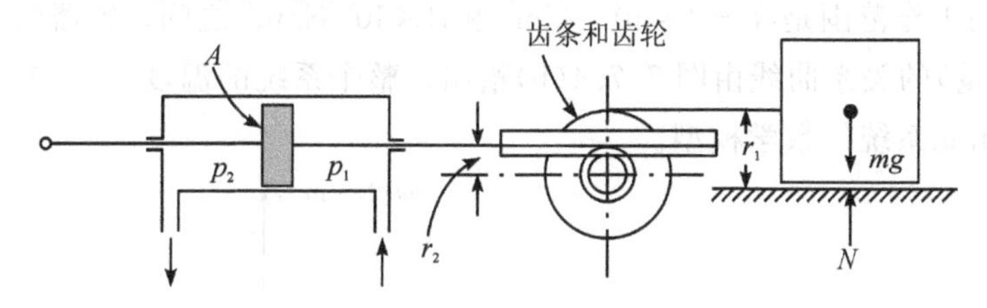

图 7.7.2　习题 7.7.2 中的气动系统

习题 7.7.3　质量为 50 kg 的物体被举起 30 m。请把所做的功表示成热量 Q J。

习题 7.7.4　图 7.7.3 所示为一锅炉的安全阀。重物的质量 m 是 20 kg。忽略阀和杠杆的重力，如要使阀的启开压力是 6×10^5 N/m^2 表压力，确定距离 $\overline{OC}$。阀的面积 A 是 15×10^{-4} m^2。

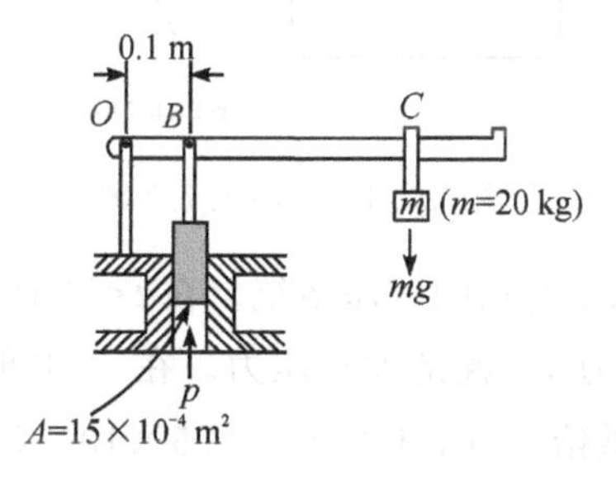

图 7.7.3　习题 7.7.4 中的锅炉安全阀

习题 7.7.5　假定气缸内含有 0.1 kg 的气体，其压力是 2×10^5 N/m^2 绝对压力，温度为 20 ℃。如果气体等熵地压缩到 4×10^5 N/m^2 绝对压力，求最终的温度和对气体所做的功。

习题 7.7.6　声是纵波，显示在弹性介质中有传播压缩波的现象。声波传播的速度 c 是介质的弹性模数 E 与密度 ρ 之比的平方根，即

$$c=\sqrt{\frac{E}{\rho}}$$

对于气体：

$$c=\sqrt{\frac{\mathrm{d}p}{\mathrm{d}\rho}}$$

证明：声速 c 也可以由下式给出：

$$c=\sqrt{kRT}$$

式中，k 为比热的比，$k=c_p/c_V$；R 为气体常数；T 为绝对温度。

习题 7.7.7 求气动压力容器的气容 C。它盛有 10 m³，温度为 20 ℃的空气。假定膨胀过程是绝热的。

习题 7.7.8 图 7.7.4(a)是由一压力容器和具有节流孔的管道所组成的气压系统。假定在 $t<0$ 时系统是稳态的，稳态时的压力是 $\bar{P}$，其中 $\bar{P}=2\times10^5$ N/m² 绝对压力。在 $t=0$ 时，输入压力从 $\bar{P}$ 变化到 $\bar{P}+p_i$，此将引起容器中的压力从 $\bar{P}$ 变化到 $\bar{P}+p_o$ 的阶跃变化。再假定压力差的工作范围是在 -3×10^4 N/m² 和 3×10^4 N/m² 之间。容器的容积是 1×10^{-4} m³，Δp 与 q(流量)的关系曲线由图 7.7.4(b)给出。整个系统的温度是 30 ℃，膨胀过程假定是绝热的。导出此系统的数学模型。

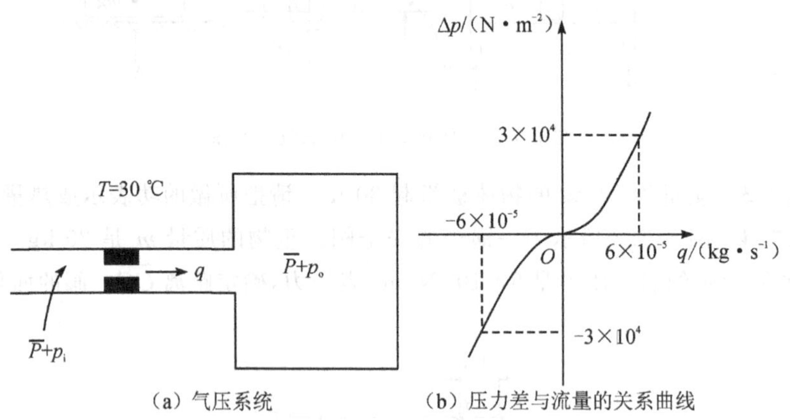

(a) 气压系统　　(b) 压力差与流量的关系曲线

图 7.7.4　习题 7.7.8 图

习题 7.7.9 研究图 7.7.5 所示的气压系统。在 $t<0$ 时，进气阀是闭合的，排气阀完全通向大气，并且在容器中的压力 p_2 就是大气压力。在 $t=0$ 时进气阀完全打开。进气管与压力源相连，它以常压力 p_i 供给空气，其中 $p_i=0.5\times10^5$ N/m² 表压力。假定膨胀过程是绝热的($k=1.40$)，整个系统的温度保持为常数。确定在进气阀完全打开后，在容器中的稳态压力 p_2，假定进气阀和出气阀是相同的——两个阀有相同的流动特性。

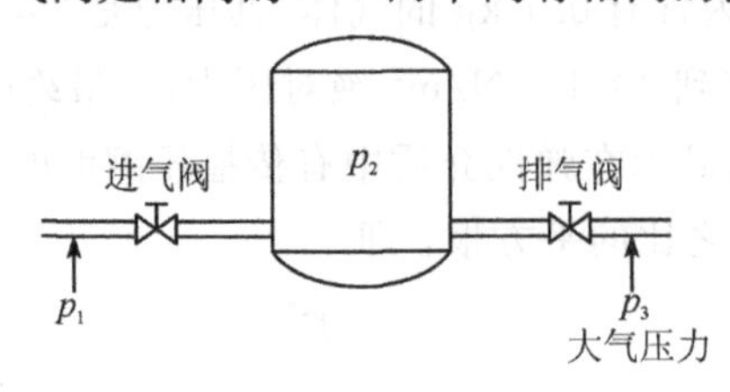

图 7.7.5　习题 7.7.9 中的气压系统

习题 7.7.10　研究图 7.7.6 所示的比例流量阀控非对称直线气缸动力机构。1 为进气口；2、4 为接负载口；3、5 为排气口；T_s、T_1、T_2 和 p_s、p_1、p_2 分别为气源、气缸腔 1(左)、气缸腔 2(右)的气体温度(K)和压力(Pa)；V_1 和 V_2 为气缸左、右腔及相连气路的有效容积；A_1 和 A_2 分别为气缸左右腔的活塞有效面积；c 为阀芯台阶与阀套的配合间隙；x 为气缸活塞杆位移；s 为气缸行程(m)。

(1)设 q_1、q_2、q_3 和 q_4 分别为 1→2、1→4、2→3 和 4→5 的质量流量，记 S_1、S_2、S_3、S_4 分别为 1→2、1→4、2→3 和 4→5 的节流口有效截面积。请推导得到 q_1、q_2、q_3、q_4 的方程式，并解释其中的变量。

(2)假设缸内热力过程为绝热过程，绝热指数 $k=1.4$。缸内压力即为阀出口压力。比例流量阀为理想零开口五通滑阀，4 个节流边是对称的。忽略气缸的内外泄漏。气缸腔内的温度均以环境温度 T 代入，即 $T_1=T_2=T$。记 V_{10} 和 V_{20} 为气缸左腔(腔 1)和右腔(腔 2)的初始体积(m^3)。请推导得到非对称直线气缸的进气腔和排气腔压力微分方程，并解释其中的变量。

(3)记 μ 为黏性摩擦系数(N·m/s)；F_c 为气缸库仑摩擦力(N)；F_L 为负载力(N)。请推导得到非对称直线气缸的运动方程，并解释其中的变量。

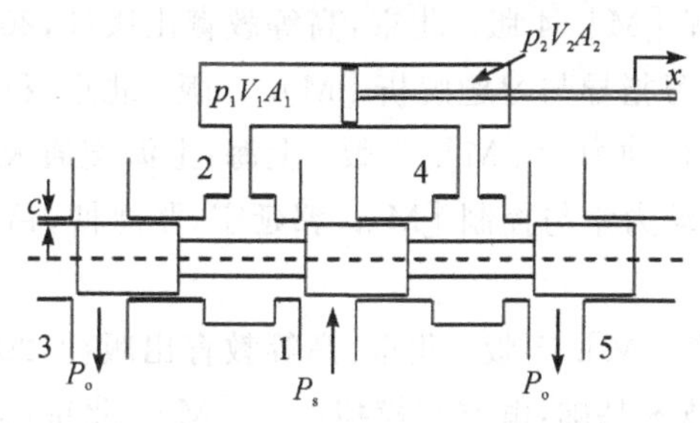

图 7.7.6　习题 7.7.10 中的比例流量阀控非对称直线气缸

参考文献

[1] 绪方胜彦. 系统动力学 [M]. 北京:机械工业出版社,2005.

[2] 王安麟. 复杂系统的分析与建模 [M]. 上海:上海交通大学出版社,2004.

[3] 张晓华. 系统建模与仿真 [M]. 北京:清华大学出版社,2015.

[4] 刘思峰,方志耕,朱建军,等. 系统建模与仿真 [M]. 北京:科学出版社,2019.

[5] 洪嘉振,杨长俊. 理论力学 [M]. 北京:高等教育出版社,2001.

[6] 韦林,温建明,唐小弟. 理论力学 [M]. 北京:中国建筑工业出版社,2011.

[7] BORESI A P,SCHMIDT R J. Engineering mechanics [M]. 12nd ed. 北京:机械工业出版社,2014.

[8] 哈尔滨工业大学理论力学教研室. 理论力学(Ⅱ) [M]. 8 版. 北京:高等教育出版社,2016.

[9] 周衍柏. 理论力学教程 [M]. 4 版. 北京:高等教育出版社,2018.

[10] 鞠国兴. 理论力学学习指导与习题解析 [M]. 2 版. 北京:科学出版社,2018.

[11] 刘世前. 现代飞机飞行动力学 [M]. 2 版. 上海:上海交通大学出版社,2018.

[12] WIE B. 空间飞行器动力学与控制 [M]. 郭延宁,张海博,吕跃勇,等译. 北京:航空工业出版社,2020.

[13] 邱关源,罗先觉. 电路 [M]. 5 版. 北京:高等教育出版社,2006.

[14] 赵辉,孙富元. 电子技术基础:电路与模拟电子 [M]. 北京:清华大学出版社,2009.

[15] NILSSON J W,RIEDEL S A. 电路 [M]. 10 版. 周玉坤,冼立勤,李莉,等译. 北京:电子工业出版社,2015.

[16] 龙胜春,池凯凯,吴高标,等. 电路与模拟电子技术基础教程 [M]. 北京:清华大学出版社,2017.

[17] MATSCH L W,MORGAN L J D. Electromagnetic and electromechanical machines [M]. New York:John wiley & Sons Inc. ,1987.

[18] CHAPMAN S J. Electrical machinery fundamentals [M]. New York:McGraw-Hill Inc. ,2005.

[19] UMANS S D. 电机学 [M]. 7 版. 刘新正,苏少平,高琳,译. 北京:电子工业出版社,2014.

[20] 杨耕,罗应立. 电机与运动控制系统 [M]. 2 版. 北京:清华大学出版社,2014.

[21] 邓星钟,周祖德,邓坚. 机电传动控制 [M]. 5 版. 武汉:华中科技大学出版社,2015.

[22] FILIZADEH S. 电机及其传动系统:原理、控制、建模和仿真 [M]. 杨立永,译. 北京:机械工业出版社,2017.

[23] 王秀和,孙雨萍. 电机学 [M]. 3 版. 北京:机械工业出版社,2018.

[24] 符长青,曹兵. 多旋翼无人机技术基础 [M]. 北京:清华大学出版社,2016.
[25] 冯新宇,范红刚,辛亮. 四旋翼无人飞行器设计 [M]. 2版. 北京:清华大学出版社,2017.
[26] 彭程,白越,田彦涛. 多旋翼无人机系统与应用 [M]. 北京:化学工业出版社,2020.
[27] 李福义. 液压技术与液压伺服系统 [M]. 哈尔滨:哈尔滨工程大学出版社,1992.
[28] 刘银水,李壮云. 液压元件与系统 [M]. 4版. 北京:机械工业出版社,2019.
[29] 姚晓先. 伺服系统设计 [M]. 北京:机械工业出版社,2013.
[30] 罗惕乾. 流体力学 [M]. 4版. 北京:机械工业出版社,2017.
[31] 左健民. 液压与气压传动 [M]. 5版. 北京:机械工业出版社,2018.
[32] 杨晓宇. 液压与气压传动控制技术 [M]. 北京:机械工业出版社,2018.
[33] 黄志坚. 液压伺服比例控制及PLC应用 [M]. 2版. 北京:化学工业出版社,2019.
[34] 唐颖达,刘尧. 电液伺服阀液压缸及其系统 [M]. 北京:化学工业出版社,2019.
[35] 江驹,王新华,甄子洋,等. 舰载机起飞着舰引导与控制 [M]. 北京:科学出版社,2019.
[36] 章以刚,刘莉飞. 航母舰载机的电磁弹射和阻拦系统 [M]. 哈尔滨:哈尔滨工程大学出版社,2019.
[37] 曹玉平,阎祥安. 气压传动与控制 [M]. 天津:天津大学出版社,2010.
[38] 吴晓明. 现代气动元件与系统 [M]. 北京:化学工业出版社,2014.
[39] 柏艳红. 气动伺服系统分析与控制 [M]. 北京:冶金工业出版社,2014.
[40] 宁辰校. 气动技术入门与提高 [M]. 北京:化学工业出版社,2017.
[41] SMC(中国)有限公司. 现代实用气动技术 [M]. 4版. 北京:机械工业出版社,2017.
[42] 闻邦椿. 机械设计手册:气压传动与控制 [M]. 北京:机械工业出版社,2020.
[43] CRAIG J J. 机器人学导论 [M]. 4版. 牟超,王伟,译. 北京:机械工业出版社,2018.
[44] 鲍官军,王志恒. 气动软体机器人技术及应用 [M]. 北京:科学出版社,2021.
[45] 张爱民,任志刚,王勇,等. 自动控制原理 [M]. 2版. 北京:清华大学出版社,2019.
[46] 杨清宇,马训鸣,朱洪艳,等. 现代控制理论 [M]. 2版. 西安:西安交通大学出版社,2018.

[24] 陆长青,曹英. 多旋翼无人机技术基础[M]. 北京:清华大学出版社,2016.
[25] [illegible]宇,黄[illegible]刚,辛[illegible]. 四旋翼无人飞行器设计[M]. 2版. 北京:清华大学出版社,2017.
[26] 苏[illegible],[illegible]. 多旋翼无人机系统与应用[M]. 北京:化学工业出版社,2020.
[27] [illegible]. 液压技术与液压[illegible][M]. 哈尔滨:哈尔滨工程大学出版社,1998.
[28] 刘银水,许福玲. 液压元件与系统[M]. 4版. 北京:机械工业出版社,2019.
[29] 姚[illegible]. 伺服系统设计[M]. 北京:机械工业出版社,2013.
[30] 罗[illegible]. 流体力学[M]. [illegible]. 北京:机械工业出版社,2017.
[31] 左健民. 液压与气压传动[M]. 5版. 北京:机械工业出版社,2018.
[32] 杨[illegible]. 液压与气压传动控制技术[M]. 北京:机械工业出版社,2018.
[33] 黄志坚. 液压伺服比例控制及PLC应用[M]. 2版. 北京:化学工业出版社,2019.
[34] [illegible]. 电液伺服[illegible]系统[M]. 北京:化学工业出版社,2018.
[35] [illegible][M]. 北京:科学出版社,[illegible].
[36] [illegible][M]. 哈尔滨:哈尔滨工程大学出版社,201[illegible].
[37] [illegible][M]. 天津:天津大学出版社,201[illegible].
[38] [illegible][M]. 北京:化学工业出版社,201[illegible].
[39] [illegible][M]. 北京:冶金工业出版社,[illegible].
[40] [illegible][M]. 北京:化学工业出版社,201[illegible].
[41] [illegible]有限公司[illegible][M]. [illegible]. 北京:机械工业出版社,2017.
[42] [illegible][M]. 北京:机械工业出版社,2020.
[43] CRAIG J J. 机器人学导论[M]. [illegible]. 北京:机械工业出版社,2018.
[44] [illegible][M]. 北京:科学出版社,2021.
[45] [illegible][M]. 2版. 北京:清华大学出版社,2019.
[46] [illegible][M]. 2版. 西安:西安交通大学出版社,201[illegible].